N. BOURBAKI

ÉLÉMENTS DE MATHÉMATIQUE

N. BOURBAKI

ÉLÉMENTS DE
MATHÉMATIQUE

ALGÈBRE COMMUTATIVE

Chapitres 1 à 4

Springer

Réimpression inchangée de l'édition originale de 1985

ISBN-10 3-540-32937-X Springer Berlin Heidelberg New York
ISBN-13 978-3-540-32937-3 Springer Berlin Heidelberg New York

Springer est membre du Springer Science+Business Media
springer.com

Maquette de couverture: *design & production*, Heidelberg
Imprimé sur papier non acide 41/3100/YL - 5 4 3 2 1 0 -

INTRODUCTION

Les questions traitées dans ce Livre se sont présentées au cours du développement de la théorie des nombres algébriques et (plus tardivement) de la géométrie algébrique (cf. Note historique). A partir du XIXe siècle, on s'est aperçu peu à peu que ces deux théories présentaient de remarquables analogies ; en cherchant à résoudre les problèmes qu'elles posaient, on a été amené à dégager un certain nombre d'idées générales, dont le champ d'application ne se limite pas aux anneaux de nombres algébriques ou de fonctions algébriques ; et, comme toujours, il y a avantage à considérer ces notions sous leur aspect le plus général pour en mieux saisir la portée véritable et les répercussions mutuelles. On traite donc dans ce Livre de concepts applicables en principe à tous les anneaux commutatifs et aux modules sur de tels anneaux ; il faut toutefois signaler qu'on n'obtient souvent de résultats substantiels qu'en introduisant des hypothèses de *finitude* (toujours vérifiées dans les cas classiques), par exemple en supposant les modules de type fini ou les anneaux nœthériens.

Les principales notions autour desquelles se groupent les premiers chapitres sont les suivantes :

I. *Localisation et globalisation.* Partons par exemple d'un système d'équations diophantiennes :

$$(*) \qquad P_i(x_1, \dots, x_m) = 0 \qquad (1 \leqslant i \leqslant n)$$

où les P_i sont des polynômes à coefficients entiers rationnels, et où on cherche des solutions (x_i) formées de nombres *entiers* rationnels. On peut commencer à aborder le problème en cherchant des solutions formées de *nombres rationnels*, ce qui consiste à envisager le même problème où les coefficients des P_i sont considérés comme des éléments du *corps des fractions* $\mathbf{Q}$ de $\mathbf{Z}$, et où l'on se propose de trouver les solutions à valeurs dans $\mathbf{Q}$. Une seconde étape consiste à voir si, étant donné un nombre premier p, il existe des solutions rationnelles dont les dénominateurs ne sont pas divisibles par p (il est clair que les solutions *entières* vérifient cette condition) ; cela revient cette fois à se placer dans le sous-anneau $\mathbf{Z}_{(p)}$ de $\mathbf{Q}$ formé des nombres rationnels de cette nature, dit *anneau local* de $\mathbf{Z}$ correspondant au nombre premier p. Il est clair que le passage de $\mathbf{Z}$ à $\mathbf{Q}$ et celui de $\mathbf{Z}$ à $\mathbf{Z}_{(p)}$ sont de même nature : dans les deux cas, on n'admet comme dénominateurs que ceux qui n'appartiennent pas à un certain *idéal premier* (l'idéal (0) ou l'idéal (p) suivant le cas). Le mot même d'« anneau local » provient de la géométrie algébrique, où cette notion apparaît de façon plus naturelle : par exemple, dans l'anneau $\mathbf{C}(X)$ des fonctions rationnelles d'une variable à coefficients complexes, l'anneau local correspondant à l'idéal premier $(X - \alpha)$ est l'anneau des fractions rationnelles « régulières » au point α (c'est-à-dire n'ayant pas de pôle en ce point).

Tout problème diophantien, et plus généralement tout problème sur des A-modules (A anneau commutatif) peut se décomposer en deux problèmes partiels : on cherche à le résoudre dans les anneaux locaux $A_{\mathfrak{p}}$ correspondant aux différents idéaux premiers $\mathfrak{p}$ de A (« localisation »), puis on se demande si, de l'existence pour *tout* $\mathfrak{p}$ d'une solution du problème « localisé », on peut conclure à l'existence d'une solution du problème initialement posé (« passage du local au global »). C'est à l'étude de ce double processus qu'est consacré le chapitre II, où d'ailleurs on verra que la « localisation » n'est pas liée aux seuls idéaux premiers, mais a une portée plus vaste.

II. *Complétion des anneaux locaux.* Un anneau local A partage avec les corps la propriété de n'avoir qu'*un seul* idéal maximal $\mathfrak{m}$. On utilise ce fait pour ramener, dans une certaine mesure, un problème sur des A-modules à un problème analogue sur des *espaces vectoriels*, en passant cette fois à l'anneau quotient

$A/\mathfrak{m}$, puisque ce dernier est un corps. Si on revient par exemple au système diophantien (*), cette idée n'est autre que le principe de la « réduction modulo p », transformant les équations en congruences mod. p, qui s'est présentée de façon naturelle dès les premiers travaux de théorie des nombres.

Ce faisant, il est clair qu'on ne peut toutefois espérer atteindre ainsi des résultats complets sur le problème initial, et on s'est vite rendu compte que pour avoir des renseignements plus précis, il faut non seulement considérer les congruences modulo $\mathfrak{m}$, mais aussi les congruences « supérieures » modulo $\mathfrak{m}^n$, pour des entiers $n > 0$ arbitraires. On se convainc même ainsi que, plus n est grand, plus on « approche » en quelque sorte du problème initial (dans le cas où $A = \mathbf{Z}$ par exemple, la raison en est qu'un entier $\neq 0$ ne peut être divisible par *toutes* les puissances p^n d'un nombre premier donné p ; la présence de cet entier se fera donc sentir dans la réduction mod. p^n dès que n sera pris assez grand). La traduction mathématique de cette idée consiste à considérer sur A une *topologie* d'anneau (cf. *Top. gén.*, chap. III, 3e éd., § 6) pour laquelle les $\mathfrak{m}^n$ forment un système fondamental de voisinages de 0. Mais lorsqu'on a ainsi, par exemple, résolu le système de congruences

$$(**) \qquad P_i(x_1, \ldots, x_m) \equiv 0 \pmod{p^k} \qquad (1 \leqslant i \leqslant n)$$

pour *tout entier* $k > 0$, il ne s'ensuit pas encore que le système (*) ait une solution dans l'anneau local $\mathbf{Z}_{(p)}$; on constate que l'hypothèse précédente peut s'interpréter en disant que (*) admet une solution dans le *complété* $\hat{\mathbf{Z}}_{(p)}$ de l'anneau topologique $\mathbf{Z}_{(p)}$.

Le problème initial, ainsi affaibli, est finalement ramené au problème analogue pour les anneaux locaux du type $A/\mathfrak{m}^n$, qui sont encore plus proches des corps que les anneaux locaux généraux, puisqu'ils ont un radical nilpotent ; en géométrie algébrique classique, cela correspond à une étude « différentielle » du problème au voisinage d'un point donné.

Le chapitre III traite d'une façon générale de ces applications de notions topologiques à la théorie des anneaux locaux. Au chapitre VI, on en étudie un aspect plus spécial, adapté d'une part à des études plus fines de géométrie algébrique, et surtout à l'arithmétique des corps de nombres algébriques, où les anneaux locaux que l'on rencontre (tels que $\mathbf{Z}_{(p)}$) appartiennent à une classe particulièrement simple, celle des « anneaux de valuation », où la divisibilité est une relation d'ordre *total* (cf. *Alg.*, chap. VI, § 1) dans l'ensemble des idéaux principaux.

L'étude du passage d'un anneau A à un localisé $A_\mathfrak{p}$ ou à un complété $\hat{A}$ fait apparaître un caractère commun à ces deux opérations, la propriété de *platitude* des A-modules $A_\mathfrak{p}$ et $\hat{A}$, qui permet entre autres de manier les produits tensoriels de tels A-modules avec des A-modules quelconques un peu comme on le fait des produits tensoriels d'espaces vectoriels, c'est-à-dire sans toutes les précautions dont s'entoure leur emploi dans le cas général. Les propriétés liées à cette notion, qui s'applique d'ailleurs aussi aux modules sur des anneaux non commutatifs, font l'objet du chapitre I.

III. *Entiers et décomposition des idéaux.* L'étude de la divisibilité dans les corps de nombres algébriques nécessitait dès le début l'introduction d'une notion d'*entier* dans un tel corps K, généralisant la notion d'entier rationnel dans le corps $\mathbf{Q}$. La théorie générale de cette notion d' « entier algébrique », liée, comme on le verra, à des conditions de finitude très strictes, est développée au chapitre V : elle s'applique à *tous* les anneaux commutatifs, et présente un grand intérêt non seulement en arithmétique, mais en géométrie algébrique et même dans la théorie moderne des « espaces analytiques » sur le corps $\mathbf{C}$.

Un des obstacles majeurs à l'extension de l'arithmétique classique aux anneaux d'entiers algébriques a longtemps été le fait que la décomposition classique d'un entier rationnel en facteurs premiers ne s'étend pas en général à ces anneaux. Il fallut la création de la théorie des idéaux pour surmonter cette difficulté : la décomposition unique cherchée est alors rétablie pour les idéaux, la notion d'idéal premier se substituant bien entendu à celle de nombre premier. On peut d'ailleurs considérer ce résultat comme un cas typique où le « passage du local au global » se fait de façon satisfaisante : la connaissance, pour un $x \in$ K, des valeurs en x de *toutes* les « valuations » de K, détermine x à multiplication près par un entier inversible.

Dans des anneaux moins simples que les anneaux d'entiers algébriques (et déjà par exemple dans les anneaux de polynômes à plusieurs indéterminées) ce résultat perd sa validité. On peut toutefois associer d'une façon canonique à tout idéal un ensemble bien déterminé d'idéaux premiers : en géométrie algébrique, si on considère par exemple dans K^n (K corps commutatif quelconque) une sous-variété définie par un système d'équations polynomiales $P_\alpha = 0$, les composantes *irréductibles* de cette sous-variété correspondent biunivoquement aux éléments minimaux de l'ensemble des idéaux premiers ainsi associés à l'idéal engendré par les P_α. On peut en outre (si l'on se borne aux anneaux nœthériens) donner pour tout idéal une « décomposition » moins précise qu'une décomposition en produit d'idéaux premiers : le produit y est en effet remplacé par l'intersection, et les puissances d'idéaux premiers par des idéaux « primaires » liés aux idéaux premiers associés à l'idéal envisagé (mais qui ne sont pas des généralisations directes des puissances d'idéaux premiers). L'introduction des idéaux premiers associés à un idéal et l'étude de leurs propriétés font l'objet du chapitre IV ; on y démontre aussi l'existence et certaines propriétés d'unicité des « décompositions primaires » auxquelles nous venons de faire allusion ; mais il apparaît à présent que ces décompositions ne jouent le plus souvent qu'un rôle accessoire dans les applications, la notion essentielle étant celle d'idéal premier associé à un idéal.

Au chapitre VII, on examine plus en détail les anneaux où l'on se rapproche davantage des propriétés des anneaux d'entiers algébriques en ce qui concerne la décomposition en produit d'idéaux premiers ; on peut entre autres introduire dans ces anneaux la notion de « *diviseur* » qui est l'aspect géométrique de cette décomposition et joue un rôle important en géométrie algébrique.

Enfin, les chapitres VIII et suivants traiteront de notions qui présentent plus d'intérêt en géométrie algébrique qu'en arithmétique (où elles deviennent triviales) et notamment du concept de *dimension*.

Avec ces notions, on parvient à la frontière de la géométrie algébrique proprement dite, frontière toujours plus mouvante et difficile à tracer. C'est que, si l'algèbre commutative est un outil essentiel pour développer la géométrie algébrique dans toute sa généralité, inversement (comme on a déjà pu l'apercevoir ci-dessus), le langage de la géométrie s'avère extrêmement commode pour exprimer les théorèmes d'algèbre commutative et y suggérer une certaine intuition, naturellement assez absente de l'algèbre abstraite ; avec la tendance actuelle à élargir de plus en plus le cadre de la géométrie algébrique, le langage algébrique et le langage géométrique tendent plus que jamais à se confondre.

CHAPITRE I (*)

MODULES PLATS

Sauf mention expresse du contraire, tous les anneaux considérés dans ce chapitre sont supposés avoir un élément unité ; tous les homomorphismes d'anneaux sont supposés transformer l'élément unité en l'élément unité. Par un sous-anneau d'un anneau A, *on entend un sous-anneau contenant l'élément unité de* A.

Si A *est un anneau,* M *un* A-*module à gauche,* U (resp. V) *un sous-groupe additif de* A (resp. M), *on rappelle qu'on note* UV *ou* U.V *le sous-groupe additif de* M *engendré par les produits uv, ou $u \in U$, $v \in V$* (*Alg.*, chap. VIII, § 6, n° 1). *Si $\mathfrak{a}$ est un idéal de* A, *on pose $\mathfrak{a}^0 = A$. Pour tout ensemble* E, *on désigne par 1_E* (*ou par* 1 *quand aucune confusion n'est à craindre*) *l'application identique de* E *sur lui-même.*

On rappelle que les axiomes des modules impliquent que si E *est un module à gauche* (resp. *à droite*) *sur un anneau* A, *et si* 1 *désigne l'élément unité de* A, *on a $1.x = x$* (resp. $x.1 = x$) *pour tout $x \in E$* (*Alg.*, chap. II, 3e éd., § 1, n° 1). *Si* E *et* F *sont deux* A-*modules à gauche* (resp. *à droite*), *on rappelle qu'on désigne par* $\mathrm{Hom}_A(E, F)$ (ou simplement Hom(E, F)) *le groupe additif des homomorphismes de* E *dans* F (*loc. cit.*, § 1, n° 2). *Par abus de notation, on désignera souvent par* 0 *un module réduit à son élément neutre.*

(*) A l'exception du § 4, les résultats de ce chapitre ne dépendent d'aucun autre livre de la deuxième partie.

§ 1. Diagrammes et suites exactes

1. *Diagrammes.*

Soient par exemple A, B, C, D, E cinq ensembles, et soient f une application de A dans B, g une application de B dans C, h une application de D dans E, u une application de B dans D et v une application de C dans E. Pour résumer une situation de ce genre, on fait souvent usage de diagrammes ; par exemple, on résumera la situation précédente par le diagramme suivant (*Ens.*, chap. II, § 3, n° 4) :

$$(1)\qquad \begin{array}{ccccc} A & \xrightarrow{f} & B & \xrightarrow{g} & C \\ & & {\scriptstyle u}\downarrow & & \downarrow{\scriptstyle v} \\ & & D & \xrightarrow[h]{} & E \end{array}$$

Dans un tel diagramme, le groupe de signes $A \xrightarrow{f} B$ schématise le fait que f est une application de A dans B. Lorsqu'il ne peut y avoir d'ambiguïté sur f, on supprime la lettre f, et on écrit simplement $A \to B$.

Lorsque A, B, C, D, E sont des groupes (resp. des groupes commutatifs) et f, g, h, u, v des homomorphismes de groupes, on dit pour abréger que le diagramme (1) est un *diagramme de groupes* (resp. *de groupes commutatifs*).

En principe, un diagramme n'est pas un objet mathématique, mais seulement une *figure*, destinée à faciliter la lecture d'un raisonnement. En pratique, on se sert souvent des diagrammes comme de *symboles abréviateurs*, qui évitent de nommer tous les ensembles et toutes les applications que l'on veut considérer ; on dit ainsi « considérons le diagramme (1) » au lieu de dire : « soient A, B, C, D, E cinq ensembles... et v une application de C dans E » ; voir par exemple l'énoncé de la prop. 2 du n° 4.

2. *Diagrammes commutatifs.*

Considérons par exemple le diagramme suivant :

$$(2)\qquad \begin{array}{ccccccc} A & \xrightarrow{f} & B & \xrightarrow{g} & C & \xrightarrow{h} & D \\ {\scriptstyle a}\downarrow & & {\scriptstyle b}\downarrow & & {\scriptstyle c}\downarrow & & {\scriptstyle d}\downarrow \\ A' & \xrightarrow[f']{} & B' & \xrightarrow[g']{} & C' & \xrightarrow[h']{} & D' \end{array}$$

A tout chemin composé d'un certain nombre de segments du diagramme parcouru dans le sens indiqué par les flèches, on fait correspondre une application de l'ensemble représenté par l'origine du premier segment dans l'ensemble représenté par l'extrémité du dernier segment, savoir la composée des applications représentées par les divers segments parcourus. Pour tout sommet du diagramme, par exemple B, on convient qu'il y a un chemin réduit à B, et on lui fait correspondre l'application identique 1_B.

Dans (2), il y a par exemple trois chemins partant de A et aboutissant à C' ; les applications correspondantes sont $c \circ g \circ f$, $g' \circ b \circ f$ et $g' \circ f' \circ a$. On dit qu'un diagramme est *commutatif* si, pour tout couple de chemins du diagramme ayant même origine et même extrémité, les deux applications correspondantes sont égales ; en particulier si un chemin a son extrémité confondue avec son origine, l'application correspondante doit être l'identité.

Pour que le diagramme (2) soit commutatif, il faut et il suffit que l'on ait les relations :

$$(3) \qquad f' \circ a = b \circ f, \qquad g' \circ b = c \circ g, \qquad h' \circ c = d \circ h\,;$$

autrement dit, il faut et il suffit que les trois diagrammes carrés extraits de (2) soient commutatifs. En effet, les relations (3) entraînent $c \circ g \circ f = g' \circ b \circ f$ puisque $c \circ g = g' \circ b$, et $g' \circ b \circ f = g' \circ f' \circ a$ puisque $b \circ f = f' \circ a$; donc les trois chemins partant de A et aboutissant à C' donnent la même application. On vérifie de même que les quatre chemins partant de A et aboutissant à D' (resp. les trois chemins partant de B et aboutissant à D') donnent la même application. Les relations (3) signifient que les deux chemins partant de A (resp. B, C) et aboutissant à B' (resp. C', D') donnent la même application. Tous les autres couples de sommets de (2) ne peuvent être joints que par un chemin au plus, et le diagramme (2) est donc bien commutatif.

Par la suite, nous laisserons au lecteur le soin de formuler et de vérifier des résultats analogues pour d'autres types de diagrammes.

3. *Suites exactes.*

Rappelons la définition suivante (*Alg.*, chap. II, 3e éd., § 1, no 4) :

DÉFINITION 1. — *Soient* A *un anneau,* F, G, H *trois* A-*modules à droite* (resp. *à gauche*), f *un homomorphisme de* F *dans* G *et* g *un homomorphisme de* G *dans* H. *On dit que le couple* (f, g) *est une suite exacte si l'on a* $\overset{-1}{g}(0) = f(\mathrm{F})$, *c'est-à-dire si le noyau de* g *est égal à l'image de* f.

On dit aussi alors que le diagramme

$$\mathrm{F} \xrightarrow{f} \mathrm{G} \xrightarrow{g} \mathrm{H} \tag{4}$$

est une *suite exacte.*

Considérons de même un diagramme formé de quatre modules et de trois homomorphismes :

$$\mathrm{E} \xrightarrow{f} \mathrm{F} \xrightarrow{g} \mathrm{G} \xrightarrow{h} \mathrm{H}. \tag{5}$$

On dit que ce diagramme est *exact en* F si le diagramme $\mathrm{E} \overset{f}{\to} \mathrm{F} \overset{g}{\to} \mathrm{G}$ est une suite exacte ; on dit qu'il est *exact en* G si $\mathrm{F} \overset{g}{\to} \mathrm{G} \overset{h}{\to} \mathrm{H}$ est une suite exacte. Si (5) est exact en F *et* en G, on dit qu'il est *exact*, ou encore que c'est une *suite exacte.* On définit de même les suites exactes à un nombre quelconque de termes.

Rappelons aussi les résultats suivants (*loc. cit.*), où E, F, G désignent des A-modules à droite (resp. à gauche), les flèches représentent des homomorphismes, et 0 désigne un module réduit à son élément neutre :

a) Dire que $0 \to \mathrm{E} \overset{f}{\to} \mathrm{F}$ est une suite exacte équivaut à dire que f est *injectif.*

b) Dire que $\mathrm{E} \overset{f}{\to} \mathrm{F} \to 0$ est une suite exacte équivaut à dire que f est *surjectif.*

c) Dire que $0 \to \mathrm{E} \overset{f}{\to} \mathrm{F} \to 0$ est une suite exacte équivaut à dire que f est *bijectif*, c'est-à-dire que f est un *isomorphisme* de E sur F.

d) Si F est un sous-module de E et si l'on note *i* l'injection canonique de F dans E et *p* la surjection canonique de E sur E/F, le diagramme

$$0 \longrightarrow \mathrm{F} \xrightarrow{i} \mathrm{E} \xrightarrow{p} \mathrm{E/F} \longrightarrow 0 \tag{6}$$

est une suite exacte.

e) Si $f : \mathrm{E} \to \mathrm{F}$ est un homomorphisme, le diagramme

$$0 \longrightarrow \overset{-1}{f}(0) \xrightarrow{i} \mathrm{E} \xrightarrow{f} \mathrm{F} \xrightarrow{p} \mathrm{F}/f(\mathrm{E}) \longrightarrow 0 \tag{7}$$

(où *i* est l'injection canonique de $\overset{-1}{f}(0)$ dans E, et *p* la surjection canonique de F sur $\mathrm{F}/f(\mathrm{E})$) est une suite exacte.

f) Pour qu'un diagramme

$$\mathrm{E} \xrightarrow{f} \mathrm{F} \xrightarrow{g} \mathrm{G} \tag{8}$$

soit une suite exacte, il faut et il suffit qu'il existe des modules S, T et des homomorphismes $a : \mathrm{E} \to \mathrm{S}$, $b : \mathrm{S} \to \mathrm{F}$, $c : \mathrm{F} \to \mathrm{T}$ et $d : \mathrm{T} \to \mathrm{G}$ tels que $f = b \circ a$, $g = d \circ c$, et que les trois suites

$$\begin{array}{c} \mathrm{E} \xrightarrow{a} \mathrm{S} \longrightarrow 0 \\ 0 \longrightarrow \mathrm{S} \xrightarrow{b} \mathrm{F} \xrightarrow{c} \mathrm{T} \longrightarrow 0 \\ 0 \longrightarrow \mathrm{T} \xrightarrow{d} \mathrm{G} \end{array} \tag{9}$$

soient *exactes*.

Rappelons enfin que si $f : \mathrm{E} \to \mathrm{F}$ est un homomorphisme de A-modules, on pose $\mathrm{Ker}\,(f) = \overset{-1}{f}(0)$, $\mathrm{Im}\,(f) = f(\mathrm{E})$, $\mathrm{Coim}\,(f) = \mathrm{E}/\overset{-1}{f}(0)$ et $\mathrm{Coker}\,(f) = \mathrm{F}/f(\mathrm{E})$. Avec ces notations, on peut prendre, dans (9), $\mathrm{S} = \mathrm{Im}\,(f) = \mathrm{Ker}\,(g)$ et $\mathrm{T} = \mathrm{Im}\,(g)$ (isomorphe canoniquement à Coker (f)).

4. *Le diagramme du serpent.*

Proposition 1. — *Considérons un diagramme commutatif de groupes commutatifs :*

$$\begin{array}{ccccc} \mathrm{A} & \xrightarrow{u} & \mathrm{B} & \xrightarrow{v} & \mathrm{C} \\ {\scriptstyle a}\downarrow & & {\scriptstyle b}\downarrow & & {\scriptstyle c}\downarrow \\ \mathrm{A}' & \xrightarrow[u']{} & \mathrm{B}' & \xrightarrow[v']{} & \mathrm{C}' \end{array} \tag{10}$$

On suppose que les deux lignes de (10) *sont exactes. Alors :*
(i) *Si c est injectif, on a*

$$\text{(11)} \qquad \operatorname{Im}(b) \cap \operatorname{Im}(u') = \operatorname{Im}(u' \circ a) = \operatorname{Im}(b \circ u).$$

(ii) *Si a est surjectif, on a*

$$\text{(12)} \qquad \operatorname{Ker}(b) + \operatorname{Im}(u) = \operatorname{Ker}(v' \circ b) = \operatorname{Ker}(c \circ v).$$

Prouvons (i). Il est clair que l'on a

$$\operatorname{Im}(u' \circ a) = \operatorname{Im}(b \circ u) \subset \operatorname{Im}(b) \cap \operatorname{Im}(u').$$

Inversement, soit $x \in \operatorname{Im}(b) \cap \operatorname{Im}(u')$. Il existe $y \in \mathrm{B}$ tel que $x = b(y)$. Comme $v' \circ u' = 0$, on a $0 = v'(x) = v'(b(y)) = c(v(y))$, d'où $v(y) = 0$ puisque c est injectif. Comme (u, v) est une suite exacte, il existe $z \in \mathrm{A}$ tel que $y = u(z)$, d'où $x = b(u(z))$.

Prouvons (ii). Comme $v \circ u = 0$ et $v' \circ u' = 0$, il est clair que

$$\operatorname{Ker}(b) + \operatorname{Im}(u) \subset \operatorname{Ker}(v' \circ b) = \operatorname{Ker}(c \circ v).$$

Inversement, soit $x \in \operatorname{Ker}(v' \circ b)$. Alors $b(x) \in \operatorname{Ker}(v')$, et il existe $y' \in \mathrm{A}'$ tel que $u'(y') = b(x)$ puisque la suite (u', v') est exacte. Comme a est surjectif, il existe $y \in \mathrm{A}$ tel que $a(y) = y'$, d'où $b(x) = u'(a(y)) = b(u(y))$; on en conclut que $x - u(y) \in \operatorname{Ker}(b)$, ce qui termine la démonstration.

Lemme 1. — *Considérons un diagramme commutatif de groupes commutatifs :*

$$\text{(13)} \qquad \begin{array}{ccc} \mathrm{A} & \xrightarrow{u} & \mathrm{B} \\ {\scriptstyle a}\downarrow & & \downarrow{\scriptstyle b} \\ \mathrm{A}' & \xrightarrow[u']{} & \mathrm{B}' \end{array}$$

Alors il existe un homomorphisme et un seul $u_1 : \operatorname{Ker}(a) \to \operatorname{Ker}(b)$, *et un homomorphisme et un seul* $u_2 : \operatorname{Coker}(a) \to \operatorname{Coker}(b)$, *tels que les diagrammes*

$$\text{(14)} \qquad \begin{array}{ccc} \operatorname{Ker}(a) & \xrightarrow{u_1} & \operatorname{Ker}(b) \\ {\scriptstyle i}\downarrow & & \downarrow{\scriptstyle j} \\ \mathrm{A} & \xrightarrow[u]{} & \mathrm{B} \end{array}$$

et

$$\text{(15)} \qquad \begin{array}{ccc} \mathrm{A}' & \xrightarrow{u'} & \mathrm{B}' \\ {\scriptstyle p}\downarrow & & \downarrow{\scriptstyle q} \\ \operatorname{Coker}(a) & \xrightarrow[u_2]{} & \operatorname{Coker}(b) \end{array}$$

soient commutatifs, i et j désignant les injections canoniques, p et q les surjections canoniques.

En effet, si $x \in \operatorname{Ker}(a)$, on a $a(x) = 0$ et $b(u(x)) = u'(a(x)) = 0$, donc $u(x) \in \operatorname{Ker}(b)$, et l'existence et l'unicité de u_1 sont alors immédiates. De même, on a $u'(a(\mathrm{A})) = b(u(\mathrm{A})) \subset b(\mathrm{B})$, donc u' donne par passage aux quotients un homomorphisme u_2 : $\operatorname{Coker}(a) \rightarrow \operatorname{Coker}(b)$, qui est le seul homomorphisme pour lequel (15) soit commutatif.

Partons maintenant d'un diagramme *commutatif* (10) de groupes commutatifs ; il lui correspond en vertu du lemme 1 un diagramme

$$
(16)\qquad
\begin{array}{ccccc}
\operatorname{Ker}(a) & \xrightarrow{u_1} & \operatorname{Ker}(b) & \xrightarrow{v_1} & \operatorname{Ker}(c) \\
{\scriptstyle i}\downarrow & & {\scriptstyle j}\downarrow & & {\scriptstyle k}\downarrow \\
\mathrm{A} & \xrightarrow{u} & \mathrm{B} & \xrightarrow{v} & \mathrm{C} \\
{\scriptstyle a}\downarrow & & {\scriptstyle b}\downarrow & & {\scriptstyle c}\downarrow \\
\mathrm{A}' & \xrightarrow[u']{} & \mathrm{B}' & \xrightarrow[v']{} & \mathrm{C}' \\
{\scriptstyle p}\downarrow & & {\scriptstyle q}\downarrow & & {\scriptstyle r}\downarrow \\
\operatorname{Coker}(a) & \xrightarrow[u_2]{} & \operatorname{Coker}(b) & \xrightarrow[v_2]{} & \operatorname{Coker}(c)
\end{array}
\qquad (d : \operatorname{Ker}(c) \dashrightarrow \operatorname{Coker}(a))
$$

où i, j, k sont les injections canoniques, p, q, r les surjections canoniques, u_1, u_2 (resp. v_1, v_2) les homomorphismes canoniquement associés à u, u' (resp. v, v') par le lemme 1. On vérifie aussitôt que ce diagramme est commutatif.

PROPOSITION 2. — *Supposons que dans le diagramme commutatif* (10), *les suites* (u, v) *et* (u', v') *soient exactes. Alors :*

(i) *On a* $v_1 \circ u_1 = 0$; *si* u' *est injectif, la suite* (u_1, v_1) *est exacte.*

(ii) *On a* $v_2 \circ u_2 = 0$; *si* v *est surjectif, la suite* (u_2, v_2) *est exacte.*

(iii) *Supposons* u' *injectif et* v *surjectif. Il existe alors un homomorphisme et un seul* d : $\operatorname{Ker}(c) \rightarrow \operatorname{Coker}(a)$ *ayant la propriété suivante : si* $x \in \operatorname{Ker}(c)$, $y \in \mathrm{B}$ *et* $t' \in \mathrm{A}'$ *vérifient les relations* $v(y) = k(x)$ *et* $u'(t') = b(y)$, *on a* $d(x) = p(t')$. *De plus la suite*

$$
(*)\ \operatorname{Ker}(a) \xrightarrow{u_1} \operatorname{Ker}(b) \xrightarrow{v_1} \operatorname{Ker}(c) \xrightarrow{d}
$$
$$
\xrightarrow{d} \operatorname{Coker}(a) \xrightarrow{u_2} \operatorname{Coker}(b) \xrightarrow{v_2} \operatorname{Coker}(c)
$$

est exacte.

Prouvons (i). Comme u_1 et v_1 ont mêmes graphes que

les restrictions de u et v à $\mathrm{Ker}(a)$ et $\mathrm{Ker}(b)$ respectivement, on a $v_1 \circ u_1 = 0$. On a $\mathrm{Ker}(v_1) = \mathrm{Ker}(b) \cap \mathrm{Ker}(v) = \mathrm{Ker}(b) \cap \mathrm{Im}(u) = \mathrm{Im}(j) \cap \mathrm{Im}(u)$. Mais d'après la prop. 1, (i), on a $\mathrm{Ker}(v_1) = \mathrm{Im}(j \circ u_1) = \mathrm{Im}(u_1)$ si u' est injectif.

Prouvons (ii). Comme u_2 et v_2 proviennent de u et v par passage aux quotients, il est clair que $v_2 \circ u_2 = 0$. Supposons v surjectif ; comme q et p sont surjectifs, on a, en vertu des hypothèses et de la prop. 1, (ii)

$$\begin{aligned} \mathrm{Ker}(v_2) &= q(\mathrm{Ker}(v_2 \circ q)) = q(\mathrm{Ker}(v') + \mathrm{Im}(b)) = q(\mathrm{Ker}(v')) \\ &= q(\mathrm{Im}(u')) = \mathrm{Im}(q \circ u') = \mathrm{Im}(u_2 \circ p) = \mathrm{Im}(u_2). \end{aligned}$$

Prouvons enfin (iii). Pour $x \in \mathrm{Ker}(c)$, il existe $y \in \mathrm{B}$ tel que $v(y) = k(x)$ puisque v est surjectif ; en outre, on a $v'(b(y)) = c(k(x)) = 0$, et par suite il existe un *unique* $t' \in \mathrm{A}'$ tel que $u'(t') = b(y)$ puisque u' est injectif. Montrons que l'élément $p(t') \in \mathrm{Coker}(a)$ est *indépendant* de l'élément $y \in \mathrm{B}$ tel que $v(y) = k(x)$. En effet, si $y' \in \mathrm{B}$ est un second élément tel que $v(y') = k(x)$, on a $y' = y + u(z)$ où $z \in \mathrm{A}$; montrons que si $t'' \in \mathrm{A}'$ est tel que $u'(t'') = b(y')$ on a $t'' = t' + a(z)$; en effet on a $u'(t' + a(z)) = u'(t') + u'(a(z)) = b(y) + b(u(z)) = b(y + u(z)) = b(y')$. Enfin, on en conclut que $p(t'') = p(t') + p(a(z)) = p(t')$. On peut donc poser $d(x) = p(t')$ et on a ainsi défini une application $d : \mathrm{Ker}(c) \to \mathrm{Coker}(a)$.

Si maintenant x_1, x_2 sont des éléments de $\mathrm{Ker}(c)$ et $x = x_1 + x_2$, on prendra des éléments y_1 et y_2 de B tels que $v(y_1) = k(x_1)$ et $v(y_2) = k(x_2)$ et on choisira pour $y \in \mathrm{B}$ l'élément $y_1 + y_2$; il est alors immédiat que $d(x) = d(x_1) + d(x_2)$, donc d est un *homomorphisme*.

Supposons que $x = v_1(x')$ pour un $x' \in \mathrm{Ker}(b)$; on prendra alors pour $y \in \mathrm{B}$ l'élément $j(x')$. Comme $b(j(x')) = 0$, on en conclut $d(x) = 0$, donc $d \circ v_1 = 0$. Inversement, supposons que $d(x) = 0$. Avec les notations précédentes, on a donc $t' = a(s)$, où $s \in \mathrm{A}$. Dans ce cas, on a $b(y) = u'(t') = u'(a(s)) = b(u(s))$, ou encore $b(y - u(s)) = 0$. L'élément $y - u(s)$ est donc de la forme $j(n)$ pour $n \in \mathrm{Ker}(b)$, et on a $k(x) = v(y) = v(u(s) + j(n)) = v(j(n)) = k(v_1(n))$; comme k est injectif, $x = v_1(n)$, ce qui prouve que la suite (*) est exacte en $\mathrm{Ker}(c)$.

Enfin, on a (toujours avec les mêmes notations) $u_2(d(x)) =$

$u_2(p(t')) = q(u'(t')) = q(b(y)) = 0$ donc $u_2 \circ d = 0$. Inversement, supposons qu'un élément $w = p(t')$ de Coker (a) soit tel que $u_2(w) = u_2(p(t')) = 0$ (avec $t' \in \mathrm{A}'$). On a donc $q(u'(t')) = 0$, et par suite $u'(t') = b(y)$ pour un $y \in \mathrm{B}$; comme $v'(u'(t'))) = 0$, on a $v'(b(y)) = 0$, donc $c(v(y)) = 0$, autrement dit $v(y) = k(x)$ pour un $x \in$ Ker (c), et par définition $w = d(x)$, ce qui montre que la suite (*) est exacte en Coker (a). On a vu dans (i) qu'elle est exacte en Ker (b) et dans (ii) qu'elle est exacte en Coker (b), ce qui achève de prouver (iii).

Remarque. — Lorsque les groupes du diagramme (10) sont tous des modules (à droite par exemple) sur un anneau Λ et les homomorphismes des homomorphismes de Λ-modules, on vérifie aussitôt que l'homomorphisme d défini dans la prop. 2, (iii) est encore un homomorphisme de Λ-modules : si $x \in$ Ker (c) et $\alpha \in \Lambda$, et si $y \in \mathrm{B}$ est tel que $v(y) = k(x)$, il suffit de remarquer que $v(y\alpha) = k(x\alpha)$.

Corollaire 1. — *Supposons que le diagramme* (10) *soit commutatif et ait ses lignes exactes. Alors :*

(i) *Si u', a et c sont injectifs, b est injectif.*

(ii) *Si v, a et c sont surjectifs, b est surjectif.*

L'assertion (i) est conséquence de l'assertion (i) de la prop. 2 : en effet on a Ker $(a) = 0$ et Ker $(c) = 0$, donc Ker $(b) = 0$.

L'assertion (ii) est conséquence de l'assertion (ii) de la prop. 2 : en effet, on a Coker $(a) = 0$ et Coker $(c) = 0$, donc Coker $(b) = 0$.

Corollaire 2. — *Supposons que le diagramme* (10) *soit commutatif et ait ses lignes exactes. Dans ces conditions :*

(i) *Si b est injectif et si a et v sont surjectifs, alors c est injectif.*

(ii) *Si b est surjectif et si c et u' sont injectifs, alors a est surjectif.*

Pour prouver (i), considérons le diagramme

$$\begin{array}{ccccc} u(\mathrm{A}) & \xrightarrow{w} & \mathrm{B} & \xrightarrow{v} & \mathrm{C} \\ {\scriptstyle a'}\downarrow & & {\scriptstyle b}\downarrow & & {\scriptstyle c}\downarrow \\ u'(\mathrm{A}') & \xrightarrow[w']{} & \mathrm{B}' & \xrightarrow[v']{} & \mathrm{C}' \end{array}$$

où a' est l'application ayant même graphe que la restriction de b à $u(\mathrm{A})$, w et w' les injections canoniques ; il est clair que ce diagramme est commutatif et a ses lignes exactes. En outre w' est injectif, et par hypothèse v est surjectif ; on a donc par la prop. 2, (iii), une suite exacte.

$$0 = \mathrm{Ker}(b) \rightarrow \mathrm{Ker}(c) \xrightarrow{d} \mathrm{Coker}(a') = 0$$

puisque b est injectif et que a' est surjectif ; d'où Ker $(c) = 0$.

Pour prouver (ii), considérons le diagramme

$$\begin{array}{ccccc} A & \xrightarrow{u} & B & \xrightarrow{w} & v(B) \\ {\scriptstyle a}\downarrow & & {\scriptstyle b}\downarrow & & {\scriptstyle c'}\downarrow \\ A' & \xrightarrow[u']{} & B' & \xrightarrow[w']{} & v'(B') \end{array}$$

où cette fois c' est l'application ayant même graphe que la restriction de c à $v(B)$, et w et w' ont respectivement mêmes graphes que v et v' ; ce diagramme est commutatif et ses lignes sont exactes. En outre w est surjectif et par hypothèse u' est injectif ; on a donc, par la prop. 2, (iii), une suite exacte

$$0 = \mathrm{Ker}(c') \xrightarrow{d} \mathrm{Coker}(a) \rightarrow \mathrm{Coker}(b) = 0$$

puisque b est surjectif et que c' est injectif ; d'où Coker $(a) = 0$.

§ 2. Modules plats (*)

1. Rappel sur les produits tensoriels.

Soient A un anneau, E un A-module à droite, M un A-module à gauche. On a défini en *Alg.*, chap. II, 3e éd., § 3, nº 1, le *produit tensoriel* $E \otimes_A M$, qui est un **Z**-*module.* Si E′ (resp. M′) est un A-module à droite (resp. à gauche) et $u : E \rightarrow E'$ (resp. $v : M \rightarrow M'$) un homomorphisme, on a aussi défini (*loc. cit.*, nº 2) un **Z**-*homomorphisme*

$$u \otimes v : E \otimes_A M \rightarrow E' \otimes_A M'.$$

Lemme 1. — *Soit* $M' \xrightarrow{v} M \xrightarrow{w} M'' \rightarrow 0$ *une suite exacte de* A-*modules à gauche, et soit* E *un* A-*module à droite. La suite*

$$E \otimes_A M' \xrightarrow{1 \otimes v} E \otimes_A M \xrightarrow{1 \otimes w} E'' \otimes_A M \longrightarrow 0$$

est alors une suite exacte de groupes commutatifs.

(*) Signalons aux lecteurs déjà au courant de l'Algèbre homologique qu'ils trouveront au § 4 d'autres caractérisations des modules plats.

C'est le cor. de la prop. 5 d'*Alg.*, chap. II, 3e éd., § 3, n° 6.

On en conclut que pour tout homomorphisme u : M → N de A-modules à gauche, $E \otimes_A (\text{Coker } u)$ s'identifie canoniquement à Coker $(1_E \otimes u)$, comme le montre le lemme 1 appliqué à la suite exacte

$$M \xrightarrow{u} N \to \text{Coker } u \to 0.$$

Les notations étant celles du lemme 1, on sait (*loc. cit.*) que si v est *injectif*, c'est-à-dire si la suite $0 \to M' \xrightarrow{v} M \xrightarrow{w} M'' \to 0$ est exacte, il n'en résulte pas nécessairement que $1_E \otimes v$ soit injectif et l'on ne peut donc pas en général identifier $E \otimes_A M'$ à un sous-groupe de $E \otimes_A M$. Rappelons toutefois (*Alg.*, chap. II, 3e éd., § 3, n° 7, cor. 5 de la prop. 7) le résultat suivant :

Lemme 2. — *Si* v : M' → M *est injectif et si* v(M') *est facteur direct de* M, *l'homomorphisme* $1_E \otimes v$ *est injectif, et son image est facteur direct de* $E \otimes_A M$.

2. *Modules M-plats.*

DÉFINITION 1. — *Soient* A *un anneau,* E *un* A-*module à droite et* M *un* A-*module à gauche. On dit que* E *est plat pour* M (*ou* M-*plat*) *si, pour tout* A-*module à gauche* M' *et tout homomorphisme injectif* $v : M' \to M$, *l'homomorphisme* $1_E \otimes v : E \otimes_A M' \to E \otimes_A M$ *est injectif.*

On définit de même, pour tout A-module à droite N, la notion de *module à gauche* N-*plat.* Dire qu'un A-module à droite E est plat pour un A-module à gauche M équivaut à dire que E, considéré comme A^0-module à gauche (on rappelle que A^0 désigne l'anneau opposé de A), est plat pour le A^0-module à droite M.

Lemme 3. — *Pour qu'un* A-*module à droite* E *soit* M-*plat, il suffit que pour tout sous-module de type fini* M' *de* M, *l'homomorphisme canonique* $1_E \otimes j : E \otimes_A M' \to E \otimes_A M$ (j *étant l'injection canonique* M' → M) *soit injectif.*

En effet, supposons cette condition vérifiée et soit N un sous-module quelconque de M. Supposons que l'image canonique dans $E \otimes_A M$ d'un élément $z = \sum_i x_i \otimes y_i \in E \otimes_A N$ ($x_i \in E$, $y_i \in N$) soit nulle, et soit M′ le sous-module de type fini de N engendré par les y_i ; comme par hypothèse l'application composée $E \otimes_A M' \to E \otimes_A N \to E \otimes_A M$ est injective, la somme $z' = \sum_i x_i \otimes y_i$, considérée comme élément de $E \otimes_A M'$, est nulle. Comme z est l'image de z', on a aussi $z = 0$, d'où le lemme.

Lemme 4. — Soient E *un* A*-module à droite et* M *un* A*-module à gauche tel que* E *soit* M*-plat. Si* N *est, soit un sous-module, soit un module quotient de* M, *alors* E *est* N*-plat.*

Le cas où N est un sous-module est facile, car si N′ est un sous-module de N, l'homomorphisme composé

$$E \otimes_A N' \to E \otimes_A N \to E \otimes_A M$$

est injectif, donc il en est de même de $E \otimes_A N' \to E \otimes_A N$. Supposons donc que N soit un module quotient de M, c'est-à-dire qu'il existe une suite exacte $0 \to R \xrightarrow{i} M \xrightarrow{p} N \to 0$. Soient N′ un sous-module de N, et $M' = \overset{-1}{p}(N')$. Notons i' l'application de R dans M′ ayant même graphe que i, p' la surjection $M' \to N'$, ayant même graphe que la restriction de p à M′, r l'application identique de R sur R, m l'injection canonique $M' \to M$, n l'injection canonique $N' \to N$. Le diagramme

$$\begin{array}{ccccccccc} 0 & \longrightarrow & R & \xrightarrow{i'} & M' & \xrightarrow{p'} & N' & \longrightarrow & 0 \\ & & r\downarrow & & m\downarrow & & n\downarrow & & \\ 0 & \longrightarrow & R & \xrightarrow[i]{} & M & \xrightarrow[p]{} & N & \longrightarrow & 0 \end{array}$$

est commutatif, et ses lignes sont exactes.

Pour simplifier l'écriture, posons $T(Q) = E \otimes_A Q$ pour tout A-module à gauche Q et $T(v) = 1_E \otimes v$ pour tout homomorphisme v de A-modules à gauche. Le diagramme

$$\begin{array}{ccccccc} T(R) & \xrightarrow{T(i')} & T(M') & \xrightarrow{T(p')} & T(N') & \longrightarrow & 0 \\ T(r)\downarrow & & T(m)\downarrow & & T(n)\downarrow & & \\ T(R) & \xrightarrow[T(i)]{} & T(M) & \xrightarrow[T(p)]{} & T(N) & \longrightarrow & 0 \end{array}$$

est commutatif, et ses lignes sont exactes en vertu du no 1, lemme 1.

De plus, puisque E est M-plat, l'homomorphisme T(m) est injectif. Comme T(r) et T(p') sont surjectifs, il résulte du § 1, n° 4, cor. 2 de la prop. 2, que T(n) est injectif, ce qui démontre le lemme.

Lemme 5. — *Soit* $(M_\iota)_{\iota \in I}$ *une famille de* A-*modules à gauche,* $M = \bigoplus_{\iota \in I} M_\iota$ *leur somme directe, et* E *un* A-*module à droite. Si, pour tout* $\iota \in I$, E *est plat pour* M_ι, *alors* E *est plat pour* M.

a) Supposons d'abord que $I = \{1, 2\}$, et soit M′ un sous-module de $M = M_1 \oplus M_2$, M_1 et M_2 étant canoniquement identifiés à des sous-modules de M. Désignons par M'_1 l'intersection $M' \cap M_1$, par M'_2 l'image de M′ dans M_2 par la projection canonique p de M sur M_2. On a un diagramme

$$\begin{array}{ccccccccc} 0 & \longrightarrow & M'_1 & \xrightarrow{i'} & M' & \xrightarrow{p'} & M'_2 & \longrightarrow & 0 \\ & & \downarrow{\scriptstyle v_1} & & \downarrow{\scriptstyle v} & & \downarrow{\scriptstyle v_2} & & \\ 0 & \longrightarrow & M_1 & \xrightarrow[i]{} & M & \xrightarrow[p]{} & M_2 & \longrightarrow & 0 \end{array}$$

où v_1, v, v_2, i, i' sont les injections canoniques et p' l'application ayant même graphe que la restriction de p à M′, qui est surjective. On vérifie aussitôt que ce diagramme est commutatif et que ses lignes sont exactes. Les notations T(Q) et T(v) ayant le même sens que dans la démonstration du lemme 4, on a un diagramme commutatif

$$\begin{array}{ccccc} T(M'_1) & \xrightarrow{T(i')} & T(M') & \xrightarrow{T(p')} & T(M'_2) \\ \downarrow{\scriptstyle T(v_1)} & & \downarrow{\scriptstyle T(v)} & & \downarrow{\scriptstyle T(v_2)} \\ T(M_1) & \xrightarrow[T(i)]{} & T(M) & \xrightarrow[T(p)]{} & T(M_2) \end{array}$$

En vertu du lemme 1 du n° 1, les deux lignes de ce diagramme sont exactes ; comme E est plat pour M_1 et M_2, T(v_1) et T(v_2) sont injectifs ; en outre, en vertu du lemme 2 du n° 1, T(i) est injectif. Le cor. 1 de la prop. 2 du § 1, n° 4 montre alors que T(v) est injectif et par suite E est M-plat.

b) Si I est un ensemble fini à n éléments, on procède par récurrence sur n en utilisant *a*).

c) Dans le cas général, soit M′ un sous-module *de type fini* de M. Il existe alors une partie finie J de l'ensemble d'indices I telle que M′ soit contenu dans la somme directe $M_J = \bigoplus_{\iota \in J} M_\iota$. En vertu de *b*), E est plat pour M_J ; l'homomorphisme canonique

$E \otimes_A M' \to E \otimes_A M_J$ est donc injectif. D'autre part, comme M_J est facteur direct de M, l'homomorphisme canonique $E \otimes_A M_J \to E \otimes_A M$ est injectif (nº 1, lemme 2). Par composition, on en déduit que $E \otimes_A M' \to E \otimes_A M$ est injectif, et E est plat pour M en vertu du lemme 3.

3. *Modules plats.*

PROPOSITION 1. — *Soit* E *un* A-*module à droite. Les trois propriétés suivantes sont équivalentes :*

a) E *est plat pour* A_s (*autrement dit, pour tout idéal à gauche* $\mathfrak{a}$ *de* A, *l'homomorphisme canonique* $E \otimes_A \mathfrak{a} \to E \otimes_A A_s = E$ *est injectif*).

b) E *est* M-*plat pour tout* A-*module à gauche* M.

c) *Pour toute suite exacte de* A-*modules à gauche et d'homomorphismes*

$$M' \xrightarrow{v} M \xrightarrow{w} M''$$

la suite

$$E \otimes_A M' \xrightarrow{1 \otimes v} E \otimes_A M \xrightarrow{1 \otimes w} E \otimes_A M''$$

est exacte.

Il est immédiat que *b*) entraîne *a*). Inversement supposons *a*) vérifiée ; en vertu du nº 2, lemme 5, E est plat pour tout A-module à gauche *libre* ; comme tout A-module à gauche est isomorphe à un quotient d'un module libre (*Alg.*, chap. II, 3e éd., § 1, nº 11, prop. 20), il résulte du nº 2, lemme 4 que E est plat pour M.

Montrons que *c*) implique *b*). Si $v : M' \to M$ est un homomorphisme injectif, la suite $0 \to M' \xrightarrow{v} M$ est exacte ; en vertu de *c*), la suite $0 \to E \otimes_A M' \xrightarrow{1 \otimes v} E \otimes_A M$ est exacte ; cela signifie que $1 \otimes v$ est injectif, autrement dit que E est M-plat.

Enfin, l'implication *b*) $\Rightarrow$ *c*) est la conséquence du lemme plus précis suivant :

Lemme 6. — *Si* $M' \xrightarrow{v} M \xrightarrow{w} M''$ *est une suite exacte de* A-*modules à gauche et si* E *est un* A-*module à droite plat pour* M'', *la suite*

$$E \otimes_A M' \xrightarrow{1 \otimes v} E \otimes_A M \xrightarrow{1 \otimes w} E \otimes_A M''$$

est exacte.

Utilisons les notations T(Q) et T(v) avec le même sens que dans la démonstration du lemme 4 du n° 2. Posons $M_1'' = w(M)$ et soient $i : M_1'' \to M''$ l'injection canonique et p l'application de M dans M_1'' ayant même graphe que w. La suite $M' \xrightarrow{v} M \xrightarrow{p} M_1'' \to 0$ étant exacte, il résulte du n° 1, lemme 1 que la suite

$$T(M') \xrightarrow{T(v)} T(M) \xrightarrow{T(p)} T(M_1'') \to 0$$

est exacte. Par ailleurs, comme E est M''-plat, l'application $T(i) : T(M_1'') \to T(M'')$ est injective, et comme $T(i) \circ T(p) = T(w)$, la suite

$$T(M') \xrightarrow{T(v)} T(M) \xrightarrow{T(w)} T(M'')$$

est exacte (§ 1, n° 3).

DÉFINITION 2. — *On dit qu'un* A-*module à droite* E *est plat s'il vérifie les propriétés équivalentes de la prop.* 1.

On définit de même les A-modules à gauche plats. Dire qu'un A-module à droite E est plat équivaut à dire que E, considéré comme A^0-module à gauche, est plat.

Remarques. — 1) En vertu du n° 2, lemme 3, pour qu'un A-module à droite E soit plat, il faut et il suffit que, pour tout idéal à gauche $\mathfrak{a}$ de A, *de type fini*, l'application canonique $E \otimes_A \mathfrak{a} \to E$ (prop. 1) d'image $E\mathfrak{a}$, soit injective.

2) Soit E un A-module à droite plat. Si M' est un sous-module d'un A-module à gauche M, l'injection canonique $E \otimes_A M' \to E \otimes_A M$ permet d'identifier $E \otimes_A M'$ à un sous-groupe de $E \otimes_A M$. Ceci étant, soient N un A-module à gauche, $u : M \to N$ un homomorphisme, $K = \operatorname{Ker} u$, $I = \operatorname{Im} u$. La considération de la suite exacte.

$$0 \to K \to M \xrightarrow{u} N$$

montre aussitôt (prop. 1) que $E \otimes_A (\operatorname{Ker} u)$ *s'identifie à* $\operatorname{Ker} (1_E \otimes u)$. D'autre part, en notant u' l'homomorphisme surjectif $M \to I$ ayant même graphe que u, et i l'injection canonique $I \to N$, $1_E \otimes u'$ est surjectif (n° 1, lemme 1) et $1_E \otimes i$ est injectif puisque E est plat. Comme $1_E \otimes u = (1_E \otimes i) \circ (1_E \otimes u')$, $E \otimes_A (\operatorname{Im} u)$ *s'identifie à* $\operatorname{Im} (1_E \otimes u)$.

PROPOSITION 2. — (i) *Soit* $(E_\iota)_{\iota \in I}$ *une famille de A-modules à droite. Pour que* $E = \bigoplus_{\iota \in I} E_\iota$ *soit plat, il faut et il suffit que chacun des* E_ι *soit plat.*

(ii) *Soient* I *un ensemble ordonné,* $(E_\alpha, f_{\beta\alpha})$ *un système inductif de A-modules à droite* (*Alg.*, chap. II, 3ᵉ éd., § 6, nº 6). *Si chacun des* E_α *est plat, alors* $E = \varinjlim E_\alpha$ *est plat.*

Soit $M' \to M$ un homomorphisme injectif de A-modules à gauche.

(i) Pour que l'homomorphisme somme directe

$$\bigoplus_{\iota \in I} (E_\iota \otimes_A M') \to \bigoplus_{\iota \in I} (E_\iota \otimes_A M)$$

soit injectif, il faut et il suffit que chacun des homomorphismes $E_\iota \otimes_A M' \to E_\iota \otimes_A M$ le soit (*Alg.*, chap. II, 3ᵉ éd., § 1, nº 6, cor. 1 de la prop. 7), ce qui démontre (i), puisque $\bigoplus_{\iota \in I} (E_\iota \otimes_A M)$ s'identifie canoniquement à $E \otimes_A M$ (*Alg.*, chap. II, 3ᵉ éd., § 3, nº 7, prop. 7).

(ii) Par hypothèse, chacune des suites

$$0 \to E_\alpha \otimes_A M' \to E_\alpha \otimes_A M$$

est exacte ; il en est donc de même de la suite

$$0 \to E \otimes_A M' \to E \otimes_A M$$

puisque le passage à la limite inductive commute avec le produit tensoriel (*Alg.*, chap. II, 3ᵉ éd., § 6, nº 7, prop. 12) et conserve l'exactitude (*ibid.*, § 6, nº 6, prop. 8).

4. Exemples de modules plats.

1) Pour tout anneau A, il est clair que A_d est un A-module plat (*Alg.*, chap. II, 3ᵉ éd., § 3, nº 4, prop. 4). Il résulte alors de la prop. 2, (i), du nº 3 que tout A-module à droite libre, et plus généralement tout A-module à droite *projectif* (*Alg.*, chap. II, 3ᵉ éd., § 2, nº 2) est un A-module plat.

2) Si A est un anneau *semi-simple* (*Alg.*, chap. VIII, § 5, nº 1, déf. 1) tout A-module à droite E est semi-simple, donc somme directe de modules simples ; comme chacun de ces derniers est

isomorphe à un facteur direct de A_d (*ibid.*, § 5, n° 1, prop. 6), E est projectif, et par suite plat d'après 1) (cf. exerc. 16).

3) Aux chap. II et III, nous étudierons en détail deux exemples importants de A-modules plats : les anneaux de fractions $S^{-1}A$ et les séparés complétés $\hat{A}$ de A pour les topologies $\mathfrak{I}$-adiques.

Proposition 3. — *Soient* A *un anneau,* E *un* A-*module à droite.*

(i) *Supposons que* E *soit plat. Pour tout élément* a *de* A *qui n'est pas diviseur à droite de* 0 (*), *les relations* $x \in E$, $xa = 0$ *entraînent* $x = 0$.

(ii) *On suppose que* A *est un anneau commutatif intègre dans lequel tout idéal de type fini est principal* (par exemple un anneau *principal* (*Alg.*, chap. VII, § 1, n° 1)). *Alors, pour que* E *soit plat, il faut et il suffit que* E *soit sans torsion.*

Prouvons (i). Soit $\varphi : A_s \to A_s$ l'homomorphisme $t \to ta$ de A-modules à gauche ; l'hypothèse signifie que φ est injectif. Comme E est plat, l'homomorphisme $1_E \otimes \varphi : E \otimes_A A_s \to E \otimes_A A_s$ est aussi injectif. Lorsque l'on identifie canoniquement $E \otimes_A A_s$ à E, $1_E \otimes \varphi$ devient l'endomorphisme $x \to xa$ de E. Donc la relation $xa = 0$ entraîne $x = 0$.

Prouvons (ii). D'après (i), si E est plat, E est sans torsion. Inversement, soit E un A-module sans torsion ; vérifions que, pour tout idéal de type fini $\mathfrak{a}$ de A, l'homomorphisme canonique $E \otimes_A \mathfrak{a} \to E$ est injectif (n° 3, *Remarque* 1). Cette assertion est évidente si $\mathfrak{a} = (0)$; sinon, on a par hypothèse $\mathfrak{a} = Aa$ avec $a \in A$ et $a \neq 0$, et $t \to ta$ est alors un isomorphisme φ de A sur $\mathfrak{a}$; notant i l'injection canonique $\mathfrak{a} \to A$, $i \circ \varphi$ est l'homothétie de rapport a dans A. Alors $1_E \otimes (i \circ \varphi)$ est l'homothétie de rapport a dans E, et est injective puisque E est supposé sans torsion. Or, on a $1_E \otimes (i \circ \varphi) = (1_E \otimes i) \circ (1_E \otimes \varphi)$; comme $1_E \otimes \varphi$ est un isomorphisme, $1_E \otimes i$ est injective, ce qui achève la démonstration.

(*) Rappelons qu'un *diviseur à droite* (resp. *à gauche*) *de* 0 dans un anneau A est un élément $b \in A$ tel que l'application $x \to xb$ (resp. $x \to bx$) ne soit pas injective.

Exemple. — Appliquant la prop. 3 à l'anneau $\mathbf{Z}$, on voit que $\mathbf{Q}$ est un $\mathbf{Z}$-module plat, mais que $\mathbf{Z}/n\mathbf{Z}$ (pour $n \geqslant 2$) n'est pas un $\mathbf{Z}$-module plat.

5. *Platitude des modules quotients.*

Proposition 4. — *Soit* E *un* A-*module à droite. Les trois propriétés suivantes sont équivalentes :*

a) E *est plat.*

b) *Pour toute suite exacte de* A-*modules à droite de la forme*

$$0 \to G \xrightarrow{v} H \xrightarrow{w} E \to 0 \tag{1}$$

et tout A-*module à gauche* F, *la suite*

$$0 \longrightarrow G \otimes_A F \xrightarrow{v \otimes 1} H \otimes_A F \xrightarrow{w \otimes 1} E \otimes_A F \longrightarrow 0 \tag{2}$$

est exacte.

c) *Il existe une suite exacte* (1), *où* H *est plat, telle que la suite* (2) *soit exacte pour tout* A-*module à gauche* F *de la forme* $A_s/\mathfrak{a}$, *où* $\mathfrak{a}$ *est un idéal à gauche de type fini de* A.

Montrons d'abord que *a*) implique *b*). Le A-module à gauche F est isomorphe à un quotient d'un module libre (*Alg.*, chap. II, 3e éd., § 1, n° 11, prop. 20) ; autrement dit, on a une suite exacte

$$0 \to R \xrightarrow{i} L \xrightarrow{p} F \to 0$$

où L est libre. Considérons le diagramme

$$\begin{array}{ccccc}
G \otimes R & \xrightarrow{v \otimes 1_R} & H \otimes R & \xrightarrow{w \otimes 1_R} & E \otimes R \\
{\scriptstyle 1_G \otimes i}\downarrow & & {\scriptstyle 1_H \otimes i}\downarrow & & {\scriptstyle 1_E \otimes i}\downarrow \\
G \otimes L & \xrightarrow[v \otimes 1_L]{} & H \otimes L & \xrightarrow[w \otimes 1_L]{} & E \otimes L \\
{\scriptstyle 1_G \otimes p}\downarrow & & {\scriptstyle 1_H \otimes p}\downarrow & & \\
G \otimes F & \xrightarrow[v \otimes 1_F]{} & H \otimes F & &
\end{array} \tag{3}$$

Il est immédiat que ce diagramme est commutatif, et ses lignes et colonnes sont exactes en vertu du n° 1, lemme 1 ; en outre, comme $1_G \otimes p$ et $1_H \otimes p$ sont surjectifs (n° 1, lemme 1), on a $G \otimes F = \operatorname{Coker}(1_G \otimes i)$, $H \otimes F = \operatorname{Coker}(1_H \otimes i)$; $w \otimes 1_R$ est surjectif (n° 1, lemme 1) ; enfin, comme L est libre, donc plat, $v \otimes 1_L$ est injectif. On peut donc appliquer le diagramme du serpent (§ 1, n° 4, prop. 2, (iii)) qui prouve l'existence d'une suite exacte

$$\text{(4)}\qquad \mathrm{Ker}(1_H \otimes i) \longrightarrow \mathrm{Ker}(1_E \otimes i) \xrightarrow{d} G \otimes F \xrightarrow{v \otimes 1_F} H \otimes F.$$

Cela étant, si E est plat, $1_E \otimes i$ est injectif, autrement dit $\mathrm{Ker}(1_E \otimes i) = 0$, et la suite exacte (4) montre que $v \otimes 1_F$ est injectif, donc la suite (2) est exacte (compte tenu du n° 1, lemme 1).

Comme *b*) implique évidemment *c*), il nous reste à prouver que *c*) entraîne *a*). Considérons le diagramme (3) dans le cas $R = \mathfrak{a}$, $L = A_s$, $F = A_s/\mathfrak{a}$, et appliquons la suite exacte (4). Par hypothèse, $v \otimes 1_F$ est injectif, donc $\mathrm{Im}(d) = 0$; en outre, comme H est plat, on a $\mathrm{Ker}(1_H \otimes i) = 0$; l'exactitude de la suite (4) entraîne donc $\mathrm{Ker}(1_E \otimes i) = 0$, autrement dit $1_E \otimes i$ est injectif et cela prouve que E est plat (n° 3, *Remarque* 1).

PROPOSITION 5. — *Soit* $0 \to E' \xrightarrow{v} E \xrightarrow{w} E'' \to 0$ *une suite exacte de* A-*modules à droite. Supposons que* E″ *soit plat. Alors, pour que* E *soit plat, il faut et il suffit que* E′ *soit plat.*

Soit $u : F' \to F$ un homomorphisme injectif de A-modules à gauche. Considérons le diagramme

$$\begin{array}{ccccc} E' \otimes F' & \xrightarrow{v \otimes 1_{F'}} & E \otimes F' & \xrightarrow{w \otimes 1_{F'}} & E'' \otimes F' \\ {\scriptstyle 1_{E'} \otimes u} \downarrow & & {\scriptstyle 1_E \otimes u} \downarrow & & {\scriptstyle 1_{E''} \otimes u} \downarrow \\ E' \otimes F & \xrightarrow[v \otimes 1_F]{} & E \otimes F & \xrightarrow[w \otimes 1_F]{} & E'' \otimes F \end{array}$$

Il est commutatif et ses lignes sont exactes (n° 1, lemme 1). Puisque E″ est plat, $1_{E''} \otimes u$ est injectif ; en outre, la prop. 4 prouve que $v \otimes 1_{F'}$ et $v \otimes 1_F$ sont injectifs. Cela étant, si E est plat, $1_E \otimes u$ est injectif, donc aussi $(1_E \otimes u) \circ (v \otimes 1_{F'}) = (v \otimes 1_F) \circ (1_{E'} \otimes u)$; on en conclut que $1_{E'} \otimes u$ est injectif, et par suite E′ est plat. Réciproquement, si E′ est plat, $1_{E'} \otimes u$ est injectif ; on conclut alors du § 1, n° 4, cor. 1 de la prop. 2, que $1_E \otimes u$ est injectif, et par suite E est plat.

Remarques. — 1) Il peut se faire que E et E′ soient plats sans que E″ le soit, comme le montre l'exemple des **Z**-modules $E = \mathbf{Z}$, $E' = n\mathbf{Z}$, $E'' = \mathbf{Z}/n\mathbf{Z}$ $(n \geqslant 2)$.

2) Un sous-module d'un module plat n'est pas nécessairement un module plat (exerc. 3).

6. Propriétés d'intersection.

Lemme 7. — *Soient* E *un* A-*module à droite,* F *un* A-*module à gauche,* F', F'' *deux sous-modules de* F *tels que* F = F' + F''. *Alors l'intersection des images canoniques de* $E \otimes F'$ *et* $E \otimes F''$ *dans* $E \otimes F$ *est égale à l'image canonique de* $E \otimes (F' \cap F'')$.

Considérons en effet le diagramme

$$\begin{array}{ccccccccc} 0 & \to & F' \cap F'' & \longrightarrow & F' & \longrightarrow & F'/(F' \cap F'') & \longrightarrow & 0 \\ & & \downarrow & & \downarrow & & \downarrow j & & \\ 0 & \longrightarrow & F'' & \longrightarrow & F' + F'' & \to & (F' + F'')/F'' & \to & 0 \end{array}$$

où les flèches non spécifiées sont les injections et surjections canoniques et j est l'isomorphisme canonique défini dans (*Alg.*, chap. I, § 6, nº 13, th. 6). Ce diagramme est commutatif et ses lignes sont exactes. On en déduit (puisque F = F' + F'') un diagramme commutatif

$$\begin{array}{ccccc} E \otimes (F' \cap F'') & \to & E \otimes F' & \to & E \otimes (F'/(F' \cap F'')) \\ \downarrow & & \downarrow & & \downarrow 1_E \otimes j \\ E \otimes F'' & \longrightarrow & E \otimes F & \longrightarrow & E \otimes (F/F'') \end{array}$$

Les lignes de ce diagramme sont exactes (nº 1, lemme 1) et $1_E \otimes j$ est un isomorphisme. Notre assertion est alors un cas particulier du § 1, nº 4, prop. 1, (i). (Cf. exerc. 5.)

Proposition 6. — *Soient* E *un* A-*module à droite et* F *un* A-*module à gauche tels que* E *soit plat pour* F. *Pour tout sous-module* F' *de* F, *notons* $\varphi(F')$ *l'image de* $E \otimes F'$ *par l'application canonique de* $E \otimes F'$ *dans* $E \otimes F$ (*qui est injective en vertu de la déf.* 1 *du nº* 2). *Alors, si* F', F'' *sont deux sous-modules de* F, *on a*

$$\varphi(F' \cap F'') = \varphi(F') \cap \varphi(F'').$$

En effet, comme E est plat pour F, $\varphi(F' + F'')$ s'identifie à $E \otimes (F' + F'')$, et les sous-modules $\varphi(F')$, $\varphi(F'')$ et $\varphi(F' \cap F'')$ s'identifient aux images canoniques de $E \otimes F'$, $E \otimes F''$ et $E \otimes (F' \cap F'')$ dans $E \otimes (F' + F'')$ respectivement. La prop. 6 résulte alors du lemme 7.

Remarque 1. — Les hypothèses étant celles de la prop. 6, on identifie d'ordinaire $E \otimes F'$ à $\varphi(F')$ pour tout sous-module F' de F, ce qui donne la formule

$$E \otimes_A (F' \cap F'') = (E \otimes_A F') \cap (E \otimes_A F'').$$

Proposition 7. — *Soient* E *un* A-*module à droite*, E′ *un sous-module de* E, F *un* A-*module à gauche et* F′ *un sous-module de* F. *Supposons que* E/E' *ou* F/F' *soit un module plat. Alors l'image canonique de* $E' \otimes F'$ *dans* $E \otimes F$ *est l'intersection des images canoniques de* $E' \otimes F$ *et de* $E \otimes F'$ *dans* $E \otimes F$.

Supposons par exemple que E/E' soit plat, et considérons le diagramme

$$\begin{array}{ccccc} E' \otimes F' & \rightarrow & E \otimes F' & \rightarrow & (E/E') \otimes F' \\ \downarrow & & \downarrow & & \downarrow{\scriptstyle u} \\ E' \otimes F & \rightarrow & E \otimes F & \rightarrow & (E/E') \otimes F \end{array}$$

où les flèches sont les homomorphismes canoniques. Ce diagramme est commutatif et ses lignes sont exactes (n° 1, lemme 1). Comme E/E' est plat, u est injectif. Notre assertion est alors un cas particulier du § 1, n° 4, prop. 1, (i).

Corollaire. — *Soient* E *un* A-*module à droite*, E′ *un scus-module de* E.

(i) *Supposons que* E/E' *soit plat. Alors, pour tout idéal à gauche* $\mathfrak{a}$ *de* A, *on a*

$$E'\mathfrak{a} = E' \cap E\mathfrak{a}. \tag{5}$$

(ii) *Inversement, supposons que* E *soit plat et que pour tout idéal à gauche de type fini* $\mathfrak{a}$ *de* A, *on ait la relation* (5). *Alors* E/E' *est plat.*

(i) Il suffit d'appliquer la prop. 7 au cas où $F = A_s$, $F' = \mathfrak{a}$.

(ii) Pour prouver que E/E' est plat, appliquons le critère *c*) de la prop. 4 du n° 5 ; il faut donc établir que la suite

$$0 \rightarrow E'/E'\mathfrak{a} \rightarrow E/E\mathfrak{a} \rightarrow E/(E' + E\mathfrak{a}) \rightarrow 0$$

est exacte en $E'/E'\mathfrak{a}$ pour tout idéal à gauche $\mathfrak{a}$ de type fini de A. Or, c'est exactement ce qu'exprime la relation (5).

Remarque 2. — La conclusion de la prop. 7 reste vraie si l'on suppose seulement que E/E′ est plat pour F ou que F/F′ est plat pour E.

7. *Produits tensoriels de modules plats.*

Soient A, B deux anneaux, E un A-module à droite, F un (A, B)-bimodule (*Alg.*, chap. II, 3e éd., § 1, nº 14). Rappelons (*Alg.*, chap. II, 3e éd., § 3, nº 4) que $E \otimes_A F$ est canoniquement muni d'une structure de B-module à droite, pour laquelle

$$(x \otimes y)b = x \otimes (yb) \qquad \text{pour} \qquad x \in E, \quad y \in F, \quad b \in B.$$

Proposition 8. — *Soient* A, B *deux anneaux*, E *un* A-*module à droite*, F *un* (A, B)-*bimodule. Supposons que* E *soit plat, et que* F *soit plat en tant que* B-*module. Alors le* B-*module* $E \otimes_A F$ *est plat.*

Soient en effet G un B-module à gauche et G′ un sous-module de G. Puisque F est plat en tant que B-module à droite, l'homomorphisme canonique $F \otimes_B G' \to F \otimes_B G$ est injectif. Puisque E est plat, l'homomorphisme canonique

$$E \otimes_A (F \otimes_B G') \to E \otimes_A (F \otimes_B G)$$

est injectif. Comme $E \otimes_A (F \otimes_B G')$ et $E \otimes_A (F \otimes_B G)$ s'identifient canoniquement à $(E \otimes_A F) \otimes_B G'$ et $(E \otimes_A F) \otimes_B G$ respectivement (*Alg.*, chap. II, 3e éd., § 3, nº 8, prop. 8), l'homomorphisme canonique $(E \otimes_A F) \otimes_B G' \to (E \otimes_A F) \otimes_B G$ est injectif, ce qui prouve que $E \otimes_A F$ est un B-module plat.

Corollaire 1. — *Soient* C *un anneau commutatif*, E, F *deux* C-*modules plats. Alors* $E \otimes_C F$ *est un* C-*module plat.*

En effet, F est un (C, C)-bimodule et il suffit d'appliquer la prop. 8 avec B = A = C.

Corollaire 2. — *Soit* ρ *un homomorphisme d'un anneau* A *dans un anneau* B. *Si* E *est un* A-*module à droite plat, le* B-*module à droite* $\rho^*(E) = E_{(B)}$ *obtenu par extension à* B *de l'anneau des scalaires* (*Alg.*, chap. II, 3e éd., § 5, nº 1) *est plat.*

En effet, on a par définition $E_{(B)} = E \otimes_A B$, où B est considéré comme (A, B)-bimodule au moyen de ρ. Comme le B-module à droite B_d est plat, il suffit d'appliquer la prop. 8.

Corollaire 3. — *Soient* R, S *deux anneaux*, $\varphi : R \to S$ *un homomorphisme d'anneaux. Si* M *est un* S-*module à droite plat et si* $\varphi_*(S_d)$ *est un* R-*module à droite plat, alors* $\varphi_*(M)$ *est un* R-*module à droite plat.*

Rappelons que $\varphi_*(M)$ est le R-module à droite défini par $x.r = x.\varphi(r)$ pour tout $x \in M$ et tout $r \in R$ (*Alg.*, chap. II, 3e éd., § 1, n° 13). On applique alors la prop. 8 avec $A = S$, $B = R$, $E = M$ et $F = S$, S étant muni de la structure de (S, R)-bimodule définie par φ ; le R-module à droite $M \otimes_S S$ n'est autre alors que $\varphi_*(M)$.

Proposition 9. — *Soient* $(A_\alpha, f_{\beta\alpha})$ *un système inductif filtrant d'anneaux*, $A = \varinjlim A_\alpha$ *sa limite inductive*, $(E_\alpha, g_{\beta\alpha})$ *un système inductif de* A_α-*modules à droite ayant même ensemble d'indices*, $E = \varinjlim E_\alpha$ *sa limite inductive, qui est un* A-*module à droite* (*Alg.*, chap. II, 3e éd., § 6, n° 6). *Si chacun des* E_α *est un* A_α-*module plat*, E *est un* A-*module plat.*

En effet, soit $E'_\alpha = E_\alpha \otimes_{A_\alpha} A$, où A est considéré comme A_α-module à gauche au moyen de l'homomorphisme canonique $A_\alpha \to A$; on sait que le A-module à droite E est canoniquement isomorphe à $\varinjlim E'_\alpha$ (*loc. cit.*, cor. 2 de la prop. 12). Il résulte du cor. 2 de la prop. 8 que E'_α est un A-module à droite plat pour tout α, donc E est un A-module plat en vertu du n° 3, prop. 2.

8. Modules de présentation finie.

Soit A un anneau. On appelle *présentation* (ou *présentation de longueur* 1) d'un A-module à gauche (resp. à droite) E une suite exacte

$$L_1 \to L_0 \to E \to 0 \tag{6}$$

de A-modules à gauche (resp. à droite), où L_0 et L_1 sont *libres.*

Tout A-module E admet une présentation. On sait en effet (*Alg.*, chap. II, 3e éd., § 1, n° 11, prop. 20) qu'il existe un homomorphisme surjectif $u : L_0 \to E$, où L_0 est libre ; si R est le noyau de u, il existe de même un homomorphisme surjectif $v : L_1 \to R$ où L_1 est libre. Si l'on considère v comme un homomorphisme de L_1 dans L_0, la suite $L_1 \xrightarrow{v} L_0 \xrightarrow{u} E \to 0$ est exacte par définition, d'où notre assertion.

Si $\rho : A \to B$ est un homomorphisme d'anneaux, toute présentation (6) de E fournit une présentation de $E_{(B)} = E \otimes_A B$:

$$L_1 \otimes_A B \to L_0 \otimes_A B \to E \otimes_A B \to 0 \tag{7}$$

en vertu du n° 1, lemme 1 et du fait que $L \otimes_A B$ est un B-module libre lorsque L est libre.

On dit qu'une présentation (6) d'un module E est *finie* si les modules libres L_0 et L_1 ont des bases finies. Il est clair que si la présentation (6) est finie, il en est de même de la présentation (7). On dit que E est un A-*module de présentation finie* s'il admet une présentation finie.

Lemme 8. — (i) *Tout module admettant une présentation finie est de type fini.*

(ii) *Si* A *est un anneau nœthérien à gauche, tout* A-*module à gauche de type fini admet une présentation finie.*

(iii) *Tout module projectif de type fini admet une présentation finie.*

L'assertion (i) résulte trivialement des définitions. Si A est nœthérien à gauche et s'il existe un homomorphisme surjectif $u : L_0 \to E$, où L_0 est un A-module à gauche libre ayant une base finie, le noyau R de u est de type fini (*Alg.*, chap. VIII, § 2, n° 1, prop. 1 et n° 3, prop. 7), donc il y a un homomorphisme surjectif $v : L_1 \to R$ où L_1 est libre de base finie, et la suite exacte $L_1 \xrightarrow{v} L_0 \xrightarrow{u} E \to 0$ est une présentation finie de E ; d'où (ii).

Enfin, supposons que E soit un module projectif de type fini ; il est alors facteur direct d'un module libre de type fini L_0 (*Alg.*, chap. II, 3e éd., § 2, n° 2, cor. de la prop. 4) ; le noyau R de l'homomorphisme surjectif $L_0 \to E$ est alors isomorphe à un quotient de L_0, donc est de type fini, et on termine comme ci-dessus.

Lemme 9. — *Soient* A *un anneau,* E *un* A*-module de présentation finie. Pour toute suite exacte*

$$0 \to F \xrightarrow{j} G \xrightarrow{p} E \to 0$$

où G *est de type fini, le module* F *est de type fini.*

Soit $L_1 \xrightarrow{r} L_0 \xrightarrow{s} E \to 0$ une présentation finie ; si (e_i) est une base de L_0, il existe pour chaque i un élément $g_i \in G$ tel que $p(g_i) = s(e_i)$; l'homomorphisme $u : L_0 \to G$ tel que $u(e_i) = g_i$ pour tout i est donc tel que $s = p \circ u$. Comme $s \circ r = 0$, on a $u(r(L_1)) \subset \operatorname{Ker} p$, et comme $\operatorname{Ker} p$ est isomorphe à F, on voit qu'il y a un homomorphisme $v : L_1 \to F$ tel que le diagramme

$$\begin{array}{ccccccc} L_1 & \xrightarrow{r} & L_0 & \xrightarrow{s} & E & \longrightarrow & 0 \\ {\scriptstyle v}\downarrow & & {\scriptstyle u}\downarrow & & {\scriptstyle 1_E}\downarrow & & \\ F & \xrightarrow[j]{} & G & \xrightarrow[p]{} & E & \longrightarrow & 0 \end{array}$$

soit commutatif. Comme j est injectif et s surjectif, on peut appliquer le diagramme du serpent (§ 1, n° 4, prop. 2), autrement dit il y a une suite exacte

$$0 = \operatorname{Ker} 1_E \xrightarrow{d} \operatorname{Coker} v \to \operatorname{Coker} u \to \operatorname{Coker} 1_E = 0.$$

Ceci montre que Coker v est isomorphe à $G/u(L_0)$, qui est de type fini par hypothèse. On a en outre la suite exacte

$$0 \to v(L_1) \to F \to \operatorname{Coker} v \to 0$$

et comme $v(L_1)$ et Coker v sont de type fini, il en est de même de F (*Alg.*, chap. II, 3e éd., § 1, n° 7, cor. 5 de la prop. 9).

9. *Extension des scalaires dans les modules d'homomorphismes.*

Soient A et B deux anneaux, E un A-module à droite, F un B-module à droite et G un (B, A)-bimodule. Rappelons qu'on a défini (*Alg.*, chap. II, 3e éd., § 4, n° 2) un homomorphisme canonique de **Z**-modules

(8) $$\nu : F \otimes_B \operatorname{Hom}_A(E, G) \to \operatorname{Hom}_A(E, F \otimes_B G)$$

tel que, pour $y \in F$ et $u \in \operatorname{Hom}_A(E, G)$, $\nu(y \otimes u)$ soit l'application A-linéaire $x \to y \otimes u(x)$.

PROPOSITION 10. — *Soient* A, B *deux anneaux*, E *un* A-*module à droite*, F *un* B-*module à droite*, G *un* (B, A)-*bimodule. Supposons que* F *soit plat. Alors, si* E *est de type fini* (resp. *de présentation finie*) *l'homomorphisme canonique* (8) *est injectif* (resp. *bijectif*).

Considérons A, B, F, G comme fixés, et, pour tout A-module à droite E, posons

$$T(E) = F \otimes_B \mathrm{Hom}_A(E, G), \qquad T'(E) = \mathrm{Hom}_A(E, F \otimes_B G)$$

et notons ν_E l'homomorphisme (8) ; pour tout homomorphisme $\varphi : E \to E'$ de A-modules à droite, posons $T(\varphi) = 1_F \otimes \mathrm{Hom}(\varphi, 1_G)$ et $T'(\varphi) = \mathrm{Hom}(\varphi, 1_F \otimes 1_G)$. Soit $L_1 \xrightarrow{v} L_0 \xrightarrow{w} E \to 0$ une présentation de E ; nous supposons le module libre L_0 (resp. les modules libres L_0 et L_1) *de type fini*. On a le diagramme

$$\begin{array}{ccccccc} 0 \longrightarrow & T(E) & \xrightarrow{T(w)} & T(L_0) & \xrightarrow{T(v)} & T(L_1) \\ & \downarrow{\scriptstyle \nu_E} & & \downarrow{\scriptstyle \nu_{L_0}} & & \downarrow{\scriptstyle \nu_{L_1}} \\ 0 \longrightarrow & T'(E) & \xrightarrow[T'(w)]{} & T'(L_0) & \xrightarrow[T'(v)]{} & T'(L_1) \end{array} \tag{9}$$

qui est commutatif, et dont la seconde ligne est exacte (*Alg.*, chap. II, 3e éd., § 2, no 1, th. 1) ; en outre, la suite

$$0 \to \mathrm{Hom}_A(E, G) \to \mathrm{Hom}_A(L_0, G) \to \mathrm{Hom}_A(L_1, G)$$

est exacte (*loc. cit.*), et comme F est *plat*, la première ligne de (9) est aussi une suite exacte (no 3, prop. 1). Cela étant, on sait que ν_{L_0} (resp. ν_{L_0} et ν_{L_1}) est *bijectif* (resp. sont *bijectifs*) (*Alg.*, chap. II, 3e éd., § 4, no 2, prop. 2). Si on suppose seulement ν_{L_0} bijectif, il résulte de (9) que $\nu_{L_0} \circ T(w) = T'(w) \circ \nu_E$ est injectif, donc ν_E l'est aussi. Si on suppose que ν_{L_0} et ν_{L_1} sont tous deux bijectifs, on déduit du § 1, no 4, cor. 2, (ii) de la prop. 2 que ν_E est surjectif, et comme on vient de voir que ν_E est injectif, il est bijectif.

C. Q. F. D.

10. *Extension des scalaires : cas des anneaux commutatifs.*

Soient maintenant A un anneau *commutatif*, B un anneau, $\rho : A \to B$ un homomorphisme d'anneaux tel que $\rho(A)$ soit contenu dans le *centre* de B ; autrement dit, ρ définit sur B une structure de A-*algèbre*. Pour tout A-module E, le B-module à droite $E_{(B)} = E \otimes_A B$ s'identifie alors à $B \otimes_A E$, les structures de A-module de $\rho_*(B_s)$ et de $\rho_*(B_d)$ étant identiques par hypothèse. Rappelons que pour tout couple (E, F) de A-modules, on a défini un B-*homomorphisme canonique*

$$(10) \qquad \omega : (\mathrm{Hom}_A(E, F))_{(B)} \to \mathrm{Hom}_B(E_{(B)}, F_{(B)})$$

tel que pour $u \in \mathrm{Hom}_A(E, F)$, $\omega(u \otimes 1) = u \otimes 1_B$ (*Alg.*, chap. II, 3e éd., § 5, n° 3).

Proposition 11. — *Soient* A *un anneau commutatif*, B *un anneau*, ρ *un homomorphisme de* A *dans le centre de* B, E *et* F *deux* A-*modules. On suppose que* B *est un* A-*module plat, et que* E *est de type fini* (resp. *de présentation finie*). *Alors l'homomorphisme canonique* (10) *est injectif* (resp. *bijectif*).

Comme ω est composé de l'isomorphisme canonique

$$\mathrm{Hom}_A(E, B \otimes_A F) \to \mathrm{Hom}_B(E_{(B)}, F_{(B)})$$

et de l'homomorphisme canonique (8)

$$\nu : B \otimes_A \mathrm{Hom}_A(E, F) \to \mathrm{Hom}_A(E, B \otimes_A F)$$

(*loc. cit.*), la proposition est conséquence de la prop. 10 du n° 9.

Supposons maintenant A et B commutatifs, et considérons trois A-modules, E_1, E_2, E_3 et une application A-bilinéaire $f : E_1 \times E_2 \to E_3$. Il existe alors une application B-bilinéaire et une seule $f_B : E_{1(B)} \times E_{2(B)} \to E_{3(B)}$ telle que $f_B(1 \otimes x_1, 1 \otimes x_2) = 1 \otimes f(x_1, x_2)$ quels que soient $x_1 \in E_1$, $x_2 \in E_2$ (*Alg.*, chap. IX, § 1, n° 4, prop. 1).

Dans l'énoncé qui suit, nous supposerons que B est un A-module *plat* et, pour tout sous-module E' d'un E_i ($i = 1, 2, 3$), nous identifierons canoniquement $E'_{(B)}$ à son image dans $E_{i(B)}$ (n° 3, *Remarque* 2).

Proposition 12. — *Soient* A, B *des anneaux commutatifs*, ρ *un homomorphisme de* A *dans* B, E_1, E_2, E_3 *trois* A-*modules*, $f : E_1 \times E_2 \to E_3$ *une application* A-*bilinéaire*,

$$f_B : E_{1(B)} \times E_{2(B)} \to E_{3(B)}$$

son extension. Considérons un sous-module F_2 *de* E_2, *un sous-module* F_3 *de* E_3, *et notons* T *le sous-module de* E_1 *formé des* $x_1 \in E_1$ *tels que*

$f(x_1, x_2) \in F_3$ *pour tout* $x_2 \in F_2$. *On suppose que* B *est un* A-*module plat, et que* F_2 *est de type fini. Alors* $T_{(B)}$ *est l'ensemble des* $x'_1 \in E_{1(B)}$ *tels que* $f_B(x'_1, x'_2) \in F_{3(B)}$ *pour tout* $x'_2 \in F_{2(B)}$.

Soit en effet p la surjection canonique $E_3 \rightarrow E_3/F_3$; à tout $x_1 \in E_1$ associons l'application A-linéaire $x_2 \rightarrow p(f(x_1, x_2))$ de F_2 dans E_3/F_3, que nous noterons $g(x_1)$; donc g est un A-homomorphisme de E_1 dans $\mathrm{Hom}_A(F_2, E_3/F_3)$, et le noyau de g n'est autre que T. Puisque B est un A-module plat, on a la suite exacte

$$0 \rightarrow T_{(B)} \rightarrow E_{1(B)} \xrightarrow{1 \otimes g} (\mathrm{Hom}_A(F_2, E_3/F_3))_{(B)}$$

(n° 3, prop. 1). En vertu de la prop. 11, l'homomorphisme canonique

$$\omega : (\mathrm{Hom}_A(F_2, E_3/F_3))_{(B)} \rightarrow \mathrm{Hom}_B(F_{2(B)}, (E_3/F_3)_{(B)})$$

est *injectif*. D'autre part, comme B est un A-module plat, $(E_3/F_3)_{(B)}$ s'identifie canoniquement à $E_{3(B)}/F_{3(B)}$; composant ω et $1 \otimes g$, on obtient un homomorphisme u, pour lequel la suite

$$0 \rightarrow T_{(B)} \rightarrow E_{1(B)} \xrightarrow{u} \mathrm{Hom}_B(F_{2(B)}, E_{3(B)}/F_{3(B)})$$

est exacte. Il résulte aussitôt des définitions que $u(x'_1)$, pour $x'_1 = 1 \otimes x_1 \in E_{1(B)}$, est l'application linéaire qui, à tout $x'_2 \in F_{2(B)}$, fait correspondre la classe mod. $F_{3(B)}$ de $f_B(x'_1, x'_2)$; par linéarité, cela est encore vrai pour tout $x'_1 \in E_{1(B)}$; le noyau de u étant $T_{(B)}$, la proposition est démontrée.

COROLLAIRE 1. — *Soient* A, B *deux anneaux commutatifs*, ρ : A $\rightarrow$ B *un homomorphisme tel que* B *soit un* A-*module plat*, E *un* A-*module de présentation finie. Pour tout sous-module de type fini* F *de* E, *l'orthogonal de* $F_{(B)}$ *dans le dual de* $E_{(B)}$ *est égal à* $(F')_{(B)}$, *en désignant par* F' *l'orthogonal de* F *dans le dual* E^* *de* E.

Il résulte de la prop. 11 que $(E^*)_{(B)}$ est canoniquement isomorphe au dual $(E_{(B)})^*$ de $E_{(B)}$. Il suffit alors d'appliquer la prop. 12 à $E_1 = E^*$, $E_2 = E$, $E_3 = A$, $F_2 = F$, $F_3 = \{0\}$, f étant la forme bilinéaire canonique sur $E^* \times E$.

COROLLAIRE 2. — *Soient* A, B, *deux anneaux commutatifs*, ρ : A $\rightarrow$ B *un homomorphisme tel que* B *soit un* A-*module plat. Alors, pour tout* A-*module de type fini* E, *l'annulateur de* $E_{(B)}$ *est l'idéal* $\mathfrak{a}$B *de* B, *où* $\mathfrak{a}$ *est l'annulateur de* E *dans* A.

Il suffit d'appliquer la prop. 12 à $E_1 = A$, $E_2 = E_3 = E$, $F_2 = E$, $F_3 = \{0\}$.

Remarque. — Lorsqu'il n'y a pas d'ambiguïté sur les modules E_i et sur l'application bilinéaire f, on note parfois $F_3 : F_2$ le module désigné par T dans la prop. 12, et on l'appelle le *transporteur* de F_2 dans F_3. La conclusion de la prop. 12 s'écrit alors

$$F_{3(B)} : F_{2(B)} = (F_3 : F_2)_{(B)}. \tag{11}$$

Dans le cas particulier où les E_i sont égaux à l'anneau A, f étant la multiplication, et les F_i des idéaux $\mathfrak{a}_i$, on obtient la *formule des transporteurs*

$$B(\mathfrak{a}_3 : \mathfrak{a}_2) = B\mathfrak{a}_3 : B\mathfrak{a}_2 \tag{12}$$

valable lorsque B est un A-module plat et que $\mathfrak{a}_2$ est un idéal de type fini.

11. Interprétation de la platitude en termes de relations (*).

Dans tout ce n° A désigne un anneau, E un A-module à droite et F un A-module à gauche.

Tout élément de $E \otimes_A F$ s'écrit, au moins d'une façon, sous la forme $z = \sum_{i=1}^{n} e_i \otimes f_i$ où $e_i \in E$ et $f_i \in F$. Le lemme suivant donne une condition pour qu'une telle somme soit nulle :

Lemme 10. — *Soient* $(f_\lambda)_{\lambda \in L}$ *une* famille de générateurs *de* F, $(e_\lambda)_{\lambda \in L}$ *une famille d'éléments de* E, *de support fini. Pour que* $\sum_{\lambda \in L} e_\lambda \otimes f_\lambda = 0$, *il faut et il suffit qu'il existe un ensemble fini* J, *une famille* $(x_j)_{j \in J}$ *d'éléments de* E *et une famille* $(a_{j\lambda})$ $(j \in J, \lambda \in L)$ *d'éléments de* A *ayant les propriétés suivantes :*

1° *la famille* $(a_{j\lambda})$ *a un support fini ;*

2° *on a* $\sum_{\lambda \in L} a_{j\lambda} f_\lambda = 0$ *pour tout* $j \in J$;

3° *on a* $e_\lambda = \sum_{j \in J} x_j a_{j\lambda}$ *pour tout* $\lambda \in L$.

(*) Les résultats de ce n° ne seront pas utilisés dans le reste de ce chapitre, sauf au § 3, n° 7.

En langage imagé, le système des e_λ doit être combinaison linéaire à coefficients dans E de systèmes d'éléments de A qui sont des « relations entre les f_λ ».

Considérons en effet le A-module libre $A_s^{(L)}$, sa base canonique (u_λ) et l'homomorphisme $g : A_s^{(L)} \to F$ tel que $g(u_\lambda) = f_\lambda$ pour tout $\lambda \in L$; en notant R le noyau de g, on a (puisque les f_λ engendrent F) la suite exacte

$$R \xrightarrow{i} A_s^{(L)} \xrightarrow{g} F \to 0$$

où i désigne l'injection canonique. En vertu du n° 1, lemme 1, on en déduit la suite exacte

$$(13) \qquad E \otimes_A R \xrightarrow{1 \otimes i} E \otimes_A A_s^{(L)} \xrightarrow{1 \otimes g} E \otimes_A F \to 0.$$

Or, $E \otimes_A A_s^{(L)}$ s'identifie canoniquement à $E^{(L)}$, une famille $e = (e_\lambda) \in E^{(L)}$ étant identifiée à $\sum_\lambda e_\lambda \otimes u_\lambda$ (*Alg.*, chap. II, 3e éd., § 3, n° 7, cor. 1 de la prop. 7). Pour qu'une telle famille appartienne au noyau de $1_E \otimes g$, il faut et il suffit que $\sum_{\lambda \in L} e_\lambda \otimes f_\lambda = 0$ dans $E \otimes_A F$; compte tenu de la suite exacte (13), cela équivaut à dire que e appartient à l'image de $1_E \otimes i$, c'est-à-dire que l'on a une relation de la forme

$$(14) \qquad \sum_{\lambda \in L} e_\lambda \otimes u_\lambda = \sum_{j \in J} x_j \otimes i(r_j)$$

où $x_j \in E$, $r_j \in R$ et J est fini. Si l'on pose $i(r_j) = \sum_{\lambda \in L} a_{j\lambda} u_\lambda$, l'hypothèse $r_j \in R$ se traduit par la relation $\sum_{\lambda \in L} a_{j\lambda} f_\lambda = 0$ pour tout $j \in J$; la relation (14) se traduit d'autre part par $e_\lambda = \sum_{j \in J} x_j a_{j\lambda}$ pour tout $\lambda \in L$ (*Alg.*, chap. II, 3e éd., § 3, n° 7, cor. 1 de la prop. 7), ce qui achève la démonstration.

Proposition 13. — *Pour que* E *soit plat pour* F (n° 2, *déf.* 1), *il faut et il suffit que la condition suivante soit satisfaite :*

(R) *Si* $(e_i)_{i \in I}$ *et* $(f_i)_{i \in I}$ *sont deux familles finies d'éléments de* E *et de* F *respectivement, telles que* $\sum_{i \in I} e_i \otimes f_i = 0$ *dans* $E \otimes_A F$, *il existe un ensemble fini* J, *une famille* $(x_j)_{j \in J}$ *d'éléments de* E, *et une famille* (a_{ji}) $(j \in J, i \in I)$ *d'éléments de* A, *ayant les propriétés suivantes :*

1° *on a* $\sum_{i \in I} a_{ji} f_i = 0$ *pour tout* $j \in J$;

2° *on a* $e_i = \sum_{j \in J} x_j a_{ji}$ *pour tout* $i \in I$.

Supposons que E soit plat pour F. Soient (e_i) et (f_i) des familles finies d'éléments telles que $\sum_i e_i \otimes f_i = 0$ dans $E \otimes_A F$, et soit F′ le sous-module de F *engendré par les* f_i. Puisque l'application canonique $E \otimes_A F' \to E \otimes_A F$ est injective, on a aussi $\sum_i e_i \otimes f_i = 0$ *dans* $E \otimes_A F'$ et on peut alors appliquer le lemme 10 à E et à F′ ; on obtient ainsi les familles (x_j) et (a_{ji}) vérifiant les conditions de (R).

Réciproquement, supposons vérifiée la condition (R). Soit F′ un sous-module de F, et soit $y = \sum_{i \in I} e_i \otimes f_i$ un élément du noyau de l'application canonique $E \otimes_A F' \to E \otimes_A F$. Puisque (R) est vérifiée, il existe des familles (x_j) et (a_{ji}) vérifiant les conditions 1° et 2°. On en conclut que, dans $E \otimes_A F'$, on a

$$y = \sum_{i,j} x_j a_{ji} \otimes f_i = \sum_{j \in J} (x_j \otimes \sum_{i \in I} a_{ji} f_i) = 0.$$

Donc $E \otimes_A F' \to E \otimes_A F$ est injectif. C. Q. F. D.

Corollaire 1. — *Pour qu'un* A*-module à droite* E *soit plat, il faut et il suffit qu'il vérifie la condition suivante :*

(RP) *Si* $(e_i)_{i \in I}$ *et* $(b_i)_{i \in I}$ *sont deux familles finies d'éléments de* E *et de* A *respectivement telles que* $\sum_{i \in I} e_i b_i = 0$, *il existe un ensemble fini* J, *une famille* $(x_j)_{j \in J}$ *d'éléments de* E, *et une famille* (a_{ji}) $(j \in J, i \in I)$ *d'éléments de* A *tels que* $\sum_{i \in I} a_{ji} b_i = 0$ *pour tout* $j \in J$ *et que* $e_i = \sum_{j \in J} x_j a_{ji}$ *pour tout* $i \in I$.

En effet, la condition (RP) n'est autre que la condition (R) de la prop. 13, appliquée au module $F = A_s$.

En termes imagés, (RP) s'énonce ainsi : toute « relation » entre les b_i, à coefficients dans E, est combinaison linéaire (à coefficients dans E) de « relations » entre les b_i à coefficients dans A.

Considérons plus particulièrement un homomorphisme de A dans un anneau B, faisant de B un A-module à droite. On sait (n° 3, prop. 1) qu'il revient au même de dire que ce A-module est plat, ou qu'il est plat pour tout A-module à gauche A_s^m ($m \geqslant 1$). Si on applique la condition (R) de la prop. 13 à $E = B$, $F = A_s^m$, on obtient la condition suivante :

Corollaire 2. — *Pour que l'anneau* B *soit un* A*-module à droite plat, il faut et il suffit qu'il vérifie la condition suivante :*
(RP') *Toute solution* $(y_k)_{1 \leqslant k \leqslant n}$, *formée d'éléments de* B, *d'un système d'équations linéaires et homogènes*

$$\sum_{k=1}^{n} y_k c_{ki} = 0 \qquad (1 \leqslant i \leqslant m) \tag{15}$$

à coefficients c_{ki} *dans* A, *est combinaison linéaire*

$$y_k = \sum_{j=1}^{q} b_j z_{jk} \qquad (1 \leqslant k \leqslant n) \tag{16}$$

à coefficients $b_j \in B$, *de solutions* $(z_{jk})_{1 \leqslant k \leqslant n}$ *du système* (15), *formées d'éléments* z_{jk} *de* A.

§ 3. Modules fidèlement plats

1. *Définition des modules fidèlement plats.*

Proposition 1. — *Soit* E *un* A*-module à droite. Les quatre propriétés suivantes sont équivalentes :*

a) *Pour qu'une suite* $N' \xrightarrow{v} N \xrightarrow{w} N''$ *de* A*-modules à gauche soit exacte, il faut et il suffit que la suite*

$$E \otimes_A N' \xrightarrow{1 \otimes v} E \otimes_A N \xrightarrow{1 \otimes w} E \otimes_A N''$$

soit exacte.

b) E *est plat, et pour tout* A*-module à gauche* N, *la relation* $E \otimes_A N = 0$ *entraîne* $N = 0$.

c) E *est plat, et pour tout homomorphisme* $v : N' \to N$ *de* A*-modules à gauche, la relation* $1_E \otimes v = 0$ *entraîne* $v = 0$.

d) E *est plat, et pour tout idéal à gauche maximal* $\mathfrak{m}$ *de* A, *on a* $E \neq E\mathfrak{m}$.

Pour simplifier l'écriture, nous poserons $T(Q) = E \otimes_A Q$ pour tout A-module à gauche Q, et $T(v) = 1_E \otimes v$ pour tout homomorphisme v de A-modules à gauche.

Nous allons d'abord prouver l'équivalence de *a*), *b*) et *c*).

Prouvons que *a*) implique *b*). Si *a*) est vérifiée, il est clair que E est plat (§ 2, n° 3, prop. 1). D'autre part, soit N un A-module à gauche tel que $T(N) = 0$, et considérons la suite $0 \to N \to 0$; l'hypothèse $T(N) = 0$ signifie que la suite $0 \to T(N) \to 0$ est exacte. Par *a*), la suite $0 \to N \to 0$ est exacte, d'où $N = 0$.

Montrons que *b*) implique *c*). Supposons *b*) vérifiée, et soient $v : N' \to N$ un homomorphisme, I son image. Comme l'image de $T(v)$ s'identifie à $T(I)$ (§ 2, n° 3, *Remarque* 2), l'hypothèse $T(v) = 0$ entraîne $T(I) = 0$, donc $I = 0$ d'après *b*) et par suite $v = 0$.

Démontrons que *c*) entraîne *a*). Supposons donc *c*) vérifiée et considérons une suite

$$N' \xrightarrow{v} N \xrightarrow{w} N'' \tag{1}$$

d'homomorphismes de A-modules à gauche, et la suite correspondante

$$T(N') \xrightarrow{T(v)} T(N) \xrightarrow{T(w)} T(N''). \tag{2}$$

Si la suite (1) est exacte, il en est de même de (2), puisque E est plat (§ 2, n° 3, prop. 1). Inversement, si (2) est exacte, on a d'abord $T(w \circ v) = T(w) \circ T(v) = 0$, donc $w \circ v = 0$ par hypothèse. Posons $I = v(N')$ et $K = \overset{-1}{w}(0)$; on a $I \subset K$ d'après ce qui précède. Considérons la suite exacte

$$0 \to I \xrightarrow{i} K \xrightarrow{p} K/I \to 0$$

i et *p* étant les applications canoniques. Comme E est plat, la suite

$$0 \to T(I) \xrightarrow{T(i)} T(K) \xrightarrow{T(p)} T(K/I) \to 0$$

est exacte, autrement dit, $T(K/I)$ est isomorphe à $T(K)/T(I)$, qui est 0 par hypothèse, puisque $T(I)$ (resp. $T(K)$) s'identifie à l'image de $T(v)$ (resp. au noyau de $T(w)$) (§ 2, n° 3, *Remarque* 2). Mais la relation $T(p) = 0$ entraîne $p = 0$ par hypothèse, donc on a $K = I$, ce qui prouve que la suite (1) est exacte.

Démontrons enfin l'équivalence de *b*) et *d*). Si *b*) est vérifiée, on a $E/E\mathfrak{m} = E \otimes_A (A_s/\mathfrak{m}) \neq 0$ puisque $A_s/\mathfrak{m} \neq 0$; d'où *d*). Inversement, supposons *d*) vérifiée ; tout idéal à gauche $\mathfrak{a} \neq A$ de A est contenu dans un idéal à gauche maximal $\mathfrak{m}$ (*Alg.*, chap. I, § 8, n° 7, th. 2), donc l'hypothèse $E \neq E\mathfrak{m}$ entraîne $E \neq E\mathfrak{a}$, autrement dit $E \otimes_A (A_s/\mathfrak{a}) \neq 0$. En d'autres termes, pour tout A-module à gauche *monogène* $N \neq 0$, on a $T(N) \neq 0$. Si maintenant N est un A-module à gauche $\neq 0$ quelconque, il contient un sous-module monogène $N' \neq 0$; puisque E est plat, $T(N')$ s'identifie à un sous-groupe de $T(N)$; on vient de voir que $T(N') \neq 0$, donc $T(N) \neq 0$.

C. Q. F. D.

DÉFINITION 1. — *On dit qu'un* A-*module à droite* E *est fidèlement plat s'il vérifie les quatre propriétés équivalentes de la prop.* 1.

On définit de même les A-modules à gauche fidèlement plats ; il est clair que pour qu'un A-module à gauche E soit fidèlement plat, il faut et il suffit que E, considéré comme A^0-module à droite, soit fidèlement plat.

Remarque. — Si E est un A-module fidèlement plat, E est un A-module *fidèle* : en effet, si un élément $a \in A$ est tel que $xa = 0$ pour tout $x \in E$, l'homothétie $h : b \rightarrow ba$ dans A est telle que $1_E \otimes h = 0$; d'où $h = 0$ par la propriété *c*) de la prop. 1, c'est-à-dire $a = 0$ puisque A possède un élément unité.

Exemples. — 1) La somme directe d'un module plat et d'un module fidèlement plat est un module fidèlement plat en vertu de la propriété *d*) de la prop. 1 et du § 2, n° 3, prop. 2.

2) Comme A_s est fidèlement plat en vertu du critère *d*) de la prop. 1 et du § 2, n° 4, *Exemple* 1, il résulte de 1) que tout module libre *non réduit à* 0 est fidèlement plat. Par contre, il existe des facteurs directs non nuls de modules libres (autrement dit, des modules projectifs non nuls) qui sont fidèles et ne sont pas fidèlement plats (exerc. 2).

3) Soit A un anneau *principal*. Pour qu'un A-module E soit fidèlement plat, il faut et il suffit qu'il soit *sans torsion* et que $E \neq Ep$ pour tout élément extrémal (*Alg.*, chap. VII, § 1, n° 3) p de A ; cela résulte aussitôt du § 2, n° 4, prop. 3 et du critère *d*) de la prop. 1.

4) L'exemple 3) montre que le **Z**-module **Q** est un module plat et fidèle, mais *non fidèlement plat*.

PROPOSITION 2. — *Soient* E *un* A-*module à droite fidèlement plat, et* $u : N' \to N$ *un homomorphisme de* A-*modules à gauche. Pour que* u *soit injectif* (resp. *surjectif, bijectif*), *il faut et il suffit que* $1_E \otimes u : E \otimes_A N' \to E \otimes_A N$ *le soit.*

C'est une conséquence immédiate du critère *a*) de la prop. 1.

PROPOSITION 3. — *Soit* $0 \to E' \to E \to E'' \to 0$ *une suite exacte de* A-*modules à droite. On suppose que* E' *et* E'' *sont plats, et que l'un d'eux est fidèlement plat. Alors* E *est fidèlement plat.*

On sait déjà que E est plat (§ 2, n° 5, prop. 5). On va vérifier que E possède la propriété *b*) de la prop. 1. Soit N un A-module à gauche. Comme E'' est plat, on a la suite exacte

$$0 \to E' \otimes_A N \to E \otimes_A N \to E'' \otimes_A N \to 0$$

(§ 2, n° 5, prop. 4). Si $E \otimes_A N = 0$, on en conclut que $E' \otimes_A N$ et $E'' \otimes_A N$ sont nuls ; comme l'un des modules E', E'' est fidèlement plat, cela entraîne $N = 0$.

2. *Produit tensoriel de modules fidèlement plats.*

PROPOSITION 4. — *Soient* R, S *deux anneaux,* E *un* R-*module à droite,* F *un* (R, S)-*bimodule. On suppose que* E *est fidèlement plat. Alors, pour que* F *soit un* S-*module plat* (resp. *fidèlement plat*), *il faut et il suffit que* $E \otimes_R F$ *le soit.*

1° Si F est plat, $E \otimes_R F$ est plat (§ 2, n° 7, prop. 8).

2° Supposons $E \otimes_R F$ plat, et soit $v : N' \to N$ un homomorphisme injectif de S-modules à gauche. L'homomorphisme $1_E \otimes 1_F \otimes v : E \otimes_R F \otimes_S N' \to E \otimes_R F \otimes_S N$ est alors injectif (§ 2, n° 3, prop. 1). On déduit du n° 1, prop. 2 que $1_F \otimes v : F \otimes_S N' \to F \otimes_S N$ est injectif ; donc F est un S-module plat (§ 2, n° 3, prop. 1).

3° Supposons F fidèlement plat, et soit N un S-module à gauche tel que $E \otimes_R F \otimes_S N = 0$. Puisque E est fidèlement plat, cela entraîne $F \otimes_S N = 0$, d'où $N = 0$ puisque F est fidèlement plat ; cela prouve que $E \otimes_R F$ est fidèlement plat.

4° Supposons $E \otimes_R F$ fidèlement plat, et soit N un S-module à gauche tel que $F \otimes_S N = 0$. On a $E \otimes_R F \otimes_S N = 0$, d'où $N = 0$, ce qui montre que F est fidèlement plat.

Corollaire. — *Soient* C *un anneau commutatif,* E *et* F *deux* C-*modules fidèlement plats. Alors le* C-*module* $E \otimes_C F$ *est fidèlement plat.*

On applique la prop. 4 avec R = S = C.

3. *Changement d'anneau.*

Proposition 5. — *Soit* ρ *un homomorphisme d'un anneau* A *dans un anneau* B. *Si* E *est un* A-*module à droite fidèlement plat, le* B-*module à droite* $\rho^*(E) = E_{(B)} = E \otimes_A B$ *est fidèlement plat.*

On applique la prop. 4 du nº 2 avec R = A, S = F = B, en remarquant que le B-module B_d est fidèlement plat.

Corollaire. — *Si* E *est un* A-*module à droite fidèlement plat, et si* $\mathfrak{a}$ *est un idéal bilatère de* A, *le* $(A/\mathfrak{a})$-*module à droite* $E/E\mathfrak{a}$ *est fidèlement plat.*

On applique la prop. 5 avec $B = A/\mathfrak{a}$, ρ étant l'homomorphisme canonique.

Proposition 6. — *Soient* A *un anneau commutatif,* B *une algèbre sur* A, $\rho : a \to a.1$ *l'homomorphisme canonique de* A *dans* B. *Supposons que* B *soit un* A-*module fidèlement plat. Alors, pour qu'un* A-*module* E *soit plat* (resp. *fidèlement plat*), *il faut et il suffit que le* B-*module à droite* $E_{(B)} = E \otimes_A B$ *soit plat* (resp. *fidèlement plat*).

1º Si E est plat (resp. fidèlement plat), $E_{(B)}$ est plat (resp. fidèlement plat) en vertu du § 2, nº 7, cor. 2 de la prop. 8 (resp. de la prop. 5).

2º Supposons que $E_{(B)}$ soit plat, et soit $v : N' \to N$ un homomorphisme injectif de A-modules. En vertu du § 2, nº 7, cor. 3, le A-module $E \otimes_A B$ est plat, donc l'homomorphisme $1_E \otimes 1_B \otimes v$: $E \otimes_A B \otimes_A N' \to E \otimes_A B \otimes_A N$ est injectif. Comme les structures de A-module à droite et de A-module à gauche sur B coïncident, cet homomorphisme s'identifie à

$$1_E \otimes v \otimes 1_B : E \otimes_A N' \otimes_A B \to E \otimes_A N \otimes_A B.$$

Comme B est un A-module fidèlement plat, on en déduit que

$1_E \otimes v : E \otimes_A N' \rightarrow E \otimes_A N$ est injectif (n° 1, prop. 2), ce qui montre que E est plat.

3° Supposons enfin que $E_{(B)}$ soit fidèlement plat. Tout d'abord E est plat en vertu du 2°. Soit en outre N un A-module tel que $E \otimes_A N = 0$. On a alors $E \otimes_A N \otimes_A B = 0$, d'où, puisque les structures de A-module à droite et de A-module à gauche sur B coïncident, $E \otimes_A B \otimes_A N = 0$, ce qui s'écrit aussi $(E \otimes_A B) \otimes_B (B \otimes_A N) = 0$. Comme $E_{(B)}$ est un B-module fidèlement plat, cela entraîne $B \otimes_A N = 0$ (n° 1, prop. 1), d'où $N = 0$ puisque B est un A-module fidèlement plat (n° 1, prop. 1).

C. Q. F. D.

4. *Restriction des scalaires.*

PROPOSITION 7. — *Soient* A, B *deux anneaux*, ρ *un homomorphisme de* A *dans* B. *Soit* E *un* B-*module à droite fidèlement plat. Pour que* $\rho_*(E)$ *soit un* A-*module à droite plat* (resp. *fidèlement plat*), *il faut et il suffit que* B *soit un* A-*module à droite plat* (resp. *fidèlement plat*).

On applique la prop. 4 du n° 2, en remplaçant R, S, E, F respectivement par B, A, E, B, la structure de A-module à droite de B étant définie par ρ ; on voit ainsi que B est un A-module plat (resp. fidèlement plat) si et seulement si $E \otimes_B B = \rho_*(E)$ est un A-module plat (resp. fidèlement plat).

Remarques. — 1° La prop. 7 montre que pour que B soit un A-module fidèlement plat, il *suffit* qu'il existe *un* B-module fidèlement plat qui soit aussi un A-module fidèlement plat.

2° Soient A, B, C trois anneaux, $\rho : A \rightarrow B$, $\sigma : B \rightarrow C$ deux homomorphismes d'anneaux. La prop. 7 montre que si C est un B-module fidèlement plat et B un A-module fidèlement plat, alors C est un A-module fidèlement plat. Si C est un B-module fidèlement plat et un A-module fidèlement plat, alors B est un A-module fidèlement plat (les modules étant pris à droite, pour fixer les idées). Par contre B et C peuvent être des A-modules fidèlement plats sans que C soit un B-module fidèlement plat (exerc. 7).

5. *Anneaux fidèlement plats.*

PROPOSITION 8. — *Soient* A, B *deux anneaux,* ρ *un homomorphisme de* A *dans* B. *On suppose qu'il existe un* B*-module à droite* E *tel que* $\rho_*(E)$ *soit un* A*-module fidèlement plat. Alors :*

(i) *Pour tout* A*-module à gauche* F, *l'homomorphisme canonique* $j : F \to F_{(B)} = B \otimes_A F$ (tel que $j(x) = 1 \otimes x$ pour $x \in F$) *est injectif.*

(ii) *Pour tout idéal à gauche* $\mathfrak{a}$ *de* A, *on a* $\overset{-1}{\rho}(B\mathfrak{a}) = \mathfrak{a}$.

(iii) *L'homomorphisme* ρ *est injectif.*

(iv) *Pour tout idéal à gauche maximal* $\mathfrak{m}$ *de* A, *il existe un idéal à gauche maximal* $\mathfrak{n}$ *de* B *tel que* $\overset{-1}{\rho}(\mathfrak{n}) = \mathfrak{m}$.

Démontrons (i). On sait (*Alg.*, chap. II, 3e éd., § 5, no 2, cor. de la prop. 5) que pour tout B-module à droite M, le A-homomorphisme canonique $i : M \to \rho_*(M) \otimes_A B = \rho^*(\rho_*(M))$ défini par $i(y) = y \otimes 1$ est *injectif* et que le A-module $i(M)$ est *facteur direct* de $\rho_*(M) \otimes_A B$. Donc, pour tout A-module à gauche F,

$$i \otimes 1_F : \rho_*(M) \otimes_A F \to \rho_*(M) \otimes_A B \otimes_A F$$

est injectif (§ 2, no 1, lemme 2). Si on prend M = E, on en déduit (puisque $i \otimes 1_F = 1_M \otimes j$) que j est injectif (no 1, prop. 2).

L'assertion (ii) résulte de (i) en prenant $F = A_s/\mathfrak{a}$, et (iii) résulte de (ii) en prenant $\mathfrak{a} = \{0\}$.

Enfin, si $\mathfrak{m}$ est un idéal à gauche maximal de A, on a $\overset{-1}{\rho}(B\mathfrak{m}) = \mathfrak{m}$ en vertu de (ii), et par suite $B\mathfrak{m} \neq B$. Il existe donc un idéal maximal à gauche $\mathfrak{n}$ de B contenant $B\mathfrak{m}$ (*Alg.*, chap. I, § 8, no 7, th. 2) ; on a $\mathfrak{m} \subset \overset{-1}{\rho}(\mathfrak{n})$ et comme $\rho(1) \notin \mathfrak{n}$, 1 n'appartient pas à $\overset{-1}{\rho}(\mathfrak{n})$. Par suite $\overset{-1}{\rho}(\mathfrak{n}) = \mathfrak{m}$.

Lorsque A et B vérifient les conditions de la prop. 8, on identifie d'ordinaire A à un *sous-anneau* de B au moyen de ρ.

COROLLAIRE. — *Sous les hypothèses de la prop.* 8, *si* B *est nœthérien* (resp. *artinien*) *à gauche, il en est de même de* A.

En effet, si $(\mathfrak{a}_n)$ était une suite croissante (resp. décroissante) non stationnaire d'idéaux à gauche de A, la suite $(B\mathfrak{a}_n)$ d'idéaux de B serait croissante (resp. décroissante) non stationnaire puisque $\overset{-1}{\rho}(B\mathfrak{a}_n) = \mathfrak{a}_n$, contrairement à l'hypothèse.

**Remarque* 1). — Lorsque A et B sont commutatifs, nous verrons au chap. II, § 2, n° 5, cor. 4 de la prop. 11, que l'hypothèse de la prop. 8 entraîne que pour tout idéal *premier* $\mathfrak{p}$ de A, il existe un idéal *premier* $\mathfrak{q}$ de B tel que $\overset{-1}{\rho}(\mathfrak{q}) = \mathfrak{p}$ (ou $\mathfrak{p} = A \cap \mathfrak{q}$ quand on identifie A à un sous-anneau de B).*

La prop. 8 s'applique notamment lorsque B est lui-même un A-module *fidèlement plat.* Mais on a dans ce cas la proposition plus précise suivante :

PROPOSITION 9. — *Soient* A, B *deux anneaux,* ρ *un homomorphisme de* A *dans* B. *Les cinq propriétés suivantes sont équivalentes :*

a) *Le* A*-module à droite* B *est fidèlement plat.*

b) *L'homomorphisme* ρ *est injectif et le* A*-module à droite* $B/\rho(A)$ *est plat.*

c) Le A*-module à droite* B *est plat, et pour tout* A*-module à gauche* F, *l'homomorphisme canonique* $x \rightarrow 1 \otimes x$ *de* F *dans* $B \otimes_A F$ *est injectif.*

d) *Le* A*-module à droite* B *est plat, et pour tout idéal à gauche* $\mathfrak{a}$ *de* A, *on a* $\overset{-1}{\rho}(B\mathfrak{a}) = \mathfrak{a}$.

e) *Le* A*-module à droite* B *est plat, et pour tout idéal à gauche maximal* $\mathfrak{m}$ *de* A, *il existe un idéal à gauche maximal* $\mathfrak{n}$ *de* B *tel que* $\overset{-1}{\rho}(\mathfrak{n}) = \mathfrak{m}$.

D'après la prop. 8, *a*) implique chacune des propriétés *c*), *d*), *e*). D'autre part, si *e*) est vérifiée, on a $B\mathfrak{m} \neq B$ pour tout idéal à gauche maximal $\mathfrak{m}$ de A (puisqu'il existe un idéal à gauche maximal $\mathfrak{n}$ de B tel que $B\mathfrak{m} \subset \mathfrak{n}$), et B est un A-module fidèlement plat par le critère *d*) du n° 1, prop. 1 ; donc *e*) entraîne *a*).

Nous allons maintenant prouver que *c*) ⇒ *d*) ⇒ *b*) ⇒ *a*), ce qui achèvera la démonstration. En premier lieu, *c*) entraîne *d*), en prenant $F = A_s/\mathfrak{a}$ dans *c*). Si *d*) est vérifiée, en prenant $\mathfrak{a} = \{0\}$, on voit que ρ est injectif ; il résulte de *d*) et du § 2, n° 6, cor. de la prop. 7, que $B/\rho(A)$ est un A-module à droite plat, donc *d*) entraîne *b*). Enfin, si *b*) est vérifiée, la prop. 3 du n° 1 appliquée à la suite exacte

$$0 \rightarrow A_d \xrightarrow{\rho} B \rightarrow B/\rho(A) \rightarrow 0$$

montre que B est un A-module à droite fidèlement plat, puisque A_d est fidèlement plat.

C. Q. F. D.

***Remarque* 2). — Lorsque A et B sont commutatifs, nous verrons au chap. II, § 2, n° 5, cor. 4 de la prop. 11 que les conditions de la prop. 9 sont équivalentes à la suivante :

f) B *est un* A-*module plat, et pour tout idéal premier* $\mathfrak{p}$ *de* A, *il existe un idéal* $\mathfrak{q}$ *de* B *tel que* $\overset{-1}{\rho}(\mathfrak{q}) = \mathfrak{p}$.*

Sous les conditions de la prop. 9, identifions A à un *sous-anneau* de B au moyen de ρ. La relation $\overset{-1}{\rho}(B\mathfrak{a}) = \mathfrak{a}$ s'écrit alors $A \cap B\mathfrak{a} = \mathfrak{a}$. D'autre part, si F est un A-module à gauche, on identifie F à son image dans $B \otimes_A F$ par l'application canonique $x \to 1 \otimes x$; si X est un sous-groupe additif de F, on note alors BX le sous-B-module à gauche de $B \otimes_A F$ engendré par X. Avec ces notations, on a :

Proposition 10. — *Soient* B *un anneau et* A *un sous-anneau de* B *tel que* B *soit un* A-*module à droite fidèlement plat. Soient* F *un* A-*module à gauche*, F′, F″ *deux sous-modules de* F. *Alors :*

(i) *L'application canonique* $B \otimes_A F' \to B \otimes_A F$ *induit un isomorphisme de* $B \otimes_A F'$ *sur* BF′.

(ii) *On a* $F \cap BF' = F'$.

(iii) *On a* $B(F' + F'') = BF' + BF''$.

(iv) *On a* $B(F' \cap F'') = BF' \cap BF''$.

En effet, comme B est un A-module à droite plat, l'application canonique $B \otimes_A F' \to B \otimes_A F$ est injective ; compte tenu des identifications faites, son image est BF′, ce qui démontre (i). L'assertion (ii) résulte du § 2, n° 6, prop. 7, appliquée avec $E = B$, $E' = A$, et compte tenu des formules $A \otimes_A F = F$ et $A \otimes_A F' = F'$. L'assertion (iii) est triviale, et (iv) résulte du § 2, n° 6, prop. 6.

6. *Anneaux fidèlement plats et conditions de finitude.*

Proposition 11. — *Soient* B *un anneau et* A *un sous-anneau de* B *tel que* B *soit un* A-*module à droite fidèlement plat. Pour qu'un*

A-*module à gauche* F *soit de type fini* (resp. *de présentation finie*), *il faut et il suffit que le* B-*module* $B \otimes_A F$ *soit de type fini* (resp. *de présentation finie*).

1° Sans hypothèse sur B, il est clair que si F est un A-module à gauche de type fini, $B \otimes_A F$ est un B-module à gauche de type fini. Inversement, si $B \otimes_A F$ est un B-module de type fini, il est engendré par un nombre fini d'éléments de la forme $1 \otimes x_i$ avec $x_i \in F$; si M est le sous-A-module de F engendré par les x_i, et j l'injection canonique $M \rightarrow F$, $1_B \otimes j : B \otimes_A M \rightarrow B \otimes_A F$ est un homomorphisme surjectif, donc j est surjectif (n° 1, prop. 2), ce qui prouve que F est de type fini.

2° Si F admet une présentation finie, il en est de même de $B \otimes_A F$ sans hypothèse sur B (§ 2, n° 8). Reste à prouver que si $B \otimes_A F$ admet une présentation finie, il en est de même de F. On sait déjà par 1° que F est de type fini, donc il existe un homomorphisme surjectif $u : L \rightarrow F$, où L est un A-module libre de type fini. Soit R le noyau de u, de sorte que $B \otimes_A R$ s'identifie au noyau de l'homomorphisme surjectif $1_B \otimes u : B \otimes_A L \rightarrow B \otimes_A F$ (§ 2, n° 3, *Remarque* 2). Comme $B \otimes_A F$ admet une présentation finie par hypothèse, on en conclut (§ 2, n° 8, lemme 9) que $B \otimes_A R$ est de type fini ; il résulte alors de 1° que R est un A-module de type fini, et par suite F admet une présentation finie.

PROPOSITION 12. — *Soient* B *un anneau et* A *un sous-anneau commutatif du centre de* B *tel que* B *soit un* A-*module fidèlement plat. Pour qu'un* A-*module* F *soit projectif et de type fini, il faut et il suffit que* $B \otimes_A F$ *soit un* B-*module à gauche projectif de type fini.*

La condition est évidemment nécessaire sans hypothèses sur A ni B (*Alg.*, chap. II, 3e éd., § 5, n° 1, cor. de la prop. 4) ; prouvons qu'elle est suffisante. Un module projectif de type fini admettant une présentation finie (§ 2, n° 8, lemme 8), l'hypothèse entraîne que F admet une présentation finie en vertu de la prop. 11, donc, pour tout A-module M on a un isomorphisme canonique

$$\omega : B \otimes_A \mathrm{Hom}_A(F, M) \rightarrow \mathrm{Hom}_B(B \otimes_A F, B \otimes_A M)$$

(§ 2, nº 10, prop. 11). Soit alors $v : M \to M''$ un homomorphisme *surjectif* de A-modules et considérons le diagramme commutatif

$$\begin{array}{ccc} B \otimes_A \mathrm{Hom}_A(F, M) & \xrightarrow{\omega} & \mathrm{Hom}_B(B \otimes_A F, B \otimes_A M) \\ {\scriptstyle 1_B \otimes \mathrm{Hom}(1_F, v)} \downarrow & & \downarrow {\scriptstyle \mathrm{Hom}(1_{B \otimes F}, 1_B \otimes v)} \\ B \otimes_A \mathrm{Hom}_A(F, M'') & \xrightarrow[\omega]{} & \mathrm{Hom}_B(B \otimes_A F, B \otimes_A M'') \end{array}$$

Comme $1_B \otimes v$ est surjectif, et que $B \otimes_A F$ est supposé projectif, $\mathrm{Hom}(1_{B \otimes F}, 1_B \otimes v)$ est *surjectif* (*Alg.*, chap. II, 3e éd., § 2, nº 2, prop. 4), et il en est donc de même de $1_B \otimes \mathrm{Hom}(1_F, v)$. Mais comme B est un A-module fidèlement plat, $\mathrm{Hom}(1_F, v)$ est lui-même surjectif (nº 1, prop. 2), donc F est un A-module projectif (*Alg.*, chap. II, 3e éd., § 2, nº 2, prop. 4).

7. *Équations linéaires sur un anneau fidèlement plat.*

Soient B un anneau, A un sous-anneau de B. Nous dirons que le couple (A, B) a la *propriété d'extension linéaire* s'il vérifie la condition suivante :

(E) *Toute solution* $(y_k)_{1 \leqslant k \leqslant n}$, *formée d'éléments de* B, *d'un système d'équations linéaires*

$$\sum_{k=1}^{n} y_k c_{ki} = d_i \qquad (1 \leqslant i \leqslant m) \tag{3}$$

dont les coefficients c_{ki} *et les seconds membres* d_i *appartiennent à* A, *est de la forme*

$$y_k = x_k + \sum_{j=1}^{p} b_j z_{jk} \qquad (1 \leqslant k \leqslant n) \tag{4}$$

où (x_k) *est une solution de* (3) *formée d'éléments de* A, *les* b_j *appartiennent à* B *et chacun des* $(z_{jk})_{1 \leqslant k \leqslant n}$ *est une solution du système linéaire homogène associé à* (3), *formée d'éléments de* A.

PROPOSITION 13. — *Soit* A *un sous-anneau d'un anneau* B. *Pour que le couple* (A, B) *vérifie la propriété d'extension linéaire, il faut et il suffit que* B *soit un* A*-module à droite fidèlement plat.*

La condition est *suffisante*. En effet, comme B est un A-module plat, toute solution à éléments dans B du système linéaire *homogène* associé à (3) est combinaison linéaire à coefficients dans B de solutions formées d'éléments de A (§ 2, nº 11, cor. 2 de la prop. 13). Tout revient donc à prouver que l'existence d'une solution de (3) à éléments dans B entraîne l'existence d'*une* solution à éléments dans A. Or si on pose $c_k = (c_{ki})_{1 \leqslant i \leqslant m} \in A_s^m$, $d = (d_i) \in A_s^m$, le système (3) équivaut à l'équation $\sum_{k=1}^{n} y_k \otimes c_k = 1 \otimes d$ dans $B \otimes_A A_s^m = B_s^m$. Autrement dit, si M est le sous-A-module de A_s^m engendré par les c_k ($1 \leqslant k \leqslant n$), l'existence de la solution (y_k) de (3) équivaut (avec les identifications faites au nº 5) à la relation $d \in BM \cap A_s^m$; mais comme $BM \cap A_s^m = M$ (nº 5, prop. 10, (ii)), elle entraîne $d \in M$, c'est-à-dire l'existence d'une solution (x_k) du système (3) à éléments dans A.

La condition est *nécessaire*. Supposons en effet que (A, B) vérifie la propriété d'extension linéaire ; on sait déjà que B est un A-module à droite plat (§ 2, nº 11, cor. 2 de la prop. 13) ; prouvons que pour tout idéal à gauche $\mathfrak{a}$ de A, on a $B\mathfrak{a} \cap A = \mathfrak{a}$, ce qui démontrera que B est un A-module à droite fidèlement plat (nº 5, prop. 9, *d*)). Or, soit $x \in B\mathfrak{a} \cap A$; il existe par hypothèse des $y_i \in B$ et des $a_i \in \mathfrak{a}$ tels que $\sum_i y_i a_i = x$; la propriété (E) appliquée à cette équation linéaire à coefficients et second membre dans A montre qu'il existe des $x_i \in A$ tels que $x = \sum_i x_i a_i$, donc $x \in \mathfrak{a}$.

C. Q. F. D.

§ 4. Modules plats et foncteurs « Tor »

A l'usage des lecteurs au courant de l'Algèbre homologique (*), nous allons indiquer rapidement comment la théorie des modules plats se relie à celle des foncteurs Tor.

Proposition 1. — *Soit* E *un* A-*module à droite. Les quatre propriétés suivantes sont équivalentes :*

(*) Voir la partie de ce Traité consacrée aux catégories, et, plus particulièrement, aux catégories abéliennes (en préparation). En attendant la parution de cette partie, le lecteur pourra consulter H. Cartan-S. Eilenberg, *Homological Algebra*, Princeton, 1956, ou R. Godement, *Théorie des Faisceaux*, Paris (Hermann), 1958.

a) E *est plat.*

b) *Pour tout* A-*module à gauche* F *et tout entier* $n \geqslant 1$, *on a* $\mathrm{Tor}_n^A(E, F) = 0$.

c) *Pour tout* A-*module à gauche* F, *on a* $\mathrm{Tor}_1^A(E, F) = 0$.

d) *Pour tout idéal à gauche de type fini* $\mathfrak{a}$ *de* A, *on a*

$$\mathrm{Tor}_1^A(E, A_s/\mathfrak{a}) = 0.$$

Montrons que *a*) implique *b*). Soit

$$\cdots \to L_n \to L_{n-1} \to \cdots \to L_0 \to F \to 0$$

une résolution libre de F. Comme E est plat, la suite

$$(1) \qquad \cdots \to E \otimes L_n \to E \otimes L_{n-1} \to \cdots \to E \otimes L_0 \to E \otimes F \to 0$$

est exacte. Comme les $\mathrm{Tor}_n^A(E, F)$ sont isomorphes aux groupes d'homologie du complexe (1), ils sont nuls pour $n \geqslant 1$.

Il est trivial que *b*) entraîne *c*) et que *c*) entraîne *d*). Montrons enfin que *d*) implique *a*). La suite exacte

$$0 \to \mathfrak{a} \to A_s \to A_s/\mathfrak{a} \to 0$$

donne la suite exacte

$$\mathrm{Tor}_1^A(E, A_s/\mathfrak{a}) \to E \otimes_A \mathfrak{a} \to E \otimes_A A.$$

Comme *d*) est vérifiée, l'homomorphisme canonique

$$E \otimes_A \mathfrak{a} \to E \otimes_A A = E$$

est injectif, ce qui signifie que E est plat (§ 2, nº 3, prop. 1).

La prop. 1 fournit une caractérisation des modules plats qui est souvent utile dans les applications. Nous nous bornerons, à titre d'exemple, à donner une nouvelle démonstration de la prop. 5 du § 2, nº 5. Si E′ et E″ sont plats, la suite exacte

$$\mathrm{Tor}_1^A(E', F) \to \mathrm{Tor}_1^A(E, F) \to \mathrm{Tor}_1^A(E'', F)$$

montre que $\mathrm{Tor}_1^A(E, F) = 0$ pour tout A-module à gauche F, donc E est plat. Si E et E″ sont plats, la suite exacte

$$\mathrm{Tor}_2^A(E'', F) \to \mathrm{Tor}_1^A(E', F) \to \mathrm{Tor}_1^A(E, F)$$

montre que $\mathrm{Tor}_1^A(E', F) = 0$, donc E′ est plat.

PROPOSITION 2. — *Soient* R, S *deux anneaux*, $\rho : R \to S$ *un homomorphisme et* F *un* R-*module à gauche. Les deux propriétés suivantes sont équivalentes :*

a) *On a* $\mathrm{Tor}_1^R(\rho_*(E), F) = 0$ *pour tout* S-*module à droite* E.

b) *Le* S-*module à gauche* $\rho^*(F) = F_{(S)} = S \otimes_R F$ *est plat, et on a* $\mathrm{Tor}_1^R(\rho_*(S_d), F) = 0$.

Supposons *a*) vérifiée. Prenant $E = S_d$, on voit que $\mathrm{Tor}_1^R(\rho_*(S_d), F) = 0$. Montrons en outre que $F_{(S)}$ est un S-module plat. Pour cela, notons que si E est un S-module à droite, le groupe additif $E \otimes_S F_{(S)}$ s'identifie à $\rho_*(E) \otimes_R F$. Si l'on a donc une suite exacte de S-modules à droite

$$0 \to E' \to E \to E'' \to 0$$

on en déduit, vu *a*), une suite exacte

$$0 \to \rho_*(E') \otimes_R F \to \rho_*(E) \otimes_R F \to \rho_*(E'') \otimes_R F \to 0$$

ou encore

$$0 \to E' \otimes_S F_{(S)} \to E \otimes_S F_{(S)} \to E'' \otimes_S F_{(S)} \to 0$$

ce qui prouve que $F_{(S)}$ est plat.

Réciproquement, si *b*) est vérifiée, on a tout d'abord, pour tout S-module à droite *libre* $L = S_d^{(I)}$, $\mathrm{Tor}_1^R(\rho_*(L), F) = (\mathrm{Tor}_1^R(\rho_*(S_d), F))^{(I)} = 0$. Tout S-module à droite E s'écrit sous la forme $E = L/H$ pour un S-module libre L convenable ; on a donc la suite exacte

(2) $0 = \mathrm{Tor}_1^R(\rho_*(L), F) \to \mathrm{Tor}_1^R(\rho_*(E), F) \to \rho_*(H) \otimes_R F \to \rho_*(L) \otimes_R F.$

Mais comme $F_{(S)}$ est plat, l'homomorphisme $H \otimes_S F_{(S)} \to L \otimes_S F_{(S)}$ est injectif, et il s'identifie à l'homomorphisme

$$\rho_*(H) \otimes_R F \to \rho_*(L) \otimes_R F.$$

On déduit alors de (2) que $\mathrm{Tor}_1^R(\rho_*(E), F) = 0$.

Remarque. — La proposition 2 découle aussi de l'existence de la suite exacte

$$E \otimes_S \mathrm{Tor}_1^R(\rho_*(S_d), F) \to \mathrm{Tor}_1^R(\rho_*(E), F) \to \mathrm{Tor}_1^S(E, S_d \otimes_R F) \to 0$$

provenant de la suite spectrale d'« associativité » des foncteurs Tor.

EXERCICES

§ 1

1) Dans le diagramme commutatif (10), on suppose que le couple (u', v') est une suite exacte et que $v \circ u = 0$. Montrer que l'on a

$$\operatorname{Im}(b) \cap \operatorname{Im}(u') = b(\operatorname{Ker}(c \circ v)).$$

2) On considère un diagramme commutatif de groupes commutatifs

$$\begin{array}{ccccc}
A & \xrightarrow{u} & B & \xrightarrow{v} & C \\
{\scriptstyle a}\downarrow & & {\scriptstyle b}\downarrow & & \downarrow{\scriptstyle c} \\
A' & \xrightarrow{u'} & B' & \xrightarrow{v'} & C' \\
{\scriptstyle a'}\downarrow & & {\scriptstyle b'}\downarrow & & \\
A'' & \xrightarrow{u''} & B'' & &
\end{array}$$

On suppose que : 1° (u, v) et (b, b') sont des suites exactes ; 2° $v' \circ u' = 0$ et $a' \circ a = 0$; 3° c et u' sont injectifs et a' est surjectif. Montrer que dans ces conditions u'' est injectif.

3) On considère un diagramme commutatif de groupes commutatifs

$$\begin{array}{ccccccc}
 & & B & \longrightarrow & C & \longrightarrow & D \\
 & & \downarrow & & \downarrow & & \downarrow{\scriptstyle d} \\
A' & \longrightarrow & B' & \longrightarrow & C' & \longrightarrow & D' \\
\downarrow & & \downarrow & & \downarrow & & \\
A'' & \xrightarrow{u''} & B'' & \longrightarrow & C'' & & \\
{\scriptstyle a''}\downarrow & & \downarrow & & & & \\
A''' & \xrightarrow{u'''} & B''' & & & &
\end{array}$$

dans lequel on suppose que les lignes et les colonnes sont exactes, que d et u'' sont injectifs et a'' surjectif. Montrer que dans ces conditions u''' est injectif. Généraliser.

4) On considère un diagramme commutatif de groupes commutatifs

$$\begin{array}{ccccccc} A & \longrightarrow & B & \longrightarrow & C & \longrightarrow & D \\ {\scriptstyle a}\downarrow & & {\scriptstyle b}\downarrow & & {\scriptstyle c}\downarrow & & {\scriptstyle d}\downarrow \\ A' & \longrightarrow & B' & \longrightarrow & C' & \longrightarrow & D' \end{array}$$

où on suppose que les deux lignes sont exactes.

a) Montrer que, si a est surjectif, b et d injectifs, alors c est injectif.

b) Montrer que, si d est injectif, a et c surjectifs, alors b est surjectif.

5) On suppose donnée une suite exacte $A' \xrightarrow{u} A \xrightarrow{v} A'' \to 0$ et deux homomorphismes surjectifs $B' \xrightarrow{a'} A'$, $B'' \xrightarrow{a''} A''$, où A, A', A'', B', B'' sont des modules sur un même anneau. Montrer que si B'' est un module *projectif*, il existe un homomorphisme surjectif $a : B' \oplus B'' \to A$ tel que le diagramme

$$\begin{array}{ccccc} B' & \xrightarrow{i} & B' \oplus B'' & \xrightarrow{p} & B'' \\ {\scriptstyle a'}\downarrow & & {\scriptstyle a}\downarrow & & \downarrow{\scriptstyle a''} \\ A' & \xrightarrow[u]{} & A & \xrightarrow[v]{} & A'' \end{array}$$

soit commutatif (i et p étant les applications canoniques).

6) On suppose donnée une suite exacte $0 \to A' \xrightarrow{u} A \xrightarrow{v} A''$ et deux homomorphismes injectifs $A' \xrightarrow{a'} C'$, $A'' \xrightarrow{a''} C''$, où A, A', A'', C', C'' sont des modules sur un même anneau. Montrer que, si C' est un module *injectif* (*Alg.*, chap. II, 3e éd., § 2, exerc. 11), il existe un homomorphisme injectif $a : A \to C' \oplus C''$ tel que le diagramme

$$\begin{array}{ccccc} A' & \xrightarrow{u} & A & \xrightarrow{v} & A'' \\ {\scriptstyle a'}\downarrow & & {\scriptstyle a}\downarrow & & \downarrow{\scriptstyle a''} \\ C' & \xrightarrow[i]{} & C' \oplus C'' & \xrightarrow[p]{} & C'' \end{array}$$

soit commutatif (i et p étant les applications canoniques).

7) Soient U, V, W trois groupes commutatifs, $f : U \to V$, $g : V \to W$ des homomorphismes.

a) On considère le diagramme

$$\begin{array}{ccccccccc} 0 & \longrightarrow & U & \xrightarrow{\alpha} & U \times V & \xrightarrow{\beta} & V & \longrightarrow & 0 \\ & & {\scriptstyle f}\downarrow & & {\scriptstyle h}\downarrow & & {\scriptstyle -g}\downarrow & & \\ 0 & \longrightarrow & V & \xrightarrow{\gamma} & W \times V & \xrightarrow{\delta} & W & \longrightarrow & 0 \end{array}$$

où $\alpha(u) = (u, f(u))$, $\beta(u, v) = v - f(u)$, $\gamma(v) = (g(v), v)$, $\delta(w, v) = w - g(v)$, $h(u, v) = (g(f(u)), v)$. Montrer que ce diagramme est commutatif et que ses lignes sont exactes.

b) Déduire de *a*) et de la prop. 2 du nº 4 une suite exacte

$$0 \to \mathrm{Ker}\,(f) \to \mathrm{Ker}\,(g \circ f) \to \mathrm{Ker}\,(g) \to$$
$$\to \mathrm{Coker}\,(f) \to \mathrm{Coker}\,(g \circ f) \to \mathrm{Coker}\,(g) \to 0.$$

Donner une définition directe de cette suite exacte.

§ 2

1) Donner un exemple d'une suite exacte $0 \to N' \to N \to N'' \to 0$ de A-modules à gauche et d'un A-module à droite E tels que E soit N'-plat et N''-plat, mais non N-plat (prendre par exemple $N' = N'' = \mathbf{Z}/2\mathbf{Z}$).

2) Soient M, N deux sous-modules d'un A-module E, tels que $M + N$ soit plat. Pour que M et N soient plats, il faut et il suffit que $M \cap N$ soit plat.

3) Soit A l'anneau K[X, Y] des polynômes à deux indéterminées sur un corps K.

a) On considère dans A les idéaux principaux $\mathfrak{b} = (X)$, $\mathfrak{c} = (Y)$, qui sont des A-modules libres et dont l'intersection $\mathfrak{b} \cap \mathfrak{c} = (XY)$ est aussi libre. Montrer que $\mathfrak{a} = \mathfrak{b} + \mathfrak{c}$ n'est pas un A-module plat, bien que $\mathfrak{a}$ soit sans torsion (cf. *Alg.*, chap. III, § 2, exerc. 4).

b) Dans le A-module A^2, soit R le sous-module formé des éléments $(x, -x)$ où $x \in \mathfrak{a}$. Dans le A-module A^2/R, soient M, N les sous-modules images des sous-modules facteurs de A^2 ; montrer que M et N sont isomorphes à A, mais que $M \cap N$ n'est pas un A-module plat.

4) *a*) Donner un exemple de suite exacte *non scindée*

$$0 \to E' \to E \to E'' \to 0$$

dont tous les termes sont des modules plats (cf. *Alg.*, chap. VII, § 3, exerc. 8 *b*)).

b) Déduire de *a*) un exemple d'une suite exacte *non scindée*

$$0 \to E' \to E \to E'' \to 0$$

dont les termes sont des A-modules à droite *non plats*, telle que pour tout A-module à gauche F, la suite $0 \to E' \otimes F \to E \otimes F \to E'' \otimes F \to 0$ soit exacte (utiliser le lemme 2 du n° 1).

5) Donner un exemple d'un A-module à droite E, d'un A-module à gauche F et de deux sous-modules F', F'' de F tels que l'image canonique de $E \otimes (F' \cap F'')$ dans $E \otimes F$ ne soit pas l'intersection des images canoniques de $E \otimes F'$ et de $E \otimes F''$ (cf. exerc. 3 *a*)).

¶ 6) Soient A un anneau, M un A-module à gauche. On appelle *présentation de longueur n* ou *n-présentation* de M une suite exacte

$$L_n \to L_{n-1} \to \cdots \to L_1 \to L_0 \to M \to 0$$

où L_i est un A-module à gauche libre ($0 \leqslant i \leqslant n$). On dit que la présentation est *finie* si tous les L_i sont des modules libres de type fini.

Si M est un A-module à gauche de type fini, on désigne par $\lambda(M)$ la borne supérieure (finie ou égale à $+\infty$) des entiers $n \geqslant 0$ tels que M possède une *n*-présentation finie. Si M n'est pas de type fini, on pose $\lambda(M) = -1$.

a) Soit $0 \to P \to N \to M \to 0$ une suite exacte de A-modules à gauche. On a alors $\lambda(N) \geqslant \inf(\lambda(P), \lambda(M))$. (A partir de deux *n*-présentations de P et M respectivement, en déduire une de N en utilisant l'exerc. 5 du § 1).

b) Soit $M_n \xrightarrow{u_n} M_{n-1} \to \cdots \to M_0 \xrightarrow{u_0} M \to 0$ une n-présentation finie de M ; montrer que, si $\lambda(M) > n$, Ker (u_n) est un A-module de type fini. (Soit $L_{n+1} \xrightarrow{v_{n+1}} L_n \to \cdots \to L_2 \xrightarrow{v_2} L_1 \xrightarrow{v_1} L_0 \xrightarrow{v_0} M \to 0$ une $(n+1)$-présentation finie de M, et soit $P = \text{Ker}\,(v_0)$, de sorte que l'on a une n-présentation de P :

$$L_{n+1} \xrightarrow{v_{n+1}} L_n \to \cdots \to L_2 \xrightarrow{v_2} L_1 \xrightarrow{v_1} P \to 0.$$

Appliquant la méthode de *a*) à la suite exacte $0 \to P \to L_0 \to M \to 0$ on obtient une suite exacte

$$M_n \oplus L_{n+1} \xrightarrow{w_n} M_{n-1} \oplus L_n \xrightarrow{w_{n-1}} \cdots \xrightarrow{w_1} M_0 \oplus L_1 \xrightarrow{w_0} L_0 \to 0$$

et des suites exactes $0 \to \text{Ker}\,(v_{i+1}) \to \text{Ker}\,(w_i) \to \text{Ker}\,(u_i) \to 0$ (§ 1, nº 4, prop. 2). Observer enfin que Ker (w_i) est facteur direct de $M_i \oplus L_{i+1}$).

c) Montrer que, sous les hypothèses de *a*), on a

$$\lambda(M) \geqslant \inf(\lambda(N), \lambda(P) + 1).$$

(Si $n \leqslant \inf(\lambda(N), \lambda(P) + 1)$, montrer par récurrence sur n que $\lambda(M) \geqslant n$, en raisonnant comme dans *a*) et utilisant *b*)).

d) Montrer que, sous les hypothèses de *a*), on a

$$\lambda(P) \geqslant \inf(\lambda(N), \lambda(M) - 1).$$

(Même méthode que dans *c*).) En déduire que, si $\lambda(N) = +\infty$, alors $\lambda(M) = \lambda(P) + 1$.

e) Déduire de *a*), *c*) et *d*) que, si $N = M \oplus P$, on a

$$\lambda(N) = \inf(\lambda(M), \lambda(P)).$$

En particulier, pour que N admette une présentation finie il faut et il suffit qu'il en soit ainsi pour M et P.

f) Soient N_1, N_2 deux sous-modules d'un A-module M. Supposons que N_1 et N_2 admettent une présentation finie. Pour que $N_1 + N_2$ admette une présentation finie, il faut et il suffit que $N_1 \cap N_2$ soit de type fini.

7) *a*) Avec les notations de l'exerc. 6, montrer que, si M est un module projectif, on a $\lambda(M) = -1$ ou $\lambda(M) = +\infty$. Si A est un anneau nœthérien à gauche, alors, pour tout A-module M, on a $\lambda(M) = -1$ ou $\lambda(M) = +\infty$.

b) Si $\mathfrak{a}$ est un idéal à gauche d'un anneau A, qui n'est pas de type fini, $A_s/\mathfrak{a}$ est un A-module monogène qui n'admet pas de présentation finie, autrement dit $\lambda(A_s/\mathfrak{a}) = 0$ (nº 8, lemme 9).

c) Donner un exemple d'un idéal à gauche monogène $\mathfrak{a}$ d'un anneau A tel que $A_s/\mathfrak{a}$ (qui est de présentation finie) admette un dual qui ne soit pas un A-module à droite de type fini.

d) Soient K un corps commutatif, E l'espace vectoriel $K^{(\mathbf{N})}$, (e_n) la base canonique de E, T l'algèbre tensorielle de E, dont une base est donc formée des produits finis $e_{i_1}e_{i_2}\ldots e_{i_k}$ ($k \geqslant 0$, $i_j \in \mathbf{N}$ pour tout j). Pour un entier n donné, soit $\mathfrak{b}$ l'idéal bilatère de T engendré par les produits $e_1e_0, e_2e_1, \ldots, e_ne_{n-1}$ et $e_{n+k}e_n$ pour tout $k \geqslant 1$; soit A l'anneau quotient

$T/\mathfrak{b}$, et pour tout entier m, soit a_m l'image canonique de e_m dans A. Montrer que, si $M = A_s/Aa_0$, on a $\lambda(M) = n$ (observer que, pour $m \leqslant n-1$, l'annulateur à gauche de a_m est Aa_{m+1}, et utiliser l'exerc. 6 *b*)).

8) Soient C un anneau commutatif, E, F deux C-modules. Montrer que l'on a $\lambda(E \otimes_C F) \geqslant \inf(\lambda(E), \lambda(F))$.

9) Soit E un A-module à gauche de présentation finie.

a) Montrer que pour toute famille $(F_\iota)_{\iota \in I}$ de A-modules à droite, l'homomorphisme canonique $E \otimes_A (\prod_{\iota \in I} F_\iota) \to \prod_{\iota \in I} (E \otimes_A F_\iota)$ (*Alg.*, chap. II, 3e éd., § 3, no 7) est bijectif.

b) Soit $(G_\alpha, \varphi_{\beta\alpha})$ un système inductif de A-modules à gauche ; montrer que l'homomorphisme canonique

$$\varinjlim \operatorname{Hom}_A(E, G_\alpha) \to \operatorname{Hom}_A(E, \varinjlim G_\alpha)$$

est bijectif.

10) *a*) Soient A un anneau, I un ensemble, R un sous-module de $L = A_d^{(I)}$. Soit $\mathfrak{S}$ l'ensemble des couples (J, S), où J est une partie finie de I et S un sous-module de type fini de $A_d^J \cap R$. On ordonne $\mathfrak{S}$ par la relation « $J \subset J'$ et $S \subset S'$ » ; montrer que $\mathfrak{S}$ est filtrant pour cette relation d'ordre, que la famille (A_d^J/S) est un système inductif de A-modules à droite ayant $\mathfrak{S}$ pour ensemble d'indices et qu'il existe un isomorphisme de L/R sur $\varinjlim_{(J,S) \in \mathfrak{S}} (A_d^J/S)$.

b) Déduire de *a*) que tout A-module est limite inductive de A-modules de présentation finie.

11) Soit E un A-module à droite. On dit que E est *pseudo-cohérent* si tout sous-module de type fini de E est de présentation finie ; tout sous-module d'un module pseudo-cohérent est pseudo-cohérent. On dit que E est *cohérent* s'il est pseudo-cohérent et de type fini (donc de présentation finie).

a) Soit $0 \to E' \to E \to E'' \to 0$ une suite exacte de A-modules à droite. Montrer que, si E est pseudo-cohérent (resp. cohérent) et E' de type fini, E'' est pseudo-cohérent (resp. cohérent). Montrer que, si E' et E'' sont pseudo-cohérents (resp. cohérents), il en est de même de E. Montrer que, si E et E'' sont cohérents, il en est de même de E' (utiliser l'exerc. 6 et le lemme 9 du no 8).

b) Soient E un A-module cohérent, E' un A-module pseudo-cohérent (resp. cohérent). Montrer que, pour tout homomorphisme $u : E \to E'$, Im (u) et Ker (u) sont cohérents et que Coker (u) est pseudo-cohérent (resp. cohérent) (utiliser *a*)).

c) Montrer que toute somme directe (resp. tout somme directe finie) de modules pseudo-cohérents (resp. cohérents) est un module pseudo-cohérent (resp. cohérent).

d) Si E est un module pseudo-cohérent et si M, N sont des sous-modules cohérents de E, montrer que $M + N$ et $M \cap N$ sont cohérents (utiliser *a*) et *c*)).

e) On suppose A commutatif. Montrer que, si E est un A-module cohérent et F un A-module cohérent (resp. pseudo-cohérent), $\operatorname{Hom}_A(E, F)$ est un A-module cohérent (resp. pseudo-cohérent). (Se ramener au cas où F est cohérent, et considérer une présentation finie de E, puis utiliser *b*).)

¶ 12) *a*) Soit A un anneau. Montrer que les quatre propriétés suivantes sont équivalentes :

α) Le A-module à droite A_d est cohérent (exerc. 11).

β) Tout A-module à droite de présentation finie est cohérent.

γ) Pour tout ensemble I, le A-module à gauche A^I_s est plat.

δ) Tout produit de A-modules à gauche plats est plat.

(Pour prouver que α) entraîne β), utiliser l'exerc. 11 *b*). Pour voir que γ) entraîne α), raisonner par l'absurde en utilisant la prop. 13 du nº 11. Pour montrer que α) entraîne δ), utiliser l'exerc. 9.)

On dit qu'un tel anneau A est *cohérent à droite*, et on définit de même la notion d'anneau *cohérent à gauche*.

b) Montrer que tout anneau nœthérien à droite est cohérent à droite. Donner un exemple d'anneau artinien à droite qui n'est pas cohérent à gauche (cf. *Alg.*, chap. VIII, § 2, exerc. 4).

**c*) Un anneau de valuation non discrète de rang 1 (chap. VI) est cohérent mais contient des idéaux non cohérents et admet des modules quotients (monogènes) non pseudo-cohérents.*

d) Montrer que, si A est un anneau cohérent à droite, on a, pour tout A-module à droite E, $\lambda(E) = -1$ ou $\lambda(E) = 0$ ou $\lambda(E) = +\infty$ (exerc. 6).

e) Soit $(A_\alpha, \varphi_{\beta\alpha})$ un système inductif d'anneaux dont l'ensemble d'indices est filtrant, et soit $A = \varinjlim A_\alpha$. On suppose que, pour $\alpha \leqslant \beta$, A_β est un A_α-module à gauche plat. Montrer que, si les A_α sont cohérents à droite, il en est de même de A. (Observer que A est un A_α-module plat pour tout α, et que, si E est un sous-module de A_d, de type fini, il existe un indice α et un sous-module de type fini E_α de $(A_\alpha)_d$ tels que $E_\alpha \otimes_{A_\alpha} A$ soit isomorphe à E.)

**f*) Déduire de *e*) que tout anneau de polynômes (pour un ensemble fini ou infini quelconque d'indéterminées) sur un anneau commutatif nœthérien est cohérent. En déduire qu'un anneau quotient d'un anneau cohérent n'est pas nécessairement cohérent.*

g) Pour que A soit cohérent à gauche, il faut et il suffit que l'annulateur à gauche de tout élément de A soit de type fini, et que l'intersection de deux idéaux à gauche de type fini dans A soit de type fini (utiliser l'exerc. 6 *f*)).

¶ 13) Soient A, B deux anneaux, F un (A, B)-bimodule, G un B-module à droite. Montrer que, si G est injectif (*Alg.*, chap. II, 3ᵉ éd., § 2, exerc. 11) et si F est un A-module à gauche plat, le A-module à droite $\mathrm{Hom}_B(F, G)$ est injectif. (Utiliser l'isomorphisme

$$\mathrm{Hom}_A(E, \mathrm{Hom}_B(F, G)) \to \mathrm{Hom}_B(E \otimes_A F, G)$$

pour un A-module à droite E (*Alg.*, chap. II, 3ᵉ éd., § 4, nº 1).)

¶ 14) Soient A, B deux anneaux, E un A-module à gauche, F un (A, B)-bimodule, G un B-module à droite ; on considère l'homomorphisme canonique (*Alg.*, chap. II, 3ᵉ éd., § 4, exerc. 5)

$$\sigma : \mathrm{Hom}_B(F, G) \otimes_A E \to \mathrm{Hom}_B(\mathrm{Hom}_A(E, F), G)$$

tel que $(\sigma(u\otimes x))(v) = u(v(x))$ pour $x \in E$, $u \in \mathrm{Hom}_B(F, G)$, $v \in \mathrm{Hom}_A(E, F)$. Montrer que, si G est un B-module injectif (*Alg.*, chap. II, 3e éd., § 2, exerc. 11) et si E est de présentation finie, σ est bijectif. (Considérer d'abord le cas où E est libre de type fini.)

¶ 15) Soit A un anneau. Montrer que tout A-module à gauche E qui est plat et de présentation finie est projectif. (Étant donné un homomorphisme surjectif $u : F \rightarrow F''$ de A-modules à gauche, soit u' l'homomorphisme $\mathrm{Hom}(1_E, u) : \mathrm{Hom}_A(E, F) \rightarrow \mathrm{Hom}_A(E, F'')$, et $\bar{u}$ l'homomorphisme $\mathrm{Hom}(u', 1_G) : \mathrm{Hom}_{\mathbf{Z}}(\mathrm{Hom}_A(E, F''), G) \rightarrow \mathrm{Hom}_{\mathbf{Z}}(\mathrm{Hom}_A(E, F), G)$, où G est un **Z**-module divisible. En utilisant d'abord l'exerc. 14, prouver que $\bar{u}$ est injectif ; puis, en choisissant convenablement G (*Alg.*, chap. II, 3e éd., § 2, exerc. 14), montrer que u' est surjectif.)

16) Soient A un anneau, a un élément de A. Montrer que les propriétés suivantes sont équivalentes :

α) $a \in aAa$.

β) aA est facteur direct dans le module A_d.

γ) A_d/aA est un A-module à droite plat.

δ) Pour tout idéal à gauche $\mathfrak{b}$ de A, on a $aA \cap \mathfrak{b} = a\mathfrak{b}$.

(Utiliser le cor. de la prop. 7 du nº 6 pour prouver l'équivalence de γ) et δ), et montrer directement que δ) entraîne α) et que α) entraîne β), en prouvant l'existence d'un idempotent $e \in aA$ tel que $eA = aA$.)

17) Soient A un anneau. Montrer que les propriétés suivantes sont équivalentes :

α) Tout élément $a \in A$ vérifie les propriétés équivalentes de l'exercice 16.

β) Tout idéal à droite de type fini de A est facteur direct de A_d.

γ) Tout A-module à gauche est plat.

δ) Tout A-module à droite est plat.

On dit alors que A est un anneau *absolument plat* (*).

(Pour voir que α) implique β), utiliser l'exerc. 15 *b*) de *Alg.*, chap. VIII, § 6.)

¶ 18) Soit A un anneau absolument plat (exerc. 17).

a) Soit P un A-module à droite projectif. Montrer que tout sous-module E de type fini de P est facteur direct de P. ((Se ramener au cas où P est libre de type fini. Remarquer alors que P/E est de présentation finie, et utiliser l'exerc. 15).

b) Montrer que tout A-module à droite projectif P est somme directe de sous-modules monogènes, isomorphes à des idéaux à droite monogènes de A. (Utiliser le th. de Kaplansky (*Alg.*, chap. II, 3e éd., § 2, exerc. 3) pour se ramener au cas où P est engendré par une famille dénombrable d'éléments, puis utiliser *a*).)

c) Donner un exemple d'anneau absolument plat A et de A-module de type fini et non projectif (considérer un quotient de A par un idéal

---

(*) Nous modifions la terminologie d'« anneau régulier » introduite en *Alg.*, chap. VIII, § 6, exerc. 15, ce nom désignant aussi une tout autre notion en Algèbre commutative.

non de type fini ; cf. *Alg.*, chap. VIII, § 6, exerc. 15 *f*), et *Alg. comm.*, chap. II, § 4, exerc. 17).

19) Soit A un anneau. Montrer que les propriétés suivantes sont équivalentes :

α) A est semi-simple.

β) Tout idéal à droite de A est un A-module injectif.

γ) Tout A-module à droite est projectif.

δ) Tout A-module à droite est injectif.

20) Soient A un anneau intègre, B une A-algèbre qui est un A-module plat, M un A-module sans torsion. Montrer que, si $t \in \mathrm{B}$ n'est pas diviseur de zéro, la relation $t.z = 0$ pour un $z \in \mathrm{B} \otimes_{\mathrm{A}} \mathrm{M}$ entraîne $z = 0$. (Se ramener au cas où M est de type fini, et en plongeant M dans un A-module libre de type fini, se ramener au cas où M = A.)

21) Soient S un anneau commutatif, R une S-algèbre commutative, B une S-algèbre (commutative ou non), $\mathrm{B}_{(\mathrm{R})}$ la R-algèbre obtenue à partir de B par extension des scalaires. On suppose que R est un S-module plat et que B est un S-module de type fini. Si Z est le centre de B, montrer que l'homomorphisme canonique de $\mathrm{Z}_{(\mathrm{R})} = \mathrm{Z} \otimes_{\mathrm{S}} \mathrm{R}$ dans $\mathrm{B}_{(\mathrm{R})}$ est un isomorphisme de $\mathrm{Z}_{(\mathrm{R})}$ sur le centre de $\mathrm{B}_{(\mathrm{R})}$. (Utiliser la suite exacte

$$0 \rightarrow \mathrm{Z} \rightarrow \mathrm{B} \xrightarrow{\theta} \mathrm{Hom}_{\mathrm{S}}(\mathrm{B}, \mathrm{B})$$

où $\theta(x)(y) = xy - yx$, et la prop. 11 du n° 10.)

¶ 22) Soit E un A-module à gauche. Pour tout idéal à droite $\mathfrak{a}$ de A, et tout élément $a \in \mathrm{A}$, on note $\mathfrak{a} : a$ l'ensemble des $x \in \mathrm{A}$ tels que $ax \in \mathfrak{a}$, et $\mathfrak{a}\mathrm{E} : a$ l'ensemble des $y \in \mathrm{E}$ tels que $ay \in \mathfrak{a}\mathrm{E}$. On a évidemment $(\mathfrak{a} : a)\mathrm{E} \subset \mathfrak{a}\mathrm{E} : a$. Montrer que, pour que E soit plat, il faut et il suffit que, pour tout idéal à droite $\mathfrak{a}$ de A et tout élément $a \in \mathrm{A}$, on ait l'égalité $(\mathfrak{a} : a)\mathrm{E} = \mathfrak{a}\mathrm{E} : a$. (Pour voir que la condition est nécessaire, considérer la suite exacte de A-modules à droite $0 \rightarrow (\mathfrak{a} : a)/\mathfrak{a} \xrightarrow{\psi} \mathrm{A}_d/\mathfrak{a} \xrightarrow{\varphi} \mathrm{A}_d/\mathfrak{a}$, où ψ est l'injection canonique et φ l'application déduite par passage aux quotients de la multiplication à gauche par a. Pour voir que la condition est suffisante, appliquer le critère du cor. 1 de la prop. 13 du n° 11 : partir d'une relation $\sum_{i=1}^{n} a_i x_i = 0$ avec $a_i \in \mathrm{A}$, $x_i \in \mathrm{E}$, appliquer l'hypothèse à l'idéal $\mathfrak{a}_2 = \sum_{i=2}^{n} a_i\mathrm{A}$ et à l'élément a_1, et raisonner par récurrence sur n.)

23) *a*) Soit $0 \rightarrow \mathrm{R} \rightarrow \mathrm{L} \rightarrow \mathrm{E} \rightarrow 0$ une suite exacte de A-modules à gauche, où L est un A-module libre ; soit (e_α) une base de L. Montrer que les conditions suivantes sont équivalentes :

α) E est plat.

β) Pour tout $x \in \mathrm{R}$, si $\mathfrak{a}_x$ est l'idéal à droite engendré par les composantes de x sur la base (e_α), on a $x \in \mathrm{R}\mathfrak{a}_x$.

γ) Pour tout $x \in \mathrm{R}$, il existe un homomorphisme $u_x : \mathrm{L} \rightarrow \mathrm{R}$ tel que $u_x(x) = x$.

δ) Pour toute suite finie $(x_i)_{1 \leqslant i \leqslant n}$ d'éléments de R, il existe un homomorphisme $u : L \to R$ tel que $u(x_i) = x_i$ pour $1 \leqslant i \leqslant n$. (Utiliser le cor. de la prop. 7 du n° 6).

b) Soit $\mathfrak{a}$ un idéal à gauche de A tel que $A/\mathfrak{a}$ soit un A-module plat. Montrer que pour tout idéal à gauche de type fini $\mathfrak{b} \subset \mathfrak{a}$, il existe $x \in A$ tel que $\mathfrak{b} \subset Ax \subset \mathfrak{a}$ (utiliser le critère δ) de *a*)).

c) Déduire de *a*) une nouvelle démonstration du résultat de l'exerc. 15.

d) Soit $\mathfrak{r}$ le radical de A, et soit $0 \to R \to L \to E \to 0$ une suite exacte de A-modules à gauche, telle que L soit libre. On suppose que E est plat et que R est contenu dans $\mathfrak{r}L$. Montrer que l'on a alors $R = 0$ (avec les notations de *a*), observer que $\mathfrak{a}_x$ est un idéal de type fini et que l'on a $\mathfrak{a}_x = \mathfrak{a}_x\mathfrak{r}$).

e) Soit E un A-module plat de type fini ; supposons qu'il existe un idéal bilatère $\mathfrak{b}$ de A contenu dans le radical de A, tel que $E/\mathfrak{b}E$ soit un $(A/\mathfrak{b})$-module libre. Montrer que E est alors un A-module libre (observer qu'il existe un A-module libre de type fini L tel que $L/\mathfrak{b}L$ soit isomorphe à $E/\mathfrak{b}E$ et utiliser *Alg.*, chap. VIII, § 6, n° 3, cor. 4 de la prop. 6 ; puis appliquer *d*)).

24) On dit qu'un sous-module M' d'un A-module à droite M est *pur* si, en désignant par $j : M' \to M$ l'injection canonique, l'homomorphisme $j \otimes 1_N : M' \otimes_A N \to M \otimes_A N$ est injectif pour tout A-module à gauche N. Il en est ainsi lorsque M' est facteur direct de M, ou lorsque M/M' est plat, mais ces deux conditions ne sont pas nécessaires (exerc. 4).

a) Montrer que, pour que M' soit un sous-module pur de M, il faut et il suffit que, si $(m'_i)_{i \in I}$ est une famille finie d'éléments de M', $(x_j)_{j \in J}$ une famille d'éléments de M tels que $m'_i = \sum_{j \in J} x_j a_{ji}$ pour tout $i \in I$ et pour une famille (a_{ji}) d'éléments de A, alors il existe une famille $(x'_j)_{j \in J}$ d'éléments de M' tels que $m'_i = \sum_{j \in J} x'_j a_{ji}$ pour tout $i \in I$. (Pour voir que la condition est suffisante, utiliser le lemme 10 du n° 11 pour montrer que $M' \otimes_A N \to M \otimes_A N$ est injectif pour tout A-module à gauche N de type fini ; pour voir que la condition est nécessaire, considérer un A-module à gauche de type fini $N = L/R$, où L est un A-module libre de type fini et R un sous-module de type fini de L.) Déduire de ce critère que, lorsque A est un anneau commutatif *principal*, la notion de sous-module pur d'un A-module coïncide avec celle d'*Alg.*, chap. VII, § 2, exerc. 7.

b) Soient M un A-module à droite, M' un sous-module de M, M'' un sous-module de M'. Montrer que, si M' est un sous-module pur de M et M'' un sous-module pur de M', alors M'' est un sous-module pur de M, et M'/M'' est un sous-module pur de M/M''. Si M'' est un sous-module pur de M, M'' est sous-module pur de M'.

c) Montrer que, si N et P sont deux sous-modules de M tels que $N \cap P$ et $N + P$ soient purs dans M, alors N et P sont des sous-modules purs de M. Donner un exemple de deux sous-modules N, P de $\mathbf{Z}^2$ qui sont purs dans $\mathbf{Z}^2$ mais tels que $N + P$ ne soit pas un sous-module pur de $\mathbf{Z}^2$.

d) Soient C un anneau commutatif, E, F deux C-modules ; montrer que, si E' (resp. F') est un sous-module pur de E (resp. F), l'application canonique $E' \otimes_C F' \to E \otimes_C F$ est injective, et identifie $E' \otimes_C F'$ à un sous-module pur de $E \otimes_C F$.

e) Soient $\rho : A \to B$ un homomorphisme d'anneaux, M un A-module à droite, M' un sous-module pur de M. Montrer que $M'_{(B)} = M' \otimes_A B$ s'identifie canoniquement à un sous-module pur de $M_{(B)} = M \otimes_A B$.

§ 3

1) *a*) Pour que la somme directe d'une famille (E_λ) de A-modules soit un A-module fidèlement plat, il suffit que chacun des E_λ soit plat et que l'un d'eux au moins soit fidèlement plat.

b) Déduire de *a*) que, si A est un anneau simple, tout A-module non nul est fidèlement plat. Le résultat est-il valable pour les anneaux semi-simples ?

2) Soit (p_n) la suite strictement croissante des nombres premiers, et soit A l'anneau produit $\prod_n \mathbf{Z}/p_n\mathbf{Z}$. Montrer que la somme directe E des $\mathbf{Z}/p_n\mathbf{Z}$ est un A-module projectif fidèle qui n'est pas fidèlement plat (observer que E est un idéal de A tel que $E^2 = E$).

3) Soit A un anneau cohérent à droite (§ 2, exerc. 11). Pour qu'un produit de A-modules à gauche soit fidèlement plat, il suffit que chacun d'eux soit plat et que l'un d'eux au moins soit fidèlement plat.

En déduire que, si A est un anneau commutatif cohérent, l'anneau de séries formelles $A[[X_1, \ldots, X_n]]$ est un A-module fidèlement plat.

4) Soient A une algèbre simple sur un corps commutatif K, B une sous-algèbre de A, semi-simple mais non simple. Montrer que A est un B-module (à droite ou à gauche) fidèlement plat, mais qu'il existe des B-modules à droite E qui ne sont pas fidèlement plats, tandis que $E \otimes_B A$ est toujours un A-module fidèlement plat (exerc. 1).

5) Soient A un anneau commutatif, M un A-module plat contenant un sous-module N qui n'est pas un module plat (cf. § 2, exerc. 3). Soient B (resp. C) le A-module $A \oplus N$ (resp. $A \oplus M$) dans lequel la multiplication est définie par $(a, x)(a', x') = (aa', ax' + a'x)$; alors B n'est pas un A-module plat, mais le B-module C est un A-module fidèlement plat, et par suite B vérifie les conditions de la prop. 8 du n° 5.

6) Donner un exemple d'un anneau intègre A, d'un anneau B dont A est un sous-anneau, tels que B soit un A-module plat, mais qu'il existe un A-module E non projectif et non de type fini, pour lequel $B \otimes_A E$ soit un B-module libre de type fini.

7) Si K est un corps, l'anneau K[X] et le corps K(X) sont des K-modules fidèlement plats, mais K(X) n'est pas un K[X]-module fidèlement plat.

8) Soit p un nombre premier, et soit A le sous-anneau de $\mathbf{Q}$ formé des fractions k/p^n où $k \in \mathbf{Z}$, $n \geqslant 0$. Montrer que A est un Z-module plat et qu'il existe un Z-module E non plat mais tel que $A \otimes_{\mathbf{Z}} E$ soit un A-module plat.

9) Soient A un anneau commutatif, B une A-algèbre, $(C_\lambda)_{\lambda \in L}$ une famille de A-algèbres, et soit $B_\lambda = C_\lambda \otimes_A B$ l'algèbre produit tensoriel

de C_λ et de B pour tout $\lambda \in L$. Soit E un B-module à gauche. On pose $E_\lambda = B_\lambda \otimes_B E = C_\lambda \otimes_A E$; c'est un (B_λ, C_λ)-bimodule. De même, si F est un B-module à droite, on pose $F_\lambda = F \otimes_B B_\lambda = F \otimes_A C_\lambda$, qui est un (C_λ, B_λ)-bimodule.

a) Montrer que le (C_λ, C_λ)-bimodule $F_\lambda \otimes_{B_\lambda} E_\lambda$ est isomorphe à $(F \otimes_B E) \otimes_A C_\lambda$.

b) Montrer que, si E est un B-module plat (resp. fidèlement plat), chacun des E_λ est un B_λ-module plat (resp. fidèlement plat). La réciproque est vraie si l'on suppose en outre que $\bigoplus_{\lambda \in L} C_\lambda$ est un A-module fidèlement plat.

c) Montrer que, si L est fini, si chacun des E_λ est un B_λ-module projectif de type fini et si $\bigoplus_{\lambda \in L} C_\lambda$ est un A-module fidèlement plat, alors E est un B-module projectif de type fini (utiliser la prop. 12 du n° 6).

10) *a*) Soit $\rho : A \rightarrow B$ un homomorphisme injectif d'anneaux. Montrer que, pour tout idéal à gauche $\mathfrak{a}$ de A qui est annulateur à gauche d'une partie M de A, on a $\overset{-1}{\rho}(B\mathfrak{a}) = \mathfrak{a}$.

b) Déduire de *a*) un exemple d'homomorphisme $\rho : A \rightarrow B$ tel que le A-module à droite B ne soit pas plat mais que l'on ait $\overset{-1}{\rho}(B\mathfrak{a}) = \mathfrak{a}$ pour tout idéal à gauche $\mathfrak{a}$ de A (cf. § 2, exerc. 17 et *Alg.*, chap. VIII, § 3, exerc. 11 et § 2, exerc. 6, et chap. IX, § 2, exerc. 4).

§ 4

1) Montrer que dans l'énoncé de la prop. 2, on peut remplacer la condition *a*) par :

a') On a $\mathrm{Tor}_1^R(\rho_*(E), F) = 0$ pour tout S-module à droite monogène E.

(Pour prouver que *a'*) entraîne *a*), considérer d'abord le cas où E est engendré par *n* éléments, et raisonner par récurrence sur *n*.)

CHAPITRE II (*)

LOCALISATION

Les conventions du chapitre I restent en vigueur dans ce chapitre. En outre, sauf mention expresse du contraire, tous les anneaux sont supposés commutatifs.

Soient A, B *deux anneaux,* ρ *un homomorphisme de* A *dans* B, M *un* B-*module. Lorsque nous parlerons de* M *comme d'un* A-*module, il s'agira, sauf mention expresse du contraire, de la structure du* A-*module* $\rho_*(M)$ (*définie par la loi externe* $(a, m) \rightarrow \rho(a)m$).

§ 1. Idéaux premiers

1. Définition des idéaux premiers.

DÉFINITION 1. — *On dit qu'un idéal* $\mathfrak{p}$ *d'un anneau* A *est premier si l'anneau* $A/\mathfrak{p}$ *est intègre.*

D'après cette définition, un idéal $\mathfrak{p}$ d'un anneau A est premier si les deux conditions suivantes sont vérifiées :

1° $\mathfrak{p} \neq A$;

2° si x, y sont deux éléments de A tels que $x \notin \mathfrak{p}$ et $y \notin \mathfrak{p}$, on a $xy \notin \mathfrak{p}$.

Ces conditions peuvent encore s'exprimer en disant que le produit de toute *famille finie* d'éléments de $\complement \mathfrak{p}$ appartient à $\complement \mathfrak{p}$, car en appliquant cette condition à la famille vide, cela implique que $1 \notin \mathfrak{p}$.

(*) A l'exception des énoncés placés entre deux astérisques : *...*, les résultats de ce chapitre ne dépendent d'aucun autre Livre de la deuxième partie, ni du § 4 du chap. I.

Un idéal *maximal* $\mathfrak{m}$ de A est premier, puisque $A/\mathfrak{m}$ est un corps ; il résulte donc du th. de Krull (*Alg.*, chap. I, § 8, nº 7, th. 2) que tout idéal de A *distinct de* A est contenu dans un idéal premier au moins. En particulier, pour qu'il existe des idéaux premiers dans un anneau A, il faut et il suffit que A ne soit pas réduit à 0.

Soit $f : A \to B$ un homomorphisme d'anneaux, et soit $\mathfrak{q}$ un idéal de B. Posons $\mathfrak{p} = \overset{-1}{f}(\mathfrak{q})$; l'homomorphisme $\bar{f} : A/\mathfrak{p} \to B/\mathfrak{q}$ déduit de f par passage aux quotients est injectif. Supposons $\mathfrak{q}$ premier ; comme l'anneau $B/\mathfrak{q}$ est intègre, il en est de même de $A/\mathfrak{p}$ qui est isomorphe à un sous-anneau de $B/\mathfrak{q}$; par conséquent l'idéal $\mathfrak{p} = \overset{-1}{f}(\mathfrak{q})$ est premier. En particulier, soit A un sous-anneau de B ; pour tout idéal premier $\mathfrak{q}$ de B, $\mathfrak{q} \cap A$ est un idéal premier de A. Si f est surjectif, $\bar{f}$ est un isomorphisme; les conditions « $\mathfrak{p}$ est premier » et « $\mathfrak{q}$ est premier » sont alors équivalentes. Donc, si $\mathfrak{p}$ et $\mathfrak{a}$ sont des idéaux de A tels que $\mathfrak{a} \subset \mathfrak{p}$, une condition nécessaire et suffisante pour que $\mathfrak{p}$ soit premier est que $\mathfrak{p}/\mathfrak{a}$ soit premier dans $A/\mathfrak{a}$.

PROPOSITION 1. — *Soient* A *un anneau,* $\mathfrak{a}_1, \mathfrak{a}_2, \ldots, \mathfrak{a}_n$ *des idéaux de* A, $\mathfrak{p}$ *un idéal premier de* A. *Si* $\mathfrak{p}$ *contient le produit* $\mathfrak{a}_1\mathfrak{a}_2\ldots\mathfrak{a}_n$, *il contient l'un au moins des* $\mathfrak{a}_i$.

Supposons en effet que $\mathfrak{p}$ ne contienne aucun des $\mathfrak{a}_i$. Pour $1 \leqslant i \leqslant n$, il existe donc un élément $s_i \in \mathfrak{a}_i \cap \complement\mathfrak{p}$; alors $s = s_1s_2\ldots s_n$ est contenu dans $\mathfrak{a}_1\mathfrak{a}_2\ldots\mathfrak{a}_n$ et n'est pas contenu dans $\mathfrak{p}$, ce qui est absurde.

COROLLAIRE. — *Soit* $\mathfrak{m}$ *un idéal maximal de* A ; *pour tout entier* $n > 0$, *le seul idéal premier contenant* $\mathfrak{m}^n$ *est* $\mathfrak{m}$.

En effet, un tel idéal $\mathfrak{p}$ doit contenir $\mathfrak{m}$ en vertu de la prop. 1 appliquée à $\mathfrak{a}_i = \mathfrak{m}$ pour $1 \leqslant i \leqslant n$; comme $\mathfrak{m}$ est maximal, on a $\mathfrak{p} = \mathfrak{m}$.

PROPOSITION 2. — *Soient* A *un anneau,* $\mathfrak{a}$ *un sous-ensemble non vide de* A *stable par addition et multiplication, et* $(\mathfrak{p}_\iota)_{\iota\in I}$ *une famille finie non vide d'idéaux de* A. *On suppose que* $\mathfrak{a}$ *est contenu dans la réunion des* $\mathfrak{p}_\iota$ *et qu'il y a au plus deux des* $\mathfrak{p}_\iota$ *qui ne sont pas premiers. Alors* $\mathfrak{a}$ *est contenu dans un des* $\mathfrak{p}_\iota$.

Raisonnons par récurrence sur $n = \mathrm{Card}(\mathrm{I})$; la proposition est triviale si $n = 1$. Supposons $n \geqslant 2$; s'il existe un indice j tel que $\mathfrak{a} \cap \mathfrak{p}_j \subset \bigcup_{i \neq j} \mathfrak{p}_i$, l'ensemble $\mathfrak{a}$, qui est la réunion des $\mathfrak{a} \cap \mathfrak{p}_i$ pour $i \in \mathrm{I}$, est contenu dans $\bigcup_{i \neq j} \mathfrak{p}_i$, donc dans l'un des $\mathfrak{p}_i$ en vertu de l'hypothèse de récurrence. Supposons donc qu'il n'en soit pas ainsi ; pour tout $j \in \mathrm{I}$, soit y_j un élément de $\mathfrak{a} \cap \mathfrak{p}_j$ n'appartenant à aucun des $\mathfrak{p}_i$ tels que $i \neq j$. Soit k un élément de I choisi de telle manière que $\mathfrak{p}_k$ soit premier si $n > 2$, et choisi arbitrairement si $n = 2$; soit $z = y_k + \prod_{i \neq k} y_i$. On a $z \in \mathfrak{a}$, puisque $\mathfrak{a}$ est stable pour l'addition et la multiplication ; si $j \neq k$, $\prod_{i \neq k} y_i$ appartient à $\mathfrak{p}_j$, mais $y_k \notin \mathfrak{p}_j$, d'où $z \notin \mathfrak{p}_j$. D'autre part, $\prod_{i \neq k} y_i$ n'appartient pas à $\mathfrak{p}_k$, car aucun des facteurs y_i $(i \neq k)$ ne lui appartient, et $\mathfrak{p}_k$ est premier si $n - 1 > 1$; comme $y_k \in \mathfrak{p}_k$, z n'appartient pas à $\mathfrak{p}_k$, et la proposition est établie.

2. *Idéaux étrangers.*

Soit A un anneau ; on dit que deux idéaux $\mathfrak{a}$, $\mathfrak{b}$ de A sont *étrangers* si $\mathfrak{a} + \mathfrak{b} = \mathrm{A}$. Pour qu'il en soit ainsi, il faut et il suffit que $\mathfrak{a} + \mathfrak{b}$ ne soit contenu dans aucun idéal premier (*Alg.*, chap. I, § 8, n° 7, th. 2), autrement dit qu'aucun idéal premier ne contienne à la fois $\mathfrak{a}$ et $\mathfrak{b}$. Deux idéaux maximaux distincts sont étrangers.

Lorsque A est un anneau *principal* (*Alg.*, chap. VII, § 1), pour que deux éléments a, b de A soient étrangers, il faut et il suffit, en vertu de l'identité de Bezout (*loc. cit.*, n° 2, th. 1), que les idéaux Aa et Ab soient étrangers.

PROPOSITION 3. — *Soient* $\mathfrak{a}$ *et* $\mathfrak{b}$ *deux idéaux étrangers d'un anneau* A. *Soient* $\mathfrak{a}'$ *et* $\mathfrak{b}'$ *deux idéaux de* A *tels que tout élément de* $\mathfrak{a}$ (resp. $\mathfrak{b}$) *ait une puissance dans* $\mathfrak{a}'$ (resp. $\mathfrak{b}'$). *Alors* $\mathfrak{a}'$ *et* $\mathfrak{b}'$ *sont étrangers.*

Vu l'hypothèse faite, tout idéal premier qui contient $\mathfrak{a}'$ contient $\mathfrak{a}$ et tout idéal premier qui contient $\mathfrak{b}'$ contient $\mathfrak{b}$. Si un idéal premier contient $\mathfrak{a}'$ et $\mathfrak{b}'$, il contient donc $\mathfrak{a}$ et $\mathfrak{b}$, ce qui est absurde puisque $\mathfrak{a}$ et $\mathfrak{b}$ sont étrangers ; donc $\mathfrak{a}'$ et $\mathfrak{b}'$ sont étrangers.

PROPOSITION 4. — *Soient* $\mathfrak{a}, \mathfrak{b}_1, \ldots, \mathfrak{b}_n$ *des idéaux d'un anneau* A. *Si* $\mathfrak{a}$ *est étranger à chacun des* $\mathfrak{b}_i$ $(1 \leqslant i \leqslant n)$, *il est étranger à* $\mathfrak{b}_1\mathfrak{b}_2\ldots\mathfrak{b}_n$.

Soit $\mathfrak{p}$ un idéal premier de A. Si $\mathfrak{p}$ contient $\mathfrak{a}$ et $\mathfrak{b}_1\mathfrak{b}_2\ldots\mathfrak{b}_n$, il contient un des $\mathfrak{b}_i$ (nº 1, prop. 1), ce qui est absurde puisque $\mathfrak{a}$ et $\mathfrak{b}_i$ sont étrangers.

PROPOSITION 5. — *Soit* $(\mathfrak{a}_i)_{i \in \mathrm{I}}$ *une famille finie non vide d'idéaux d'un anneau* A. *Les propriétés suivantes sont équivalentes* :

a) *Pour* $i \neq j$, $\mathfrak{a}_i$ *et* $\mathfrak{a}_j$ *sont étrangers.*

b) *L'homomorphisme canonique* $\varphi : \mathrm{A} \to \prod_{i \in \mathrm{I}} (\mathrm{A}/\mathfrak{a}_i)$ (*Alg.*, chap. II, 3e éd., § 1, nº 7) *est surjectif.*

Lorsqu'il en est ainsi, l'intersection $\mathfrak{a}$ *des* $\mathfrak{a}_i$ *est égale à leur produit, et l'homomorphisme canonique* $\psi : \mathrm{A}/\mathfrak{a} \to \prod_{i \in \mathrm{I}} (\mathrm{A}/\mathfrak{a}_i)$ (*Alg.*, chap. II, 3e éd., § 1, nº 7) *est bijectif.*

Raisonnons par récurrence sur le nombre n d'éléments de I, le cas $n = 1$ étant trivial. Considérons d'abord le cas $n = 2$. L'équivalence de *a*) et *b*) résulte alors de l'exactitude de la suite

$$0 \to \mathrm{A}/(\mathfrak{a}_1 \cap \mathfrak{a}_2) \xrightarrow{\psi} (\mathrm{A}/\mathfrak{a}_1) \oplus (\mathrm{A}/\mathfrak{a}_2) \to \mathrm{A}/(\mathfrak{a}_1 + \mathfrak{a}_2) \to 0$$

(*Alg.*, chap. II, 3e éd., § 1, nº 7, formule (30)). En outre, il existe $e_1 \in \mathfrak{a}_1$ et $e_2 \in \mathfrak{a}_2$ tels que $1 = e_1 + e_2$; pour tout $x \in \mathfrak{a} = \mathfrak{a}_1 \cap \mathfrak{a}_2$, on a donc $x = xe_1 + xe_2$; mais par définition on a $xe_1 \in \mathfrak{a}_1\mathfrak{a}_2$ et $xe_2 \in \mathfrak{a}_1\mathfrak{a}_2$, donc $x \in \mathfrak{a}_1\mathfrak{a}_2$; d'où $\mathfrak{a} \subset \mathfrak{a}_1\mathfrak{a}_2$, et l'inclusion opposée est évidente.

Passons au cas général. Supposons la condition *a*) satisfaite et soient k un élément de I, $\mathfrak{b}_k = \bigcap_{i \neq k} \mathfrak{a}_i$; l'hypothèse de récurrence entraîne que $\mathfrak{b}_k = \prod_{i \neq k} \mathfrak{a}_i$, et il résulte de la prop. 4 que $\mathfrak{a}_k$ et $\mathfrak{b}_k$ sont étrangers; donc $\mathfrak{a} = \bigcap_{i \in \mathrm{I}} \mathfrak{a}_i = \mathfrak{a}_k \cap \mathfrak{b}_k = \mathfrak{a}_k\mathfrak{b}_k = \prod_{i \in \mathrm{I}} \mathfrak{a}_i$ par la première partie du raisonnement, et pour la même raison l'homomorphisme canonique $\mathrm{A}/\mathfrak{a} \to (\mathrm{A}/\mathfrak{a}_k) \times (\mathrm{A}/\mathfrak{b}_k)$ est bijectif ; par l'hypothèse de récurrence l'homomorphisme canonique $A/\mathfrak{b}_k \rightarrow \prod_{i \neq k} (A/\mathfrak{a}_i)$ est bijectif, et il en est donc de même de l'homomorphisme composé

$$A/\mathfrak{a} \rightarrow (A/\mathfrak{a}_k) \times (A/\mathfrak{b}_k) \rightarrow (A/\mathfrak{a}_k) \times \prod_{i \neq k} (A/\mathfrak{a}_i) = \prod_{i \in I} (A/\mathfrak{a}_i)$$

qui n'est autre que ψ, ce qui démontre *b*). Inversement, supposons *b*) vérifiée et montrons que les $\mathfrak{a}_i$ sont nécessairement étrangers deux à deux. Dans le cas contraire, il existerait un idéal $\mathfrak{c} \neq A$ contenant $\mathfrak{a}_i$ et $\mathfrak{a}_j$ pour $i \neq j$. Posons $\mathfrak{a}'_h = \mathfrak{a}_h$ pour h distinct de i et de j, et $\mathfrak{a}'_i = \mathfrak{a}'_j = \mathfrak{c}$; l'homomorphisme canonique $\varphi' : A \rightarrow \prod_{i \in I} (A/\mathfrak{a}'_i)$ peut s'écrire comme le composé

$$A \xrightarrow{\varphi} \prod_{i \in I} (A/\mathfrak{a}_i) \xrightarrow{f} \prod_{i \in I} (A/\mathfrak{a}'_i)$$

f étant le produit des homomorphismes canoniques $A/\mathfrak{a}_i \rightarrow A/\mathfrak{a}'_i$; il est clair que φ' n'est pas surjectif, la projection de $\varphi'(A)$ sur $(A/\mathfrak{a}'_i) \times (A/\mathfrak{a}'_j)$ étant la diagonale du produit $(A/\mathfrak{c}) \times (A/\mathfrak{c})$, qui est distincte de ce produit puisque $\mathfrak{c} \neq A$. Comme f est surjectif, cela montre que φ n'est pas surjectif.

C. Q. F. D.

PROPOSITION 6. — *Soit* $(\mathfrak{a}_i)_{i \in I}$ *une famille finie non vide d'idéaux d'un anneau* A, *étrangers deux à deux ; soit* $\mathfrak{a}$ *l'intersection des* $\mathfrak{a}_i$. *Pour tout* A-*module* M, *l'application canonique* $M \rightarrow \prod_{i \in I} (M/\mathfrak{a}_i M)$ *est surjective, et son noyau est* $\mathfrak{a}M$.

Il est clair que l'application canonique de M dans $\prod_{i \in I} (M/\mathfrak{a}_i M)$ s'annule dans $\mathfrak{a}M$; elle définit donc par passage au quotient un homomorphisme $\lambda : M/\mathfrak{a}M \rightarrow \prod_{i \in I} (M/\mathfrak{a}_i M)$. D'autre part, d'après la prop. 5, l'homomorphisme canonique $\psi : A/\mathfrak{a} \rightarrow \prod_{i \in I} (A/\mathfrak{a}_i)$ est bijectif. Il en est donc de même de $1_M \otimes \psi : M \otimes (A/\mathfrak{a}) \rightarrow M \otimes \prod_{i \in I} (A/\mathfrak{a}_i)$. Or $M \otimes (A/\mathfrak{a})$ s'identifie à $M/\mathfrak{a}M$, et $M \otimes \prod_{i \in I} (A/\mathfrak{a}_i)$ s'identifie à $\prod_{i \in I} M \otimes (A/\mathfrak{a}_i)$, qui s'identifie lui-même à $\prod_{i \in I} (M/\mathfrak{a}_i M)$. On vérifie immédiatement que les identifications précédentes transforment $1_M \otimes \psi$ en λ, d'où la proposition.

Exemple. — Soient K un corps, a_i $(1 \leqslant i \leqslant m)$ des éléments deux à deux distincts de K, et pour chaque i, soit g_i un polynôme dans K[X] ; l'idéal principal $(X - a_i) = \mathfrak{m}_i$ est maximal dans K[X], donc pour tout système $(n_i)_{1 \leqslant i \leqslant m}$ de m entiers $\geqslant 1$, les idéaux $\mathfrak{m}_i^{n_i}$ sont deux à deux étrangers. On déduit donc de la prop. 5 qu'il existe un polynôme $f \in K[X]$ tel que l'on ait $f(X) \equiv g_i(X)$ (mod. $(X - a_i)^{n_i}$) pour $1 \leqslant i \leqslant m$, la différence de deux tels polynômes étant divisible par $\omega(X) = \prod_{i=1} (X - a_i)^{n_i}$. Lorsqu'on prend tous les n_i égaux à 1, on retrouve le problème résolu explicitement par la formule d'interpolation de Lagrange (*Alg.*, chap. IV, § 2, nº 4).

§ 2. Anneaux et modules de fractions

1. *Définition des anneaux de fractions.*

DÉFINITION 1. — *Soit* A *un anneau. On dit qu'une partie* S *de* A *est multiplicative si tout produit fini d'éléments de* S *appartient à* S.

Il revient au même de dire que $1 \in S$ et que le produit de deux éléments de S appartient à S.

Exemples. — 1) Pour tout $a \in A$, l'ensemble des a^n, pour $n \in \mathbf{N}$, est une partie multiplicative de A.

2) Soit $\mathfrak{p}$ un idéal de A. Pour que $A - \mathfrak{p}$ soit une partie multiplicative de A, il faut et il suffit que $\mathfrak{p}$ soit *premier*.

3) L'ensemble des éléments de A non diviseurs de zéro est une partie multiplicative de A.

4) Si S et T sont deux parties multiplicatives de A, l'ensemble ST des produits st, où $s \in S$ et $t \in T$, est une partie multiplicative.

5) Soit $\mathfrak{S}$ un ensemble *filtrant* (pour la relation $\subset$) de parties multiplicatives de A. Alors $T = \bigcup_{S \in \mathfrak{S}} S$ est une partie multiplicative de A, car deux éléments quelconques de T appartiennent à une même partie $S \in \mathfrak{S}$, donc leur produit appartient à T.

6) Toute intersection de parties multiplicatives de A est une partie multiplicative.

Pour toute partie S d'un anneau A, il existe des parties multiplicatives de A contenant S, par exemple A lui-même. L'intersection de toutes ces parties est la plus petite partie multiplicative de A contenant S ; on dit qu'elle est *engendrée* par S. Il est immédiat que c'est l'ensemble formé de tous les produits finis d'éléments de S.

PROPOSITION 1. — *Soient* A *un anneau,* S *une partie de* A. *Il existe un anneau* A' *et un homomorphisme* h *de* A *dans* A' *ayant les propriétés suivantes :*

1° *les éléments de* h(S) *sont inversibles dans* A' ;

2° *pour tout homomorphisme* u *de* A *dans un anneau* B, *tel que les éléments de* u(S) *soient inversibles dans* B, *il existe un homomorphisme* u' *et un seul de* A' *dans* B *tel que* $u = u' \circ h$.

En d'autres termes, (A', h) est une solution du problème d'application universelle (*Ens.*, chap. IV, § 3, n° 1) relativement aux données suivantes : l'espèce de structure Σ considérée est celle d'anneau, les morphismes sont les homomorphismes d'anneaux, et les α-applications sont les homomorphismes de A dans un anneau tels que l'image de S par un tel homomorphisme se compose d'éléments inversibles. Rappelons (*loc. cit.*) que, si (A', h) et (A'_1, h_1) sont deux solutions de ce problème, il existe un *isomorphisme unique* $j : A' \rightarrow A'_1$ tel que $h_1 = j \circ h$.

Soit $\overline{S}$ la partie multiplicative de A engendrée par S. Il est clair que toute solution du problème d'application universelle précédent est aussi une solution du problème d'application universelle obtenu en remplaçant S par $\overline{S}$, et inversement.

Considérons, dans l'ensemble $A \times \overline{S}$, la relation suivante entre éléments (a, s), (a', s') :

(1) « Il existe $t \in \overline{S}$ tel que $t(sa' - s'a) = 0$ ».

Cette relation est une relation d'équivalence : il est clair, en effet, qu'elle est réflexive et symétrique ; elle est transitive, car si l'on a $t(sa' - s'a) = 0$ et $t'(s'a'' - s''a') = 0$, on en tire $tt's'(sa'' - s''a) = 0$ et on a $tt's' \in \overline{S}$. Soit A' l'ensemble quotient de $A \times \overline{S}$ par cette relation d'équivalence ; pour tout couple $(a, s) \in A \times \overline{S}$ nous noterons a/s l'image canonique de (a, s) dans A' et nous poserons

$h(a) = a/1$ pour tout $a \in \mathrm{A}$. Nous allons voir qu'on peut munir A' d'une structure d'anneau telle que le couple (A', h) réponde à la question.

Soient $x = a/s$ et $y = b/t$ deux éléments de A'. Les éléments $(ta + sb)/st$ et ab/st ne dépendent que de x et de y ; en effet, si $x = a'/s'$, il existe par hypothèse $r \in \overline{\mathrm{S}}$ tel que $r(s'a - sa') = 0$, d'où $r(s't(ta + sb) - st(ta' + s'b)) = 0$ et $r(s'tab - sta'b) = 0$. On vérifie aussitôt que les lois de composition $(x, y) \to x + y = (ta + sb)/st$ et $(x, y) \to xy = ab/st$ définissent sur A' une structure d'anneau commutatif, pour laquelle 0/1 est élément neutre pour l'addition, et 1/1 élément unité. En outre, il est immédiat que h est un homomorphisme d'anneaux et que, pour tout $s \in \mathrm{S}$, $s/1$ est inversible dans A', son inverse étant $1/s$. Enfin soient B un anneau, $u : \mathrm{A} \to \mathrm{B}$ un homomorphisme tel que les éléments de $u(\mathrm{S})$ soient inversibles dans B ; il existe une application $u' : \mathrm{A}' \to \mathrm{B}$ et une seule telle que

$$u'(a/s) = u(a)(u(s))^{-1} \qquad (a \in \mathrm{A},\ s \in \overline{\mathrm{S}}). \tag{2}$$

En effet, si $a/s = a'/s'$, il existe $t \in \overline{\mathrm{S}}$ tel que $t(sa' - s'a) = 0$, d'où $u(t)(u(s)u(a') - u(s')u(a)) = 0$ et comme $u(t)$, $u(s)$ et $u(s')$ sont inversibles, on a bien $u(a)(u(s))^{-1} = u(a')(u(s'))^{-1}$. On vérifie aussitôt que u' est un homomorphisme pour l'addition et la multiplication ; enfin, il est clair que $u' \circ h = u$ et que u' est le seul homomorphisme vérifiant cette relation, car elle implique $u'(a/s) = u'((a/1)(1/s)) = u'(1/s)u'(a/1) = u'(1/s)u(a)$, et $1 = u'(1/1) = u'(s/1)u'(1/s) = u(s)u'(1/s)$, d'où la formule (2).

C. Q. F. D.

Définition 2. — *Soient* A *un anneau,* S *une partie de* A, $\overline{\mathrm{S}}$ *la partie multiplicative engendrée par* S. *On appelle anneau de fractions de* A *défini par* S *et on désigne par* $\mathrm{A}[\mathrm{S}^{-1}]$ *l'ensemble quotient de* $\mathrm{A} \times \overline{\mathrm{S}}$ *par la relation d'équivalence* (1), *muni de la structure d'anneau définie par*

$$(a/s) + (b/t) = (ta + sb)/st, \qquad (a/s)(b/t) = (ab)/(st)$$

pour a, b *dans* A, s, t *dans* $\overline{\mathrm{S}}$. *On appelle application canonique de* A *dans* $\mathrm{A}[\mathrm{S}^{-1}]$ *l'homomorphisme* $a \to a/1$, *qui fait de* $\mathrm{A}[\mathrm{S}^{-1}]$ *une* A-*algèbre.*

Dans ce chapitre, nous noterons le plus souvent i_A^S cette application canonique ; la démonstration de la prop. 1 montre que le couple $(A[S^{-1}], i_A^S)$ vérifie les conditions de l'énoncé de cette proposition.

Remarques. — 1) Il est clair que l'on a $A[\overline{S}^{-1}] = A[S^{-1}]$.

2) Deux éléments de $A[S^{-1}]$ peuvent toujours s'écrire sous la forme a/s et a'/s (a, a' dans A, $s \in \overline{S}$) avec le *même* « dénominateur » s, car si b/t et b'/t' sont deux éléments de $A[S^{-1}]$, on a $b/t = bt'/tt'$ et $b'/t' = b't/tt'$.

3) Le noyau de i_A^S est l'ensemble des $a \in A$ tels qu'il existe $s \in \overline{S}$ vérifiant $sa = 0$; pour que i_A^S soit *injectif*, il faut et il suffit que S *ne contienne aucun diviseur de zéro* dans A.

4) S'il existe dans S un élément *nilpotent*, on a $0 \in \overline{S}$, et l'anneau $A[S^{-1}]$ est *réduit à* 0 ; cela résulte aussitôt de la déf. 2.

5) Pour que i_A^S soit une application *bijective*, il faut et il suffit que tout élément $s \in S$ soit *inversible* dans A : la condition est évidemment nécessaire, puisque $s/1$ est inversible dans $A[S^{-1}]$; elle est suffisante, car pour tout $t \in \overline{S}$, t est alors inversible dans A et on a $a/t = at^{-1}/1$ dans $A[S^{-1}]$; donc i_A^S est surjective, et on a vu en outre dans la *Remarque* 3 qu'elle est injective. On identifie alors A et $A[S^{-1}]$ au moyen de i_A^S.

Exemple 7). — Si R est l'ensemble des éléments non diviseurs de 0 dans A, l'anneau $A[R^{-1}]$ n'est autre que ce que nous avons appelé l'*anneau des fractions* de A (*Alg.*, chap. I, § 9, n° 4) ; pour éviter toute confusion, nous l'appellerons souvent l'*anneau total des fractions* de A. En particulier, si A est intègre, $A[R^{-1}]$ est le *corps des fractions* de A (*loc. cit.*).

PROPOSITION 2. — *Soient* A, B *deux anneaux*, S *une partie de* A, T *une partie de* B, f *un homomorphisme de* A *dans* B *tel que* $f(S) \subset T$. *Il existe un homomorphisme* f' *et un seul de* $A[S^{-1}]$ *dans* $B[T^{-1}]$ *tel que* $f'(a/1) = f(a)/1$ *pour tout* $a \in A$.

Supposons de plus que T *soit contenu dans la partie multiplicative de* B *engendrée par* $f(S)$. *Alors, si* f *est surjectif* (resp. *injectif*) *il en est de même de* f'.

La première assertion revient à dire qu'il existe un homomorphisme f' : $A[S^{-1}] \to B[T^{-1}]$ et un seul rendant commutatif le diagramme

$$\begin{array}{ccc} A & \xrightarrow{f} & B \\ {\scriptstyle i_A^S}\downarrow & & \downarrow{\scriptstyle i_B^T} \\ A[S^{-1}] & \xrightarrow[f']{} & B[T^{-1}] \end{array}$$

Or, la relation $f(S) \subset T$ entraîne que $i_B^T(f(s))$ est inversible dans $B[T^{-1}]$ pour tout $s \in S$, et il suffit d'appliquer la prop. 1 à $i_B^T \circ f$. Il résulte aussitôt de (2) que, pour $a \in A$ et $s \in \overline{S}$ (partie multiplicative de A engendrée par S), on a

$$f'(a/s) = f(a)/f(s). \tag{3}$$

Supposons que T soit contenue dans la partie multiplicative engendrée par $f(S)$, qui n'est autre que $f(\overline{S})$. Il résulte alors de (3) que, si f est surjectif, il en est de même de f'. Supposons maintenant f injectif. Soit a/s un élément du noyau de f'. Comme la partie multiplicative engendrée par T est $f(\overline{S})$, il y a un élément $s_1 \in \overline{S}$ tel que $f(s_1)f(a) = 0$, d'où $f(s_1 a) = 0$ et, par suite, $s_1 a = 0$ puisque f est injectif ; on a donc $a/s = 0$, ce qui montre que f' est injectif.

Remarque 6). — Si les éléments de T sont inversibles dans B, $B[T^{-1}]$ s'identifie à B au moyen de l'isomorphisme i_B^T, et f' devient alors identique à l'unique homomorphisme u' de $A[S^{-1}]$ dans B tel que $u' \circ i_A^S = f$.

COROLLAIRE 1. — *Soient* A *un anneau,* S *une partie de* A, u *un homomorphisme injectif de* A *dans un anneau* B *tel que les éléments de* $u(S)$ *soient inversibles dans* B. *L'unique homomorphisme* u' *de* $A[S^{-1}]$ *dans* B *tel que* $u' \circ i_A^S = u$ *est alors injectif.*

C'est une conséquence immédiate de la prop. 2 et de la *Remarque* 6.

COROLLAIRE 2. — *Soient* A *un anneau,* S *et* T *deux parties de* A *telles que* $S \subset T$. *Il existe un homomorphisme* $i_A^{T,S}$ *et un seul de* $A[S^{-1}]$ *dans* $A[T^{-1}]$ *tel que* $i_A^T = i_A^{T,S} \circ i_A^S$.

Pour tout $a \in A$, $i_A^{T,S}$ applique donc l'élément a/s de $A[S^{-1}]$ sur l'élément a/s de $A[T^{-1}]$.

Remarque 7). — On notera que si i_A^T est injectif, il en est de même de $i_A^{T,S}$ (cor. 1). C'est ce qui se produit si T est l'ensemble R des éléments non diviseurs de 0 de A ; on peut alors identifier $A[S^{-1}]$ au sous-anneau de l'anneau total des fractions $A[R^{-1}]$ engendré par A et par les inverses dans $A[R^{-1}]$ des éléments de S.

COROLLAIRE 3. — *Soient* A, B, C *trois anneaux*, S (resp. T, U) *une partie multiplicative de* A (resp. B, C), $f : A \to B$, $g : B \to C$ *deux homomorphismes*, $h : A \to C$ *l'homomorphisme composé* $g \circ f$; *on suppose que* $f(S) \subset T$, $g(T) \subset U$. *Soient* $f' : A[S^{-1}] \to B[T^{-1}]$, $g' : B[T^{-1}] \to C[U^{-1}]$, $h' : A[S^{-1}] \to C[U^{-1}]$ *les homomorphismes correspondant à* f, g, h ; *alors* $h' = g' \circ f'$.

Cela résulte aussitôt des définitions.

En particulier, si S, T, U sont trois parties multiplicatives de A telles que $S \subset T \subset U$, on a $i_A^{U,S} = i_A^{U,T} \circ i_A^{T,S}$.

COROLLAIRE 4. — *Soient* S *une partie d'un anneau* A, B *un sous-anneau de* $A[S^{-1}]$ *contenant* $i_A^S(A)$, S' *l'ensemble* $i_A^S(S)$. *Soit* j *l'injection canonique de* B *dans* $A[S^{-1}]$; *l'unique homomorphisme* g *de* $B[S'^{-1}]$ *dans* $A[S^{-1}]$ *tel que* $g \circ i_B^{S'} = j$ *est un isomorphisme.*

L'application g est injective en vertu du cor. 1 ; l'anneau $g(B[S'^{-1}])$ contient $i_A^S(A)$ et les inverses des éléments de S'; il est donc égal à $A[S^{-1}]$.

Lorsque A est *intègre* et $0 \notin S$, la notation $A[S^{-1}]$ est conforme à celle d'*Alg.*, chap. IV, § 2, n° 1 ; en outre, si S est *multiplicative*, $A[S^{-1}]$ coïncide dans ce cas avec l'ensemble noté $S^{-1}A$ dans *Alg.*, chap. I, § 1, n° 1.

Par extension de notation, pour toute partie multiplicative S *d'un anneau* A, *nous noterons désormais* $S^{-1}A$ *l'anneau de fractions* $A[S^{-1}]$. *Lorsque* S *est le complémentaire d'un idéal premier* $\mathfrak{p}$ *de* A, *nous écrirons* $A_{\mathfrak{p}}$ *au lieu de* $S^{-1}A$.

Si A est intègre et $0 \notin S$, $S^{-1}A$ est toujours identifié à un *sous-anneau du corps des fractions* de A, contenant A (*Remarque* 7).

2. Modules de fractions.

L'homomorphisme canonique $i_A^S : A \to A[S^{-1}]$ défini au n° 1 permet de considérer tout $A[S^{-1}]$-module comme un A-module.

PROPOSITION 3. — *Soient* A *un anneau,* S *une partie de* A, M *un* A-*module,* M' *le* A-*module* $M \otimes_A A[S^{-1}]$, f *le* A-*homomorphisme canonique* $x \to x \otimes 1$ *de* M *dans* M'. *Alors :*

1° *Pour tout* $s \in S$, *l'homothétie* $z \to sz$ *de* M' *est bijective.*

2° *Pour tout* A-*module* N *tel que, pour tout* $s \in S$, *l'homothétie* $y \to sy$ *de* N *soit bijective, et tout homomorphisme* u *de* M *dans* N, *il existe un homomorphisme et un seul* u' *de* M' *dans* N *tel que* $u = u' \circ f$.

En d'autres termes, (M', f) est une solution du problème d'application universelle (*Ens.*, chap. IV, § 3, n° 1) relativement aux données suivantes : l'espèce de structure Σ est celle de A-module dans lequel les homothéties produites par les éléments de S sont bijectives, les morphismes sont les homomorphismes de A-modules, et les α-applications sont aussi les homomorphismes de A-modules.

Pour tout A-module N et tout $a \in A$, désignons par h_a l'homothétie $y \to ay$ dans N ; $a \to h_a$ est donc un homomorphisme d'anneaux de A dans $\mathrm{End}_A(N)$. Dire que h_a est bijective signifie que h_a est un élément *inversible* de $\mathrm{End}_A(N)$. Supposons que, pour tout $s \in S$, h_s soit inversible dans $\mathrm{End}_A(N)$; les éléments h_a pour $a \in A$ et les inverses des éléments h_s pour $s \in S$ engendrent alors dans $\mathrm{End}_A(N)$ un *sous-anneau commutatif* B, et l'homomorphisme $a \to h_a$ de A dans B est tel que les images des éléments de S soient inversibles. On en conclut (n° 1, prop. 1) qu'il existe un homomorphisme unique h' de $A[S^{-1}]$ dans B tel que $h'(a/s) = h_a(h_s)^{-1}$; on sait (*Alg.*, chap. II, 3e éd., § 1, n° 14) qu'un tel homomorphisme définit sur N une structure de $A[S^{-1}]$-*module* telle que $(a/s).y = (h_s)^{-1}(a.y)$; la structure de A-module déduite de cette structure de $A[S^{-1}]$-module au moyen de l'homomorphisme i_A^S n'est autre que la structure initialement donnée.

Inversement, si N est un $A[S^{-1}]$-module, et si on le considère comme A-module au moyen de i_A^S, les homothéties $y \to sy$, pour

$s \in S$, sont bijectives, car $y \to (1/s)y$ est l'application réciproque de $y \to sy$; et la structure de $A[S^{-1}]$-module sur N déduite de sa structure de A-module par le procédé décrit ci-dessus est la structure de $A[S^{-1}]$-module initialement donnée. Il y a donc *correspondance biunivoque canonique* entre $A[S^{-1}]$-*modules* et A-*modules dans lesquels les homothéties produites par les éléments de* S *sont bijectives* ; en outre, si N, N' sont deux A-modules ayant cette propriété, tout homomorphisme $u : N \to N'$ de A-modules est aussi un homomorphisme pour les structures de $A[S^{-1}]$-modules de N et N', car pour tout $y \in N$ et tout $s \in S$, on peut écrire $u(y) = u(s.((1/s)y))) = s.u((1/s)y)$, d'où $u((1/s)y) = (1/s)u(y)$; la réciproque est évidente.

Cela étant, l'énoncé de la prop. 3 n'est autre que la caractérisation du module obtenu à partir de M par *extension des scalaires à* $A[S^{-1}]$, compte tenu de l'interprétation précédente (*Alg.*, chap. II, 3e éd., § 5, n° 1, *Remarque* 1).

Définition 3. — *Soient* A *un anneau,* S *une partie de* A, $\overline{S}$ *la partie multiplicative de* A *engendrée par* S, M *un* A-*module. On appelle module des fractions de* M *défini par* S *et on note* $M[S^{-1}]$ *ou* $\overline{S}^{-1}M$ *le* $A[S^{-1}]$-*module* $M \otimes_A A[S^{-1}]$.

Dans ce chapitre, nous noterons le plus souvent i_M^S l'application canonique $m \to m \otimes 1$ de M dans $M[S^{-1}]$.

Remarques. — 1) Il est clair que l'on a $M[\overline{S}^{-1}] = M[S^{-1}]$.

2) Pour $m \in M$ et $s \in \overline{S}$, on écrit encore m/s l'élément $m \otimes (1/s)$ de $M[S^{-1}]$. Tout élément de $M[S^{-1}]$ est de cette forme, car un tel élément s'écrit $\sum_i m_i \otimes (a_i/s)$ avec $m_i \in M$, $a_i \in A$, $s \in S$ (n° 1, *Remarque* 2) et on a $m_i \otimes (a_i/s) = (a_i m_i) \otimes (1/s)$, donc $\sum_i m_i \otimes (a_i/s) = m \otimes (1/s)$ avec $m = \sum_i a_i m_i$. On a

$$(m/s) + (m'/s') = (s'm + sm')/(ss') \tag{4}$$

$$(a/s)(m/s') = (am)/(ss') \tag{5}$$

pour m, m' dans M, $a \in A$, s, s' dans S.

3) Lorsque S est le complémentaire d'un idéal premier $\mathfrak{p}$ de A, on écrit $M_{\mathfrak{p}}$ au lieu de $S^{-1}M$.

4) Soit M un $A[S^{-1}]$-module ; lorsque M est considéré canoniquement comme un A-module, i_M^S est une application *bijective*, car le couple formé de M et de l'application identique 1_M est aussi trivialement solution du problème d'application universelle résolu par $M[S^{-1}]$ et i_M^S. On identifie alors M et $M[S^{-1}]$.

PROPOSITION 4. — *Soient* S *une partie multiplicative de* A, M *un* A-*module. Pour que* $m/s = 0$ ($m \in M$, $s \in S$), *il faut et il suffit qu'il existe* $s' \in S$ *tel que* $s'm = 0$.

Si $s' \in S$ est tel que $s'm = 0$, il est clair que $m/s = (s'm)/(s's) = 0$. Inversement, supposons que $m/s = 0$. Comme $1/s$ est inversible dans $S^{-1}A$, on a $m/1 = 0$. Pour tout sous-A-module P de $S^{-1}A$ contenant 1, notons $\beta(P, m)$ l'image de $(m, 1)$ par l'application canonique de $M \times P$ dans $M \otimes_A P$; on a donc $\beta(S^{-1}A, m) = 0$. On sait (*Alg.*, chap. II, 3e éd., § 6, n° 7, cor. 4 de la prop. 12) qu'il existe un sous-module P de *type fini* de $S^{-1}A$ contenant 1 et tel que $\beta(P, m) = 0$. Pour tout $t \in S$, désignons par A_t l'ensemble des a/t pour $a \in A$; comme P est de type fini, il existe un $t \in S$ tel que $P \subset A_t$ (n° 1, *Remarque* 2), d'où $\beta(A_t, m) = 0$. L'application $a \to a/t$ de A dans A_t est surjective ; soit B son noyau. Elle définit une application surjective $h : M \otimes_A A \to M \otimes_A A_t$, dont le noyau est BM (M étant identifié à $M \otimes A$) ; on a $\beta(A_t, m) = h(tm)$ et par suite tm se met sous la forme $\sum_{i=1}^{r} b_i m_i$ avec $b_i \in B$, $m_i \in M$ $(1 \leqslant i \leqslant r)$. Comme $b_i/t = 0$ pour $1 \leqslant i \leqslant r$, il existe un $t' \in S$ tel que $t'b_i = 0$ pour $1 \leqslant i \leqslant r$, d'où $t'tm = 0$, ce qui démontre la prop. 4.

COROLLAIRE 1. — *Pour que* $m/s = m'/s'$ *dans* $S^{-1}M$, *il faut et il suffit qu'il existe* $t \in S$ *tel que* $t(s'm - sm') = 0$.

En effet $(m/s) - (m'/s') = (s'm - sm')/ss'$.

COROLLAIRE 2. — *Soit* M *un* A-*module de type fini. Pour que* $S^{-1}M = 0$, *il faut et il suffit qu'il existe* $s \in S$ *tel que* $sM = 0$.

Sans hypothèse sur M, il est clair que la relation $sM = 0$ pour un $s \in S$ entraîne $S^{-1}M = 0$. Réciproquement, supposons que

$S^{-1}M = 0$, et soit $(m_i)_{1 \leqslant i \leqslant n}$ un système de générateurs de M ; les $m_i/1$ engendrent le $S^{-1}A$-module $S^{-1}M$, donc dire que $S^{-1}M = 0$ revient à dire que $m_i/1 = 0$ pour $1 \leqslant i \leqslant n$; en vertu de la prop. 4, il y a des $s_i \in S$ tels que $s_i m_i = 0$, et en prenant $s = s_1 s_2 \ldots s_n \in S$, on a $sm_i = 0$ pour tout i, donc $sM = 0$.

Corollaire 3. — *Soit* M *un* A*-module de type fini. Pour qu'un idéal* $\mathfrak{a}$ *de* A *soit tel que* $\mathfrak{a}M = M$, *il faut et il suffit qu'il existe* $a \in \mathfrak{a}$ *tel que* $(1 + a)M = 0$.

Il est clair que la relation $(1 + a)M = 0$ entraîne $M = \mathfrak{a}M$. Pour démontrer la réciproque, nous utiliserons le lemme suivant :

Lemme 1. — *Pour tout idéal* $\mathfrak{a}$ *de* A, *l'ensemble* S *des éléments* $1 + a$ *pour* $a \in \mathfrak{a}$, *est une partie multiplicative de* A, *et l'ensemble* $\mathfrak{a}'$ *des éléments de* $S^{-1}A$ *de la forme* a/s, *où* $a \in \mathfrak{a}$ *et* $s \in S$, *est un idéal contenu dans le radical de* $S^{-1}A$.

La première assertion est évidente, ainsi que le fait que $\mathfrak{a}'$ est un idéal de $S^{-1}A$. D'autre part, $(1/1) + (a/s) = (s + a)/s$ et on a $s + a \in S$ pour $s \in S$ et $a \in \mathfrak{a}$ par définition de S ; donc $(1/1) + (a/s)$ est inversible dans $S^{-1}A$ pour tout $a/s \in \mathfrak{a}'$, ce qui achève de prouver le lemme (*Alg.*, chap. VIII, § 6, n° 3, th. 1).

Cela étant, si on pose $N = S^{-1}M$, il est clair que N est un S^{-1} A-module de type fini ; si $\mathfrak{a}M = M$, on a $\mathfrak{a}'N = N$ et on en conclut que $N = 0$ par le lemme de Nakayama (*Alg.*, chap. VIII, § 6, n° 3, cor. de la prop. 6) ; le corollaire résulte alors du cor. 2.

Proposition 5. — *Soient* A, B *deux anneaux*, S *une partie multiplicative de* A, T *une partie multiplicative de* B, *et* f *un homomorphisme de* A *dans* B *tel que* $f(S) \subset T$. *Soient* M *un* A*-module*, N *un* B*-module, et* u *une application* A*-linéaire de* M *dans* N. *Il existe alors une application* $S^{-1}A$*-linéaire* u' *et une seule de* $S^{-1}M$ *dans* $T^{-1}N$ *telle que* $u'(m/1) = u(m)/1$ *pour tout* $m \in M$.

En effet, l'application $i_N^T \circ u$ de M dans $T^{-1}N$ est A-linéaire. En outre, si $s \in S$, on a $f(s) \in T$, donc l'homothétie produite par s dans $T^{-1}N$ est bijective. L'existence et l'unicité de u' résultent alors de la prop. 3. On a, pour $m \in M$ et $s \in S$,

$$u'(m/s) = u(m)/f(s). \tag{6}$$

Avec les mêmes notations, soient C un troisième anneau, U une partie multiplicative de C, g un homomorphisme de B dans C tel que $g(T) \subset U$, P un C-module, v une application B-linéaire de N dans P, et v' l'application $T^{-1}B$-linéaire de $T^{-1}N$ dans $U^{-1}P$ associée à v. On a alors

$$(v \circ u)' = v' \circ u' \tag{7}$$

où le premier membre est l'application A-linéaire $S^{-1}M \rightarrow U^{-1}P$ associée à $v \circ u$. De même, si u_1 est une seconde application A-linéaire de M dans N, on a

$$(u + u_1)' = u' + u'_1 \tag{8}$$

le premier membre étant l'application A-linéaire $S^{-1}M \rightarrow T^{-1}N$ associée à $u + u_1$.

Remarque 5). — Si, dans la prop. 5, on prend B = A, T = S et $f = 1_A$, on voit aussitôt que u' n'est autre que l'application $u \otimes 1 : M \otimes S^{-1}A \rightarrow N \otimes S^{-1}A$. *Nous la noterons désormais* $S^{-1}u$; lorsque S est le complémentaire d'un idéal premier $\mathfrak{p}$ de A, nous écrirons $u_\mathfrak{p}$ au lieu de $S^{-1}u$.

PROPOSITION 6. — *Soient f un homomorphisme d'un anneau* A *dans un anneau* B, S *une partie multiplicative de* A. *Il existe une application j et une seule de* $(f(S))^{-1}B$ *dans* $S^{-1}B$ *(où* B *est considéré comme* A*-module au moyen de f) telle que $j(b/f(s)) = b/s$ pour $b \in$* B, *$s \in$* S. *Si $f' : S^{-1}A \rightarrow (f(S))^{-1}B$ est l'homomorphisme d'anneaux associé à f* (nº 1, prop. 2), *on a $j \circ f' = S^{-1}f$. L'application j est un isomorphisme de la structure de* $S^{-1}A$*-module de* $(f(S))^{-1}B$, *définie par f', sur celle de* $S^{-1}B$, *et aussi de la structure de* B*-module de* $(f(S))^{-1}B$ *sur celle de* $S^{-1}B$ *(résultant de la définition* $S^{-1}B = (S^{-1}A) \otimes_A B$).

Si b, b' sont dans B, s, s' dans S, les conditions $b/s = b'/s'$ et $b/f(s) = b'/f(s')$ sont équivalentes comme il résulte du cor. 1 de la prop. 4, ce qui établit l'existence de j et montre que j est bijective ; l'unicité de j est évidente. Il est clair que j est un isomorphisme de groupes additifs. Si $a \in A$, $b \in B$, $s \in S$, $t \in S$, on a $(a/s).(b/f(t)) = f'(a/s)(b/f(t)) = (f(a)/f(s))(b/f(t)) = (f(a)b)/f(st)$, d'où il résulte que j est $(S^{-1}A)$-linéaire. Il est clair que $j \circ f' = S^{-1}f$. Enfin, si $b \in B$, $b' \in B$, $s \in S$, on a $j(b.(b'/f(s))) = j(bb'/f(s)) = bb'/s = b.(b'/s)$, ce qui démontre la dernière assertion.

L'application j de la prop. 6 s'appelle l'*isomorphisme canonique* de $(f(S))^{-1}B$ sur $S^{-1}B$. On identifie en général ces deux ensembles au moyen de j ; on a alors $f' = S^{-1}f$, $i^S_B = i^{f(S)}_B$.

3. *Changement de partie multiplicative.*

Soient A un anneau, S une partie multiplicative de A, M un A-module. Si T est une partie multiplicative de A contenant S, il résulte de la prop. 5 du n° 2 qu'il existe une application $S^{-1}A$-linéaire et une seule $i^{T,S}_M : S^{-1}M \to T^{-1}M$, telle que $i^T_M = i^{T,S}_M \circ i^S_M$; l'application $i^{T,S}_M$ transforme l'élément m/s de $S^{-1}M$ en l'élément m/s de $T^{-1}M$. On vérifie aussitôt que l'on a $i^{T,S}_M = i^{T,S}_A \otimes 1_M$. Si U est une troisième partie multiplicative de A telle que $T \subset U$, on a donc $i^{U,S}_M = i^{U,T}_M \circ i^{T,S}_M$; en outre, si $u : M \to N$ est un homo morphisme de A-modules, le diagramme

$$\begin{array}{ccc} S^{-1}M & \xrightarrow{S^{-1}u} & S^{-1}N \\ {\scriptstyle i^{T,S}_M}\downarrow & & \downarrow{\scriptstyle i^{T,S}_N} \\ T^{-1}M & \xrightarrow[T^{-1}u]{} & T^{-1}N \end{array}$$

est commutatif.

PROPOSITION 7. — *Soient* A *un anneau*, S, T *deux parties multiplicatives de* A. *Posons* $T' = i^S_A(T)$.

(i) *Il existe un isomorphisme j et un seul de l'anneau* $(ST)^{-1}A$ *sur l'anneau* $T'^{-1}(S^{-1}A)$ *tel que le diagramme*

$$\begin{array}{ccc} A & \xrightarrow{i^S_A} & S^{-1}A \\ {\scriptstyle i^{ST}_A}\downarrow & & \downarrow{\scriptstyle i^{T'}_{S^{-1}A}} \\ (ST)^{-1}A & \xrightarrow[j]{} & T'^{-1}(S^{-1}A) \end{array}$$

soit commutatif.

(ii) *Soit* M *un* A-*module. Il existe un* $(ST)^{-1}A$-*isomorphisme k du* $(ST)^{-1}A$-*module* $(ST)^{-1}M$ *sur le* $T'^{-1}(S^{-1}A)$-*module* $T'^{-1}(S^{-1}M)$ *tel que le diagramme*

$$\begin{array}{ccc} M & \xrightarrow{i^S_M} & S^{-1}M \\ {\scriptstyle i^{ST}_M}\downarrow & & \downarrow{\scriptstyle i^{T'}_{S^{-1}M}} \\ (ST)^{-1}M & \xrightarrow[k]{} & T'^{-1}(S^{-1}M) \end{array}$$

soit commutatif.

(i) Utilisons la définition de $(ST)^{-1}A$ comme solution d'un problème d'application universelle. Soient B un anneau et f un homomorphisme de A dans B tel que $f(ST)$ se compose d'éléments inversibles. Comme $f(S)$ se compose par suite d'éléments inversibles, il existe un homomorphisme et un seul $f' : S^{-1}A \to B$ tel que $f = f' \circ i_A^S$ (nº 1, prop. 1). Pour tout $t \in T$, $f'(i_A^S(t)) = f(t)$ est inversible dans B par hypothèse, donc $f'(T')$ se compose d'éléments inversibles ; il existe alors, en vertu du nº 1, prop. 1, un homomorphisme et un seul f'' de $T'^{-1}(S^{-1}A)$ dans B tel que $f' = f'' \circ i_{S^{-1}A}^{T'}$, d'où $f = f'' \circ u$ en posant $u = i_{S^{-1}A}^{T'} \circ i_A^S$.

En outre, si $f_1'' : T'^{-1}(S^{-1}A) \to B$ est un second homomorphisme tel que $f_1'' \circ u = f$, on a $(f_1'' \circ i_{S^{-1}A}^{T'}) \circ i_A^S = (f'' \circ i_{S^{-1}A}^{T'}) \circ i_A^S$, d'où $f_1'' \circ i_{S^{-1}A}^{T'} = f'' \circ i_{S^{-1}A}^{T'}$ et par suite $f_1'' = f''$.

Comme les images par u des éléments de ST dans $T'^{-1}(S^{-1}A)$ sont inversibles, le couple $(T'^{-1}(S^{-1}A), u)$ est solution du problème d'application universelle (relatif à A et ST) considéré au nº 1. Ceci démontre l'existence et l'unicité de j.

(ii) La démonstration est tout à fait analogue à celle de (i), en utilisant cette fois le nº 2, prop. 3, et elle est laissée au lecteur.

Proposition 8. — *Soient* A *un anneau*, S, T *deux parties multiplicatives de* A *telles que* $S \subset T$. *Les propriétés suivantes sont équivalentes :*

a) *L'homomorphisme* $i_A^{T,S} : S^{-1}A \to T^{-1}A$ *est bijectif.*

b) *Pour tout* A-*module* M, *l'homomorphisme* $i_M^{T,S} : S^{-1}M \to T^{-1}M$ *est bijectif.*

c) *Pour tout* $t \in T$, *il existe* $a \in A$ *tel que* $at \in S$ (autrement dit, tout élément de T *divise* un élément de S).

d) *Tout idéal premier qui rencontre* T *rencontre* S.

On a vu ci-dessus que $i_M^{T,S} = 1_M \otimes i_A^{T,S}$, ce qui prouve aussitôt l'équivalence de *a*) et *b*). Posons $T' = i_A^S(T)$; alors (prop. 7) $T^{-1}A$ s'identifie à $T'^{-1}(S^{-1}A)$, et *a*) équivaut à dire que les éléments de T' sont *inversibles* dans $S^{-1}A$ (nº 1, *Remarque* 5). Or, dire que $(t/1)(a/s) = 1/1$ ($t \in T$, $a \in A$, $s \in S$) signifie qu'il existe $s' \in S$ tel que $tas' = ss'$, ce qui montre l'équivalence de *a*) et *c*). Montrons que *d*) entraîne *c*). Soit t un élément de T et supposons que $t/1$ ne soit pas inversible dans $S^{-1}A$; il existe alors un idéal maximal $\mathfrak{m}'$ de

$S^{-1}A$ contenant $t/1$ (*Alg.*, chap. I, § 8, n° 7, th. 2), et $\mathfrak{p} = (i_A^S)^{-1}(\mathfrak{m}')$ est un idéal premier de A contenant t et ne rencontrant pas S (puisque l'image par i_A^S d'un élément de S est inversible). Réciproquement, s'il existe un idéal premier $\mathfrak{p}$ qui rencontre T sans rencontrer S, aucun élément de $\mathfrak{p} \cap T$ ne peut diviser un élément de S; ceci prouve que *c*) entraîne *d*), et termine la démonstration.

On déduit de la prop. 8 que parmi les parties multiplicatives T de A, contenant S et vérifiant les conditions équivalentes de la prop. 8, il y en a une *plus grande*, formée de *tous* les éléments de A qui divisent un élément de S (cf. exerc. 1).

Proposition 9. — *Soient* I *un ensemble préordonné filtrant croissant*, $(S_\alpha)_{\alpha\in I}$ *une famille croissante de parties multiplicatives d'un anneau* A, $S = \bigcup_{\alpha\in I} S_\alpha$. *Posons* $\rho_{\beta\alpha} = i_A^{S_\beta, S_\alpha}$ *pour* $\alpha \leqslant \beta$, $\rho_\alpha = i_A^{S, S_\alpha}$. *Alors* $(S_\alpha^{-1}A, \rho_{\beta\alpha})$ *est un système inductif d'anneaux, et si, pour tout* $\alpha \in I$, ρ'_α *est l'application canonique de* $S_\alpha^{-1}A$ *dans* $\varinjlim S_\alpha^{-1}A$, *il existe un isomorphisme* j *et un seul de* $\varinjlim S_\alpha^{-1}A$ *sur* $S^{-1}A$ *tel que* $j \circ \rho'_\alpha = \rho_\alpha$ *pour tout* $\alpha \in I$.

On a $\rho_{\gamma\alpha} = \rho_{\gamma\beta} \circ \rho_{\beta\alpha}$ pour $\alpha \leqslant \beta \leqslant \gamma$ (n° 1, cor. 3 de la prop. 2), donc $(S_\alpha^{-1}A, \rho_{\beta\alpha})$ est un système inductif. Posons $A' = \varinjlim S_\alpha^{-1}A$; comme $\rho_\alpha = \rho_\beta \circ \rho_{\beta\alpha}$ pour $\alpha \leqslant \beta$ (n° 1, cor. 3 de la prop. 2), (ρ_α) est un système inductif d'homomorphismes, et $j = \varinjlim \rho_\alpha$ est l'unique homomorphisme de A′ dans $S^{-1}A$ tel que $j \circ \rho'_\alpha = \rho_\alpha$ pour tout $\alpha \in I$. Les homomorphismes $\rho'_\alpha \circ i_A^{S_\alpha} : A \to A'$ sont tous égaux, car $\rho_{\beta\alpha} \circ i_A^{S_\alpha} = i_A^{S_\beta}$ pour $\alpha \leqslant \beta$; soit u leur valeur commune. Il est clair que les éléments de $u(S)$ sont inversibles dans A′, ce qui montre qu'il existe un homomorphisme $h : S^{-1}A \to A'$ tel que $h \circ i_A^S = u$ (n° 1, prop. 1). On a

$$j \circ h \circ i_A^S = j \circ u = j \circ \rho'_\alpha \circ i_A^{S_\alpha} = \rho_\alpha \circ i_A^{S_\alpha} = i_A^S$$

pour tout $\alpha \in I$, et par suite $j \circ h$ est l'automorphisme identique de $S^{-1}A$. D'autre part, pour tout $\alpha \in I$, on a

$$h \circ j \circ \rho'_\alpha \circ i_A^{S_\alpha} = h \circ \rho_\alpha \circ i_A^{S_\alpha} = h \circ i_A^S = u = \rho'_\alpha \circ i_A^{S_\alpha},$$

d'où $h \circ j \circ \rho'_\alpha = \rho'_\alpha$ pour tout $\alpha \in I$; il en résulte que $h \circ j$ est l'automorphisme identique de A′, et par suite j est un isomorphisme.

COROLLAIRE. — *Les hypothèses étant celles de la prop.* 9, *soit* M *un* A-*module. Posons* $f_{\beta\alpha} = i_M^{S_\beta, S_\alpha}$ *pour* $\alpha \leqslant \beta$, $f_\alpha = i_M^{S, S_\alpha}$ *pour tout* $\alpha \in I$, *et soit* f'_α *l'application canonique de* $S_\alpha^{-1}M$ *dans* $\varinjlim S_\alpha^{-1}M$; *il existe alors un* $S^{-1}A$-*isomorphisme* g *de* $S^{-1}M$ *sur* $\varinjlim S_\alpha^{-1}M$ *tel que* $g \circ f_\alpha = f'_\alpha$ *pour tout* $\alpha \in I$.

Le corollaire résulte aussitôt des définitions $S_\alpha^{-1}M = M \otimes_A S_\alpha^{-1}A$ et $S^{-1}M = M \otimes_A S^{-1}A$, et du fait que le passage à la limite inductive commute au produit tensoriel (*Alg.*, chap. II, 3e éd., § 6, n° 7, prop. 12).

4. *Propriétés des modules de fractions.*

Dans tout ce n°, A *désigne un anneau et* S *une partie multiplicative de* A.

Soit $(M_\alpha, \varphi_{\beta\alpha})$ un système inductif de A-modules; alors $(S^{-1}M_\alpha, S^{-1}\varphi_{\beta\alpha})$ est un système inductif de $S^{-1}A$-modules, et le fait que le passage à la limite inductive commute aux produits tensoriels (*Alg.*, chap. II, 3e éd., § 6, n° 7, prop. 12) permet de définir un isomorphisme canonique

$$\varinjlim (S^{-1}M_\alpha) \to S^{-1} \varinjlim M_\alpha.$$

De même, le fait que la formation des sommes directes commute aux produits tensoriels (*Alg.*, chap. II, § 3, n° 7, prop. 7) permet de définir, pour toute famille $(M_\iota)_{\iota \in I}$ de A-modules, un isomorphisme canonique

$$\bigoplus_{\iota \in I} S^{-1}M_\iota \to S^{-1} \bigoplus_{\iota \in I} M_\iota.$$

Notons enfin que, si un A-module M est somme d'une famille $(N_\iota)_{\iota \in I}$ de sous-modules, $S^{-1}M$ est somme de la famille des sous-$S^{-1}A$-modules engendrée par les $i_M^S(N_\iota)$. Il en résulte que si M est un A-module de type fini (resp. de présentation finie), $S^{-1}M = S^{-1}A \otimes_A M$ est un $S^{-1}A$-module de type fini (resp. de présentation finie).

THÉORÈME 1. — *L'anneau* $S^{-1}A$ *est un* A-*module plat* (chap. I, § 2, n° 3, déf. 2).

Si $u : M' \to M$ est un homomorphisme injectif de A-modules, il faut établir que $S^{-1}u : S^{-1}M' \to S^{-1}M$ est injectif. Or, si m'/s ($m' \in M'$, $s \in S$) est tel que $u(m')/s = 0$, cela entraîne l'existence d'un $s' \in S$ tel que $s'u(m') = 0$ (n° 2, prop. 4) ou encore $u(s'm') = 0$; comme u est injectif, on en déduit $s'm' = 0$, d'où $m'/s = 0$.

Le fait que $S^{-1}A$ est un A-module plat permet de lui appliquer les résultats du chap. I, § 2. En particulier :

1° Si M est un A-module et N un sous-module de M, $S^{-1}N$ s'identifie canoniquement à un *sous-module* de $S^{-1}M$, engendré par $i^S_M(N)$ (chap. I, § 2, n° 3, *Remarque* 2) ; cette identification étant faite, $S^{-1}(M/N)$ s'identifie à $(S^{-1}M)/(S^{-1}N)$, et si P est un second sous-module de M, on a

$$S^{-1}(N + P) = S^{-1}N + S^{-1}P, \qquad S^{-1}(N \cap P) = S^{-1}N \cap S^{-1}P$$

(chap. I, § 2, n° 6, prop. 6).

2° Si M est un A-module *de type fini*, on a

$$S^{-1}\,\mathrm{Ann}\,(M) = \mathrm{Ann}\,(S^{-1}M) \tag{9}$$

(chap. I, § 2, n° 10, cor. 2 de la prop. 12).

Proposition 10. — *Soit* M *un* A-*module. Pour tout sous-module* N' *du* $S^{-1}A$-*module* $S^{-1}M$, *soit* $\varphi(N')$ *l'image réciproque de* N' *par* i^S_M. *Alors* :

(i) *On a* $S^{-1}\varphi(N') = N'$.

(ii) *Pour tout sous-module* N *de* M, *le sous-module* $\varphi(S^{-1}N)$ *de* M *est formé des* $m \in M$ *pour lesquels il existe* $s \in S$ *tel que* $sm \in N$.

(iii) φ *est un isomorphisme* (*pour les structures d'ordre définies par les relations d'inclusion*) *de l'ensemble des sous-*$S^{-1}A$-*modules de* $S^{-1}M$ *sur l'ensemble des sous-modules* Q *de* M *qui vérifient la condition suivante :*

(MS) *Si* $sm \in Q$, $s \in S$, $m \in M$, *alors* $m \in Q$.

On a évidemment $S^{-1}\varphi(N') \subset N'$; inversement, si $n' = m/s \in N'$, on a $m/1 \in N'$, donc $m \in \varphi(N')$ et par suite $n' \in S^{-1}(\varphi(N'))$; d'où (i). Pour qu'un élément $m \in M$ soit tel que $m \in \varphi(S^{-1}N)$, il faut et il suffit que $m/1 \in S^{-1}N$, c'est-à-dire qu'il existe $s \in S$ et $n \in N$ tels que $m/1 = n/s$; cela signifie qu'il existe $s' \in S$ tel que $s'sm = s'n \in N$, d'où (ii). Enfin, la relation $sm \in \varphi(N')$ équivaut par définition à $sm/1 \in N'$ et comme $s/1$ est inversible dans $S^{-1}A$, cela entraîne $m/1 \in N'$, ou $m \in \varphi(N')$, donc $\varphi(N')$ vérifie la relation (MS) ; il résulte d'autre part de (ii) que, si N vérifie (MS), on a $\varphi(S^{-1}N) = N$, ce qui achève de prouver (iii).

On dit que le sous-module $\varphi(S^{-1}N)$ est le *saturé de* N *dans* M *pour* S, et les sous-modules vérifiant la condition (MS) (donc égaux à leurs saturés) sont dits *saturés pour* S. Le sous-module $\varphi(S^{-1}N)$ est le noyau de l'homomorphisme composé

$$M \xrightarrow{h} M/N \xrightarrow{i^S_{M/N}} S^{-1}M/S^{-1}N$$

où h est l'homomorphisme canonique, comme il résulte de la commutativité du diagramme

$$\begin{array}{ccc} M & \xrightarrow{h} & M/N \\ {\scriptstyle i^S_M}\downarrow & & \downarrow{\scriptstyle i^S_{M/N}} \\ S^{-1}M & \rightarrow & S^{-1}M/S^{-1}N \end{array}$$

Lorsque S est le complémentaire dans A d'un idéal premier $\mathfrak{p}$, on dit encore que $\varphi(S^{-1}N)$ est le *saturé de* N *dans* M *pour* $\mathfrak{p}$.

Corollaire 1. — *Soient* N_1, N_2 *deux sous-modules d'un* A-*module* M. *Pour que* $S^{-1}N_1 \subset S^{-1}N_2$, *il faut et il suffit que le saturé de* N_1 *pour* S *soit contenu dans celui de* N_2.

Corollaire 2. — *Si* M *est un* A-*module nœthérien* (resp. *artinien*), $S^{-1}M$ *est un* $S^{-1}A$-*module nœthérien* (resp. *artinien*). *En particulier, si l'anneau* A *est nœthérien* (resp. *artinien*), *il en est de même de l'anneau* $S^{-1}A$.

5. *Idéaux dans un anneau de fractions.*

Proposition 11. — *Soient* A *un anneau,* S *une partie multiplicative de* A. *Pour tout idéal* $\mathfrak{b}'$ *de* $S^{-1}A$, *soit* $\mathfrak{b} = (i^S_A)^{-1}(\mathfrak{b}')$, *de sorte que* $\mathfrak{b}' = S^{-1}\mathfrak{b}$.

(i) *Soit* f *l'homomorphisme canonique* $A \rightarrow A/\mathfrak{b}$. *L'homomorphisme de* $S^{-1}A$ *dans* $(f(S))^{-1}(A/\mathfrak{b})$ *canoniquement associé à* f (n° 1, prop. 2) *est surjectif et son noyau est* $\mathfrak{b}'$, *ce qui définit par passage aux quotients un isomorphisme canonique de* $(S^{-1}A)/\mathfrak{b}'$ *sur* $(f(S))^{-1}(A/\mathfrak{b})$. *En outre, l'homomorphisme canonique de* $A/\mathfrak{b}$ *dans* $(f(S))^{-1}(A/\mathfrak{b})$ *est injectif.*

(ii) *L'application* $\mathfrak{b}' \to \mathfrak{b} = (i_A^S)^{-1}(\mathfrak{b}')$, *restreinte à l'ensemble des idéaux maximaux* (resp. *premiers*) *de* $S^{-1}A$, *est un isomorphisme* (*pour la relation d'inclusion*) *de cet ensemble sur l'ensemble des idéaux de* A *maximaux parmi ceux qui sont disjoints de* S (resp. *sur l'ensemble des idéaux premiers de* A *disjoints de* S).

(iii) *Si* $\mathfrak{q}'$ *est un idéal premier de* $S^{-1}A$ *et si* $\mathfrak{q} = (i_A^S)^{-1}(\mathfrak{q}')$, *il existe un isomorphisme de l'anneau de fractions* $A_{\mathfrak{q}}$ *sur l'anneau* $(S^{-1}A)_{\mathfrak{q}'}$, *qui transforme* a/b *en* $(a/1)/(b/1)$ *pour* $a \in A$, $b \in A - \mathfrak{q}$.

(i) On peut identifier $(f(S))^{-1}(A/\mathfrak{b})$ à $S^{-1}(A/\mathfrak{b})$ au moyen de l'isomorphisme canonique entre ces deux modules (n° 2, prop. 6). La suite exacte $0 \to \mathfrak{b} \to A \to A/\mathfrak{b} \to 0$ fournit alors une suite exacte $0 \to S^{-1}\mathfrak{b} \to S^{-1}A \to S^{-1}(A/\mathfrak{b}) \to 0$ (n° 4, th. 1) dont l'existence démontre la première assertion de (i), compte tenu de ce que $\mathfrak{b}' = S^{-1}\mathfrak{b}$. Puisque $\mathfrak{b}$ est saturé pour S, les conditions $a \in A$, $s \in S$, $as \in \mathfrak{b}$ entraînent $a \in \mathfrak{b}$; l'homothétie de rapport s dans $A/\mathfrak{b}$ est donc injective, ce qui prouve la deuxième assertion de (i).

(ii) Remarquons d'abord que la relation $\mathfrak{b}' = S^{-1}A$ équivaut à la relation $\mathfrak{b} \cap S \neq \emptyset$, cette dernière exprimant que $\mathfrak{b}'$ contient des éléments inversibles de $S^{-1}A$. Il résulte du n° 4, prop. 10 (iii) que $\mathfrak{b}' \to \mathfrak{b} = (i_A^S)^{-1}(\mathfrak{b}')$ est un isomorphisme (pour la relation d'inclusion) de l'ensemble des idéaux de $S^{-1}A$ distincts de $S^{-1}A$ sur l'ensemble $\mathfrak{F}$ des idéaux de A disjoints de S et vérifiant la condition (MS) de la prop. 10. Si $\mathfrak{b}'$ est maximal (resp. premier), il est clair que $\mathfrak{b}$ est maximal dans $\mathfrak{F}$ (resp. premier) et réciproquement (en vertu de (i)). D'autre part, si $\mathfrak{r}$ est un idéal de A disjoint de S, son saturé $\mathfrak{r}_1$ pour S est un idéal de A contenant $\mathfrak{r}$ et qui est disjoint de S : aucun élément $a \in S$ ne peut en effet être tel que $sa \in \mathfrak{r}$, pour un $s \in S$, car on en déduirait $sa \in \mathfrak{r} \cap S$. On en conclut que, si $\mathfrak{r}$ est maximal parmi les idéaux de A disjoints de S, il est maximal dans $\mathfrak{F}$. De même, si $\mathfrak{r}$ est un idéal premier disjoint de S, il vérifie la condition (MS) du n° 4, prop. 10 par définition des idéaux premiers, donc appartient à $\mathfrak{F}$. Ceci achève de prouver (ii).

(iii) Supposons $\mathfrak{q}'$ premier, de sorte qu'il en est de même de $\mathfrak{q}$. L'ensemble $T = A - \mathfrak{q}$ est une partie multiplicative de A qui contient S, d'où $ST = T$. Posons $T' = i_A^S(T)$; il résulte du nº 3, prop. 7, (i), qu'il existe un isomorphisme j et un seul de $T^{-1}A = A_{\mathfrak{q}}$ sur $T'^{-1}(S^{-1}A)$ tel que $j(a/b) = (a/1)/(b/1)$, pour $a \in A$ et $b \in T$. Il est d'autre part évident que T' ne rencontre pas $\mathfrak{q}'$; inversement, soit $a/s \in S^{-1}A$; puisque $1/s$ est inversible dans $S^{-1}A$, la condition $a/s \notin \mathfrak{q}'$ équivaut à $i_A^S(a) = a/1 \notin \mathfrak{q}'$, donc à $a \notin \mathfrak{q}$; il en résulte que $S^{-1}A - \mathfrak{q}' = S^{-1}T'$, et, en vertu de la prop. 8 du nº 3, on a donc $T'^{-1}(S^{-1}A) = (S^{-1}A)_{\mathfrak{q}'}$.

C. Q. F. D.

L'isomorphisme défini dans (iii) est dit *canonique*. Lorsque A est *intègre*, les isomorphismes canoniques de $A_{\mathfrak{q}}$ et de $(S^{-1}A)_{\mathfrak{q}'}$ sur des sous-anneaux du corps des fractions K de A ont même image.

Remarque. — Pour qu'un idéal $\mathfrak{a}$ de A soit tel que $S^{-1}\mathfrak{a} = S^{-1}A$ (ou, ce qui revient au même en vertu du nº 4, th. 1, que $S^{-1}(A/\mathfrak{a}) = 0$), il faut et il suffit que $\mathfrak{a} \cap S \neq \emptyset$, comme il résulte aussitôt des définitions.

COROLLAIRE 1. — *Soient* A *un anneau,* S *une partie multiplicative de* A. *Tout idéal* $\mathfrak{p}$ *de* A, *maximal parmi ceux qui sont disjoints de* S, *est premier.*

En effet, en vertu de la prop. 11, l'hypothèse sur $\mathfrak{p}$ signifie que $\mathfrak{p} = (i_A^S)^{-1}(\mathfrak{m}')$, où $\mathfrak{m}'$ est un idéal maximal de $S^{-1}A$; comme $\mathfrak{m}'$ est premier, il en est de même de $\mathfrak{p}$.

COROLLAIRE 2. — *Soient* A *un anneau,* S *une partie multiplicative de* A. *Pour tout idéal* $\mathfrak{a}$ *de* A *ne rencontrant pas* S, *il existe un idéal premier contenant* $\mathfrak{a}$ *et ne rencontrant pas* S.

En effet, on a $S^{-1}\mathfrak{a} \neq S^{-1}A$ (*Remarque*), donc il existe un idéal maximal de $S^{-1}A$ contenant $S^{-1}\mathfrak{a}$ (*Alg.*, chap. I, § 8, nº 7, th. 2) et le corollaire résulte de la prop. 11, (ii).

COROLLAIRE 3. — *Soient* A, B *deux anneaux,* ρ *un homomorphisme de* A *dans* B, *et* $\mathfrak{p}$ *un idéal premier de* A. *Pour qu'il existe un idéal premier* $\mathfrak{p}'$ *de* B *tel que* $\overset{-1}{\rho}(\mathfrak{p}') = \mathfrak{p}$, *il faut et il suffit que* $\overset{-1}{\rho}(B\rho(\mathfrak{p})) = \mathfrak{p}$.

S'il existe un idéal $\mathfrak{p}'$ de B tel que $\overset{-1}{\rho}(\mathfrak{p}') = \mathfrak{p}$, on a $\rho(\mathfrak{p}) \subset \mathfrak{p}'$, d'où $B\rho(\mathfrak{p}) \subset \mathfrak{p}'$ et $\overset{-1}{\rho}(B\rho(\mathfrak{p})) \subset \overset{-1}{\rho}(\mathfrak{p}') \subset \mathfrak{p}$; comme l'inclusion opposée est évidente, on a bien $\overset{-1}{\rho}(B\rho(\mathfrak{p})) = \mathfrak{p}$. Inversement, supposons que l'on ait $\overset{-1}{\rho}(B\rho(\mathfrak{p})) = \mathfrak{p}$, et considérons la partie multiplicative $S = \rho(A - \mathfrak{p})$ de B ; l'hypothèse montre que $S \cap B\rho(\mathfrak{p}) = \emptyset$; en vertu du cor. 2, il existe un idéal premier $\mathfrak{p}'$ de B contenant $B\rho(\mathfrak{p})$ et disjoint de S ; alors $\overset{-1}{\rho}(\mathfrak{p}')$ contient $\mathfrak{p}$ et ne peut contenir aucun élément de $A - \mathfrak{p}$, donc est égal à $\mathfrak{p}$.

Corollaire 4. — *Soient* A *et* B *deux anneaux*, ρ *un homomorphisme de* A *dans* B.

(i) *Supposons qu'il existe un* B-*module* E *tel que* $\rho_*(E)$ *soit un* A-*module fidèlement plat. Alors, pour tout idéal premier* $\mathfrak{p}$ *de* A, *il existe un idéal premier* $\mathfrak{p}'$ *de* B *tel que* $\overset{-1}{\rho}(\mathfrak{p}') = \mathfrak{p}$.

(ii) *Inversement, supposons que* B *soit un* A-*module plat. Alors, si, pour tout idéal premier* $\mathfrak{p}$ *de* A, *il existe un idéal* $\mathfrak{p}'$ *de* B *tel que* $\overset{-1}{\rho}(\mathfrak{p}') = \mathfrak{p}$, B *est un* A-*module fidèlement plat.*

(i) L'hypothèse entraîne que, pour tout idéal $\mathfrak{a}$ de A, on a $\overset{-1}{\rho}(B\rho(\mathfrak{a})) = \mathfrak{a}$ (chap. I, § 3, n° 5, prop. 8, (ii)), et il suffit d'appliquer le cor. 3.

(ii) Il suffit de montrer que pour tout idéal maximal $\mathfrak{m}$ de A, il existe un idéal maximal $\mathfrak{m}'$ de B tel que $\overset{-1}{\rho}(\mathfrak{m}') = \mathfrak{m}$ (chap. I, § 3, n° 5, prop. 9, *e*)). Or il existe par hypothèse un idéal $\mathfrak{q}$ de B tel que $\overset{-1}{\rho}(\mathfrak{q}) = \mathfrak{m}$; comme $\mathfrak{q} \neq B$, il existe un idéal maximal $\mathfrak{m}'$ de B contenant $\mathfrak{q}$, et par suite $\overset{-1}{\rho}(\mathfrak{m}') \supset \mathfrak{m}$; mais comme $\overset{-1}{\rho}(\mathfrak{m}')$ ne peut contenir 1, on a $\overset{-1}{\rho}(\mathfrak{m}') = \mathfrak{m}$.

Corollaire 5. — *Soient* A *un anneau*, S *une partie multiplicative de* A, B *un anneau tel que* $i_A^S(A) \subset B \subset S^{-1}A$. *Soit* $\mathfrak{q}$ *un idéal premier de* B *tel que l'idéal premier* $\mathfrak{p} = (i_A^S)^{-1}(\mathfrak{q})$ *de* A *ne rencontre pas* S, *et soit* $\mathfrak{p}'$ *l'idéal premier* $S^{-1}\mathfrak{p}$ *de* $S^{-1}A$. *On a alors* $\mathfrak{p}' \cap B = \mathfrak{q}$.

Soit $S' = i_A^S(S)$; on a défini un isomorphisme canonique de $S'^{-1}B$ sur $S^{-1}A$ (n° 1, cor. 4 de la prop. 2) ; nous identifierons ces deux anneaux au moyen de cet isomorphisme. Comme $\mathfrak{q} \cap S' = \emptyset$, $\mathfrak{q}' = S'^{-1}\mathfrak{q}$ est l'unique idéal premier de $S^{-1}A = S'^{-1}B$ tel que $\mathfrak{q}' \cap B = (i_B^{S'})^{-1}(\mathfrak{q}') = \mathfrak{q}$ (prop. 11, (ii)), d'où $(i_A^S)^{-1}(\mathfrak{q}') = \mathfrak{p}$; par suite on a $\mathfrak{q}' = \mathfrak{p}'$ (prop. 11, (ii)).

Avec les notations du cor. 5, on a des isomorphismes canoniques de $A_{\mathfrak{p}}$ et de $B_{\mathfrak{q}}$ sur $(S^{-1}A)_{\mathfrak{p}'}$ (prop. 11, (iii)), d'où un *isomorphisme canonique* $A_{\mathfrak{p}} \to B_{\mathfrak{q}}$.

6. Nilradical et idéaux premiers minimaux.

Dans un anneau (commutatif) A, l'ensemble des éléments nilpotents est un *idéal*, car si x, y sont des éléments de A tels que $x^m = y^n = 0$, on a $(x + y)^{m+n} = 0$ en vertu de la formule du binôme.

DÉFINITION 4. — *On appelle nilradical d'un anneau (commutatif) A l'idéal des éléments nilpotents de A. On appelle racine d'un idéal $\mathfrak{a}$ de A l'image réciproque, par l'application canonique $A \to A/\mathfrak{a}$, du nilradical de $A/\mathfrak{a}$.*

Nous noterons souvent $\mathfrak{r}(\mathfrak{a})$ la racine d'un idéal $\mathfrak{a}$ de A.

Dire qu'un élément $x \in A$ appartient à la racine de $\mathfrak{a}$ signifie donc qu'il existe un entier $n > 0$ tel que $x^n \in \mathfrak{a}$. Si f est un homomorphisme de A dans un anneau B, $\mathfrak{b}$ un idéal de B, la racine de $\overset{-1}{f}(\mathfrak{b})$ est l'*image réciproque* par f de la racine de $\mathfrak{b}$, car dire que $x^n \in \overset{-1}{f}(\mathfrak{b})$ signifie que $(f(x))^n \in \mathfrak{b}$.

Le nilradical d'un anneau A est contenu dans son *radical* (*Alg.*, chap. VIII, § 6, n° 3, cor. 3 du th. 1) mais peut en être distinct ; il lui est toutefois égal lorsque A est *artinien* (*Alg.*, chap. VIII, § 6, n° 4, th. 3).

Nous dirons qu'un idéal premier $\mathfrak{p}$ d'un anneau A est un *idéal premier minimal* s'il est minimal dans l'ensemble des idéaux premiers de A, ordonné par inclusion.

PROPOSITION 12. — *Soient $\mathfrak{p}$ un idéal premier minimal d'un anneau A. Pour tout $x \in \mathfrak{p}$, il existe un $s \in A - \mathfrak{p}$ et un entier $k > 0$ tels que $sx^k = 0$.*

En effet, l'ensemble S des éléments de la forme sx^k (k entier $\geqslant 0$, $s \in A - \mathfrak{p}$) est une partie multiplicative de A. Si on avait $0 \notin S$, il existerait un idéal premier $\mathfrak{p}'$ disjoint de S (n° 5, cor. 2

de la prop. 11). On aurait alors $\mathfrak{p}' \subset \mathfrak{p}$ et $\mathfrak{p}' \neq \mathfrak{p}$ puisque $x \notin \mathfrak{p}'$, contrairement à l'hypothèse que $\mathfrak{p}$ est minimal.

PROPOSITION 13. — *Le nilradical d'un anneau* A *est l'intersection de tous les idéaux premiers de* A, *et c'est aussi l'intersection des idéaux premiers minimaux de* A.

Il est clair que, si $x \in$ A est nilpotent, il est contenu dans tout idéal premier de A (§ 1, n° 1, déf. 1). Inversement, soit x un élément non nilpotent de A; l'ensemble S des x^k (k entier $\geqslant 0$) est alors une partie multiplicative de A ne contenant pas 0, donc il existe un idéal premier $\mathfrak{p}$ de A ne rencontrant pas S (n° 5, cor. 2 de la prop. 11), et *a fortiori* $x \notin \mathfrak{p}$; ceci établit la première assertion. Pour démontrer la seconde, il suffit de prouver le

Lemme 2. — *Tout idéal premier* $\mathfrak{p}$ *d'un anneau* A *contient un idéal premier minimal de* A.

Il suffit, en vertu du th. de Zorn, de montrer que l'ensemble P des idéaux premiers, ordonné par la relation $\supset$, est *inductif*. Or, si G est une partie totalement ordonnée non vide de P, l'intersection $\mathfrak{p}_0$ des idéaux $\mathfrak{p} \in$ G est encore un idéal premier : en effet, si $x \notin \mathfrak{p}_0$ et $y \notin \mathfrak{p}_0$, il existe un idéal $\mathfrak{p} \in$ G tel que $x \notin \mathfrak{p}$ et $y \notin \mathfrak{p}$, d'où $xy \notin \mathfrak{p}$ et *a fortiori* $xy \notin \mathfrak{p}_0$.

Remarque. — Au § 4, n° 3, cor. 3 de la prop. 14, nous montrerons que dans un anneau *nœthérien* l'ensemble des idéaux premiers minimaux est *fini* ; nous verrons en outre plus tard que toute suite décroissante d'idéaux premiers dans un anneau nœthérien est *stationnaire.*

COROLLAIRE 1. — *La racine d'un idéal* $\mathfrak{a}$ *d'un anneau* A *est l'intersection des idéaux premiers contenant* $\mathfrak{a}$, *et c'est aussi l'intersection des éléments minimaux de cet ensemble d'idéaux premiers.*

COROLLAIRE 2. — *Pour tout idéal* $\mathfrak{a}$ *d'un anneau* A, *notons* $\mathfrak{r}(\mathfrak{a})$ *la racine de* $\mathfrak{a}$. *Alors, pour deux idéaux* $\mathfrak{a}$, $\mathfrak{b}$ *de* A, *on a*

$$\mathfrak{r}(\mathfrak{a} \cap \mathfrak{b}) = \mathfrak{r}(\mathfrak{a}\mathfrak{b}) = \mathfrak{r}(\mathfrak{a}) \cap \mathfrak{r}(\mathfrak{b}) ;$$

en particulier, si $\mathfrak{a} \subset \mathfrak{b}$, *on a* $\mathfrak{r}(\mathfrak{a}) \subset \mathfrak{r}(\mathfrak{b})$.

En effet, pour qu'un idéal premier contienne $\mathfrak{a} \cap \mathfrak{b}$ (ou $\mathfrak{a}\mathfrak{b}$), il faut et il suffit qu'il contienne l'un des idéaux $\mathfrak{a}$, $\mathfrak{b}$ (§ 1, nº 1, prop. 1).

PROPOSITION 14. — *Pour que deux idéaux* $\mathfrak{a}$, $\mathfrak{b}$ *d'un anneau* A *soient étrangers, il faut et il suffit que leurs racines* $\mathfrak{r}(\mathfrak{a})$ *et* $\mathfrak{r}(\mathfrak{b})$ *le soient.*

La nécessité de la condition est évidente puisque $\mathfrak{a} \subset \mathfrak{r}(\mathfrak{a})$ et $\mathfrak{b} \subset \mathfrak{r}(\mathfrak{b})$; la condition est suffisante en vertu du § 1, nº 2, prop. 3.

PROPOSITION 15. — *Dans un anneau* A, *soient* $\mathfrak{a}$ *un idéal et* $\mathfrak{b}$ *un idéal de type fini contenu dans la racine de* $\mathfrak{a}$. *Alors il existe un entier* $k > 0$ *tel que* $\mathfrak{b}^k \subset \mathfrak{a}$.

Soit $(b_i)_{1 \leqslant i \leqslant n}$ un système de générateurs de $\mathfrak{b}$. Par hypothèse, il existe un entier h tel que $b_i^h \in \mathfrak{a}$ pour $1 \leqslant i \leqslant n$. Quand on développe un produit de nh éléments dont chacun est combinaison linéaire des b_i à coefficients dans A, chaque terme est multiple d'un produit de nh facteurs dont chacun est égal à un b_i ; parmi ces facteurs, h au moins correspondent à un même indice i, donc le produit appartient à $\mathfrak{a}$, et le nombre $k = nh$ répond à la question.

COROLLAIRE. — *Dans un anneau nœthérien, le nilradical est un idéal nilpotent.*

PROPOSITION 16. — *Soient* B *un anneau,* A *un sous-anneau de* B. *Pour tout idéal premier minimal* $\mathfrak{p}$ *de* A, *il existe un idéal premier minimal* $\mathfrak{q}$ *de* B *tel que* $\mathfrak{q} \cap A = \mathfrak{p}$.

Posons $S = A - \mathfrak{p}$; l'anneau $A_\mathfrak{p} = S^{-1}A$ s'identifie alors à un sous-anneau de $S^{-1}B$ (nº 1, prop. 2), et d'autre part $A_\mathfrak{p}$ ne possède qu'*un seul* idéal premier $\mathfrak{p}'$ puisque $\mathfrak{p}$ est minimal (nº 5, prop. 11). Comme $S^{-1}B$ n'est pas réduit à 0 (puisqu'il contient $A_\mathfrak{p}$), il possède au moins un idéal premier $\mathfrak{r}'$, et on a alors nécessairement $\mathfrak{r}' \cap A_\mathfrak{p} = \mathfrak{p}'$; si $j = i_B^S$, et si on pose $\mathfrak{r} = \overset{-1}{j}(\mathfrak{r}')$, on a alors

$$i_A^S(\mathfrak{r} \cap A) \subset \mathfrak{r}' \cap A_\mathfrak{p} = \mathfrak{p}'$$

donc $\mathfrak{r} \cap A \subset \mathfrak{p}$, et comme $\mathfrak{p}$ est minimal, $\mathfrak{r} \cap A = \mathfrak{p}$; en outre $\mathfrak{r}$ est premier dans B ; si $\mathfrak{q}$ est un idéal premier minimal de B contenu dans $\mathfrak{r}$ (lemme 1), on a *a fortiori* $\mathfrak{q} \cap A \subset \mathfrak{p}$, donc $\mathfrak{q} \cap A = \mathfrak{p}$ puisque $\mathfrak{p}$ est minimal.

DÉFINITION 5. — *On dit qu'un anneau* A *est réduit si son nilradical est réduit à* 0, *autrement dit si aucun élément* $\neq 0$ *de* A *n'est nilpotent.*

Si $\mathfrak{N}$ est le nilradical d'un anneau A, $A/\mathfrak{N}$ est *réduit*, car si la classe mod. $\mathfrak{N}$ d'un élément $x \in A$ est nilpotente dans $A/\mathfrak{N}$, cela signifie que $x^h \in \mathfrak{N}$ pour un entier h, donc $x^{hk} = 0$ pour un entier k, et $x \in \mathfrak{N}$.

PROPOSITION 17. — *Soient* A *un anneau,* $\mathfrak{N}$ *son nilradical. Pour toute partie multiplicative* S *de* A, $S^{-1}\mathfrak{N}$ *est le nilradical de* $S^{-1}A$. *En particulier, si* A *est réduit,* $S^{-1}A$ *est réduit.*

En effet, si $x \in A$, $s \in S$ sont tels que $(x/s)^n = x^n/s^n = 0$, il existe $s' \in S$ tel que $s'x^n = 0$ (n° 1, *Remarque* 3) et *a fortiori* $(s'x)^n = 0$, donc $s'x \in \mathfrak{N}$ et $x/s = s'x/s's \in S^{-1}\mathfrak{N}$; la réciproque est immédiate.

7. *Modules de fractions de produits tensoriels et de modules d'homomorphismes.*

PROPOSITION 18. — *Soient* A *un anneau,* S *une partie multiplicative de* A.

(i) *Si* M *et* N *sont deux* A-*modules, les* $S^{-1}A$-*modules* $(S^{-1}M) \otimes_A N$, $M \otimes_A (S^{-1}N)$, $(S^{-1}M) \otimes_{S^{-1}A} (S^{-1}N)$ *et* $S^{-1}(M \otimes_A N)$ *sont canoniquement isomorphes.*

(ii) *Si* M′ *et* N′ *sont deux* $S^{-1}A$-*modules, l'homomorphisme canonique*

$$M' \otimes_A N' \to M' \otimes_{S^{-1}A} N'$$

déduit de l'application A-*bilinéaire* $(x', y') \to x' \otimes y'$ *de* $M' \times N'$ *dans* $M' \otimes_{S^{-1}A} N'$ *est bijectif.*

L'assertion (i) est conséquence immédiate de la définition $S^{-1}M = M \otimes_A S^{-1}A$ et de l'associativité du produit tensoriel, qui donne à des isomorphismes canoniques près

$$\begin{aligned}(S^{-1}M) \otimes_{S^{-1}A} (S^{-1}N) &= (S^{-1}M) \otimes_{S^{-1}A} (S^{-1}A \otimes_A N) = (S^{-1}M) \otimes_A N \\ &= (S^{-1}A) \otimes_A M \otimes_A N = S^{-1}(M \otimes_A N).\end{aligned}$$

Pour prouver (ii), notons d'abord que dans M′ et N′, considérés comme A-modules, les homothéties produites par les éléments $s \in S$ sont bijectives, donc on a $M' = S^{-1}M'$ et $N' = S^{-1}N'$ (nº 2, *Remarque* 4) et de même $S^{-1}(M' \otimes_A N') = M' \otimes_A N'$; (ii) est alors un cas particulier de (i).

Corollaire. — *Soient* M *un* A-*module*, $\mathfrak{a}$ *un idéal de* A. *Les sous*-$S^{-1}A$-*modules* $(S^{-1}\mathfrak{a})(S^{-1}M)$, $\mathfrak{a}(S^{-1}M)$, $(S^{-1}\mathfrak{a})j(M)$ (*où* $j : M \rightarrow S^{-1}M$ *est l'application canonique*) *et* $S^{-1}(\mathfrak{a}M)$ *de* $S^{-1}M$ *sont identiques. En particulier, si* $\mathfrak{a}$ *et* $\mathfrak{b}$ *sont deux idéaux de* A, *on a* $(S^{-1}\mathfrak{a})(S^{-1}\mathfrak{b}) = \mathfrak{a}(S^{-1}\mathfrak{b}) = (S^{-1}\mathfrak{a})\mathfrak{b} = S^{-1}(\mathfrak{a}\mathfrak{b})$.

Remarque. — Soient M, N, P trois A-modules, $f : M \times N \rightarrow P$ une application A-bilinéaire, $S^{-1}f : (S^{-1}M) \times (S^{-1}N) \rightarrow S^{-1}P$ l'application $S^{-1}A$-bilinéaire obtenue à partir de f par extension à $S^{-1}A$ de l'anneau des scalaires (*Alg.*, chap. IX, § 1, nº 4, prop. 1). Soient $i : M \rightarrow S^{-1}M$, $j : N \rightarrow S^{-1}N$ les homomorphismes canoniques ; il est immédiat que, si Q est le sous-A-module de P engendré par $f(M \times N)$, $S^{-1}Q$ est le sous-$S^{-1}A$-module de $S^{-1}P$ engendré par $(S^{-1}f)(i(M) \times j(N))$.

Proposition 19. — *Soient* A *un anneau*, S *une partie multiplicative de* A.

(i) *Si* M *et* N *sont deux* A-*modules, et si* M *est de type fini* (resp. *de présentation finie*), *l'homomorphisme canonique* (chap. I, § 2, nº 10, formule (10))

$$S^{-1}\,\mathrm{Hom}_A(M, N) \rightarrow \mathrm{Hom}_{S^{-1}A}(S^{-1}M, S^{-1}N)$$

est injectif (resp. *bijectif*).

(ii) *Si* M′, N′ *sont deux* $S^{-1}A$-*modules, l'injection canonique*

$$\mathrm{Hom}_{S^{-1}A}(M', N') \rightarrow \mathrm{Hom}_A(M', N')$$

est bijective.

Comme $S^{-1}A$ est un A-module plat, (i) est un cas particulier du chap. I, § 2, nº 10, prop. 11. D'autre part, on a déjà remarqué que tout A-homomorphisme de $S^{-1}A$-modules est nécessairement un $S^{-1}A$-homomorphisme, au cours de la démonstration de la prop. 3 du nº 2 ; d'où (ii).

PROPOSITION 20. — *Soient* A, A′ *deux anneaux*, $\rho : A \to A'$ *un homomorphisme*, S *une partie multiplicative de* A, $S' = \rho(S)$, $\rho' : S^{-1}A \to S'^{-1}A'$ *l'homomorphisme correspondant à* ρ (n° 1, prop. 2).

(i) *Pour tout* A′-*module* M′, *il existe un* $S^{-1}A$-*isomorphisme et un seul*

$$j : S^{-1}\rho_*(M') \to \rho'_*(S'^{-1}M')$$

tel que $j(m'/s) = m'/\rho(s)$ *pour* $m' \in M'$, $s \in S$.

(ii) *Pour tout* A-*module* M, *il existe un isomorphisme et un seul*

$$j' : (S^{-1}M) \otimes_{S^{-1}A} (S'^{-1}A') \to S'^{-1}(M \otimes_A A')$$

de $S'^{-1}A'$-*modules, tel que* $j'((m/s) \otimes (a'/s')) = (m \otimes a')/(\rho(s)s')$.

(i) Si on considère $S'^{-1}M'$ comme A-module au moyen de l'homomorphisme composé $i^{S'}_{M'} \circ \rho$, les homothéties produites par les éléments de S sont bijectives, donc il existe un homomorphisme j et un seul possédant la propriété énoncée (n° 2, prop. 3). Comme $\rho(S) = S'$, j est surjectif ; en outre, si $m' \in M'$, $s \in S$, $m'/\rho(s) = 0$, il existe $t' \in S'$ tel que $t'm' = 0$; comme il existe $t \in S$ tel que $\rho(t) = t'$, on a $t.m' = 0$ dans $\rho_*(M')$, donc $m'/s = 0$ dans $S^{-1}\rho_*(M')$.

(ii) Comme $(S^{-1}M) \otimes_{S^{-1}A} (S'^{-1}A') = (M \otimes_A S^{-1}A) \otimes_{S^{-1}A} (S'^{-1}A')$, et $S'^{-1}(M \otimes_A A') = (M \otimes_A A') \otimes_{A'} (S'^{-1}A')$, l'existence de j' résulte de l'associativité du produit tensoriel.

8. *Application aux algèbres.*

Soient A un anneau, B une A-algèbre (non nécessairement associative ni commutative, et n'ayant pas nécessairement d'élément unité), S une partie multiplicative de A. On sait que sur le $S^{-1}A$-module $S^{-1}B = B \otimes_A S^{-1}A$ on définit canoniquement une structure de $S^{-1}A$-*algèbre*, dite obtenue par *extension* à $S^{-1}A$ de l'anneau des scalaires (*Alg.*, chap. III, § 3) et pour laquelle le produit $(x/s)(y/t)$ est égal à $(xy)/st$. Si e est élément unité de B, $e/1$ est élément unité de $S^{-1}B$, et si B est associative (resp. commutative), il en est de même de $S^{-1}B$.

Soient A un anneau, M un A-module ; désignons par T(M) (resp. $\bigwedge$(M), S(M)) l'*algèbre tensorielle* (resp. l'*algèbre extérieure*, l'*algèbre symétrique*) de M (*Alg.*, chap. III, 3e éd.). On sait que, pour toute A-algèbre commutative C, il existe un isomorphisme et un seul j de $\mathsf{T}(M) \otimes_A C$ sur $\mathsf{T}(M \otimes_A C)$ (resp. de $\bigwedge(M) \otimes_A C$ sur $\bigwedge(M \otimes_A C)$, de $\mathsf{S}(M) \otimes_A C$ sur $\mathsf{S}(M \otimes_A C)$) tel que $j(x \otimes 1) = x \otimes 1$ pour $x \in M$, M étant canoniquement identifié à un sous-module de $\mathsf{T}(M)$ (resp. $\bigwedge(M)$, $\mathsf{S}(M)$) (*loc. cit.*). On voit donc en particulier que, pour toute partie multiplicative R de A, on a des *isomorphismes canoniques*

$$R^{-1}\mathsf{T}(M) \to \mathsf{T}(R^{-1}M), \quad R^{-1}\textstyle\bigwedge(M) \to \bigwedge(R^{-1}M), \quad R^{-1}\mathsf{S}(M) \to \mathsf{S}(R^{-1}M)$$

qui se réduisent à l'identité dans $R^{-1}M$.

9. *Modules de fractions de modules gradués.*

Soient A un anneau gradué, M un A-module gradué, Δ le monoïde des degrés ; nous supposerons dans ce n° que Δ est un *groupe*. Rappelons (*Alg.*, chap. II, 3e éd., § 11) que A et M sont respectivement sommes directes de groupes additifs

$$A = \bigoplus_{i \in \Delta} A_i, \qquad M = \bigoplus_{i \in \Delta} M_i$$

avec $A_i A_j \subset A_{i+j}$ et $A_i M_j \subset M_{i+j}$ quels que soient i, j dans Δ. Soit S une partie multiplicative de A *dont tous les éléments sont homogènes.* Pour tout $i \in \Delta$, nous poserons $S_i = S \cap A_i$, et nous noterons $(S^{-1}M)_i$ l'ensemble des éléments m' de $S^{-1}M$ pour lesquels il existe des éléments j, k de Δ, un élément $m \in M_j$ et un élément $s \in S_k$ tels que $j - k = i$ et $m' = m/s$. Si $(m'_q)_{1 \leqslant q \leqslant r}$ est une famille finie d'éléments de $S^{-1}M$ telle que $m'_q \in (S^{-1}M)_{i(q)}$, il existe des éléments $j(q) \in \Delta$ et $k \in \Delta$, des éléments $m_q \in M_{j(q)}$ $(1 \leqslant q \leqslant r)$ et $s \in S_k$ tels que $m'_q = m_q/s$ pour $1 \leqslant q \leqslant r$ (n° 1, *Remarque* 2).

PROPOSITION 21. — *L'anneau* $S^{-1}A$ *muni de la famille* $((S^{-1}A)_i)$ *est un anneau gradué, et* $S^{-1}M$ *muni de la famille* $((S^{-1}M)_i)$ *est un module gradué sur l'anneau gradué* $S^{-1}A$. *Les applications canoniques* i_A^S *et* i_M^S *sont homogènes de degré* 0.

Soient $m \in M_j$, $s \in S_k$, $m' \in M_{j'}$, $s' \in S_{k'}$, et supposons que $j - k = j' - k' = i$; alors $(m/s) - (m'/s') = (s'm - sm')/ss'$ et on a $s'm - sm' \in M_{j+k'} = M_{j'+k}$ et $ss' \in S_{k+k'}$, donc $(m/s) - (m'/s') \in (S^{-1}M)_i$ par définition ; ceci montre que les $(S^{-1}M)_i$ sont des sous-groupes additifs de $S^{-1}M$. La somme de ces sous-groupes est $S^{-1}M$ tout entier : en effet, tout $x \in S^{-1}M$ s'écrit m/s où $m \in M$, $s \in S$; s est *homogène* par hypothèse, et m somme d'éléments homogènes m_j ; donc x est somme des m_j/s, qui appartiennent chacun à un sous-groupe $(S^{-1}M)_i$. Enfin, la somme des $(S^{-1}M)_i$ est directe ; considérons en effet une famille finie d'éléments x_q $(1 \leqslant q \leqslant n)$ tels que $x_q \in (S^{-1}M)_{i(q)}$, où les indices $i(q)$ sont distincts, et supposons que $\sum_{q=1}^{n} x_q = 0$. Chaque x_q s'écrit $x_q = m_q/s$ avec $s \in S_k$ et $m_q \in M_{i(q)+k}$; l'hypothèse entraîne qu'il existe $s' \in S$ tel que $s'\left(\sum_{q=1}^{n} m_q\right) = 0$; si les $s'm_q$ n'étaient pas tous nuls, on aurait une contradiction puisque, si $s' \in S_d$, on a $s'm_q \in M_{i(q)+d}$, et les $i(q) + d$ sont tous distincts. On en conclut que $x_q = 0$ pour tout indice q.

On vérifie immédiatement que, si $a \in (S^{-1}A)_i$ et $x \in (S^{-1}M)_j$, on a $ax \in (S^{-1}M)_{i+j}$. Appliquant ce résultat au cas où $M = A$, on voit d'abord que $S^{-1}A$ est un anneau gradué par les $(S^{-1}A)_i$; on voit ensuite que $S^{-1}M$ est un module gradué sur $S^{-1}A$. Enfin, comme $1 \in A_0$, i_A^S et i_M^S sont homogènes de degré 0.

PROPOSITION 22. — *Soient* A (resp. B) *un anneau gradué de type* Δ, M (resp. N) *un module gradué sur l'anneau gradué* A (resp. B), S (resp. T) *une partie multiplicative de* A (resp. B) *dont tous les éléments sont homogènes*, $f : A \to B$ *un homomorphisme homogène de degré* 0 *tel que* $f(S) \subset T$, $u : M \to N$ *une application* A-*linéaire qui est homogène de degré* k. *Alors l'homomorphisme* $f' : S^{-1}A \to T^{-1}B$ *déduit de* f (n° 1, prop. 2) *est homogène et de degré* 0, *et l'application* $(S^{-1}A)$-*linéaire* $u' : S^{-1}M \to T^{-1}N$ *déduite de* f *et* u (n° 2, prop. 5) *est homogène et de degré* k.

Ceci résulte aussitôt des formules $f'(a/s) = f(a)/f(s)$ et $u'(m/s) = u(m)/f(s)$.

Notons enfin que, si E est une A-algèbre *graduée*, S une partie multiplicative de A formée d'éléments homogènes, $S^{-1}E$ muni de sa structure de $(S^{-1}A)$-algèbre (n° 8) et de la graduation $(S^{-1}E)_i$ est une $S^{-1}A$-*algèbre graduée*, comme il résulte aussitôt des définitions.

§ 3. Anneaux locaux. Passage du local au global

1. *Anneaux locaux.*

PROPOSITION 1. — *Soient* A *un anneau,* I *l'ensemble des éléments non inversibles de* A. *L'ensemble* I *est la réunion des idéaux de* A *distincts de* A. *En outre, les conditions suivantes sont équivalentes :*

a) I *est un idéal.*

b) *L'ensemble des idéaux de* A *distincts de* A *possède un plus grand élément.*

c) A *possède un idéal maximal unique.*

En effet, la relation $x \in \mathrm{I}$ équivaut à $1 \notin x\mathrm{A}$, donc à $x\mathrm{A} \neq \mathrm{A}$. Si $\mathfrak{a}$ est un idéal de A distinct de A et si $x \in \mathfrak{a}$, on a $x\mathrm{A} \subset \mathfrak{a}$, donc $x\mathrm{A} \neq \mathrm{A}$ et $x \in \mathrm{I}$. Donc tout idéal distinct de A est contenu dans I et tout élément $x \in \mathrm{I}$ appartient à un idéal principal $x\mathrm{A} \neq \mathrm{A}$. Ceci prouve la première assertion, et celle-ci entraîne aussitôt l'équivalence des propriétés *a*), *b*), *c*).

Remarque 1). — On notera que, si *c*) est vérifiée, I est le *radical* de l'anneau A (*Alg.*, chap. VIII, § 6, nº 3, déf. 3).

DÉFINITION 1. — *On dit qu'un anneau* A *est un anneau local s'il vérifie les conditions équivalentes a*), *b*), *c*) *de la prop.* 1. *Le quotient de* A *par son radical* (*qui est alors l'unique idéal maximal de* A) *s'appelle le corps résiduel de* A.

DÉFINITION 2. — *Soient* A, B *deux anneaux locaux,* $\mathfrak{m}$, $\mathfrak{n}$ *leurs idéaux maximaux respectifs. On dit qu'un homomorphisme* $u : \mathrm{A} \rightarrow \mathrm{B}$ *est local si* $u(\mathfrak{m}) \subset \mathfrak{n}$.

Il revient au même de dire que $\overset{-1}{u}(\mathfrak{n}) = \mathfrak{m}$, car $\overset{-1}{u}(\mathfrak{n})$ est alors un idéal contenant $\mathfrak{m}$ et ne contenant pas 1, donc égal à $\mathfrak{m}$. Par passage aux quotients, on déduit alors canoniquement de u un *homomorphisme injectif* $\mathrm{A}/\mathfrak{m} \rightarrow \mathrm{B}/\mathfrak{n}$ du corps résiduel de A dans celui de B.

Exemples. — 1) Un corps est un anneau local. Un anneau réduit à 0 n'est pas un anneau local.

2) Soient A un anneau local, k son corps résiduel. L'anneau de séries formelles $B = A[[X_1, \ldots, X_n]]$ est un anneau local, car les éléments non inversibles de B sont les séries formelles dont le terme constant est non inversible dans A (*Alg.*, chap. IV, § 5, n° 6, prop. 4). L'injection canonique de A dans B est un homomorphisme local, et l'injection correspondante des corps résiduels est un isomorphisme.

3) Soit $\mathfrak{b}$ un idéal d'un anneau A qui n'est contenu que dans *un seul* idéal maximal $\mathfrak{m}$; alors $A/\mathfrak{b}$ est un *anneau local* d'idéal maximal $\mathfrak{m}/\mathfrak{b}$ et de corps résiduel canoniquement isomorphe à $A/\mathfrak{m}$. Ceci s'applique en particulier au cas où $\mathfrak{b} = \mathfrak{m}^k$, $\mathfrak{m}$ étant un idéal maximal quelconque de A (§ 1, n° 1, cor. de la prop. 1). Si A est lui-même un anneau local d'idéal maximal $\mathfrak{m}$, alors, pour tout idéal $\mathfrak{b} \neq A$ de A, $A/\mathfrak{b}$ est un anneau local, l'homomorphisme canonique $A \rightarrow A/\mathfrak{b}$ un homomorphisme local, l'homomorphisme correspondant des corps résiduels étant *bijectif*.

4) Soient X un espace topologique, x_0 un point de X, A l'anneau des germes au point x_0 des fonctions numériques continues dans un voisinage de x_0 (*Top. gén.*, chap. I, 3e éd., § 6, n° 10). Il est clair que, pour que le germe en x_0 d'une fonction continue f soit inversible dans A, il faut et il suffit que $f(x_0) \neq 0$, car cette condition entraîne que $f(x) \neq 0$ dans un voisinage de x_0. L'anneau A est donc un anneau local dont l'idéal maximal $\mathfrak{m}$ est l'ensemble des germes des fonctions *nulles en* x_0 ; par passage au quotient, l'application $g \rightarrow g(x_0)$ de A dans $\mathbf{R}$ donne un *isomorphisme* du corps résiduel $A/\mathfrak{m}$ sur $\mathbf{R}$.

PROPOSITION 2. — *Soient* A *un anneau,* $\mathfrak{p}$ *un idéal premier de* A. *L'anneau* $A_\mathfrak{p}$ *est local ; son idéal maximal est l'idéal* $\mathfrak{p}A_\mathfrak{p} = \mathfrak{p}_\mathfrak{p}$, *engendré par l'image canonique de* $\mathfrak{p}$ *dans* $A_\mathfrak{p}$; *son corps résiduel est canoniquement isomorphe au corps des fractions de* $A/\mathfrak{p}$.

En effet, soit $S = A - \mathfrak{p}$, et soit $j : A \rightarrow A_\mathfrak{p}$ l'homomorphisme canonique ; l'hypothèse que $\mathfrak{p}$ est premier entraîne que $\mathfrak{p}$ est saturé pour S, donc $\overset{-1}{j}(\mathfrak{p}A_\mathfrak{p}) = \mathfrak{p}$ (§ 2, n° 4, prop. 10), et comme les idéaux de A disjoints de S sont ceux contenus dans $\mathfrak{p}$, les deux premières assertions sont des cas particuliers du § 2, n° 5, prop. 11, (ii). En outre, si f est l'homomorphisme canonique $A \to A/\mathfrak{p}$, $f(S)$ est l'ensemble des éléments $\neq 0$ de l'anneau intègre $A/\mathfrak{p}$, donc la dernière assertion est un cas particulier du § 2, n° 5, prop. 11, (i).

Définition 3. — *Soient* A *un anneau,* $\mathfrak{p}$ *un idéal premier de* A. *L'anneau* $A_{\mathfrak{p}}$ *s'appelle l'anneau local de* A *en* $\mathfrak{p}$, *ou l'anneau local de* $\mathfrak{p}$ *lorsqu'aucune confusion n'est à craindre.*

Remarque 2). — Si A est un anneau local et $\mathfrak{m}$ son idéal maximal, les éléments de $A - \mathfrak{m}$ sont inversibles (prop. 1), donc $A_{\mathfrak{m}}$ s'identifie canoniquement à A (§ 2, n° 1, *Remarque* 5).

Exemples. — 5) Soit p un nombre premier. L'anneau local $\mathbf{Z}_{(p)}$ est l'ensemble des nombres rationnels a/b, où a, b sont des entiers rationnels tels que b soit étranger à p ; le corps résiduel de $\mathbf{Z}_{(p)}$ est isomorphe au corps premier $\mathbf{F}_p = \mathbf{Z}/(p)$.

6) Soient V une variété algébrique affine, A l'anneau des fonctions régulières sur V, W une sous-variété irréductible de V, et $\mathfrak{p}$ l'idéal (nécessairement premier) de A formé par les fonctions nulles en tout point de W. L'anneau $A_{\mathfrak{p}}$ s'appelle l'anneau local de W sur V.

Proposition 3. — *Soient* A *un anneau,* $\mathfrak{p}$ *un idéal premier de* A, $S = A - \mathfrak{p}$. *Pour tout idéal* $\mathfrak{b}'$ *de* $A_{\mathfrak{p}}$ *distinct de* $A_{\mathfrak{p}}$, *soit* $\mathfrak{b}$ *l'idéal* $(i_A^S)^{-1}(\mathfrak{b}')$ *de* A, *de sorte que* $\mathfrak{b}' = \mathfrak{b}A_{\mathfrak{p}}$.

(i) *Soit* f *l'homomorphisme canonique* $A \to A/\mathfrak{b}$. *L'homomorphisme de* $A_{\mathfrak{p}}$ *dans* $(A/\mathfrak{b})_{\mathfrak{p}/\mathfrak{b}}$ *canoniquement associé à* f (§ 2, n° 1, prop. 2) *est surjectif et son noyau est* $\mathfrak{b}'$, *ce qui définit par passage aux quotients un isomorphisme canonique de* $A_{\mathfrak{p}}/\mathfrak{b}'$ *sur* $(A/\mathfrak{b})_{\mathfrak{p}/\mathfrak{b}}$.

(ii) *L'application* $\mathfrak{b}' \to \mathfrak{b} = (i_A^S)^{-1}(\mathfrak{b}')$, *restreinte à l'ensemble des idéaux premiers de* $A_{\mathfrak{p}}$, *est un isomorphisme (pour la relation d'inclusion) de cet ensemble sur l'ensemble des idéaux premiers de* A *contenus dans* $\mathfrak{p}$. *Si* $\mathfrak{b}'$ *est premier dans* $A_{\mathfrak{p}}$ *il existe un isomorphisme de l'anneau* $A_{\mathfrak{b}}$ *sur l'anneau* $(A_{\mathfrak{p}})_{\mathfrak{b}'}$ *qui applique* a/s *sur* $(a/1)/(s/1)$ *pour* $a \in A$, $s \in A - \mathfrak{b}$.

Ceci n'est qu'un cas particulier du § 2, n° 5, prop. 11.

Remarques. — 3) Si $\mathfrak{a}$ est un idéal de A non contenu dans $\mathfrak{p}$, on a $\mathfrak{a}A_{\mathfrak{p}} = A_{\mathfrak{p}}$ et $(A/\mathfrak{a})_{\mathfrak{p}} = 0$ (§ 2, n° 5, *Remarque*).

4) Soient A, B deux anneaux, $\rho : A \rightarrow B$ un homomorphisme, $\mathfrak{q}$ un idéal premier de B, $\mathfrak{p}$ l'idéal premier $\overset{-1}{\rho}(\mathfrak{q})$ de A. Comme $\rho(A - \mathfrak{p}) \subset B - \mathfrak{q}$, on déduit canoniquement de ρ un homomorphisme $\rho_{\mathfrak{q}} : A_{\mathfrak{p}} \rightarrow B_{\mathfrak{q}}$ (§ 2, n° 1, prop. 2), et il est immédiat que $\rho_{\mathfrak{q}}(\mathfrak{p}A_{\mathfrak{p}}) \subset \mathfrak{q}B_{\mathfrak{q}}$, donc $\rho_{\mathfrak{q}}$ est un homomorphisme *local.*

2. *Modules sur un anneau local.*

Proposition 4. — *Soient* A *un anneau non nécessairement commutatif,* $\mathfrak{m}$ *un idéal à droite de* A *contenu dans le radical de* A, M *un* A-*module à gauche. On suppose vérifiée l'une des conditions suivantes :*

(i) M *est de type fini ;*

(ii) $\mathfrak{m}$ *est nilpotent.*

Alors la relation $(A_d/\mathfrak{m}) \otimes_A M = 0$ *entraîne* $M = 0$.

L'assertion relative à l'hypothèse (i) n'est autre que le cor. 3 de la prop. 6 d'*Alg.*, chap. VIII, § 6, n° 3. D'autre part, la relation $(A_d/\mathfrak{m}) \otimes_A M = 0$ équivaut à $M = \mathfrak{m}M$ et entraîne donc $M = \mathfrak{m}^n M$ pour tout entier $n > 0$; d'où l'assertion relative à l'hypothèse (ii).

Corollaire 1. — *Soient* A *un anneau non nécessairement commutatif,* $\mathfrak{m}$ *un idéal à droite de* A *contenu dans le radical de* A, M *et* N *deux* A-*modules à gauche,* $u : M \rightarrow N$ *une application* A-*linéaire. Si* N *est de type fini ou si* $\mathfrak{m}$ *est nilpotent, et si* $1 \otimes u : (A_d/\mathfrak{m}) \otimes_A M \rightarrow (A_d/\mathfrak{m}) \otimes_A N$ *est surjective, alors* u *est surjective.*

En effet, $(A_d/\mathfrak{m}) \otimes_A (N/u(M))$ est canoniquement isomorphe à $((A_d/\mathfrak{m}) \otimes_A N)/\mathrm{Im}(1 \otimes u)$ (*Alg.*, chap. II, 3e éd., § 3, n° 6, cor. 1 de la prop. 6) ; l'hypothèse entraîne donc $(A_d/\mathfrak{m}) \otimes_A (N/u(M)) = 0$, donc $N/u(M) = 0$ en vertu de la prop. 4.

Corollaire 2. — *Soient* A *un anneau non nécessairement commutatif,* $\mathfrak{m}$ *un idéal bilatère de* A *contenu dans le radical de* A, M *un* A-*module à gauche,* $(x_\iota)_{\iota \in I}$ *une famille d'éléments de* M. *Si* M *est de type fini ou si* $\mathfrak{m}$ *est nilpotent, et si les éléments* $1 \otimes x_\iota$

($\iota \in I$) *engendrent le* ($A/\mathfrak{m}$)*-module à gauche* $(A/\mathfrak{m}) \otimes_A M$, *les* x_ι *engendrent* M.

Soit en effet $(e_\iota)_{\iota \in I}$ la base canonique du A-module à gauche $A_s^{(I)}$: il suffit d'appliquer le cor. 1 à l'application A-linéaire $u : A_s^{(I)} \to M$ telle que $u(e_\iota) = x_\iota$ pour tout $\iota \in I$.

Proposition 5. — *Soient* A *un anneau non nécessairement commutatif*, $\mathfrak{m}$ *un idéal bilatère de* A *contenu dans le radical de* A, M *un* A*-module à gauche. On suppose vérifiée l'une des conditions suivantes :*

(i) M *admet une présentation finie ;*

(ii) $\mathfrak{m}$ *est nilpotent.*

Alors, si $(A/\mathfrak{m}) \otimes_A M = M/\mathfrak{m}M$ *est un* ($A/\mathfrak{m}$)*-module à gauche libre et si l'homomorphisme canonique de* $\mathfrak{m} \otimes_A M$ *dans* M *est injectif,* M *est un* A*-module libre. De façon précise, si* $(x_\iota)_{\iota \in I}$ *est une famille d'éléments de* M *telle que* $(1 \otimes x_\iota)$ *soit une base du* ($A/\mathfrak{m}$)*-module* $M/\mathfrak{m}M$, (x_ι) *est une base de* M.

Si $a \in A$, $x \in M$ et si $\bar{a}$ est la classe de a dans $A/\mathfrak{m}$, on a $\bar{a} \otimes x = 1 \otimes (ax)$, donc l'hypothèse entraîne qu'il existe une famille $(x_\iota)_{\iota \in I}$ d'éléments de M telle que $(1 \otimes x_\iota)$ soit une base du ($A/\mathfrak{m}$)-module $(A/\mathfrak{m}) \otimes_A M$. On sait déjà que les x_ι engendrent M (cor. 2 de la prop. 4) ; nous allons voir qu'ils sont linéairement indépendants sur A. Pour cela, considérons le A-module libre $L = A_s^{(I)}$; soit (e_ι) sa base canonique, et soit $u : A_s^{(I)} \to M$ l'application A-linéaire telle que $u(e_\iota) = x_\iota$ pour tout $\iota \in I$; si R est le noyau de u, nous allons prouver que $R = 0$. Dans l'hypothèse (i), $(A/\mathfrak{m}) \otimes_A M$ est un ($A/\mathfrak{m}$)-module de type fini, donc I est nécessairement fini et R est un A-module de type fini en vertu du chap. I, § 2, n° 8, lemme 9. D'après la prop. 4, il suffira donc de prouver (dans l'une ou l'autre hypothèse) que l'on a $R = \mathfrak{m}R$.

Soit j l'injection canonique $R \to L$; on a donc le diagramme commutatif

$$\begin{array}{ccccc} \mathfrak{m} \otimes R & \xrightarrow{1 \otimes j} & \mathfrak{m} \otimes L & \xrightarrow{1 \otimes u} & \mathfrak{m} \otimes M \\ {\scriptstyle a}\downarrow & & {\scriptstyle b}\downarrow & & {\scriptstyle c}\downarrow \\ R & \xrightarrow[j]{} & L & \xrightarrow[u]{} & M \end{array}$$

dans lequel les deux lignes sont exactes, j est injectif et $1 \otimes u$ est surjectif (chap. I, § 2, n° 1, lemme 1) ; comme par hypothèse Ker $(c) = 0$, on a donc une suite exacte

$$0 \xrightarrow{d} \operatorname{Coker}(a) \to \operatorname{Coker}(b) \xrightarrow{v} \operatorname{Coker}(c)$$

(chap. I, § 1, n° 4, prop. 2) ; il suffit de vérifier que v est bijectif, car on en déduira Coker $(a) = 0$, autrement dit que a est surjectif et par suite $R = \mathfrak{m}R$. Or, Coker $(b) = (A/\mathfrak{m}) \otimes_A L$ et Coker $(c) = (A/\mathfrak{m}) \otimes_A M$, et par définition $v(1 \otimes e_\iota) = 1 \otimes x_\iota$; comme $(1 \otimes e_\iota)$ est une base de $(A/\mathfrak{m}) \otimes_A L$, la définition des x_ι montre que v est bijectif.

COROLLAIRE 1. — *Soient* A *un anneau non nécessairement commutatif*, $\mathfrak{m}$ *le radical de* A, M *un* A*-module à gauche. On suppose que* $A/\mathfrak{m}$ *est un corps, que l'homomorphisme canonique de* $\mathfrak{m} \otimes_A M$ *dans* M *est injectif, et que l'une des conditions* (i), (ii) *de la prop.* 5 *est satisfaite. Pour qu'une famille* (y_λ) *d'éléments de* M *soit une base d'un facteur direct de* M, *il faut et il suffit que la famille* $(1 \otimes y_\lambda)$ *soit libre dans* $M/\mathfrak{m}M$.

En effet, si cette condition est vérifiée, on peut supposer que (y_λ) est une sous-famille d'une famille (x_ι) d'éléments de M telle que $(1 \otimes x_\iota)$ soit une base de $M/\mathfrak{m}M$ (*Alg.*, chap. II, 3e éd., § 7, n° 1, th. 2), et la prop. 5 prouve alors que (x_ι) est une base de M.

COROLLAIRE 2. — *Soient* A *un anneau non nécessairement commutatif*, $\mathfrak{m}$ *le radical de* A, M *un* A*-module à gauche. On suppose que* $A/\mathfrak{m}$ *est un corps, et que l'une des conditions suivantes est vérifiée :*

(i) M *admet une présentation finie ;*

(ii) $\mathfrak{m}$ *est nilpotent.*

Alors les propriétés suivantes sont équivalentes :

a) M *est libre ;*

b) M *est projectif ;*

c) M *est plat ;*

d) *l'homomorphisme canonique* $\mathfrak{m} \otimes_A M \to M$ *est injectif ;*

*e) *on a* $\operatorname{Tor}_1^A(A/\mathfrak{m}, M) = 0$.*

Les implications $a) \Rightarrow b) \Rightarrow c) \Rightarrow d)$ sont immédiates. Comme $A/\mathfrak{m}$ est un corps, $(A/\mathfrak{m}) \otimes_A M$ est un $(A/\mathfrak{m})$-module libre, et la prop. 5 montre que $d)$ implique $a)$.

*Enfin, on sait que $\mathrm{Tor}_1^A(A, M) = 0$, et de la suite exacte $0 \to \mathfrak{m} \to A \to A/\mathfrak{m} \to 0$, on déduit donc la suite exacte

$$0 \to \mathrm{Tor}_1^A(A/\mathfrak{m}, M) \to \mathfrak{m} \otimes_A M \to M\,;$$

cela prouve que $\mathrm{Tor}_1^A(A/\mathfrak{m}, M)$ est isomorphe au noyau de l'homomorphisme canonique $\mathfrak{m} \otimes_A M \to M$; d'où l'équivalence de *d*) et *e*).$_*$

On peut montrer que, pour tout anneau A ayant un radical $\mathfrak{m}$ tel que $A/\mathfrak{m}$ soit un corps, *tout* A-module projectif est libre (exerc. 3).

PROPOSITION 6. — *Soient* A *un anneau non nécessairement commutatif,* $\mathfrak{m}$ *son radical ; supposons que* $A/\mathfrak{m}$ *soit un corps. Soient* M *et* N *deux* A-*modules libres de type fini, et soit* $u : M \to N$ *un homomorphisme. Les propriétés suivantes sont équivalentes :*

a) u *est un isomorphisme de* M *sur un facteur direct de* N *;*

b) $1 \otimes u : (A/\mathfrak{m}) \otimes_A M \to (A/\mathfrak{m}) \otimes_A N$ *est injectif ;*

c) u *est injectif et* Coker (u) *est un* A-*module libre ;*

d) *l'homomorphisme transposé* ${}^t u : N^* \to M^*$ *est surjectif.*

On sait (*Alg.*, chap. II, 3e éd., § 1, no 11, prop. 21) que, si $N/u(M)$ est libre, $u(M)$ est facteur direct dans N, donc *c*) implique *a*); inversement, *a*) implique que $\mathrm{Coker}(u)$, isomorphe à un supplémentaire de $u(M)$ dans N, est un A-module projectif de type fini, et *a fortiori* de présentation finie (chap. I, § 2, no 8, lemme 8) ; donc ce module est libre en vertu du cor. 2 de la prop. 5, et *a*) implique *c*). Il est évident d'autre part que *a*) entraîne *b*). Posons pour simplifier $M' = (A/\mathfrak{m}) \otimes_A M$, $N' = (A/\mathfrak{m}) \otimes_A N$; comme M et N sont de type fini, les duals M'^* et N'^* des $(A/\mathfrak{m})$-modules M' et N' s'identifient canoniquement à $M^* \otimes_A (A/\mathfrak{m})$ et $N^* \otimes_A (A/\mathfrak{m})$ et ${}^t(1 \otimes u)$ à $({}^t u) \otimes 1$ (*Alg.*, chap. II, 3e éd., § 5, no 4, prop. 8) ; comme M' et N' sont des espaces vectoriels sur le corps $A/\mathfrak{m}$, l'hypothèse que $1 \otimes u$ est injectif entraîne que ${}^t(1 \otimes u)$ est surjectif (*Alg.*, chap. II, 3e éd., § 7, no 5, prop. 10) ; le cor. 1 de la prop. 4 montre alors que ${}^t u$ est surjectif, et nous avons ainsi prouvé que *b*) entraîne *d*). Montrons enfin que *d*) entraîne *a*). Supposons ${}^t u$ surjectif ; comme M^* est libre, il existe un homomorphisme f de M^* dans N^* tel que $1_{M^*} = {}^t u \circ f$ (*Alg.*, chap. II, 3e éd., § 1, no 11, prop. 21) ; comme M et N sont libres de type fini, il existe un homomorphisme

g de N dans M tel que $f = {}^t g$; on a donc ${}^t 1_M = 1_{M^*} = {}^t u \circ {}^t g = {}^t(g \circ u)$, d'où $1_M = g \circ u$; ceci prouve que u est un isomorphisme de M sur un sous-module facteur direct de N (*Alg.*, chap. II, 3e éd., § 1, n° 9, cor. 2 de la prop. 15).

Corollaire. — *Sous les hypothèses de la prop.* 6, *les propriétés suivantes sont équivalentes :*

a) *u est un isomorphisme de* M *sur* N ;

b) M *et* N *ont même rang* (*Alg.*, chap. II, 3e éd., § 7, n° 2) *et u est surjectif ;*

c) $1 \otimes u : M/\mathfrak{m}M \to N/\mathfrak{m}N$ *est bijectif.*

Il est clair que *a*) entraîne *b*) ; *b*) entraîne que $1 \otimes u$ est surjectif ; en outre l'hypothèse que M et N ont même rang entraîne qu'il en est de même des espaces vectoriels $(A/\mathfrak{m}) \otimes_A M$ et $(A/\mathfrak{m}) \otimes_A N$ sur $A/\mathfrak{m}$, donc $1 \otimes u$ est bijectif (*Alg.*, chap. II, 3e éd., § 7, n° 4, cor. de la prop. 9) et *b*) entraîne *c*). Enfin, la condition *c*) entraîne, en vertu de la prop. 6, que N est somme directe de $u(M)$ et d'un sous-module libre P et u un isomorphisme de u sur $u(M)$; si on avait $P \neq 0$, on aurait $(A/\mathfrak{m}) \otimes_A P \neq 0$, et $1 \otimes u$ ne serait pas surjectif ; donc *c*) entraîne *a*).

Les propositions démontrées ci-dessus dans ce n° seront le plus souvent appliquées lorsque A est un *anneau local* et $\mathfrak{m}$ son *idéal maximal*. Le cor. 2 de la prop. 5 se complète alors par la

Proposition 7. — *Soient* A *un anneau local* réduit, $\mathfrak{m}$ *son idéal maximal,* $(\mathfrak{p}_\iota)_{\iota \in I}$ *la famille des idéaux premiers minimaux de* A, K_ι *le corps des fractions de* $A/\mathfrak{p}_\iota$, M *un* A*-module de type fini. Pour que* M *soit libre, il faut et il suffit que l'on ait*

$$(1) \qquad [(A/\mathfrak{m}) \otimes_A M : (A/\mathfrak{m})] = [K_\iota \otimes_A M : K_\iota] \quad \textit{pour tout } \iota \in I.$$

Si M est libre, il est clair que les deux membres de (1) sont égaux au rang de M pour tout $\iota \in I$. Supposons maintenant la condition satisfaite, et notons n la valeur commune des deux membres de (1) ; en vertu du cor. 2 de la prop. 4, M possède un système de n générateurs x_j ($1 \leqslant j \leqslant n$). Supposons d'abord A *intègre*, auquel cas $\mathfrak{p}_\iota = 0$ pour tout $\iota \in I$. Les éléments $1 \otimes x_j$ ($1 \leqslant j \leqslant n$) engendrent l'espace vectoriel $K \otimes M$ sur le corps des fractions K de A ; mais comme par hypothèse cet espace est de rang n sur K, les éléments $1 \otimes x_j$ sont linéairement indépendants sur K. On en déduit (*Alg.*, chap. II, 3e éd., § 1, n° 13, *Remarque* 1) que les x_j sont linéairement indépendants sur A, donc forment une base de M.

Passons au cas général ; il existe un homomorphisme surjectif v de $L = A^n$ sur M. Considérons le diagramme commutatif

$$\begin{array}{ccc} L & \xrightarrow{\quad v \quad} & M \\ {\scriptstyle u}\downarrow & & \downarrow{\scriptstyle u'} \\ \prod_\iota ((A/\mathfrak{p}_\iota) \otimes L) & \xrightarrow[v']{} & \prod_\iota ((A/\mathfrak{p}_\iota) \otimes M) \end{array}$$

où u (resp. u') est l'application $x \to (\varphi_\iota(x))$ (resp. $y \to (\psi_\iota(y))$), $\varphi_\iota : L \to (A/\mathfrak{p}_\iota) \otimes L$ (resp. $\psi_\iota : M \to (A/\mathfrak{p}_\iota) \otimes M$) étant l'application canonique, et v' est l'application produit des $1_{A/\mathfrak{p}_\iota} \otimes v$. On a $(A/\mathfrak{p}_\iota)/(\mathfrak{m}/\mathfrak{p}_\iota) \otimes_{A/\mathfrak{p}_\iota} ((A/\mathfrak{p}_\iota) \otimes_A M) = (A/\mathfrak{m}) \otimes_A M$, et comme $A/\mathfrak{p}_\iota$ est un anneau local intègre, il résulte de la première partie du raisonnement que chacun des $1_{A/\mathfrak{p}_\iota} \otimes v$ est un isomorphisme ; il en est donc de même de v'. D'autre part, comme A est réduit, on a $\bigcap_\iota \mathfrak{p}_\iota = (0)$ (§ 2, n° 6, prop. 13), d'où $\bigcap_\iota (\mathfrak{p}_\iota L) = 0$ puisque L est libre (*Alg.*, chap. II, 3e éd., § 3, n° 7, *Remarque*) ; comme $\mathfrak{p}_\iota L$ est le noyau de φ_ι, cela montre que u est injectif. On en conclut que $v' \circ u = u' \circ v$ est injectif, donc v est injectif, et comme v est surjectif par définition, cela montre que M est libre.

3. *Passage du local au global.*

PROPOSITION 8. — *Soient* A *un anneau,* $\mathfrak{m}$ *un idéal maximal de* A, M *un* A-*module. S'il existe un idéal* $\mathfrak{a}$ *de* A *tel que* $\mathfrak{m}$ *soit le seul idéal maximal de* A *contenant* $\mathfrak{a}$, *et que* $\mathfrak{a}M = 0$, *alors l'homomorphisme canonique* $M \to M_\mathfrak{m}$ *est bijectif.*

En effet, $A/\mathfrak{a}$ est alors un anneau local d'idéal maximal $\mathfrak{m}/\mathfrak{a}$; on peut considérer M comme un $(A/\mathfrak{a})$-module ; pour tout $s \in A - \mathfrak{m}$, l'image canonique de s dans $A/\mathfrak{a}$ est inversible, donc l'homothétie $x \to sx$ de M est bijective d'après la définition de $M_\mathfrak{m}$ comme solution d'un problème universel (§ 2, n° 2) ; d'où la proposition.

En particulier, s'il existe $k \geqslant 0$ tel que $\mathfrak{m}^k M = 0$, l'homomorphisme $M \to M_{\mathfrak{m}}$ est bijectif (§ 1, n° 1, cor. de la prop. 1).

PROPOSITION 9. — *Soient* A *un anneau*, $\mathfrak{m}$ *un idéal maximal de* A, M *un* A-*module*, k *un entier* $\geqslant 0$. *L'homomorphisme canonique* $M \to M_{\mathfrak{m}}/\mathfrak{m}^k M_{\mathfrak{m}}$ *est surjectif, admet* $\mathfrak{m}^k M$ *pour noyau, et définit un isomorphisme de* $M/\mathfrak{m}^k M$ *sur* $M_{\mathfrak{m}}/\mathfrak{m}^k M_{\mathfrak{m}}$.

Le cas où $k = 0$ étant trivial, supposons $k \geqslant 1$. Il résulte de la prop. 8 que l'homomorphisme canonique $M/\mathfrak{m}^k M \to (M/\mathfrak{m}^k M)_{\mathfrak{m}}$ est bijectif. D'autre part $(M/\mathfrak{m}^k M)_{\mathfrak{m}}$ s'identifie canoniquement à $M_{\mathfrak{m}}/(\mathfrak{m}^k M)_{\mathfrak{m}}$ (§ 2, n° 4, th. 1) et on a $(\mathfrak{m}^k M)_{\mathfrak{m}} = \mathfrak{m}^k M_{\mathfrak{m}}$ (§ 2, n° 7, cor. de la prop. 18), d'où un isomorphisme de $M/\mathfrak{m}^k M$ sur $M_{\mathfrak{m}}/\mathfrak{m}^k M_{\mathfrak{m}}$ qui transforme la classe d'un élément $x \in M$ en la classe de $x/1$.

COROLLAIRE. — *Soient* A *un anneau*, $\mathfrak{m}_1, \mathfrak{m}_2, \ldots, \mathfrak{m}_n$ *des idéaux maximaux de* A *deux à deux distincts*, M *un* A-*module*, $k_1, k_2, \ldots, k_n$ *des entiers* $\geqslant 0$. *L'homomorphisme canonique de* M *dans* $\prod_{i=1}^{n} M_{\mathfrak{m}_i}/\mathfrak{m}_i^{k_i} M_{\mathfrak{m}_i}$ *est surjectif, et son noyau est* $\left(\bigcap_{i=1}^{n} \mathfrak{m}_i^{k_i}\right) M$.

Cela résulte aussitôt de la prop. 9 et du § 1, n° 2, prop. 6, les $\mathfrak{m}_i^{k_i}$ étant deux à deux étrangers (§ 1, n° 2, prop. 3).

Dans la suite de ce n°, A *désigne un anneau, et* $\Omega(A)$ (*ou* Ω) *l'ensemble des idéaux maximaux de* A.

PROPOSITION 10. — *Le* A-*module* $\bigoplus_{\mathfrak{m} \in \Omega} A_{\mathfrak{m}}$, *somme directe des* $A_{\mathfrak{m}}$ *pour* $\mathfrak{m} \in \Omega$, *est fidèlement plat.*

En effet, chacun des $A_{\mathfrak{m}}$ est un A-module plat (§ 2, n° 4, th. 1), donc $E = \bigoplus_{\mathfrak{m} \in \Omega} A_{\mathfrak{m}}$ est plat (chap. I, § 2, n° 3, prop. 2). En outre, pour tout idéal maximal $\mathfrak{m}$ de A, $\mathfrak{m}A_{\mathfrak{m}}$ est l'unique idéal maximal de $A_{\mathfrak{m}}$, donc $\mathfrak{m}A_{\mathfrak{m}} \neq A_{\mathfrak{m}}$, d'où on conclut que $\mathfrak{m}E \neq E$, et par suite E est fidèlement plat (chap. I, § 3, n° 1, prop. 1, *d*)).

THÉORÈME 1. — *Soient* M, N *deux* A-*modules*, $u : M \to N$ *un* A-*homomorphisme et pour tout* $\mathfrak{m} \in \Omega$, *soit* $u_{\mathfrak{m}} : M_{\mathfrak{m}} \to N_{\mathfrak{m}}$ *le* $A_{\mathfrak{m}}$-*homomorphisme correspondant* (§ 2, n° 2, *Remarque* 5). *Pour que* u *soit injec-*

tif (resp. *surjectif, bijectif, nul*) *il faut et il suffit que, pour tout* $\mathfrak{m} \in \Omega$, $u_{\mathfrak{m}}$ *soit injectif* (*resp. surjectif, bijectif, nul*).

En effet, dire que pour tout $\mathfrak{m} \in \Omega$, $u_{\mathfrak{m}}$ est injectif (resp. surjectif, bijectif, nul) équivaut à dire que l'homomorphisme $\bigoplus_{\mathfrak{m}} u_{\mathfrak{m}}$: $\bigoplus_{\mathfrak{m}} M_{\mathfrak{m}} \to \bigoplus_{\mathfrak{m}} N_{\mathfrak{m}}$ a la même propriété. Mais $\bigoplus_{\mathfrak{m}} M_{\mathfrak{m}} = M \otimes_A E$, $\bigoplus_{\mathfrak{m}} N_{\mathfrak{m}} = N \otimes_A E$ et $\bigoplus_{\mathfrak{m}} u_{\mathfrak{m}} = u \otimes 1$, avec $E = \bigoplus_{\mathfrak{m}} A_{\mathfrak{m}}$; comme E est fidèlement plat (prop. 10), le théorème résulte du chap. I, § 3, nº 1, prop. 1 *c*) et prop. 2.

Corollaire 1. — *Soient* M *un* A-*module*, N *un sous-module de* M, x *un élément de* M. *Pour que* $x \in N$, *il faut et il suffit que, pour tout* $\mathfrak{m} \in \Omega$, *l'image canonique de* x *dans* $M_{\mathfrak{m}}$ *appartienne à* $N_{\mathfrak{m}}$.

Soit $\bar{x}$ la classe de x dans M/N ; dire que $x \in N$ signifie que l'application A-linéaire $u : \alpha \to \alpha\bar{x}$ de A dans M/N est nulle. Or $(M/N)_{\mathfrak{m}}$ s'identifie à $M_{\mathfrak{m}}/N_{\mathfrak{m}}$ (§ 2, nº 4, th. 1) et $u_{\mathfrak{m}} : A_{\mathfrak{m}} \to M_{\mathfrak{m}}/N_{\mathfrak{m}}$ à l'application $\lambda \to \lambda\bar{x}_{\mathfrak{m}}$, où $\bar{x}_{\mathfrak{m}}$ est la classe mod. $N_{\mathfrak{m}}$ de l'image canonique de x dans $M_{\mathfrak{m}}$. Comme la relation $u = 0$ équivaut à $u_{\mathfrak{m}} = 0$ pour tout $\mathfrak{m}$ en vertu du th. 1, cela prouve le corollaire.

Corollaire 2. — *Soit* M *un* A-*module et, pour tout* $\mathfrak{m} \in \Omega$, *soit* $f_{\mathfrak{m}}$ *l'homomorphisme canonique* $M \to M_{\mathfrak{m}}$. *L'homomorphisme* $x \to (f_{\mathfrak{m}}(x))$ *de* M *dans* $\prod_{\mathfrak{m} \in \Omega} M_{\mathfrak{m}}$ *est injectif*.

En effet, en appliquant le cor. 1 à $N = 0$, on voit que la relation $x = 0$ équivaut à $f_{\mathfrak{m}}(x) = 0$ pour tout $\mathfrak{m} \in \Omega$.

Corollaire 3. — (i) *Soient* $\mathfrak{b}$ *un idéal de* A, a *un élément de* A. *Pour que* $a \in \mathfrak{b}$, *il faut et il suffit que, pour tout* $\mathfrak{m} \in \Omega$, *l'image canonique de* a *dans* $A_{\mathfrak{m}}$ *appartienne à* $\mathfrak{b}A_{\mathfrak{m}}$.

(ii) *En particulier, soient* b *et* c *deux éléments de* A. *Pour que* c *soit multiple de* b, *il faut et il suffit que, pour tout* $\mathfrak{m} \in \Omega$, *l'image canonique de* c *dans* $A_{\mathfrak{m}}$ *soit multiple de celle de* b.

Comme $\mathfrak{b}A_{\mathfrak{m}} = \mathfrak{b}_{\mathfrak{m}}$ (§ 2, nº 7, cor. de la prop. 18), (i) est un cas particulier du cor. 1 ; (ii) résulte de (i) appliqué à l'idéal Ab.

Corollaire 4. — *Soient* A *un anneau intègre*, K *son corps des fractions*, M *un* A-*module sans torsion, de sorte que* M *s'identifie canoniquement à un sous-A-module de* $K \otimes_A M$. *Alors, pour tout* $\mathfrak{m} \in \Omega$, $M_\mathfrak{m}$ *s'identifie canoniquement à un sous-A-module de* $K \otimes_A M$, *et on a* $M = \bigcap_{\mathfrak{m} \in \Omega} M_\mathfrak{m}$.

En effet, comme M est identifié à un sous-module de $K \otimes_A M$, $M_\mathfrak{m}$ l'est à un sous-$A_\mathfrak{m}$-module de $(K \otimes_A M)_\mathfrak{m} = K_\mathfrak{m} \otimes_A M$ (§ 2, n° 4, th. 1) ; comme $K_\mathfrak{m} = K$, on voit déjà que $M_\mathfrak{m}$ est sans torsion ; en outre, la commutativité du diagramme

$$\begin{array}{ccc} M & \longrightarrow & K \otimes_A M \\ \downarrow & & \downarrow \\ M_\mathfrak{m} & \rightarrow & (K \otimes_A M)_\mathfrak{m} \end{array}$$

prouve que l'application canonique $M \rightarrow M_\mathfrak{m}$ est injective. Le corollaire résulte donc du cor. 1 appliqué au A-module $K \otimes_A M$ et à son sous-module M.

En particulier, pour tout anneau *intègre* A, on a

$$A = \bigcap_{\mathfrak{m} \in \Omega} A_\mathfrak{m}. \tag{2}$$

Corollaire 5. — *Soit* A *un anneau. Tout système de générateurs du A-module* A^n *ayant n éléments est une base de* A^n.

Soient $(e_i)_{1 \leqslant i \leqslant n}$ la base canonique de A^n, $(x_i)_{1 \leqslant i \leqslant n}$ un système de générateurs de A^n ayant n éléments, $u : A^n \rightarrow A^n$ l'application A-linéaire telle que $u(e_i) = x_i$ pour $1 \leqslant i \leqslant n$. Par hypothèse u est surjective et il faut montrer que u est injective. On se ramène aussitôt, en vertu du th. 1, au cas où A est un anneau *local* ; si $\mathfrak{m}$ est l'idéal maximal de A, les éléments $1 \otimes x_i$ $(1 \leqslant i \leqslant n)$ dans $(A/\mathfrak{m})^n$ forment alors un système de générateurs du $(A/\mathfrak{m})$-module libre $(A/\mathfrak{m})^n$; comme $A/\mathfrak{m}$ est un corps, ce système est une base de $(A/\mathfrak{m})^n$; comme A^n est un A-module libre, on déduit de la prop. 5 que (x_i) est une base de A^n.

Proposition 11. — *Soient* M *un* A-*module*, N *un* A-*module de type fini,* $u : M \rightarrow N$ *un homomorphisme. Pour que u soit surjectif, il faut et il suffit que, pour tout* $\mathfrak{m} \in \Omega$, *l'homomorphisme* $M/\mathfrak{m}M \rightarrow N/\mathfrak{m}N$ *déduit de u par passage aux quotients soit surjectif.*

En effet, il résulte du th. 1 que, pour que u soit surjectif, il faut et il suffit que $u_{\mathfrak{m}} : M_{\mathfrak{m}} \to N_{\mathfrak{m}}$ soit surjectif pour tout $\mathfrak{m} \in \Omega$. Comme $A_{\mathfrak{m}}$ est un anneau local et que $N_{\mathfrak{m}}$ est un $A_{\mathfrak{m}}$-module de type fini, il revient au même de dire que l'homomorphisme $u'_{\mathfrak{m}} : M_{\mathfrak{m}}/\mathfrak{m}M_{\mathfrak{m}} \to N_{\mathfrak{m}}/\mathfrak{m}N_{\mathfrak{m}}$, obtenu par passage aux quotients, est surjectif (nº 2, cor. 1 de la prop. 4) ; mais $M_{\mathfrak{m}}/\mathfrak{m}M_{\mathfrak{m}}$ (resp. $N_{\mathfrak{m}}/\mathfrak{m}N_{\mathfrak{m}}$) s'identifie à $M/\mathfrak{m}M$ (resp. $N/\mathfrak{m}N$) (prop. 9), d'où la proposition.

Proposition 12. — *Soient* E, F, G *trois* A-*modules*, $v : G \to F$ *et* $u : E \to F$ *des homomorphismes. On suppose que* E *est de présentation finie. Pour qu'il existe un homomorphisme* $w : E \to G$ *tel que* u *se factorise en* $u : E \xrightarrow{w} G \xrightarrow{v} F$, *il faut et il suffit que, pour tout* $\mathfrak{m} \in \Omega$, *il existe un homomorphisme* $w^{\mathfrak{m}} : E_{\mathfrak{m}} \to G_{\mathfrak{m}}$ *tel que* $u_{\mathfrak{m}} : E_{\mathfrak{m}} \to F_{\mathfrak{m}}$ *se factorise en* $E_{\mathfrak{m}} \xrightarrow{w^{\mathfrak{m}}} G_{\mathfrak{m}} \xrightarrow{v_{\mathfrak{m}}} F_{\mathfrak{m}}$.

L'existence de w vérifiant l'énoncé est équivalente à la propriété suivante : u appartient à l'image P de l'application $r = \mathrm{Hom}(1_E, v) : \mathrm{Hom}_A(E, G) \to \mathrm{Hom}_A(E, F)$. Or, $(\mathrm{Hom}_A(E, F))_{\mathfrak{m}}$ (resp. $(\mathrm{Hom}_A(E, G))_{\mathfrak{m}}$) s'identifie canoniquement à $\mathrm{Hom}_{A_{\mathfrak{m}}}(E_{\mathfrak{m}}, F_{\mathfrak{m}})$ (resp. $\mathrm{Hom}_{A_{\mathfrak{m}}}(E_{\mathfrak{m}}, G_{\mathfrak{m}})$) (§ 2, nº 7, prop. 19, (i)), l'image canonique de u dans $(\mathrm{Hom}_A(E, F))_{\mathfrak{m}}$ s'identifie à $u_{\mathfrak{m}}$, $r_{\mathfrak{m}}$ s'identifie à $\mathrm{Hom}_{A_{\mathfrak{m}}}(1_{E_{\mathfrak{m}}}, v_{\mathfrak{m}})$ et $P_{\mathfrak{m}}$ à l'image de $r_{\mathfrak{m}}$. La proposition résulte alors du cor. 1 du th. 1 appliqué à $\mathrm{Hom}_A(E, F)$ et à son sous-module P.

Corollaire 1. — *Soient* M *un* A-*module*, N *un sous-module de* M *tel que* M/N *admette une présentation finie. Pour que* N *soit facteur direct de* M, *il faut et il suffit que, pour tout* $\mathfrak{m} \in \Omega$, $N_{\mathfrak{m}}$ *soit facteur direct de* $M_{\mathfrak{m}}$.

En effet, dire que N est facteur direct de M signifie que l'homomorphisme identique de M/N se factorise en $M/N \xrightarrow{w} M \xrightarrow{\varphi} M/N$ où φ est l'homomorphisme canonique et w un homomorphisme (*Alg.*, chap. II, 3e éd., § 1, nº 9, prop. 14) ; comme $(M/N)_{\mathfrak{m}} = M_{\mathfrak{m}}/N_{\mathfrak{m}}$ et que $\varphi_{\mathfrak{m}}$ est l'homomorphisme canonique $M_{\mathfrak{m}} \to M_{\mathfrak{m}}/N_{\mathfrak{m}}$, le corollaire résulte aussitôt de la prop. 12.

Corollaire 2. — *Soient* M *un* A-*module libre de type fini*, N *un sous-module de* M *qui est un* A-*module libre de type fini. Pour que* N *soit facteur direct de* M, *il faut et il suffit que, pour tout* $\mathfrak{m} \in \Omega$, *on ait* $\mathfrak{m}N = N \cap (\mathfrak{m}M)$.

En effet, par définition M/N admet une présentation finie ; d'autre part, $N_{\mathfrak{m}}$ et $M_{\mathfrak{m}}$ sont des $A_{\mathfrak{m}}$-modules libres de type fini. Pour que $N_{\mathfrak{m}}$ soit facteur direct de $M_{\mathfrak{m}}$, il faut et il suffit que l'application canonique $N_{\mathfrak{m}}/\mathfrak{m}N_{\mathfrak{m}} \to M_{\mathfrak{m}}/\mathfrak{m}M_{\mathfrak{m}}$ soit injective (n° 2, prop. 6) ; il revient au même de dire que l'application canonique $N/\mathfrak{m}N \to M/\mathfrak{m}M$ doit être injective (prop. 9), et comme son noyau est $(N \cap \mathfrak{m}M)/\mathfrak{m}N$, cela démontre le corollaire.

La prop. 12 (resp. son corollaire 1) s'appliquera en particulier lorsque A est *nœthérien* et E (resp. M/N) un A-module *de type fini* (chap. I, § 2, n° 8, lemme 8).

4. *Localisation de la platitude.*

PROPOSITION 13. — *Soient* S *une partie multiplicative d'un anneau* A, *et* M *un* A-*module. Si* M *est plat* (resp. *fidèlement plat*), $S^{-1}M$ *est un* $S^{-1}A$-*module plat* (resp. *fidèlement plat*), *et un* A-*module plat.*

Comme $S^{-1}M = M \otimes_A S^{-1}A$, la première assertion résulte du chap. I, § 2, n° 7, cor. 2 de la prop. 8 (resp. du chap. I, § 3, n° 3, prop. 5) ; en outre, $S^{-1}A$ est un A-module plat (§ 2, n° 4, th. 1) ; donc, si M est un A-module plat, il en est de même de $S^{-1}M$ en vertu du chap. I, § 2, n° 7, cor. 3 de la prop. 8.

Remarque. — Si N est un $S^{-1}A$-module, $S^{-1}N$ s'identifie à N, et il est par suite *équivalent* de dire que N est un $S^{-1}A$-module plat ou un A-module plat.

PROPOSITION 14. — *Soient* A *un anneau,* B *une* A-*algèbre commutative,* T *une partie multiplicative de* B. *Si* N *est un* B-*module qui est plat en tant que* A-*module,* $T^{-1}N$ *est un* A-*module plat.*

On a en effet $T^{-1}N = T^{-1}B \otimes_B N$; la proposition résulte alors du chap. I, § 2, n° 7, prop. 8, appliquée en remplaçant A par B, B par A, E par $T^{-1}B$ et F par N.

PROPOSITION 15. — *Soient* A, B *deux anneaux,* $\varphi : A \to B$ *un homomorphisme,* N *un* B-*module. Les propriétés suivantes sont équivalentes :*

a) N *est un* A-*module plat.*

b) *Pour tout idéal maximal* $\mathfrak{n}$ *de* B, $N_{\mathfrak{n}}$ *est un* A-*module plat.*

c) *Pour tout idéal maximal* $\mathfrak{n}$ *de* B, *si l'on pose* $\mathfrak{m} = \overset{-1}{\varphi}(\mathfrak{n})$, $N_{\mathfrak{n}}$ *est un* $A_{\mathfrak{m}}$-*module plat.*

Pour tout $a \notin \mathfrak{m}$, l'homothétie de $N_{\mathfrak{n}}$ produite par a est bijective, donc $N_{\mathfrak{n}}$ s'identifie canoniquement à $(N_{\mathfrak{n}})_{\mathfrak{m}}$, et l'équivalence de *b*) et *c*) résulte de la *Remarque* suivant la prop. 13 ; le fait que *a*) entraîne *b*) est un cas particulier de la prop. 14. Reste à prouver que *b*) entraîne *a*), c'est-à-dire que, si *b*) est vérifiée, pour tout homomorphisme injectif $u : M \to M'$ de A-modules, l'homomorphisme $v = 1 \otimes u : N \otimes_A M \to N \otimes_A M'$ est injectif. Or, v est aussi un homomorphisme de B-modules, et pour qu'il soit injectif, il faut et il suffit que $v_{\mathfrak{n}} : (N \otimes_A M)_{\mathfrak{n}} \to (N \otimes_A M')_{\mathfrak{n}}$ le soit pour tout idéal maximal $\mathfrak{n}$ de B (nº 3, th. 1). Comme

$$(N \otimes_A M)_{\mathfrak{n}} = B_{\mathfrak{n}} \otimes_B (N \otimes_A M) = N_{\mathfrak{n}} \otimes_A M,$$

$v_{\mathfrak{n}}$ n'est autre que l'homomorphisme $1 \otimes u : N_{\mathfrak{n}} \otimes_A M \to N_{\mathfrak{n}} \otimes_A M'$, qui est injectif puisque $N_{\mathfrak{n}}$ est un A-module plat par hypothèse.

COROLLAIRE. — *Pour qu'un* A-*module* M *soit plat* (resp. *fidèlement plat*) *il faut et il suffit que, pour tout idéal maximal* $\mathfrak{m}$ *de* A, $M_{\mathfrak{m}}$ *soit un* $A_{\mathfrak{m}}$-*module plat* (resp. *fidèlement plat*).

La nécessité des conditions résulte de la prop. 13. Inversement, si $M_{\mathfrak{m}}$ est un $A_{\mathfrak{m}}$-module plat pour tout idéal maximal $\mathfrak{m}$ de A, M est un A-module plat en vertu de la prop. 15 appliquée au cas où φ est l'identité. Enfin, si $M_{\mathfrak{m}}$ est un $A_{\mathfrak{m}}$-module fidèlement plat pour tout $\mathfrak{m}$, on a $\mathfrak{m}M_{\mathfrak{m}} = \mathfrak{m}A_{\mathfrak{m}}M_{\mathfrak{m}} \neq M_{\mathfrak{m}}$, donc $\mathfrak{m}M \neq M$ pour tout $\mathfrak{m}$ (nº 3, prop. 9), ce qui prouve que M est un A-module fidèlement plat (chap. I, § 3, nº 1, prop. 1, *d*)).

5. *Anneaux semi-locaux.*

PROPOSITION 16. — *Soit* A *un anneau. Les conditions suivantes sont équivalentes :*

a) *l'ensemble des idéaux maximaux de* A *est fini ;*

b) *le quotient de* A *par son radical est composé direct d'un nombre fini de corps.*

Supposons que le quotient de A par son radical $\mathfrak{R}$ soit composé direct d'un nombre fini de corps. Alors $A/\mathfrak{R}$ ne possède qu'un nombre fini d'idéaux et *a fortiori* n'a qu'un nombre fini d'idéaux maximaux. Comme tout idéal maximal contient $\mathfrak{R}$ (*Alg.*, chap. VIII, § 6, n° 2, déf. 2), les idéaux maximaux de A sont les images réciproques des idéaux maximaux de $A/\mathfrak{R}$ par l'homomorphisme canonique $A \rightarrow A/\mathfrak{R}$; ils sont donc en nombre fini.

Réciproquement, supposons que A ne possède qu'un nombre fini d'idéaux maximaux distincts $\mathfrak{m}_1, \ldots, \mathfrak{m}_n$. Les $A/\mathfrak{m}_i$ sont des corps, et il résulte du § 1, n° 2, prop. 5, que l'application canonique $A \rightarrow \prod_{i=1}^{n} A/\mathfrak{m}_i$ est surjective ; comme son noyau $\bigcap_{i=1}^{n} \mathfrak{m}_i$ est le radical $\mathfrak{R}$ (*Alg.*, chap. VIII, § 6, n° 2, déf. 2), $A/\mathfrak{R}$ est isomorphe à $\prod_{i=1}^{n} A/\mathfrak{m}_i$.

DÉFINITION 4. — *On dit qu'un anneau est semi-local s'il satisfait aux conditions équivalentes a), b) de la prop.* 16.

Exemples. — Tout anneau local est semi-local. Tout quotient d'un anneau semi-local est semi-local. Tout produit fini d'anneaux semi-locaux est semi-local. *Si A est un anneau semi-local nœthérien, et si B est une A-algèbre qui est un A-module de type fini, alors B est semi-local (chap. IV, § 2, n° 5, cor. 3 de la prop. 9).*

Un autre exemple, généralisant la construction des anneaux locaux $A_{\mathfrak{p}}$, est fourni par la proposition suivante :

PROPOSITION 17. — *Soient* A *un anneau,* $\mathfrak{p}_1, \ldots, \mathfrak{p}_n$ *des idéaux premiers de* A. *Posons* $S = \bigcap_{i=1}^{n} (A - \mathfrak{p}_i) = A - \bigcup_{i=1}^{n} \mathfrak{p}_i$.

a) *L'anneau* $S^{-1}A$ *est semi-local ; si* $\mathfrak{q}_1, \ldots, \mathfrak{q}_r$ *sont les éléments maximaux distincts (pour la relation d'inclusion) de l'ensemble des*

$\mathfrak{p}_i$, *les idéaux maximaux de* $S^{-1}A$ *sont les* $S^{-1}\mathfrak{q}_j$ $(1 \leqslant j \leqslant r)$, *et ces idéaux sont deux à deux distincts.*

b) *L'anneau* $A_{\mathfrak{p}_i}$ *est canoniquement isomorphe à* $(S^{-1}A)_{S^{-1}\mathfrak{p}_i}$ *pour* $1 \leqslant i \leqslant n$.

c) *Si* A *est intègre, on a* $S^{-1}A = \bigcap_{i=1}^{n} A_{\mathfrak{p}_i}$ *dans le corps des fractions de* A.

a) Les idéaux de A ne rencontrant pas S sont les idéaux contenus dans la réunion des $\mathfrak{p}_i$, donc dans l'un des $\mathfrak{p}_i$ au moins (§ 1, nº 1, prop. 2) ; les $\mathfrak{q}_j$ sont donc les éléments maximaux de l'ensemble des idéaux ne rencontrant pas S ; par suite, les $S^{-1}\mathfrak{q}_j$ sont les idéaux maximaux de $S^{-1}A$ en vertu du § 2, nº 5, prop. 11, (ii).

b) est un cas particulier du § 2, nº 5, prop. 11, (iii).

c) Supposons A intègre. Si $\mathfrak{p}_i \subset \mathfrak{p}_k$, on a $A_{\mathfrak{p}_i} \supset A_{\mathfrak{p}_k}$; pour prouver *c*), on peut donc supposer les $\mathfrak{p}_i$ non comparables deux à deux. Il résulte alors de *a*) et du nº 3, cor. 4 du th. 1, que l'on a

$S^{-1}A = \bigcap_{i=1}^{n} (S^{-1}A)_{S^{-1}\mathfrak{p}_i}$; d'où *c*), en vertu de *b*).

Si A est intègre, il en est de même de $S^{-1}A$, et la prop. 17 fournit donc un exemple d'anneau semi-local qui n'est pas composé direct d'anneaux locaux (cf. chap. III, § 2, nº 13).

COROLLAIRE. — *Soient* A *un anneau intègre,* $\mathfrak{p}_1, \ldots, \mathfrak{p}_n$ *des idéaux premiers de* A, *non comparables deux à deux pour la relation d'inclusion. Si* $A = \bigcap_{i=1}^{n} A_{\mathfrak{p}_i}$ *dans le corps des fractions de* A, *les idéaux maximaux de* A *sont* $\mathfrak{p}_1, \ldots, \mathfrak{p}_n$.

Posant $S = \bigcap_{i=1}^{n} (A - \mathfrak{p}_i)$, on a $S^{-1}A = A$ en vertu de la prop. 17 *c*) ; donc les éléments de S sont inversibles dans A, et on a $S^{-1}\mathfrak{p}_i = \mathfrak{p}_i$ pour tout *i*. D'où notre assertion en vertu de la prop. 17 *a*).

§ 4. Spectres d'anneaux et supports de modules

1. *Espaces irréductibles.*

Définition 1. — *On dit qu'un espace topologique* X *est irréductible si toute intersection finie d'ensembles ouverts non vides de* X *est non vide.*

En considérant la famille vide d'ensembles ouverts de X, on voit qu'un espace irréductible est *non vide* ; pour qu'un espace topologique X soit irréductible, il faut et il suffit qu'il soit non vide et que l'intersection de deux ensembles ouverts non vides de X soit toujours non vide (ou, ce qui revient au même, que la réunion de deux ensembles fermés distincts de X soit toujours distincte de X).

Proposition 1. — *Soit* X *un espace topologique non vide. Les conditions suivantes sont équivalentes :*

a) X *est irréductible ;*

b) *tout ensemble ouvert non vide de* X *est dense dans* X *;*

c) *tout ensemble ouvert de* X *est connexe.*

Par définition, un ensemble dense dans X est un ensemble qui rencontre tout ensemble ouvert non vide, donc *a*) et *b*) sont équivalentes. Il est immédiat que *c*) entraîne *a*), car si U_1 et U_2 sont des ensembles ouverts non vides disjoints, $U_1 \cup U_2$ est un ensemble ouvert non connexe. Montrons enfin que *a*) entraîne *c*) : si U est un ensemble ouvert non connexe, il est réunion de deux ensembles non vides disjoints U′, U″ qui sont ouverts dans U, donc aussi ouverts dans X, ce qui implique que X n'est pas irréductible.

Un espace *séparé* n'est irréductible que s'il est réduit à un seul point.

On dit qu'une partie E d'un espace topologique X est un *ensemble irréductible* si le sous-espace E de X est irréductible. Pour qu'il en soit ainsi, il faut et il suffit que, pour tout couple d'ensembles U, V ouverts dans X et rencontrant E, $U \cap V$ rencontre aussi E, ou (ce qui revient au même) que, pour tout couple d'ensembles F, G fermés dans X et tels que $E \subset F \cup G$, on ait $E \subset F$ ou $E \subset G$. Par récurrence sur n, on en déduit que, si $(F_i)_{1 \leqslant i \leqslant n}$ est une famille finie d'ensembles fermés dans X, tels que $E \subset \bigcup_{i=1}^{n} F_i$, il existe un indice i tel que $E \subset F_i$.

PROPOSITION 2. — *Dans un espace topologique* X, *pour qu'un ensemble* E *soit irréductible, il faut et il suffit que son adhérence* $\overline{E}$ *le soit.*

En effet, pour qu'un ensemble ouvert de X rencontre E, il faut et il suffit qu'il rencontre $\overline{E}$, et la proposition résulte des remarques précédentes.

PROPOSITION 3. — (i) *Si* X *est un espace irréductible, tout ensemble ouvert non vide de* X *est irréductible.*

(ii) *Soit* $(U_\alpha)_{\alpha \in A}$ *un recouvrement non vide d'un espace topologique* X, *formé d'ensembles ouverts tels que* $U_\alpha \cap U_\beta \neq \emptyset$ *pour tout couple d'indices* (α, β). *Si les ensembles* U_α *sont irréductibles, l'espace* X *est irréductible.*

(i) Si X est irréductible, $U \subset X$ ouvert non vide dans X et $V \subset U$ ouvert non vide dans U, V est aussi ouvert dans X, donc dense dans X et *a fortiori* dans U. Donc U est irréductible (prop. 1).

(ii) Montrons que, pour tout ensemble V ouvert dans X et non vide, on a $V \cap U_\alpha \neq \emptyset$ pour tout $\alpha \in A$: il en résultera que $V \cap U_\alpha$ est dense dans U_α par hypothèse, donc que V est dense dans X, et cela prouvera que X est irréductible (prop. 1). Or il existe au moins un indice γ tel que $V \cap U_\gamma \neq \emptyset$; comme $U_\alpha \cap U_\gamma \neq \emptyset$ pour tout α, et que $V \cap U_\gamma$ est dense dans U_γ, on a $U_\alpha \cap U_\gamma \cap V \neq \emptyset$ et *a fortiori* $U_\alpha \cap V \neq \emptyset$, ce qui achève la démonstration de (ii).

PROPOSITION 4. — *Soient* X *et* Y *deux espaces topologiques,* f *une application continue de* X *dans* Y. *Pour toute partie irréductible* E *de* X, $f(E)$ *est une partie irréductible de* Y.

En effet, si U, V sont deux ensembles ouverts dans Y rencontrant $f(E)$, $\overset{-1}{f}(U)$ et $\overset{-1}{f}(V)$ sont des ensembles ouverts dans X rencontrant E. Par suite $\overset{-1}{f}(U) \cap \overset{-1}{f}(V) = \overset{-1}{f}(U \cap V)$ rencontre E, ce qui entraîne que $U \cap V$ rencontre $f(E)$ et démontre la proposition.

Définition 2. — *On appelle composante irréductible d'un espace topologique* X *toute partie irréductible maximale de* X.

Il résulte de la prop. 2 que toute composante irréductible de X est *fermée* dans X.

Proposition 5. — *Soit* X *un espace topologique. Toute partie irréductible de* X *est contenue dans une composante irréductible de* X, *et* X *est réunion de ses composantes irréductibles.*

Pour démontrer la première assertion, il suffit, en vertu du th. de Zorn, de prouver que l'ensemble $\mathfrak{I}$ des parties irréductibles de X est *inductif*. Soit $\mathfrak{G}$ une partie de $\mathfrak{I}$ totalement ordonnée par inclusion ; montrons que la réunion E des ensembles $F \in \mathfrak{G}$ est irréductible. Soient U, V deux ensembles ouverts dans X et rencontrant E ; comme $\mathfrak{G}$ est totalement ordonnée, il existe un ensemble $F \in \mathfrak{G}$ rencontrant U et V ; comme F est irréductible, $U \cap V$ rencontre F, donc aussi E, ce qui prouve que E est irréductible, donc que $\mathfrak{I}$ est inductif. La seconde assertion résulte de la première, car toute partie de X réduite à un seul point est irréductible.

Corollaire. — *Toute composante connexe d'un espace topologique* X *est réunion de composantes irréductibles de* X.

En effet, tout sous-espace irréductible de X est connexe en vertu de la prop. 1, donc contenu dans une composante connexe de X.

On notera que deux composantes irréductibles distinctes de X peuvent avoir des points communs (exerc. 11).

Proposition 6. — *Soient* X *un espace topologique,* $(P_i)_{1 \leqslant i \leqslant n}$ *un recouvrement fini de* X *formé d'ensembles fermés irréductibles. Alors les composantes irréductibles de* X *sont les éléments maximaux* (*pour la relation d'inclusion*) *de l'ensemble des* P_i.

On peut se borner au cas où les P_i sont deux à deux incomparables. Si E est une partie irréductible de X, on a $E \subset \bigcup_{i=1}^{n} P_i$, donc E est contenu dans l'un des ensembles fermés P_i ; cela prouve que les P_i sont les seules parties irréductibles maximales de X.

COROLLAIRE. — *Soient* X *un espace topologique,* E *un sous-espace de* X *n'ayant qu'un nombre fini de composantes irréductibles distinctes* Q_i $(1 \leqslant i \leqslant n)$; *alors les composantes irréductibles de l'adhérence* $\overline{E}$ *dans* X *sont les adhérences* $\overline{Q_i}$ *des* Q_i $(1 \leqslant i \leqslant n)$ *et on a* $\overline{Q_i} \neq \overline{Q_j}$ *pour* $i \neq j$.

En effet, $\overline{E}$ est la réunion des $\overline{Q_i}$, qui sont irréductibles (prop. 2) ; comme Q_i est fermé dans E, on a $\overline{Q_i} \cap E = Q_i$; comme $Q_i \not\subset Q_j$ pour $i \neq j$, on a $\overline{Q_i} \not\subset \overline{Q_j}$, d'où le corollaire, en vertu de la prop. 6.

Remarque. — Supposons que X n'ait qu'un nombre *fini* de composantes irréductibles distinctes X_i $(1 \leqslant i \leqslant n)$; alors $U_i = \complement\left(\bigcup_{j \neq i} X_j\right)$ est *ouvert dans* X et *dense dans* X_i puisque $X_i \not\subset \bigcup_{j \neq i} X_j$; les U_i $(1 \leqslant i \leqslant n)$ sont donc des ouverts non vides de X, irréductibles (prop. 2), deux à deux disjoints, et dont la réunion est dense dans X.

PROPOSITION 7. — *Soit* U *une partie ouverte d'un espace topologique* X. *L'application* $V \to \overline{V}$ (*adhérence dans* X) *est une bijection de l'ensemble des parties irréductibles de* U, *fermées dans* U, *sur l'ensemble des parties irréductibles de* X, *fermées dans* X *et rencontrant* U ; *la bijection réciproque est* $Z \to Z \cap U$. *En particulier, cette bijection applique l'ensemble des composantes irréductibles de* U *sur l'ensemble des composantes irréductibles de* X *rencontrant* U.

En effet, si V est fermée dans U et irréductible, $\overline{V}$ est irréductible (prop. 2) et l'on a $V = \overline{V} \cap U$. Inversement, si Z est irréductible, fermé dans X et rencontre U, $Z \cap U$ est un ouvert non vide dans Z, donc est irréductible (prop. 3), dense dans Z, et, comme Z est fermé, on a $Z = \overline{Z \cap U}$. Cela démontre la proposition.

2. Espaces topologiques nœthériens

DÉFINITION 3. — *On dit qu'un espace topologique X est nœthérien si tout ensemble non vide de parties fermées de X, ordonné par inclusion, possède un élément minimal.*

Il revient au même de dire que tout ensemble non vide de parties ouvertes de X, ordonné par inclusion, possède un élément maximal, ou que toute suite décroissante (resp. croissante) d'ensembles fermés (resp. ouverts) est stationnaire (*Ens.*, chap. III, § 6, nº 5, prop. 6).

PROPOSITION 8. — (i) *Tout sous-espace d'un espace nœthérien est nœthérien.*

(ii) *Soit* $(A_i)_{i \in I}$ *un recouvrement* fini *d'un espace topologique* X. *Si les sous-espaces* A_i *de* X *sont nœthériens,* X *est nœthérien.*

(i) Soient X un espace nœthérien, A un sous-espace de X, (F_n) une suite décroissante de parties de A, fermées *dans* A ; on a donc $F_n = \overline{F}_n \cap A$, et les adhérences $\overline{F}_n$ des F_n dans X forment une suite décroissante de parties fermées de X. Comme cette suite est stationnaire, il en est de même de la suite (F_n).

(ii) Soit $(G_n)_{n \geqslant 0}$ une suite décroissante de parties fermées de X ; par hypothèse, chacune des suites $(G_n \cap A_i)_{n \geqslant 0}$ est stationnaire. Comme I est fini, il y a un entier n_0 tel que, pour $n \geqslant n_0$, on ait $G_n \cap A_i = G_{n_0} \cap A_i$ pour tout $i \in I$. Mais $G_n = \bigcup_{i \in I} (G_n \cap A_i)$, donc la suite (G_n) est stationnaire, et X est nœthérien.

PROPOSITION 9. — *Pour qu'un espace topologique* X *soit nœthérien, il faut et il suffit que tout ensemble ouvert dans* X *soit quasi-compact.*

Pour démontrer que la condition est nécessaire, il suffit, en vertu de la prop. 8, de prouver que tout espace nœthérien X est quasi-compact. Soit $(U_\iota)_{\iota \in I}$ un recouvrement ouvert de X ; l'ensemble des réunions finies d'ensembles U_ι est non vide et admet donc un élément maximal $V = \bigcup_{\iota \in H} U_\iota$, où H est une partie finie de I. Par définition, on a $V \cup U_\iota = V$ pour tout $\iota \in I$, donc $V = X$.

Réciproquement, supposons que tout ensemble ouvert dans X soit quasi-compact, et soit (U_n) une suite croissante de parties ouvertes de X. La réunion V des U_n est ouverte, donc quasi-compacte ; comme (U_n) est un recouvrement ouvert de V, il y a une sous-famille finie de (U_n) qui est un recouvrement de V, donc $V = U_n$ pour un indice n, ce qui prouve que la suite (U_n) est stationnaire.

Lemme 1 (« principe de récurrence nœthérienne »). — ***Soient*** E *un ensemble ordonné dont toute partie non vide admet un élément minimal. Soit* F *une partie de* E *ayant la propriété suivante : si* $a \in E$ *est tel que la relation* $x < a$ *entraîne* $x \in F$, *alors* $a \in F$. *On a alors* $F = E$.

En effet, supposons $F \neq E$; alors $\complement F$ aurait un élément minimal b. Par définition, on a $x \in F$ pour tout $x < b$, ce qui entraîne $b \in F$, d'où contradiction.

Proposition 10. — *Si* X *est un espace nœthérien, l'ensemble des composantes irréductibles de* X (*et a fortiori l'ensemble des composantes connexes de* X) *est fini.*

Il suffit de prouver que X est réunion finie de parties fermées irréductibles (nº 1, prop. 6). Montrons qu'on peut appliquer le principe de récurrence nœthérienne en prenant pour E l'ensemble des parties fermées de X, ordonné par inclusion, pour F l'ensemble des réunions finies de parties fermées irréductibles. Soit Y une partie fermée de X telle que toute partie fermée $\neq$ Y de Y appartienne à F. Si Y est irréductible, on a $Y \in F$ par définition ; sinon, Y est réunion de deux parties fermées Y_1, Y_2 distinctes de Y. On a donc $Y_1 \in F$ et $Y_2 \in F$ par hypothèse, d'où $Y \in F$ par définition de F.

Il en résulte en particulier qu'un espace nœthérien *séparé* est nécessairement *fini*.

3. *Le spectre premier d'un anneau*

Soient A un anneau, X l'ensemble des idéaux premiers de A. Pour toute partie M de A, nous noterons V(M) l'ensemble des idéaux premiers de A contenant M ; il est clair que, si $\mathfrak{a}$ est l'idéal de A engendré par M, on a $V(M) = V(\mathfrak{a})$; si M est réduit à un seul élément f, on écrira $V(f)$ au lieu de $V(\{f\})$, et on a $V(f) = V(Af)$. L'application $M \to V(M)$ est *décroissante* pour les relations d'inclusion dans A et X. En outre, on a les formules suivantes :

(1) $$V(0) = X, \qquad V(1) = \emptyset ;$$

(2) $$V\Big(\bigcup_{\iota \in I} M_\iota\Big) = V\big(\sum_{\iota \in I} M_\iota\big) = \bigcap_{\iota \in I} V(M_\iota)$$

pour toute famille $(M_\iota)_{\iota \in I}$ de parties de A ;

(3) $$V(\mathfrak{a} \cap \mathfrak{a}') = V(\mathfrak{a}\mathfrak{a}') = V(\mathfrak{a}) \cup V(\mathfrak{a}')$$

pour tout couple d'idéaux $\mathfrak{a}$, $\mathfrak{a}'$ de A. En effet, les formules (1) et (2) sont évidentes ; d'autre part, la formule (3) signifie que, pour qu'un idéal premier $\mathfrak{p}$ de A contienne l'un des idéaux $\mathfrak{a}$ ou $\mathfrak{a}'$, il faut et il suffit qu'il contienne $\mathfrak{a}\mathfrak{a}'$, ou qu'il contienne $\mathfrak{a} \cap \mathfrak{a}'$; elle résulte par suite du § 1, n° 1, prop. 1. La seconde formule (1) admet la réciproque suivante : si $\mathfrak{a}$ est un idéal de A tel que $V(\mathfrak{a}) = \emptyset$, alors $\mathfrak{a} = A$, car il n'existe aucun idéal maximal de A contenant $\mathfrak{a}$. Enfin, si $\mathfrak{a}$ est un idéal de A et $\mathfrak{r}(\mathfrak{a})$ sa *racine* (§ 2, n° 6, déf. 4), on a

(4) $$V(\mathfrak{a}) = V(\mathfrak{r}(\mathfrak{a}))$$

comme il résulte du § 2, n° 6, cor. 1 de la prop. 13.

Les formules (1) à (3) montrent que les parties V(M) de X satisfont aux axiomes des *ensembles fermés* d'une topologie (*Top, gén.*, chap. I, 3e éd., § 1, n° 4).

DÉFINITION 4. — *Soit* A *un anneau. On appelle spectre premier de* A *et on note* Spec (A) *l'ensemble* X *des idéaux premiers de* A, *muni de la topologie pour laquelle les ensembles fermés sont les ensembles* V(M) *où* M *parcourt* $\mathfrak{P}(A)$. *La topologie ainsi définie s'appelle topologie spectrale ou topologie de Zariski sur* X.

Il est clair que la relation $\mathrm{Spec}(A) = \emptyset$ est équivalente à $A = \{0\}$.

Soit X le spectre premier d'un anneau A; pour tout $f \in A$, notons X_f l'ensemble des idéaux premiers de A *ne contenant pas* f ;

on a $X_f = X - V(f)$, et X_f est donc un ensemble *ouvert*. En vertu de (2), toute partie fermée de X est intersection d'ensembles fermés de la forme $V(f)$, donc les X_f forment une *base* de la topologie spectrale sur X. En outre, il résulte aussitôt des définitions que l'on a

(5) $$X_0 = \emptyset, \qquad X_1 = X,$$

et plus généralement $X_f = X$ pour tout élément inversible f de A ;

(6) $$X_{fg} = X_f \cap X_g \text{ pour } f, g \text{ dans A.}$$

Pour toute partie Y de X, notons $\mathfrak{J}(Y)$ l'intersection des idéaux premiers de A qui appartiennent à Y. Il est clair que $\mathfrak{J}(Y)$ est un idéal de A, et que l'application $Y \to \mathfrak{J}(Y)$ est *décroissante* pour les relations d'inclusion dans X et dans A. On a évidemment les relations

(7) $$\mathfrak{J}(\emptyset) = A$$

(8) $$\mathfrak{J}\Big(\bigcup_{\lambda \in L} Y_\lambda\Big) = \bigcap_{\lambda \in L} \mathfrak{J}(Y_\lambda)$$

pour toute famille $(Y_\lambda)_{\lambda \in L}$ de parties de X. En outre :

Proposition 11. — *Soient* A *un anneau,* $\mathfrak{a}$ *un idéal de* A, Y *une partie de* $X = \operatorname{Spec}(A)$.

(i) $V(\mathfrak{a})$ *est fermé dans* X *et* $\mathfrak{J}(Y)$ *est un idéal de* A *égal à sa racine.*

(ii) $\mathfrak{J}(V(\mathfrak{a}))$ *est la racine de* $\mathfrak{a}$, *et* $V(\mathfrak{J}(Y))$ *est l'adhérence de* Y *dans* X.

(iii) *Les applications* $\mathfrak{J}$ *et* V *définissent des bijections décroissantes réciproques l'une de l'autre, entre l'ensemble des parties fermées de* X *et l'ensemble des idéaux de* A *égaux à leurs racines.*

L'assertion (i) et la première assertion de (ii) résultent des définitions et du § 2, n° 6, cor. 1 de la prop. 13. Si un ensemble fermé $V(M)$ (pour un $M \subset A$) contient Y, on a $M \subset \mathfrak{p}$ pour tout idéal premier $\mathfrak{p} \in Y$, d'où $M \subset \mathfrak{J}(Y)$ et par suite $V(M) \supset V(\mathfrak{J}(Y))$; comme on a $Y \subset V(\mathfrak{J}(Y))$, $V(\mathfrak{J}(Y))$ est le plus petit ensemble fermé de X contenant Y, ce qui achève de prouver (ii). Enfin, il résulte de (ii) que, si $\mathfrak{a}$ est un idéal égal à sa racine, on a $\mathfrak{J}(V(\mathfrak{a})) = \mathfrak{a}$ et que, si Y est fermé dans X, $V(\mathfrak{J}(Y)) = Y$; ce qui démontre (iii).

On déduit aussitôt de la prop. 11 que, si M est une partie quelconque de A et Y une partie quelconque de X, on a $V(M) = V(\mathfrak{I}(V(M)))$ et $\mathfrak{I}(Y) = \mathfrak{I}(V(\mathfrak{I}(Y)))$.

COROLLAIRE 1. — *Pour toute famille* $(Y_\lambda)_{\lambda \in L}$ *de parties fermées de* X, $\mathfrak{I}\left(\bigcap_{\lambda \in L} Y_\lambda\right)$ *est la racine de la somme des idéaux* $\mathfrak{I}(Y_\lambda)$.

En effet, il résulte de la prop. 11, (iii), que $\mathfrak{I}\left(\bigcap_{\lambda \in L} Y_\lambda\right)$ est le plus petit idéal égal à sa racine et contenant tous les $\mathfrak{I}(Y_\lambda)$; cet idéal contient donc $\sum_{\lambda \in L} \mathfrak{I}(Y_\lambda)$ et par suite aussi la racine de $\sum_{\lambda \in L} \mathfrak{I}(Y_\lambda)$ (§ 2, nᵒ 6, cor. 2 de la prop. 13), d'où le corollaire.

COROLLAIRE 2. — *Désignons par* $\mathfrak{r}(\mathfrak{a})$ *la racine d'un idéal* $\mathfrak{a}$ *de* A ; *si* $\mathfrak{a}$ *et* $\mathfrak{b}$ *sont deux idéaux de* A, *la relation* $V(\mathfrak{a}) \subset V(\mathfrak{b})$ *est équivalente à* $\mathfrak{b} \subset \mathfrak{r}(\mathfrak{a})$ *et à* $\mathfrak{r}(\mathfrak{b}) \subset \mathfrak{r}(\mathfrak{a})$.

Il est immédiat que les relations $\mathfrak{b} \subset \mathfrak{r}(\mathfrak{a})$ et $\mathfrak{r}(\mathfrak{b}) \subset \mathfrak{r}(\mathfrak{a})$ sont équivalentes, et comme $V(\mathfrak{a}) = V(\mathfrak{r}(\mathfrak{a}))$, le corollaire résulte aussitôt de la prop. 11 ,(iii).

COROLLAIRE 3. — *Soit* $(f_\lambda)_{\lambda \in L}$ *une famille d'éléments de* A. *Pour qu'un élément* $g \in A$ *soit tel que* $X_g \subset \bigcup_{\lambda \in L} X_{f_\lambda}$, *il faut et il suffit qu'il existe un entier* $n > 0$ *tel que* g^n *appartienne à l'idéal engendré par les* f_λ.

En effet, la relation $X_g \subset \bigcup_{\lambda \in L} X_{f_\lambda}$ équivaut à $V(g) \supset \bigcap_{\lambda \in L} V(f_\lambda)$, et il suffit d'appliquer le cor. 2.

COROLLAIRE 4. — *Pour que deux éléments* f, g *de* A *soient tels que* $X_f = X_g$, *il faut et il suffit qu'il existe deux entiers* $m > 0, n > 0$ *tels que* $f^m \in Ag$ *et* $g^n \in Af$.

COROLLAIRE 5. — *Pour que* $f \in A$ *soit tel que* $X_f = \emptyset$, *il faut et il suffit que* f *soit nilpotent.*

Cela résulte aussitôt du cor. 4.

COROLLAIRE 6. — *L'adhérence d'un ensemble réduit à un point* $\mathfrak{p} \in X = \operatorname{Spec}(A)$ *est l'ensemble* $V(\mathfrak{p})$ *des idéaux premiers contenant* $\mathfrak{p}$. *Pour que l'ensemble* $\{\mathfrak{p}\}$ *soit fermé dans* X (ou, comme on dit encore par abus de langage, pour que $\mathfrak{p}$ soit un *point fermé* de X), *il faut et il suffit que* $\mathfrak{p}$ *soit maximal.*

COROLLAIRE 7. — *Si* A *est un anneau nœthérien,* $X = \operatorname{Spec}(A)$ *est un espace nœthérien.*

PROPOSITION 12. — *Pour tout* $f \in A$, *l'ensemble ouvert* X_f *dans* $X = \operatorname{Spec}(A)$ *est quasi-compact ; en particulier, l'espace* X *est quasi-compact.*

Comme les X_g forment une base de la topologie, il suffit de prouver que, si $(g_\lambda)_{\lambda \in L}$ est une famille d'éléments de A telle que $X_f \subset \bigcup_{\lambda \in L} X_{g_\lambda}$, alors il existe une sous-famille finie $(g_\lambda)_{\lambda \in H}$ telle que $X_f \subset \bigcup_{\lambda \in H} X_{g_\lambda}$. Mais la relation $X_f \subset \bigcup_{\lambda \in L} X_{g_\lambda}$ signifie qu'il existe un entier $n > 0$ et une sous-famille finie $(g_\lambda)_{\lambda \in H}$ telle que f^n appartienne à l'idéal engendré par cette sous-famille (cor. 3 de la prop. 11) ; d'où la proposition.

PROPOSITION 13. — *Soient* A, A' *deux anneaux,* $X = \operatorname{Spec}(A)$, $X' = \operatorname{Spec}(A')$, *h un homomorphisme de* A *dans* A' ; *l'application* ${}^a h : \mathfrak{p}' \to \overset{-1}{h}(\mathfrak{p}')$ *de* X' *dans* X *est continue.*

En effet, pour $M \subset A$, l'ensemble $({}^a h)^{-1}(V(M))$ est l'ensemble des idéaux premiers $\mathfrak{p}'$ de A' tels que $M \subset \overset{-1}{h}(\mathfrak{p}')$, ce qui équivaut à $h(M) \subset \mathfrak{p}'$; cet ensemble est donc égal à $V(h(M))$ et est par conséquent fermé.

On dit que ${}^a h$ est l'application *associée* à l'homomorphisme *h*.

Remarque. — Si *h* est surjective et si $\mathfrak{a}$ est son noyau, il résulte de la définition de la topologie spectrale que ${}^a h$ est un homéomorphisme de X' sur le sous-espace fermé $V(\mathfrak{a})$ de X ; en effet, pour qu'un idéal premier $\mathfrak{p}'$ de A' contienne un idéal $\mathfrak{b}'$ de A', il faut et il suffit que $\overset{-1}{h}(\mathfrak{p}')$ contienne $\overset{-1}{h}(\mathfrak{b}')$; on voit d'abord que ${}^a h$ est injective en prenant $\mathfrak{b}'$ premier; en outre, pour tout idéal $\mathfrak{b}'$ de A', l'image par $^a h$ de $V(\mathfrak{b}')$ est $V(\overset{-1}{h}(\mathfrak{b}'))$, d'où notre assertion, les idéaux de la forme $\overset{-1}{h}(\mathfrak{b}')$ étant tous les idéaux de A contenant $\mathfrak{a}$.

COROLLAIRE. — *Soient* S *une partie multiplicative de* A, $A' = S^{-1}A$, h *l'homomorphisme canonique* i_A^s ; *alors* $^a h$ *est un homéomorphisme de* $X' = \text{Spec}(A')$ *sur le sous-espace de* $X = \text{Spec}(A)$ *formé des idéaux premiers de* A *ne rencontrant pas* S.

En effet, soit $f' = f/s$ où $f \in A$, $s \in S$; on a $X'_{f'} = X'_{f/1}$ puisque $s/1$ est inversible dans A'. On sait déjà que $^a h$ est injective et que, pour tout $\mathfrak{p}' \in X'$, les relations $f/1 \in \mathfrak{p}'$ et $f \in \overset{-1}{h}(\mathfrak{p}') = {}^a h(\mathfrak{p}')$ sont équivalentes, donc les conditions $\mathfrak{p}' \in X'_{f/1}$ et $^a h(\mathfrak{p}') \in X_f$ sont équivalentes ; cela montre que $^a h(X'_{f'})$ est égal à $X_f \cap {}^a h(X')$, d'où la première assertion, puisque les X_f (resp. $X'_{f'}$) forment une base de la topologie de X (resp. X'). La seconde assertion résulte du § 2, nᵒ 5, prop. 11, (ii).

PROPOSITION 14. — *Soit* A *un anneau. Pour qu'une partie* Y *de* $X = \text{Spec}(A)$ *soit irréductible, il faut et il suffit que l'idéal* $\mathfrak{I}(Y)$ *soit premier.*

Posons $\mathfrak{p} = \mathfrak{I}(Y)$, et notons que, pour un élément $f \in A$, la relation $f \in \mathfrak{p}$ est équivalente à $Y \subset V(f)$. Supposons Y irréductible, et soient f, g des éléments de A tels que $fg \in \mathfrak{p}$. On a donc

$$Y \subset V(fg) = V(f) \cup V(g) ;$$

comme Y est irréductible, $V(f)$ et $V(g)$ fermés, on a $Y \subset V(f)$ ou $Y \subset V(g)$, donc $f \in \mathfrak{p}$ ou $g \in \mathfrak{p}$, ce qui prouve que $\mathfrak{p}$ est premier.

Supposons maintenant $\mathfrak{p}$ premier ; on a $\overline{Y} = V(\mathfrak{p})$ (prop. 11, (ii)), et comme $\mathfrak{p}$ est premier, $\mathfrak{p} = \mathfrak{I}(\{\mathfrak{p}\})$, d'où $\overline{Y} = V(\mathfrak{I}(\{\mathfrak{p}\})) = \overline{\{\mathfrak{p}\}}$ (prop. 11, (ii)). Comme un ensemble réduit à un point est irréductible, Y est irréductible (nᵒ 1, prop. 2).

COROLLAIRE 1. — *Pour qu'un anneau* A *soit tel que* $X = \text{Spec}(A)$ *soit irréductible, il faut et il suffit que le quotient de* A *par son nilradical* $\mathfrak{N}$ *soit intègre.*

En effet (prop. 11, (i)), $\mathfrak{I}(X)$ est la racine de l'idéal (0), c'est-à-dire $\mathfrak{N}$.

COROLLAIRE 2. — *L'application* $\mathfrak{p} \to V(\mathfrak{p})$ *est une bijection de* $X = \text{Spec (A)}$ *sur l'ensemble des parties fermées irréductibles de* X ; *en particulier les composantes irréductibles d'une partie fermée* Y *de* X *sont les ensembles* $V(\mathfrak{p})$, *où* $\mathfrak{p}$ *parcourt l'ensemble des éléments minimaux de l'ensemble des idéaux premiers de* A *qui contiennent* $\mathfrak{I}(Y)$.

Comme $\mathfrak{I}(V(\mathfrak{p})) = \mathfrak{p}$ pour tout idéal premier $\mathfrak{p}$ de A, et $Y = V(\mathfrak{I}(Y))$ pour toute partie fermée Y de X, la première assertion résulte de la prop. 14 ; d'autre part, pour que $Y \supset V(\mathfrak{p})$, il faut et il suffit que $\mathfrak{p} = \mathfrak{I}(V(\mathfrak{p})) \supset \mathfrak{I}(Y)$ (prop. 11), d'où la seconde assertion.

COROLLAIRE 3. — *L'ensemble des idéaux premiers minimaux d'un anneau nœthérien* A *est fini.*

En effet, $X = \text{Spec (A)}$ n'a alors qu'un nombre fini de composantes irréductibles (cor. 7 de la prop. 11 et nº 2, prop. 10) et le corollaire résulte du cor. 2 précédent.

PROPOSITION 15. — *Soient* A *un anneau,* I *un ensemble fini,* E *l'ensemble des familles orthogonales* $(e_i)_{i \in I}$ *d'idempotents* $e_i \neq 0$ *de* A, *telles que* $\sum\limits_{i \in I} e_i = 1$. *Pour tout* $(e_i)_{i \in I} \in E$, *posons* $\varpi((e_i)_{i \in I}) = (V(A(1 - e_i)))_{i \in I}$, $\sigma((e_i)_{i \in I}) = (Ae_i)_{i \in I}$. *Alors* ϖ *est une bijection de* E *sur l'ensemble* P *des partitions* $(U_i)_{i \in I}$ *de* $X = \text{Spec (A)}$ *en ensembles ouverts, et* σ *est une bijection de* E *sur l'ensemble* S *des familles* $(\mathfrak{a}_i)_{i \in I}$ *d'idéaux* $\neq 0$ *de* A *telles que* A *soit somme directe des* $\mathfrak{a}_i$.

Soit $(e_i)_{i \in I}$ un élément de E et posons $Y_i = V(A(1 - e_i))$; si $i \neq j$, on a $1 = 1 - e_i + e_i(1 - e_j) \in A(1 - e_i) + A(1 - e_j)$, d'où $Y_i \cap Y_j = \emptyset$ (formules (1) et (2)). D'autre part,

$$\bigcup_{i \in I} Y_i = V(\prod_{i \in I} A(1 - e_i)) \text{ (formule (3))} ;$$

par hypothèse $\prod\limits_{i \in I} (1 - e_i) = 1 - \sum\limits_{i \in I} e_i = 0$, d'où $\bigcup\limits_{i \in I} Y_i = X$ (formule (1)). Comme les Y_i sont fermés, ils sont aussi ouverts, d'où $\varpi(E) \subset P$. Par ailleurs, on a évidemment $A = \sum\limits_{i \in I} Ae_i$; si $0 = \sum\limits_{i \in I} a_i e_i$

avec $a_i \in A$, on en tire, par multiplication par e_i, $0 = a_i e_i^2 = a_i e_i$ pour tout i ; ceci prouve que $\sigma(E) \subset S$.

Lemme 2. — *Si e, f sont deux idempotents de A tels que Ae et Af aient même racine, on a $e = f$.*

En effet, il existe par hypothèse des entiers $m \geqslant 0$, $n \geqslant 0$ tels que $e = e^m \in Af$ et $f = f^n \in Ae$; soient x, y des éléments de A tels que $e = xf$, $f = ye$; on a $ef = xf^2 = xf = e$ et de même $ef = ye^2 = ye = f$, d'où $e = f$.

Le lemme 2 et le cor. 2 de la prop. 11 montrent que les applications ϖ et σ sont *injectives*.

Montrons que σ est surjective. Si $(\mathfrak{a}_i)_{i \in I}$ est un élément de S, il y a des éléments $e_i \in \mathfrak{a}_i$ tels que $1 = \sum_{i \in I} e_i$; si $i \neq j$, on a $e_i e_j \in \mathfrak{a}_i \cap \mathfrak{a}_j = \{0\}$, d'où $e_i = \sum_{j \in I} e_i e_j = e_i^2$; enfin, on a $Ae_i \subset \mathfrak{a}_i$ pour tout $i \in I$ et $\sum_{i \in I} Ae_i = A$, d'où $Ae_i = \mathfrak{a}_i$.

Reste enfin à montrer que ϖ est surjective. Soit $(U_i)_{i \in I}$ un élément de P et posons $Z_i = \complement U_i = \bigcup_{j \neq i} U_j$; comme U_i et Z_i sont fermés, il existe des idéaux $\mathfrak{a}_i$, $\mathfrak{b}_i$ de A tels que $U_i = V(\mathfrak{a}_i)$, $Z_i = V(\mathfrak{b}_i)$. On va montrer qu'on peut de plus supposer que $\mathfrak{a}_i \cap \mathfrak{b}_i = 0$. On a $U_i \cap Z_i = \varnothing$, d'où $\mathfrak{a}_i + \mathfrak{b}_i = A$; soient $a_i \in \mathfrak{a}_i$, $b_i \in \mathfrak{b}_i$ tels que $a_i + b_i = 1$. On a $X = U_i \cup Z_i = V(\mathfrak{a}_i \mathfrak{b}_i)$ (formule (3)) ; tout élément de $\mathfrak{a}_i \mathfrak{b}_i$ est donc nilpotent (cor. 2 de la prop. 11) ; soit p un entier tel que $a_i^p b_i^p = 0$. On a $U_i \subset V(Aa_i) = V(Aa_i^p)$, $Z_i \subset V(Ab_i) = V(Ab_i^p)$ et $V(Aa_i) \cap V(Ab_i) = V(Aa_i + Ab_i) = \varnothing$, donc $U_i = V(Aa_i^p)$ et $Z_i = V(Ab_i^p)$, ce qui établit notre assertion en remplaçant $\mathfrak{a}_i$ par Aa_i^p et $\mathfrak{b}_i$ par Ab_i^p. Les idéaux $\mathfrak{a}_i$ et $\mathfrak{b}_i$ étant ainsi choisis, il résulte de ce que σ est bijective qu'il existe deux idempotents $f_i \in \mathfrak{a}_i$, $e_i \in \mathfrak{b}_i$ tels que $1 = e_i + f_i$, $e_i f_i = 0$, $\mathfrak{a}_i = Af_i$, $\mathfrak{b}_i = Ae_i$. Si $i \neq j$, on a $X = Z_i \cup Z_j = V(Ae_i e_j)$, et comme $e_i e_j$ est un idempotent, le lemme 2 montre que $e_i e_j = 0$. Enfin $e = \sum_{i \in I} e_i$ est idempotent et on a $e_i \in Ae$ pour tout $i \in I$, d'où $V(Ae) \subset Z_i$ pour tout i ; il en résulte que $V(Ae) = \varnothing = V(A.1)$ et le lemme 2 montre encore que $e = 1$.

C. Q. F. D.

COROLLAIRE 1. — *Soient* A *un anneau,* $\mathfrak{r}$ *un nilidéal de* A, $h : A \to A/\mathfrak{r}$ *l'homomorphisme canonique. Pour toute famille orthogonale finie* $(e'_i)_{i \in I}$ *d'idempotents de* $A/\mathfrak{r}$, *telle que* $\sum_{i \in I} e'_i = 1$, *il existe une famille orthogonale finie* $(e_i)_{i \in I}$ *d'idempotents de* A *telle que* $\sum_{i \in I} e_i = 1$ *et* $h(e_i) = e'_i$ *pour tout* $i \in I$.

Posons $A' = A/\mathfrak{r}$. On sait (*Remarque* suivant la prop. 13) que

$$^a h : \mathrm{Spec}\,(A') \to \mathrm{Spec}\,(A)$$

est un homéomorphisme bijectif, tout idéal premier de A contenant $\mathfrak{r}$ par hypothèse. La prop. 15 montre qu'il existe dans A une famille orthogonale finie $(e_i)_{i \in I}$ d'idempotents telle que $\sum_{i \in I} e_i = 1$ et que l'image par $^a h$ de $V(A'(1 - e'_i))$ soit $V(A(1 - e_i))$. Mais il est clair que $V(A(1 - e_i))$ est aussi l'image par $^a h$ de $V(A'(1 - h(e_i)))$; comme $1 - e'_i$ et $1 - h(e_i)$ sont des idempotents, le lemme 2 montre que $e'_i = h(e_i)$, d'où le corollaire.

COROLLAIRE 2. — *Pour que le spectre premier* $X = \mathrm{Spec}(A)$ *d'un anneau* A *soit connexe, il faut et il suffit qu'il n'existe dans* A *aucun idempotent autre que* 0 *et* 1.

Dire en effet que X n'est pas connexe signifie qu'il existe dans X un ensemble ouvert et fermé distinct de $\emptyset$ et de X.

4. Support d'un module

DÉFINITION 5. — *Soient* A *un anneau,* M *un* A-*module. On appelle support de* M, *et on note* Supp (M), *l'ensemble des idéaux premiers* $\mathfrak{p}$ *de* A *tels que* $M_{\mathfrak{p}} \neq 0$.

Comme tout idéal maximal de A est premier, il résulte aussitôt du § 3, n° 3, cor. 2 du th. 1, que, pour qu'un A-module M soit réduit à 0, *il faut et il suffit que* Supp (M) $= \emptyset$.

Exemple. — Soit $\mathfrak{a}$ un idéal de A ; avec les notations du n° 3, on a

$$V(\mathfrak{a}) = \mathrm{Supp}\,(A/\mathfrak{a}). \tag{9}$$

En effet, si $\mathfrak{p}$ est un idéal premier de A tel que $\mathfrak{a} \not\subset \mathfrak{p}$, on sait que $(A/\mathfrak{a})_{\mathfrak{p}} = 0$ (§ 3, n° 1, *Remarque* 3) ; si au contraire $\mathfrak{a} \subset \mathfrak{p}$, $\mathfrak{a}A_{\mathfrak{p}}$ est contenu dans l'idéal maximal $\mathfrak{p}A_{\mathfrak{p}}$ de $A_{\mathfrak{p}}$ et $(A/\mathfrak{a})_{\mathfrak{p}}$ est isomorphe à $A_{\mathfrak{p}}/\mathfrak{a}A_{\mathfrak{p}}$, donc est $\neq 0$ (§ 3, n° 1, prop. 3) ; d'où notre assertion.

En particulier, on a $\mathrm{Supp}(A) = \mathrm{Spec}(A)$.

PROPOSITION 16. — *Soient* A *un anneau,* M *un* A-*module.*

(i) *Si* N *est un sous-module de* M, *on a*

$$\mathrm{Supp}(M) = \mathrm{Supp}(N) \cup \mathrm{Supp}(M/N).$$

(ii) *Si* M *est somme d'une famille* $(N_\iota)_{\iota \in I}$ *de sous-modules, on a* $\mathrm{Supp}(M) = \bigcup_{\iota \in I} \mathrm{Supp}(N_\iota)$.

(i) De la suite exacte $0 \to N \to M \to M/N \to 0$, on déduit, pour tout idéal premier $\mathfrak{p}$ de A, la suite exacte

$$0 \to N_{\mathfrak{p}} \to M_{\mathfrak{p}} \to (M/N)_{\mathfrak{p}} \to 0$$

(§ 2, n° 4, th. 1). Pour que $M_{\mathfrak{p}}$ soit réduit à 0, il faut et il suffit donc qu'il en soit ainsi de $N_{\mathfrak{p}}$ et de $(M/N)_{\mathfrak{p}}$. Autrement dit, la relation $\mathfrak{p} \notin \mathrm{Supp}(M)$ équivaut à « $\mathfrak{p} \notin \mathrm{Supp}(N)$ et $\mathfrak{p} \notin \mathrm{Supp}(M/N)$ », ce qui prouve (i).

(ii) Pour tout idéal premier $\mathfrak{p}$ de A, $M_{\mathfrak{p}}$ est somme de la famille de sous-modules $(N_\iota)_{\mathfrak{p}}$ (§ 2, n° 4). Dire que $M_{\mathfrak{p}} \neq 0$ signifie qu'il existe $\iota \in I$ tel que $(N_\iota)_{\mathfrak{p}} \neq 0$, d'où (ii).

COROLLAIRE. — *Soient* A *un anneau,* M *un* A-*module,* $(m_\iota)_{\iota \in I}$ *un système de générateurs de* M, *et* $\mathfrak{a}_\iota$ *l'annulateur de* m_ι. *On a alors* $\mathrm{Supp}(M) = \bigcup_{\iota \in I} V(\mathfrak{a}_\iota)$.

En effet, $\mathrm{Supp}(M) = \bigcup_{\iota \in I} \mathrm{Supp}(Am_\iota)$ en vertu de la prop. 16, (ii). D'autre part, Am_ι est isomorphe au A-module $A/\mathfrak{a}_\iota$, et on a vu que $\mathrm{Supp}(A/\mathfrak{a}_\iota) = V(\mathfrak{a}_\iota)$ (*Exemple* ci-dessus).

PROPOSITION 17. — *Soient* A *un anneau,* M *un* A-*module,* $\mathfrak{a}$ *son annulateur ; si* M *est de type fini, on a* $\mathrm{Supp}(M) = V(\mathfrak{a})$, *et* Supp (M) *est donc fermé dans* Spec (A).

Soit $(m_i)_{1 \leqslant i \leqslant n}$ un système de générateurs de M, et soit $\mathfrak{a}_i$ l'annulateur de m_i ; on a $\mathfrak{a} = \bigcap_{i=1}^{n} \mathfrak{a}_i$, donc $V(\mathfrak{a}) = \bigcup_{i=1}^{n} V(\mathfrak{a}_i)$ (n° 3, formule (3)), et la proposition résulte du cor. de la prop. 16.

Corollaire 1. — *Soient* A *un anneau,* M *un* A-*module de type fini,* a *un élément de* A. *Pour que* a *appartienne à tout idéal premier du support de* M, *il faut et il suffit que l'homothétie de* M, *de rapport* a, *soit nilpotente.*

En effet, il résulte de la prop. 17 que l'intersection des idéaux premiers appartenant à Supp(M) est la racine de l'annulateur $\mathfrak{a}$ de M (n° 3, prop. 11, (ii)). Dire que a appartient à cette racine équivaut à dire qu'il existe une puissance $a^k \in \mathfrak{a}$, donc que $a^k M = 0$.

Corollaire 2. — *Soient* A *un anneau nœthérien,* M *un* A-*module de type fini,* $\mathfrak{a}$ *un idéal de* A. *Pour que* $\mathrm{Supp}(M) \subset V(\mathfrak{a})$, *il faut et il suffit qu'il existe un entier* k *tel que* $\mathfrak{a}^k M = 0$.

En effet, si $\mathfrak{b}$ est l'annulateur de M, la relation $\mathrm{Supp}(M) \subset V(\mathfrak{a})$ équivaut à $V(\mathfrak{b}) \subset V(\mathfrak{a})$ d'après la prop. 17, donc à $\mathfrak{a} \subset \mathfrak{r}(\mathfrak{b})$, où $\mathfrak{r}(\mathfrak{b})$ est la racine de $\mathfrak{b}$ (n° 3, cor. 2 de la prop. 11). Puisque A est nœthérien, cette condition équivaut encore à l'existence d'un entier $k > 0$ tel que $\mathfrak{a}^k \subset \mathfrak{b}$ (§ 2, n° 6, prop. 15).

Proposition 18. — *Soient* M, M' *deux modules de type fini sur un anneau* A ; *on a alors*

$$(10) \qquad \mathrm{Supp}(M \otimes_A M') = \mathrm{Supp}(M) \cap \mathrm{Supp}(M').$$

Il s'agit de prouver que, si $\mathfrak{p}$ est un idéal premier de A, les relations $(M \otimes_A M')_{\mathfrak{p}} \neq 0$ et « $M_{\mathfrak{p}} \neq 0$ et $M'_{\mathfrak{p}} \neq 0$ » sont équivalentes. Comme les $A_{\mathfrak{p}}$-modules $M_{\mathfrak{p}} \otimes_{A_{\mathfrak{p}}} M'_{\mathfrak{p}}$ et $(M \otimes_A M')_{\mathfrak{p}}$ sont isomorphes (§ 2, n° 7, prop. 18), notre assertion résulte du lemme suivant :

Lemme 3. — *Soient* B *un anneau local,* E *et* E' *deux* B-*modules de type fini. Si* $E \neq 0$ *et* $E' \neq 0$, *on a* $E \otimes_B E' \neq 0$.

En effet, soit k le corps résiduel de B. En vertu du § 3, n° 2, prop. 4, on a $k \otimes_B E \neq 0$ et $k \otimes_B E' \neq 0$; on en déduit que $(k \otimes_B E) \otimes_k (k \otimes_B E') \neq 0$ (*Alg.*, chap. II, 3e éd., § 3, n° 7). Mais en vertu de l'associativité du produit tensoriel (*loc. cit.*, § 3, n° 8) ce produit tensoriel est isomorphe à $E \otimes_B ((k \otimes_k k) \otimes_B E') = E \otimes_B (k \otimes_B E')$ donc à $k \otimes_B (E \otimes_B E')$, d'où la conclusion.

COROLLAIRE. — *Soient* M *un* A-*module de type fini*, $\mathfrak{n}$ *son annulateur. Pour tout idéal* $\mathfrak{a}$ *de* A, *on a* $\mathrm{Supp}(M/\mathfrak{a}M) = V(\mathfrak{a}) \cap V(\mathfrak{n}) = V(\mathfrak{a} + \mathfrak{n})$.

En effet, $M/\mathfrak{a}M = M \otimes_A (A/\mathfrak{a})$, et $A/\mathfrak{a}$ est de type fini.

PROPOSITION 19. — *Soient* A, B *deux anneaux*, $\varphi : A \to B$ *un homomorphisme*, ${}^a\varphi : \mathrm{Spec}(B) \to \mathrm{Spec}(A)$ *l'application continue associée à* φ (prop. 13). *Pour tout* A-*module* M, *on a* $\mathrm{Supp}(M_{(B)}) \subset {}^a\varphi^{-1}(\mathrm{Supp}(M))$; *si en outre* M *est de type fini, on a* $\mathrm{Supp}(M_{(B)}) = {}^a\varphi^{-1}(\mathrm{Supp}(M))$.

Soit $\mathfrak{q}$ un idéal premier de B et soit $\mathfrak{p} = \overset{-1}{\varphi}(\mathfrak{q})$. Supposons que $\mathfrak{q}$ appartienne à $\mathrm{Supp}(M_{(B)})$; on a $M_{(B)} \otimes_B B_\mathfrak{q} = (M \otimes_A B) \otimes_B B_\mathfrak{q} = M \otimes_A B_\mathfrak{q} = (M \otimes_A A_\mathfrak{p}) \otimes_{A_\mathfrak{p}} B_\mathfrak{q}$ puisque l'homomorphisme $A \to B \to B_\mathfrak{q}$ se factorise en $A \to A_\mathfrak{p} \to B_\mathfrak{q}$ (§ 2, n° 1, prop. 2) ; l'hypothèse $M_{(B)} \otimes_B B_\mathfrak{q} \neq 0$ entraîne donc $M \otimes_A A_\mathfrak{p} \neq 0$, d'où la première assertion. Comme l'homomorphisme $\varphi_\mathfrak{q} : A_\mathfrak{p} \to B_\mathfrak{q}$ est local, la seconde assertion résulte du lemme suivant :

Lemme 4. — *Soient* A, B *deux anneaux locaux*, $\rho : A \to B$ *un homomorphisme local*, E *un* A-*module de type fini. Si* $E \neq 0$, *on a* $E_{(B)} \neq 0$.

En effet, soit $\mathfrak{m}$ l'idéal maximal de A et soit $k = A/\mathfrak{m}$ le corps résiduel ; l'hypothèse entraîne que $B \otimes_A k = B/\mathfrak{m}B \neq 0$; en vertu de l'associativité du produit tensoriel, $(E \otimes_A B) \otimes_A k$ est isomorphe à $E \otimes_A (B \otimes_A k)$, donc aussi à $E \otimes_A (k \otimes_k (B \otimes_A k))$ et finalement à $(E \otimes_A k) \otimes_k (B \otimes_A k)$; en vertu du § 3, n° 2, prop. 4, on a $E \otimes_A k \neq 0$, donc $(E \otimes_A B) \otimes_A k \neq 0$ (*Alg.*, chap. II, 3e éd., § 3, n° 7) et *a fortiori* $E \otimes_A B \neq 0$.

PROPOSITION 20. — *Soient* A *un anneau*, M *un* A-*module de type fini. Pour tout idéal premier* $\mathfrak{p} \in \mathrm{Supp}(M)$, *il existe un* A-*homomorphisme non nul* $w : M \to A/\mathfrak{p}$.

Soit $\mathfrak{p} \in \mathrm{Supp}(M)$. Comme M est de type fini et $M_\mathfrak{p} \neq 0$, on a $M_\mathfrak{p}/\mathfrak{p}M_\mathfrak{p} = M_\mathfrak{p} \otimes_{A_\mathfrak{p}} (A_\mathfrak{p}/\mathfrak{p}A_\mathfrak{p}) \neq 0$ (§ 3, n° 2, prop. 4). Soit $K = A_\mathfrak{p}/\mathfrak{p}A_\mathfrak{p}$ le corps des fractions de l'anneau intègre $A/\mathfrak{p}$; puisque $M_\mathfrak{p}/\mathfrak{p}M_\mathfrak{p}$ est un K-espace vectoriel non réduit à 0, il existe une forme linéaire non nulle $u : M_\mathfrak{p}/\mathfrak{p}M_\mathfrak{p} \to K$. Si $(x_i)_{1 \leqslant i \leqslant n}$ est un système de générateurs du A-module M, il existe un élément $\alpha \neq 0$ de $A/\mathfrak{p}$ tel que les images des x_i par l'application A-linéaire composée

$$v : M \rightarrow M_\mathfrak{p} \rightarrow M_\mathfrak{p}/\mathfrak{p}M_\mathfrak{p} \xrightarrow{\alpha u} K$$

appartiennent à $A/\mathfrak{p}$. L'application v induit alors une application A-linéaire non nulle w de M dans $A/\mathfrak{p}$.

§ 5. Modules projectifs de type fini Idéaux fractionnaires inversibles

1. Localisation par rapport à un élément.

Soient A un anneau, M un A-module. Pour tout élément $f \in A$, nous poserons $A_f = A[f^{-1}]$, $M_f = M[f^{-1}] = M \otimes_A A[f^{-1}]$ (§ 2, nos 1 et 2) ; si S_f est l'ensemble des f^n pour $n \geqslant 0$, on a donc $A_f = S_f^{-1}A$, $M_f = S_f^{-1}M$. Si f est inversible dans A, A_f (resp. M_f) s'identifie canoniquement à A (resp. à M) ; si f est nilpotent, on a $A_f = 0$ et $M_f = 0$. Pour tout homomorphisme $u : M \rightarrow N$ de A-modules, on écrira $u_f = u \otimes 1 : M_f \rightarrow N_f$.

Soit g un second élément de A ; A_{fg} (resp. M_{fg}) s'identifie canoniquement à $(A_f)_{g/1}$ (resp. $(M_f)_{g/1}$), où $g/1$ est l'image de g dans A_f, et u_{fg} à $(u_f)_{g/1}$ (§ 2, no 3, prop. 7).

PROPOSITION 1. — *Soit f un élément d'un anneau* A, *et soit* $\varphi : A \rightarrow A_f$ *l'application canonique. L'application* ${}^a\varphi$: $\mathrm{Spec}(A_f) \rightarrow \mathrm{Spec}(A)$ *est un homéomorphisme de* $\mathrm{Spec}(A_f)$ *sur le sous-espace ouvert* X_f *de* $X = \mathrm{Spec}(A)$ (§ 4, no 3).

C'est un cas particulier du § 4, no 3, cor. de la prop. 13.

PROPOSITION 2. — *Soient* A *un anneau,* $u : M \rightarrow N$ *un homomorphisme de* A-*modules, et* $\mathfrak{p}$ *un idéal premier de* A.

(i) *Supposons que* $u_\mathfrak{p} : M_\mathfrak{p} \rightarrow N_\mathfrak{p}$ *soit surjectif et que* N *soit de type fini. Il existe alors* $f \in A - \mathfrak{p}$ *tel que* $u_f : M_f \rightarrow N_f$ *soit surjectif.*

(ii) *Supposons que* $u_\mathfrak{p}$ *soit bijectif, que* M *soit de type fini et* N *de présentation finie. Il existe alors* $f \in A - \mathfrak{p}$ *tel que* u_f *soit bijectif.*

Soient R et Q le noyau et le conoyau de u ; si $g \in A$, le noyau et le conoyau de u_g (resp. $u_{\mathfrak{p}}$) sont R_g et Q_g (resp. $R_{\mathfrak{p}}$ et $Q_{\mathfrak{p}}$) (§ 2, n° 4, th. 1). On a donc $Q_{\mathfrak{p}} = 0$; comme N est de type fini, il en est de même de Q, de sorte qu'il existe $g' \in A - \mathfrak{p}$ tel que $g'Q = 0$ (§ 2, n° 2, cor. 2 de la prop. 4), d'où $Q_{g'} = 0$. Sous les hypothèses de (ii), la suite $0 \to R_{g'} \to M_{g'} \to N_{g'} \to 0$ est exacte, donc $R_{g'}$ est de type fini (chap. I, § 2, n° 8, lemme 9). Or, on a $(R_{g'})_{\mathfrak{p}R_{g'}} = R_{\mathfrak{p}} = 0$; donc il existe $g_1 \in A_{g'} - \mathfrak{p}A_{g'}$ tel que $g_1 R_{g'} = 0$ (§ 2, n° 2, cor. 2 de la prop. 4). On a $g_1 = g''/g'^h$, où $g'' \in A - \mathfrak{p}$; comme $g'/1$ est inversible dans $R_{g'}$, on a $(g''/1)R_{g'} = 0$ d'où $R_{g'g''} = (R_{g'})_{g''/1} = 0$. Si $f = g'g''$, on a $f \in A - \mathfrak{p}$, $Q_f = 0$ et $R_f = 0$, de sorte que u_f est bijectif.

COROLLAIRE. — *Si* N *est de présentation finie et si* $N_{\mathfrak{p}}$ *est un* $A_{\mathfrak{p}}$*-module libre de rang* p, *il existe* $f \in A - \mathfrak{p}$ *tel que* N_f *soit un* A_f*-module libre de rang* p.

Il existe par hypothèse p éléments $x_i \in N$ $(1 \leqslant i \leqslant p)$ tels que les $x_i/1$ forment une base du $A_{\mathfrak{p}}$-module libre $N_{\mathfrak{p}}$. Considérons l'homomorphisme $u : A^p \to N$ tel que $u(e_i) = x_i$ pour $1 \leqslant i \leqslant p$, $(e_i)_{1 \leqslant i \leqslant p}$ étant la base canonique de A^p. Comme $u_{\mathfrak{p}}$ est bijectif par hypothèse, il existe $f \in A - \mathfrak{p}$ tel que u_f soit bijectif, en vertu de la prop. 2.

PROPOSITION 3. — *Soit* $(f_i)_{i \in I}$ *une famille finie d'éléments d'un anneau* A, *engendrant l'idéal* A *de* A. *L'anneau* $B = \prod_{i \in I} A_{f_i}$ *est alors un* A*-module fidèlement plat.*

En vertu du § 2, n° 4, th. 1, chacun des A_{f_i} est un A-module plat, donc il en est de même de B (chap. I, § 2, n° 3, prop. 2). D'autre part, si $\mathfrak{p}$ est un idéal premier de A, il existe un indice i tel que $f_i \notin \mathfrak{p}$ et $\mathfrak{p}_{f_i} = \mathfrak{p}A_{f_i}$ est donc un idéal premier de A_{f_i}. On a alors $\mathfrak{p}B \subset \mathfrak{p}A_{f_i} \times \prod_{j \neq i} A_{f_j} \neq B$ puisque $\mathfrak{p}A_{f_i} \neq A_{f_i}$; ceci suffit à entraîner que B est un A-module fidèlement plat (chap. I, § 3, n° 1, prop. 1).

COROLLAIRE. — *Sous les hypothèses de la prop.* 3, *pour qu'un* A*-module* M *soit de type fini* (resp. *de présentation finie*), *il faut et* *il suffit que, pour tout indice i, le* A_{f_i}*-module* M_{f_i} *soit de type fini* (resp. *de présentation finie*).

La condition est évidemment nécessaire (§ 2, n° 4). Inversement, si tous les M_{f_i} sont de type fini (resp. de présentation finie), $M' = \prod_{i \in I} M_{f_i}$ est un B-module de type fini (resp. de présentation finie, car on peut évidemment supposer que pour chaque i il y a une suite exacte $A_{f_i}^m \to A_{f_i}^n \to M_{f_i} \to 0$, où m et n sont *indépendants de* i). Or, on a $M' = M \otimes_A B$. Le corollaire résulte alors de la prop. 3 et du chap. I, § 3, n° 6, prop. 11.

On notera que la condition sur les f_i signifie que les ensembles ouverts X_{f_i} forment un *recouvrement* de Spec(A) (§ 4, n° 3, cor. 3 de la prop. 11).

2. *Caractérisation locale des modules projectifs de type fini.*

Théorème 1. — *Soient* A *un anneau,* P *un* A*-module. Les propriétés suivantes sont équivalentes :*

a) P *est un module projectif de type fini.*

b) P *est un module de présentation finie, et pour tout idéal maximal* $\mathfrak{m}$ *de* A, $P_{\mathfrak{m}}$ *est un* $A_{\mathfrak{m}}$*-module libre.*

c) P *est un module de type fini, pour tout* $\mathfrak{p} \in \operatorname{Spec}(A)$, *le* $A_{\mathfrak{p}}$*-module* $P_{\mathfrak{p}}$ *est libre, et si on désigne son rang par* $r_{\mathfrak{p}}$, *la fonction* $\mathfrak{p} \to r_{\mathfrak{p}}$ *est localement constante dans l'espace topologique* Spec(A) (c'est-à-dire que tout point de Spec (A) admet un voisinage dans lequel cette fonction est constante).

d) *Il existe une famille finie* $(f_i)_{i \in I}$ *d'éléments de* A *engendrant l'idéal* A, *telle que, pour tout* $i \in I$, *le* A_{f_i}*-module* P_{f_i} *soit libre de rang fini.*

e) *Pour tout idéal maximal* $\mathfrak{m}$ *de* A, *il existe* $f \in A - \mathfrak{m}$ *tel que* P_f *soit un* A_f*-module libre de rang fini.*

Nous démontrerons le théorème suivant le schéma logique

$$\begin{array}{ccccc} a) & \Leftarrow & d) & \searrow & \\ \Downarrow & & \Uparrow & & c) \\ b) & \Rightarrow & e) & \swarrow & \end{array}$$

a) ⇒ *b*) : On sait qu'un module projectif de type fini est de présentation finie (chap. I, § 2, n° 8, lemme 8, (iii)) ; si P est un A-module projectif, $P_{\mathfrak{m}} = P \otimes_A A_{\mathfrak{m}}$ est un $A_{\mathfrak{m}}$-module projectif (*Alg.*, chap. II, 3e éd., § 5, n° 1, cor. de la prop. 4) ; enfin, comme $A_{\mathfrak{m}}$ est un anneau local, tout $A_{\mathfrak{m}}$-module projectif de présentation finie est libre (§ 3, n° 2, cor. 2 de la prop. 5).

b) $\Rightarrow$ *e*) : Cela résulte du corollaire de la prop. 2 du n° 1.

c) $\Rightarrow$ *e*) : Soit $\mathfrak{m}$ un idéal maximal de A ; posons $r_{\mathfrak{m}} = n$, et soit $(x_i)_{1 \leqslant i \leqslant n}$ une base de $P_{\mathfrak{m}}$. Quitte à multiplier les x_i par un élément inversible de $A_{\mathfrak{m}}$, on peut supposer que les x_i sont images canoniques d'éléments $p_i \in P$ $(1 \leqslant i \leqslant n)$. Soit $(e_i)_{1 \leqslant i \leqslant n}$ la base canonique de A^n et soit $u : A^n \rightarrow P$ l'homomorphisme tel que $u(e_i) = p_i$ pour $1 \leqslant i \leqslant n$. Comme P est de type fini, il résulte de la prop. 2 du n° 1 qu'il existe $f \in A - \mathfrak{m}$ tel que u_f soit surjectif. On en conclut que u_{fg} est aussi surjectif pour tout $g \in A - \mathfrak{m}$, et par hypothèse il existe $g \in A - \mathfrak{m}$ tel que $r_{\mathfrak{p}} = n$ pour $\mathfrak{p} \in X_g$. On peut donc, en remplaçant f par fg, supposer que $r_{\mathfrak{p}} = n$ pour tout $\mathfrak{p} \in X_f$. Alors $u_{\mathfrak{p}} : A_{\mathfrak{p}}^n \rightarrow P_{\mathfrak{p}}$ est un homomorphisme surjectif et $P_{\mathfrak{p}}$ et $A_{\mathfrak{p}}$ sont deux $A_{\mathfrak{p}}$-modules libres de même rang ; donc (§ 3, n° 2, cor. de la prop. 6) $u_{\mathfrak{p}}$ est bijectif pour tout $\mathfrak{p} \in X_f$. Soit $\mathfrak{p}'$ un idéal premier de A_f, et soit $\mathfrak{p}$ son image réciproque dans A par l'application canonique ; si on identifie $(A_f^n)_{\mathfrak{p}'}$ et $(P_f)_{\mathfrak{p}'}$ à $A_{\mathfrak{p}}^n$ et $P_{\mathfrak{p}}$ par les isomorphismes canoniques, $(u_f)_{\mathfrak{p}'}$ s'identifie à $u_{\mathfrak{p}}$ et est par suite bijectif. On en conclut que u_f est bijectif (§ 3, n° 3, th. 1), ce qui établit *e*).

e) $\Rightarrow$ *d*) : Soit E l'ensemble des $f \in A$ tels que P_f soit un A_f-module libre de type fini. L'hypothèse entraîne que E n'est contenu dans aucun idéal maximal de A, donc E engendre l'idéal A, et il existe par suite une famille finie $(f_i)_{1 \leqslant i \leqslant n}$ d'éléments de E et des $a_i \in A$ $(1 \leqslant i \leqslant n)$ tels que $1 = \sum_{i=1}^{n} a_i f_i$; d'où *d*).

d) $\Rightarrow$ *c*) : Il résulte du n° 1, cor. de la prop. 3, que P est de type fini. D'autre part, pour tout idéal premier $\mathfrak{p}$ de A, il existe un indice i tel que $\mathfrak{p} \in X_{f_i}$; si $\mathfrak{p}' = \mathfrak{p}_{f_i}$, on a $P_{\mathfrak{p}} = (P_{f_i})_{\mathfrak{p}'}$ (§ 2, n° 5, prop. 10), donc par hypothèse $P_{\mathfrak{p}}$ est libre de même rang que P_{f_i}, ce qui prouve *c*).

d) $\Rightarrow$ *a*) : Considérons l'anneau $B = \prod_{i \in I} A_{f_i}$ et le B-module $M = \prod_{i \in I} P_{f_i} = P \otimes_A B$. Pour chaque indice i, il y a un A_{f_i}-module libre L_i tel que P_{f_i} soit facteur direct de L_i, et on peut supposer que les L_i ont tous même rang ; donc $L = \prod_{i \in I} L_i$ est un B-module libre, dont M est facteur direct, autrement dit M est un B-module projectif de type fini. Comme B est un A-module fidèlement plat (nº 1, prop. 3), on en conclut que P est un A-module projectif de type fini (chap. I, § 3, nº 6, prop. 12).

Corollaire 1. — *Supposons vérifiées les propriétés équivalentes de l'énoncé du th. 1. Soit m un entier > 0 tel que, pour toute famille $(x_i)_{1 \leqslant i \leqslant m}$ d'éléments de P, il existe une famille $(a_i)_{1 \leqslant i \leqslant m}$ d'éléments de A, non tous diviseurs de zéro, et pour lesquels $\sum_{i=1}^{m} a_i x_i = 0$. Alors, pour tout $\mathfrak{p} \in \operatorname{Spec}(A)$, on a $r_\mathfrak{p} \leqslant m$.*

En effet, soit $\mathfrak{p}$ un idéal premier de A ; posons $r = r_\mathfrak{p}$ et soit $(y_j)_{1 \leqslant j \leqslant r}$ une base du $A_\mathfrak{p}$-module libre $P_\mathfrak{p}$. Il existe des éléments x_j $(1 \leqslant j \leqslant r)$ de P et un $s \in A - \mathfrak{p}$ tels que $y_j = x_j/s$ pour tout j. Pour toute famille $(a_j)_{1 \leqslant j \leqslant r}$ d'éléments de A tels que $\sum_{j=1}^{r} a_j x_j = 0$, on a alors $\sum_{j=1}^{r} (a_j/1) y_j = 0$ dans $P_\mathfrak{p}$, d'où $a_j/1 = 0$ pour $1 \leqslant j \leqslant r$. Comme $A - \mathfrak{p}$ ne contient pas 0, cela montre que les a_j sont tous diviseurs de zéro dans A (§ 2, nº 1, *Remarque* 3), donc on a nécessairement $r \leqslant m$.

Corollaire 2. — *Tout module plat de présentation finie est projectif.*

En effet, si P est un A-module plat de présentation finie, et $\mathfrak{m}$ un idéal maximal de A, le $A_\mathfrak{m}$-module $P_\mathfrak{m}$ est plat (§ 3, nº 4, prop. 13) et de présentation finie (§ 2, nº 4), donc libre (§ 3, nº 2, cor. 2 de la prop. 5). La condition *b*) du th. 1 est donc vérifiée.

Remarques. — 1) Il existe des modules plats de type fini qui ne sont pas projectifs (exerc. 7).

2) Le cor. 2 du th. 1 s'étend aux modules sur un anneau non commutatif (chap. I, § 2, exerc. 15).

3. *Rangs des modules projectifs.*

DÉFINITION 1. — *Soit* P *un* A*-module projectif de type fini. Pour tout idéal premier* $\mathfrak{p}$ *de* A, *le rang du* $A_{\mathfrak{p}}$*-module libre* $P_{\mathfrak{p}}$ *s'appelle le rang de* P *en* $\mathfrak{p}$ *et se note* $rg_{\mathfrak{p}}(P)$.

En vertu du th. 1, la fonction $\mathfrak{p} \to rg_{\mathfrak{p}}(P)$ à valeurs entières est *localement constante* dans X = Spec (A) ; elle est par suite constante si X est *connexe*, et en particulier lorsque l'anneau A est *intègre* (§ 4, n° 3, cor. 2 de la prop. 15).

DÉFINITION 2. — *Soit n un entier* $\geqslant 0$. *On dit qu'un* A*-module projectif* P *est de rang n s'il est de type fini et si* $rg_{\mathfrak{p}}(P) = n$ *pour tout idéal premier* $\mathfrak{p}$ *de* A.

Il est clair que tout A-module *libre* de type fini L est de rang *n* au sens de la définition 2, *n* étant égal à la *dimension* (ou *rang*) de L définie en *Alg.*, chap. II, 3e éd., § 7, n° 2.

Un module projectif de rang 0 est nul (§ 3, n° 3, cor. 2 du th. 1). Si A n'est pas réduit à 0 et si un A-module projectif P est de rang *n*, l'entier *n* est déterminé de façon unique ; on le note alors rg(P).

THÉORÈME 2. — *Soient* P *un* A*-module et n un entier* $\geqslant 0$. *Les propriétés suivantes sont équivalentes :*

a) P *est projectif de rang n.*

b) P *est de type fini et, pour tout idéal maximal* $\mathfrak{m}$ *de* A, *le* $A_{\mathfrak{m}}$*-module* $P_{\mathfrak{m}}$ *est libre de rang n.*

c) P *est de type fini et, pour tout idéal premier* $\mathfrak{p}$ *de* A, *le* $A_{\mathfrak{p}}$*-module* $P_{\mathfrak{p}}$ *est libre de rang n.*

d) *Pour tout idéal maximal* $\mathfrak{m}$ *de* A, *il existe* $f \in A - \mathfrak{m}$ *tel que le* A_f*-module* P_f *soit libre de rang n.*

En vertu de la déf. 2 et du th. 1, *a*) et *c*) sont équivalentes ; *b*) implique *c*), car pour tout idéal premier $\mathfrak{p}$ de A, il existe un idéal maximal $\mathfrak{m}$ contenant $\mathfrak{p}$, et si on pose $\mathfrak{p}' = \mathfrak{p}_{\mathfrak{m}}$, $P_{\mathfrak{p}}$ est isomorphe à $(P_{\mathfrak{m}})_{\mathfrak{p}'}$ (§ 2, n° 5, prop. 11) ; si $P_{\mathfrak{m}}$ est libre de rang *n*, il en est donc de même de $P_{\mathfrak{p}}$. La propriété *c*) implique *d*) en vertu du th. 1 et du fait que, si $f \in A - \mathfrak{m}$ et si $\mathfrak{m}' = \mathfrak{m}_f$, $P_{\mathfrak{m}}$ est isomorphe à $(P_f)_{\mathfrak{m}'}$, donc les rangs de P_f et P_m sont égaux. Enfin ce dernier raisonnement et le th. 1 montrent que *d*) implique *b*).

Remarque. — Si A est un anneau *intègre*, un A-module projectif admet un rang bien défini (au sens de la déf. 2), comme on l'a observé plus haut ; en outre ce rang coïncide avec le rang défini en *Alg.*, chap. II, 3e éd., § 7, no 2 ; il suffit en effet d'appliquer le th. 2 *c*) avec $\mathfrak{p} = (0)$.

Soient E et F deux A-modules projectifs de type fini. On sait (*Alg.*, chap. II, 3e éd., §§ 2 et 3) que $E \times F$, $E \otimes_A F$, $\mathrm{Hom}_A(E, F)$ et le dual E^* de E sont projectifs de type fini ; il en est de même de la puissance extérieure $\bigwedge^k E$ pour tout entier $k > 0$ (*Alg.*, chap. III, 3e éd.). De plus, on déduit immédiatement de la déf. 1 et du § 2, no 7, prop. 18 et 19, et no 8, que, pour tout idéal premier $\mathfrak{p}$ de A, on a :

$$\mathrm{rg}_{\mathfrak{p}}(E \times F) = \mathrm{rg}_{\mathfrak{p}}(E) + \mathrm{rg}_{\mathfrak{p}}(F) \tag{1}$$

$$\mathrm{rg}_{\mathfrak{p}}(E \otimes_A F) = \mathrm{rg}_{\mathfrak{p}}(E) \,.\, \mathrm{rg}_{\mathfrak{p}}(F) \tag{2}$$

$$\mathrm{rg}_{\mathfrak{p}}(\mathrm{Hom}_A(E, F)) = \mathrm{rg}_{\mathfrak{p}}(E) \,.\, \mathrm{rg}_{\mathfrak{p}}(F) \tag{3}$$

$$\mathrm{rg}_{\mathfrak{p}}(E^*) = \mathrm{rg}_{\mathfrak{p}}(E) \tag{4}$$

$$\mathrm{rg}_{\mathfrak{p}}(\textstyle\bigwedge^k E) = \dbinom{\mathrm{rg}_{\mathfrak{p}}(E)}{k}. \tag{5}$$

Lorsque les rangs de E et de F sont définis, il en est de même de ceux de $E \times F$, $E \otimes_A F$, $\mathrm{Hom}_A(E, F)$, E^* et $\bigwedge^k E$, et les formules ci-dessus sont encore valables en omettant l'indice $\mathfrak{p}$. En outre :

COROLLAIRE. — *Pour qu'un* A-*module projectif de type fini* P *soit de rang* n, *il faut et il suffit que* $\bigwedge^n P$ *soit de rang* 1.

PROPOSITION 4. — *Soient* B *une* A-*algèbre commutative*, P *un* A-*module projectif de rang* n. *Le* B-*module* $P_{(B)} = B \otimes_A P$ *est alors projectif de rang* n.

On sait que $P_{(B)}$ est projectif de type fini (*Alg.*, chap. II, 3e éd., § 5, no 1, cor. de la prop. 4). Si $\mathfrak{q}$ est un idéal premier de B et $\mathfrak{p}$ son image réciproque dans A, on a $(P_{(B)})_{\mathfrak{q}} = (P \otimes_A B) \otimes_B B_{\mathfrak{q}} = P \otimes_A B_{\mathfrak{q}} =$

$(P \otimes_A A_\mathfrak{p}) \otimes_{A_\mathfrak{p}} B_\mathfrak{q}$, et comme, par hypothèse, $P \otimes_A A_\mathfrak{p}$ est un $A_\mathfrak{p}$-module libre de rang n, $(P_{(B)})_\mathfrak{q}$ est un $B_\mathfrak{q}$-module libre de rang n.

PROPOSITION 5. — *Soient* A *un anneau semi-local,* P *un* A-*module projectif de type fini. Si le rang de* P *est défini,* P *est un* A-*module libre.*

Supposons d'abord que A soit isomorphe à un produit de corps K_i $(1 \leqslant i \leqslant n)$. Les K_i s'identifient alors aux idéaux minimaux (*Alg.*, chap. VIII, § 3, n° 1) de A, et, pour tout i, la somme $\mathfrak{p}_i$ des K_j d'indice $j \neq i$ est un idéal maximal de A, les $\mathfrak{p}_i$ $(1 \leqslant i \leqslant n)$ étant les seuls idéaux premiers de A. Tout A-module P de type fini est alors somme directe de ses composants isotypiques P_i $(1 \leqslant i \leqslant n)$, P_i étant isomorphe à une somme directe d'un nombre fini r_i de A-modules isomorphes à K_i (*Alg.*, chap. VIII, § 5, n° 1, prop. 1 et n° 3, prop. 11) ; l'anneau $A_{\mathfrak{p}_i}$ s'identifie à K_i et annule les P_j d'indice $j \neq i$, donc $r_i = \mathrm{rg}_{\mathfrak{p}_i}(P)$; si tous les r_i sont égaux à un même nombre r, P est isomorphe à A^r, d'où la proposition dans ce cas. Dans le cas général, soient $\mathfrak{R}$ le radical de A, et $B = A/\mathfrak{R}$; comme B est un produit de corps, le B-module projectif $P_{(B)}$ est libre d'après ce qui précède et la prop. 4. Par ailleurs P est un A-module plat, et la proposition résulte donc du § 3, n° 2, prop. 5.

4. *Modules projectifs de rang 1.*

THÉORÈME 3. — *Soient* A *un anneau,* M *un* A-*module de type fini.*

(i) *S'il existe un* A-*module* N *tel que* $M \otimes_A N$ *soit isomorphe à* A, *le module* M *est projectif de rang* 1.

(ii) *Réciproquement, si* M *est projectif de rang* 1 *et si* M^* *est le dual de* M, *l'homomorphisme canonique* $u : M \otimes_A M^* \to A$ *correspondant à la forme bilinéaire canonique* $(x, x^*) \to \langle x, x^* \rangle$ *sur* $M \times M^*$ (*Alg.*, chap. II, 3e éd., § 2, n° 3) *est bijectif.*

(i) Il s'agit de prouver que, pour tout idéal maximal $\mathfrak{m}$ de A, le $A_\mathfrak{m}$-module $M_\mathfrak{m}$ est libre de rang 1 (th. 2 *b*)) ; quitte à remplacer A par $A_\mathfrak{m}$, on peut donc supposer que A est un anneau *local* (§ 2, n° 7, prop. 18). Soit $k = A/\mathfrak{m}$. L'isomorphisme $v : M \otimes_A N \to A$ définit un isomorphisme $v \otimes 1_k : (M/\mathfrak{m}M) \otimes_k (N/\mathfrak{m}N) \to k$: comme le rang sur k de $(M/\mathfrak{m}M) \otimes_k (N/\mathfrak{m}N)$ est le produit des rangs de $M/\mathfrak{m}M$ et $N/\mathfrak{m}N$, ces derniers sont nécessairement égaux à 1, autrement dit $M/\mathfrak{m}M$ est monogène. On en conclut que M est monogène (§ 3, nº 2, cor. 2 de la prop. 4) ; d'autre part, l'annulateur de M annule aussi $M \otimes_A N$, donc est nul, ce qui prouve que M est isomorphe à A.

(ii) Il suffit de prouver que, pour tout idéal maximal $\mathfrak{m}$ de A, $u_\mathfrak{m}$ est un isomorphisme (§ 3, nº 3, th. 1). Comme M est de présentation finie (chap. I, § 2, nº 8, lemme 8) $(M^*)_\mathfrak{m}$ s'identifie canoniquement au dual $(M_\mathfrak{m})^*$ (§ 2, nº 7, prop. 19) et comme $M_\mathfrak{m}$ est libre de rang 1 ainsi que son dual $(M_\mathfrak{m})^*$, il est clair que l'homomorphisme canonique $u_\mathfrak{m} : (M_\mathfrak{m}) \otimes_{A_\mathfrak{m}} (M_\mathfrak{m})^* \rightarrow A_\mathfrak{m}$ est bijectif, ce qui achève la démonstration.

Remarque 1). — Si M est projectif de rang 1 et si N est tel que $M \otimes_A N$ soit isomorphe à A, alors N est isomorphe à M^* : en effet, on a des isomorphismes

$$N \rightarrow N \otimes A \rightarrow N \otimes M \otimes M^* \rightarrow A \otimes M^* \rightarrow M^*.$$

Proposition 6. — *Soient* M *et* N *des* A-*modules projectifs de rang* 1. *Alors* $M \otimes_A N$, $\mathrm{Hom}_A(M, N)$ *et le dual* M^* *de* M *sont projectifs de rang* 1.

Cela résulte aussitôt des formules (2), (3) et (4).

Notons maintenant que tout A-module de type fini est isomorphe à un module quotient de $L = A^{(\mathbf{N})}$; on peut donc parler de *l'ensemble* $\boldsymbol{F}(A)$ *des classes de* A-*modules de type fini* pour la relation d'isomorphie (*Ens.*, chap. I, 2ᵉ éd., § 6, nº 9) ; nous désignerons par $\boldsymbol{P}(A)$ la partie de $\boldsymbol{F}(A)$ formée des classes de A-modules projectifs de rang 1, et par cl(M) l'image dans $\boldsymbol{P}(A)$ d'un A-module projectif M de rang 1. Il est immédiat que, pour deux A-modules projectifs M, N de rang 1, $\mathrm{cl}(M \otimes_A N)$ ne dépend que de cl(M) et de cl(N) ; on pose par définition

$$\mathrm{cl}(M) + \mathrm{cl}(N) = \mathrm{cl}(M \otimes_A N) \tag{6}$$

et on définit ainsi une loi de composition interne dans $\boldsymbol{P}(A)$.

PROPOSITION 7. — *L'ensemble* $\boldsymbol{P}(A)$ *des classes de* A-*modules projectifs de rang* 1, *muni de la loi de composition* (6), *est un groupe commutatif. Si* M *est un* A-*module projectif de rang* 1 *et* M* *son dual, on a*

$$\text{(7)} \qquad \mathrm{cl}(M^*) = -\,\mathrm{cl}(M) \quad et \quad \mathrm{cl}(A) = 0.$$

L'associativité et la commutativité du produit tensoriel montrent que la loi de composition (6) est associative et commutative ; l'isomorphie de $A \otimes_A M$ et de M prouve que cl(A) est élément neutre pour cette loi, et on a, en vertu du th. 3, $\mathrm{cl}(M) + \mathrm{cl}(M^*) = \mathrm{cl}(A)$, d'où la proposition.

Soient B une A-algèbre commutative, M un A-module projectif de rang 1 ; alors $M_{(B)} = B \otimes_A M$ est un B-module projectif de rang 1 (n° 3, prop. 4). Il existe donc une application dite canonique $\varphi : \boldsymbol{P}(A) \to \boldsymbol{P}(B)$ telle que

$$\text{(8)} \qquad \varphi(\mathrm{cl}(M)) = \mathrm{cl}(M_{(B)}).$$

La formule $M_{(B)} \otimes_B N_{(B)} = (M \otimes_A N)_{(B)}$ pour deux A-modules M, N prouve que l'application φ est un *homomorphisme* de groupes commutatifs.

**Remarque* 2). — La condition *e*) du th. 1 (équivalente au fait que P est projectif de type fini) peut aussi s'exprimer en disant que *le faisceau de modules* $\tilde{P}$ *sur* X = Spec (A) *associé* (*) *à* P *est localement libre de type fini*, et peut par suite s'interpréter comme le faisceau des sections d'un fibré vectoriel sur X. Inversement, tout fibré vectoriel sur X provient d'un module projectif de type fini, déterminé à un isomorphisme unique près ; les modules projectifs de rang *n* correspondent ainsi aux fibrés vectoriels dont toutes les fibres ont la dimension *n*. En particulier, les fibrés vectoriels de rang 1 correspondent aux modules projectifs de rang 1. Si l'on note $\mathcal{O}_X$ le faisceau structural $\tilde{A}$, et $\mathcal{O}_X^*$ le *faisceau des unités* de $\mathcal{O}_X$ (dont les sections sur un ouvert U de X sont les éléments inversibles de l'anneau des sections de $\mathcal{O}_X$ sur U), on en déduit que le

(*) Voir A. GROTHENDIECK, *Éléments de géométrie algébrique*, I (§ 1) (*Publ Math. I. H. E. S.*, n° 4, 1960).

groupe $\boldsymbol{P}(A)$ est isomorphe au premier groupe de cohomologie $H^1(X, \mathcal{O}_X^*)$.$_*$

5. *Sous-modules non dégénérés.*

Dans ce n° et les deux suivants, on note A *un anneau,* S *une partie multiplicative de* A *formée d'éléments* non diviseurs de zéro dans A, *et* B *l'anneau* $S^{-1}A$; *on identifie canoniquement* A *à un sous-anneau de* B (§ 2, n° 1, *Remarque* 3). *Les éléments de* S *sont alors inversibles dans* B.

L'un des cas particuliers les plus importants pour les applications est celui où A est *intègre* et S l'ensemble des éléments $\neq 0$ de A ; B est alors le *corps des fractions* de A.

Définition 3. — *Soit* M *un sous-*A*-module de* B. *On dit que* M *est non dégénéré si* $B.M = B$.

Lorsque B est un corps, cette condition signifie simplement que M n'est pas réduit à 0.

Proposition 8. — *Soit* M *un sous-*A*-module de* B. *Les conditions suivantes sont équivalentes :*

a) M *est non dégénéré.*

b) M *rencontre* S.

c) *Si* $j : M \to B$ *est l'injection canonique, l'homomorphisme* $u = S^{-1}j : S^{-1}M \to B$ *est bijectif.*

a) implique *b*), car si $B.M = B$, il existe $a \in A$, $s \in S$ et $x \in M$ tels que $(a/s)x = 1$, donc $ax = s$ appartient à $S \cap M$. Pour voir que *b*) implique *c*), remarquons déjà que u est injectif (§ 2, n° 4, th. 1) ; en outre si $x \in M \cap S$, l'image par u de $x/x \in S^{-1}M$ dans B est égale à 1, et u est donc surjectif. Enfin, il est clair que *c*) entraîne *a*).

Corollaire. — *Si* M *et* N *sont deux sous-*A*-modules non dégénérés de* B, *les* A*-modules* $M + N$, $M.N$ *et* $M \cap N$ *sont non dégénérés.*

L'assertion est triviale pour $M + N$; d'autre part, si $s \in S \cap M$ et $t \in S \cap N$, on a $st \in S \cap (M.N)$ et $st \in S \cap (M \cap N)$.

Étant donnés deux sous-A-modules M et N de B, désignons par N : M le sous-A-module de B formé des $b \in B$ tels que $bM \subset N$ (chap. I, § 2, n° 10, *Remarque*). Si l'on fait correspondre à tout $b \in N : M$ l'homomorphisme $h_b : x \to bx$ de M dans N, on obtient un *homomorphisme canonique* $b \to h_b$ de N : M dans $\mathrm{Hom}_A(M, N)$.

Proposition 9. — *Soient* M, N *deux sous-*A*-modules de* B. *Si* M *est non dégénéré, l'homomorphisme canonique de* N : M *dans* $\mathrm{Hom}_A(M, N)$ *est bijectif.*

Soit $s \in S \cap M$. Si $b \in N : M$ est tel que $bx = 0$ pour tout $x \in M$, on a $bs = 0$, d'où $b = 0$ puisque s est non diviseur de 0 dans B. D'autre part, soit $f \in \mathrm{Hom}_A(M, N)$ et posons $b = f(s)/s$; pour tout $x \in M$, il existe $t \in S$ tel que $tx \in A$. On a donc

$$f(x) = s^{-1}t^{-1}f(stx) = s^{-1}t^{-1}txf(s) = bx,$$

d'où $b \in N : M$ et $f = h_b$, ce qui démontre la proposition.

Remarque. — En particulier, A : M s'identifie canoniquement au dual M^* de M, la forme bilinéaire canonique sur $M \times M^*$ s'identifiant à la restriction à $M \times (A : M)$ de la multiplication $B \times B \to B$.

6. Sous-modules inversibles.

(*On conserve les notations du n°* 5.)

Définition 4. — *On dit qu'un sous-*A*-module* M *de* B *est inversible s'il existe un sous-*A*-module* N *de* B *tel que* $M . N = A$.

Exemple : Si b est un élément inversible de B, le A-module Ab est inversible, comme on le voit en prenant $N = Ab^{-1}$.

Proposition 10. — *Soit* M *un sous-*A*-module inversible de* B. *Alors :*

(i) *Il existe* $s \in S$ *tel que* $As \subset M \subset As^{-1}$ (*et en particulier* M *est non dégénéré*).

(ii) A : M *est le seul sous-*A*-module* N *de* B *tel que* $M . N = A$.

Si $M . N = A$, on a $B . M = B . (B . M) \supset B . (M . N) = B . A = B$, donc M est non dégénéré. De même, N est non dégénéré. Si $t \in S \cap M$ et $u \in S \cap N$ (nº 5, prop. 8), l'élément $s = tu$ appartient à $S \cap M \cap N$, d'où $Ms \subset M.N = A$, et par suite $As \subset M \subset As^{-1}$.

D'autre part, on a évidemment $N \subset A : M$, d'où

$$A = M.N \subset M.(A : M) \subset A$$

et $M.(A : M) = A$; multipliant les deux membres par N, on en déduit $A : M = N$, ce qui achève la démonstration.

Théorème 4. — *Soit* M *un sous-*A*-module non dégénéré de* B. *Les propriétés suivantes sont équivalentes :*

a) M *est inversible.*

b) M *est projectif.*

c) M *est projectif de rang* 1.

d) M *est un* A*-module de type fini et, pour tout idéal maximal* $\mathfrak{m}$ *de* A, *le* $A_{\mathfrak{m}}$*-module* $M_{\mathfrak{m}}$ *est monogène.*

Montrons d'abord l'équivalence des propriétés *a*), *b*) et *c*). Si *a*) est vérifiée et si N est un sous-A-module de B tel que $M.N = A$, on a une relation

$$(9) \qquad \sum_{i=1}^{p} m_i n_i = 1 \qquad (m_i \in M,\ n_i \in N \text{ pour tout } i).$$

Pour tout $x \in M$, posons $v_i(x) = n_i x$; les v_i sont des formes linéaires sur M et on a, en vertu de (9), $x = \sum_{i=1}^{n} m_i v_i(x)$ pour tout $x \in M$; cela prouve (*Alg.*, chap. II, 3e éd., § 2, nº 6, prop. 12) que M est projectif et engendré par les m_i ; donc M est un module projectif de type fini.

Soit $\mathfrak{m}$ un idéal maximal de A ; montrons que l'entier $r = \mathrm{rg}_{\mathfrak{m}}(M)$ est égal à 1. Soit S' l'image de S dans $A_{\mathfrak{m}}$; comme les éléments de S sont non diviseurs de 0 dans A, ceux de S' sont non diviseurs de 0 dans $A_{\mathfrak{m}}$, puisque $A_{\mathfrak{m}}$ est un A-module plat (§ 2, nº 4, th. 1 et chap. I, § 2, nº 4, prop. 3) ; on a donc $S'^{-1}A_{\mathfrak{m}} \neq 0$, et comme $M_{\mathfrak{m}}$ est un $A_{\mathfrak{m}}$-module libre de rang r, $S'^{-1}M_{\mathfrak{m}}$ est un $S'^{-1}A_{\mathfrak{m}}$-module libre de rang r. Mais si T' est l'image de $A - \mathfrak{m}$ dans $S^{-1}A$, $S'^{-1}A_{\mathfrak{m}}$ (resp. $S'^{-1}M_{\mathfrak{m}}$) s'identifie canoniquement à $T'^{-1}(S^{-1}A)$ (resp. $T'^{-1}(S^{-1}M)$) (§ 2, nº 3, prop. 7). Or $S^{-1}M = B$ (prop. 8 *c*)), donc $T'^{-1}(S^{-1}M)$ est un module libre de rang 1 sur $T'^{-1}(S^{-1}A)$, ce qui prouve que $r = 1$ et démontre l'implication *a*) ⇒ *c*).

L'implication *c*) ⇒ *b*) est triviale. Montrons que *b*) ⇒ *a*). Il existe par hypothèse une famille (non nécessairement finie) $(f_\lambda)_{\lambda \in L}$ de formes linéaires sur M et une famille $(m_\lambda)_{\lambda \in L}$ d'éléments de M tels que, pour tout $x \in M$, la famille $(f_\lambda(x))$ ait un support fini et que l'on ait $x = \sum_\lambda m_\lambda f_\lambda(x)$ (*Alg.*, chap. II, 3e éd., § 2, n° 6, prop. 12). Puisque M est non dégénéré, on a $f_\lambda(x) = n_\lambda x$ pour un $n_\lambda \in A : M$ en vertu de la prop. 9 du n° 5. Prenant pour x un élément de $M \cap S$ (n° 5, prop. 8), on voit qu'on a nécessairement $n_\lambda = 0$ sauf pour un nombre fini d'indices, et $\sum_\lambda m_\lambda n_\lambda = 1$. Cela entraîne évidemment $M.(A : M) = A$, d'où *a*).

En vertu de la déf. 2 du n° 3, *c*) entraîne *d*). Démontrons la réciproque. Comme M est non dégénéré, son annulateur est nul, (prop. 8 *b*)), donc il en est de même de l'annulateur de $M_\mathfrak{m}$ (§ 2, n° 4, formule (9)). Comme on suppose que $M_\mathfrak{m}$ est un $A_\mathfrak{m}$-module monogène, il est donc libre de rang 1 et il résulte alors du n° 3, th. 2, que M est projectif de rang 1.

Corollaire. — *Tout sous-*A*-module inversible de* B *est plat et de présentation finie.*

Cela résulte du th. 4 *c*).

Proposition 11. — *Soient* M, N *deux sous-*A*-modules de* B. *On suppose* M *inversible. Alors :*

(i) *L'homomorphisme canonique* $M \otimes_A N \to M.N$ *est bijectif.*

(ii) *On a* $N : M = N.(A : M)$ *et* $N = (N : M).M$.

Soit j l'injection canonique $N \to B$. Puisque M est un A-module plat (cor. du th. 4), $1 \otimes j : M \otimes_A N \to M \otimes_A B$ est injectif. Mais comme $B = S^{-1}A$, le B-module $M \otimes_A B$ est égal à $S^{-1}M$, donc s'identifie à B puisque M est non dégénéré (n° 5, prop. 8). Si l'on effectue cette identification, l'image de $1 \otimes j$ est M.N, d'où (i).

Posons $M' = A : M$. On a évidemment $M'.N \subset N : M$ et $M.(N : M) \subset N$. D'autre part, puisque $M.M' = A$ (prop. 10), on a $N : M = M'.M.(N : M) \subset M'.N$ et $N = M.M'.N \subset M.(N : M)$, d'où (ii).

Remarque. — La démonstration de (i) dans la prop. 11 utilise seulement le fait que M est plat et non dégénéré.

7. *Le groupe des classes de modules inversibles.*

(*On conserve les notations des n*os 5 *et* 6.)

Pour la multiplication, les sous-A-modules de B forment un monoïde commutatif $\mathfrak{M}$, admettant A pour élément neutre. Les modules inversibles sont donc les éléments inversibles de $\mathfrak{M}$, et forment par suite un groupe commutatif $\mathfrak{I}$. On a vu (nº 6, prop. 10) que l'inverse de $M \in \mathfrak{I}$ est $A : M$.

Soit A^* (resp. B^*) le groupe multiplicatif des éléments inversibles de A (resp. B), et notons u l'injection canonique $A \to B$. Pour tout $b \in B^*$, $\theta(b) = bA$ est un sous-A-module inversible. L'application $\theta : B^* \to \mathfrak{I}$ est un homomorphisme dont le noyau est $u(A^*)$; son conoyau sera noté $\mathfrak{C}$ ou $\mathfrak{C}(A)$. On dit que le groupe $\mathfrak{C}$ est le *groupe des classes de sous-*A*-modules inversibles de* B. On a par construction la suite exacte

$$(1) \to A^* \xrightarrow{u} B^* \xrightarrow{\theta} \mathfrak{I} \xrightarrow{\rho} \mathfrak{C} \to (1) \tag{10}$$

où (1) désigne un groupe réduit à l'élément neutre, et ρ est l'application canonique $\mathfrak{I} \to \mathfrak{C} = \mathfrak{I}/\theta(B^*)$.

Comme tout sous-A-module inversible M de B est projectif de rang 1 (nº 6, th. 4), l'élément $\mathrm{cl}(M) \in \boldsymbol{P}(A)$ est défini (nº 4).

PROPOSITION 12. — *L'application* $\mathrm{cl} : \mathfrak{I} \to \boldsymbol{P}(A)$ *définit, par passage au quotient, un isomorphisme de* $\mathfrak{C} = \mathfrak{I}/\theta(B^*)$ *sur le noyau de l'homomorphisme canonique* $\varphi : \boldsymbol{P}(A) \to \boldsymbol{P}(B)$ (nº 4).

En d'autres termes, on a une suite exacte

$$(1) \to A^* \xrightarrow{u} B^* \xrightarrow{\theta} \mathfrak{I} \xrightarrow{\mathrm{cl}} \boldsymbol{P}(A) \xrightarrow{\varphi} \boldsymbol{P}(B). \tag{11}$$

Il résulte de la prop. 11 du nº 6, et de la définition de l'addition dans $\boldsymbol{P}(A)$ que l'on a $\mathrm{cl}(M.N) = \mathrm{cl}(M) + \mathrm{cl}(N)$ pour M, N dans $\mathfrak{I}$, ce qui montre que cl est un homomorphisme. Si $M \in \mathfrak{I}$ est isomorphe à A, il existe $b \in B$ tel que $M = Ab$, et comme M est inversible, il existe $b' \in B$ tel que $b'b = 1$, autrement dit b est inversible dans B ; la réciproque est immédiate. Donc le noyau de cl dans $\mathfrak{I}$ est $\theta(B^*)$.

Déterminons maintenant l'image de cl. Si $M \in \mathfrak{I}$, on a $M \otimes_A B = S^{-1}M = B$ (n° 5, prop. 8 *c*)), d'où $cl(M) \in Ker(\varphi)$. Réciproquement, soit P un A-module projectif de rang 1 tel que $P_{(B)} = P \otimes_A B$ soit B-isomorphe à B. Comme P est un A-module plat, l'injection $u : A \to B$ définit une injection $u \otimes 1 : P \to P_{(B)} = B$ et P se trouve ainsi identifié à un sous-A-module de B ; en vertu de la prop. 8 *c*) du n° 5, P est non dégénéré, et le th. 4 du n° 6 montre que P est inversible. Le noyau de φ est donc bien égal à l'image de $cl : \mathfrak{I} \to \boldsymbol{P}(A)$.

COROLLAIRE 1. — *Pour que deux sous-*A*-modules inversibles de* B *aient même image dans* $\mathfrak{C}$, *il faut et il suffit qu'ils soient isomorphes.*

COROLLAIRE 2. — *Si l'anneau* B *est semi-local, le groupe* $\mathfrak{C}$ *des classes de sous-*A*-modules inversibles de* B *s'identifie canoniquement au groupe* $\boldsymbol{P}(A)$ *des classes de* A*-modules projectifs de rang* 1.

En effet, on a alors $\boldsymbol{P}(B) = 0$ (n° 3, prop. 5).

Remarque. — L'hypothèse du cor. 2 est remplie dans les deux cas suivants :

1) A est intègre et S est l'ensemble des éléments $\neq 0$ de A, B étant donc le corps des fractions de A. Les sous-A-modules inversibles de B sont aussi appelés dans ce cas *idéaux fractionnaires inversibles* ; ceux qui sont des A-modules libres monogènes Ab ($b \neq 0$ dans B) ne sont autres que les *idéaux principaux fractionnaires* définis dans *Alg.*, chap. VI, § 1, n° 5.

2) L'anneau A est nœthérien et S est l'ensemble des éléments de A qui ne sont pas diviseurs de 0, de sorte que B est l'anneau total des fractions de A. En effet, on a alors $S = A - \bigcup_i \mathfrak{p}_i$, où les $\mathfrak{p}_i$ sont les éléments (en nombre fini) de Ass (A) (chap. IV, § 1), donc B est semi-local (§ 3, n° 5, prop. 17).

EXERCICES

§ 1

¶ 1) *a*) Montrer qu'un groupe G ne peut être réunion de deux sous-groupes distincts de G. Montrer que, pour tout ensemble I ayant au moins 2 éléments, le groupe commutatif $G = \mathbf{F}_2^{(I)}$ est réunion de trois sous-groupes distincts de G.

b) Soit $(H_i)_{i \in I}$ une famille finie de sous-groupes d'un groupe G, telle que chacun des H_i soit un sous-groupe de G d'indice infini. Montrer que G ne peut être réunion d'un nombre fini de classes à gauche suivant les H_i. (Raisonner par récurrence sur le nombre des éléments de I ; s'il existe deux indices distincts i, j tels que l'indice $(H_i : (H_i \cap H_j))$ soit fini, on peut supprimer H_i ; si au contraire $H_i \cap H_j$ est d'indice infini dans H_i pour tout couple (i, j) d'indices distincts, considérer un indice k tel que H_k soit maximal dans l'ensemble des H_i, et montrer que H_k est réunion d'un nombre fini de classes à gauche suivant les $H_k \cap H_i$ pour $i \neq k$.)

c) Donner un exemple d'anneau commutatif A et de quatre idéaux $\mathfrak{a}, \mathfrak{b}_1, \mathfrak{b}_2, \mathfrak{b}_3$ de A tels que $\mathfrak{a} \not\subset \mathfrak{b}_i$ $(i = 1, 2, 3)$, mais $\mathfrak{a} = \bigcup_i \mathfrak{b}_i$ (utiliser *a*)).

2) Soient A un anneau non nécessairement commutatif, $\mathfrak{a}, \mathfrak{p}_1, \ldots, \mathfrak{p}_n$ des idéaux bilatères de A. On suppose que $\mathfrak{a}$ est contenu dans la réunion des $\mathfrak{p}_i$, et que tous les $\mathfrak{p}_i$, sauf deux d'entre eux au plus, sont des idéaux premiers (*Alg.*, chap. VIII, § 8, exerc. 6). Montrer que $\mathfrak{a}$ est contenu dans l'un des $\mathfrak{p}_i$.

3) Dans l'anneau produit $A = \mathbf{R}^{\mathbf{N}}$, soit (pour chaque $n \in \mathbf{N}$) $\mathfrak{m}_n$ l'idéal maximal formé des $f : \mathbf{N} \to \mathbf{R}$ telles que $f(n) = 0$. Montrer que $\mathfrak{a} = \mathbf{R}^{(\mathbf{N})}$ est un idéal de A contenu dans la réunion des $\mathfrak{m}_n$, mais dans aucun de ces idéaux maximaux.

4) Dans un anneau A, soient $\mathfrak{p}$ un idéal premier, a un élément tel que $\mathfrak{p} \subset Aa$ mais $a \notin \mathfrak{p}$. Montrer que l'on a $\mathfrak{p} = a\mathfrak{p}$.

5) *a*) Soient A un anneau nœthérien, $\mathfrak{a}$ un idéal de A. Montrer qu'il existe un nombre fini d'idéaux premiers $\mathfrak{p}_i$ $(1 \leqslant i \leqslant r)$ tels que $\mathfrak{p}_1\mathfrak{p}_2 \ldots \mathfrak{p}_r \subset \mathfrak{a}$.

(Raisonner par l'absurde en considérant parmi les idéaux contenant $\mathfrak{a}$, distincts de A, et qui ne contiennent aucun produit fini d'idéaux premiers, un élément maximal ; observer d'autre part que, si l'idéal $\mathfrak{b}$ n'est pas premier, il existe deux idéaux $\mathfrak{c}$, $\mathfrak{d}$ contenant $\mathfrak{b}$, distincts de $\mathfrak{b}$ et tels que $\mathfrak{c}\mathfrak{d} \subset \mathfrak{b}$.) (Cf. chap. IV.)

Si A est intègre et $\mathfrak{a} \neq 0$, on peut supposer les $\mathfrak{p}_i \neq 0$.

b) Donner un exemple d'anneau non nœthérien A pour lequel le résultat de *a*) est en défaut. (Prendre par exemple A égal à l'anneau des fonctions numériques continues dans $[0, 1]$.)

¶ 6) *a*) Soient A un anneau, $\mathfrak{a}$, $\mathfrak{b}$ deux idéaux de A tels que $\mathfrak{b}$ soit de type fini ; montrer que, si les anneaux quotients $A/\mathfrak{a}$ et $A/\mathfrak{b}$ sont nœthériens, il en est de même de $A/\mathfrak{a}\mathfrak{b}$ (observer que $\mathfrak{b}/\mathfrak{a}\mathfrak{b}$ est un $(A/\mathfrak{a})$-module de type fini).

b) Montrer que, si un anneau A est tel que tout idéal premier de A soit de type fini, A est nœthérien. (Raisonner par l'absurde, en montrant que, dans l'ensemble des idéaux de A non de type fini, il existerait un élément maximal $\mathfrak{c}$, non premier par hypothèse ; il y aurait donc deux idéaux $\mathfrak{a} \supset \mathfrak{c}$, $\mathfrak{b} \supset \mathfrak{c}$, distincts de $\mathfrak{c}$ et tels que $\mathfrak{a}\mathfrak{b} \subset \mathfrak{c}$; utiliser alors *a*).)

7) Soit $A = \prod_{i=1}^{n} A_i$ un produit d'une famille finie d'anneaux, les A_i étant canoniquement identifiés à des idéaux de A. Soit B un sous-anneau de A tel que $\mathrm{pr}_i B = A_i$ pour $1 \leqslant i \leqslant n$.

a) Montrer que, si les A_i sont nœthériens (resp. artiniens), B est nœthérien (resp. artinien) (cf. *Alg.*, chap. VIII, § 2, exerc. 12).

b) Soit $\mathfrak{n}_i$ l'idéal de B, noyau de la restriction de pr_i à B. Montrer que tout idéal premier $\mathfrak{p}$ de B contient l'un des $\mathfrak{n}_i$ (utiliser la prop. 1) ; en déduire que, pour cet indice i, on a $\mathrm{pr}_i(\mathfrak{p}) \neq A_i$. Montrer que, si chacun des A_i ne contient qu'un nombre fini k_i d'idéaux maximaux, B contient au plus $\sum_{i=1}^{n} k_i$ idéaux maximaux.

c) Soient $\mathfrak{R}(A)$, $\mathfrak{R}(B)$ les radicaux de A et de B respectivement. Montrer que l'on a $\mathfrak{R}(B) = B \cap \mathfrak{R}(A)$. Si chacun des A_i ne contient qu'un nombre fini d'idéaux maximaux, montrer que, pour tout entier $k > 1$, on a $\mathrm{pr}_i((\mathfrak{R}(B))^k) = (\mathfrak{R}(A_i))^k$ pour tout i et $(\mathfrak{R}(B))^k = (\mathfrak{R}(A))^k \cap B$ (écrire $\mathfrak{R}(B)$ comme produit d'idéaux maximaux distincts, et remarquer que, si $\mathfrak{m}$ est un idéal maximal de B tel que $\mathrm{pr}_i(\mathfrak{m}) = \mathfrak{m}_i$ soit un idéal maximal de A_i, on a $\mathrm{pr}_i(\mathfrak{m}^k) = \mathfrak{m}_i^k$).

8) *a*) Soient $\mathfrak{a}$, $\mathfrak{b}$ deux idéaux étrangers dans un anneau A. Montrer que l'on a $\mathfrak{a} : \mathfrak{b} = \mathfrak{a}$, $\mathfrak{b} : \mathfrak{a} = \mathfrak{b}$. Si $\mathfrak{c}$ est un idéal de A tel que $\mathfrak{a}\mathfrak{c} \subset \mathfrak{b}$, on a $\mathfrak{c} \subset \mathfrak{b}$.

b) Soient $\mathfrak{p}$, $\mathfrak{q}$ deux idéaux premiers dont aucun n'est contenu dans l'autre ; on a $\mathfrak{p} : \mathfrak{q} = \mathfrak{p}$ et $\mathfrak{q} : \mathfrak{p} = \mathfrak{q}$. Donner un exemple de deux idéaux $\mathfrak{p}$, $\mathfrak{q}$ premiers et principaux dans l'anneau de polynômes $A = K[X, Y]$ (où K est un corps), dont aucun n'est contenu dans l'autre et qui ne sont pas étrangers.

c) Soit a un élément non diviseur de 0 dans A. Montrer que, si l'idéal principal $\mathfrak{p} = Aa$ est premier, la relation $\mathfrak{p} = \mathfrak{b}\mathfrak{c}$ pour deux idéaux $\mathfrak{b}$, $\mathfrak{c}$ de A entraîne $\mathfrak{b} = A$ ou $\mathfrak{c} = A$.

9) *a*) Soit $(\mathfrak{a}_i)_{1 \leqslant i \leqslant n}$ une famille finie d'idéaux deux à deux étrangers d'un anneau A, telle qu'aucun $\mathfrak{a}_i$ ne soit de la forme $\mathfrak{b}\mathfrak{c} = \mathfrak{b} \cap \mathfrak{c}$, où $\mathfrak{b}$ et $\mathfrak{c}$ sont deux idéaux étrangers. Si $(\mathfrak{a}'_j)_{1 \leqslant j \leqslant m}$ est une seconde famille d'idéaux deux à deux étrangers de A, telle que $\mathfrak{a}_1\mathfrak{a}_2 \ldots \mathfrak{a}_n = \mathfrak{a}'_1\mathfrak{a}'_2 \ldots \mathfrak{a}'_m$, montrer que l'on a $m \leqslant n$; si $m = n$, il existe une permutation π de $\{1, n\}$ telle que $\mathfrak{a}'_i = \mathfrak{a}_{\pi(i)}$ pour $1 \leqslant i \leqslant n$ (utiliser la prop. 5, ainsi que *Alg.*, chap. VIII, § 1, exerc. 1 *d*)).

b) Soit A un anneau nœthérien. Montrer que tout idéal $\mathfrak{a}$ de A est égal au produit d'un nombre fini d'idéaux deux à deux étrangers, dont aucun n'est le produit de deux idéaux étrangers. (Raisonner par l'absurde, en considérant un élément maximal de l'ensemble des idéaux n'ayant pas cette propriété.)

10) Donner un exemple d'un anneau A et d'une famille infinie d'idéaux maximaux distincts $(\mathfrak{m}_n)_{n \in \mathbf{N}}$ de A, telle que $\bigcap_n \mathfrak{m}_n = 0$, mais que l'application canonique $A \to \prod_n (A/\mathfrak{m}_n)$ ne soit pas surjective.

11) Soit A un anneau non nécessairement commutatif, et soient $\mathfrak{a}$, $\mathfrak{b}$ deux idéaux bilatères de A tels que $\mathfrak{a} + \mathfrak{b} = A$. Montrer que $\mathfrak{a} \cap \mathfrak{b} = \mathfrak{a}\mathfrak{b} + \mathfrak{b}\mathfrak{a}$. Donner un exemple où $\mathfrak{a} \cap \mathfrak{b} \neq \mathfrak{a}\mathfrak{b}$ (considérer l'anneau des matrices triangulaires inférieures d'ordre 2 sur un corps).

§ 2

1) On dit qu'une partie multiplicative S d'un anneau A est *saturée* si la relation $xy \in S$ entraîne $x \in S$ et $y \in S$.

a) Pour qu'une partie S de A soit multiplicative et saturée, il faut et il suffit que $A - S$ soit réunion d'idéaux premiers de A.

b) Soit S une partie multiplicative de A, et soit $\tilde{S}$ l'ensemble des $x \in A$ pour lesquels il existe $y \in A$ tels que $xy \in S$. Montrer que $\tilde{S}$ est la plus petite partie multiplicative saturée contenant S, $A - \tilde{S}$ est la réunion des idéaux premiers de A ne rencontrant pas S, et pour tout A-module M, l'homomorphisme canonique de $S^{-1}M$ dans $\tilde{S}^{-1}M$ est bijectif.

c) Soient S et T deux parties multiplicatives de A. Montrer que les deux propriétés suivantes sont équivalentes : α) $S \subset \tilde{T}$; β) pour tout A-module M tel que $S^{-1}M = 0$, on a $T^{-1}M = 0$. (Pour voir que β) entraîne α), considérer un A-module quotient A/As, où $s \in S$.)

2) Soient A un anneau, S une partie multiplicative de A. Montrer que l'ensemble $\mathfrak{n}$ des $x \in A$ tels que $sx = 0$ pour un $s \in S$ est un idéal de A. On pose $A_1 = A/\mathfrak{n}$ et on désigne par S_1 l'image canonique de S dans A_1. Montrer qu'aucun élément de S_1 n'est diviseur de 0 dans A_1, et que l'homomorphisme canonique $S^{-1}A \to S_1^{-1}A_1$ est bijectif.

En déduire que, pour que $S^{-1}A$ soit un A-module de type fini, il faut et il suffit que tous les éléments de S_1 soient inversibles dans A_1, auquel cas $S^{-1}A$ s'identifie à A_1.

3) Soient $S = \mathbf{Z}^*$ (complémentaire de $\{0\}$ dans $\mathbf{Z}$), p un entier > 1, M le $\mathbf{Z}$-module somme directe des modules $\mathbf{Z}/p^n\mathbf{Z}$ pour $n \in \mathbf{N}$. Montrer que l'on a $S^{-1}M = 0$ bien que M soit un $\mathbf{Z}$-module fidèle, et que l'application canonique $S^{-1}\mathrm{End}_{\mathbf{Z}}(M) \to \mathrm{End}_{S^{-1}\mathbf{Z}}(S^{-1}M)$ n'est pas injective.

4) Soient $S = \mathbf{Z}^*$, M un $\mathbf{Z}$-module libre ayant une base infinie. Montrer que l'application canonique $S^{-1}\mathrm{End}_{\mathbf{Z}}(M) \to \mathrm{End}_{S^{-1}\mathbf{Z}}(S^{-1}M)$ n'est pas surjective. Déduire de là et de l'exerc. 3 un exemple de $\mathbf{Z}$-module M tel que l'application canonique $S^{-1}\mathrm{End}_{\mathbf{Z}}(M) \to \mathrm{End}_{S^{-1}\mathbf{Z}}(S^{-1}M)$ ne soit ni injective ni surjective.

5) Donner un exemple d'une suite (P_n) de sous-$\mathbf{Z}$-modules de $\mathbf{Z}$ telle que, pour $S = \mathbf{Z}^*$, le sous-module $S^{-1}\left(\bigcap_n P_n\right)$ soit distinct de $\bigcap_n (S^{-1}P_n)$.

6) Donner un exemple de $\mathbf{Z}$-module M tel que, pour $S = \mathbf{Z}^*$, on ait $\mathrm{Ann}(M) = 0$ mais $\mathrm{Ann}(S^{-1}M) = \mathbf{Q}$ (cf. exerc. 3).

7) Soit S une partie multiplicative d'un anneau A ; pour toute famille $(M_\iota)_{\iota\in I}$ de A-modules, définir un homomorphisme canonique $S^{-1} \prod_{\iota\in I} M_\iota \to \prod_{\iota\in I} S^{-1}M_\iota$ de $S^{-1}A$-modules. Donner un exemple où cet homomorphisme n'est ni injectif ni surjectif (cf. exerc. 3).

8) Soient A un anneau, $(S_\lambda)_{\lambda\in L}$ une famille de parties multiplicatives de A, et soit $M = \bigoplus_{\lambda\in L} S_\lambda^{-1}A$. Montrer que les deux propriétés suivantes sont équivalentes : α) M est un A-module fidèlement plat ; β) pour tout idéal maximal $\mathfrak{m}$ de A, il existe $\lambda \in L$ tel que $\mathfrak{m} \cap S_\lambda = \emptyset$. En particulier, si S est une partie multiplicative de A, le A-module $S^{-1}A$ n'est fidèlement plat que si les éléments de S sont inversibles, auquel cas $S^{-1}A$ s'identifie à A.

9) Soient A un anneau, S une partie multiplicative de A, $\mathfrak{q}$ un idéal premier de A. Montrer que, si T est l'image de $A - \mathfrak{q}$ dans $S^{-1}A$, l'anneau $T^{-1}(S^{-1}A)$ est isomorphe à $S'^{-1}A$, où S' est le complémentaire de la réunion des idéaux premiers de A contenus dans $\mathfrak{q}$ et ne rencontrant pas S.

10) *a*) Soient K un corps commutatif, A l'anneau de polynômes K[X, Y], $\mathfrak{p} = (X)$, $\mathfrak{q} = (Y)$, S le complémentaire de $\mathfrak{p} \cup \mathfrak{q}$ dans A. Montrer que le saturé pour S de $\mathfrak{p} + \mathfrak{q}$ est distinct de la somme des saturés de $\mathfrak{p}$ et de $\mathfrak{q}$.

b) Soient K un corps commutatif, A l'anneau de polynômes K[X, Y, Z], $\mathfrak{p} = (X) + (Z)$, $\mathfrak{q} = (Y) + (Z)$, S le complémentaire de $\mathfrak{p} \cup \mathfrak{q}$ dans A. Montrer que le saturé pour S de $\mathfrak{p}\mathfrak{q}$ est distinct du produit des saturés de $\mathfrak{p}$ et de $\mathfrak{q}$.

11) Soit p un nombre premier ; quels sont les idéaux de $\mathbf{Z}$ qui sont saturés pour l'idéal (p) ?

12) Dans un anneau A, on désigne par $\mathfrak{r}(\mathfrak{a})$ la racine d'un idéal $\mathfrak{a}$.

a) Montrer que, pour trois idéaux, $\mathfrak{a}$, $\mathfrak{b}$, $\mathfrak{c}$ de A, on a $\mathfrak{r}(\mathfrak{a} + \mathfrak{b}\mathfrak{c}) = \mathfrak{r}(\mathfrak{a} + (\mathfrak{b} \cap \mathfrak{c})) = \mathfrak{r}(\mathfrak{a} + \mathfrak{b}) \cap \mathfrak{r}(\mathfrak{a} + \mathfrak{c})$.

b) Donner un exemple d'une suite infinie d'idéaux $(\mathfrak{a}_n)$ de A telle que $\mathfrak{r}\left(\bigcap_n \mathfrak{a}_n\right) \neq \bigcap_n \mathfrak{r}(\mathfrak{a}_n)$.

$_*$*c*) Donner un exemple d'idéal principal $\mathfrak{a}$ tel que $\mathfrak{r}(\mathfrak{a})$ ne soit pas de type fini, et qu'il n'existe aucun entier $n > 0$ tel que $(\mathfrak{r}(\mathfrak{a}))^n \subset \mathfrak{a}$. (Considérer un anneau de valuation non discrète de rang 1.)$_*$

13) Soit A un anneau.

a) Donner une autre démonstration de l'exerc. 6 *b*) d'*Alg.*, chap. VIII, § 6, en considérant les images du polynôme f dans les anneaux $(A/\mathfrak{p})[X]$, où $\mathfrak{p}$ parcourt l'ensemble des idéaux premiers de A.

b) Soit N une matrice carrée d'ordre r sur A ; pour que N soit nilpotente, il faut et il suffit que chacun des coefficients (autres que le coefficient dominant) de son polynôme caractéristique le soit. (Pour voir que la condition est nécessaire, utiliser la même méthode que dans *a*) ; pour voir qu'elle est suffisante, utiliser le th. de Hamilton-Cayley).

c) Montrer que, pour tout couple d'entiers positifs k, r, il existe un plus petit entier positif $m(k, r)$ indépendant de l'anneau A, tel que la relation $N^k = 0$ entraîne $(\mathrm{Tr}(N))^{m(k,r)} = 0$. (Considérer l'anneau $\Lambda = \mathbf{Z}[T_{ij}]$, où les T_{ij} sont r^2 indéterminées, la matrice $X = (T_{ij})$ sur Λ et l'élément $t = \sum_{i=1}^{r} T_{ii} = \mathrm{Tr}(X)$ de Λ ; si $\mathfrak{a}_k$ est l'idéal de Λ engendré par les éléments de X^k, montrer, à l'aide de *b*), qu'il existe un entier m tel que $t^m \in \mathfrak{a}_k$.)

d) Montrer que $m(2, 2) = 3$.

¶ 14) *a*) Soient A un anneau (non nécessairement commutatif) nœthérien à gauche, $\mathfrak{a}$ un idéal à gauche de A. On suppose qu'il existe un idéal à gauche $\mathfrak{b} \neq 0$ tel que $\mathfrak{a} \cap \mathfrak{b} = 0$.

Montrer que tout élément $a \in \mathfrak{a}$ est diviseur à droite de 0. (Soit $b \neq 0$ un élément de $\mathfrak{b}$, et soit $\mathfrak{a}_n = Ab + Aba + \cdots + Aba^n$; considérer le plus petit entier n tel que $\mathfrak{a}_n = \mathfrak{a}_{n+1}$).

b) Soient E un espace vectoriel de dimension infinie sur un corps K, et A l'anneau $\mathrm{End}_K(E)$. Donner un exemple de deux éléments u, v de A tels que ni u ni v ne soient diviseurs à droite de 0, et $Au \cap Av = 0$.

¶ 15) Soient X un espace topologique complètement régulier, βX son compactifié de Stone-Čech (*Top. gén.*, chap. IX, 2e éd., § 1, exerc. 7). Pour tout $x \in \beta X$, on désigne par $\mathfrak{I}(x)$ l'idéal maximal de l'anneau $\mathcal{C}(X ; \mathbf{R})$ formé des $f \in \mathcal{C}(X ; \mathbf{R})$ telles que x soit adhérent au sous-ensemble $\overset{-1}{f}(0)$ de X (*Top. gén.*, chap. X, 2e éd., § 4, exerc. 15) ; on désigne par $\mathfrak{U}(x)$ l'idéal formé des $f \in \mathcal{C}(X ; \mathbf{R})$ telles que $\overset{-1}{f}(0)$ soit la trace sur X d'un voisinage de x dans βX ; $\mathfrak{U}(x)$ est égal à sa racine.

On dit qu'un idéal $\mathfrak{a}$ de $\mathcal{C}(X ; \mathbf{R})$ est *isolé* (resp. *absolument isolé*) si, pour tout $f \geqslant 0$ dans $\mathfrak{a}$, tout g tel que $0 \leqslant g \leqslant f$ (resp. $|g| \leqslant f$) appartient à $\mathfrak{a}$ (cf. *Alg.*, chap. VI, § 1, exerc. 4) ; alors $\mathcal{C}(X ; \mathbf{R})/\mathfrak{a}$ est muni d'une structure d'ordre (resp. d'une structure d'ordre réticulée) compatible avec sa structure d'anneau et pour laquelle les éléments $\geqslant 0$ sont les classes mod. $\mathfrak{a}$ des éléments $\geqslant 0$ de $\mathcal{C}(X ; \mathbf{R})$ (*loc. cit.*).

a) Montrer qu'un idéal $\mathfrak{a}$ de $\mathcal{C}(X\,;\,\mathbf{R})$ égal à sa racine est absolument isolé (si $f \in \mathfrak{a}$ et $|g| \leqslant |f|$, considérer la fonction égale à 0 pour $f(x) = 0$, à $(g(x))^2/f(x)$ pour $f(x) \neq 0$). Pour que dans ce cas $\mathcal{C}(X\,;\,\mathbf{R})/\mathfrak{a}$ soit totalement ordonné, il faut et il suffit que $\mathfrak{a}$ soit premier ; l'ensemble des idéaux premiers de $\mathcal{C}(X\,;\,\mathbf{R})/\mathfrak{a}$ est alors totalement ordonné par inclusion.

b) Pour qu'un idéal isolé $\mathfrak{a}$ de $\mathcal{C}(X\,;\,\mathbf{R})$ soit tel que $\mathcal{C}(X\,;\,\mathbf{R})/\mathfrak{a}$ soit totalement ordonné, il est nécessaire que $\mathfrak{a}$ soit contenu dans un seul idéal maximal $\mathfrak{I}(x)$, et alors $\mathfrak{a}$ contient nécessairement $\mathfrak{U}(x)$; il est suffisant que $\mathfrak{a}$ contienne un idéal premier, et alors $\mathfrak{a}$ est absolument isolé (remarquer que la relation $fg = 0$ implique alors $f \in \mathfrak{a}$ ou $g \in \mathfrak{a}$).

c) On prend $X = \mathbf{R}$, $x = 0$; montrer que l'idéal principal engendré par la fonction $t \rightarrow |t|$ est contenu dans $\mathfrak{I}(0)$ et contient $\mathfrak{U}(0)$, mais n'est pas isolé ; l'idéal principal engendré par l'application identique $t \rightarrow t$ est contenu dans $\mathfrak{I}(0)$, contient $\mathfrak{U}(0)$ et est isolé, mais non absolument isolé.

d) Montrer que, si $\mathfrak{p}$ et $\mathfrak{q}$ sont deux idéaux premiers dans $\mathcal{C}(X\,;\,\mathbf{R})$, on a $\mathfrak{p}\mathfrak{q} = \mathfrak{p} \cap \mathfrak{q}$ (et en particulier $\mathfrak{p}^2 = \mathfrak{p}$) et $\mathfrak{p} + \mathfrak{q}$ est premier ou égal à $\mathcal{C}(X\,;\,\mathbf{R})$. (Si $\mathfrak{p} + \mathfrak{q} \neq \mathcal{C}(X\,;\,\mathbf{R})$, observer que $\mathfrak{p} + \mathfrak{q}$ est absolument isolé et égal à sa racine, et utiliser *a*).)

e) Pour que $\mathfrak{U}(x)$ soit premier, il faut et il suffit que, pour toute fonction $f \in \mathcal{C}(X\,;\,\mathbf{R})$, l'adhérence dans βX de l'un des deux ensembles $\overset{-1}{f}([0, +\infty[)$, $\overset{-1}{f}(]-\infty, 0])$ soit un voisinage de x. En déduire un exemple où $\mathfrak{U}(x)$ est premier et non maximal (considérer l'espace topologique associé à un ultrafiltre non trivial ; cf. *Top. gén.*, chap. I, 3e éd., § 6, no 5).

f) On suppose que $x \in X$. Pour que $\mathfrak{U}(x) = \mathfrak{I}(x)$, il faut et il suffit que toute intersection dénombrable de voisinages de x dans X soit un voisinage de x. (Cf. *Top. gén.*, chap. I, 3e éd., § 7, exerc. 7.)

g) Montrer que $\mathcal{C}(X\,;\,\mathbf{R})$ s'identifie canoniquement à l'anneau tota des fractions de $\mathcal{C}^{\infty}(X\,;\,\mathbf{R})$.

16) Soit A un anneau topologique (non nécessairement commutatif). On dit que la topologie de A est *linéaire* (à gauche) si les idéaux à gauche ouverts de A forment un système fondamental de voisinages de 0. Lorsqu'il en est ainsi, l'ensemble $\mathcal{F}$ des idéaux à gauche ouverts de A satisfait aux conditions suivantes :

1º Tout idéal à gauche de A contenant un idéal $\mathfrak{m} \in \mathcal{F}$ appartient à $\mathcal{F}$.

2º Toute intersection finie d'idéaux de $\mathcal{F}$ appartient à $\mathcal{F}$.

3º Si $\mathfrak{m} \in \mathcal{F}$ et $a \in A$, l'idéal à gauche $\mathfrak{n}$ formé des $x \in A$ tels que $xa \in \mathfrak{m}$ appartient à $\mathcal{F}$.

Réciproquement, si un ensemble $\mathcal{F}$ d'idéaux à gauche d'un anneau A vérifie ces trois conditions, il existe une topologie et une seule compatible avec la structure d'anneau de A et pour laquelle $\mathcal{F}$ est l'ensemble des idéaux à gauche ouverts de A. On dit qu'un tel ensemble $\mathcal{F}$ d'idéaux à gauche est *topologisant* (à gauche).

17) (*) Soient A un anneau (non nécessairement commutatif), $\mathcal{F}$ un ensemble topologisant (exerc. 16) d'idéaux à gauche de A.

(*) Les exercices 17 à 25 (inédits) nous ont été communiqués par P. Gabriel.

a) On dit qu'un A-module (à gauche) M est *$\mathcal{F}$-négligeable* si l'annulateur de tout élément de M appartient à $\mathcal{F}$. Si M est $\mathcal{F}$-négligeable, il en est de même de tout sous-module et de tout module quotient de M. Si M et N sont deux A-modules $\mathcal{F}$-négligeables, $M \oplus N$ est $\mathcal{F}$-négligeable. Pour que $A_s/\mathfrak{m}$ soit $\mathcal{F}$-négligeable, il faut et il suffit que $\mathfrak{m} \in \mathcal{F}$. Si $(0) \in \mathcal{F}$, tout A-module est $\mathcal{F}$-négligeable ; si $\mathcal{F}$ est réduit au seul idéal à gauche A_s, tout A-module $\mathcal{F}$-négligeable est réduit à 0.

b) Pour tout A-module M, il existe un plus grand sous-module $\mathcal{F}$-négligeable de M que l'on note $\mathcal{F}M$. Pour tout homomorphisme u : $M \to N$ de A-modules, on a $u(\mathcal{F}M) \subset \mathcal{F}N$; soit $\mathcal{F}u$ l'application de $\mathcal{F}M$ dans $\mathcal{F}N$ dont le graphe coïncide avec celui de $u \mid \mathcal{F}M$. Si

$$0 \longrightarrow M \xrightarrow{u} N \xrightarrow{v} P$$

est une suite exacte de A-modules, la suite

$$0 \longrightarrow \mathcal{F}M \xrightarrow{\mathcal{F}u} \mathcal{F}N \xrightarrow{\mathcal{F}v} \mathcal{F}P$$

est exacte. Montrer que $\mathcal{F}A_s$ est un idéal bilatère de A.

c) Soient $\mathfrak{m}$, $\mathfrak{n}$ deux éléments de $\mathcal{F}$ tels que $\mathfrak{m} \subset \mathfrak{n}$; pour tout A-module à gauche M, l'injection canonique $j : \mathfrak{m} \to \mathfrak{n}$ définit un homomorphisme de groupes commutatifs

$$u_{\mathfrak{m},\mathfrak{n}} = \mathrm{Hom}_A(j, 1_M) : \mathrm{Hom}_A(\mathfrak{n}, M) \to \mathrm{Hom}_A(\mathfrak{m}, M).$$

Lorsqu'on ordonne $\mathcal{F}$ par la relation $\supset$, les $u_{\mathfrak{n},\mathfrak{m}}$ définissent un système inductif de groupes commutatifs, dont on notera la limite inductive $M_{(\mathcal{F})}$. Les applications $u_{\mathfrak{m},A_s}$ forment un système inductif, dont la limite inductive est une application (dite canonique) de $M = \mathrm{Hom}_A(A_s, M)$ dans $M_{(\mathcal{F})}$. De même, si $v : M \to N$ est un homomorphisme de A-modules à gauche, les $v_{\mathfrak{m}} = \mathrm{Hom}_A(1, v) : \mathrm{Hom}_A(\mathfrak{m}, M) \to \mathrm{Hom}_A(\mathfrak{m}, N)$ forment un système inductif dont la limite inductive est un homomorphisme de groupes commutatifs $v_{(\mathcal{F})} : M_{(\mathcal{F})} \to N_{(\mathcal{F})}$. Si $0 \to M \xrightarrow{v} N \xrightarrow{w} P$ est une suite exacte de A-modules, la suite $0 \to M_{(\mathcal{F})} \xrightarrow{v_{(\mathcal{F})}} N_{(\mathcal{F})} \xrightarrow{w_{(\mathcal{F})}} P_{(\mathcal{F})}$ est exacte.

18) *a*) Soient A un anneau, $\mathcal{F}$ et $\mathcal{G}$ deux ensembles topologisants (exerc. 16) d'idéaux à gauche de A. On note $\mathcal{F}.\mathcal{G}$ l'ensemble des idéaux à gauche $\mathfrak{l}$ de A pour lesquels il existe un idéal à gauche $\mathfrak{n} \in \mathcal{G}$ tel que $\mathfrak{n}/\mathfrak{l}$ soit $\mathcal{F}$-négligeable. Montrer que $\mathcal{F}.\mathcal{G}$ est topologisant ; pour qu'un A-module M soit $\mathcal{F}.\mathcal{G}$-négligeable, il faut et il suffit qu'il existe un sous-module $\mathcal{F}$-négligeable M′ de M tel que M/M′ soit $\mathcal{G}$-négligeable. Montrer que la loi de composition $(\mathcal{F}, \mathcal{G}) \to \mathcal{F}.\mathcal{G}$ dans l'ensemble des ensembles topologisants d'idéaux à gauche de A est associative.

On dit que $\mathcal{F}$ est *idempotent* si $\mathcal{F}.\mathcal{F} = \mathcal{F}$.

b) Montrer que $\mathcal{F}.\mathcal{G}$ contient tous les idéaux de la forme $\mathfrak{m}.\mathfrak{n}$, où $\mathfrak{m} \in \mathcal{F}$ et $\mathfrak{n} \in \mathcal{G}$.

c) Soient K un corps commutatif, B l'anneau des polynômes à coefficients dans K par rapport à un système infini d'indéterminées (X_i)

($i \geqslant 0$). Soit $\mathfrak{b}$ l'idéal de B engendré par les éléments X_iX_j ($i \neq j$) ; soient A l'anneau $B/\mathfrak{b}$, ξ_i la classe mod. $\mathfrak{b}$ de X_i, $\mathfrak{m}$ l'idéal de A engendré par les ξ_i ; on prend pour $\mathscr{F}$ l'ensemble des idéaux contenant une puissance de $\mathfrak{m}$. Montrer que $\mathscr{F}$ est topologisant et contient le produit de deux idéaux quelconques de $\mathscr{F}$, mais n'est pas idempotent.

d) On suppose que A est *commutatif* et $\mathscr{F}$ un ensemble topologisant d'idéaux de A tel que tout idéal $\mathfrak{m} \in \mathscr{F}$ contienne un idéal $\mathfrak{n} \in \mathscr{F}$ *de type fini*. Montrer que, si le produit de deux idéaux de $\mathscr{F}$ appartient à $\mathscr{F}$, $\mathscr{F}$ est idempotent.

¶ 19) Soit $\mathscr{F}$ un ensemble d'idéaux à gauche d'un anneau A ; on suppose $\mathscr{F}$ topologisant et idempotent (exerc. 16 et 18).

a) Montrer que, si $\mathfrak{m} \in \mathscr{F}$, $\mathfrak{n} \in \mathscr{F}$ et $u \in \mathrm{Hom}_A(\mathfrak{n}, A_s)$, alors $\overset{-1}{u}(\mathfrak{m}) \in \mathscr{F}$ (considérer la suite exacte $0 \to \mathfrak{n}/\overset{-1}{u}(\mathfrak{m}) \to A_s/\overset{-1}{u}(\mathfrak{m}) \to A_s/\mathfrak{n} \to 0$). Pour tout A-module M et tout $v \in \mathrm{Hom}_A(\mathfrak{m}, M)$, on désigne par $u.v$ l'image canonique dans $M_{(\mathscr{F})}$ (exerc. 17 *c*)) de l'homomorphisme composé $\overset{-1}{u}(\mathfrak{m}) \xrightarrow{u} \mathfrak{m} \xrightarrow{v} M$. Montrer que l'application $(u, v) \to u.v$ est **Z**-bilinéaire ; il lui correspond une application **Z**-linéaire

$$\psi_{\mathfrak{m},\mathfrak{n}} : \mathrm{Hom}_A(\mathfrak{n}, A_s) \otimes_{\mathbf{Z}} \mathrm{Hom}_A(\mathfrak{m}, M) \to M_{(\mathscr{F})}.$$

Ces applications forment un système inductif, et leur limite inductive correspond donc canoniquement à une application **Z**-bilinéaire

$$\psi : A_{(\mathscr{F})} \times M_{(\mathscr{F})} \to M_{(\mathscr{F})}.$$

Montrer que, si $M = A_s$, ψ est une loi de composition interne qui fait de $A_{(\mathscr{F})}$ un anneau, et l'application canonique $A \to A_{(\mathscr{F})}$ est un homomorphisme d'anneaux pour cette structure. Pour un A-module à gauche M quelconque, ψ est une loi externe définissant sur $M_{(\mathscr{F})}$ une structure de $A_{(\mathscr{F})}$-module à gauche ; pour cette structure (et pour l'application canonique $A \to A_{(\mathscr{F})}$) l'application canonique $M \to M_{(\mathscr{F})}$ est un homomorphisme de A-modules.

b) Si $i : M \to M_{(\mathscr{F})}$ est l'homomorphisme canonique, montrer que $\mathrm{Ker}(i) = \mathscr{F}M$ et que le A-module $\mathrm{Coker}(i) = M_{(\mathscr{F})}/i(M)$ est $\mathscr{F}$-négligeable.

c) Pour tout A-module à gauche M, on désigne par $M_{\mathscr{F}}$ le A-module à gauche $(M/\mathscr{F}M)_{(\mathscr{F})}$, par j_M l'application canonique composée

$$M \to M/\mathscr{F}M \to M_{\mathscr{F}} ;$$

on a $\mathrm{Ker}(j_M) = \mathscr{F}M$ et le A-module $\mathrm{Coker}(j_M) = M_{\mathscr{F}}/j_M(M)$ est $\mathscr{F}$-négligeable.

Soient $u : P \to M$, $h : P \to Q$ des homomorphismes de A-modules, tels que Ker (h) et Coker (h) soient $\mathscr{F}$-négligeables ; montrer qu'il existe un A-homomorphisme $v : Q \to M_{\mathscr{F}}$ et un seul rendant commutatif le diagramme

$$\begin{array}{ccc} P & \xrightarrow{u} & M \\ {\scriptstyle h}\downarrow & & \downarrow{\scriptstyle j_M} \\ Q & \xrightarrow[v]{} & M_{\mathscr{F}} \end{array}$$

(Se ramener d'abord au cas où h est injectif ; identifiant alors P à un sous-module de Q, remarquer que, pour tout $x \in Q$, il existe $\mathfrak{m} \in \mathfrak{F}$ tel que $\mathfrak{m}x \subset P$, et faire correspondre à x l'image canonique dans $M_{\mathfrak{F}}$ de l'homomorphisme composé $\mathfrak{m} \xrightarrow{x} \mathfrak{m}x \to P \xrightarrow{u} M \to M/\mathfrak{F}M$).

d) Pour tout homomorphisme $u : M \to N$ de A-modules, montrer qu'il existe un unique homomorphisme $u_{\mathfrak{F}} : M_{\mathfrak{F}} \to N_{\mathfrak{F}}$ rendant commutatif le diagramme

$$\begin{array}{ccc} M & \xrightarrow{u} & N \\ {\scriptstyle j_M}\downarrow & & \downarrow{\scriptstyle j_N} \\ M_{\mathfrak{F}} & \xrightarrow[u_{\mathfrak{F}}]{} & N_{\mathfrak{F}} \end{array}$$

(utiliser *a*), *b*) et *c*)). Montrer que, si

$$0 \longrightarrow M \xrightarrow{u} N \xrightarrow{v} P$$

est une suite exacte de A-modules, la suite

$$0 \longrightarrow M_{\mathfrak{F}} \xrightarrow{u_{\mathfrak{F}}} N_{\mathfrak{F}} \xrightarrow{v_{\mathfrak{F}}} P_{\mathfrak{F}}$$

est exacte (remarquer que l'application $M/\mathfrak{F}M \to N/\mathfrak{F}N$ déduite de u par passage aux quotients est injective).

Montrer que les applications $j_{M_{\mathfrak{F}}}$ et $(j_M)_{\mathfrak{F}}$ coïncident et sont des isomorphismes (et par suite $\mathfrak{F}M_{\mathfrak{F}} = 0$). Si N′ est un sous-A-module de $M_{\mathfrak{F}}$, $(\overset{-1}{j_M}(N'))_{\mathfrak{F}}$ s'identifie canoniquement à $N'_{\mathfrak{F}}$ (observer que, si on pose $N = \overset{-1}{j_M}(N')$, $N'/j_M(N)$ est $\mathfrak{F}$-négligeable).

e) Soient M un A-module à gauche, $\varphi : A \times M \to M$ l'application **Z**-bilinéaire $(a, m) \to am$. Montrer qu'il existe une application **Z**-bilinéaire et une seule $\varphi_{\mathfrak{F}} : A_{\mathfrak{F}} \times M_{\mathfrak{F}} \to M_{\mathfrak{F}}$ rendant commutatif le diagramme

$$\begin{array}{ccc} A \times M & \xrightarrow{\varphi} & M \\ {\scriptstyle j_A \times j_M}\downarrow & & \downarrow{\scriptstyle j_M} \\ A_{\mathfrak{F}} \times M_{\mathfrak{F}} & \xrightarrow[\varphi_{\mathfrak{F}}]{} & M_{\mathfrak{F}} \end{array}$$

On définit ainsi sur $A_{\mathfrak{F}}$ une structure d'anneau et sur $M_{\mathfrak{F}}$ une structure de $A_{\mathfrak{F}}$-module à gauche. Si $u : M \to N$ est un homomorphisme de A-modules, $u_{\mathfrak{F}} : M_{\mathfrak{F}} \to N_{\mathfrak{F}}$ est un homomorphisme de $A_{\mathfrak{F}}$-modules. Afin que, pour tout A-module M, l'application $u \to u_{\mathfrak{F}}$ de $\mathrm{Hom}_A(M, N)$ dans $\mathrm{Hom}_{A_{\mathfrak{F}}}(M_{\mathfrak{F}}, N_{\mathfrak{F}})$ soit bijective, il faut et il suffit que j_N soit bijective.

f) On prend pour A l'anneau de polynômes K[X, Y] sur un corps commutatif K, pour $\mathfrak{F}$ l'ensemble (topologisant et idempotent) des idéaux de A contenant une puissance de l'idéal $\mathfrak{m} = (X) + (Y)$. Si $M = A/AX$, et si $u : A \to M$ est l'application canonique, montrer que $u_{\mathfrak{F}} : A_{\mathfrak{F}} \to M_{\mathfrak{F}}$ n'est pas surjective. (Montrer que $A_{\mathfrak{F}}$ s'identifie à A, et $M_{\mathfrak{F}}$ à $K[\overline{Y}, 1/\overline{Y}]$, où $\overline{Y}$ est la classe de Y dans M, de sorte que $X\overline{Y} = 0$ et $X(1/\overline{Y}) = 0$).

g) Si l'on pose $\mathcal{F}^1 M = M_{\mathcal{F}}/j_M(M)$, montrer que, pour toute suite exacte $0 \to M \to N \to P \to 0$ de A-modules, on a une suite exacte $0 \to \mathcal{F}M \to \mathcal{F}N \to \mathcal{F}P \to \mathcal{F}^1 M \to \mathcal{F}^1 N \to \mathcal{F}^1 P$ (utiliser le diagramme du serpent).

h) Soit $\mathcal{F}'$ l'ensemble des idéaux à gauche $\mathfrak{l}'$ de $A_{\mathcal{F}}$ tels que $(A_{\mathcal{F}})_s/\mathfrak{l}'$ soit un A-module $\mathcal{F}$-négligeable : montrer que $\mathcal{F}'$ est l'ensemble des idéaux à gauche de $A_{\mathcal{F}}$ contenant les $j_A(\mathfrak{m})$, où $\mathfrak{m} \in \mathcal{F}$ (observer que $\mathfrak{m}_{\mathcal{F}} = A_{\mathcal{F}}$ pour tout $\mathfrak{m} \in \mathcal{F}$, en utilisant la suite exacte de *d*) ; par suite $A_{\mathcal{F}}/j_A(\mathfrak{m})$ est $\mathcal{F}$-négligeable). Pour tout $A_{\mathcal{F}}$-module M', on a $\mathcal{F}M' = \mathcal{F}'M'$ (M' étant considéré comme A-module au moyen de j_A), $\mathcal{F}'$ est topologisant et idempotent, et $M'_{\mathcal{F}'}$ s'identifie canoniquement à $M'_{\mathcal{F}}$.

20) Soit $\mathcal{F}$ un ensemble topologisant et idempotent d'idéaux à gauche d'un anneau A.

a) On suppose que tout idéal de $\mathcal{F}$ contient un idéal de *type fini* appartenant à $\mathcal{F}$. Soient M un A-module, $(N_\iota)_{\iota \in I}$ une famille filtrante croissante de sous-modules de M, dont la réunion est M. Montrer que $M_{\mathcal{F}}$ est réunion de ses sous-$A_{\mathcal{F}}$-modules $(N_\iota)_{\mathcal{F}}$. En particulier, pour toute famille $(M_\lambda)_{\lambda \in L}$ de A-modules, $(\bigoplus_{\lambda \in L} M_\lambda)_{\mathcal{F}}$ est canoniquement isomorphe à $\bigoplus_{\lambda \in L} (M_\lambda)_{\mathcal{F}}$.

b) On suppose vérifiée la condition de *a*), et en outre que, pour tout homomorphisme surjectif $u : M \to N$ de A-modules, $u_{\mathcal{F}} : M_{\mathcal{F}} \to N_{\mathcal{F}}$ soit surjectif. Alors, l'application canonique $A_{\mathcal{F}} \otimes_A M \to M_{\mathcal{F}}$ définie par la loi externe de $A_{\mathcal{F}}$-module de $M_{\mathcal{F}}$ est un isomorphisme de $A_{\mathcal{F}}$-modules (se ramener au cas où M est libre) ; l'anneau $A_{\mathcal{F}}$ est un A-module à gauche plat, et les $A_{\mathcal{F}}$-modules à gauche coïncident avec les A-modules à gauche M tels que l'application $j_M : M \to M_{\mathcal{F}}$ soit bijective.

c) On suppose que A est un produit infini $\prod_{\iota \in I} A_\iota$ d'anneaux ; on désigne par e_ι l'élément unité de A_ι, et on prend pour $\mathcal{F}$ l'ensemble des idéaux à gauche de A contenant l'idéal bilatère $\mathfrak{a} = \bigoplus_{\iota \in I} A_\iota$ (les A_ι étant canoniquement identifiés à des idéaux de A). Montrer que, pour tout A-module à gauche M, $M_{\mathcal{F}}$ s'identifie au produit $\prod_{\iota \in I} (e_\iota M)$ et en particulier $A_{\mathcal{F}} = A$. En déduire que, pour tout A-homomorphisme surjectif $u : M \to N$, $u_{\mathcal{F}} : M_{\mathcal{F}} \to N_{\mathcal{F}}$ est surjectif, mais donner des exemples de A-modules M tels que j_M ne soit pas bijectif.

d) On suppose vérifiée la condition de *a*), et en outre que A est *commutatif*. Montrer que, si M est $\mathcal{F}$-négligeable, $M_{(\mathcal{F})} = 0$.

21) Soient A un anneau *commutatif*, $\mathcal{F}$ un ensemble topologisant et idempotent d'idéaux de A.

a) L'anneau $A_{\mathcal{F}}$ est alors commutatif (remarquer que, si $\mathfrak{m} \in \mathcal{F}$ et $u \in \mathrm{Hom}_A(\mathfrak{m}, A)$, on a $u(\mathfrak{m}^2) \subset \mathfrak{m}$; si v est un second élément de $\mathrm{Hom}_A(\mathfrak{m}, A)$, montrer que $v(u(xy)) = u(v(xy))$ pour $x \in \mathfrak{m}$, $y \in \mathfrak{m}$).

b) Soit $\mathcal{F}'$ la famille des idéaux $\mathfrak{l}'$ de $A_{\mathcal{F}}$ tels que $A_{\mathcal{F}}/\mathfrak{l}'$ soit $\mathcal{F}$-négligeable (exerc. 19 *h*)). Montrer que l'application $\mathfrak{p} \to \mathfrak{p}_{\mathcal{F}}$ est une bijection de l'ensemble des idéaux premiers $\mathfrak{p}$ de A n'appartenant pas à $\mathcal{F}$ sur l'ensemble des idéaux premiers de $A_{\mathcal{F}}$ n'appartenant pas à $\mathcal{F}'$. (Montrer d'abord que, si A est intègre, il en est de même de $A_{\mathcal{F}}$, en utilisant la même remarque que dans *a*) ; utiliser ensuite la suite exacte de l'exerc. 19 *d*) pour montrer que $\mathfrak{p}_{\mathcal{F}}$ est premier. Si $\mathfrak{p}'$ est un idéal premier de $A_{\mathcal{F}}$ n'appartenant pas à $\mathcal{F}'$, et $\mathfrak{p} = \overset{-1}{j_A}(\mathfrak{p}')$, on rappelle que $\mathfrak{p}' = \mathfrak{p}_{\mathcal{F}}$).

c) Soient B une A-algèbre, $\mathcal{G}$ l'ensemble des idéaux à gauche $\mathfrak{l}$ de B tels que $B_s/\mathfrak{l}$ soit $\mathcal{F}$-négligeable. Montrer que $\mathcal{G}$ est l'ensemble des idéaux à gauche de B contenant un idéal de la forme $B.\mathfrak{m}$, où $\mathfrak{m} \in \mathcal{F}$; en déduire que $\mathcal{G}$ est topologisant et idempotent, et que, pour tout B-module N, on a $\mathcal{F}N = \mathcal{G}N$ et $N_{\mathcal{F}}$ s'identifie canoniquement à $N_{\mathcal{G}}$.

d) Soit S une partie multiplicative de A, et soit $\mathcal{F}$ l'ensemble des idéaux de A rencontrant S. Montrer que $\mathcal{F}$ est topologisant et idempotent, et que, pour tout A-module M, $M_{(\mathcal{F})}$ et $M_{\mathcal{F}}$ s'identifient canoniquement à $S^{-1}M$ (remarquer que tout idéal de $\mathcal{F}$ contient un idéal principal As, où $s \in S$).

¶ 22) Soit A un anneau (non nécessairement commutatif), et soit S une partie multiplicative de A.

a) Soit $\mathcal{F}$ l'ensemble des idéaux à gauche $\mathfrak{l}$ de A tels que, pour tout $a \in A$, il existe $s \in S$ tel que $sa \in \mathfrak{l}$; cela entraîne en particulier $\mathfrak{l} \cap S \neq \emptyset$. Montrer que $\mathcal{F}$ est topologisant et idempotent.

b) Soient B un anneau, $\varphi : A \rightarrow B$ un homomorphisme d'anneaux. On dit que le couple (B, φ) est un *anneau de fractions à gauche* de A à dénominateurs dans S s'il vérifie les conditions suivantes :

I) Si $\varphi(a) = 0$, il existe $s \in S$ tel que $sa = 0$.

II) Si $s \in S$, $\varphi(s)$ est inversible dans B.

III) Tout élément de B est de la forme $(\varphi(s))^{-1}\varphi(a)$, où $a \in A$.

Montrer que les propriétés suivantes sont équivalentes :

α) L'anneau A possède un anneau de fractions à gauche à dénominateurs dans S.

β) Les deux conditions suivantes sont vérifiées :

β_1) Quels que soient $s \in S$, $a \in A$, il existe $t \in S$ et $b \in A$ tels que $ta = bs$.

β_2) Si $a \in A$ et $s \in S$ sont tels que $as = 0$, il existe $t \in S$ tel que $ta = 0$.

γ) Les images canoniques des éléments de S dans $A_{\mathcal{F}}$ sont inversibles.

En outre ces propriétés entraînent les suivantes :

δ) Les idéaux principaux As, où $s \in S$, appartiennent à $\mathcal{F}$ et tout idéal $\mathfrak{m} \in \mathcal{F}$ contient un de ces idéaux principaux.

ε) L'annulateur à gauche de tout $s \in S$ est contenu dans $\mathcal{F}A_s$.

ζ) Pour toute suite exacte $0 \rightarrow M \xrightarrow{h} N \xrightarrow{p} P \rightarrow 0$ de A-modules, la suite $0 \rightarrow M_{\mathcal{F}} \xrightarrow{h_{\mathcal{F}}} N_{\mathcal{F}} \xrightarrow{p_{\mathcal{F}}} P_{\mathcal{F}} \rightarrow 0$ est exacte.

(On montrera que α) ⇒ β) ⇒ γ) ⇒ α). Pour voir que γ) entraîne α), remarquer que, pour tout A-module M et tout $x \in \mathcal{F}M$, il existe $s \in S$ tel que $sx = 0$. Pour voir que β) entraîne γ), prouver d'abord que β) entraîne δ), ε) et ζ). Pour montrer que β) entraîne ζ), on établira, à l'aide de δ), que, si $\mathfrak{m} \in \mathfrak{F}$ et si $u \in \mathrm{Hom}_A(\mathfrak{m}, P/\mathfrak{F}P)$, alors il existe $s \in S$ tel que $As \subset \mathfrak{m}$ et $v \in \mathrm{Hom}_A(As, N/\mathfrak{F}N)$, tels que le diagramme

$$\begin{array}{ccc} As & \xrightarrow{v} & N/\mathfrak{F}N \\ i\downarrow & & \downarrow p' \\ \mathfrak{m} & \xrightarrow[u]{} & P/\mathfrak{F}P \end{array}$$

soit commutatif, i étant l'injection canonique et p' l'application déduite de p par passage aux quotients. On considérera enfin, pour tout $s \in S$, la suite exacte

$$0 \longrightarrow N \longrightarrow A \xrightarrow{\mu_s} A \longrightarrow A/As \longrightarrow 0$$

où μ_s est l'homothétie $\lambda \rightarrow \lambda s$; on utilisera ε), ζ) et l'exerc. 4 de *Alg.*, chap. I, § 8).

c) Déduire de *b*) que, si A possède un anneau de fractions à gauche (B, φ) à dénominateurs dans S, cet anneau possède la propriété universelle suivante : pour tout homomorphisme d'anneaux $f : A \rightarrow C$ tel que $f(s)$ soit inversible dans C pour tout $s \in S$, il existe un homomorphisme et un seul $g : B \rightarrow C$ tel que $f = g \circ \varphi$. En particulier B est canoniquement isomorphe à $A_{\mathfrak{F}}$.

d) On définit de même la notion d'*anneau de fractions à droite* de A à dénominateurs dans S. Déduire de *c*) que, s'il existe à la fois un anneau de fractions à gauche et un anneau de fractions à droite de A, à dénominateurs dans S, ces deux anneaux sont isomorphes.

e) Soient E un espace vectoriel sur un corps K, $(e_\iota)_{\iota \in I}$ une base de E, T l'algèbre tensorielle de E. Soient J une partie de I non vide et distincte de I, S la partie multiplicative de T engendrée par les e_ι tels que $\iota \in J$. Montrer que T n'admet pas d'anneau de fractions à gauche ou à droite à dénominateurs dans S.

f) Avec les notations de *e*), on suppose $I = \mathbf{N}$, et on considère l'anneau A quotient de T par l'idéal bilatère engendré par les éléments e_0^2 et $e_0e_i - e_{i+1}e_0$ pour tout $i > 0$, et $e_ie_j - e_je_i$ pour $i > 0$, $j > 0$. Soit S' l'ensemble multiplicatif engendré par les images canoniques des e_i dans A, pour $i > 0$; montrer que A admet un anneau de fractions à gauche, mais non un anneau de fractions à droite, à dénominateurs dans S'.

g) On suppose que A admet un anneau de fractions à gauche à dénominateurs dans S. Dans l'ensemble $S \times A$, soit R la relation entre (s, x) et (t, y) : « il existe $r \in S$, $u \in A$, $v \in A$ tels que $r = us = vt$ et que $ux = vy$ ». Montrer que R est une relation d'équivalence, et définir sur l'ensemble $B = (S \times A)/R$ une structure d'anneau telle que le couple formé de S et de l'application $\varphi : A \rightarrow B$ transformant $x \in A$ en la classe de $(1, x)$ soit un anneau de fractions à gauche de A à dénominateurs dans S (utiliser le fait que, pour $s \in S$ et $t \in S$, il existe $u \in A$ et $v \in A$ tels que $r = us = vt$ appartienne à S). Cas où $S = A - \{0\}$ (cf. *Alg.*, chap. I, § 9, exerc. 8).

23) *a*) Soit A un anneau nœthérien à gauche sans diviseur de 0 autre que 0. Montrer que A possède un corps des fractions à gauche

(utiliser l'exerc. 14 *a*) pour montrer que la condition β_1) de l'exerc. 22 *b*) est remplie pour $S = A - \{0\}$).

b) Soit A un anneau nœthérien à gauche et à droite et sans diviseur de 0. Montrer que tout A-module à gauche M, de type fini et dont tout élément $\neq 0$ est libre, est sous-module d'un A-module libre. (Plonger canoniquement M dans $K \otimes_A M$, où K est le corps des fractions (à gauche ou à droite) de A considéré comme A-module à droite ; si (x_i) est une base du K-espace vectoriel à gauche $K \otimes_A M$, montrer qu'il existe $a \neq 0$ dans A tel que M soit contenu dans le sous-A-module de $K \otimes_A M$ engendré par les $a^{-1}x_i$.)

¶ 24) Soient A un anneau commutatif ou non, $\mathcal{F}$ l'ensemble des idéaux à gauche $\mathfrak{l}$ de A tels que $\mathfrak{l} \cap \mathfrak{m} \neq 0$ pour *tout* idéal à gauche $\mathfrak{m} \neq 0$ de A.

Pour que $\mathfrak{l} \in \mathcal{F}$, il faut et il suffit que pour tout élément $a \neq 0$ de A, il existe $b \in A$ tel que $ba \neq 0$ et $ba \in \mathfrak{l}$. Tout idéal $\mathfrak{l}$ de $\mathcal{F}$ contient le *socle gauche* de A (*Alg.*, chap. VIII, § 5, exerc. 9), et si A est artinien, $\mathcal{F}$ est formé des idéaux contenant le socle gauche de A.

a) Montrer que $\mathcal{F}$ est un ensemble topologisant (exerc. 16). En déduire que l'ensemble $\mathfrak{a}$ des $a \in A$ tels que $\mathfrak{l}a = 0$ pour un $\mathfrak{l} \in \mathcal{F}$ (réunion des annulateurs à droite des $\mathfrak{l} \in \mathcal{F}$) est un idéal *bilatère* de A, qui ne contient aucun idempotent. Si A est nœthérien à gauche, montrer que $\mathfrak{a}$ est nilpotent (prouver d'abord que tout élément $a \in \mathfrak{a}$ est nilpotent, en considérant les annulateurs à gauche des a^n ; puis utiliser l'exerc. 26 *b*) de *Alg.*, chap. VIII, § 6).

Soient K un corps commutatif, B l'anneau de polynômes à coefficients dans K par rapport à des indéterminées Y et X_i ($i \geqslant 1$). Soit $\mathfrak{b}$ l'idéal de B engendré par les X_iX_j ($i \neq j$) et les $Y^{i-1}X_i$, et soit A l'anneau quotient $B/\mathfrak{b}$; montrer que dans A l'idéal $\mathfrak{a}$ défini ci-dessus contient la classe de Y, qui n'est pas nilpotente.

b) Montrer que, pour tout idéal à gauche $\mathfrak{m}$ de A, il existe un idéal à gauche $\mathfrak{n}$ de A tel que $\mathfrak{m} \cap \mathfrak{n} = 0$ et $\mathfrak{m} + \mathfrak{n} \in \mathcal{F}$. (Prendre pour $\mathfrak{n}$ un idéal maximal parmi les idéaux à gauche $\mathfrak{l}$ tels que $\mathfrak{m} \cap \mathfrak{l} = 0$.)

c) On dit qu'un anneau A est *net* (à gauche) si l'idéal bilatère $\mathfrak{a}$ défini dans *a*) est réduit à 0. Lorsqu'il en est ainsi, l'ensemble $\mathcal{F}$ est idempotent (soient $\mathfrak{l}$, $\mathfrak{m}$, $\mathfrak{n}$ des idéaux à gauche de A tels que $\mathfrak{n} \in \mathcal{F}$, $\mathfrak{l} \subset \mathfrak{n}$, $\mathfrak{n}/\mathfrak{l}$ étant $\mathcal{F}$-négligeable, et $\mathfrak{m} \neq 0$. Si $x \neq 0$ appartient à $\mathfrak{m} \cap \mathfrak{n}$, il existe $\mathfrak{r} \in \mathcal{F}$ tel que $\mathfrak{r}.x \subset \mathfrak{l} \cap \mathfrak{m}$).

¶ 25) Avec les notations de l'exerc. 24, on suppose que A est un anneau net à gauche.

a) Montrer que l'application canonique $j_A : A \to A_{\mathcal{F}}$ est injective, ce qui permet d'identifier A à un sous-anneau de $A_{\mathcal{F}}$. Soit $\mathcal{F}'$ l'ensemble des idéaux à gauche $\mathfrak{l}'$ de $A_{\mathcal{F}}$ tels que $\mathfrak{l}'_{\mathcal{F}} = A_{\mathcal{F}}$; montrer que $\mathcal{F}'$ est l'ensemble des idéaux à gauche $\mathfrak{l}'$ de $A_{\mathcal{F}}$ tels que $\mathfrak{l}' \cap \mathfrak{m}' \neq 0$ pour tout idéal à gauche $\mathfrak{m}' \neq 0$ de $A_{\mathcal{F}}$. (Montrer d'abord que, pour tout idéal à gauche $\mathfrak{m}' \neq 0$ de $A_{\mathcal{F}}$, on a $A \cap \mathfrak{m}' \neq 0$; remarquer d'autre part que les idéaux $\mathfrak{l}' \in \mathcal{F}'$ sont exactement les idéaux à gauche de $A_{\mathcal{F}}$ contenant un idéal $\mathfrak{m} \in \mathcal{F}$.) Montrer que l'anneau $A_{\mathcal{F}}$ est net à gauche.

b) Montrer que $A_{\mathfrak{F}}$ est un A-module *injectif*, c'est-à-dire (*Alg.*, chap. II, 3e éd., § 2, exerc. 11) que, pour tout idéal à gauche $\mathfrak{l}$ de A et tout $u \in \mathrm{Hom}_A(\mathfrak{l}, (A_{\mathfrak{F}})_s)$, il existe $a' \in A_{\mathfrak{F}}$ tel que $u(x) = xa'$ pour tout $x \in \mathfrak{l}$. (Utiliser l'exerc. 24 *b*) et l'exerc. 19 *c*).) En déduire que tout endomorphisme du A-module $A_{\mathfrak{F}}$ est de la forme $u : x \to xa'$ où $a' \in A_{\mathfrak{F}}$ (remarquer que $\mathrm{Hom}_A(A, A_{\mathfrak{F}}) = \mathrm{Hom}_{A_{\mathfrak{F}}}(A_{\mathfrak{F}}, A_{\mathfrak{F}})$ en vertu de l'exerc. 19 *e*)) ; en outre on a $\mathrm{Ker}(u) = (\mathrm{Ker}(u))_{\mathfrak{F}}$.

c) Montrer que, pour tout idéal à gauche $\mathfrak{l}$ de A, $\mathfrak{l}_{\mathfrak{F}}$ est facteur direct de $A_{\mathfrak{F}}$. (Soit $\mathfrak{m}$ un idéal à gauche de A tel que $\mathfrak{m} \cap \mathfrak{l} = 0$ et $\mathfrak{m} + \mathfrak{l} \in \mathfrak{F}$; prolonger la projection de $\mathfrak{m} + \mathfrak{l}$ sur $\mathfrak{m}$, nulle dans $\mathfrak{l}$, en un endomorphisme p de $A_{\mathfrak{F}}$; montrer que $p^2 = p$ et que $\mathrm{Ker}(p) = \mathfrak{l}_{\mathfrak{F}}$.)

d) Montrer que $A_{\mathfrak{F}}$ est un anneau absolument plat (chap. I, § 2, exerc. 17). (Se ramener au cas où $A = A_{\mathfrak{F}}$. Si u est l'endomorphisme $x \to xa$ du A-module à gauche A_s, on a $\mathrm{Ker}(u) = (\mathrm{Ker}(u))_{\mathfrak{F}}$, et $\mathrm{Ker}(u)$ admet par suite un idéal supplémentaire $\mathfrak{m}$ dans A_s ; remarquer que $\mathrm{Im}(u)$ est isomorphe à $\mathfrak{m}$, donc *injectif* (*Alg.*, chap. II, 3e éd., § 2, exerc. 11), et par suite facteur direct de A_s (*loc. cit.*). Utiliser enfin l'exerc. 13 de *Alg.*, chap. II, 3e éd., § 1.)

¶ 26 *a*) Montrer que tout anneau de Zorn A (*Alg.*, chap. VIII, § 6, exerc. 13) sans nilidéal $\neq 0$ est net à gauche ; en particulier, tout anneau absolument plat et tout anneau primitif dont le socle n'est pas réduit à 0 est un anneau net à gauche.

b) Soit A un anneau primitif à gauche dont le socle n'est pas réduit à 0 ; montrer que, si A est représenté comme sous-anneau dense d'un anneau d'endomorphismes $\mathrm{End}_D(V)$ d'un espace vectoriel (*Alg.*, chap. VIII, § 5, exerc. 10), l'anneau $A_{\mathfrak{F}}$ correspondant à A (exerc. 25) est isomorphe à $\mathrm{End}_D(V)$.

c) Montrer que tout anneau quasi-simple A (*Alg.*, chap. VIII, § 5, exerc. 5) est net à gauche et à droite, et que l'anneau correspondant $A_{\mathfrak{F}}$ est quasi-simple. En déduire que, pour tout anneau B non réduit à 0, il existe un homomorphisme $\varphi : B \to R$ dans un anneau R qui est quasi-simple, absolument plat et tel que R_s soit un R-module injectif.

d) Soit A un anneau nœthérien à gauche sans idéaux nilpotents. Montrer que A est net à gauche et que l'anneau correspondant $A_{\mathfrak{F}}$ est un anneau *simple* (« *théorème de Goldie* » ; utiliser l'exerc. 24 *a*) et d'autre part, utiliser *Alg.*, chap. VIII, § 2, exerc. 7, en remarquant que, dans l'anneau absolument plat $A_{\mathfrak{F}}$, il ne peut exister de famille infinie d'idempotents orthogonaux deux à deux, sinon A contiendrait une somme directe infinie d'idéaux à gauche $\neq 0$). Montrer que, si $s \in A$ n'est pas diviseur à droite de 0 dans A, il est inversible dans $A_{\mathfrak{F}}$, et réciproquement ; l'ensemble S de ces éléments est une partie multiplicative de A. Montrer que $\mathfrak{F}$ est l'ensemble des idéaux à gauche de A rencontrant S (pour voir que les idéaux rencontrant S appartiennent à $\mathfrak{F}$, remarquer que les éléments de S ne sont pas diviseurs à gauche de 0 dans A ; pour voir que tout $\mathfrak{l} \in \mathfrak{F}$ contient un élément de S, représenter $A_{\mathfrak{F}}$ comme anneau d'endomorphismes d'un espace vectoriel E de dimension n, et définir par récurrence n éléments $u_1, \ldots, u_n$ de $\mathfrak{l}$ tels que $u_i u_j = 0$

pour $j < i$ et $u_i^2 \neq 0$, les u_i étant de rang 1 ; on montrera enfin que le noyau de $s = u_1 + \cdots + u_n$ est nul). En déduire que $(A_{\mathfrak{F}}, j_A)$ est un anneau de fractions à gauche de A, à dénominateurs dans S (exerc. 22).

27) *a*) Soient A un anneau, M un A-module fidèle de type fini. Montrer que si $\mathfrak{a}$, $\mathfrak{b}$ sont deux idéaux de A tels que $\mathfrak{a}M = \mathfrak{b}M$, les racines de $\mathfrak{a}$ et de $\mathfrak{b}$ sont égales (utiliser le n° 2, cor. 2 de la prop. 4).

b) Déduire de *a*) que si, dans un anneau intègre A, $\mathfrak{p}$ est un idéal premier de type fini, on a $\mathfrak{p}^m \neq \mathfrak{p}^n$ pour $m \neq n$.

c) Soient K un corps, A l'anneau de polynômes K[X, Y] à deux indéterminées. Dans A, soient $\mathfrak{a}$ l'idéal $AX^4 + AX^3Y + AXY^3 + AY^4$, $\mathfrak{b}$ l'idéal $\mathfrak{a} + AX^2Y^2$; montrer que l'on a $\mathfrak{b} \neq \mathfrak{a}$ et $\mathfrak{b}^2 = \mathfrak{a}^2$.

§ 3

1) *a*) Soient A un anneau non nécessairement commutatif, I_s (resp. I_d) l'ensemble des éléments de A qui n'ont pas d'inverse à gauche (resp. à droite). Montrer que les conditions suivantes sont équivalentes : 1° la somme de deux éléments de I_s appartient à I_s ; 2° I_s est un idéal à gauche ; 3° il y a un plus grand idéal à gauche $\mathfrak{J}$ dans l'ensemble des idéaux à gauche $\neq$ A. Si ces conditions sont réalisées, l'anneau opposé A^0 vérifie aussi ces conditions, on a $I_s = I_d = \mathfrak{J}$, $\mathfrak{J}$ est l'unique idéal maximal (à gauche ou à droite) de A, donc le radical de A, tout élément $x \notin \mathfrak{J}$ est inversible, et $A/\mathfrak{J}$ est un corps (cf. *Alg.*, chap. VIII, § 6, n° 3). On dit encore alors que A est un *anneau local.*

b) Montrer que dans un anneau local il n'existe pas d'idempotent distinct de 0 et de 1.

2) *a*) Soit A un anneau local (commutatif) dont l'idéal maximal $\mathfrak{m}$ soit principal et tel que $\bigcap_{n \geqslant 1} \mathfrak{m}^n = 0$ (cf. chap. III, § 3, n° 2, cor. de la prop. 4). Montrer que les seuls idéaux de A sont 0, A et les puissances $\mathfrak{m}^n$; en déduire que A est nœthérien et est, *soit un anneau de valuation discrète (chap. VI)*, soit un anneau *quasi-principal* dans lequel 1 est un idempotent indécomposable (*Alg.*, chap. VII, § 1, exerc. 6).

b) Soit A l'anneau des germes au point $t = 0$ des fonctions numériques définies et continues dans un voisinage de 0 et dérivables au point 0 (*Top. gén.*, chap. I, 3e éd., § 6, n° 10). Montrer que A est un anneau local dont l'idéal maximal $\mathfrak{m}$ est engendré par le germe de la fonction $j : t \to t$; on a $\mathfrak{m}^n \neq 0$ pour tout n, mais A n'est pas principal. Si c est le germe de la fonction $t \to \exp(-1/t^2)$, et $\mathfrak{p}$ un idéal premier de A ne contenant pas c, montrer que l'anneau quotient $B = A/\mathfrak{p}$ est un anneau local intègre non principal dans lequel l'idéal maximal est principal.

¶ 3) Soient A un anneau local (non nécessairement commutatif, cf. exerc. 1), $\mathfrak{m}$ son radical.

a) Soient L un A-module à gauche libre, $x \neq 0$ un élément de L. Soit $(e_\iota)_{\iota \in I}$ une base de L pour laquelle le nombre des composantes $\neq 0$ de

x soit le plus petit possible ; si $x = \sum_{\iota \in I} \xi_\iota e_\iota$, soit J l'ensemble des $\iota \in I$ tels que $\xi_\iota \neq 0$. Montrer qu'aucun des ξ_ι ($\iota \in J$) n'appartient à l'idéal à droite de A engendré par les autres.

b) Les hypothèses et notations étant celles de *a*), soient P, Q des sous-modules supplémentaires de L tels que $x \in P$; pour tout $\iota \in I$, soit $e_\iota = y_\iota + z_\iota$, où $y_\iota \in P$, $z_\iota \in Q$. Montrer que la famille formée des y_ι pour $\iota \in J$ et des e_ι pour $\iota \notin J$ est une base de L. (Prouver, en utilisant *a*), que si $z_\varkappa = \sum_{\iota \in I} \zeta_{\varkappa\iota} e_\iota$ les composantes $\zeta_{\varkappa\iota}$ telles que $\varkappa \in J$ et $\iota \in J$ appartiennent nécessairement à $\mathfrak{m}$ et utiliser le cor. 2 de la prop. 4.) En déduire qu'il existe un sous-module libre de P qui contient x et est facteur direct de P.

c) Montrer que tout A-module projectif P est libre (en utilisant le th. de Kaplansky (*Alg.*, chap. II, 3e éd., § 2, exerc. 4) on se ramènera au cas où P est engendré par une famille dénombrable d'éléments, et on appliquera *b*) à ce cas).

d) Donner un exemple d'un anneau local A et d'un A-module plat M qui ne soit pas libre et soit tel que $\mathfrak{m}M = M$ (prendre $A = \mathbf{Z}_{(p)}$). *(Au chap. III, § 3, nous donnerons des exemples de A-modules fidèlement plats et non libres sur un anneau local nœthérien A.)$_*$

e) Soient A un anneau local, M un A-module plat de type fini. Montrer que M est un A-module libre (utiliser l'exerc. 23 *e*) du chap. I, § 2).

4) Soient A un anneau local (non nécessairement commutatif), $\mathfrak{m}$ son radical. Soient M et N deux A-modules libres (de type fini ou non), $u : M \to N$ un homomorphisme tel que $1 \otimes u : M/\mathfrak{m}M \to N/\mathfrak{m}N$ soit bijectif. Montrer que u est injectif. (On pourra commencer par se ramener au cas où les modules M et N sont de type fini et utiliser la prop. 6.)

5) Montrer par un exemple que la prop. 7 ne s'étend pas au cas où l'anneau local A n'est pas réduit.

6) *a*) Soit M le $\mathbf{Z}$-module défini dans *Alg.*, chap. VII, § 4, exerc. 22 *h*) ; soit T le sous-module de torsion de M. Montrer que, pour tout nombre premier p, le sous-module $T_{(p)}$ de $M_{(p)}$ est facteur direct de $M_{(p)}$, bien que T ne soit pas facteur direct de M.

b) Soit N le $\mathbf{Z}$-module défini dans *Alg.*, chap. VII, § 3, exerc. 5; montrer que, pour tout nombre premier p, $M_{(p)}$ est un $\mathbf{Z}_{(p)}$-module libre bien que M ne soit pas un $\mathbf{Z}$-module libre.

7) Soient A un anneau, $(S_\lambda)_{\lambda \in L}$ une famille de parties multiplicatives de A telles que, pour tout idéal maximal $\mathfrak{m}$ de A, il existe $\lambda \in L$ tel que $\mathfrak{m} \cap S_\lambda = \emptyset$ (cf. § 2, exerc. 8). Soient M, N deux A-modules, $u : M \to N$ un homomorphisme. Pour que u soit surjectif (resp. injectif, bijectif, nul), il faut et il suffit que, pour tout $\lambda \in L$, $S_\lambda^{-1}u : S_\lambda^{-1}M \to S_\lambda^{-1}N$ le soit. Comment se généralisent les corollaires du th. 1 du no 3 ?

8) Soient A un anneau, B une A-algèbre (non nécessairement commutative), E un B-module à gauche de type fini.

a) Soient S une partie multiplicative de A, et munissons $S^{-1}B = S^{-1}A \otimes_A B$ de sa structure de $S^{-1}A$-algèbre ; $S^{-1}E$ peut alors être considéré comme un $S^{-1}B$-module à gauche (*Alg.*, chap. VIII, § 7, nº 1), isomorphe à $S^{-1}B \otimes_B E$. Montrer que, si E est un B-module plat, $S^{-1}E$ est un $S^{-1}B$-module plat.

b) Soit $(S_\lambda)_{\lambda \in L}$ une famille de parties multiplicatives de A telle que pour tout idéal maximal $\mathfrak{m}$ de A, il existe $\lambda \in L$ tel que $\mathfrak{m} \cap S_\lambda = \emptyset$. Montrer que $\bigoplus_{\lambda \in L} S_\lambda^{-1}B$ est un B-module fidèlement plat (à gauche et à droite ; cf. § 2, exerc. 8). Montrer que si, pour tout $\lambda \in L$, $S_\lambda^{-1}E$ est un $S_\lambda^{-1}B$-module plat (resp. fidèlement plat), alors E est un B-module plat (resp. fidèlement plat) (utiliser le chap. I, § 3, exerc. 9, avec $C_\lambda = S_\lambda^{-1}A$).

c) On suppose que les S_λ vérifient la condition de *b*) et que L soit fini. Montrer que si, pour tout $\lambda \in L$, $S_\lambda^{-1}E$ est un un $S_\lambda^{-1}B$-module projectif de type fini, alors E est un B-module projectif de type fini.

9) Montrer que, pour qu'un anneau (commutatif) A soit absolument plat (chap. I, § 2, exerc. 17) il faut et il suffit que, pour tout idéal maximal $\mathfrak{m}$ de A, $A_\mathfrak{m}$ soit un corps (remarquer qu'un anneau local absolument plat est nécessairement un corps, et utiliser le cor. de la prop. 15).

10) Soient A, B deux anneaux, $\rho : A \to B$ un homomorphisme, $\mathfrak{q}$ un idéal premier minimal de B, $\mathfrak{p} = \overset{-1}{\rho}(\mathfrak{q})$. On suppose qu'il existe un B-module N tel que $N_\mathfrak{q}$ soit un A-module plat non réduit à 0, et que $N_\mathfrak{q}$ soit un $A_\mathfrak{p}$-module de type fini ; alors l'idéal premier $\mathfrak{p}$ est minimal dans A. (Observer que $N_\mathfrak{p}$ est alors un $A_\mathfrak{p}$-module fidèlement plat, et utiliser le § 2, nº 5, cor. 4 de la prop. 11.)

11) Soient A un anneau, $\mathfrak{a}$ un idéal de A, S la partie multiplicative de A formée des éléments dont l'image canonique dans $A/\mathfrak{a}$ est non diviseur de 0 ; soit Φ l'ensemble des éléments maximaux de l'ensemble des idéaux de A ne rencontrant pas S (de sorte que les idéaux $\mathfrak{p} \in \Phi$ sont premiers, cf. § 2, nº 5, prop. 11). Montrer que $\mathfrak{a}$ est l'intersection de ses saturés pour les idéaux $\mathfrak{p} \in \Phi$ (se ramener au cas où $\mathfrak{a} = 0$ et utiliser le cor. 1 du th. 1).

¶ 12) Soit $A = \prod_{i=1}^{n} A_i$ un produit d'une famille finie d'anneaux locaux A_i, identifiés canoniquement à des idéaux de A. Soit B un sous-anneau de A tel que $pr_i B = A_i$ pour $1 \leqslant i \leqslant n$. Montrer que B est composé direct d'au plus *n* anneaux locaux, et ne peut être composé direct de *n* anneaux locaux que si B = A. (Procéder par récurrence sur *n*, en considérant les idéaux $\mathfrak{a}_i = B \cap A_i$ de B. Examiner successivement le cas où $\mathfrak{a}_i = A_i$ pour un indice *i* au moins, et le cas où $\mathfrak{a}_i \neq A_i$ pour tout *i*. Remarquer que, si $\mathfrak{a}_i \neq A_i$, tout idéal maximal de B contient $\mathfrak{a}_i$, et en considérant l'anneau $B/\mathfrak{a}_i$, en conclure qu'il y a au plus $n - 1$ idéaux maximaux distincts dans B ; si alors B n'est pas un anneau local, se ramener au cas où $\mathfrak{a}_j = A_j$ pour un $j \neq i$ en utilisant l'hypothèse de récurrence et l'exerc. 1 *b*).) Donner un exemple où $n > 1$, B est un anneau local mais n'est isomorphe à aucun des A_ι (prendre pour les A_ι des algèbres sur un même corps K, dont les idéaux maximaux $\mathfrak{m}_\iota$ sont de carrés nuls.)

¶ 13) Soient G un groupe fini dont l'ordre n est une puissance p^f d'un nombre premier p, et K un corps de caractéristique p.

a) Soit E un ensemble fini où opère G (*Alg.*, chap. I, § 7, nº 2) ; si E' est l'ensemble des éléments de E invariants par tout $g \in G$, montrer que Card (E) $\equiv$ Card (E') (mod. p). En déduire que, si G n'est pas réduit à son élément neutre e, le centre Z de G n'est pas réduit à e (faire opérer G dans lui-même par automorphismes intérieurs). Conclure que G est résoluble (*Alg.*, chap. I, § 6, exerc. 14).

b) Soit V un espace vectoriel sur K, et soit ρ un homomorphisme de G dans **GL**(V). Soit V' l'ensemble des $x \in V$ invariants par les applications linéaires $\rho(g)$, où $g \in G$. Montrer que, si V' est réduit à 0, V est nécessairement réduit à 0. (Si $x \in V$ et $x \neq 0$, appliquer *a*) au sous-groupe additif E de V engendré par les éléments $\rho(g).x$, où $g \in G$).

c) Soit $A = K^{(G)}$ l'algèbre du groupe G sur K (*Alg.*, chap. III, 3ᵉ éd., § 1), et soit I le sous-espace vectoriel de A (sur K) engendré par les éléments $1 - g$ où $g \in G$. Montrer que I est le radical de A et que A/I est isomorphe à K (utiliser *b*) et la définition du radical) ; en déduire que I est nilpotent.

d) Soient V un A-module de type fini, V' l'ensemble des éléments x de V tels que $g.x = x$ pour tout $g \in G$. Montrer que l'on a les inégalités

$$(*) \quad \dim_K(V) \leqslant n.\dim_K(V/IV)\,; \qquad (**) \quad \dim_K(V) \leqslant n.\dim_K(V').$$

(Pour établir (*), utiliser le cor. 2 de la prop. 4 ; en déduire (**) en considérant le dual de l'espace vectoriel V sur K.) Pour que les deux membres de l'inégalité (*) (resp. (**)) soient égaux, il faut et il suffit que V soit un A-module libre (cf. cor. 1 de la prop. 5).

14) Soient A un anneau non nécessairement commutatif, dont le radical $\mathfrak{m}$ est tel que $A/\mathfrak{m}$ soit un corps, et M un A-module libre de type fini.

a) Soit M' un second A-module libre de type fini, et soit $u : M \to M'$ un homomorphisme tel que $u(M)$ soit facteur direct de M' ; on appelle *rang* de u et on note $\mathrm{rg}(u)$ le nombre dim $u(M)$. Pour un tel homomorphisme, Ker (u) est facteur direct de M et $\rho(u) = \dim M - \dim(\mathrm{Ker}(u))$; pour que u soit injectif (resp. surjectif), il faut et il suffit que $\mathrm{rg}(u) = \dim M$ (resp. $\mathrm{rg}(u) = \dim M'$), Le transposé ${}^tu$ est tel que ${}^tu(M'^*)$ soit facteur direct dans M^* et on a $\mathrm{rg}({}^tu) = \mathrm{rg}(u)$.

b) Soit $n = \dim M$. On appelle *droites* (resp. *hyperplans*) dans M les facteurs directs de M de dimension 1 (resp. $n - 1$). On dit qu'un automorphisme $u \in \mathbf{GL}(M)$ distinct de l'identité est une *transvection* s'il existe un hyperplan H de M dont les éléments sont invariants par u ; on a alors $u(x) = x + a\varphi(x)$, où φ est une forme linéaire sur M telle que $H = \mathrm{Ker}(\varphi)$ et $a \in H$; réciproque. Si A est commutatif, montrer que tout automorphisme $u \in \mathbf{GL}(M)$ de déterminant 1 est produit de transvections (observer que, dans la matrice de u par rapport à une base quelconque de M, toute colonne contient au moins un élément inversible de A, et une matrice de la forme $I + \lambda E_{ij}$ $(i \neq j)$ est la matrice d'une transvection).

c) Donner un exemple d'un automorphisme $u \in \mathbf{GL}(\mathrm{M})$ tel que le noyau de $1 - u$ ne soit pas facteur direct de M (prendre pour A l'anneau local K[[X]] des séries formelles à une indéterminée sur un corps K, et M = A).

d) Donner un exemple de facteurs directs N, P de M (nécessairement libres) tels que N + P et $\mathrm{N} \cap \mathrm{P}$ ne soient pas des facteurs directs de M. (Prendre $\mathrm{A} = \mathrm{K}[\mathrm{X}]/(\mathrm{X}^2)$, où K est un corps, et $\mathrm{M} = \mathrm{A}^2$.)

¶ 15) Soient A un anneau (commutatif), M un A-module.

a) Pour qu'un sous-module M′ de M soit pur (chap. I, § 2, exerc. 24), il faut et il suffit que, pour tout idéal maximal $\mathfrak{m}$ de A, $\mathrm{M}'_{\mathfrak{m}}$ soit un sous-$\mathrm{A}_{\mathfrak{m}}$-module pur de $\mathrm{M}_{\mathfrak{m}}$ (utiliser le th. 1 du n° 3).

b) On suppose que A soit un anneau local d'idéal maximal $\mathfrak{m}$, et M un A-module libre de type fini. Pour qu'un sous-module M′ de type fini de M soit pur, il faut et il suffit qu'il soit facteur direct de M. (En utilisant le cor. 1 de la prop. 5 du n° 2, se ramener à prouver que, si $\mathrm{M}' \subset \mathfrak{m}\mathrm{M}$, M′ ne peut être sous-module pur de M que si M′ = 0.)

16) Soit $(\mathrm{A}_\lambda, f_{\mu\lambda})$ un système inductif filtrant d'anneaux locaux, tel que les $f_{\mu\lambda}$ soient des homomorphismes locaux ; soit $\mathfrak{m}_\lambda$ l'idéal maximal de A_λ, et soit $\mathrm{K}_\lambda = \mathrm{A}_\lambda/\mathfrak{m}_\lambda$. Alors $\mathrm{A} = \varinjlim \mathrm{A}_\lambda$ est un anneau local dont $\mathfrak{m} = \varinjlim \mathfrak{m}_\lambda$ est l'idéal maximal et $\mathrm{K} = \varinjlim \mathrm{K}_\lambda$ le corps résiduel. En outre, si on a $\mathfrak{m}_\mu = \mathrm{A}_\mu \mathfrak{m}_\lambda$ pour $\lambda < \mu$, on a $\mathfrak{m} = \mathrm{A}\mathfrak{m}_\lambda$ pour tout λ.

§ 4

1) Soient $(\mathrm{X}_\alpha, f_{\alpha\beta})$ un système projectif d'espaces topologiques, dont l'ensemble d'indices est filtrant, $\mathrm{X} = \varprojlim \mathrm{X}_\alpha$, f_α l'application canonique de X dans X_α. On suppose que, pour tout α, f_α soit surjective ; montrer que si les X_α sont irréductibles, X est irréductible (cf. *Top. gén.*, chap. I, 3ᵉ éd., § 4, n° 4, cor. de la prop. 9). En particulier, tout produit d'espaces irréductibles est irréductible.

2) On dit que, dans un espace irréductible X, un point x est *générique* si $\{x\}$ est partout dense dans X.

a) Si X est un espace de Kolmogoroff (*Top. gén.*, chap. I, 3ᵉ éd., § 1, exerc. 2), il admet au plus un point générique ; si X est un espace accessible (*Top. gén.*, chap. I, 3ᵉ éd., § 8, exerc. 1), il ne peut admettre un point générique que s'il est réduit à un point.

b) Donner un exemple d'espace accessible irréductible et infini (cf. *Top. gén.*, chap. I, 3ᵉ éd., § 8, exerc. 5).

c) Soient X, Y deux espaces irréductibles admettant chacun un point générique ; on suppose en outre que Y admet un seul point générique y. Soit $f : \mathrm{X} \to \mathrm{Y}$ une application continue ; pour que $f(\mathrm{X})$ soit dense dans Y, il faut et il suffit que, pour tout point générique x de X, on ait $f(x) = y$.

d) Soit $(X_\alpha, f_{\alpha\beta})$ un système projectif d'espaces irréductibles dont l'ensemble d'indices est filtrant ; on suppose que chacun des X_α admet un seul point générique x_α. Montrer que si, pour $\alpha \leqslant \beta$, $f_{\alpha\beta}(X_\beta)$ est dense dans X_α, alors $X = \varprojlim X_\alpha$ est irréductible et admet un seul point générique (même méthode que dans l'exerc. 1).

3) Soient X un espace topologique, (Y_α) une famille filtrante croissante de sous-espaces de X ; montrer que, si chacun des sous-espaces Y_α est irréductible, et si X est réunion de la famille (Y_α), X est irréductible. En déduire un exemple où X est un espace de Kolmogoroff, chacun des Y_α admet un point générique, mais X n'admet pas de point générique.

4) Soient Y un espace irréductible admettant un seul point générique y, X un espace topologique, $f : X \rightarrow Y$ une application continue.

a) Pour toute composante irréductible Z de X rencontrant $\overset{-1}{f}(y)$, $f(Z)$ est dense dans Y.

b) Donner un exemple où $f(X)$ est dense dans Y mais $\overset{-1}{f}(y)$ est vide (prendre pour X un sous-espace de Y).

c) Montrer que, si Z admet un point générique z et si $f(Z)$ est dense dans Y, on a $f(z) = y$ et z est point générique de $Z \cap \overset{-1}{f}(y)$.

5) Soit G un groupe semi-topologique (*Top. gén.*, chap. III, 3ᵉ éd., § 1, exerc. 2) connexe. Montrer que, si G n'admet qu'un nombre fini de composantes irréductibles, il est nécessairement irréductible (observer que les composantes irréductibles se déduisent de la composante irréductible contenant l'élément neutre e par translation à gauche ou à droite).

6) Soit X un espace topologique.

a) Soient x un point de X, U un voisinage ouvert de x n'ayant qu'un nombre fini de composantes irréductibles. Montrer qu'il existe un voisinage V de x tel que tout voisinage ouvert de x contenu dans V soit connexe.

b) On suppose que tout point de X possède un voisinage ouvert n'ayant qu'un nombre fini de composantes irréductibles. Montrer que les propriétés suivantes sont équivalentes :

α) Les composantes irréductibles de X sont ouvertes.

β) Les composantes irréductibles de X sont identiques à ses composantes connexes.

γ) Les composantes connexes de X sont irréductibles.

δ) Deux composantes irréductibles distinctes de X ne se rencontrent pas.

7) Soient X un espace compact métrisable, R une relation d'équivalence ouverte dans X telle que l'espace quotient X/R soit irréductible. Montrer qu'il existe un point $x \in X$ dont la classe mod. R soit partout dense. (Remarquer d'abord que toute partie ouverte de X saturée pour R est partout dense. Utiliser ensuite le théorème de Baire.)

8) Montrer que le produit de deux espaces nœthériens est nœthérien. (Si X et Y sont des espaces nœthériens et A une partie ouverte de

$X \times Y$, montrer que, pour tout $x \in pr_1 A$, il existe un voisinage ouvert V de x tel que $V \times A(x) \subset A$ et en déduire que A est quasi-compact.)

9) *a*) Montrer que le spectre premier d'un anneau commutatif est un espace de Kolmogoroff (*Top. gén.*, chap. I, 3ᵉ éd., § 1, exerc. 2), dans lequel toute composante irréductible admet un (et un seul) point générique.

b) Soient A un anneau intègre, $\xi = (0)$ le point générique de $X = \text{Spec}(A)$. Pour que le point ξ soit isolé dans X, il faut et il suffit que l'intersection des idéaux premiers $\neq 0$ de A soit un idéal $\neq 0$. Donner un exemple d'anneau local ayant cette propriété.

10) Soient A un anneau, $\mathfrak{N}$ son nilradical. Pour que le spectre de A soit discret, il faut et il suffit que $A/\mathfrak{N}$ soit composé direct d'un nombre fini de corps.

11) Soient K un corps, A l'anneau de polynômes $K[X, Y]$, B l'anneau quotient $A/(XY)$; montrer que Spec (B) est connexe mais a deux composantes irréductibles distinctes.

12) Soient Y un espace complètement régulier, $A = \mathcal{C}^\infty(Y ; \mathbf{R})$, $B = \mathcal{C}(Y ; \mathbf{R})$. Montrer que le compactifié de Stone-Čech βY de Y s'identifie canoniquement à un sous-espace partout dense de Spec(A) et à un sous-espace partout dense de Spec(B).

13) Soient A un anneau, $X = \text{Spec}(A)$ son spectre.

a) Si une partie F de X est fermée, elle possède les deux propriétés suivantes : α) pour tout $\mathfrak{p} \in F$, $V(\mathfrak{p}) \subset F$; β) pour tout $\mathfrak{p} \notin F$, il existe une partie fermée de $V(\mathfrak{p})$ qui contient $F \cap V(\mathfrak{p})$ et ne contient pas $\mathfrak{p}$.

b) On suppose X nœthérien. Montrer que toute partie F de X possédant les propriétés α) et β) de *a*) est fermée dans X (considérer les composantes irréductibles de $\overline{F}$ et utiliser l'exerc. 9 *a*)).

c) Avec les notations de l'exerc. 12, on prend pour Y l'intervalle $[0, 1]$ de **R**. Montrer que Y n'est pas fermé dans $X = \text{Spec}(A)$ (cf. § 2, exerc. 15), mais vérifie les conditions α) et β) de *a*).

14) Soient A un anneau, $X = \text{Spec}(A)$ son spectre, P l'ensemble des idéaux premiers minimaux de A.

a) Soit $R\{\mathfrak{p}, \mathfrak{p}'\}$ la relation symétrique et réflexive : « il existe un idéal premier $\mathfrak{p}''$ de A contenant $\mathfrak{p} + \mathfrak{p}'$ » entre les éléments $\mathfrak{p}, \mathfrak{p}'$ de P ; soit S la relation d'équivalence dont le graphe est le plus petit des graphes d'équivalence contenant le graphe de R (*Ens.*, chap. II, § 6, exerc. 10). Montrer que, si I est une classe d'équivalence suivant S, l'ensemble $V_I = \bigcup_{\mathfrak{p} \in I} V(\mathfrak{p})$ est connexe.

b) Montrer que, si P est fini (et en particulier si A est nœthérien), les V_I sont les composantes connexes de X. Ce résultat s'étend-il au cas où P est infini (cf. exerc. 12)?

¶ 15) Soient A un anneau, $\mathfrak{a}$ un idéal de type fini de A. Montrer que les propriétés suivantes sont équivalentes : α) $\mathfrak{a}^2 = \mathfrak{a}$; β) $\mathfrak{a}$ est engendré par un idempotent ; γ) $V(\mathfrak{a})$ est à la fois ouvert et fermé dans $X = \text{Spec}(A)$ et $\mathfrak{a}$ est minimal parmi les idéaux $\mathfrak{b}$ tels que $\mathfrak{r}(\mathfrak{b}) = \mathfrak{r}(\mathfrak{a})$ (utiliser le § 2, cor. 3 de la prop. 4). Donner un exemple où $\mathfrak{a}^2 = \mathfrak{a}$, $\mathfrak{a}$ n'est pas de type fini et ne contient pas d'idempotent $\neq 0$ (cf. § 2, exerc. 15).

¶ 16) *a*) Soit A un anneau (commutatif) *absolument plat* (chap. I, § 2, exerc. 17). Montrer que $X = \mathrm{Spec}(A)$ est un espace compact totalement discontinu, que tout idéal premier $\mathfrak{p}$ de A est maximal et que $A_{\mathfrak{p}}$ est canoniquement isomorphe au corps $A/\mathfrak{p}$ (montrer d'abord que, pour tout $f \in A$, $V(f)$ est à la fois ouvert et fermé dans X ; utiliser d'autre part le § 3, exerc. 9).

b) Montrer que l'application $\mathfrak{a} \to V(\mathfrak{a})$ est une bijection de l'ensemble des idéaux de A sur l'ensemble des parties fermées de X. En outre, les conditions suivantes sont équivalentes : α) $V(\mathfrak{a})$ est ouvert ; β) $\mathfrak{a}$ est de type fini ; γ) $\mathfrak{a}$ est engendré par un idempotent ; δ) $A/\mathfrak{a}$ est un A-module projectif.

**c*) Soit $\tilde{A}$ le faisceau structural d'anneaux sur X. Montrer que tout $\tilde{A}$-Module $\mathcal{F}$ est de la forme $\tilde{E}$, où E est un A-module défini à un isomorphisme unique près (prendre $E = \Gamma(X, \mathcal{F})$ et utiliser le fait que tout point de X admet un système fondamental de voisinages ouverts et fermés). Pour tout idéal $\mathfrak{a}$ de A, montrer que $\mathrm{Hom}_A(\mathfrak{a}, E)$ s'identifie à $\Gamma(X - V(\mathfrak{a}), \tilde{E})$ (remarquer que $X - V(\mathfrak{a})$ est réunion des X_e, où e parcourt l'ensemble des idempotents $e \in \mathfrak{a}$). En déduire que, pour que E soit un A-module injectif, il faut et il suffit que $\tilde{E}$ soit flasque.*

d) Soient A un anneau, $\mathfrak{N}$ son nilradical. Les propriétés suivantes sont équivalentes :

α) $A/\mathfrak{N}$ est absolument plat.

β) $X = \mathrm{Spec}(A)$ est séparé.

γ) Tout point de X est fermé (autrement dit, tout idéal premier de A est maximal).

(Utiliser l'exerc. 9 du § 3).

¶ 17) **a*) Soient X un espace compact totalement discontinu, $\mathcal{O}$ un faisceau d'anneaux sur X tel que, pour tout $x \in X$, $\mathcal{O}_x$ soit un corps commutatif. Montrer que, si $A = \Gamma(X, \mathcal{O})$, l'anneau A est absolument plat et que son spectre (muni du faisceau d'anneaux $\tilde{A}$) s'identifie canoniquement à X (muni du faisceau $\mathcal{O}$). (Observer que pour tout $f \in A$ l'ensemble des $x \in X$ tels que $f_x = 0$ est à la fois ouvert et fermé dans X et en déduire l'existence de $g \in A$ tel que $f = gf^2$.)*

b) Soient X un espace compact totalement discontinu, K un corps (commutatif), A l'anneau des applications localement constantes de X dans K. Montrer que A est absolument plat (raisonner directement ou utiliser *a*)).

c) Soit A l'anneau des fonctions en escalier numériques définies dans $I = [0, 1[$, dont les points de discontinuité sont de la forme $k/2^n (n \in \mathbf{N}, 0 \leqslant k < 2^n)$, et qui sont continues à droite. Soit $\mathfrak{J}$ l'ensemble des réunions finies d'intervalles semi-ouverts $[x, y[\subset I$ dont les extrémités sont de la forme $k/2^n$. Pour tout $f \in A$, l'ensemble $Z(f) = \overset{-1}{f}(0)$ appartient à $\mathfrak{J}$. Si $\mathfrak{a}$ est un idéal de A, l'ensemble $\mathfrak{B}$ des $Z(f)$, où f parcourt $\mathfrak{a}$, est tel que : 1° l'intersection de deux ensembles de $\mathfrak{B}$ appartient à $\mathfrak{B}$; 2° tout ensemble de $\mathfrak{J}$ contenant un ensemble de $\mathfrak{B}$ appartient à $\mathfrak{B}$. Réciproque. Pour que $\mathfrak{a}$ soit premier, il faut et il suffit que $\mathfrak{B}$ soit une base de filtre qui converge vers un point de $[0, 1]$. Montrer que A est un anneau réduit absolument plat et que pour tout idéal maximal $\mathfrak{m}$ de A, $A_{\mathfrak{m}}$ est isomorphe au corps $\mathbf{R}$. Décrire l'espace Spec (A).

¶ 18) *a*) Soit Y un espace complètement régulier. Montrer que les conditions suivantes sont équivalentes :

α) Tout idéal premier de $\mathcal{C}(Y ; \mathbf{R})$ est maximal.

β) Toute intersection dénombrable de parties ouvertes de Y est ouverte.

γ) Toute fonction numérique continue dans Y est localement constante.

δ) L'anneau $\mathcal{C}(Y ; \mathbf{R})$ est absolument plat.

(Utiliser l'exerc. 15 *f*) du § 2).

Lorsqu'il en est ainsi, l'espace $X = \text{Spec}(\mathcal{C}(Y ; \mathbf{R}))$ s'identifie canoniquement au compactifié de Stone-Čech βY de Y. On dit qu'un tel espace Y est *plat*.

b) Tout sous-espace d'un espace plat est plat. Tout espace quotient complètement régulier d'un espace plat est plat. Tout produit fini d'espaces plats est plat. Toute somme d'espaces plats est un espace plat.

c) Dans un espace plat, tout sous-espace dénombrable est fermé et discret. En particulier, tout espace plat dénombrable est discret.

d) Tout espace complètement régulier weierstrassien (*Top. gén.*, chap. IX, 2e éd., § 1, exerc. 22) (et *a fortiori* tout espace compact) qui est plat, est fini.

e) L'espace associé à un ultrafiltre non trivial est extrêmement discontinu (*Top. gén.*, chap. I, 3e éd., § 11, exerc. 21) mais n'est pas plat.

f) L'espace discret $\mathbf{N}$ est plat, mais son compactifié de Stone-Čech n'est pas plat, et les spectres des anneaux $\mathcal{C}(\mathbf{N} ; \mathbf{R})$ et $\mathcal{C}^{\infty}(\mathbf{N} ; \mathbf{R})$ ne sont donc pas isomorphes.

19) *a*) Soit $\varphi : A \to B$ un homomorphisme d'anneaux. Montrer que, pour tout idéal $\mathfrak{b}$ de B, on a $\overline{{}^a\varphi(V(\mathfrak{b}))} = V(\overset{-1}{\varphi}(\mathfrak{b}))$.

b) Déduire de *a*) que, pour que ${}^a\varphi(\text{Spec}(B))$ soit dense dans Spec (A), il faut et il suffit que Ker (φ) soit un nilidéal de A.

c) Montrer que si tout $b \in B$ s'écrit $b = h\varphi(a)$, où h est inversible dans B et $a \in A$, ${}^a\varphi$ est un homéomorphisme de Spec (B) sur un sous-espace de Spec (A).

20) Donner un exemple d'homomorphisme d'anneaux $\varphi : A \to B$ tel que tout idéal maximal de A soit de la forme $\overset{-1}{\varphi}(\mathfrak{m})$, où $\mathfrak{m}$ est un idéal maximal de B, mais qu'il existe des idéaux premiers de A qui ne sont pas images réciproques par φ d'idéaux de B (prendre pour B un corps).

21) Soit $(A_{\alpha}, \varphi_{\beta\alpha})$ un système inductif d'anneaux dont l'ensemble d'indices est filtrant, et soient $A = \varinjlim A_{\alpha}$, $\varphi_{\alpha} : A_{\alpha} \to A$ l'homomorphisme canonique. Si on pose $X_{\alpha} = \text{Spec}(A_{\alpha})$, $(X_{\alpha}, {}^a\varphi_{\beta\alpha})$ est un système projectif d'espaces topologiques, et si $X = \text{Spec}(A)$, les ${}^a\varphi_{\alpha} : X \to X_{\alpha}$ forment un système projectif d'applications continues. Montrer que $u = \varprojlim {}^a\varphi_{\alpha}$ est un homéomorphisme de X sur $\varprojlim X_{\alpha}$. (Prouver d'abord que, si pour tout α, $\mathfrak{p}_{\alpha}$ est un idéal premier de A_{α} tel que $\mathfrak{p}_{\alpha} = \overset{-1}{\varphi}_{\beta\alpha}(\mathfrak{p}_{\beta})$ pour $\alpha \leqslant \beta$, la réunion $\mathfrak{p}$ des $\varphi_{\alpha}(\mathfrak{p}_{\alpha})$ est un idéal premier de A ; inversement, tout idéal

premier $\mathfrak{p}$ de A est réunion des $\varphi_\alpha(\mathfrak{p}_\alpha)$, où $\mathfrak{p}_\alpha = \overset{-1}{\varphi}_\alpha(\mathfrak{p})$. Enfin, si $f_\alpha \in A_\alpha$ et $f = \varphi_\alpha(f_\alpha)$, remarquer que la relation $\mathfrak{p} \in X_f$ est équivalente à

$$u(\mathfrak{p}) \in \overset{-1}{pr_\alpha}((X_\alpha)_{f_\alpha})).$$

22) *a*) Soient M un A-module, (N_i) une famille finie de sous-modules de M. Montrer que l'on a $\operatorname{Supp}(M/\bigcap_i N_i) = \bigcup_i \operatorname{Supp}(M/N_i)$ (remarquer que $M/\bigcap_i N_i$ est isomorphe à un sous-module de la somme directe des M/N_i).

b) Soit p un nombre premier ; le support du $\mathbf{Z}$-module $\mathbf{Z}$ est distinct de l'adhérence de la réunion des supports des $\mathbf{Z}$-modules $\mathbf{Z}/p^k\mathbf{Z}$ $(k \in \mathbf{N})$.

c) Soit M la somme directe des $\mathbf{Z}$-modules $\mathbf{Z}/p^k\mathbf{Z}$ $(k \in \mathbf{N})$; montrer que Supp (M) est fermé mais distinct de $V(\mathfrak{a})$, où $\mathfrak{a}$ est l'annulateur de M.

d) Soit N la somme directe des $\mathbf{Z}$-modules $\mathbf{Z}/n\mathbf{Z}$ $(n \geqslant 1)$; montrer que Supp (N) n'est pas fermé dans Spec ($\mathbf{Z}$).

e) Déduire de *c*) et *d*) un exemple de A-module M tel que, si $\mathfrak{a}$ est son annulateur, Supp (M) soit non fermé et ait une adhérence distincte de $V(\mathfrak{a})$.

f) Montrer que le support du $\mathbf{Z}$-module $\prod_{k=1}^{\infty} (\mathbf{Z}/p^k\mathbf{Z})$ est distinct de l'adhérence de la réunion des supports des modules facteurs $\mathbf{Z}/p^k\mathbf{Z}$.

23) Soit p un nombre premier ; donner un exemple de $\mathbf{Z}$-modules M, N où N est de type fini, tels que $M_{(p)} \neq 0$ et $N_{(p)} \neq 0$, mais $(M \otimes_{\mathbf{Z}} N)_{(p)} = 0$ (prendre $M = \mathbf{Q}$).

24) *a*) Soient A un anneau, M, N deux A-modules tels que M soit de type fini. Montrer que $\operatorname{Supp}(\operatorname{Hom}_A(M, N))$ est contenu dans l'intersection $\operatorname{Supp}(M) \cap \operatorname{Supp}(N)$.

b) Donner un exemple où M et N sont tous deux de présentation finie et où $\operatorname{Supp}(\operatorname{Hom}_A(M, N))$ est strictement contenu dans $\operatorname{Supp}(M) \cap \operatorname{Supp}(N)$ (prendre $A = \mathbf{Z}_{(p)}$ et $N = A$).

c) Soit M le $\mathbf{Z}$-module somme directe des $\mathbf{Z}/p^k\mathbf{Z}$ (p premier, $k \in \mathbf{N}$). Montrer que $\operatorname{Supp}(\operatorname{Hom}_{\mathbf{Z}}(M, M))$ n'est pas contenu dans Supp (M).

25) Soient A un anneau nœthérien, X = Spec (A) son spectre, M un A-module de type fini et Y = Supp (M). Soient Y_k $(1 \leqslant k \leqslant n)$ les composantes connexes distinctes de Y.

a) Montrer qu'il existe une et une seule décomposition de M en somme directe $M = M_1 \oplus M_2 \oplus \cdots \oplus M_n$ telle que $\operatorname{Supp}(M_k) = Y_k$ pour tout k.

b) Si $\mathfrak{a} = \operatorname{Ann}(M)$ et $\mathfrak{a}_k = \operatorname{Ann}(M_k)$, montrer que les $\mathfrak{a}_k$ sont deux à deux étrangers et que $\prod_{k=1}^{n} \mathfrak{a}_k = \mathfrak{a}$.

(En utilisant la prop. 17 du nº 4, se ramener au cas où $\mathfrak{a} = 0$, $Y = X$, et appliquer la prop. 15 du nº 3.)

26) Soit $\varphi : A \to B$ un homomorphisme d'anneaux, tel que l'application ${}^a\varphi : \mathrm{Spec}(B) \to \mathrm{Spec}(A)$ soit surjective. Soit N un A-module de type fini ; montrer que, si $u : M \to N$ est un homomorphisme de A-modules tel que $u \otimes 1 : M_{(B)} \to N_{(B)}$ soit surjectif, alors u est surjectif (appliquer la prop. 19 du nº 4 à Coker (u)).

27) Donner un exemple d'homomorphisme local $\rho : A \to B$ et d'un A-module M (non de type fini) tel que $\mathrm{Supp}(M_{(B)})$ ne soit pas égal à ${}^a\rho^{-1}(\mathrm{Supp}(M))$ (prendre $A = \mathbf{Z}_{(p)}$, $B = \mathbf{Z}/p\mathbf{Z}$, pour un nombre premier p).

28) Donner un exemple de $\mathbf{Z}$-module M tel que, pour un nombre premier p tel que $(p) \in \mathrm{Supp}(M)$, il n'existe aucun $\mathbf{Z}$-homomorphisme $\neq 0$ de M dans $\mathbf{Z}/p\mathbf{Z}$.

§ 5

1) Définir un endomorphisme u du $\mathbf{Z}$-module $M = \mathbf{Z}^{(\mathbf{N})}$ tel que, pour l'idéal premier $\mathfrak{p} = (0)$ de $\mathbf{Z}$, $u_{\mathfrak{p}}$ soit un automorphisme de $M_{\mathfrak{p}}$, mais qu'il n'existe aucun $f \neq 0$ dans $\mathbf{Z}$ tel que u_f soit un endomorphisme surjectif de M_f.

2) Soient K un corps, B l'anneau des polynômes à coefficients dans K par rapport à un système infini d'indéterminées X_i $(i \in \mathbf{N})$; soit $\mathfrak{b}$ l'idéal de B engendré par les produits X_iX_j $(i \neq j)$, A l'anneau quotient $B/\mathfrak{b}$, ξ_i la classe de X_i mod. $\mathfrak{b}$ $(i \in \mathbf{N})$, $\mathfrak{p}$ l'idéal de A engendré par les ξ_i d'indice $i \geqslant 1$, qui est premier, u l'application canonique $A \to A/\mathfrak{p}$. Montrer que $u_{\mathfrak{p}} : A_{\mathfrak{p}} \to (A/\mathfrak{p})_{\mathfrak{p}}$ est bijectif mais qu'il n'existe aucun $f \in A - \mathfrak{p}$ tel que u_f soit bijectif.

3) Soient A un anneau, P un A-module projectif de type fini. Montrer que A est isomorphe à un produit fini d'anneaux $\prod_{i \in I} A_i$, P isomorphe à un produit $\prod_{i \in I} P_i$, où P_i est un A_i-module projectif de rang n_i, les n_i étant deux à deux distincts (utiliser le th. 1 et le fait que Spec (A) est quasi-compact).

4) Soient A un anneau (commutatif), B un anneau (non nécessairement commutatif) contenant A. On suppose que le A-module à gauche B est projectif de type fini. Montrer que A est facteur direct de B. (Se ramener au cas où A est un anneau local et utiliser le § 3, nº 2, cor. 1 de la prop. 5.)

5) Soient A un anneau réduit, M un A-module de type fini. Supposons qu'il existe un entier $n > 0$ tel que, pour tout homomorphisme φ de A dans un corps K_φ, on ait $[M \otimes_A K_\varphi : K_\varphi] = n$. Montrer que M est un module projectif de rang n. (Se ramener au cas où A est un anneau local et utiliser le § 3, nº 2, prop. 7.)

¶ 6) Soient A un anneau *intègre*, K son corps des fractions, M un A-module. Montrer que les propriétés suivantes sont équivalentes :

α) M est un A-module projectif tel que $[M \otimes_A K : K]$ soit fini.

β) M est un A-module projectif de type fini.

γ) M est de type fini, et pour tout idéal maximal $\mathfrak{m}$ de A, le $A_{\mathfrak{m}}$-module $M_{\mathfrak{m}}$ est libre.

(Pour montrer que α) entraîne β), utiliser *Alg.*, chap. II, 3e éd., § 5, n° 5, prop. 9. Pour voir que γ) entraîne α), observer d'abord que M est sans torsion, et en conclure que, pour tout idéal premier $\mathfrak{p}$ de A, $M_{\mathfrak{p}}$ est un $A_{\mathfrak{p}}$-module libre de rang constant).

7) Soit A un anneau (commutatif) absolument plat (cf. § 4, exerc. 16) et soit X son spectre.

a) Soient F une partie fermée de X, $\mathfrak{a}$ l'idéal de A correspondant (*loc. cit.*). Montrer que $M = A/\mathfrak{a}$ est un A-module plat monogène, tel que $M_{\mathfrak{m}}$ soit un $A_{\mathfrak{m}}$-module libre pour tout $\mathfrak{m} \in X$, mais que M n'est projectif que si F est ouvert.

b) Soit E le module somme directe des $A/\mathfrak{m}$, pour $\mathfrak{m} \in X$. Montrer que E est un A-module plat tel que $E_{\mathfrak{m}}$ soit un $A_{\mathfrak{m}}$-module libre de rang 1 pour tout $\mathfrak{m} \in X$; pour que E soit un A-module projectif, il faut et il suffit que X soit fini (remarquer que, si $A/\mathfrak{m}$ est un A-module projectif, $\mathfrak{m}$ est de type fini).

8) Soient A un anneau, M un A-module projectif de rang *n*. Montrer qu'il existe une A-algèbre (commutative) de type fini B, telle que le A-module B soit fidèlement plat et que $M_{(B)} = M \otimes_A B$ soit un B-module libre de rang *n* (utiliser le th. 1 *d*) et la prop. 3). Réciproque.

¶ 9) *a*) Soient A un anneau, $(f_i)_{i \in I}$ une famille finie d'éléments de A engendrant l'idéal A, M un A-module. On suppose donné dans chacun des A_{f_i}-modules M_{f_i} un élément z_i, de sorte que, pour $i \neq j$, les images canoniques de z_i et de z_j dans $M_{f_i f_j}$ soient égales. Montrer qu'il existe un $z \in M$ et un seul tel que, pour tout i, l'image canonique de z dans M_{f_i} soit égale à z_i. (Remarquer que, pour tout entier $k > 0$, il existe une famille $(g_i)_{i \in I}$ d'éléments de A tels que $\sum_i g_i f_i^k = 1$).

b) Soient A un anneau, P un A-module projectif de rang 1. Montrer que l'anneau $\mathrm{End}_A(P)$ est canoniquement isomorphe à A (utiliser le th. 3).

c) Soient A un anneau, P un A-module projectif de rang *n*. Pour tout endomorphisme *u* de P, il correspond canoniquement à $\bigwedge^n u$, en vertu de *b*), un élément $\det(u) \in A$, appelé *déterminant* de *u*, tel que $\det(u \circ v) = (\det u)(\det v)$ pour deux endomorphismes u, v de A. On appelle *polynôme caractéristique* de *u* l'élément $\chi_u(T) = \det(T.1 - u)$ de A[T] (cf. n° 3, prop. 4) ; montrer que χ_u est un polynôme unitaire de degré *n* et que l'on a $\chi_u(u) = 0$ (utiliser *a*), et le § 3, n° 3, th. 1). En déduire que, pour que *u* soit bijectif, il faut et il suffit que $\det(u)$ soit inversible dans A. Si A est un anneau intègre, $\chi_u(T) = \prod_{i=1}^{n} (T - \alpha_i)$ la décomposition en facteurs linéaires de χ_u dans une extension algébriquement close du corps des fractions de A, on a $\chi_{q(u)}(T) = \prod_{i=1}^{n} (T - q(\alpha_i))$ pour tout polynôme $q \in A[T]$. Généraliser de même la prop. 14 d'*Alg.*, chap. VII, § 5, n° 6.

10) Soient A un anneau, $\boldsymbol{E}(A)$ l'ensemble des classes de A-modules projectifs de type fini ; soient G le $\mathbf{Z}$-module des combinaisons linéaires formelles des éléments de $\boldsymbol{E}(A)$, N le sous-module de G formé des éléments $\xi-\xi'-\xi''$, où ξ, ξ', ξ'' sont les classes de trois A-modules projectifs de type fini M, M', M'' tels qu'il existe une suite exacte

$$0 \to M' \to M \to M'' \to 0$$

(il revient au même de dire que M est isomorphe à la somme directe $M' \oplus M''$ en vertu d'*Alg.*, chap. II, 3e éd., § 2, no 2). Soit $\boldsymbol{K}(A)$ le $\mathbf{Z}$-module quotient G/N, et pour tout A-module projectif de type fini M, soit $\varkappa(M)$ (ou $\varkappa_A(M)$) sa classe dans $\boldsymbol{K}(A)$.

a) Montrer qu'il existe sur $\boldsymbol{K}(A)$ une structure d'anneau commutatif et une seule dont l'addition est celle du $\mathbf{Z}$-module $\boldsymbol{K}(A)$ et la multiplication est telle que $\varkappa(M)\varkappa(N) = \varkappa(M \otimes_A N)$ pour deux A-modules projectifs de type fini, M, N ; $\varkappa(A)$ est l'élément unité de $\boldsymbol{K}(A)$.

b) Pour tout A-module projectif de type fini M et tout entier $p \geqslant 0$ on désigne par $\lambda^p(M)$ l'élément $\varkappa(\overset{p}{\bigwedge} M)$ de $\boldsymbol{K}(A)$. Montrer que l'on a $\lambda^p(M \oplus N) = \sum_{r+s=p} \lambda^r(M).\lambda^s(N)$. On désigne par $\lambda_T(M)$ l'élément $\sum_{p=0}^{\infty} \lambda^p(M)T^p$ dans l'anneau $\boldsymbol{K}(A)[[T]]$ des séries formelles à une indéterminée sur l'anneau $\boldsymbol{K}(A)$; monter que $\lambda_T(M \oplus N) = \lambda_T(M)\lambda_T(N)$; en déduire un homomorphisme encore noté $x \to \lambda_T(x)$ de $\boldsymbol{K}(A)$ dans le groupe multiplicatif des séries formelles de $\boldsymbol{K}(A)[[T]]$ dont le terme constant est égal à 1. On désignera par $\lambda^p(x)$ le coefficient de T^p dans $\lambda_T(x)$; on a

$$\lambda^p(x + y) = \sum_{r+s=p} \lambda^r(x)\lambda^s(y)$$

pour x, y dans $\boldsymbol{K}(A)$.

c) Si A est un anneau local, l'anneau $\boldsymbol{K}(A)$ s'identifie canoniquement à $\mathbf{Z}$, et on a $\lambda^p(n) = \binom{n}{p}$. En déduire que, si A est composé direct de m anneaux locaux, $\boldsymbol{K}(A)$ est isomorphe à $\mathbf{Z}^m$.

d) Soit $\varphi : A \to B$ un homomorphisme d'anneaux. Montrer qu'il existe un homomorphisme d'anneaux $\varphi^! : \boldsymbol{K}(A) \to \boldsymbol{K}(B)$ et un seul tel que $\varphi^!(\varkappa_A(M)) = \varkappa_B(M_{(B)})$ pour tout A-module projectif de type fini M ; on a $\varphi^!(\lambda^p(x)) = \lambda^p(\varphi^!(x))$ pour tout $x \in \boldsymbol{K}(A)$; si $\psi : B \to C$ est un second homomorphisme d'anneaux, on a $(\psi \circ \varphi)^! = \psi^! \circ \varphi^!$.

e) Soit $\varphi : A \to B$ un homomorphisme d'anneaux, pour lequel B soit un A-module projectif de type fini ; pour tout B-module projectif de type fini, $\varphi_*(N)$ est alors un A-module projectif de type fini ; en déduire qu'il existe un homomorphisme de $\mathbf{Z}$-modules $\varphi_! : \boldsymbol{K}(B) \to \boldsymbol{K}(A)$ tel que $\varphi_!(\varkappa_B(N)) = \varkappa_A(\varphi_*(N))$. Montrer que l'on a, pour $x \in \boldsymbol{K}(A)$ et $y \in \boldsymbol{K}(B)$, $\varphi_!(y.\varphi^!(x)) = \varphi_!(y).x$. Si $\psi : B \to C$ est un second homomorphisme d'anneaux pour lequel C est un B-module projectif de type fini, alors on a $(\psi \circ \varphi)_! = \varphi_! \circ \psi_!$.

11) Soit K un corps de caractéristique $\neq 2$; on considère un polynôme $g(X) \in K[X]$ de degré pair $\geqslant 2$, ayant toutes ses racines distinctes

(dans une extension algébriquement close de K) et tel que $g(0) \neq 0$. On pose $B = K[X]$, $A = B[Y]/(Y^2 - f(X))$ avec $f(X) = Xg(X)$.

a) Soit y la classe de Y dans A. Montrer que tout $a \in A$ s'écrit de façon unique $a = P + yQ$, avec P et Q dans B. Soient $\bar{a} = P - yQ$, $N(a) = a\bar{a} = P^2 - fQ^2$. Montrer que la relation $N(a) = 0$ entraîne $a = 0$; en déduire que A est un anneau intègre. Montrer que les éléments inversibles de A sont les éléments $\neq 0$ de K.

b) Soit $\mathfrak{m}$ l'idéal $AX + Ay$ de A; montrer que $\mathfrak{m}$ est maximal et que l'idéal $\mathfrak{m}_{\mathfrak{m}}$ de $A_{\mathfrak{m}}$ est engendré par y (remarquer que l'on a $X = y^2/g(X)$). En déduire que $\mathfrak{m}$ est un A-module inversible (utiliser le th. 1). Montrer que $\mathfrak{m}^2 = AX$; en déduire que $\mathfrak{m}$ n'est pas un idéal principal de A, et que le groupe des classes de A-modules inversibles dans le corps des fractions de A n'est donc pas réduit à l'élément neutre. (Si on avait $\mathfrak{m} = At$, on aurait $X = \lambda t^2$ avec $\lambda \in K$, d'où $\lambda^{-1}X = P^2 + fQ^2$ avec $P \in B$ et $Q \in B$; prouver qu'une telle relation est impossible).

¶ 12) Soient A un anneau, I un A-module, B l'unique anneau dont le groupe additif sous-jacent est $A \oplus I$, A étant un sous-anneau de B, I un idéal de carré nul, dont la structure de A-module obtenue par restriction des scalaires est la structure donnée (*Alg.*, chap. II, 3e éd., § 1, exerc. 7).

a) Supposons que tout élément non inversible de A appartienne à l'annulateur d'un élément $\neq 0$ de I. Montrer que dans B tout élément non diviseur de 0 est inversible, autrement dit que B est égal à son anneau total des fractions.

b) Soit $(\mathfrak{m}_\lambda)_{\lambda \in L}$ une famille d'idéaux maximaux de A telle que tout élément non inversible de A appartienne à un $\mathfrak{m}_\lambda$ au moins. Montrer que, si on prend pour I la somme directe des A-modules $A/\mathfrak{m}_\lambda$, la condition de *a*) est satisfaite.

c) Déduire de *b*) que, s'il existe un A-module projectif de rang 1 non libre, on peut déterminer I de sorte que B soit égal à son anneau total des fractions, mais qu'il existe un B-module projectif de rang 1 non libre (ce module étant nécessairement non inversible, puisque B est le seul sous-B-module de B non dégénéré).

d) On suppose qu'il existe dans A un idéal maximal $\mathfrak{m}$ tel que, pour tout $x \in \mathfrak{m}$, il existe un idéal maximal $\mathfrak{m}' \neq \mathfrak{m}$ de A contenant x. Si on prend pour I le A-module somme directe des $A/\mathfrak{m}'$, où $\mathfrak{m}'$ parcourt l'ensemble des idéaux maximaux de A distincts de $\mathfrak{m}$, l'anneau $B = A \oplus I$ correspondant est égal à son anneau total des fractions; si on pose $\mathfrak{n} = \mathfrak{m} \oplus I$, qui est un idéal maximal de B, montrer que $B_{\mathfrak{n}}$ est isomorphe à $A_{\mathfrak{m}}$; si A est intègre (nécessairement différent d'un corps en vertu de l'hypothèse), $B_{\mathfrak{n}}$ est donc un anneau intègre distinct de son corps des fractions. Si de plus $\mathfrak{m}A_{\mathfrak{m}}$ est un idéal principal de l'anneau intègre $A_{\mathfrak{m}}$, montrer que l'idéal $\mathfrak{m}B = \mathfrak{m} \otimes_A B$ de B est un B-module projectif dégénéré non libre de rang 1. (On verra au chap. VII qu'il y a des anneaux de Dedekind A dans lesquels il existe des idéaux maximaux $\mathfrak{m}$ dont aucune puissance n'est un idéal principal ; pour un tel anneau A, toutes les hypothèses précédentes sont satisfaites.)

¶ 13) Soient A un anneau (commutatif), B une A-algèbre (non nécessairement commutative). On suppose que le A-module B est fidèle et engendré par un nombre fini d'éléments b_i ($1 \leqslant i \leqslant n$) ; on rappelle que B^0 désigne l'algèbre opposée de B, et qu'on définit un homomorphisme canonique de la A-algèbre $B \otimes_A B^0$ dans la A-algèbre $\mathrm{End}_A(B)$, en faisant correspondre à $b \otimes b'$ l'endomorphisme $z \rightarrow bzb'$.

a) Montrer que les deux conditions suivantes sont équivalentes :

α) Les b_i forment une base du A-module B et l'homomorphisme canonique $B \otimes_A B^0 \rightarrow \mathrm{End}_A(B)$ est bijectif.

β) La matrice $U = (u_{ij})$ telle que $u_{ij} = b_j b_i$ est inversible dans $\mathbf{M}_n(B)$.

b) On suppose de plus que A est un anneau local, d'idéal maximal $\mathfrak{m}$; on désigne par β_i l'image canonique de b_i dans $B/\mathfrak{m}B$. Montrer que les conditions α) et β) sont alors équivalentes à chacune des conditions :

γ) Les β_i forment une base du $A/\mathfrak{m}$-module $B/\mathfrak{m}B$, et $B/\mathfrak{m}B$ est une $A/\mathfrak{m}$-algèbre centrale simple (*Alg.*, chap. VIII, § 5, nº 4).

δ) La matrice $(\beta_j \beta_i)$ est inversible dans $\mathbf{M}_n(B/\mathfrak{m}B)$.

(Pour prouver que δ) entraîne β), utiliser le fait que $\mathfrak{m}B$ est contenu dans le radical de B, et l'exerc. 5 d'*Alg.*, chap. VIII, § 6).

14) Soient A un anneau (commutatif), B une A-algèbre telle que le A-module B soit fidèle et de présentation finie. Montrer que les conditions suivantes sont équivalentes :

α) Pour tout idéal maximal $\mathfrak{m}$ de A, la $A/\mathfrak{m}$-algèbre $B/\mathfrak{m}B$ est centrale simple.

β) B est un A-module projectif, et si B^0 désigne l'algèbre opposée à B, l'homomorphisme canonique $B \otimes_A B^0 \rightarrow \mathrm{End}_A(B)$ est bijectif.

(Se ramener au cas où A est un anneau local, et appliquer l'exerc. 13.)

On dit alors que B est une *algèbre d'Azumaya* sur A.

¶ 15) Soit B une A-algèbre d'Azumaya (exerc. 14).

a) Montrer que le centre de B est identique au sous-anneau A de B et est facteur direct du A-module B (cf. chap. I, § 2, exerc. 21, et chap. II, § 5, exerc. 4).

b) Montrer que, pour tout idéal bilatère $\mathfrak{b}$ de B, on a $\mathfrak{b} = (\mathfrak{b} \cap A)B$. (Noter d'abord que $\mathfrak{b}$ est stable par tout endomorphisme du A-module B, et utiliser l'existence d'un projecteur de B sur A.)

16) *a*) Soient A un anneau (commutatif), A' une A-algèbre commutative qui est un A-module plat, B une A-algèbre. Montrer que, si B est une algèbre d'Azumaya, $B' = A' \otimes_A B$ est une A'-algèbre d'Azumaya ; la réciproque est vraie si l'on suppose que A' est un A-module fidèlement plat (cf. *Alg.*, chap. II, 3e éd., § 5, nº 1, cor. de la prop. 4 et *Alg. comm.*, chap. I, § 2, nº 9, prop. 10 et § 3, nº 6, prop. 12).

b) Montrer que le produit tensoriel $B \otimes_A C$ de deux A-algèbres d'Azumaya B, C est une A-algèbre d'Azumaya (cf. *Alg.*, chap. VIII, § 7, nº 4, cor. 2 du th. 2).

¶ 17) Soient A un anneau, P un A-module projectif de type fini et fidèle.

a) Montrer que la A-algèbre $B = \mathrm{End}_A(P)$ est une algèbre d'Azumaya. (Observer d'abord que le A-module B est isomorphe à $P \otimes_A P^*$, donc de présentation finie, puis utiliser le § 2, nº 7, prop. 19.)

b) Montrer que P est un B-module projectif à gauche (utiliser le th. 1 *d*) et le § 3, exerc. 8 *c*)).

c) Soit P′ un second A-module projectif de type fini et fidèle. Montrer que $P \otimes_A P'$ est un A-module projectif de type fini et fidèle et que $\mathrm{End}_A(P \otimes_A P')$ s'identifie canoniquement à $\mathrm{End}_A(P) \otimes_A \mathrm{End}_A(P')$ (utiliser le th. 1 *e*), le § 2, nº 7, prop. 18 et 19 et le § 3, nº 3, th. 1). Cas où P′ est de rang 1.

¶ 18) Soient A un anneau, P un A-module projectif de type fini et fidèle, B la A-algèbre $\mathrm{End}_A(P)$, E un B-module à gauche, F le A-module $\mathrm{Hom}_B(P, E)$. Montrer que l'homomorphisme canonique

$$\beta : P \otimes_A F \to E$$

défini dans *Alg.*, chap. VIII, § 1, nº 4, est bijectif. (Se ramener au cas où A est un anneau local comme dans l'exerc. 17 *c*) ; appliquer dans ce cas l'exerc. 9 d'*Alg.*, chap. VIII, § 1, en observant que F^n et $\mathrm{Hom}_B(P, E^n)$ sont des A-modules canoniquement isomorphes.)

Montrer qu'il existe une application bijective strictement croissante de l'ensemble des sous-A-modules de F sur l'ensemble des sous-B-modules de E (même méthode).

¶ 19) Soient A un anneau, B et C deux A-algèbres, $\varphi : B \to C$ un homomorphisme de A-algèbres. On suppose que B est une algèbre d'Azumaya (exerc. 14). Soit C′ la sous-A-algèbre de C formée des éléments qui commutent aux éléments de $\varphi(B)$. Montrer que C est isomorphe à l'algèbre $B \otimes_A C'$. (Considérer C comme un $B \otimes_A B^0$-module et appliquer l'exerc. 18 en tenant compte de ce que $B \otimes_A B^0$ est isomorphe à $\mathrm{End}_A(B)$.)

¶ 20) Soient A un anneau, P, P′ deux A-modules projectifs de type fini et fidèles. Montrer que, si $\theta : \mathrm{End}_A(P) \to \mathrm{End}_A(P')$ est un isomorphisme de A-algèbres, il existe un A-module F projectif de rang 1 et un A-isomorphisme $\varphi : P' \to P \otimes_A F$, tels que $\theta(u) = \varphi^{-1} \circ (u \otimes 1) \circ \varphi$ pour tout $u \in \mathrm{End}_A(P)$. (Appliquer l'exerc. 18 à E = P′ considéré comme un $(\mathrm{End}_A(P))$-module au moyen de θ ; pour prouver que $\mathrm{Hom}_B(P, P')$ est un A-module projectif de rang 1, utiliser le th. 2 du nº 3, ainsi que *Alg.*, chap. VIII, § 5, exerc. 7 *c*).)

¶ 21) Soient A un anneau, n un entier $\geqslant 0$.

a) Montrer que les A-modules F tels que F^n soit isomorphe à A^n sont projectifs de rang 1, et que leurs classes dans $\boldsymbol{P}(A)$ forment un sous-groupe $\boldsymbol{P}_n(A)$ dont tout élément est annulé par n. (Pour démontrer la première assertion, utiliser la prop. 5 du § 2, nº 2 ; pour la seconde, observer que $\bigwedge^n F^n$ et $\bigotimes^n F$ sont canoniquement isomorphes.)

b) Soit $\mathrm{Aut}_n(A)$ le groupe des automorphismes de la A-algèbre de matrices $\mathbf{M}_n(A)$ et soit $\mathrm{Int}_n(A)$ le sous-groupe des automorphismes intérieurs de $\mathbf{M}_n(A)$. Montrer que le groupe quotient $\mathrm{Aut}_n(A)/\mathrm{Int}_n(A)$ est isomorphe à $\boldsymbol{P}_n(A)$ (utiliser l'exerc. 20 avec $P = P' = A^n$, ou l'exerc. 9

de *Alg.*, chap. VIII, § 1). En déduire que, si A est un anneau semi-local ou un anneau principal, on a $\mathrm{Aut}_n(A) = \mathrm{Int}_n(A)$.

c) Lorsque A est un anneau de Dedekind, montrer que $\boldsymbol{P}_n(A)$ est identique au sous-groupe de $\boldsymbol{P}(A)$ formé des éléments annulés par n.

¶ 22) Soient A un anneau, M un A-module projectif de type fini. Pour qu'un sous-module M′ de M, de présentation finie, soit facteur direct de M, il faut et il suffit qu'il soit un sous-module pur de M (utiliser le th. 1, ainsi que le § 3, exerc. 15).

23) Soient A un anneau, $(f_i)_{i \in I}$ une famille finie d'éléments de A engendrant l'idéal A.

a) Soit M un A-module. Montrer que si, pour tout $i \in I$, M_{f_i} est un A_{f_i}-module de type fini, M est un A-module de type fini.

b) Soit B une A-algèbre (commutative). Montrer que si, pour tout $i \in I$, B_{f_i} est une A_{f_i}-algèbre de type fini, B est une A-algèbre de type fini.

24) Soit A un anneau tel que Spec(A) soit connexe.

a) Si M est un A-module projectif de rang n, tout facteur direct N de M non réduit à 0 admet un rang $\leqslant n$.

b) Soit u un homomorphisme d'un A-module projectif de rang fini M dans un A-module projectif de rang fini M′, tel que $u(M)$ soit facteur direct de M′. Montrer que $\mathrm{Ker}(u)$ est alors facteur direct de M (cf. exerc. 23), et on a

$$\mathrm{rg}(\mathrm{Ker}(u)) + \mathrm{rg}(\mathrm{Im}(u)) = \mathrm{rg}(M).$$

En outre le transposé ${}^t u$ est tel que ${}^t u(M'^*)$ soit facteur direct de M^* et $\mathrm{rg}({}^t u(M'^*)) = \mathrm{rg}(u(M))$ (cf. § 3, exerc. 14 *a*)).

25) Soient A un anneau, S une partie multiplicative de A. On dit qu'un idéal $\mathfrak{a}$ de A est S-inversible s'il existe $s \in S$ et un idéal $\mathfrak{b}$ de A tels que $\mathfrak{ab} = As$; on dit que deux idéaux $\mathfrak{a}$, $\mathfrak{b}$ de A sont S-équivalents s'il existe s, t dans S tels que $s\mathfrak{a} = t\mathfrak{b}$. Montrer que les classes de S-équivalence d'idéaux S-inversibles de A forment un groupe multiplicatif $\mathfrak{C}_S$. Si S est saturée (§ 2, exerc. 1) et si aucun élément de S n'est diviseur de 0 dans A, montrer que le groupe $\mathfrak{C}_S$ est isomorphe au groupe des classes des sous-$S^{-1}A$-modules inversibles de l'anneau total des fractions B de A (et de $S^{-1}A$).

CHAPITRE III (*)

GRADUATIONS, FILTRATIONS ET TOPOLOGIES

Tous les anneaux considérés dans ce chapitre sont supposés avoir un élément unité ; tous les homomorphismes d'anneaux sont supposés transformer l'élément unité en l'élément unité. Par un sous-anneau d'un anneau A, *on entend un sous-anneau contenant l'élément unité de* A. *Sauf mention expresse du contraire, tous les modules sont des modules à gauche.*

§ 1. Algèbres graduées de type fini.

1. *Systèmes de générateurs d'une algèbre commutative.*

Soient A un anneau commutatif, B une A-algèbre commutative. Rappelons (*Alg.*, chap. IV, § 2, nº 1) que si $x = (x_\iota)_{\iota \in I}$ est une famille d'éléments de B, l'application $f \rightarrow f(x)$ de l'algèbre de polynômes $A[X_\iota]_{\iota \in I}$ dans B est un homomorphisme de $A[X_\iota]_{\iota \in I}$ sur la sous-algèbre de B engendrée par les x_ι, dont le noyau $\mathfrak{a}$ est l'idéal des polynômes f tels que $f(x) = 0$, appelé *idéal des relations algébriques* (*à coefficients dans* A) *entre les* x_ι.

DÉFINITION 1. — *Dans une algèbre commutative* B *sur un anneau commutatif* A, *on dit qu'une famille* $(x_\iota)_{\iota \in I}$ *d'éléments de* B

(*) Sauf au § 5, qui utilise les résultats du chap. I, § 4, et par suite l'algèbre homologique, il n'est fait, dans ce chapitre, aucun usage d'autres Livres de la Deuxième Partie.

est algébriquement libre sur A (ou que *les* x_ι *sont algébriquement indépendants sur* A) *si l'idéal des relations algébriques entre les* x_ι, *à coefficients dans* A, *est réduit à* 0. *Une famille* (x_ι) *qui n'est pas algébriquement libre sur* A *est encore dite algébriquement liée sur* A (et on dit aussi que ses éléments sont *algébriquement dépendants* sur A).

Cette définition généralise celle donnée en *Alg.*, chap. V, § 5, nº 1, déf. 1 pour les familles d'éléments d'un corps commutatif.

Dire que la famille $(x_\iota)_{\iota\in I}$ est algébriquement libre sur A revient encore à dire que les monômes $\prod_\iota x_\iota^{n_\iota}$ par rapport aux x_ι sont *linéairement indépendants* sur A ; en particulier les x_ι sont alors linéairement indépendants sur A.

Définition 2. — *On dit qu'une algèbre commutative* B *sur un anneau commutatif* A *est de type fini si elle est engendrée par une famille finie d'éléments.*

Il revient au même de dire que B est isomorphe à une A-algèbre de la forme $A[X_1, \ldots, X_n]/\mathfrak{a}$ (où les X_i sont des indéterminées et $\mathfrak{a}$ un idéal de l'anneau de polynômes $A[X_1, \ldots, X_n]$).

Si la A-algèbre B est un A-*module de type fini*, elle est évidemment une A-algèbre de type fini ; la réciproque est fausse, comme le montre l'exemple des algèbres de polynômes (cf. chap. V).

Si B est une A-algèbre de type fini et A′ une A-algèbre commutative quelconque, $B_{(A')} = B \otimes_A A'$ est une A′-algèbre de type fini, car si $(x_\iota)_{\iota\in I}$ est un système de générateurs de la A-algèbre B, il est clair que les $x_\iota \otimes 1$ forment un système de générateurs de la A′-algèbre $B_{(A')}$.

Si B est une A-algèbre de type fini, et C une B-algèbre de type fini, alors C est une A-algèbre de type fini ; en effet, il résulte aussitôt des définitions que si $(b_\lambda)_{\lambda\in L}$ est un système de générateurs de la A-algèbre B et $(c_\mu)_{\mu\in M}$ un système de générateurs de la B-algèbre C, tout élément de C est égal à un polynôme à coefficients dans A, par rapport aux b_λ et aux c_μ.

2. *Critères de finitude pour les anneaux gradués.*

Dans ce n° et les suivants, toutes les graduations envisagées (*Alg.*, chap. II, 3e éd., § 11) *sont supposées de type* **Z**. *Si* A (resp. M) *est un anneau gradué* (resp. *un module gradué*), *on note* A_i (resp. M_i) *l'ensemble des éléments homogènes de degré i de* A (resp. M).

Si $A_i = \{0\}$ (resp. $M_i = \{0\}$) pour $i < 0$, on dira, pour abréger, que A (resp. M) est un *anneau* (resp. un *module*) *gradué à degrés positifs.*

PROPOSITION 1. — *Soient* $A = \bigoplus_{i \in \mathbf{Z}} A_i$ *un anneau commutatif gradué à degrés positifs,* $\mathfrak{m}$ *l'idéal gradué* $\bigoplus_{i \geqslant 1} A_i$, $(x_\lambda)_{\lambda \in L}$ *une famille d'éléments homogènes de* A, *de degrés* $\geqslant 1$. *Les conditions suivantes sont équivalentes :*

a) *L'idéal de* A *engendré par la famille* (x_λ) *est égal à* $\mathfrak{m}$.

b) *La famille* (x_λ) *est un système de générateurs de la* A_0*-algèbre* A.

c) *Pour tout* $i \geqslant 0$, *le* A_0*-module* A_i *est engendré par les éléments de la forme* $\prod_\lambda x_\lambda^{n_\lambda}$ *qui sont de degré i dans* A.

Il est clair que les conditions *b*) et *c*) sont équivalentes. Si elles sont vérifiées, tout élément de $\mathfrak{m}$ est de la forme $f((x_\lambda))$ où f est un polynôme de $A_0[X_\lambda]_{\lambda \in L}$ sans terme constant ; on a donc $\mathfrak{m} = \sum_{\lambda \in L} Ax_\lambda$, ce qui prouve que *c*) entraîne *a*). Inversement, supposons vérifiée la condition *a*). Soit $A' = A_0[x_\lambda]_{\lambda \in L}$ la sous-A_0-algèbre de A engendrée par la famille (x_λ), et montrons que $A' = A$. Pour cela, il suffit de montrer que $A_i \subset A'$ pour tout $i \geqslant 0$. Procédons par récurrence sur i, la propriété étant évidente pour $i = 0$. Soit donc $y \in A_i$ avec $i \geqslant 1$. Puisque $y \in \mathfrak{m}$, il existe une famille $(a_\lambda)_{\lambda \in L}$ d'éléments de A, de support fini, telle que $y = \sum_\lambda a_\lambda x_\lambda$, et on peut supposer chacun des a_λ homogène et de degré $i - \deg(x_\lambda)$ (en le remplaçant au besoin par sa composante homogène de ce degré) ; comme $\deg(x_\lambda) > 0$, l'hypothèse de récurrence montre que l'on a $a_\lambda \in A'$ pour tout $\lambda \in L$, d'où $y \in A'$ et $A_i \subset A'$, ce qui achève de prouver que *a*) implique *b*).

COROLLAIRE. — *Soient* $A = \bigoplus_{i \in \mathbf{Z}} A_i$ *un anneau commutatif gradué à degrés positifs et* $\mathfrak{m}$ *l'idéal gradué* $\bigoplus_{i \geqslant 1} A_i$.

(i) *Les conditions suivantes sont équivalentes :*

a) *L'idéal* $\mathfrak{m}$ *est un* A*-module de type fini.*

b) *L'anneau* A *est une* A_0*-algèbre de type fini.*

(ii) *Supposons vérifiées les conditions de* (i) *et soit* $M = \bigoplus_{i \in \mathbf{Z}} M_i$ *un* A*-module gradué de type fini. Alors, pour tout* $i \in \mathbf{Z}$, M_i *est un* A_0*-module de type fini, et il existe* i_0 *tel que* $M_i = \{0\}$ *pour* $i < i_0$.

(i) Si une famille (y_μ) d'éléments de A est un système de générateurs du A-module $\mathfrak{m}$ (resp. de la A_0-algèbre A), il en est de même de la famille formée des composantes homogènes des y_μ ; l'équivalence des conditions *a*) et *b*) résulte donc de la prop. 1.

(ii) On peut supposer A engendré (en tant que A_0-algèbre) par des éléments homogènes a_i $(1 \leqslant i \leqslant r)$ de degrés $\geqslant 1$, et M engendré (en tant que A-module) par des éléments homogènes x_j $(1 \leqslant j \leqslant s)$; soit $h_i = \deg(a_i)$, $k_j = \deg(x_j)$. Il est clair que M_n est formé des combinaisons linéaires à coefficients dans A_0 des éléments $a_1^{\alpha_1} a_2^{\alpha_2} \ldots a_r^{\alpha_r} x_j$ tels que les α_i soient des entiers $\geqslant 0$ vérifiant la relation $k_j + \sum_{i=1}^{r} \alpha_i h_i = n$; pour chaque n il n'y a qu'un nombre fini de familles $(\alpha_i)_{1 \leqslant i \leqslant r}$ vérifiant ces conditions, puisque $h_i \geqslant 1$ pour tout i ; on en conclut que M_n est un A_0-module de type fini, et en outre il est clair que $M_n = \{0\}$ lorsque $n < \inf_j (k_j)$.

3. *Propriétés de l'anneau* $A^{(d)}$.

Soient $A = \bigoplus_{i \in \mathbf{Z}} A_i$ un anneau gradué, $M = \bigoplus_{i \in \mathbf{Z}} M_i$ un A-module gradué ; pour tout couple d'entiers (d, k) tel que $d \geqslant 1$, $0 \leqslant k \leqslant d - 1$, posons

$$A^{(d)} = \bigoplus_{i \in \mathbf{Z}} A_{id}, \qquad M^{(d,k)} = \bigoplus_{i \in \mathbf{Z}} M_{id+k}.$$

Il est clair que $A^{(d)}$ est un sous-anneau gradué de A et $M^{(d,k)}$ un $A^{(d)}$-module gradué ; en outre, si N est un sous-module gradué de M, $N^{(d,k)}$ est un sous-$A^{(d)}$-module gradué de $M^{(d,k)}$. On écrira

$M^{(d)}$ au lieu de $M^{(d,0)}$; pour chaque $d \geqslant 1$, M est somme directe des $A^{(d)}$-modules $M^{(d,k)}$ $(0 \leqslant k \leqslant d-1)$.

PROPOSITION 2. — *Soient* $A = \bigoplus_{i \in \mathbf{Z}} A_i$ *un anneau commutatif gradué à degrés positifs,* $M = \bigoplus_{i \in \mathbf{Z}} M_i$ *un* A-*module gradué. On suppose que* A *est une* A_0-*algèbre de type fini et* M *un* A-*module de type fini. Alors, pour tout couple* (d, k) *d'entiers tels que* $d \geqslant 1$, $0 \leqslant k \leqslant d-1$:

(i) $A^{(d)}$ *est une* A_0-*algèbre de type fini.*

(ii) $M^{(d,k)}$ *est un* $A^{(d)}$-*module de type fini.*

Montrons que A est un $A^{(d)}$-*module de type fini*. Soit $(a_i)_{1 \leqslant i \leqslant s}$ un système de générateurs de la A_0-algèbre A formé d'éléments homogènes. Les éléments de A (en nombre fini) de la forme $a_1^{\alpha_1} a_2^{\alpha_2} \ldots a_s^{\alpha_s}$ tels que $0 \leqslant \alpha_i < d$ pour $1 \leqslant i \leqslant s$ constituent un système de générateurs du $A^{(d)}$-module A ; en effet, pour tout système d'entiers $n_i \geqslant 0$ $(1 \leqslant i \leqslant s)$, il y a des entiers positifs q_i, r_i tels que $n_i = q_i d + r_i$ avec $r_i < d$ $(1 \leqslant i \leqslant s)$; on a alors

$$a_1^{n_1} a_2^{n_2} \ldots a_s^{n_s} = \left(a_1^{q_1} \ldots a_s^{q_s}\right)^d \left(a_1^{r_1} \ldots a_s^{r_s}\right)$$

ce qui prouve notre assertion, car tout élément homogène $x \in A$ est tel que $x^d \in A^{(d)}$. Alors, si M est un A-module de type fini, c'est aussi un $A^{(d)}$-module de type fini ; comme M est somme *directe* des $M^{(d,k)}$ $(0 \leqslant k \leqslant d-1)$, chacun des $M^{(d,k)}$ est un $A^{(d)}$-module de type fini, ce qui prouve (ii).

Appliquons ce qui précède au A-module gradué $\mathfrak{m} = \bigoplus_{i \geqslant 1} A_i$, qui est de type fini en vertu du cor. de la prop. 1 du n° 2 ; on voit que $\mathfrak{m}^{(d)}$ est un $A^{(d)}$-module de type fini ; par suite (n° 2, cor. de la prop. 1) $A^{(d)}$ est une A_0-algèbre de type fini.

Lemme 1. — *Soient* A *un anneau commutatif gradué tel que* $A = A_0[A_1]$, M *un* A-*module gradué,* $(y_\lambda)_{\lambda \in L}$ *un système de générateurs homogènes de* M *tels que* $\deg(y_\lambda) \leqslant n_0$ *pour tout* $\lambda \in L$. *Alors, pour tout* $n \geqslant n_0$ *et tout* $k \geqslant 0$, *on a* $M_{n+k} = A_k . M_n$.

Soit $n \geqslant n_0$ et soit $x \in M_{n+1}$. Puisque les y_λ engendrent M, il existe une famille $(a_\lambda)_{\lambda \in L}$ d'éléments de A, de support fini, telle que $x = \sum_\lambda a_\lambda y_\lambda$; on peut en outre supposer chaque a_λ homogène et de degré $n + 1 - \deg(y_\lambda)$ (en le remplaçant au besoin par sa composante homogène de ce degré). Comme $A = A_0[A_1]$ et $\deg(a_\lambda) > 0$, chaque a_λ est somme d'éléments de la forme bb' avec $b \in A_1$, $b' \in A$, d'où $x \in A_1M_n$. On a donc $M_{n+1} = A_1M_n$, d'où $M_{n+k} = A_kM_n$ par récurrence sur k.

Lemme 2. — *Soit* A *un anneau commutatif gradué tel que* $A = A_0[A_1]$, *et soit* $S = \bigoplus_{i \geqslant 0} S_i$ *une* A-*algèbre commutative graduée à degrés positifs, qui soit un* A-*module de type fini. Il existe alors un entier* $n_0 \geqslant 0$ *tel que* :

(i) *Pour* $n \geqslant n_0$ *et* $k \geqslant 0$, $S_{n+k} = S_k . S_n$.

(ii) *Pour* $d \geqslant n_0$, $S^{(d)} = S_0[S_d]$.

En vertu du lemme 1, il existe un entier $n_0 \geqslant 0$ tel que pour $n \geqslant n_0$ et $k \geqslant 0$ on ait $S_{n+k} = A_kS_n$, d'où *a fortiori* $S_{n+k} = S_kS_n$, ce qui établit (i). Pour $d \geqslant n_0$ et $m > 0$, on a alors $S_{md} = (S_d)^m$ comme on le voit par récurrence sur m en appliquant (i) ; ceci établit (ii).

Proposition 3. — *Soit* $R = \bigoplus_{i \geqslant 0} R_i$ *un anneau commutatif gradué à degrés positifs qui soit une* R_0-*algèbre de type fini. Il existe un entier* $e \geqslant 1$ *tel que* $R^{(me)} = R_0[R_{me}]$ *pour tout* $m \geqslant 1$.

Soit $(x_j)_{1 \leqslant j \leqslant s}$ un système de générateurs homogènes de la R_0-algèbre R, dont les degrés soient $\geqslant 1$. Soit $h_j = \deg(x_j)$, soit q un multiple commun des h_j et posons $q_j = q/h_j$ pour $1 \leqslant j \leqslant s$; les éléments $x_j^{q_j}$ sont donc tous de degré q. Soit B la sous-R_0-algèbre de R engendrée par les $x_j^{q_j}$; c'est une sous-algèbre graduée de R, et l'on a $B_i = 0$ si i n'est pas multiple de q. Soit A (resp. S) l'anneau gradué dont l'anneau sous-jacent est B (resp. $R^{(q)}$) et la graduation formée des $A_i = B_{iq}$ (resp. $S_i = R_{iq}$). On a $A = A_0[A_1]$ par définition de B. Considérons les éléments de R (en nombre fini) de la forme $x_1^{\alpha_1}x_2^{\alpha_2}\dots x_s^{\alpha_s}$, où $0 \leqslant \alpha_j < q_j$ et $\alpha_1h_1 + \cdots + \alpha_sh_s \equiv 0$ (mod. q) ; montrons qu'ils engendrent le B-module $R^{(q)}$. Il suffit de prouver que tout élément de $R^{(q)}$ de la forme $x_1^{n_1}x_2^{n_2}\dots x_s^{n_s}$ est combinaison B-linéaire des éléments précédents. Or, il existe des entiers positifs k_j, r_j tels que $n_j = k_jq_j + r_j$ avec $r_j < q_j$ $(1 \leqslant j \leqslant s)$; on a alors

$$x_1^{n_1}x_2^{n_2}\dots x_s^{n_s} = (x_1^{q_1})^{k_1}\dots(x_s^{q_s})^{k_s}.(x_1^{r_1}\dots x_s^{r_s})$$

et par hypothèse $\sum_{j=1} n_j h_j \equiv 0$ (mod. q), donc $\sum_{j=1} r_j h_j \equiv 0$ (mod. q); comme les $x_j^{q_j}$ appartiennent à B par définition, cela prouve notre assertion. Comme S est un A-module de type fini, on peut appliquer le lemme 2 : il existe n_0 tel que pour $d \geqslant n_0$, $S^{(d)} = S_0[S_d]$, donc $R^{(qd)} = R_0[R_{qd}]$ pour $d \geqslant n_0$. La proposition en résulte, avec $e = qn_0$.

4. *Idéaux premiers gradués.*

Soient $A = \bigoplus_{i \geqslant 0} A_i$ un anneau commutatif gradué à degrés *positifs*, $\mathfrak{m}$ l'idéal gradué $\bigoplus_{i \geqslant 1} A_i$; nous dirons que deux idéaux gradués $\mathfrak{a} = \bigoplus_{i \geqslant 0} \mathfrak{a}_i$, $\mathfrak{b} = \bigoplus_{i \geqslant 0} \mathfrak{b}_i$ de A sont *équivalents* s'il existe un entier n_0 tel que $\mathfrak{a}_n = \mathfrak{b}_n$ pour $n \geqslant n_0$ (il est clair que c'est bien une relation d'équivalence). On dit qu'un idéal gradué est *essentiel* s'il n'est pas équivalent à $\mathfrak{m}$.

PROPOSITION 4. — *Soit* $\mathfrak{p} = \bigoplus_{i \geqslant 0} \mathfrak{p}_i$ *un idéal gradué de* A ; *pour que* $\mathfrak{p}$ *soit premier, il faut et il suffit que si* $x \in A_m$, $y \in A_n$ *sont tels que* $x \notin \mathfrak{p}$ *et* $y \notin \mathfrak{p}$, *on ait* $xy \notin \mathfrak{p}$.

La condition est évidemment nécessaire. Inversement, si elle est remplie, alors, dans l'anneau gradué $A/\mathfrak{p} = \bigoplus_{i \geqslant 0} A_i/\mathfrak{p}_i$, le produit de deux éléments homogènes $\neq 0$ est $\neq 0$, donc $A/\mathfrak{p}$ est intègre (*Alg.*, chap. II, 3e éd., § 11, n° 4, prop. 7).

PROPOSITION 5. — *Soient* $\mathfrak{a} = \bigoplus_{i \geqslant 0} \mathfrak{a}_i$ *un idéal gradué de* A, n_0 *un entier* > 0. *Pour qu'il existe un idéal premier gradué* $\mathfrak{p} = \bigoplus_{i \geqslant 0} \mathfrak{p}_i$ *tel que* $\mathfrak{p}_n = \mathfrak{a}_n$ *pour* $n \geqslant n_0$, *il faut et il suffit que, pour tout couple d'éléments homogènes* x, y *de degrés* $\geqslant n_0$, *la relation* $xy \in \mathfrak{a}$ *entraîne « $x \in \mathfrak{a}$ ou $y \in \mathfrak{a}$ ». S'il existe* $n \geqslant n_0$ *tel que* $\mathfrak{a}_n \neq A_n$, *l'idéal premier gradué vérifiant les conditions précédentes est unique.*

La condition de l'énoncé est évidemment nécessaire. Si l'on a $\mathfrak{a}_n = A_n$ pour tout $n \geqslant n_0$, il est clair que tout idéal premier contenant $\mathfrak{m}$ est gradué et répond à la question ; il peut donc y avoir plusieurs idéaux premiers gradués répondant à la question ; toutefois, deux quelconques de ces idéaux sont évidemment équivalents. Supposons donc qu'il existe un élément homogène $a \in A_d$ (avec $d \geqslant n_0$) n'appartenant pas à $\mathfrak{a}_d$. Soit $\mathfrak{p}$ l'ensemble des $x \in A$ tels que $ax \in \mathfrak{a}$. Il est clair que $\mathfrak{p}$ est un idéal de A ; comme les composantes homogènes de ax sont les produits par a de celles de x, et que $\mathfrak{a}$ est un idéal gradué, $\mathfrak{p}$ est un idéal gradué ; en outre, on a $1 \notin \mathfrak{p}$, donc $\mathfrak{p} \neq A$. Pour prouver que $\mathfrak{p}$ est premier, il suffit de montrer que si $x \in A_m$, $y \in A_n$ sont tels que $x \notin \mathfrak{p}$ et $y \notin \mathfrak{p}$, alors on a $xy \notin \mathfrak{p}$ (prop. 4). On a alors $ax \notin \mathfrak{a}_{m+d}$, $ay \notin \mathfrak{a}_{n+d}$, d'où par hypothèse $a^2xy \notin \mathfrak{a}_{m+n+2d}$; on en conclut que $axy \notin \mathfrak{a}_{m+n+d}$, puis que $xy \notin \mathfrak{p}$. Enfin, si $n \geqslant n_0$ et $x \in A_n$, les conditions $x \in \mathfrak{a}_n$ et $ax \in \mathfrak{a}_{n+d}$ sont équivalentes par hypothèse, donc $\mathfrak{p} \cap A_n = \mathfrak{a}_n$, ce qui achève de prouver l'existence de l'idéal premier gradué $\mathfrak{p}$ répondant à la question. Si en outre $\mathfrak{p}'$ est un second idéal premier gradué de A tel que $\mathfrak{p}' \cap A_n = \mathfrak{a}_n$ pour $n \geqslant n_0$, on a $a \notin \mathfrak{p}'$ et $ax \in \mathfrak{p}'$ pour tout $x \in \mathfrak{p}$, d'où $\mathfrak{p} \subset \mathfrak{p}'$ puisque $\mathfrak{p}'$ est premier. D'autre part, si x est un élément homogène de degré $n \geqslant 0$ de $\mathfrak{p}'$, ax est homogène de degré $n + d \geqslant n_0$ et appartient par suite à $\mathfrak{p}' \cap A_{n+d} = \mathfrak{a}_{n+d}$, d'où par définition $x \in \mathfrak{p}$, ce qui montre que $\mathfrak{p}' \subset \mathfrak{p}$, et finalement $\mathfrak{p}' = \mathfrak{p}$.

PROPOSITION 6. — *Soit d un entier $\geqslant 1$.*

(i) *Pour tout idéal premier gradué essentiel $\mathfrak{p}$ de A, $\mathfrak{p} \cap A^{(d)}$ est un idéal premier gradué essentiel de $A^{(d)}$.*

(ii) *Inversement, pour tout idéal premier gradué essentiel $\mathfrak{p}'$ de $A^{(d)}$, il existe un idéal premier gradué (nécessairement essentiel) $\mathfrak{p}$ de A, et un seul, tel que $\mathfrak{p} \cap A^{(d)} = \mathfrak{p}'$.*

(i) Si $a \in A_k$ n'appartient pas à $\mathfrak{p}_k$, a^{kd} n'appartient pas à $\mathfrak{p}_{kd}$, donc $\mathfrak{p} \cap A^{(d)}$ est essentiel.

(ii) Pour tout $n \geqslant 0$, l'ensemble $\mathfrak{p} \cap A_n$ doit être égal à l'ensemble $\mathfrak{a}_n$ des $x \in A_n$ tels que $x^d \in \mathfrak{p}'$. Montrons que $\mathfrak{a} = \bigoplus_{n \geqslant 0} \mathfrak{a}_n$ est un idéal premier gradué ; comme $\mathfrak{a}_n = \mathfrak{p}'_n$ lorsque n est multiple de d, puisque $\mathfrak{p}'$ est premier, cela prouvera l'existence et l'unicité de $\mathfrak{p}$. Or, si $x \in \mathfrak{a}_n$, $y \in \mathfrak{a}_n$, $(x - y)^{2d}$ est somme de termes dont chacun est produit de x^d ou de y^d par un élément homogène de degré nd, donc $(x - y)^{2d} \in \mathfrak{p}'$, et puisque $\mathfrak{p}'$ est premier, $(x - y)^d \in \mathfrak{p}'$, donc $\mathfrak{a}_n$ est un sous-groupe de A. Comme $\mathfrak{p}'$ est un idéal de $A^{(d)}$, $\mathfrak{a}$ est un idéal gradué de A ; enfin, la relation $(xy)^d \in \mathfrak{p}'$ entraîne $x^d \in \mathfrak{p}'$ ou $y^d \in \mathfrak{p}'$, ce qui achève la démonstration en vertu de la prop. 4.

Soient A un anneau commutatif gradué à degrés positifs, $\mathfrak{p}$ un idéal premier gradué essentiel de A. L'ensemble S des éléments *homogènes* de A n'appartenant pas à $\mathfrak{p}$ est multiplicatif, et l'anneau de fractions $S^{-1}A$ est donc gradué de façon canonique (chap. II, § 2, nº 9) (on notera qu'il y aura en général des éléments homogènes $\neq 0$ de degré négatif pour cette graduation). Nous désignerons par $A_{(\mathfrak{p})}$ le sous-anneau de $S^{-1}A$ formé des éléments homogènes de degré 0, autrement dit l'ensemble des fractions x/s, où x et s sont homogènes de même degré dans A et $s \notin \mathfrak{p}$. De même, pour tout A-module gradué M, $S^{-1}M$ est gradué de façon canonique (*loc. cit.*) et nous désignerons par $M_{(\mathfrak{p})}$ le sous-groupe des éléments homogènes de degré 0, qui est évidemment un $A_{(\mathfrak{p})}$-module.

PROPOSITION 7. — *Soient $\mathfrak{p}$ un idéal premier gradué de* A, d *un entier* $\geqslant 1$, $\mathfrak{p}'$ *l'idéal premier gradué* $\mathfrak{p} \cap A^{(d)}$ *de* $A^{(d)}$; *pour tout* A-*module gradué* M, *l'homomorphisme* $(M^{(d)})_{(\mathfrak{p}')} \to M_{(\mathfrak{p})}$ *déduit de l'injection canonique* $M^{(d)} \to M$ *est bijectif.*

Si S est l'ensemble des éléments homogènes de A n'appartenant pas à $\mathfrak{p}$, et $S' = S \cap A^{(d)}$, l'homomorphisme canonique φ : $S'^{-1}M^{(d)} \to S^{-1}M$ est un homomorphisme homogène de degré 0, et il est injectif, car si $x \in M_{nd}$ est tel que $sx = 0$ pour $s \in A_m$, $s \notin \mathfrak{p}$, on a aussi $s^d x = 0$, et $s^d \in A_{md}$, $s^d \notin \mathfrak{p}'$. Reste à voir que l'image par φ de $(M^{(d)})_{(\mathfrak{p}')}$ est $M_{(\mathfrak{p})}$ tout entier ; mais si $x \in M_n$, $s \in A_n$ et $s \notin \mathfrak{p}$, on a aussi $x/s = (xs^{d-1})/s^d$ avec $xs^{d-1} \in A_{nd}$, $s^d \in A_{nd}$ et $s^d \notin \mathfrak{p}'$, d'où notre assertion.

PROPOSITION 8. — *Soit* $\mathfrak{m} = \bigoplus_{i \geqslant 1} A_i$; *soient* $(\mathfrak{p}^{(k)})_{1 \leqslant k \leqslant n}$ *une famille finie d'idéaux premiers gradués de* A *et* $\mathfrak{a}$ *un idéal gradué de* A *tel que* $\mathfrak{a} \cap \mathfrak{m} \not\subset \mathfrak{p}^{(k)}$ *pour tout* k ; *alors il existe un élément homogène* $z \in \mathfrak{a} \cap \mathfrak{m}$ *n'appartenant à aucun des* $\mathfrak{p}^{(k)}$.

Raisonnons par récurrence sur n, la proposition étant triviale pour $n = 1$. S'il existe un indice j tel que $\mathfrak{a} \cap \mathfrak{m} \cap \mathfrak{p}^{(j)}$ soit contenu dans un des $\mathfrak{p}^{(k)}$ d'indice $k \neq j$, il résulte de l'hypothèse de récurrence qu'il y a un élément homogène $z' \in \mathfrak{a} \cap \mathfrak{m}$ n'appartenant à aucun des $\mathfrak{p}^{(k)}$ pour $k \neq j$, donc n'appartenant pas non plus à $\mathfrak{p}^{(j)}$, et cet élément répond à la question. Supposons donc que pour tout indice j, $\mathfrak{a} \cap \mathfrak{m} \cap \mathfrak{p}^{(j)}$ ne soit contenu dans aucun des $\mathfrak{p}^{(k)}$ d'indice $k \neq j$; l'hypothèse de récurrence entraîne donc l'existence d'un élément homogène $y_j \in \mathfrak{a} \cap \mathfrak{m} \cap \mathfrak{p}^{(j)}$ n'appartenant à aucun des $\mathfrak{p}^{(k)}$ d'indice $k \neq j$; comme les y_j sont tous de degrés $\geqslant 1$, on peut en les remplaçant par des puissances convenables (puisque les $\mathfrak{p}^{(k)}$ sont premiers) supposer que y_1 et $\prod_{j=2}^{n} y_j$ sont de même degré. Alors $z = y_1 + \prod_{j=2}^{n} y_j$ est homogène de degré $\geqslant 1$ et le même raisonnement que dans le chap. II, § 1, nº 1, prop. 2 montre que z répond à la question.

§ 2. Généralités sur les anneaux et modules filtrés.

1. Anneaux et modules filtrés.

DÉFINITION 1. — *On appelle filtration croissante* (resp. *décroissante*) *sur un groupe* G *une suite croissante* (resp. *décroissante*) $(G_n)_{n \in \mathbf{Z}}$ *de sous-groupes de* G.

On appelle groupe filtré un groupe muni d'une filtration.

Si $(G_n)_{n \in \mathbf{Z}}$ est une filtration croissante (resp. décroissante) sur un groupe G et si l'on pose $G'_n = G_{-n}$, il est clair que $(G'_n)_{n \in \mathbf{Z}}$ est une filtration décroissante (resp. croissante) sur G. On peut donc se borner à étudier les filtrations *décroissantes*, et lorsque nous parlerons désormais de filtration, il s'agira d'une filtration décroissante, sauf mention expresse du contraire.

Étant donnée une filtration décroissante $(G_n)_{n \in \mathbf{Z}}$ sur un groupe G, il est clair que $\bigcap_{n \in \mathbf{Z}} G_n$ et $\bigcup_{n \in \mathbf{Z}} G_n$ sont des sous-groupes de G ; on dit que la filtration est *séparée* si $\bigcap_{n \in \mathbf{Z}} G_n$ est réduit à l'élément neutre, *exhaustive* si $\bigcup_{n \in \mathbf{Z}} G_n = G$.

DÉFINITION 2. — *Etant donné un anneau* A, *on dit qu'une filtration* $(A_n)_{n \in \mathbf{Z}}$ *sur le groupe additif* A *est compatible avec la structure d'anneau de* A *si l'on a*

(1) $$A_m A_n \subset A_{m+n} \quad \textit{pour} \quad m \in \mathbf{Z}, n \in \mathbf{Z}$$

(2) $$1 \in A_0.$$

L'anneau A, *muni de cette filtration, est alors appelé anneau filtré.*

Les conditions (1) et (2) montrent que A_0 est un *sous-anneau* de A, et les A_n des A_0-modules (à gauche et à droite). L'ensemble $B = \bigcup_{n \in \mathbf{Z}} A_n$ est un *sous-anneau* de A, et l'ensemble $\mathfrak{n} = \bigcap_{n \in \mathbf{Z}} A_n$ un *idéal bilatère* de B : en effet, si $x \in \mathfrak{n}$ et $a \in A_p$, pour tout $k \in \mathbf{Z}$ on a $x \in A_{k-p}$, d'où $ax \in A_k$ et $xa \in A_k$ par (1) ; par suite $ax \in \mathfrak{n}$ et $xa \in \mathfrak{n}$.

Un cas particulier important est celui où $A_0 = A$; alors $A_n = A$ pour $n \leqslant 0$ et tous les A_n sont des *idéaux bilatères* de A.

DÉFINITION 3. — *Soient* A *un anneau filtré*, $(A_n)_{n \in \mathbf{Z}}$ *sa filtration*, E *un* A-*module. On dit qu'une filtration* $(E_n)_{n \in \mathbf{Z}}$ *sur* E *est compatible avec sa structure de module sur l'anneau filtré* A, *si l'on a*

(3) $$A_m E_n \subset E_{m+n} \quad \textit{pour} \quad m \in \mathbf{Z}, n \in \mathbf{Z}.$$

Le A-*module* E, *muni de cette filtration, est appelé module filtré.*

Les E_n sont tous des A_0-modules ; si $B = \bigcup_{n \in \mathbf{Z}} A_n$, il est clair que $\bigcup_{n \in \mathbf{Z}} E_n$ est un B-module, et il en est de même de $\bigcap_{n \in \mathbf{Z}} E_n$, par le même raisonnement que ci-dessus pour $\bigcap_{n \in \mathbf{Z}} A_n$. Lorsque $A_0 = A$, *tous* les E_n sont des *sous-modules* de E.

Exemples. — 1) Soit A un anneau gradué de type **Z** ; pour tout $i \in \mathbf{Z}$, soit $A_{(i)}$ le sous-groupe des éléments homogènes de degré i dans A. Posons $A_n = \sum_{i \geqslant n} A_{(i)}$; alors il est immédiat que (A_n) est une filtration décroissante, *exhaustive* et *séparée*, compatible avec la structure d'anneau de A ; on dit que cette filtration est *associée* à la graduation $(A_{(i)})_{i \in \mathbf{Z}}$ et que l'anneau filtré A est *associé* à l'anneau gradué A donné.

Soit maintenant E un module gradué de type **Z** sur l'anneau gradué A et pour tout $i \in \mathbf{Z}$, soit $E_{(i)}$ le sous-groupe des éléments homogènes de degré i de E. Posons $E_n = \sum_{i \geqslant n} E_{(i)}$; alors (E_n) est une filtration décroissante, *exhaustive* et *séparée*, compatible avec la structure de module de E sur l'anneau filtré A ; on dit que cette filtration est *associée* à la graduation $(E_{(i)})_{i \in \mathbf{Z}}$ et que le module filtré E est *associé* au module gradué E donné.

2) Soient A un anneau filtré, $(A_n)_{n \in \mathbf{Z}}$ sa filtration, E un A-module. Posons $E_n = A_n E$; il résulte de (1) que l'on a

$$A_m E_n = A_m A_n E \subset A_{m+n} E = E_{m+n},$$

et de (2) que $E_0 = E$; donc (E_n) est une filtration *exhaustive* compatible avec la structure de A-module de E. On dit que cette filtration sur E est *déduite* de la filtration donnée (A_n) sur A ; on notera qu'elle n'est pas nécessairement séparée, même si (A_n) est séparée et si E et les A_n sont des A-modules de type fini (cf. § 3, exerc. 2 ; voir cependant § 3, n° 3, prop. 6 et n° 2, cor. de la prop. 4).

3) Soient A un anneau, $\mathfrak{m}$ un idéal bilatère de A. Posons $A_n = \mathfrak{m}^n$ pour $n \geqslant 0$, $A_n = A$ pour $n < 0$; il est immédiat que (A_n) est une filtration exhaustive sur A, dite *filtration* $\mathfrak{m}$-*adique*. Soit E un A-module ; on appelle *filtration* $\mathfrak{m}$-*adique* sur E la filtration (E_n) déduite de la filtration $\mathfrak{m}$-adique de A ; autrement dit, on a $E_n = \mathfrak{m}^n E$ pour $n \geqslant 0$ et $E_n = E$ pour $n < 0$.

Si A est commutatif et B une A-*algèbre*, $\mathfrak{n} = \mathfrak{m}B$ est un idéal bilatère de B, et pour tout B-module F, on a $\mathfrak{n}^k F = \mathfrak{m}^k F$, donc la filtration $\mathfrak{n}$-adique sur F *coïncide* avec la filtration $\mathfrak{m}$-adique (lorsque F est considéré comme A-module).

4) Si A est un anneau filtré, (A_n) sa filtration, le A-module à gauche A_s est un A-module filtré pour la filtration (A_n). Il est clair d'autre part que (A_n) est une filtration compatible avec la structure d'anneau de l'anneau opposé A^0, et A_d est un A^0-module (à gauche) filtré pour la filtration (A_n).

5) Sur un anneau A, les ensembles A_n tels que $A_n = 0$ pour $n > 0$, $A_n = A$ pour $n \leqslant 0$ forment une filtration dite *triviale*, associée (*Exemple* 1) à la graduation triviale de A ; sur un A-module E, toute filtration (E_n) formée de sous-A-modules est alors compatible avec la structure de module de E sur l'anneau filtré A. On peut donc dire que tout groupe commutatif filtré G est un **Z**-module filtré, lorsque **Z** est muni de la filtration triviale.

Soient G un groupe filtré, $(G_n)_{n \in \mathbf{Z}}$ sa filtration ; il est clair que pour tout sous-groupe H de G, $(H \cap G_n)_{n \in \mathbf{Z}}$ est une filtration, dite *induite* par celle de G ; elle est exhaustive (resp. séparée) si celle de G l'est. De même, si H est un sous-groupe *distingué* de G, la famille $((H . G_n)/H)_{n \in \mathbf{Z}}$ est une filtration sur le groupe G/H, dite *quotient* par H de la filtration de G ; elle est exhaustive si (G_n) l'est. Si G′ est un second groupe filtré, $(G'_n)_{n \in \mathbf{Z}}$ sa filtration, $(G_n \times G'_n)$ est une filtration sur G × G′ dite *produit* des filtrations de G et G′, qui est exhaustive (resp. séparée) si (G_n) et (G'_n) le sont.

Soit maintenant A un anneau filtré et soit (A_n) sa filtration ; sur tout sous-anneau B de A, il est clair que la filtration induite par celle de A est compatible avec la structure d'anneau de B. Si $\mathfrak{b}$ est un idéal bilatère de A, la filtration quotient de celle de A sur $A/\mathfrak{b}$ est compatible avec la structure de cet anneau, car on a $(A_n + \mathfrak{b})(A_m + \mathfrak{b}) \subset A_{n+m} + \mathfrak{b}$. Si A′ est un second anneau filtré, la filtration produit sur A × A′ est compatible avec la structure de cet anneau.

Soit enfin E un A-module filtré et soit (E_n) sa filtration ; sur tout sous-module F de E, la filtration induite par celle de E est compatible avec la structure de A-module de F, et sur le module quotient E/F, la filtration quotient de celle de E est compatible avec la structure de A-module, car on a

$$A_n(F + E_m) \subset F + A_n E_m \subset F + E_{m+n}.$$

On notera que si la filtration de E est *déduite* de celle de A (*Exemple* 2), il en est de même de la filtration quotient sur E/F, *mais non en général de la filtration induite sur* F (exerc. 1 ; voir cependant § 3, nº 2, th. 2).

Si E′ est un second A-module filtré, la filtration produit sur $E \times E'$ est compatible avec la structure de A-module. Si les filtrations de E et E′ sont déduites de celle de A (*Exemple* 2), il en est de même de leur filtration produit.

2. *Fonction d'ordre.*

Soient A un anneau filtré, E un A-module filtré, (E_n) la filtration de E. Pour tout $x \in E$, on désigne par $v(x)$ la *borne supérieure* dans $\overline{\mathbf{R}}$ de l'ensemble des entiers $n \in \mathbf{Z}$ tels que $x \in E_n$. On a donc les équivalences suivantes :

$$(4)\quad \begin{cases} v(x) = -\infty & \Leftrightarrow \quad x \notin \bigcup_{n \in \mathbf{Z}} E_n \\ v(x) = p & \Leftrightarrow \quad x \in E_p \quad \text{et} \quad x \notin E_{p+1} \\ v(x) = +\infty & \Leftrightarrow \quad x \in \bigcap_{n \in \mathbf{Z}} E_n \end{cases}$$

On dit que l'application $v : E \to \overline{\mathbf{R}}$ est la *fonction d'ordre* du module filtré E. La connaissance de v entraîne celle des E_n, car E_n est l'ensemble des $x \in E$ tels que $v(x) \geqslant n$; le fait que les E_n sont des sous-groupes additifs de E se traduit par la relation

$$(5)\qquad v(x-y) \geqslant \inf(v(x), v(y)).$$

La définition précédente s'applique en particulier au A-module filtré A_s ; soit w sa fonction d'ordre. Il résulte de la formule (3) du nº 1 que pour $a \in A$ et $x \in E$, on a

$$(6)\qquad v(ax) \geqslant w(a) + v(x)$$

lorsque le second membre est défini ; en particulier, pour $a \in A$ et $b \in A$, on a

$$(7)\qquad w(ab) \geqslant w(a) + w(b)$$

lorsque le second membre est défini.

On définit de la même manière la *fonction d'ordre* sur un groupe filtré G non nécessairement commutatif ; la relation correspondant à (5) s'écrit alors

(5′) $$v(yx^{-1}) = v(xy^{-1}) \geqslant \inf(v(x), v(y)).$$

3. *Module gradué associé à un module filtré.*

Soient G un groupe commutatif (noté additivement), (G_n) une filtration sur G. Posons

(8) $$\begin{cases} \mathrm{gr}_n(G) = G_n/G_{n+1} & \text{pour} \quad n \in \mathbf{Z} \\ \mathrm{gr}(G) = \bigoplus_{n \in \mathbf{Z}} \mathrm{gr}_n(G). \end{cases}$$

Le groupe commutatif gr(G) est donc un groupe gradué de type **Z**, dit *groupe gradué associé* au groupe filtré G, les éléments homogènes de degré n de gr(G) étant ceux de $\mathrm{gr}_n(G)$.

Soient maintenant A un anneau filtré, (A_n) sa filtration, E un A-module filtré, (E_n) sa filtration. Quels que soient $p \in \mathbf{Z}$, $q \in \mathbf{Z}$, on définit une application

(9) $$\mathrm{gr}_p(A) \times \mathrm{gr}_q(E) \to \mathrm{gr}_{p+q}(E)$$

de la façon suivante : étant donnés $\alpha \in \mathrm{gr}_p(A)$, $\xi \in \mathrm{gr}_q(E)$, deux représentants a, a' de α, deux représentants x, x' de ξ, on a $ax \in E_{p+q}$, $a'x' \in E_{p+q}$ et $ax \equiv a'x'$ (mod. E_{p+q+1}), car

$$ax - a'x' = (a - a')x + a'(x - x')$$

et $a - a' \in A_{p+1}$ et $x - x' \in E_{q+1}$, donc notre assertion résulte de la formule (3) du nº 1. On peut donc noter $\alpha\xi$ la classe dans

$$E_{p+q}/E_{p+q+1} = \mathrm{gr}_{p+q}(E)$$

du produit ax d'un représentant quelconque $a \in \alpha$ et d'un représentant quelconque $x \in \xi$. Il est immédiat que l'application (9) est **Z**-*bilinéaire* ; par linéarité, on en déduit une application **Z**-bilinéaire

(10) $$\mathrm{gr}(A) \times \mathrm{gr}(E) \to \mathrm{gr}(E).$$

Si on applique d'abord cette définition au cas où $E = A_s$, l'application (10) est une loi de composition interne sur gr(A), dont on vérifie aussitôt qu'elle est *associative* et possède un élément neutre, image canonique dans $\mathrm{gr}_0(A)$ de l'élément unité de

A ; elle définit donc sur gr(A) une structure d'anneau, et la graduation $(\mathrm{gr}_n(A))_{n \in \mathbf{Z}}$ est par définition compatible avec cette structure. On dit que l'anneau gradué gr(A) (de type **Z**) ainsi défini est l'*anneau gradué associé* à l'anneau filtré A ; il est évidemment commutatif lorsque A est commutatif ; $\mathrm{gr}_0(A)$ est un sous-anneau de gr(A). L'application (10) est d'autre part une loi externe de gr(A)-module sur gr(E), les axiomes des modules étant trivialement vérifiés, et la graduation $(\mathrm{gr}_n(E))_{n \in \mathbf{Z}}$ sur gr(E) est évidemment compatible avec cette structure de module. On dit que le gr(A)-module gradué gr(E) (de type **Z**) ainsi défini est le *module gradué associé* au A-module filtré E.

Exemples. — 1) Soient A un anneau commutatif, t un élément de A non diviseur de 0. Munissons A de la *filtration* (t)*-adique* (nº 1, *Exemple* 3). Alors l'anneau gradué associé gr(A) est canoniquement isomorphe à l'*anneau de polynômes* $(A/(t))[X]$. En effet, on a $\mathrm{gr}_n(A) = 0$ pour $n < 0$, et par définition l'anneau $\mathrm{gr}_0(A)$ est l'anneau $A/(t)$. Notons maintenant qu'en vertu de l'hypothèse sur t la relation $at^n \equiv 0$ (mod. t^{n+1}) est équivalente à $a \equiv 0$ (mod. t) ; si τ est l'image canonique de t dans $\mathrm{gr}_1(A)$, tout élément de $\mathrm{gr}_n(A)$ s'écrit donc d'une manière et d'une seule sous la forme $\alpha\tau^n$ où $\alpha \in \mathrm{gr}_0(A)$; d'où notre assertion.

2) Soient K un anneau commutatif, A l'anneau de séries formelles $K[[X_1, \ldots, X_r]]$ (*Alg.*, chap. IV, § 5), $\mathfrak{m}$ l'idéal de A dont les éléments sont les séries formelles sans terme constant. Munissons A de la *filtration* $\mathfrak{m}$*-adique* (nº 1, *Exemple* 3) ; si $M_1, \ldots, M_s$ sont les différents monômes en $X_1, \ldots, X_r$ de degré total $n - 1$, il est clair que toute série formelle u d'ordre total $\omega(u) \geqslant n$ (*loc. cit.*, nº 2) s'écrit $\sum_{k=1}^{s} u_k M_k$, où les u_k appartiennent à $\mathfrak{m}$; on voit donc que $\mathfrak{m}^n$ est l'ensemble des séries formelles u telles que $\omega(u) \geqslant n$, ce qui montre que ω est la *fonction d'ordre* pour la filtration $\mathfrak{m}$-adique. Il est clair alors que pour toute série formelle $u \in \mathfrak{m}^n$, il existe un *polynôme homogène* de degré n en les X_i et un seul qui soit congru à u mod. $\mathfrak{m}^{n+1}$, savoir la somme des termes de degré n de u ; on en conclut que gr(A) est canoniquement isomorphe à l'*anneau de polynômes* $K[X_1, \ldots, X_r]$.

3) Plus généralement, soient A un anneau commutatif, $\mathfrak{b}$ un idéal de A, et munissons A de la filtration $\mathfrak{b}$-adique. Si on pose $B = \mathrm{gr}_0(A)$, $F = \mathrm{gr}_1(A) = \mathfrak{b}/\mathfrak{b}^2$, on sait (*Alg.*, chap. III, 3e éd.) que l'application identique du B-module F sur lui-même se prolonge de façon unique en un homomorphisme u de l'*algèbre symétrique* $\mathrm{S}(F)$ de F dans la B-algèbre gr(A) ; il résulte de la définition de gr(A) que u est un *homomorphisme surjectif d'algèbres graduées* ; en effet, pour $n \geqslant 1$, tout élément de $\mathrm{gr}_n(A)$ est somme de classes mod. $\mathfrak{b}^{n+1}$ d'éléments de la forme $y = x_1 x_2 \ldots x_n$, où $x_i \in \mathfrak{b}$ $(1 \leqslant i \leqslant n)$; si ξ_i est la classe de x_i mod. $\mathfrak{b}^2$, il est clair que la classe de y mod. $\mathfrak{b}^{n+1}$ est l'élément $u(\xi_1)\ldots u(\xi_n)$, d'où notre assertion. En particulier, tout système de générateurs du B-module F est un système de générateurs de la B-algèbre gr(A).

Si maintenant E est un A-module et que l'on munit E de la filtration $\mathfrak{b}$-adique, on voit de même que le gr(A)-module gradué gr(E) est *engendré* par $\mathrm{gr}_0(E) = E/\mathfrak{b}E$. De façon plus précise, la restriction φ à $\mathrm{gr}(A) \times \mathrm{gr}_0(E)$ de la loi externe du gr(A)-module gr(E) est une application **Z**-bilinéaire de $\mathrm{gr}(A) \times \mathrm{gr}_0(E)$ dans gr(E) ; de plus gr(A) est un $(\mathrm{gr}_0(A), \mathrm{gr}_0(A))$-bimodule et $\mathrm{gr}_0(E)$ un $\mathrm{gr}_0(A)$-module ; on vérifie aussitôt que pour $\alpha \in \mathrm{gr}(A)$, $\alpha_0 \in \mathrm{gr}_0(A)$, $\xi \in \mathrm{gr}_0(E)$, on a $\varphi(\alpha\alpha_0, \xi) = \varphi(\alpha, \alpha_0\xi)$, donc φ définit une application $\mathrm{gr}_0(A)$-*linéaire surjective*

$$\text{(11)} \qquad \gamma_E : \mathrm{gr}(A) \otimes_{\mathrm{gr}_0(A)} \mathrm{gr}_0(E) \to \mathrm{gr}(E)$$

dite *canonique*.

*4) Soient K un anneau commutatif, $\mathfrak{g}$ une algèbre de Lie sur K, U l'algèbre enveloppante de $\mathfrak{g}$. On définit sur U une filtration *croissante* $(U_n)_{n \in \mathbf{Z}}$ en prenant $U_n = \{0\}$ pour $n < 0$, et en désignant par U_n, pour $n \geqslant 0$, l'ensemble des éléments de U qui peuvent s'exprimer comme somme de produits d'au plus n éléments de $\mathfrak{g}$; on a $U_0 = K$, et gr(U) est une K-algèbre *commutative* (*Gr. et alg. de Lie*, chap. I, § 2, n° 6). L'application canonique de $\mathfrak{g}$ dans $\mathrm{gr}_1(U) = U_1/U_0$ se prolonge de façon unique en un homomorphisme h de l'algèbre symétrique $\mathrm{S}(\mathfrak{g})$ du K-module $\mathfrak{g}$ dans la K-algèbre gr(U) ; l'homomorphisme h est surjectif, et lorsque le K-module $\mathfrak{g}$ est libre, h est bijectif (*loc. cit.*, n° 7, th. 1).*

5) Soient A un anneau gradué de type **Z**, E un A-module gra-

dué de type **Z** ; soit $A_{(i)}$ (resp. $E_{(i)}$) le sous-groupe des éléments homogènes de degré i de A (resp. E). Munissons A et E des filtrations associées à leurs graduations (nº 1, *Exemple* 1) et notons A′ et E′ l'anneau filtré et le A′-module filtré ainsi obtenus. Alors il est immédiat que l'application **Z**-linéaire $A \to gr(A')$ qui transforme un élément de $A_{(n)}$ en son image canonique dans

$$gr_n(A) = (\bigoplus_{i \geqslant n} A_{(i)})/(\bigoplus_{i \geqslant n+1} A_{(i)})$$

est un isomorphisme d'anneaux gradués. On définit de même un isomorphisme canonique $E \to gr(E')$ de A-modules gradués.

PROPOSITION 1. — *Soient* A *un anneau filtré*, $(A_n)_{n \in \mathbf{Z}}$ *sa filtration*, v *sa fonction d'ordre. Supposons que* gr(A) *soit un anneau sans diviseur de zéro. Alors, pour tout couple d'éléments* a, b *de l'anneau* $B = \bigcup_{n \in \mathbf{Z}} A_n$, *on a* $v(ab) = v(a) + v(b)$.

Comme $\mathfrak{n} = \bigcap_{n \in \mathbf{Z}} A_n$ est un idéal bilatère de l'anneau B, la formule est vraie si $v(a)$ ou $v(b)$ est égal à $+\infty$. Dans le cas contraire, $v(a) = r$ et $v(b) = s$ sont des entiers ; les classes α de a mod. A_{r+1} et β de b mod. A_{s+1} sont $\neq 0$ par définition, d'où par hypothèse $\alpha\beta \neq 0$ dans gr(A), et par suite $ab \notin A_{r+s+1}$; comme $ab \in A_{r+s}$, on a $v(ab) = v(a) + v(b)$.

COROLLAIRE. — *Soient* A *un anneau filtré*, $(A_n)_{n \in \mathbf{Z}}$ *sa filtration ; posons* $B = \bigcup_{n \in \mathbf{Z}} A_n$, $\mathfrak{n} = \bigcap_{n \in \mathbf{Z}} A_n$. *Si l'anneau* gr(A) *est sans diviseur de zéro, il en est de même de l'anneau* $B/\mathfrak{n}$.

En effet, si a et b sont des éléments de B n'appartenant pas à $\mathfrak{n}$, on a $v(a) \neq +\infty$, $v(b) \neq +\infty$, d'où $v(ab) \neq +\infty$, et par suite $ab \notin \mathfrak{n}$.

On notera que l'anneau A peut être un anneau intègre, la filtration (A_n) exhaustive et séparée, sans que gr(A) soit un anneau intègre (exerc. 2).

Remarque. — Soit G un groupe non nécessairement commutatif, muni d'une filtration $(G_n)_{n \in \mathbf{Z}}$ telle que G_{n+1} soit *distingué dans* G_n pour tout $n \in \mathbf{Z}$; posons encore $\mathrm{gr}_n(G) = G_n/G_{n+1}$. On appelle encore *groupe gradué associé* à G et on note gr(G) le *produit restreint* de la famille $(\mathrm{gr}_n(G))_{n \in \mathbf{Z}}$, c'est-à-dire le sous-groupe du produit $\prod_{n \in \mathbf{Z}} \mathrm{gr}_n(G)$ formé des éléments (ξ_n) dont toutes les composantes, sauf au plus un nombre fini, sont égales à l'élément neutre.

4. *Homomorphismes compatibles avec les filtrations.*

Soient G, G′ deux groupes commutatifs (notés additivement), (G_n) une filtration sur G, (G'_n) une filtration sur G′ ; on dit qu'un homomorphisme $h : G \to G'$ est *compatible avec les filtrations* de G et G′ si l'on a $h(G_n) \subset G'_n$ pour tout $n \in \mathbf{Z}$. L'homomorphisme composé $G_n \xrightarrow{h|G_n} G'_n \to G'_n/G'_{n+1}$ est nul dans G_{n+1}, donc définit par passage aux quotients un homomorphisme $h_n : G_n/G_{n+1} \to G'_n/G'_{n+1}$; il y a par suite un homomorphisme de groupes additifs $\mathrm{gr}(h) : \mathrm{gr}(G) \to \mathrm{gr}(G')$ et un seul, tel que, pour tout $n \in \mathbf{Z}$, gr(*h*) coïncide avec h_n dans $\mathrm{gr}_n(G) = G_n/G_{n+1}$. On dit que gr(*h*) est l'*homomorphisme de groupes gradués associé à h.* Si G″ est un troisième groupe filtré, et $h' : G' \to G''$ un homomorphisme compatible avec les filtrations, $h' \circ h$ est un homomorphisme compatible avec les filtrations, et on a

$$(12) \qquad \mathrm{gr}(h' \circ h) = \mathrm{gr}(h') \circ \mathrm{gr}(h).$$

PROPOSITION 2. — *Soient* G *un groupe commutatif filtré,* H *un sous-groupe de* G ; *on munit* H *de la filtration induite et* G/H *de la filtration quotient. Si* $j : H \to G$ *est l'injection canonique et* $p : G \to G/H$ *la surjection canonique, j et p sont compatibles avec les filtrations, et la suite*

$$(13) \qquad 0 \longrightarrow \mathrm{gr}(H) \xrightarrow{\mathrm{gr}(j)} \mathrm{gr}(G) \xrightarrow{\mathrm{gr}(p)} \mathrm{gr}(G/H) \longrightarrow 0$$

est exacte.

La première assertion est évidente ; si (G_n) est la filtration de G, on a $(H \cap G_n) \cap G_{n+1} = H \cap G_{n+1}$, donc gr(*j*) est injective ; en outre l'application canonique $G_n \to (H + G_n)/H$ est surjective, donc il en est de même de gr(*p*), et on a $\mathrm{gr}(p) \circ \mathrm{gr}(j) = 0$ par

(12). Enfin, soit $\xi \in G_n/G_{n+1}$ dans le noyau de $gr(p)$; il existe donc $x \in \xi$ tel que $x \in H + G_{n+1}$; mais comme $G_{n+1} \subset G_n$, on a

$$G_n \cap (H + G_{n+1}) = (H \cap G_n) + G_{n+1},$$

donc $x = y + z$ avec $y \in H \cap G_n$ et $z \in G_{n+1}$; cela prouve que ξ est la classe mod. G_{n+1} de $j(y)$, autrement dit appartient à l'image de gr(H) par gr(j).

On notera que si l'on a une suite exacte $0 \rightarrow G' \xrightarrow{u} G \xrightarrow{v} G'' \rightarrow 0$ de groupes commutatifs filtrés, où u et v sont compatibles avec les filtrations, la suite $0 \rightarrow gr(G') \xrightarrow{gr(u)} gr(G) \xrightarrow{gr(v)} gr(G'') \rightarrow 0$ n'est pas nécessairement exacte (exerc. 4).

Si maintenant A et B sont deux anneaux filtrés, $h : A \rightarrow B$ un homomorphisme d'anneaux compatible avec les filtrations, on vérifie aussitôt que l'homomorphisme de groupes gradués gr(h) : $gr(A) \rightarrow gr(B)$ est aussi un homomorphisme d'anneaux. En particulier, si A' est un sous-anneau de A muni de la filtration induite, gr(A') s'identifie canoniquement à un sous-anneau gradué de gr(A) (prop. 2) ; si $\mathfrak{b}$ est un idéal bilatère de A, et si $A/\mathfrak{b}$ est muni de la filtration quotient, $gr(A/\mathfrak{b})$ s'identifie canoniquement à l'anneau gradué quotient $gr(A)/gr(\mathfrak{b})$ (prop. 2).

Enfin, soient A un anneau filtré, E, F deux A-modules filtrés, $u : E \rightarrow F$ un A-homomorphisme compatible avec les filtrations. Alors il est immédiat que $gr(u) : gr(E) \rightarrow gr(F)$ est une application gr(A)-*linéaire*, donc un homomorphisme homogène de degré 0 de gr(A)-modules gradués. En outre, si $u' : E \rightarrow F$ est un second A-homomorphisme compatible avec les filtrations, il en est de même de $u + u'$, et on a

(14) $$gr(u + u') = gr(u) + gr(u').$$

Remarques. — 1) Il est clair que les homomorphismes d'anneaux filtrés (resp. de modules filtrés sur un anneau filtré donné A) compatibles avec les filtrations peuvent être pris comme *morphismes* pour la structure d'anneau filtré (resp. de A-module filtré) (*Ens.*, chap. IV, § 2, n° 1).

2) Soient E et F deux modules sur un anneau filtré A, et munissons-les des filtrations *déduites* de la filtration (A_n) de A (n° 1, *Exemple* 2). Alors *toute* application A-linéaire $u : E \to F$ est compatible avec les filtrations, puisque $u(A_nE) = A_nu(E) \subset A_nF$.

3) On notera qu'un homomorphisme $u : E \to F$ de A-modules filtrés, compatible avec les filtrations, peut être tel que $\mathrm{gr}(u) = 0$ sans être nul ; il en est ainsi par exemple de l'endomorphisme $x \to nx$ du groupe additif $\mathbf{Z}$ muni de la filtration (n)-adique (pour un entier $n > 1$ quelconque). La relation $\mathrm{gr}(u) = \mathrm{gr}(v)$ pour deux endomorphismes u, v de E dans F, compatibles avec les filtrations, n'entraîne donc pas nécessairement $u = v$.

4) Les définitions du début de ce n° s'étendent immédiatement à deux groupes non nécessairement commutatifs G, G′, filtrés par des sous-groupes G_n, G'_n, tels que G_{n+1} (resp. G'_{n+1}) soit distingué dans G_n (resp. G'_n). La prop. 2 est encore valable en faisant la même hypothèse sur les G_n et en supposant que H est distingué dans G, la démonstration étant inchangée aux notations près.

5. *Topologie définie par une filtration.*

Soit G un groupe filtré par une famille $(G_n)_{n\in\mathbf{Z}}$ de sous-groupes *distingués* de G. Il existe une topologie et une seule sur G compatible avec la structure de groupe et pour laquelle les G_n constituent un système fondamental de voisinages de l'élément neutre e de G (*Top. gén.*, chap. III, 3e éd., § 1, n° 2, *Exemple*) ; on l'appelle *la topologie de* G *définie par la filtration* (G_n). Lorsqu'on utilisera des notions topologiques relatives à un groupe filtré, il s'agira, sauf mention expresse du contraire, de la topologie définie par la filtration. On notera que les G_n, étant des sous-groupes de G, sont *à la fois ouverts et fermés* (*Top. gén.*, chap. III, 3e éd., § 2, n° 1, cor. de la prop. 4).

Comme chaque G_n est distingué dans G, les entourages des structures uniformes droite et gauche de G coïncident ; on en déduit que G admet un groupe *séparé complété* $\hat{G}$ (*Top. gén.*, chap. III, 3e éd., § 3, n° 4, th. 1 et n° 1, prop. 2).

Pour tout partie M de G, l'*adhérence* de M dans G est égale à $\bigcap_{n\in\mathbf{Z}}(M.G_n) = \bigcap_{n\in\mathbf{Z}}(G_n.M)$ (*Top. gén.*, chap. III, 3e éd., § 3, n° 1, formule (1)) ; en particulier $\bigcap_{n \in \mathbf{Z}} G_n$ est l'adhérence de $\{e\}$; on voit donc que pour que la topologie de G soit *séparée*, il faut et il suffit que la filtration (G_n) soit séparée. Pour que la topologie de G soit *discrète*, il faut et il suffit qu'il existe un $n \in \mathbf{Z}$ tel que $G_n = \{e\}$ (auquel cas $G_m = \{e\}$ pour $m \geqslant n$) ; on dit alors que la filtration (G_n) est *discrète*.

Le groupe séparé associé à G étant $H = G/\left(\bigcap_{n \in \mathbf{Z}} G_n\right)$, les groupes gradués associés gr(G) et gr(H) (lorsque H est muni de la filtration quotient) s'identifient canoniquement.

Soient maintenant G′ un second groupe filtré, $u : G \rightarrow G'$ un homomorphisme compatible avec les filtrations ; la définition des topologies sur G et G′ montre aussitôt que u est *continu* (*). Si H est un sous-groupe (resp. un sous-groupe distingué) de G, la topologie induite sur H par celle de G (resp. la topologie quotient par H de celle de G) est la topologie sur H (resp. G/H) définie par la filtration induite par celle de G (resp. quotient de celle de G). La topologie produit de celles de G et G′ est la topologie définie par le produit des filtrations de G et de G′.

Soit v la fonction d'ordre (n° 2) de G. L'hypothèse sur les G_n entraîne que $v(xyx^{-1}) = v(y)$, donc $v(xy^{-1}) = v(yx^{-1}) = v(x^{-1}y) = v(y^{-1}x)$ quels que soient x, y dans G. Soit ρ un nombre réel tel que $0 < \rho < 1$ (on peut par exemple prendre $\rho = 1/e$) et posons $d(x, y) = \rho^{v(xy^{-1})}$ pour x, y dans G. On a $d(x, x) = 0$, $d(x, y) = d(y, x)$ et l'inégalité (5′) du n° 2 donne

$$d(x, y) \leqslant \sup (d(x, z), d(y, z)) \tag{15}$$

pour x, y, z dans G, ce qui entraîne l'inégalité du triangle

$$d(x, y) \leqslant d(x, z) + d(y, z).$$

Donc d est un *écart* sur G, invariant par translation à droite et à gauche, et G_n est l'ensemble des $x \in G$ tels que $d(e, x) \leqslant \rho^n$; la

(*) Nous employons dans tout ce chapitre les mots « homomorphisme continu » au sens de ce qui est appelé « représentation continue » dans *Top. gén.*, chap. III, 3e éd., § 2, n° 8 ; le mot « homomorphisme » ne sera *jamais* employé au sens de *Top. gén.*, chap. III, 3e éd., § 2, n° 8, déf. 1 ; nous utiliserons toujours pour cette notion le terme « morphisme strict » afin d'éviter toute confusion.

structure uniforme définie par d est donc la structure uniforme du groupe topologique G. Si G est séparé, G est un espace topologique métrisable *éparpillé* (*Top. gén.*, chap. IX, 2e éd., § 6, n° 4) ; d est une *distance* sur G si de plus la filtration (G_n) est exhaustive.

Étant donné un anneau topologique A, rappelons qu'on appelle A-*module topologique à gauche* un A-module E, muni d'une topologie compatible avec sa structure de groupe additif et tel que l'application $(a, x) \to ax$ de $A \times E$ dans E soit continue (*Top. gén.*, chap. III, 3e éd., § 6, n° 6).

PROPOSITION 3. — *Soient* A *un anneau filtré,* (A_n) *sa filtration,* B *le sous-anneau* $\bigcup_{n \in \mathbf{Z}} A_n$ *de* A, E *un* B-*module filtré,* (E_n) *sa filtration,* F *le sous*-B-*module* $\bigcup_{n \in \mathbf{Z}} E_n$ *de* E. *Alors l'application* $(a, x) \to ax$ *de* $B \times F$ *dans* F *est continue.*

Soient en effet $a_0 \in B$, $x_0 \in F$; il existe par hypothèse des entiers r, s tels que $a_0 \in A_r$ et $x_0 \in E_s$. La relation

$$ax - a_0x_0 = (a - a_0)x_0 + a_0(x - x_0) + (a - a_0)(x - x_0)$$

montre que si $a - a_0 \in A_i$ et $x - x_0 \in E_j$, $ax - a_0x_0$ appartient à $E_{i+s} + E_{j+r} + E_{i+j}$. Si donc on suppose donné un entier n, on aura $ax - a_0x_0 \in E_n$ pourvu que l'on ait $i \geqslant n - s$, $j \geqslant n - r$ et $i + j \geqslant n$, c'est-à dire dès que i et j sont assez grands.

COROLLAIRE. — *L'anneau* B *est un anneau topologique et le* B-*module* F *un* B-*module topologique.*

La première assertion s'obtient en appliquant la prop. 3 à $F = B_s$.

On voit en particulier qu'un anneau filtré A dont la filtration est *exhaustive* est un anneau topologique ; lorsqu'il en est ainsi, tout A-module filtré dont la filtration est *exhaustive* est un A-module topologique.

PROPOSITION 4. — *Soient* A *un anneau commutatif filtré par une filtration exhaustive* (A_n), $\mathfrak{p}$ *un idéal de* A. *Supposons que l'idéal*

$\mathrm{gr}(\mathfrak{p}) = \bigoplus_{n\in\mathbf{Z}} (\mathfrak{p} \cap A_n)/(\mathfrak{p} \cap A_{n+1})$ *de l'anneau* $\mathrm{gr}(A)$ *soit premier. Alors l'adhérence de* $\mathfrak{p}$ *dans* A *est un idéal premier.*

On sait que l'anneau $\mathrm{gr}(A/\mathfrak{p})$ est isomorphe à $\mathrm{gr}(A)/\mathrm{gr}(\mathfrak{p})$ (nº 4, prop. 2), donc est intègre ; on en conclut que $A/\bigcap_{n\in\mathbf{Z}} (\mathfrak{p} + A_n)$ est intègre (nº 3, cor. de la prop. 1). Donc l'adhérence $\bigcap_{n\in\mathbf{Z}} (\mathfrak{p} + A_n)$ de $\mathfrak{p}$ est un idéal premier.

Soient A un anneau, $\mathfrak{m}$ un idéal bilatère de A ; la topologie définie sur A par la filtration $\mathfrak{m}$-adique (nº 1, *Exemple* 3) est dite *topologie* $\mathfrak{m}$*-adique* ; comme la filtration $\mathfrak{m}$-adique est exhaustive, A est un anneau topologique pour cette topologie (cor. de la prop. 3). De même, pour tout A-module E, on appelle *topologie* $\mathfrak{m}$*-adique* sur E la topologie définie par la filtration $\mathfrak{m}$-adique ; E est un A-module topologique pour cette topologie.

Soit $\mathfrak{m}'$ un second idéal bilatère de A ; pour que la topologie $\mathfrak{m}'$-adique sur A soit *plus fine* que la topologie $\mathfrak{m}$-adique, il faut et il suffit qu'il existe un entier $n > 0$ tel que $\mathfrak{m}'^n \subset \mathfrak{m}$; la condition est en effet nécessaire, et si elle est remplie, on a $\mathfrak{m}'^{hn} \subset \mathfrak{m}^h$ pour tout $h > 0$, donc la condition est suffisante. Lorsque A est un *anneau commutatif nœthérien*, il revient au même de dire que l'on a $V(\mathfrak{m}) \subset V(\mathfrak{m}')$ dans le spectre premier de A (chap. II, § 4, nº 3, cor. 2 de la prop. 11 et § 2, nº 6, prop. 15).

6. *Modules filtrés complets.*

Proposition 5. — *Soit* G *un groupe filtré, dont la filtration* (G_n) *est formée de sous-groupes distingués de* G. *Les conditions suivantes sont équivalentes :*

a) G *est un groupe topologique complet.*

b) *Le groupe séparé associé* $G' = G/\left(\bigcap_{n\in\mathbf{Z}} G_n\right)$ *est complet.*

c) *Toute suite de Cauchy dans* G *est convergente.*

Lorsque G *est commutatif et noté additivement, ces conditions sont aussi équivalentes à la suivante :*

d) *Toute famille* $(x_\lambda)_{\lambda\in L}$ *d'éléments de* G' *qui converge vers* 0 *suivant le filtre $\mathfrak{F}$ des complémentaires des parties finies de* L *est sommable dans* G'.

Pour qu'un filtre sur G soit un filtre de Cauchy (resp. un filtre convergent), il faut et il suffit que son image par l'application canonique $G \to G'$ soit un filtre de Cauchy (resp. convergent). (*Top. gén.*, chap. II, 3e éd., § 3, n° 1, prop. 4) ; d'où en premier lieu l'équivalence de *a*) et *b*) ; d'autre part, comme G' est métrisable, l'équivalence de *b*) et *c*) résulte de la prop. 9 de *Top. gén.*, chap. IX, 2e éd., § 2, n° 6.

Supposons maintenant G commutatif. Supposons G' complet, et soit $(x_\lambda)_{\lambda \in L}$ une famille d'éléments de G' qui converge vers 0 suivant $\mathfrak{F}$. Pour tout voisinage V' de 0 dans G' qui est un sous-groupe de G', il existe une partie finie J de L telle que la condition $\lambda \in L - J$ entraîne $x_\lambda \in V'$; on a donc $\sum_{\lambda \in H} x_\lambda \in V'$ pour toute partie finie H de L ne rencontrant pas J, ce qui montre que la famille $(x_\lambda)_{\lambda \in L}$ est sommable (*Top. gén.*, chap. III, 3e éd., § 5, n° 2, th. 1).

Réciproquement, supposons vérifiée la condition *d*), et soit (x_n) une suite de Cauchy dans G' ; la famille $(x_{n+1} - x_n)$ est alors sommable, et en particulier la série de terme général $x_{n+1} - x_n$ est convergente, donc la suite (x_n) est convergente.

Soit G un groupe filtré dont la filtration (G_n) est formée de sous-groupes distingués de G ; les groupes quotients G/G_n sont *discrets*, donc complets, puisque les G_n sont ouverts dans G. Soit f_n l'application canonique $G \to G/G_n$, et pour $m \leqslant n$, soit f_{mn} l'application canonique $G/G_n \to G/G_m$; $(G/G_n, f_{mn})$ est un système projectif de groupes discrets ayant $\mathbf{Z}$ pour ensemble d'indices (*Top. gén.*, chap. III, 3e éd., § 7, n° 3). Soit $\tilde{G}$ le groupe topologique limite projective de ce système projectif, et pour tout n, soit g_n : $\tilde{G} \to G/G_n$ l'application canonique ; soit $f : G \to \tilde{G}$ la limite projective du système projectif d'applications (f_n), telle que $f_n = g_n \circ f$ pour tout n ; enfin, soit j l'application canonique de G dans son séparé complété $\hat{G}$; comme les G/G_n sont complets, il existe un isomorphisme et un seul $i : \hat{G} \to \tilde{G}$ de groupes topologiques tel que $f = i \circ j$ (*loc. cit.*, cor. 1 de la prop. 2) ; nous dirons que c'est l'isomorphisme *canonique* de $\hat{G}$ sur $\tilde{G}$.

Soit H un second groupe filtré dont la filtration (H_n) est formée de sous-groupes distingués de H, et soit $u : G \to H$ un homomorphisme compatible avec les filtrations (n° 4). Posons $\tilde{H} = \varprojlim H/H_n$; pour tout n, u définit par passage aux quotients un homomorphisme $u_n : G/G_n \to H/H_n$, et les u_n forment évidemment un système projectif d'applications ; posons $\tilde{u} = \varprojlim u_n$. Soient par ailleurs $\hat{H}$ le séparé complété de H, $\hat{u} : \hat{G} \to \hat{H}$ l'homomorphisme déduit de u par passage aux séparés complétés (*Top. gén.*, chap. II, 3e éd., § 3, n° 7, prop. 15). Il résulte aussitôt des définitions que lorsqu'on identifie $\hat{G}$ à $\tilde{G}$ et $\hat{H}$ à $\tilde{H}$ au moyen des isomorphismes canoniques, $\hat{u}$ s'identifie à $\tilde{u}$. On en conclut en particulier que si, pour tout n, u_n est un isomorphisme, alors $\hat{u}$ est un isomorphisme de groupes topologiques.

Exemples de groupes et d'anneaux filtrés complets. — 1) Soit G un groupe filtré complet. Tout sous-groupe *fermé* de G muni de la filtration induite, est complet (*Top. gén.*, chap. II, 3e éd., § 3, n° 4, prop. 8). Tout groupe quotient de G, muni de la filtration quotient, est complet (*Top. gén.*, chap. IX, 2e éd., § 3, n° 1, *Remarque* 1).

2) Soit A un anneau commutatif filtré, dont nous désignons par $(\mathfrak{a}_n)_{n \in \mathbf{Z}}$ la filtration ; soit A' l'anneau de séries formelles $A[[X_1, \ldots, X_s]]$. Pour tout $e = (e_1, \ldots, e_s) \in \mathbf{N}^s$, nous poserons $|e| = \sum_{i=1}^{s} e_i$, $X^e = \prod_{i=1}^{s} X_i^{e_i}$, de sorte que tout élément $P \in A'$ peut s'écrire d'une seule manière $P = \sum_{e \in \mathbf{N}^s} \alpha_{e,P} X^e$ avec $\alpha_{e,P} \in A$. Pour tout $n \in \mathbf{Z}$, désignons par $\mathfrak{a}'_n$ l'ensemble des $P \in A'$ tels que $\alpha_{e,P} \in \mathfrak{a}_{n-|e|}$ pour tout $e \in \mathbf{N}^s$; il est clair que $\mathfrak{a}'_n$ est un sous-groupe additif de A' ; d'autre part, si $P \in \mathfrak{a}'_n$ et $Q \in \mathfrak{a}'_m$ on a, pour $e \in \mathbf{N}^s$,

$$\alpha_{e,PQ} = \sum_{e'+e''=e} \alpha_{e',Q}\alpha_{e'',P}$$

et la relation $e' + e'' = e$ entraîne $\alpha_{e',Q}\alpha_{e'',P} \in \mathfrak{a}_{m-|e'|}\mathfrak{a}_{n-|e''|} \subset \mathfrak{a}_{m+n-|e|}$, ce qui prouve que $(\mathfrak{a}'_n)_{n \in \mathbf{Z}}$ est une *filtration* compatible avec la structure d'anneau de A' (car on a évidemment $1 \in \mathfrak{a}'_0$). Lorsqu'on parlera désormais de A' comme d'un anneau filtré, il s'agira toujours, sauf mention expresse du contraire, de la filtration $(\mathfrak{a}'_n)$. Il est clair que $\bigcap_{n\in\mathbf{Z}} \mathfrak{a}'_n$ est l'ensemble des séries formelles dont tous les coefficients appartiennent à $\bigcap_{n\in\mathbf{Z}} \mathfrak{a}_n$; donc, si A est séparé, il en est de même de A'. Si $\mathfrak{a}_0 = A$, on a $\mathfrak{a}'_0 = A'$.

Proposition 6. — *Les notations étant comme ci-dessus, supposons que* $\mathfrak{a}_0 = A$, *et désignons par* h *l'application* $P \to (\alpha_{e,P})_{e\in\mathbf{N}^s}$. *Alors* h *est un isomorphisme du groupe additif topologique* A' *sur le groupe additif topologique* $A^{\mathbf{N}^s}$. *L'anneau de polynômes* $A[X_1,\ldots, X_s]$ *est dense dans* A' ; *si* A *est complet, il en est de même de* A'.

Il est clair que h est bijective ; $V_n = h(\mathfrak{a}'_n)$ est l'ensemble des $(a_e) \in A^{\mathbf{N}^s}$ tels que $a_e \in \mathfrak{a}_{n-|e|}$ pour tout $e \in \mathbf{N}^s$ tel que $|e| \leqslant n$; comme ces éléments e sont en nombre fini, V_n est un voisinage de 0 dans $A^{\mathbf{N}^s}$. Inversement, si V est un voisinage de 0 dans $A^{\mathbf{N}^s}$, il y a une partie finie E de $\mathbf{N}^s$ et un entier ν tel que les conditions $a_e \in \mathfrak{a}_\nu$ pour tout $e \in E$ entraînent $(a_e) \in V$; si donc n est le plus grand des entiers $\nu + |e|$ pour $e \in E$, on a $h(\mathfrak{a}'_n) \subset V$, ce qui prouve la première assertion de la prop. 6. De plus, n et E étant définis comme ci-dessus, on a $h(P - \sum_{e\in E} \alpha_{e,P}X^e) \in V$ pour tout $P \in A'$, ce qui montre que $A[X_1,\ldots, X_s]$ est dense dans A'. La dernière assertion résulte de la première et du fait qu'un produit d'espaces complets est complet.

Soit $\mathfrak{m}$ un idéal de A et supposons que $(\mathfrak{a}_n)$ soit la filtration $\mathfrak{m}$-*adique* ; alors, si $\mathfrak{n}$ est l'idéal de A' engendré par $\mathfrak{m}$ et les X_i $(1 \leqslant i \leqslant s)$, la filtration $(\mathfrak{a}'_n)$ est la filtration $\mathfrak{n}$-*adique*. En effet, il est clair que pour tout $k \geqslant 0$, $\mathfrak{n}^k$ est engendré par les éléments aX^e tels que $a \in \mathfrak{m}^{k-|e|}$ pour tout $e \in \mathbf{N}^s$ tel que $|e| \leqslant k$, d'où $\mathfrak{n}^k \subset \mathfrak{a}'_k$. Prouvons inversement que $\mathfrak{a}'_k \subset \mathfrak{n}^k$. Pour tout $P \in \mathfrak{a}'_k$, on a $P = P' + P''$, avec $P' = \sum_{|e|<k} \alpha_{e,P}X^e$, $P'' = \sum_{|e|\geqslant k} \alpha_{e,P}X^e$. Il est clair que l'on peut écrire $P'' = \sum_{|e|=k} X^eQ_e$, où les Q_e sont des éléments de A', d'où $P'' \in \mathfrak{n}^k$; par ailleurs, il est clair que $\alpha_{e,P}X^e \in \mathfrak{n}^k$ pour tout $e \in \mathbf{N}^s$, d'où $P' \in \mathfrak{n}^k$. On a donc bien $\mathfrak{n}^k = \mathfrak{a}'_k$.

COROLLAIRE. — *Soient* A *un anneau commutatif*,

$$A' = A[[X_1,..., X_s]]$$

l'anneau de séries formelles à s indéterminées sur A, $\mathfrak{n}$ *l'idéal de* A' *formé des séries formelles sans terme constant. L'anneau* A' *est séparé et complet pour la topologie* $\mathfrak{n}$*-adique, et l'anneau de polynômes* $A[X_1,..., X_s]$ *est partout dense dans* A'.

Il suffit d'appliquer ce qui vient d'être dit au cas $\mathfrak{m} = \{0\}$.

7. *Propriétés de compacité linéaire des modules filtrés complets.*

Rappelons que si E est un A-module, on appelle *partie affine* (ou *variété linéaire affine*) de E toute partie F qui est vide ou de la forme $a + M$, où $a \in E$ et M est un sous-module de E, appelé *direction* de F (*Alg.*, chap. II, 3e éd., § 9, nos 1 et 3).

PROPOSITION 7. — *Soient* A *un anneau filtré,* E *un* A*-module filtré,* (E_n) *la filtration de* E *; on suppose que* $E_0 = E$, *que les* E_n *sont des sous-modules de* E, *que les* A*-modules* E/E_n *sont artiniens, et enfin que le groupe topologique* E *est séparé et complet. Alors l'intersection d'une suite décroissante de parties affines fermées non vides de* E *est non vide.*

On a vu au n° 6 que E, étant séparé et complet, s'identifie à $\hat{E} = \varprojlim E/E_n$. Soit (W_p) une suite décroissante de parties affines fermées non vides de E, et pour tout $n \geqslant 0$, soit $W_{p,n}$ l'image canonique de W_p dans E/E_n ; nous allons construire une suite $x = (x_n) \in \hat{E}$ telle que $x_n \in W_{p,n}$ pour tout p et tout n ; on aura donc $x \in W_p + E_n$ pour tout p et tout n, et comme les W_p sont fermés, $x \in W_p$ pour tout p (n° 5), ce qui démontrera la proposition.

Comme $E/E_0 = 0$, nous prendrons $x_0 = 0$. Supposons définis les x_i pour $0 \leqslant i \leqslant n-1$, et soit $W'_{p,n}$ l'ensemble des éléments de $W_{p,n}$ dont l'image canonique dans E/E_{n-1} est x_{n-1} ; comme $x_{n-1} \in W_{p,n-1}$ et que $W_{p,n-1}$ est l'image canonique de $W_{p,n}$, $W'_{p,n}$ n'est pas vide, et est évidemment une partie affine de E/E_n ; en outre la suite $(W'_{p,n})_{p\in\mathbf{N}}$ est décroissante. Comme E/E_n est artinien, cette suite est stationnaire (sans quoi la suite des sous-modules de E/E_n qui sont les directions des $W'_{p,n}$, serait strictement décroissante, ce qui est absurde). Il suffit alors de prendre pour x_n un élément de $\bigcap_{p \in \mathbf{N}} W'_{p,n}$ et la construction de (x_n) peut donc se faire par récurrence.

Proposition 8. — *On suppose que* A *et* E *vérifient les hypothèses de la prop. 7. Soit* (F_p) *une suite décroissante de sous-modules fermés de* E *tels que* $\bigcap_p F_p = 0$. *Alors, pour tout voisinage* V *de* 0 *dans* E, *il existe p tel que* $F_p \subset V$ (autrement dit, la base de filtre (F_p) converge vers 0).

On peut supposer que V est l'un des E_n, auquel cas E/V est artinien. Posons $F'_p = (F_p + V)/V$; comme les F'_p forment une suite décroissante de sous-modules de E/V, il existe un entier j tel que $F'_p = F'_j$ pour tout $p \geqslant j$. Nous allons voir que $F'_j = \{0\}$, ce qui achèvera la démonstration. Soit $x \in F'_j$, et soit W_p l'ensemble des éléments de F_p dont l'image dans E/V est x $(p \geqslant j)$; par définition de j, les W_p sont des parties affines fermées *non vides* de E, et on a évidemment $W_{p+1} \subset W_p$; il résulte donc de la prop. 7 qu'il existe un élément y appartenant à tous les W_p. Comme $W_p \subset F_p$ et que $\bigcap_{p \in \mathbf{N}} F_p = \{0\}$, on a $y = 0$; puisque x est l'image canonique de y dans E/V, on a bien $x = 0$ (cf. exerc. 15 à 21).

8. *Relèvement d'homomorphismes de modules gradués associés.*

Théorème 1. — *Soient* X, Y *deux groupes filtrés dont les filtrations* (X_n), (Y_n) *sont formées de sous-groupes distingués ; soit* $u : X \rightarrow Y$ *un homomorphisme compatible avec les filtrations.*

(i) *Supposons la filtration* (X_n) *exhaustive. Pour que* $\mathrm{gr}(u)$ *soit injectif, il faut et il suffit que* $\overset{-1}{u}(Y_n) = X_n$ *pour tout* $n \in \mathbf{Z}$.

(ii) *Supposons vérifiée l'une des hypothèses suivantes :* α) X *est complet et* Y *séparé ;* β) Y *est discret. Alors, pour que* $\mathrm{gr}(u)$ *soit surjectif, il faut et il suffit que* $Y_n = u(X_n)$ *pour tout* $n \in \mathbf{Z}$.

(i) Dire que l'application $\mathrm{gr}_n(u)$ est injective signifie que l'on a

$$X_n \cap \overset{-1}{u}(Y_{n+1}) \subset X_{n+1}.$$

C'est évidemment le cas si $\overset{-1}{u}(Y_{n+1}) = X_{n+1}$. Inversement, si on a $X_n \cap \overset{-1}{u}(Y_{n+1}) \subset X_{n+1}$ pour tout n, on en déduit, par récurrence sur k, que $X_{n-k} \cap \overset{-1}{u}(Y_{n+1}) \subset X_{n+1}$ pour tout $n \in \mathbf{Z}$ et tout $k \geqslant 0$. Comme la filtration (X_n) est exhaustive, on voit que, pour tout n, X est réunion des X_{n-k} ($k \geqslant 0$), donc $\overset{-1}{u}(Y_{n+1}) \subset X_{n+1}$ pour tout n et on a par hypothèse $X_{n+1} \subset \overset{-1}{u}(Y_{n+1})$, ce qui achève la démonstration.

(ii) Dire que l'application $\mathrm{gr}_n(u)$ est surjective signifie que l'on a

$$Y_n = u(X_n)Y_{n+1}.$$

C'est évidemment le cas si $Y_n = u(X_n)$. Réciproquement, supposons que $Y_n = u(X_n)Y_{n+1}$ pour tout $n \in \mathbf{Z}$. Soient n un entier, y un élément de Y_n ; on va définir une suite $(x_k)_{k\geqslant 0}$ d'éléments de X_n telle que l'on ait $x_k \in X_n$, $x_{k+1} \equiv x_k \pmod{X_{n+k}}$ et $u(x_k) \equiv y \pmod{Y_{n+k}}$ pour tout $k \geqslant 0$. Nous prendrons x_0 égal à l'élément neutre de X, ce qui donne bien $u(x_0) \equiv y \pmod{Y_n}$. Supposons construit un $x_k \in X_n$ tel que $u(x_k) \equiv y \pmod{Y_{n+k}}$; on a $(u(x_k))^{-1}y \in Y_{n+k}$; l'hypothèse entraîne qu'il existe $t \in X_{n+k}$ tel que $u(t) \equiv (u(x_k))^{-1}y \pmod{Y_{n+k+1}}$, donc $u(x_k t) \equiv y \pmod{Y_{n+k+1}}$; il suffit de prendre $x_{k+1} = x_k t$ pour poursuivre la récurrence. Cela étant, si Y est discret, il existe un $k \geqslant 0$ tel que $Y_{n+k} = \{e'\}$ (élément neutre de Y), d'où $u(x_k) = y$, et on a donc dans ce cas prouvé que $u(X_n) = Y_n$ pour tout n. Supposons maintenant X complet et Y séparé. Comme $x_h^{-1}x_k \in X_{n+k}$ pour $h \geqslant k \geqslant 0$, (x_k) est une suite de Cauchy dans X_n ; comme X_n est fermé dans X, donc complet, cette suite a au moins une limite x dans X_n. En vertu de la continuité de u, $u(x)$ est l'unique limite de la suite $(u(x_k))$ dans Y, Y étant séparé. Mais les relations $u(x_k) \equiv y \pmod{Y_{n+k+1}}$ montrent que y est aussi limite de cette suite, d'où $u(x) = y$ et on a encore prouvé que $u(X_n) = Y_n$.

C. Q. F. D.

Corollaire 1. — *Supposons que X soit séparé et sa filtration exhaustive. Alors, si* $\mathrm{gr}(u)$ *est injectif,* u *est injectif.*

Soient e, e' les éléments neutres de X et Y respectivement. On a

$$\overset{-1}{u}(e') \subset \bigcap_n \overset{-1}{u}(Y_n) = \bigcap_n X_n = \{e\}$$

par hypothèse, d'où le corollaire.

Corollaire 2. — *Supposons vérifiée l'une des hypothèses suivantes :*

α) X *est complet,* Y *est séparé et sa filtration est exhaustive ;*

β) Y *est discret et sa filtration est exhaustive.*

Alors, si gr(u) *est surjectif,* u *est surjectif.*

En effet, on a alors $Y = \bigcup_n Y_n = \bigcup_n u(X_n) \subset u(X)$.

Corollaire 3. — *Supposons* X *et* Y *séparés, les filtrations de* X *et* Y *exhaustives et* X *complet. Alors, si* gr(u) *est bijectif,* u *est bijectif.*

Soient A un anneau local, $\mathfrak{m}$ son idéal maximal, M un A-module ; munissons A et M des filtrations $\mathfrak{m}$-*adiques* et soient gr(A) et gr(M) l'anneau gradué et le gr(A)-module gradué associés à A et M. On a vu (n° 3, *Exemple* 3) que l'application canonique (11) est toujours *surjective* ; nous allons considérer la propriété suivante de M :

(GR) *L'application canonique*

$$\gamma_M : \mathrm{gr}(A) \otimes_{\mathrm{gr}_0(A)} \mathrm{gr}_0(M) \rightarrow \mathrm{gr}(M)$$

est bijective.

Proposition 9. — *Soient* A *un anneau local,* $\mathfrak{m}$ *son idéal maximal,* M, N *deux* A*-modules,* $u : N \rightarrow M$ *un* A*-homomorphisme. On munit* M *et* N *des filtrations* $\mathfrak{m}$*-adiques, et on suppose que :* 1° M *vérifie la propriété* (GR) ; 2° $\mathrm{gr}_0(u) : \mathrm{gr}_0(N) \rightarrow \mathrm{gr}_0(M)$ *est injectif. Alors* $\mathrm{gr}(u) : \mathrm{gr}(N) \rightarrow \mathrm{gr}(M)$ *est injectif,* N *et* P = Coker (u) *vérifient la propriété* (GR), *et on a* $\mathfrak{m}^n N = \overset{-1}{u}(\mathfrak{m}^n M)$ *pour tout entier* $n > 0$.

On vérifie aussitôt que le diagramme

$$\begin{array}{ccc} \mathrm{gr}(A) \otimes_{\mathrm{gr}_0(A)} \mathrm{gr}_0(N) & \xrightarrow{1 \otimes \mathrm{gr}_0(u)} & \mathrm{gr}(A) \otimes_{\mathrm{gr}_0(A)} \mathrm{gr}_0(M) \\ \gamma_N \downarrow & & \downarrow \gamma_M \\ \mathrm{gr}(N) & \xrightarrow[\mathrm{gr}(u)]{} & \mathrm{gr}(M) \end{array}$$

est commutatif. Comme $\mathrm{gr}_0(A) = A/\mathfrak{m}$ est un corps, l'hypothèse entraîne que $1 \otimes \mathrm{gr}_0(u)$ est injectif ; comme par hypothèse γ_M est injectif, il en est de même de $\gamma_M \circ (1 \otimes \mathrm{gr}_0(u))$. Ceci entraîne d'abord que γ_N est injectif, donc bijectif, et ensuite que $\mathrm{gr}(u)$ est injectif. La formule $\overset{-1}{u}(\mathfrak{m}^n M) = \mathfrak{m}^n N$ est alors conséquence du th. 1, (i).

En outre, posons $N' = u(N)$, et soit $j : N' \to M$ l'injection canonique. Si $p : M \to P = M/N'$ est l'homomorphisme canonique, alors, dans le diagramme commutatif

$$\begin{array}{ccccccc} \mathrm{gr}(A) \otimes \mathrm{gr}_0(N') & \xrightarrow{1 \otimes \mathrm{gr}_0(j)} & \mathrm{gr}(A) \otimes \mathrm{gr}_0(M) & \xrightarrow{1 \otimes \mathrm{gr}_0(p)} & \mathrm{gr}(A) \otimes \mathrm{gr}_0(P) & \to & 0 \\ \gamma_{N'} \downarrow & & \gamma_M \downarrow & & \gamma_P \downarrow & & \\ \mathrm{gr}(N') & \xrightarrow[\mathrm{gr}(j)]{} & \mathrm{gr}(M) & \xrightarrow[\mathrm{gr}(p)]{} & \mathrm{gr}(P) & \longrightarrow & 0 \end{array}$$

la ligne du bas est exacte (nº 4, prop. 2), et il en est de même de la ligne du haut, en vertu de la prop. 2 du nº 4 et du fait que $\mathrm{gr}_0(A)$ est un corps. D'ailleurs, $\mathrm{gr}(j)$ est injectif (nº 4, prop. 2), donc $\mathrm{gr}_0(j)$ est injectif. La première partie du raisonnement, appliquée à j, montre que $\gamma_{N'}$ est bijectif ; comme il en est de même de γ_M par hypothèse, on en conclut que γ_P est bijectif (chap. I, § 1, nº 4, cor. 2 de la prop. 2).

Corollaire. — *Sous les hypothèses de la prop.* 9, *si on suppose en outre* N *séparé pour la filtration* $\mathfrak{m}$-*adique, alors* u *est injectif.*

En effet, cela résulte de ce que $\mathrm{gr}(u)$ est injectif (cor. 1 du th. 1).

**Remarque.* — Supposons vérifiées les hypothèses de la prop. 9, et en outre l'*une* des conditions suivantes :

1º $\mathfrak{m}$ est nilpotent ;

2º A est nœthérien, et P idéalement séparé (cf. § 5, nº 1) ; alors P est un A-module *plat*. Cela résulte en effet de ce que γ_P est bijectif et du § 5, nº 2, th. 1, (iv), puisque $A/\mathfrak{m}$ est un corps.*

9. *Relèvement de familles d'éléments d'un module gradué associé.*

Soient A un anneau commutatif filtré, $(A_n)_{n \in \mathbf{Z}}$ sa filtration, C un sous-anneau de A_0 tel que $C \cap A_1 = \{0\}$. La restriction à C de l'application canonique $A_0 \to A_0/A_1 = \mathrm{gr}_0(A)$ est alors injective, ce qui permet d'identifier C à un sous-anneau de $\mathrm{gr}_0(A)$; c'est ce que nous ferons d'ordinaire en pareil cas. Si $A_1 \neq A_0$ et si K est un *sous-corps* quelconque de A_0, on a $K \cap A_1 = \{0\}$ puisque $K \cap A_1$ est un idéal de K ne contenant pas 1 ; on peut donc identifier K à un sous-corps de $\mathrm{gr}_0(A)$.

Proposition 10. — *Soient* A *un anneau commutatif filtré*, (A_n) *sa filtration ; on suppose qu'il existe un sous-anneau* C *de* A_0 *tel que* $C \cap A_1 = \{0\}$ *et on identifie* C *à un sous-anneau de* $\mathrm{gr}_0(A)$. *Soit* $(x_i)_{1 \leqslant i \leqslant q}$ *une famille finie d'éléments de* A ; *supposons que* $x_i \in A_{n_i}$ *pour* $1 \leqslant i \leqslant q$, *et soit* ξ_i *la classe de* x_i *dans* $\mathrm{gr}_{n_i}(A)$ *pour* $1 \leqslant i \leqslant q$.

(i) *Si la famille* (ξ_i) *d'éléments de* gr(A) *est algébriquement libre sur* C, *la famille* (x_i) *est algébriquement libre sur* C.

(ii) *Si la filtration de* A *est exhaustive et discrète et si* (ξ_i) *est un système de générateurs de la* C*-algèbre* gr(A), *alors* (x_i) *est un système de générateurs de la* C*-algèbre* A.

Soit A′ l'algèbre de polynômes $C[X_1, \ldots, X_q]$ sur C ; munissons A′ de la graduation (A'_n) de type $\mathbf{Z}$ pour laquelle A'_n est l'ensemble des combinaisons C-linéaires des monômes $X_1^{s(1)} \ldots X_q^{s(q)}$ tels que $\sum_{i=1}^{q} n_i s(i) = n$. Soit u l'homomorphisme $f \to f(x_1, \ldots, x_q)$ de la C-algèbre A′ dans la C-algèbre A ; par définition, on a $u(A'_n) \subset A_n$ pour tout $n \in \mathbf{Z}$, donc u est compatible avec les filtrations (A′ étant muni de sa structure d'anneau filtré associé à sa structure d'anneau gradué, cf. n° 1, *Exemple* 1). Cela étant, l'hypothèse de (i) signifie que $\mathrm{gr}(u) : A' = \mathrm{gr}(A') \to \mathrm{gr}(A)$ est injectif ; comme la filtration de A′ est exhaustive et séparée, on peut appliquer le cor. 1 du th. 1 du n° 8, et u est injectif, ce qui démontre la conclusion de (i). De même l'hypothèse (ii) sur les (ξ_i) signifie que $\mathrm{gr}(u)$ est surjectif ; comme A est discret et que sa filtration est exhaustive, on peut appliquer le cor. 2 du th. 1 du n° 8 et u est surjectif, ce qui prouve la conclusion de (ii).

PROPOSITION 11. — *Soient* A *un anneau commutatif filtré, séparé et complet,* C *un sous-anneau de* A_0 *tel que* $C \cap A_1 = \{0\}$, $(x_i)_{1 \leqslant i \leqslant q}$ *une famille finie d'éléments de* A *telle que* $x_i \in A_{n_i}$ *avec* $n_i > 0$ *pour* $1 \leqslant i \leqslant q$; *soit* ξ_i *la classe de* x_i *dans* $\mathrm{gr}_{n_i}(A)$ *pour* $1 \leqslant i \leqslant q$.

(i) *Il existe un* C-*homomorphisme et un seul* v *de l'algèbre de séries formelles* $A'' = C[[X_1, \ldots, X_q]]$ *dans* A *tel que* $v(X_i) = x_i$ *pour* $1 \leqslant i \leqslant q$.

(ii) *Si la famille* (ξ_i) *est algébriquement libre sur* C, *l'homomorphisme* v *est injectif.*

(iii) *Si la filtration de* A *est exhaustive et si la famille* (ξ_i) *est un système de générateurs de la* C-*algèbre* gr(A), *l'homomorphisme* v *est surjectif.*

Comme $n_i \geqslant 1$ pour tout i, on a $\sum_{i=1}^{q} n_i s(i) \geqslant \sum_{i=1}^{q} s(i)$ pour tout monôme $X_1^{s(1)} \ldots X_q^{s(q)}$, et d'autre part $\sum_{i=1}^{q} n_i s(i) \leqslant r . \sum_{i=1}^{q} s(i)$ si r est le plus grand des n_i. Si l'on désigne par A''_n l'ensemble des séries formelles dont les termes non nuls $a_s X_1^{s(1)} \ldots X_q^{s(q)}$ sont tels que $\sum_{i=1}^{q} n_i s(i) \geqslant n$, il résulte du n° 6, cor. de la prop. 6 que A'' est séparé et complet pour la filtration exhaustive (A''_n) et que $A' = C[X_1, \ldots, X_q]$ est dense dans A'' ; en outre l'homomorphisme u défini dans la démonstration de la prop. 10 est *continu* dans A' et se prolonge donc de façon unique en un homomorphisme continu $v : A'' \to A$, puisque A est séparé et complet (*Top. gén.*, chap. III, 3e éd., § 3, n° 3, prop. 5), ce qui démontre (i) ; en outre, on a $\mathrm{gr}(A'') = \mathrm{gr}(A')$ et $\mathrm{gr}(v) = \mathrm{gr}(u)$; (ii) et (iii) résultent donc respectivement des cor. 1 et 2 du th. 1 du n° 8, vu les hypothèses sur A.

On exprime parfois la conclusion de (ii) (resp. (iii)) dans le corollaire en disant que la famille (x_i) est *formellement libre* sur C (resp. est un *système formel de générateurs* de A).

PROPOSITION 12. — *Soient* A *un anneau filtré,* E *un* A-*module filtré,* (A_n) *et* (E_n) *les filtrations respectives de* A *et* E. *On suppose* A *complet, et la filtration* (E_n) *exhaustive et séparée. Soit* $(x_i)_{i \in I}$ *une famille finie d'éléments de* E *et, pour tout* $i \in I$, *soit* $n(i)$ *un entier tel que* $x_i \in E_{n(i)}$; *soit enfin* ξ_i *la classe de* x_i *dans* $gr_{n(i)}(E)$. *Alors, si* (ξ_i) *est un système de générateurs du* gr(A)-*module* gr(E), (x_i) *est un système de générateurs du* A-*module* E.

Dans le A-module $L = A_s^I$, désignons par L_n l'ensemble des (a_i) tels que $a_i \in A_{n-n(i)}$ pour tout $i \in I$; si p et q sont le plus petit et le plus grand des $n(i)$, on a $A_{n-q}^I \supset L_n \supset A_{n-p}^I$, et la topologie définie sur L par la filtration (L_n) est la même que la topologie produit ; donc L est un A-module filtré *complet*. Comme L est libre, il existe une application A-linéaire $u : L \rightarrow E$ telle que $u((a_i)) = \sum_{i \in I} a_i x_i$, et elle est évidemment compatible avec les filtrations ; nous devons prouver que u est surjective, et pour cela, il suffit, en vertu du cor. 2 du th. 1, n° 8, de montrer que $gr(u)$: $gr(L) \rightarrow gr(E)$ est surjective, ou encore que, pour tout $x \in E_n$, il existe une famille (a_i) telle que $a_i \in A_{n-n(i)}$ pour tout $i \in I$ et $x \equiv \sum_{i \in I} a_i x_i \pmod{E_{n+1}}$. Soit ξ la classe de x dans $gr_n(E)$; puisque les ξ_i engendrent le gr(A)-module gr(E), il existe des $\alpha_i \in gr(A)$ tels que $\xi = \sum_{i \in I} \alpha_i \xi_i$, et on peut supposer que $\alpha_i \in gr_{n-n(i)}(A)$, en remplaçant au besoin α_i par sa composante homogène de degré $n - n(i)$. Alors α_i est l'image d'un élément $a_i \in A_{n-n(i)}$, et la famille (a_i) possède la propriété requise.

COROLLAIRE 1. — *Soient* A *un anneau filtré complet,* E *un* A-*module filtré dont la filtration est exhaustive et séparée. Si* gr(E) *est un* gr(A)-*module de type fini* (resp. *nœthérien*), *alors* E *est un* A-*module de type fini* (resp. *nœthérien*).

Si gr(E) est de type fini, il a un système fini de générateurs homogènes, et la prop. 12 montre que E est de type fini. Supposons maintenant gr(E) nœthérien, et soit F un sous-module de E ; la filtration induite sur F par celle de E est exhaustive et séparée et gr(F) s'identifie à un sous-gr(A)-module de gr(E) (n° 4, prop. 2), donc est de type fini par hypothèse ; on en conclut que F est un A-module de type fini, donc E est nœthérien.

COROLLAIRE 2. — *Soit* A *un anneau filtré séparé et complet, dont la filtration est exhaustive. Si* gr(A) *est un anneau nœthérien à gauche, il en est de même de* A.

Il suffit d'appliquer le cor. 1 à $E = A_s$.

COROLLAIRE 3. — *Soient* A *un anneau filtré complet,* (A_n) *sa filtration,* E *un* A*-module filtré séparé,* (E_n) *sa filtration,* F *un sous-module de type fini de* E *; on suppose* $A_0 = A$ *et* $E_0 = E$.

(i) *Si, pour tout* $k \geqslant 0$, *on a* $E_k = E_{k+1} + A_k F$, *alors* $F = E$.

(ii) *Si on suppose de plus que la filtration de* E *est déduite de celle de* A (nº 1, *Exemple* 2), *la relation* $E = E_1 + F$ *entraîne* $F = E$.

Soient ξ_i $(1 \leqslant i \leqslant n)$ les classes mod. E_1 d'un système fini de générateurs de F. Il résulte de l'hypothèse faite que pour tout $k \geqslant 0$, tout élément de $\mathrm{gr}_k(E)$ se met sous la forme $\sum_{i=1}^{n} \alpha_i \xi_i$ avec $\alpha_i \in \mathrm{gr}(A)$; les ξ_i engendrent donc le gr(A)-module gr(E), ce qui démontre (i), en vertu de la prop. 12. Si la filtration de E est déduite de celle de A, la relation $E = E_1 + F$, entraîne $E_k = A_k E = A_k E_1 + A_k F = A_k A_1 E + A_k F \subset A_{k+1} E + A_k F = E_{k+1} + A_k F \subset E_k$, d'où (ii).

PROPOSITION 13. — *Soient* A *un anneau,* $\mathfrak{m}$ *un idéal bilatère de* A *contenu dans le radical de* A, E *un* A*-module. On munit* A *et* E *des filtrations* $\mathfrak{m}$*-adiques* (nº 1, *Exemple* 3). *On suppose que l'une des conditions suivantes est vérifiée :*

a) E *est un* A*-module de type fini et* A *est séparé ;*

b) $\mathfrak{m}$ *est nilpotent.*

Pour que E *soit un* A*-module libre, il faut et il suffit que* $E/\mathfrak{m}E$ *soit un* $(A/\mathfrak{m})$*-module libre et que* E *vérifie la propriété* (GR) (nº 8).

Si E est un A-module libre, et (e_λ) une base de E, $\mathfrak{m}^k E$ est somme directe des sous-modules $\mathfrak{m}^k e_\lambda$ de E pour tout $k \geqslant 0$ (*Alg.*, chap. II, 3ᵉ éd., § 3, nº 7, *Remarque*) ; par suite $\mathfrak{m}^k E/\mathfrak{m}^{k+1} E$ s'identifie à la somme directe des $\mathfrak{m}^k e_\lambda/\mathfrak{m}^{k+1} e_\lambda$ (*Alg.*, chap. II, 3ᵉ éd., § 1, nº 6, prop. 7). On en déduit d'abord (pour $k = 0$) que les classes $1 \otimes e_\lambda$ des e_λ dans $E/\mathfrak{m}E = (A/\mathfrak{m}) \otimes_A E$ forment une base du $(A/\mathfrak{m})$-module $E/\mathfrak{m}E$, puis que l'application canonique

$$(\mathfrak{m}^k/\mathfrak{m}^{k+1}) \otimes_A (E/\mathfrak{m}E) \to \mathfrak{m}^k E/\mathfrak{m}^{k+1} E$$

est bijective pour tout $k \geqslant 0$; donc γ_E est bijective. On notera que cette partie de la démonstration n'utilise pas la condition *a*) ni *b*).

Supposons inversement vérifiées les conditions de l'énoncé, et soit $(x_\iota)_{\iota \in I}$ une famille d'éléments de E dont les classes mod. $\mathfrak{m}E$ forment une base du $(A/\mathfrak{m})$-module $E/\mathfrak{m}E$; soient L le A-module libre $A_s^{(I)}$, $(f_\iota)_{\iota \in I}$ sa base canonique, et $u : L \to E$ l'application A-linéaire telle que $u(f_\iota) = x_\iota$ pour tout $\iota \in I$. Les hypothèses entraînent déjà que u est surjective (chap. II, § 3, n° 2, cor. 1 de la prop. 4), et il reste à prouver que u est injective. Or, chacune des hypothèses *a*), *b*) entraîne que A est séparé, donc il en est de même de L muni de la filtration $\mathfrak{m}$-adique, puisque $\mathfrak{m}^k L = (\mathfrak{m}^k)^{(I)}$ (*Alg.*, chap. II, 3e éd., § 3, n° 7, *Remarque*), et gr(L) s'identifie à $\mathrm{gr}(A) \otimes_{A/\mathfrak{m}} (L/\mathfrak{m}L)$ d'après la première partie de la démonstration ; l'homomorphisme u est compatible avec les filtrations et on peut écrire $\mathrm{gr}(u) = \gamma_E \circ v$ où v est la bijection de gr(L) sur $\mathrm{gr}(A) \otimes_{A/\mathfrak{m}} (E/\mathfrak{m}E)$ appliquant la classe de f_ι mod. $\mathfrak{m}M$ sur $1 \otimes \overline{x}_\iota$, où $\overline{x}_\iota$ est la classe de x_ι mod. $\mathfrak{m}E$. L'hypothèse entraîne donc que gr(u) est injectif et on conclut à l'aide du cor. 1 du th. 1, n° 8.

10. Application : exemples d'anneaux nœthériens.

Lemme 1. — *Soit* A *un anneau gradué de type* **Z**, *dont la graduation* (A_n) *est telle que* $A_n = 0$ *pour tout* $n < 0$, *ou* $A_n = 0$ *pour tout* $n > 0$. *Soit* M *un* A*-module gradué de type* **Z**. *Pour que* M *soit un* A*-module nœthérien, il faut et il suffit que tout sous-module* gradué *de* M *soit de type fini.*

Comme $n \to -n$ est un automorphisme du groupe **Z**, on peut se borner au cas où $A_n = 0$ pour tout $n > 0$. Désignons par A′ et M′ l'anneau A et le module M munis des filtrations associées à leurs graduations respectives (n° 1, *Exemple* 1), qui sont exhaustives et séparées ; l'hypothèse sur A entraîne que A′ est *discret*, donc complet. Si E est un sous-A-module de M, le A′-module filtré E′ obtenu en munissant E de la filtration induite est séparé et sa filtration est exhaustive ; en outre gr(E′) s'identifie à un sous-A-module gradué de M = gr(M′), donc est de type fini par hypothèse. La conclusion résulte donc du cor. 1 de la prop. 12 du nº 9.

Théorème 2. — *Soient* A *un anneau gradué de type* **N**, M *un* A-*module gradué de type* **N**, (A_n) *et* (M_n) *leurs graduations respectives. On suppose qu'il existe un élément* $a \in A_1$ *tel que* $A_n = A_0 a^n$ *et* $M_n = a^n M_0$ *pour tout* $n > 0$. *Alors, si* M_0 *est un* A_0-*module nœthérien*, M *est un* A-*module nœthérien.*

En vertu du lemme 1, il suffit de prouver que tout sous-module *gradué* N de M est de type fini. Pour tout $r \geqslant 0$, soit $N_r = N \cap M_r$ et soit L_r l'ensemble des $m \in M_0$ tels que $a^r m \in N_r$. Comme $a^r A_0 \subset A_r = A_0 a^r$ on a $a^r A_0 L_r \subset A_0 a^r L_r \subset A_0 N_r \subset N_r$, donc les L_r sont des sous-A_0-modules de M_0 ; en outre on a

$$aN_r \subset N \cap aM_r = N \cap M_{r+1} = N_{r+1},$$

donc la suite $(L_r)_{r \geqslant 0}$ est croissante. L'hypothèse entraîne qu'il existe un entier $n \geqslant 0$ tel que $L_r = L_n$ pour $r \geqslant n$. Pour chacun des $r \leqslant n$, soit $(m_{r,s})_{1 \leqslant s \leqslant k_r}$ un système de générateurs du A_0-module L_r. On va prouver que les éléments $a^r m_{r,s}$ pour $1 \leqslant s \leqslant k_r$, $0 \leqslant r \leqslant n$ forment un système de générateurs du A-module N. Comme $M_r = a^r M_0$ pour tout r, on a $N_r = a^r L_r$ pour tout r, par définition de L_r. Pour $r \leqslant n$, on a donc

$$N_r = a^r L_r = \sum_{s=1}^{k_r} a^r A_0 m_{rs} \subset \sum_{s=1}^{k_r} A_0 a^r m_{rs},$$

et pour $r > n$

$$N_r = a^r L_n = \sum_{s=1}^{k_n} a^r A_0 m_{n,s} \subset \sum_{s=1}^{k_n} A_0 a^r m_{n,s} \subset \sum_{s=1}^{k_n} A_0 a^{r-n} . (a^n m_{n,s})$$

ce qui achève la démonstration (cf. exerc. 10).

Corollaire 1 (théorème de Hilbert). — *Pour tout anneau commutatif nœthérien* C, *l'anneau de polynômes* C[X] *est nœthérien* (cf. exerc. 10).

Corollaire 2. — *Pour tout anneau commutatif nœthérien* C *et tout entier* $n > 0$, *l'anneau de polynômes* $C[X_1, \ldots, X_n]$ *est nœthérien.*

Cela résulte du cor. 1 par récurrence sur n.

COROLLAIRE 3. — *Si* C *est un anneau commutatif nœthérien, toute* C*-algèbre commutative de type fini est un anneau nœthérien.*

En effet, une telle algèbre est isomorphe à un quotient d'une algèbre de polynômes $C[X_1, \ldots, X_n]$ (§ 1, n° 1).

COROLLAIRE 4. — *Soit* A *un anneau commutatif gradué de type* **N**, *et soit* (A_n) *sa graduation. Pour que* A *soit nœthérien, il faut et il suffit que* A_0 *soit nœthérien et que* A *soit une* A_0*-algèbre de type fini.*

La condition est suffisante en vertu du cor. 3. Inversement, supposons A nœthérien ; $\mathfrak{m} = \sum_{n \geqslant 1} A_n$, qui est un idéal de A, est donc de type fini ; par suite A est une A_0-algèbre de type fini (§ 1, n° 2, cor. de la prop. 1) ; d'autre part A_0, qui est isomorphe à $A/\mathfrak{m}$, est un anneau nœthérien.

COROLLAIRE 5. — *Soient* A *un anneau commutatif,* $\mathfrak{m}$ *un idéal de* A *tel que* $A/\mathfrak{m}$ *soit nœthérien, que* $\mathfrak{m}/\mathfrak{m}^2$ *soit un* $(A/\mathfrak{m})$*-module de type fini et que* A *soit séparé et complet pour la topologie* $\mathfrak{m}$*-adique. Alors* gr(A) *et* A *sont nœthériens.*

En effet, gr(A) est une $(A/\mathfrak{m})$-algèbre engendrée par $\mathfrak{m}/\mathfrak{m}^2$ (n° 3, *Exemple* 3), donc l'anneau gr(A) est nœthérien en vertu du cor. 3. On en déduit que A lui-même est nœthérien (n° 9, cor. 2 de la prop. 12).

COROLLAIRE 6. — *Pour tout anneau commutatif nœthérien* C *et tout entier* $n > 0$, *l'anneau de séries formelles* $C[[X_1, \ldots, X_n]]$ *est nœthérien.*

Cela résulte du cor. 5 et du n° 6, cor. de la prop. 6, car si $\mathfrak{m}$ est l'idéal de $A = C[[X_1, \ldots, X_n]]$ formé des séries formelles sans terme constant, $A/\mathfrak{m}$ est isomorphe à C et $\mathfrak{m}/\mathfrak{m}^2$ au C-module C^n.

Remarques. — 1) Les corollaires 2, 3 et 6 s'appliquent en particulier lorsque C est un *corps* commutatif.

*2) Soit $\mathfrak{g}$ une algèbre de Lie sur un anneau commutatif nœthérien C, et supposons que $\mathfrak{g}$ soit un C-module de type fini. Munissons l'algèbre enveloppante U de $\mathfrak{g}$ de la filtration *croissante* (U_n) définie au n° 3, *Exemple* 4. Pour la topologie correspondante, U est discret, donc séparé et complet ; l'anneau gradué associé gr(U) est une C-algèbre de type fini, étant un quotient de l'algèbre symétrique $\mathrm{S}(\mathfrak{g})$, donc gr(U) est un anneau nœthérien (cor. 3) et on en déduit que U est un anneau nœthérien à gauche et à droite (n° 9, cor. 2 de la prop. 12).$_*$

11. *Anneaux* $\mathfrak{m}$*-adiques complets et limites projectives.*

On a vu au n° 6 que si A est un anneau commutatif et $\mathfrak{m}$ un idéal de A tel que A soit *séparé* et *complet* pour la topologie $\mathfrak{m}$-adique, alors l'anneau topologique A s'identifie canoniquement à la limite projective des anneaux discrets $A_i = A/\mathfrak{m}^{i+1}$ ($i \in \mathbf{N}$) pour les applications canoniques $h_{ij} : A/\mathfrak{m}^{j+1} \to A/\mathfrak{m}^{i+1}$ ($i \leqslant j$) ; on notera que h_{ij} est surjectif et que, si $\mathfrak{n}_{ij}$ est son noyau, on a

$$\mathfrak{n}_{ij} = \mathfrak{m}^{i+1}/\mathfrak{m}^{j+1} = (\mathfrak{m}/\mathfrak{m}^{j+1})^{i+1} = (\mathfrak{n}_{0j})^{i+1} ;$$

en particulier $(\mathfrak{n}_{0j})^{j+1} = 0$. Réciproquement :

PROPOSITION 14. — *Soit* (A_i, h_{ij}) *un système projectif d'anneaux commutatifs discrets, dont l'ensemble d'indices est* $\mathbf{N}$, *et soit* (M_i, u_{ij}) *un système projectif de modules sur le système projectif d'anneaux* (A_i, h_{ij}). *On désigne par* $\mathfrak{n}_j$ *le noyau de* $h_{0j} : A_j \to A_0$, *et on pose* $A = \varprojlim A_i$, $M = \varprojlim M_i$. *On suppose que :*

a) *pour tout* $i \in \mathbf{N}$, h_{ii} *est l'application identique de* A_i, *et pour* $i \leqslant j$, h_{ij} *et* u_{ij} *sont surjectifs ;*

b) *pour* $i \leqslant j$, *les noyaux de* h_{ij} *et* u_{ij} *sont* $\mathfrak{n}_j^{i+1}$ *et* $\mathfrak{n}_j^{i+1}M_j$ *respectivement.*

Alors :

(i) A *est un anneau topologique séparé et complet,* M *est un* A-*module topologique séparé et complet, et les applications canoniques* $h_i : A \to A_i$, $u_i : M \to M_i$ *sont surjectives.*

(ii) *Si* M_0 *est un* A_0-*module de type fini,* M *est un* A-*module de type fini ; plus précisément, toute partie finie* S *de* M *telle que* $u_0(S)$ *engendre* M_0 *est un système de générateurs de* M.

Les assertions de (i) résultent de *Top. gén.*, chap. II, 3e éd., § 3, n° 5, cor. de la prop. 10 et cor. 1 du th. 1.

Pour tout $i \in \mathbf{N}$, posons $\mathfrak{m}_{i+1} = \mathrm{Ker}(h_i)$, $N_{i+1} = \mathrm{Ker}(u_i)$; on a donc $\mathfrak{m}_{i+1} = \varprojlim_{k\geqslant 0} \overset{-1}{h}_{i,i+k}(0) = \varprojlim_{k} \mathfrak{n}_{i+k}^{i+1}$ et $N_{i+1} = \varprojlim_{k} \mathfrak{n}_{i+k}^{i+1} M_{i+k}$; comme h_{i+k} et u_{i+k} sont surjectifs, on a

$$h_{i+k}(\mathfrak{m}_{i+1}) = \mathfrak{n}_{i+k}^{i+1}, \qquad u_{i+k}(N_{i+1}) = \mathfrak{n}_{i+k}^{i+1} M_{i+k}. \tag{16}$$

Montrons que l'on a $\mathfrak{m}_i N_j \subset N_{i+j}$ pour $i \geqslant 1$ et $j \geqslant 1$, ce qui revient à prouver que $u_{i+j-1}(\mathfrak{m}_i N_j) = 0$; or $u_{i+j-1}(\mathfrak{m}_i N_j) = h_{i+j-1}(\mathfrak{m}_i) u_{i+j-1}(N_j)$ est égal à $\mathfrak{n}_{i+j-1}^{i}(\mathfrak{n}_{i+j-1}^{j} M_{i+j-1}) = 0$, car, pour tout $k \geqslant 0$, $\mathfrak{n}_k^{k+1}$, qui est le noyau de h_{kk}, est égal à 0. On voit de même que $\mathfrak{m}_i \mathfrak{m}_j \subset \mathfrak{m}_{i+j}$. Si on pose, pour $i \leqslant 0$, $\mathfrak{m}_i = A$ et $N_i = M$, $(\mathfrak{m}_i)_{i\in\mathbf{Z}}$ est une filtration de A et $(N_i)_{i\in\mathbf{Z}}$ une filtration de M compatible avec la filtration de A ; les topologies de A et de M sont évidemment celles définies par ces filtrations. Cela étant, soit $\mathfrak{a}$ un idéal de A tel que $h_1(\mathfrak{a}) = \mathfrak{n}_1$, et désignons par M' le sous-module de M engendré par S ; on va montrer que

$$N_i = \mathfrak{a}^i M' + N_{i+1} \text{ pour } i \geqslant 0. \tag{17}$$

Posons $\mathfrak{a}_i = h_i(\mathfrak{a})$, $M'_i = u_i(M')$; il suffit de montrer que $u_i(N_i) = \mathfrak{a}_i^i M'_i$. C'est vrai si $i = 0$, car $N_0 = M$ et $M'_0 = M_0$ par hypothèse. Si $i \geqslant 1$, on a $u_i(N_i) = \mathfrak{n}_i^i M_i$ par (16). Comme h_{1i} est surjectif et que $h_{0i} = h_{01} \circ h_{1i}$, h_{1i} applique le noyau $\mathfrak{n}_i$ de h_{0i} *sur* le noyau $\mathfrak{n}_1$ de h_{01}, et $\mathfrak{n}_i = \overset{-1}{h}_{1i}(\mathfrak{n}_1)$; on a $h_{1i}(\mathfrak{a}_i) = h_1(\mathfrak{a}) = \mathfrak{n}_1 = h_{1i}(\mathfrak{n}_i)$, et comme le noyau de h_{1i} est $\mathfrak{n}_i^2$, on a $\mathfrak{n}_i \subset \mathfrak{a}_i + \mathfrak{n}_i^2$ et $\mathfrak{a}_i \subset \mathfrak{n}_i$, d'où $\mathfrak{n}_i = \mathfrak{a}_i + \mathfrak{n}_i^2$. Par ailleurs on a $u_{0i}(M'_i) = u_0(M') = M_0 = u_{0i}(M_i)$ et comme Ker $(u_{0i}) = \mathfrak{n}_i M_i$, $M_i = M'_i + \mathfrak{n}_i M_i$; d'où

$$\mathfrak{n}_i^i M_i = (\mathfrak{a}_i + \mathfrak{n}_i^2)^i (M'_i + \mathfrak{n}_i M_i).$$

Or, on a $\mathfrak{a}_i^k \mathfrak{n}_i^{i+1-k} \subset \mathfrak{n}_i^{i+1} = 0$ pour $0 \leqslant k \leqslant i$; il en résulte bien que $u_i(N_i) = \mathfrak{n}_i^i M_i = \mathfrak{a}_i^i M'_i$, ce qui prouve (17).

Par ailleurs on a $\mathfrak{m}_1 = \overset{-1}{h}_1(\mathfrak{n}_1)$, d'où $\mathfrak{a} \subset \mathfrak{m}_1$ et par suite $\mathfrak{a}^i \subset \mathfrak{m}_1^i \subset \mathfrak{m}_i$, d'où $N_i \subset \mathfrak{m}_i M' + N_{i+1}$; d'autre part on a évidemment $\mathfrak{m}_i M \subset N_i$, donc $N_i = \mathfrak{m}_i M' + N_{i+1}$ pour tout $i \geqslant 0$; il résulte alors du cor. 3 de la prop. 12 du n° 9 que l'on a $M' = M$, ce qui achève la démonstration.

COROLLAIRE 1. — *Les notations et hypothèses étant celles de la prop.* 14, *supposons de plus que* M_0 *soit un* A_0*-module de type fini* *et que l'idéal* $\mathfrak{n}_1$ *de* A_1 *soit de type fini. Soit* $\mathfrak{m}_1$ *le noyau de* h_0*; les topologies de* A *et de* M *sont alors les topologies* $\mathfrak{m}_1$*-adiques sur cet anneau et ce module respectivement; d'une façon précise, pour tout* $i \geqslant 0$, *les noyaux de* h_i *et de* u_i *sont* $\mathfrak{m}_1^{i+1}$ *et* $\mathfrak{m}_1^{i+1}M$ *respectivement; de plus* $\mathfrak{m}_1/\mathfrak{m}_1^2$ *est un* A*-module de type fini.*

Conservons les notations de la démonstration de la prop. 14 ; les hypothèses permettent ici de supposer que l'idéal $\mathfrak{a}$ est *de type fini*. Soit $i \geqslant 0$ un entier quelconque ; pour tout $j \geqslant 0$, on a, d'après (17), $N_{i+j} = \mathfrak{a}^j(\mathfrak{a}^i M) + N_{i+j+1} \subset \mathfrak{m}_j(\mathfrak{a}^i M) + N_{i+j+1}$; réciproquement, $\mathfrak{m}_j(\mathfrak{a}^i M) \subset \mathfrak{m}_j \mathfrak{m}_i M \subset \mathfrak{m}_{i+j} M \subset N_{i+j}$, d'où

$$N_{i+j} = \mathfrak{m}_j(\mathfrak{a}^i M) + N_{i+j+1}.$$

Comme $\mathfrak{a}$ et M sont des A-modules de type fini, il en est de même de $\mathfrak{a}^i M$. Appliquant le cor. 3 de la prop. 12 du n° 9 au module N_i muni de la filtration $(N_{ij})_{j \in \mathbf{Z}}$ définie par $N_{ij} = N_i$ si $j < 0$, $N_{ij} = N_{i+j}$ si $j \geqslant 0$, il vient $N_i = \mathfrak{a}^i M$, d'où $N_i \subset \mathfrak{m}_1^i M$. Mais on a aussi $\mathfrak{m}_1^i M \subset \mathfrak{m}_i M \subset N_i$, d'où $N_i = \mathfrak{m}_1^i M$. Appliquant ceci au cas où $M_i = A_i$, $u_{ij} = h_{ij}$, il vient $\mathfrak{m}_i = \mathfrak{m}_1^i$. De plus, on a $\mathfrak{m}_1 = \mathfrak{a} + \mathfrak{m}_1^2$ en vertu de (17), ce qui démontre la dernière assertion du corollaire.

Corollaire 2. — *Les hypothèses étant celles du cor.* 1, *pour que* A *soit nœthérien, il faut et il suffit que* A_0 *le soit.*

La condition est nécessaire puisque A_0 est isomorphe à un quotient de A ; elle est suffisante en vertu du n° 10, cor. 5 du th. 2.

12. Séparé complété d'un module filtré.

Soient G un groupe filtré dont la filtration (G_n) est formée de sous-groupes *distingués* de G ; nous avons déjà rappelé (n° 6) que le *séparé complété* $\hat{G}$ du groupe topologique G s'identifie canoniquement à la limite projective $\varprojlim G/G_n$ des groupes *discrets* G/G_n, l'homomorphisme canonique $i : G \to \hat{G}$ ayant pour image le groupe séparé associé à G (partout dense dans $\hat{G}$) et pour noyau l'adhérence $\bigcap G_n$ de $\{0\}$ dans G. Le séparé complété $\hat{G}_n$ du sous-groupe G_n de G s'identifie à l'adhérence de $i(G_n)$ dans $\hat{G}$ (*Top.*

gén., chap. II, 3e éd., § 3, n° 9, cor. 1 de la prop. 18), et puisque G_n est fermé dans G, on a

(18) $$G_n = \overset{-1}{i}(\hat{G}_n) = \overset{-1}{i}(\hat{G}_n \cap i(G)).$$

En outre, les $\hat{G}_n$ forment un système fondamental de voisinages de 0 dans $\hat{G}$ (*Top. gén.*, chap. III, 3e éd., § 3, n° 4, prop. 7) et sont donc des sous-groupes *ouverts* distingués de $\hat{G}$ (*Top. gén.*, chap. III, 3e éd., § 2, n° 3, prop. 8) ; la topologie de $\hat{G}$ est définie par la filtration $(\hat{G}_n)$, qui est toujours séparée par définition. Comme $i(G)$ est dense dans $\hat{G}$ et que $\hat{G}_n$ est ouvert, on a

(19) $$\hat{G} = i(G).\hat{G}_n$$

et de même

(20) $$\hat{G}_{n-1} = i(G_{n-1}).\hat{G}_n.$$

On déduit de (18) et (19) que la filtration $(\hat{G}_n)$ est exhaustive si et seulement si (G_n) l'est.

Le second théorème d'isomorphie (*Alg.*, chap. I, § 6, n° 13, th. 6 *d*)) et les formules (18), (19), (20) montrent que les homomorphismes canoniques

(21) $$G_{n-1}/G_n \to \hat{G}_{n-1}/\hat{G}_n, \qquad G/G_n \to \hat{G}/\hat{G}_n,$$

sont *bijectifs*, donc il en est de même de l'homomorphisme canonique

(22) $$\mathrm{gr}(G) \to \mathrm{gr}(\hat{G}).$$

Soient maintenant A un anneau filtré, E un A-module filtré, (A_n) et (E_n) les filtrations respectives de A et de E ; nous supposerons ces filtrations *exhaustives*, de sorte que pour les topologies correspondantes, A est un anneau topologique et E un A-module topologique (n° 5, prop. 3). On a alors défini (*Top. gén.*, chap. III, 3e éd., § 6, nos 5 et 6) $\hat{A}$ comme anneau topologique et $\hat{E}$ comme $\hat{A}$-module topologique. Si $i : A \to \hat{A}$ est l'homomorphisme canonique, on a $i(A_m)i(A_n) \subset i(A_{m+n})$, d'où, en vertu de la continuité du produit dans $\hat{A}$,

(23) $$\hat{A}_m\hat{A}_n \subset \hat{A}_{m+n}$$

puisque $\hat{A}_n$ est l'adhérence de $i(A_n)$ dans $\hat{A}$. On montre de même que

$$\hat{A}_m \hat{E}_n \subset \hat{E}_{m+n} \; ; \tag{24}$$

autrement dit :

PROPOSITION 15. — *Soient* A *un anneau filtré,* E *un* A*-module filtré, les filtrations respectives* (A_n), (E_n) *de* A *et de* E *étant exhaustives. Alors* $(\hat{A}_n)$ *est une filtration compatible avec la structure d'anneau de* $\hat{A}$ *et* $(\hat{E}_n)$ *une filtration compatible avec la structure de module de* $\hat{E}$ *sur l'anneau filtré* $\hat{A}$; *en outre ces filtrations sont exhaustives et définissent respectivement les topologies de* $\hat{A}$ *et de* $\hat{E}$. *Enfin, les applications canoniques* $\mathrm{gr}(A) \to \mathrm{gr}(\hat{A})$ *et* $\mathrm{gr}(E) \to \mathrm{gr}(\hat{E})$ *de* **Z***-modules gradués sont respectivement un isomorphisme d'anneaux gradués et un isomorphisme de* gr(A)*-modules gradués.*

Dans ce qui suit, pour tout espace uniforme X, nous noterons j_X l'application canonique de X dans son séparé complété $\hat{X}$, par $X_0 = j_X(X)$ le sous-espace uniforme de $\hat{X}$, qui est l'espace séparé *associé* à X. Rappelons que la topologie de X est l'image réciproque par j_X de celle de X_0 (*Top. gén.*, chap. II, 3e éd., § 3, no 7, prop. 12). Rappelons aussi que pour toute application uniformément continue $f : X \to Y$, $\hat{f}$ désigne l'application uniformément continue de $\hat{X}$ dans $\hat{Y}$ telle que $\hat{f} \circ j_X = j_Y \circ f$ (*loc. cit.*, prop. 15) ; si X est un sous-espace uniforme de Y et f l'injection canonique, $\hat{X}$ s'identifie à un sous-espace uniforme de $\hat{Y}$, et $\hat{f}$ à l'injection canonique de $\hat{X}$ dans $\hat{Y}$ (*loc. cit.*, no 9, cor. 1 de la prop. 18).

Lemme 2. — *Soit* $X \xrightarrow{f} Y \xrightarrow{g} Z$ *une suite exacte de morphismes stricts de groupes topologiques* (*Alg.*, chap. II, 3e éd., § 1, no 4, *Remarque*). *Supposons que* X, Y, Z *admettent des groupes séparés complétés, et que les éléments neutres de* X, Y, Z *admettent des systèmes fondamentaux dénombrables de voisinages. Alors* $\hat{X} \xrightarrow{\hat{f}} \hat{Y} \xrightarrow{\hat{g}} \hat{Z}$ *est une suite exacte de morphismes stricts.*

Soient N_f, N_g les noyaux respectifs de f et g ; écrivons

$$f = f_3 \circ f_2 \circ f_1$$

où f_1 est l'application canonique $X \to X/N_f$, f_2 un isomorphisme de X/N_f sur N_g et f_3 l'injection canonique $N_g \to Y$. On sait déjà que $\hat{f}_2$ est un isomorphisme de $(X/N_f)^\wedge$ sur $\hat{N}_g$, et on vient de rappeler que $\hat{f}_3$ est un morphisme strict injectif de $\hat{N}_g$ dans $\hat{Y}$; si on montre que $\hat{f}_1$ est un morphisme strict surjectif, il en résultera que $\hat{f}$ est un morphisme strict (*Top. gén.*, chap. III, 3e éd., § 2, n° 8, *Remarque* 2). Soit g_1 l'application canonique $Y \to Y/N_g$; si on montre que $\hat{g}_1$ est un morphisme strict surjectif de noyau $\hat{N}_g$, on verra comme ci-dessus que $\hat{g}$ est un morphisme strict et la suite $\hat{X} \xrightarrow{\hat{f}} \hat{Y} \xrightarrow{\hat{g}} \hat{Z}$ sera exacte. On est donc ramené à prouver que si $Y = X/N$ (où N est un sous-groupe distingué de X) et $f : X \to Y$ l'application canonique, $\hat{f}$ est *un morphisme strict surjectif de noyau* $\hat{N}$.

Soit $f_0 : X_0 \to Y_0$ l'application qui coïncide avec $\hat{f}$ dans X_0; comme j_X (resp. j_Y) est un morphisme strict surjectif de X sur X_0 (resp. de Y sur Y_0), f_0 est un morphisme strict surjectif (*Top. gén.*, chap. III, 3e éd., § 2, n° 8, *Remarque* 3). Or X_0 et Y_0 sont métrisables (*Top. gén.*, chap. IX, 2e éd., § 3, n° 1, prop. 1) ; il résulte alors de *Top. gén.*, chap. IX, 2e éd., § 3, n° 1, cor. 1 de la prop. 4 et lemme 1, que $\hat{f}_0 = \hat{f}$ est un morphisme strict surjectif et admet comme noyau l'adhérence $\hat{N}'_0$ *dans* $\hat{X}$ du noyau N'_0 de f_0. Il nous suffira donc de montrer que $\hat{N}'_0 = \hat{N}$. Or N'_0 contient évidemment $N_0 = j_X(N)$; il suffira de prouver que N'_0 est contenu dans l'adhérence $\overline{N}_0$ de N_0 *dans* X_0. Or,

$$U = \overset{-1}{j_X}(X_0 - \overline{N}_0) = X - \overset{-1}{j_X}(\overline{N}_0)$$

est un ensemble ouvert dans X qui ne rencontre pas N ; comme f est un morphisme strict surjectif, $V = f(U)$ est un ensemble ouvert dans Y ne contenant pas l'élément neutre e' de Y, donc ne rencontrant pas l'adhérence de e' ; par suite $j_Y(V)$ ne contient pas l'élément neutre de Y_0. Mais $j_Y(V) = f_0(X_0 - \overline{N}_0)$, donc $N'_0 \subset \overline{N}_0$, ce qui achève de prouver le lemme 2.

PROPOSITION 16. — *Soient* A *un anneau filtré*, (A_n) *sa filtration*, E *un* A-*module*, (E_n) *la filtration sur* E *déduite de celle de* A, *formée des* $E_n = A_nE$. *On suppose la filtration* (A_n) *exhaustive et le module* E *de type fini. Alors, si* $i : \mathrm{E} \to \hat{\mathrm{E}}$ *est l'application canonique, on a, pour tout* $n \in \mathbf{Z}$,

$$(25) \qquad \hat{\mathrm{E}}_n = \hat{\mathrm{A}}_n\hat{\mathrm{E}} = \hat{\mathrm{A}}_n i(\mathrm{E}) \quad et \quad \hat{\mathrm{E}} = \hat{\mathrm{A}}.i(\mathrm{E}).$$

En particulier $\hat{\mathrm{E}}$ *est un* $\hat{\mathrm{A}}$*-module de type fini.*

L'égalité $\mathrm{A}_n\mathrm{E} = \mathrm{E}_n$ entraîne, en vertu de la continuité de la loi externe du $\hat{\mathrm{A}}$-module $\hat{\mathrm{E}}$, $\hat{\mathrm{A}}_n\hat{\mathrm{E}} \subset \hat{\mathrm{E}}_n$, et on a évidemment $\hat{\mathrm{A}}_n\hat{\mathrm{E}} \supset \hat{\mathrm{A}}_n i(\mathrm{E})$. Par hypothèse il existe un homomorphisme surjectif $u : \mathrm{L} \to \mathrm{E}$, où $\mathrm{L} = \mathrm{A}_s^{\mathrm{I}}$, I étant un ensemble fini ; munissons L de la filtration produit, formée des $\mathrm{L}_n = \mathrm{A}_n^{\mathrm{I}}$, qui définit sur L la topologie produit ; on a donc $\hat{\mathrm{L}} = \hat{\mathrm{A}}_s^{\mathrm{I}}$ et $\hat{\mathrm{L}}_n = \hat{\mathrm{A}}_n^{\mathrm{I}}$ (*Top. gén.*, chap. II, 3e éd., § 3, nº 9, cor. 2 de la prop. 18). Soient $j : \mathrm{L} \to \hat{\mathrm{L}}$ l'application canonique, $(e_\iota)_{\iota \in \mathrm{I}}$ la base canonique de L ; pour qu'un élément $\sum_{\iota \in \mathrm{I}} a_\iota j(e_\iota)$ (avec $a_\iota \in \hat{\mathrm{A}}$ pour tout $\iota \in \mathrm{I}$) appartienne à $\hat{\mathrm{L}}_n$, il faut et il suffit que $a_\iota \in \hat{\mathrm{A}}_n$ pour tout ι ; on a donc $\hat{\mathrm{L}}_n = \hat{\mathrm{A}}_n . j(\mathrm{L})$. Cela étant, on a par définition $u(\mathrm{L}_n) = \mathrm{A}_n\mathrm{E} = \mathrm{E}_n$, donc u est un *morphisme strict* de L sur E (*Top. gén.*, chap. III, 3e éd., § 2, nº 8, prop. 24). Le lemme 2 montre alors que $\hat{u} : \hat{\mathrm{L}} \to \hat{\mathrm{E}}$ est un *morphisme strict surjectif*. Comme $\hat{\mathrm{L}}_n$ est un sous-groupe ouvert de $\hat{\mathrm{L}}$, $\hat{u}(\hat{\mathrm{L}}_n)$ est un sous-groupe ouvert (donc fermé) de $\hat{\mathrm{E}}$; mais $\hat{u}(\hat{\mathrm{L}}_n) = \hat{\mathrm{A}}_n\hat{u}(j(\mathrm{L})) = \hat{\mathrm{A}}_n i(\mathrm{E})$, et comme $i(\mathrm{E}_n) \subset \mathrm{A}_n i(\mathrm{E}) \subset \hat{\mathrm{A}}_n i(\mathrm{E})$, on voit finalement que $\hat{\mathrm{E}}_n \subset \hat{\mathrm{A}}_n i(\mathrm{E}) \subset \hat{\mathrm{A}}_n\hat{\mathrm{E}} \subset \hat{\mathrm{E}}_n$, et par suite $\hat{\mathrm{E}}_n = \hat{\mathrm{A}}_n\hat{\mathrm{E}} = \hat{\mathrm{A}}_n i(\mathrm{E})$; faisant $n = 0$, on obtient la deuxième formule (25).

Corollaire 1. — *Sous les conditions de la prop.* 16, *si* A *est complet, il en est de même de* E.

En effet, comme l'application canonique $\mathrm{A} \to \hat{\mathrm{A}}$ est alors surjective (nº 6, prop. 5), on a $\hat{\mathrm{E}} = i(\mathrm{E})$ d'après (25), et on conclut par la prop. 5 du nº 6.

Corollaire 2. — *Soient* A *un anneau commutatif,* $\mathfrak{m}$ *un idéal de* A *de type fini,* $\hat{\mathrm{A}}$ *le séparé complété de* A *pour la topologie* $\mathfrak{m}$*-adique. On a alors* $\widehat{\mathfrak{m}^n} = (\hat{\mathfrak{m}})^n = \mathfrak{m}^n.\hat{\mathrm{A}}$ *pour tout entier* $n > 0$, *et la topologie de* $\hat{\mathrm{A}}$ *est la topologie* $\hat{\mathfrak{m}}$*-adique.*

Posons $A_n = \mathfrak{m}^n$, qui est un idéal de type fini de A. La formule $\mathfrak{m}^p A_n = \mathfrak{m}^{n+p}$ montre que la topologie induite sur A_n par la topologie $\mathfrak{m}$-adique coïncide avec la topologie $\mathfrak{m}$-adique du A-module A_n (n° 1, *Exemple* 3). En vertu de la prop. 16 appliquée à $E = A_n$, on a $\hat{A}_n = \hat{A}.A_n$, autrement dit $\widehat{\mathfrak{m}^n} = \mathfrak{m}^n.\hat{A}$. En particulier $\hat{\mathfrak{m}} = \mathfrak{m}.\hat{A}$, d'où

$$(\hat{\mathfrak{m}})^n = \mathfrak{m}^n.\hat{A} = \hat{A}.A_n$$

(cf. exerc. 12).

Exemples de séparés complétés d'anneaux filtrés. — 1) Soit A un anneau gradué de type $\mathbf{N}$, et soit $(A_n)_{n\geqslant 0}$ sa graduation ; munissons-le de la filtration associée qui est séparée et exhaustive (n° 1, *Exemple* 1). Le groupe additif A s'identifie canoniquement à un sous-groupe de $B = \prod_{n\in\mathbf{N}} A_n$; si on munit B de la topologie produit des topologies discrètes, la topologie induite sur A est la topologie définie par la filtration de A ; en outre B est un groupe topologique complet, et A est *dense* dans B (*Top. gén.*, chap. III, 3e éd., § 2, n° 9, prop. 25). Le groupe additif topologique B s'identifie donc au *complété* $\hat{A}$ du groupe additif séparé A, et il résulte de la prop. 15 qu'il est muni d'une structure d'anneau unique qui en fait le complété de l'anneau topologique A. Pour définir la multiplication dans cet anneau, on remarque que si l'on pose $A'_n = \sum_{i>n} A_i$, l'adhérence dans B de l'idéal bilatère A'_n est l'ensemble B_n des $x = (x_i) \in B$ tels que $x_i = 0$ pour $i \leqslant n$. Soient alors $x = (x_i)$, $y = (y_i)$ deux éléments de B, $z = (z_i)$ leur produit. On a, pour tout $n > 0$, $x \equiv x'_n$ (mod. B_n), $y \equiv y'_n$ (mod. B_n), où $x'_n = (x_i)_{0\leqslant i\leqslant n}$, $y'_n = (y_i)_{0\leqslant i<n}$, d'où $z \equiv x'_n y'_n$ (mod. B_n). Mais x'_n et y'_n appartiennent à A, et on voit donc que l'on a pour tout $n \in \mathbf{N}$

$$z_n = \sum_{j=0}^{n} x_j y_{n-j}. \tag{26}$$

En particulier, on retrouve le cor. de la prop. 6 du n° 6 : si C est un anneau commutatif, le complété de l'anneau de polynômes $C[X_1,\ldots, X_r]$, muni de la filtration associée à sa graduation usuelle (par le degré total) s'identifie canoniquement à l'anneau de séries formelles $C[[X_1,\ldots, X_r]]$ (cf. *Alg.*, chap. IV, § 5, n° 10).

2) Soit K un corps valué complet commutatif. Le complété de l'anneau des séries convergentes à r variables sur K s'identifie canoniquement à l'anneau de séries formelles $K[[X_1, \ldots, X_r]]$.

3) Soit α un élément non nul et non inversible d'un anneau *principal* A ; la topologie (α)-adique sur A est encore appelée topologie *α-adique* ; elle est *séparée*, car l'intersection des idéaux (α^n) est réduite à 0 (*Alg.*, chap. VII, § 1, nº 3). On notera que le complété de A pour cette topologie n'est pas nécessairement un anneau intègre (cf. nº 13, *Remarque* 3). L'anneau gradué associé $\mathrm{gr}(A) = \mathrm{gr}(\hat{A})$ est canoniquement isomorphe à $(A/(\alpha))[X]$ (nº 3, *Exemple* 1). Lorsque $A = \mathbf{Z}$, le complété de $\mathbf{Z}$ pour la topologie n-adique ($n > 1$) se note $\mathbf{Z}_n$ et ses éléments s'appellent les *entiers n-adiques*.

Tout élément de $\mathbf{Z}/n^k\mathbf{Z}$ admet un représentant et un seul de la forme $\sum_{i=0}^{k-1} a_i n^i$ avec $0 \leqslant a_i \leqslant n-1$ pour tout i ; en outre, son image canonique dans $\mathbf{Z}/n^{k-1}\mathbf{Z}$ est la classe de $\sum_{i=0}^{k-2} a_i n^i$. Ces remarques, et le fait que $\mathbf{Z}_n$ s'identifie canoniquement à la limite projective $\varprojlim_k \mathbf{Z}/n^k\mathbf{Z}$, montrent aussitôt que tout élément de $\mathbf{Z}_n$ peut s'écrire d'une seule manière sous la forme $\sum_{i=0}^{\infty} a_i n^i$ avec $0 \leqslant a_i < n$ et que réciproquement une telle série est convergente dans $\mathbf{Z}_n$.

13. Séparé complété d'un anneau semi-local.

PROPOSITION 17. — *Soient* A *un anneau commutatif*, $(\mathfrak{m}_\lambda)_{\lambda \in L}$ *une famille d'idéaux de* A, *distincts de* A, *tels que* $\mathfrak{m}_\lambda$ *et* $\mathfrak{m}_\mu$ *soient étrangers pour* $\lambda \neq \mu$. *Pour tout famille* $s = (s(\lambda))_{\lambda \in L}$ *d'entiers* $\geqslant 0$, *à support fini, on pose* $\mathfrak{a}_s = \bigcap_{\lambda \in L} \mathfrak{m}_\lambda^{s(\lambda)}$ (*égal au produit des* $\mathfrak{m}_\lambda^{s(\lambda)}$ *pour les* λ *tels que* $s(\lambda) \neq 0$; cf. chap. II, § 1, nº 2, prop. 3 et 5) ; *les* $\mathfrak{a}_s$ *forment un système fondamental de voisinages de* 0 *pour une topologie* $\mathcal{T}$ *compatible avec la structure d'anneau de* A ; *soit* $\hat{A}$ *le séparé complété de* A *pour cette topologie. D'autre part, pour tout* $\lambda \in L$, *soit* A_λ *l'anneau* A *muni de la topologie* $\mathfrak{m}_\lambda$*-adique, et soit* $\hat{A}_\lambda$ *son* *séparé complété. Si l'on désigne par* $u : A \to \prod_{\lambda \in L} A_\lambda$ *l'homomorphisme diagonal,* u *est continu et l'homomorphisme correspondant* $\hat{u}$:

$$\hat{A} \to (\prod_{\lambda \in L} A_\lambda)^{\wedge} = \prod_{\lambda \in L} \hat{A}_\lambda$$

(*Top. gén.*, chap. III, 3e éd., § 6, n° 5 et chap. II, 3e éd., § 3, n° 9, cor. 2 de la prop. 18) *est un isomorphisme d'anneaux topologiques.*

La première assertion résulte de *Top. gén.*, chap. III, 3e éd., § 6, n° 3, *Exemple* 3. Posons $B = \prod_{\lambda \in L} A_\lambda$; comme la topologie de A est plus fine que chacune des topologies $\mathfrak{m}_\lambda$-adiques, les applications $\mathrm{pr}_\lambda \circ u$ sont continues, donc u est continu. De plus, $u(\mathfrak{a}_s)$ est l'intersection de la diagonale Δ de B et de l'ensemble ouvert $\bigcap_{\lambda \in L} \overset{-1}{\mathrm{pr}}_\lambda(\mathfrak{m}_\lambda^{s(\lambda)})$ de B ; il en résulte que u est un morphisme strict du groupe additif A dans B, d'image Δ. Or Δ est *dense* dans B. En effet, soit $b = (a_\lambda)_{\lambda \in L}$ un élément de B ; tout voisinage de b dans B contient un ensemble de la forme $b + V$, où $V = \bigcap_{\lambda \in L} \overset{-1}{\mathrm{pr}}_\lambda(\mathfrak{m}_\lambda^{s(\lambda)})$, pour une famille $s = (s(\lambda))_{\lambda \in L}$ à support fini d'entiers $\geqslant 0$. Comme les $\mathfrak{m}_\lambda^{s(\lambda)}$ sont deux à deux étrangers (chap. II, § 1, n° 2, prop. 3), il existe un $x \in A$ tel que $x \equiv a_\lambda$ (mod. $\mathfrak{m}_\lambda^{s(\lambda)}$) pour tout λ (*loc. cit.*, prop. 5), donc $(b + V) \cap \Delta \neq \emptyset$. Le complété séparé du groupe B/Δ est donc $\{0\}$; appliquant le lemme 2 du n° 12 aux suites exactes $0 \to A \xrightarrow{u} B$, $A \xrightarrow{u} B \to B/\Delta$, on voit que $\hat{u}$ est un isomorphisme de $\hat{A}$ sur $\hat{B}$.

Corollaire. — *Soient* A *un anneau principal,* P *un système représentatif d'éléments extrémaux de* A (*Alg.*, chap. VII, § 1, n° 3). *La topologie sur* A *pour laquelle les idéaux* $\neq 0$ *de* A *forment un système fondamental de voisinages de* 0, *qui est compatible avec la structure d'anneau de* A, *est séparée, et le complété de* A *muni de cette topologie est canoniquement isomorphe au produit des complétés de* A *pour les topologies* π*-adiques, où* π *parcourt* P.

Les idéaux principaux (π) pour $\pi \in P$ sont en effet maximaux et deux à deux distincts, donc étrangers ; on a déjà vu (n° 12,

Exemple 3) que les topologies π-adiques sont séparées, donc il en est de même de la topologie définie dans l'énoncé de la prop. 17, qui est plus fine que chacune des topologies π-adiques.

Lorsqu'on applique le cor. de la prop. 17 à $A = \mathbf{Z}$, on désigne par $\hat{\mathbf{Z}}$ le complété de $\mathbf{Z}$ pour la topologie pour laquelle tous les idéaux $\neq 0$ de $\mathbf{Z}$ forment un système fondamental de voisinages de 0, anneau isomorphe au produit $\prod_{p \in P} \mathbf{Z}_p$ des anneaux d'entiers p-adiques (P étant l'ensemble des nombres premiers).

Remarques. — 1) Il est clair que sous les conditions de la prop. 17, la topologie $\mathcal{T}$ est la *borne supérieure* des topologies $\mathfrak{m}_\lambda$-adiques sur A.

2) Tout idéal *fermé* $\mathfrak{a}$ de $\prod_{\lambda \in L} \hat{A}_\lambda$ est identique au *produit* de ses projections $\mathfrak{a}_\lambda = \mathrm{pr}_\lambda(\mathfrak{a})$, qui sont des idéaux *fermés* dans les $\hat{A}_\lambda$; en effet, $\hat{A}_\lambda$ s'identifie canoniquement à un idéal fermé A'_λ de $\prod_\lambda \hat{A}_\lambda$ et $\mathfrak{a}_\lambda$ à $\mathfrak{a} \cap A'_\lambda$ (*Alg.*, chap. I, § 8, n° 10, prop. 6), la somme des $\mathfrak{a}_\lambda$ est *dense* dans le produit $\prod_\lambda \mathfrak{a}_\lambda$ (*Top. gén.*, chap. III, 3e éd., § 2, n° 9, prop. 25) et ce dernier est fermé dans $\prod_\lambda \hat{A}_\lambda$, d'où notre assertion.

PROPOSITION 18. — *Soient* A *un anneau commutatif*, $(\mathfrak{m}_i)_{1 \leqslant i \leqslant q}$ *une famille finie d'idéaux maximaux distincts de* A, $\mathfrak{r}$ *l'idéal produit* $\mathfrak{m}_1\mathfrak{m}_2 \ldots \mathfrak{m}_q = \mathfrak{m}_1 \cap \mathfrak{m}_2 \cap \ldots \cap \mathfrak{m}_q$, S *la partie multiplicative* $\bigcap_{i=1}^{q} (A - \mathfrak{m}_i)$. *On munit* A *de la topologie* $\mathfrak{r}$*-adique, l'anneau* $B = S^{-1}A$ *de la topologie* $\mathfrak{r}B$*-adique, chacun des anneaux locaux* $A_{\mathfrak{m}_i}$ *de la topologie* $(\mathfrak{m}_iA_{\mathfrak{m}_i})$*-adique. Soient* $u : A \to B$, $v_i : B \to A_{\mathfrak{m}_i}$ *les homomorphismes canoniques* (chap. II, § 2, n° 1, cor. 2 de la prop. 2), v *l'homomorphisme* $(v_i) : B \to \prod_{i=1}^{q} A_{\mathfrak{m}_i}$. *Les homomorphismes* u *et* v *sont continus, et les homomorphismes correspondants* $\hat{u} : \hat{A} \to \hat{B}$ *et* $\hat{v} : \hat{B} \to \prod_{i=1}^{q} (A_{\mathfrak{m}_i})\hat{}$ *sont des isomorphismes d'anneaux topologiques.*

On a $\mathfrak{m}_i \cap S = \emptyset$ pour $1 \leqslant i \leqslant q$, donc l'idéal $\mathfrak{m}'_i = \mathfrak{m}_i B$ de B est maximal (chap. II, § 2, n° 5, prop. 11) et on a

$$\mathfrak{r}B = \mathfrak{m}'_1 \cap \mathfrak{m}'_2 \cap \ldots \cap \mathfrak{m}'_q$$

(chap. II, § 2, n° 4) ; enfin, on a $B_{\mathfrak{m}'_i} = A_{\mathfrak{m}_i}$ à un isomorphisme canonique près (chap. II, § 2, n° 5, prop. 11). Comme $\overset{-1}{u}(\mathfrak{r}B) = \mathfrak{r}$ et $\overset{-1}{v_i}(\mathfrak{m}_i A_{\mathfrak{m}_i}) \supset \mathfrak{r}B$, u et v sont continus. Il suffit donc de prouver que si $w = v \circ u : A \to \prod_{i=1}^{q} A_{\mathfrak{m}_i}$, $\hat{w}$ est un isomorphisme de $\hat{A}$ sur $\prod_{i=1}^{q} \hat{A}_{\mathfrak{m}_i}$, car ce résultat appliqué à B et aux $\mathfrak{m}'_i$ montrera que $\hat{v}$ est un isomorphisme, et par suite aussi $\hat{u}$. Notons que tout produit de puissances des $\mathfrak{m}_i$ contient une puissance de $\mathfrak{r}$, donc la topologie $\mathfrak{r}$-adique est la borne supérieure des topologies $\mathfrak{m}_i$-adiques ; en outre, si A_i désigne l'anneau A muni de la topologie $\mathfrak{m}_i$-adique, et $\varphi : A \to \prod_{i=1}^{q} A_i$ l'application diagonale, $\hat{\varphi} : \hat{A} \to \prod_{i=1}^{q} \hat{A}_i$ est un isomorphisme (prop. 17). Tout revient donc à prouver que si $u_i : A_i \to A_{\mathfrak{m}_i}$ est l'application canonique, $\hat{u}_i : \hat{A}_i \to \hat{A}_{\mathfrak{m}_i}$ est un isomorphisme. Or, pour tout n, l'application

$$u_{i,n} : A/\mathfrak{m}_i^n \to A_{\mathfrak{m}_i}/\mathfrak{m}_i^n A_{\mathfrak{m}_i}$$

déduite de u_i par passage aux quotients est un isomorphisme (chap. II, § 3, n° 3, prop. 9) ; notre assertion résulte de ce que $\hat{A}_i$ (resp. $\hat{A}_{\mathfrak{m}_i}$) est la limite projective des anneaux discrets $A/\mathfrak{m}_i^n$ (resp. $A_{\mathfrak{m}_i}/\mathfrak{m}_i^n A_{\mathfrak{m}_i}$) (cf. n° 6).

Remarque 3). — On voit donc qu'un anneau *intègre* A peut être tel que son séparé complété $\hat{A}$ admette des diviseurs de zéro non nuls.

PROPOSITION 19. — *Soient* A *un anneau commutatif*, $\mathfrak{m}$ *un idéal maximal de* A. *Le séparé complété* $\hat{A}$ *de* A *pour la topologie* $\mathfrak{m}$-*adique est un anneau local, dont l'idéal maximal est* $\hat{\mathfrak{m}}$.

Si $\mathfrak{a} = \bigcap_{k \geqslant 1} \mathfrak{m}^k$, $\hat{A}$ est le complété de l'anneau séparé $A/\mathfrak{a}$ associé à A, et comme $\mathfrak{m}/\mathfrak{a}$ est maximal dans $A/\mathfrak{a}$, on peut supposer que A est séparé pour la topologie $\mathfrak{m}$-adique. Comme $A/\mathfrak{m}$ et $\hat{A}/\hat{\mathfrak{m}}$ sont des anneaux isomorphes (nº 12, formule (21)), $\hat{\mathfrak{m}}$ est maximal dans $\hat{A}$. Comme la topologie de $\hat{A}$ est définie par la filtration $(\mathfrak{m}^n)^\wedge$ (nº 12), la proposition sera conséquence du lemme suivant :

Lemme 3. — *Soit* A *un anneau topologique séparé et complet, dans lequel il existe un système fondamental* $\mathfrak{S}$ *de voisinages de* 0 *formé de sous-groupes additifs de* A.

(i) *Pour tout* $x \in A$ *tel que* $\lim_{n\to\infty} x^n = 0$, $1 - x$ *est inversible dans* A *et son inverse est égal à* $\sum_{n=0}^{\infty} x^n$.

(ii) *Soit* $\mathfrak{a}$ *un idéal bilatère de* A *tel que* $\lim_{n\to\infty} x^n = 0$ *pour tout* $x \in \mathfrak{a}$. *Pour qu'un élément* y *de* A *soit inversible, il faut et il suffit que sa classe mod.* $\mathfrak{a}$ *soit inversible dans* $A/\mathfrak{a}$; *en particulier* $\mathfrak{a}$ *est contenu dans le radical de* A.

(i) Comme

$$(1 - x)(1 + x + \cdots + x^n) = (1 + x + \cdots + x^n)(1 - x) = 1 - x^{n+1},$$

tout revient à prouver que la série de terme général x^n est convergente dans A ; or, par hypothèse, pour tout voisinage $V \in \mathfrak{S}$ de 0 dans A, il existe un entier $p > 0$, tel que $x^n \in V$ pour $n \geqslant p$. On en conclut que $x^p + x^{p+1} + \cdots + x^q \in V$ pour tout $q \geqslant p$, et notre assertion résulte donc du critère de Cauchy (*Top. gén.*, chap. III, 3ᵉ éd., § 5, nº 2, th. 1).

(ii) Supposons qu'il existe $y' \in A$ tel que $yy' \equiv 1$ (mod. $\mathfrak{a}$) et $y'y \equiv 1$ (mod. $\mathfrak{a}$). L'hypothèse sur $\mathfrak{a}$ entraîne, en vertu de (i), que yy' et $y'y$ sont inversibles dans A, donc y est inversible dans A. En particulier, tout $x \in \mathfrak{a}$ est tel que $1 - x$ soit inversible dans A, et comme $\mathfrak{a}$ est un idéal bilatère de A, il est contenu dans le radical de A (*Alg.*, chap. VIII, § 6, nº 3, th. 1).

Ce lemme étant établi, il suffit de l'appliquer à l'anneau topologique $\hat{A}$ et à l'idéal $\hat{\mathfrak{m}}$, car pour tout $x \in \hat{\mathfrak{m}}$, on a $x^n \in (\hat{\mathfrak{m}})^n \subset (\mathfrak{m}^n)^\wedge$ et la suite (x^n) tend donc vers 0.

Si on prend $A = \mathbf{Z}$, tout idéal maximal de $\mathbf{Z}$ est de la forme $p\mathbf{Z}$, où p est premier. L'anneau des nombres p-adiques $\mathbf{Z}_p$ est donc un anneau local, dont $p\mathbf{Z}_p$ est l'idéal maximal (cor. 2 de la prop. 16), et dont le corps résiduel est isomorphe à $\mathbf{Z}/p\mathbf{Z} = \mathbf{F}_p$ et $\mathbf{Z}_{(p)}$, muni de la topologie $p\mathbf{Z}_{(p)}$-adique, s'identifie à un sous-anneau topologique de $\mathbf{Z}_p$, contenant $\mathbf{Z}$.

Corollaire. — *Soient* A *un anneau semi-local* (chap. II, § 3, n° 5), $\mathfrak{m}_i$ *ses idéaux maximaux distincts* ($1 \leqslant i \leqslant q$),

$$\mathfrak{r} = \mathfrak{m}_1 \cap \mathfrak{m}_2 \cap \ldots \cap \mathfrak{m}_q$$

son radical. Le séparé complété $\hat{A}$ *de* A *pour la topologie* $\mathfrak{r}$*-adique est un anneau semi-local, canoniquement isomorphe au produit* $\prod_{i=1}^{q} \hat{A}_{\mathfrak{m}_i}$, *où* $\hat{A}_{\mathfrak{m}_i}$ *est l'anneau local séparé complété de l'anneau local* $A_{\mathfrak{m}_i}$ *pour la topologie* $(\mathfrak{m}_i A_{\mathfrak{m}_i})$*-adique.*

§ 3. Topologies $\mathfrak{m}$-adiques sur les anneaux nœthériens.

Toutes les filtrations considérées dans ce paragraphe sont supposées exhaustives.

1. *Bonnes filtrations.*

Soient A un anneau commutatif filtré, E un A-module filtré, (A_n) et (E_n) les filtrations respectives de A et de E ; supposons que $A_0 = A$. Dans l'anneau de polynômes A[X], l'ensemble $A' = \sum_{n \geqslant 0} A_n X^n$ est une *sous-*A*-algèbre graduée de type* $\mathbf{N}$; le sous-groupe $E' = \sum_{n \geqslant 0} E_n \otimes_A AX^n$ de $E \otimes_A A[X]$ est un A'*-module gradué* de type $\mathbf{N}$, puisque

$$A_m X^m (E_n \otimes_A AX^n) \subset (A_m E_n \otimes_A AX^{m+n}) \subset E_{m+n} \otimes_A AX^{m+n}.$$

Définition 1. — *Soient* A *un anneau commutatif,* $\mathfrak{m}$ *un idéal de* A, E *un* A*-module,* (E_n) *une filtration sur le groupe additif* E, *formée de sous-modules de* E. *On dit que la filtration* (E_n) *est* $\mathfrak{m}$*-bonne si :*

1° $\mathfrak{m}E_n \subset E_{n+1}$ *pour tout* $n \in \mathbf{Z}$ *;*

2° *il existe un entier* n_0 *tel que* $\mathfrak{m}E_n = E_{n+1}$ *pour* $n \geqslant n_0$.

On a alors, par récurrence sur q, $\mathfrak{m}^q E_n = E_{n+q}$ pour $n \geqslant n_0$, $q \geqslant 1$. On notera que la condition 1° signifie que la filtration (E_n) est compatible avec la structure de A-module de E, quand on munit A de la filtration $\mathfrak{m}$-adique. Il est clair que sur tout A-module E, la filtration $\mathfrak{m}$-adique est $\mathfrak{m}$-bonne. Si une filtration sur un A-module E est $\mathfrak{m}$-bonne, la filtration quotient sur tout module quotient de E est $\mathfrak{m}$-bonne.

THÉORÈME 1. — *Soient* A *un anneau commutatif*, $\mathfrak{m}$ *un idéal de* A, E *un* A-*module*, (E_n) *une filtration du groupe additif* E, *formée de sous*-A-*modules de type fini. On suppose que* $\mathfrak{m}E_n \subset E_{n+1}$ *pour tout* n. *Soit* A' *la sous-algèbre graduée* $\sum_{n\geqslant 0} \mathfrak{m}^n X^n$ *de* A[X], E' *le* A'-*module gradué* $\sum_{n\geqslant 0} E_n \otimes_A AX^n$. *Les deux conditions suivantes sont équivalentes :*

a) *La filtration* (E_n) *est* $\mathfrak{m}$-*bonne.*

b) E' *est un* A'-*module de type fini.*

Supposons que $\mathfrak{m}E_{n-1} = E_n$ pour $n > n_0 \geqslant 0$. Pour $i \leqslant n_0$, soit $(e_{ij})_{1\leqslant j\leqslant r_i}$ un système fini de générateurs du A-module E_i. Comme le A-module $E_n \otimes_A AX^n$ est engendré par les éléments $e_{nj} \otimes X^n$ pour $0 \leqslant n \leqslant n_0$, et est égal à $\mathfrak{m}^{n-n_0}E_{n_0} \otimes_A AX^n$ pour $n > n_0$, le A'-module E' est engendré par les éléments $e_{nj} \otimes X^n$ pour $0 \leqslant n \leqslant n_0$ et $1 \leqslant j \leqslant r_n$; il est donc bien de type fini.

Réciproquement, si E' est un A'-module de type fini, il est engendré par une famille finie d'éléments de la forme $e_k \otimes X^{n(k)}$, où $e_k \in E_{n(k)}$. Soit n_0 le plus grand des entiers $n(k)$. Pour $n \geqslant n_0$ et $f \in E_n$, on a donc $f \otimes X^n = \sum_k t_k(e_k \otimes X^{n(k)})$ avec $t_k \in A'$; remplaçant au besoin t_k par son composant homogène de degré $n - n(k)$, on peut supposer que $t_k = a_k X^{n-n(k)}$ avec $a_k \in \mathfrak{m}^{n-n(k)}$. Comme l'unique élément X^n forme une base du A-module AX^n, l'égalité $f \otimes X^n = (\sum_k a_k e_k) \otimes X^n$ entraîne $f = \sum_k a_k e_k$. On a donc $E_n \subset \mathfrak{m}^{n-n_0}E_{n_0}$; l'inclusion opposée étant évidente, on a

$$E_n = \mathfrak{m}^{n-n_0}E_{n_0},$$

d'où $E_n = \mathfrak{m}E_{n-1}$ pour $n > n_0$.

C. Q. F. D.

Lemme 1. — *Soient* A *un anneau commutatif nœthérien*, $\mathfrak{m}$ *un idéal de* A. *Alors le sous-anneau* $A' = \sum_{n \geqslant 0} \mathfrak{m}^n X^n$ *de* A[X] *est nœthérien.*

En effet A′ est une A-algèbre engendrée par $\mathfrak{m}X$; comme A est nœthérien, $\mathfrak{m}X$ est un A-module de type fini, et la conclusion résulte donc du § 2, n° 10, cor. 3 du th. 2.

Proposition 1. — *Soient* A *un anneau commutatif nœthérien*, $\mathfrak{m}$ *un idéal de* A ; *on munit* A *de la filtration* $\mathfrak{m}$*-adique. Soient* E, F *deux* A*-modules filtrés*, $j : F \to E$ *un homomorphisme injectif compatible avec les filtrations. Si* E *est de type fini et si sa filtration est* $\mathfrak{m}$*-bonne, alors* F *est de type fini et sa filtration est* $\mathfrak{m}$*-bonne.*

Comme F est isomorphe à un sous-module de E, il est de type fini puisque A est nœthérien et E de type fini. Soient (E_n), (F_n) les filtrations respectives de E et F, qui sont formées de sous-modules de type fini ; gardons les notations du lemme 1 et posons $E' = \sum_{n \geqslant 0} E_n \otimes_A AX^n$, $F' = \sum_{n \geqslant 0} F_n \otimes_A AX^n$; comme par hypothèse F_n est isomorphe à un sous-module de E_n, on voit que F′ est isomorphe à un sous-module de E′. En vertu du th. 1, E′ est un A′-module de type fini, donc il en est de même de F′ puisque A′ est nœthérien (lemme 1). D'où la conclusion en vertu du th. 1.

Corollaire 1 (lemme d'Artin-Rees). — *Soient* A *un anneau commutatif nœthérien*, $\mathfrak{m}$ *un idéal de* A, E *un* A*-module de type fini*, F *un sous-module de* E. *La filtration induite sur* F *par la filtration* $\mathfrak{m}$*-adique de* E *est* $\mathfrak{m}$*-bonne.*

En d'autres termes, il existe un entier n_0 tel que l'on ait

$$\mathfrak{m}((\mathfrak{m}^n E) \cap F) = (\mathfrak{m}^{n+1} E) \cap F \tag{1}$$

pour tout $n \geqslant n_0$.

Corollaire 2. — *Soient* A *un anneau commutatif nœthérien*, $\mathfrak{a}$, $\mathfrak{b}$ *deux idéaux de* A. *Il existe un entier* $h > 0$ *tel que* $\mathfrak{a}^h \cap \mathfrak{b} \subset \mathfrak{a}\mathfrak{b}$.

En effet, il existe n tel que $\mathfrak{a}^{n+1} \cap \mathfrak{b} = \mathfrak{a}(\mathfrak{a}^n \cap \mathfrak{b}) \subset \mathfrak{a}\mathfrak{b}$ en vertu du cor. 1 appliqué à $E = A$, $F = \mathfrak{b}$.

COROLLAIRE 3. — *Soient* A *un anneau commutatif nœthérien,* $\mathfrak{m}$ *un idéal de* A, x *un élément de* A *non diviseur de* 0. *Il existe un entier* $k > 0$ *tel que, pour tout* $n \geqslant k$, *la relation* $xy \in \mathfrak{m}^n$ *entraîne* $y \in \mathfrak{m}^{n-k}$.

En effet, le cor. 1 appliqué à $E = A$, $F = Ax$, montre qu'il existe k tel que, pour tout $n \geqslant k$, on ait $\mathfrak{m}^n \cap Ax = \mathfrak{m}^{n-k}(\mathfrak{m}^k \cap Ax)$. Donc, si $xy \in \mathfrak{m}^n$, on a $xy \in \mathfrak{m}^n \cap Ax \subset \mathfrak{m}^{n-k}x$, et comme x n'est pas diviseur de 0, on en déduit $y \in \mathfrak{m}^{n-k}$.

Avec la notation des transporteurs (chap. I, § 2, nº 10), la conclusion du cor. 3 s'écrit

$$\mathfrak{m}^n : Ax \subset \mathfrak{m}^{n-k}. \tag{2}$$

COROLLAIRE 4. — *Soient* A *un anneau commutatif nœthérien,* $\mathfrak{m}$ *un idéal de* A, E *un* A*-module de type fini,* (E_n) *et* (E'_n) *deux filtrations formées de sous-modules de* E. *On suppose que les filtrations* (E_n) *et* (E'_n) *sont compatibles avec la structure de* A*-module de* E, *quand on munit* A *de la filtration* $\mathfrak{m}$*-adique. Si la filtration* (E_n) *est* $\mathfrak{m}$*-bonne et si* $E'_n \subset E_n$ *pour tout* $n \in \mathbf{Z}$, *la filtration* (E'_n) *est* $\mathfrak{m}$*-bonne.*

C'est un cas particulier de la prop. 1.

Lemme 2. — *Soient* A, B *deux anneaux commutatifs nœthériens,* $\varphi : A \to B$ *un homomorphisme d'anneaux,* E *un* A*-module de type fini,* F *un* B*-module de type fini. Alors* $\mathrm{Hom}_A(E, \varphi_*(F))$ *est un* B*-module de type fini.*

En effet, il existe par hypothèse un A-homomorphisme surjectif $v : A^n \to E$; l'application $u \to u \circ v$ de $\mathrm{Hom}_A(E, \varphi_*(F))$ dans $\mathrm{Hom}_A(A^n, \varphi_*(F))$ est donc injective, et comme B est nœthérien, il suffit de prouver que $\mathrm{Hom}_A(A^n, \varphi_*(F))$ est un B-module de type fini ; ce qui est immédiat puisqu'il est isomorphe à F^n.

PROPOSITION 2. — *Soient* A *un anneau commutatif nœthérien,* $\mathfrak{m}$ *un idéal de* A, E, F *deux* A*-modules de type fini. Si* (F_n) *est une filtration* $\mathfrak{m}$*-bonne sur* F, *les sous-modules* $\mathrm{Hom}_A(E, F_n)$ *forment une filtration* $\mathfrak{m}$*-bonne du* A*-module* $\mathrm{Hom}_A(E, F)$.

Comme on a $\mathfrak{m}^k F_n \subset F_{n+k}$ pour $n \in \mathbf{Z}$, $k \geqslant 0$, on a aussi

$$\mathfrak{m}^k \,\mathrm{Hom}_A(E, F_n) \subset \mathrm{Hom}_A(E, F_{n+k}) \,;$$

la famille $(\mathrm{Hom}_A(E, F_n))_{n \in \mathbf{Z}}$ est donc une filtration sur $\mathrm{Hom}_A(E, F)$ compatible avec sa structure de module sur l'anneau A filtré par la filtration $\mathfrak{m}$-adique. Puisque E est de type fini, il existe un entier $r > 0$ et un A-homomorphisme surjectif $u : A^r \to E$, qui définit un A-homomorphisme injectif

$$v = \mathrm{Hom}(u, 1_F) : \mathrm{Hom}_A(E, F) \to \mathrm{Hom}_A(A^r, F) ;$$

il est clair que v est compatible avec les filtrations $(\mathrm{Hom}_A(E, F_n))$ et $(\mathrm{Hom}_A(A^r, F_n))$. Comme $\mathrm{Hom}_A(E, F)$ et $\mathrm{Hom}_A(A^r, F)$ sont de type fini (lemme 2), il suffit, en vertu de la prop. 1, de montrer que la filtration $(\mathrm{Hom}_A(A^r, F_n))$ est $\mathfrak{m}$-bonne ; mais cela est immédiat en vertu de l'existence de l'isomorphisme canonique $\mathrm{Hom}_A(A^r, F_n) \to F_n^r$ et du fait que la relation $\mathfrak{m}F_n = F_{n+1}$ entraîne $\mathfrak{m}(F_n^r) = (\mathfrak{m}F_n)^r = F_{n+1}^r$ (*Alg.*, chap. II, 3e éd., § 3, n° 7, *Remarque*).

Proposition 3. — *Soient* A *un anneau nœthérien,* $\mathfrak{m}$ *un idéal de* A *tel que* A *soit séparé et complet pour la topologie* $\mathfrak{m}$*-adique. Soit* E *un* A*-module filtré sur l'anneau filtré* A, *la filtration* (E_n) *de* E *étant telle que* $E_0 = E$, *et que* E *soit séparé pour la topologie définie par* (E_n). *Alors les conditions suivantes sont équivalentes :*

a) E *est un* A*-module de type fini et* (E_n) *est une filtration* $\mathfrak{m}$*-bonne.*

b) $\mathrm{gr}(E)$ *est un* $\mathrm{gr}(A)$*-module de type fini.*

c) *Pour tout* $n \geqslant 0$, $\mathrm{gr}_n(E)$ *est un* A*-module de type fini, et il existe* n_0 *tel que pour* $n \geqslant n_0$ *l'homomorphisme canonique*

$$\mathrm{gr}_1(A) \otimes_A \mathrm{gr}_n(E) \to \mathrm{gr}_{n+1}(E) \tag{3}$$

soit surjectif.

Il résulte aussitôt des définitions que *a*) implique *c*). Le fait que *b*) entraîne *c*) est conséquence du § 1, n° 3, lemme 1 ; inversement, si *c*) est vérifiée, il est clair que $\mathrm{gr}(E)$ est engendré, en tant que $\mathrm{gr}(A)$-module, par la somme des $\mathrm{gr}_p(E)$ pour $p \leqslant n_0$, donc admet par hypothèse un système fini de générateurs. Reste à prouver que *c*) implique *a*) ; comme les $\mathrm{gr}_n(E)$ sont de type fini et que $E_0 = E$, il est clair d'abord, par récurrence sur n, que E/E_n est un A-module de type fini pour tout n ; il suffira donc de prouver que pour $n > n_0$, E_n est un A-module de type fini et que l'on a $\mathfrak{m}E_n = E_{n+1}$. Or, considérons le A-module E_{n+1} muni de la filtration exhaustive et séparée des E_{n+k} $(k \geqslant 1)$; on a $\mathfrak{m}E_n \subset E_{n+1}$;

l'hypothèse *c*) entraîne que l'image de $\mathfrak{m}E_n$ dans $\mathrm{gr}_{n+1}(E) = E_{n+1}/E_{n+2}$ est égale à $\mathrm{gr}_{n+1}(E)$ et *engendre* le gr(A)-module gradué $\mathrm{gr}(E_{n+1})$. Comme $\mathrm{gr}_{n+1}(E)$ est par hypothèse un A-module de type fini, il résulte du § 2, nº 9, prop. 12 que $\mathfrak{m}E_n = E_{n+1}$ et que E_{n+1} est un A-module de type fini.

2. *Topologies* $\mathfrak{m}$*-adiques sur les anneaux nœthériens.*

PROPOSITION 4. — *Soient* A *un anneau commutatif nœthérien,* $\mathfrak{m}$ *un idéal de* A, E *un* A*-module de type fini. Toutes les filtrations* $\mathfrak{m}$*-bonnes sur* E *définissent la même topologie (savoir la topologie* $\mathfrak{m}$*-adique).*

Soit (E_n) une filtration $\mathfrak{m}$-bonne sur E. Comme cette filtration est exhaustive, tout élément de E appartient à un des E_n, et comme E est de type fini et les E_n des A-modules, il existe un entier n_1 tel que $E_{n_1} = E$. Soit d'autre part n_0 tel que $\mathfrak{m}E_n = E_{n+1}$ pour $n \geqslant n_0$; pour $n > n_0 - n_1$, on a donc $\mathfrak{m}^n E \subset E_{n+n_1} = \mathfrak{m}^{n+n_1-n_0}E_{n_0} \subset \mathfrak{m}^{n+n_1-n_0}E$, ce qui démontre la proposition.

THÉORÈME 2 (Krull). — *Soient* A *un anneau commutatif nœthérien,* $\mathfrak{m}$ *un idéal de* A, E *un* A*-module de type fini,* F *un sous-module de* E. *Alors la topologie* $\mathfrak{m}$*-adique de* F *est induite par la topologie* $\mathfrak{m}$*-adique de* E.

En effet, il résulte du nº 1, prop. 1, que la filtration induite sur F par la filtration $\mathfrak{m}$-adique de E est $\mathfrak{m}$-bonne, et la conclusion découle alors de la prop. 4.

COROLLAIRE. — *Soient* A *un anneau commutatif nœthérien,* $\mathfrak{m}$ *un idéal de* A, E *un* A*-module,* F *un* A*-module de type fini. Toute application* A*-linéaire* $u : E \to F$ *est un morphisme strict* (*Top. gén.*, chap. III, 3ᵉ éd., § 2, nº 8) *pour les topologies* $\mathfrak{m}$*-adiques.*

En effet, comme $u(\mathfrak{m}^n E) = \mathfrak{m}^n u(E)$, u est un morphisme strict de E sur $u(E)$ pour les topologies $\mathfrak{m}$-adiques sur ces deux modules, et la topologie $\mathfrak{m}$-adique sur $u(E)$ est induite par la topologie $\mathfrak{m}$-adique sur F en vertu du th. 2.

PROPOSITION 5. — *Soient* A *un anneau commutatif nœthérien,* $\mathfrak{m}$ *un idéal de* A, E *un* A*-module de type fini. L'adhérence* $\bigcap_{n=1}^{\infty} \mathfrak{m}^n E$ *de* $\{0\}$ *dans* E *pour la topologie* $\mathfrak{m}$*-adique est l'ensemble des* $x \in E$ *pour lesquels il existe un élément* $m \in \mathfrak{m}$ *tel que* $(1 - m)x = 0$.

En effet, si $x = mx$ avec $m \in \mathfrak{m}$, on a $x = m^n x \in \mathfrak{m}^n E$ pour tout entier $n \geqslant 0$, donc $x \in F = \bigcap_{n=0}^{\infty} \mathfrak{m}^n E$. Inversement, si $x \in F$, Ax est contenu dans l'intersection des voisinages de 0 dans E ; il résulte alors du th. 2 que la topologie $\mathfrak{m}$-adique sur Ax, qui est induite par celle de E, est la topologie la moins fine ; comme $\mathfrak{m}x$ est par définition un voisinage de 0 pour cette topologie, on a $\mathfrak{m}x = Ax$, donc il existe $m \in \mathfrak{m}$ tel que $x = mx$.

COROLLAIRE (Krull). — *Soient* A *un anneau commutatif nœthérien,* $\mathfrak{m}$ *un idéal de* A. *L'idéal* $\bigcap_{n=1}^{\infty} \mathfrak{m}^n$ *est l'ensemble des éléments* $x \in A$ *pour lesquels il existe un* $m \in \mathfrak{m}$ *tel que* $(1 - m)x = 0$. *En particulier, pour que* $\bigcap_{n=1}^{\infty} \mathfrak{m}^n = \{0\}$, *il faut et il suffit qu'aucun élément de* $1 + \mathfrak{m}$ *ne soit diviseur de zéro dans* A.

Il suffit d'appliquer la prop. 5 à $E = A_s$.

Remarque. — L'hypothèse que A est *nœthérien* est essentielle dans ce corollaire. Par exemple, soit A l'anneau des applications indéfiniment différentiables de **R** dans lui-même, et soit $\mathfrak{m}$ l'idéal (maximal) de A formé des fonctions f telles que $f(0) = 0$. Il est immédiat que $\bigcap_{n=0}^{\infty} \mathfrak{m}^n$ est l'ensemble des fonctions f telles que $f^{(n)}(0) = 0$ pour tout $n \geqslant 0$, et il existe de telles fonctions telles que $f(x) \neq 0$ pour tout $x \neq 0$, par exemple la fonction f définie par $f(x) = e^{-1/x^2}$ pour $x \neq 0$ et $f(0) = 0$.

Définition 1. — *Soit* A *un anneau topologique. Si un idéal bilatère* $\mathfrak{m}$ *de* A *est tel que la topologie donnée sur* A *soit la topologie* $\mathfrak{m}$*-adique, on dit que* $\mathfrak{m}$ *est un idéal de définition de la topologie de* A.

Soient A un anneau commutatif nœthérien, $\mathfrak{m}$ un idéal de A, $\mathfrak{t}$ sa racine (chap. II, § 2, n° 6). Si $\mathfrak{m}'$ est un idéal de définition de la topologie $\mathfrak{m}$-adique, il existe un entier $n > 0$ tel que $\mathfrak{m}'^n \subset \mathfrak{m}$ (§ 2, n° 5), donc $\mathfrak{m}' \subset \mathfrak{t}$; inversement, puisque A est nœthérien, il existe un entier $k > 0$ tel que $\mathfrak{t}^k \subset \mathfrak{m}$ (chap. II, § 2, n° 6, prop. 15), donc $\mathfrak{t}$ est *le plus grand idéal de définition* de la topologie $\mathfrak{m}$-adique.

3. Anneaux de Zariski.

Proposition 6. — *Soient* A *un anneau commutatif nœthérien,* $\mathfrak{m}$ *un idéal de* A. *Les propriétés suivantes sont équivalentes :*

a) $\mathfrak{m}$ *est contenu dans le radical de* A.

b) *Tout* A*-module de type fini est séparé pour la topologie* $\mathfrak{m}$*-adique.*

c) *Pour tout* A*-module* E *de type fini, tout sous-module de* E *est fermé pour la topologie* $\mathfrak{m}$*-adique de* E.

d) *Tout idéal maximal de* A *est fermé pour la topologie* $\mathfrak{m}$*-adique.*

Montrons que *a*) implique *b*). Supposons $\mathfrak{m}$ contenu dans le radical de A et soit E un A-module de type fini. Si $x \in$ E et $m \in \mathfrak{m}$ sont tels que $(1 - m)x = 0$, on a $x = 0$, car $1 - m$ est inversible dans A. Donc (n° 2, prop. 5) E est séparé pour la topologie $\mathfrak{m}$-adique.

Prouvons que *b*) entraîne *c*). Supposons *b*) vérifiée. Soient E un A-module de type fini, F un sous-module de A. Alors E/F est séparé pour la topologie $\mathfrak{m}$-adique, qui est la topologie quotient de la topologie $\mathfrak{m}$-adique de E ; donc F est fermé dans E.

Il est clair que *c*) implique *d*). Démontrons enfin que *d*) implique *a*). Il résulte de *d*) que pour tout idéal maximal $\mathfrak{a}$ de A, le A-module A/$\mathfrak{a}$ est séparé pour la topologie $\mathfrak{m}$-adique. Cela entraîne $\mathfrak{m}(A/\mathfrak{a}) \neq A/\mathfrak{a}$, sinon la topologie $\mathfrak{m}$-adique de A/$\mathfrak{a}$ serait la topologie la moins fine, et A/$\mathfrak{a}$ serait réduit à 0, ce qui est absurde puisque A/$\mathfrak{a}$ est un *corps*. L'image canonique de $\mathfrak{m}$ dans A/$\mathfrak{a}$ est donc un idéal de A/$\mathfrak{a}$ distinct de A/$\mathfrak{a}$, donc est réduite à 0 ; on a par suite $\mathfrak{m} \subset \mathfrak{a}$, ce qui montre que $\mathfrak{m}$ est contenu dans le radical de A.

DÉFINITION 2. — *On dit qu'un anneau topologique* A *est un anneau de Zariski s'il est commutatif et nœthérien et s'il existe un idéal de définition* $\mathfrak{m}$ *pour la topologie de* A, *satisfaisant aux conditions équivalentes de la prop.* 6.

Un anneau de Zariski A est nécessairement *séparé* (prop. 6), et *tout* idéal de définition pour sa topologie est contenu dans le radical de A.

Exemples d'anneaux de Zariski. — 1) Soient A un anneau commutatif nœthérien, $\mathfrak{m}$ un idéal de A. Si A est *séparé et complet pour la topologie* $\mathfrak{m}$*-adique*, A est un anneau de Zariski pour cette topologie, en vertu du § 2, n° 13, lemme 3.

2) Tout *anneau quotient* $A/\mathfrak{b}$ d'un anneau de Zariski est un anneau de Zariski, car il est nœthérien, et si $\mathfrak{m}$ est un idéal de définition de A, $\mathfrak{m}(A/\mathfrak{b}) = (\mathfrak{m} + \mathfrak{b})/\mathfrak{b}$ est contenu dans le radical de $A/\mathfrak{b}$ (*Alg.*, chap. VIII, § 6, n° 3, prop. 7).

3) Soient A un anneau *semi-local nœthérien*, $\mathfrak{r}$ son radical. Alors A, muni de la topologie $\mathfrak{r}$-adique, est un anneau de Zariski. C'est toujours de cette topologie qu'il sera question (sauf mention expresse du contraire) quand on considérera un anneau semi-local nœthérien comme un anneau topologique.

PROPOSITION 7. — *Soient* A, A' *deux anneaux commutatifs,* $h : A \to A'$ *un homomorphisme d'anneaux. On suppose que* A *est nœthérien et que* A' *est un* A*-module de type fini* (*pour la structure de module définie par* h). *Soit* $\mathfrak{m}$ *un idéal de* A, *et soit* $\mathfrak{m}' = \mathfrak{m}A'$. *Alors :*

(i) *Pour que la topologie* $\mathfrak{m}'$*-adique de* A' *soit séparée, il faut et il suffit que les éléments de* $1 + h(\mathfrak{m})$ *soient non diviseurs de* 0 *dans* A'.

(ii) *Si* A, *muni de la topologie* $\mathfrak{m}$*-adique, est un anneau de Zariski, alors* A', *muni de la topologie* $\mathfrak{m}'$*-adique, est un anneau de Zariski.*

(iii) *Si* h *est injectif* (*identifiant ainsi* A *à un sous-anneau de* A') *la topologie* $\mathfrak{m}'$*-adique de* A' *induit sur* A *la topologie* $\mathfrak{m}$*-adique.*

Rappelons que la filtration $\mathfrak{m}'$-adique de A' coïncide avec la filtration $\mathfrak{m}$-adique du A-*module* A' (§ 2, n° 1, *Exemple* 3). L'assertion (i) est donc un cas particulier de la prop. 5 du n° 2, et l'assertion (iii) un cas particulier du th. 2 du n° 2. Démontrons enfin (ii). Supposons que A soit un anneau de Zariski pour la topologie $\mathfrak{m}$-adique, et soit E' un A'-module de type fini ; c'est aussi un A-module de type fini, et les filtrations $\mathfrak{m}$-adique et $\mathfrak{m}'$-adique sur E' coïncident ; donc E' est séparé pour la topologie $\mathfrak{m}'$-adique. Enfin le A-module A' est nœthérien, donc l'anneau A' est nœthérien, ce qui achève de prouver que A' est un anneau de Zariski.

4. *Séparé complété d'un anneau nœthérien.*

Soient A un anneau commutatif, $\mathfrak{m}$ un idéal de A, E un A-module ; notons $\hat{A}$ et $\hat{E}$ les séparés complétés respectifs de A et E pour les topologies $\mathfrak{m}$-adiques, et j_E l'application canonique $E \to \hat{E}$. L'application A-bilinéaire $(a, x) \to a j_E(x)$ de $\hat{A} \times E$ dans $\hat{E}$ définit une application $\hat{A}$-linéaire $\alpha_E : \hat{A} \otimes_A E \to \hat{E}$, dite *canonique*. Soit $u : E \to F$ un homomorphisme de A-modules, et soit $\hat{u} : \hat{E} \to \hat{F}$ l'application qu'on en déduit par passage aux séparés complétés ; pour $a \in \hat{A}$, $x \in E$, on a

$$\alpha_F(a \otimes u(x)) = a j_F(u(x)) = a\hat{u}(j_E(x)) = \hat{u}(\alpha_E(a \otimes x)),$$

autrement dit, le diagramme

$$(4) \qquad \begin{array}{ccc} \hat{A} \otimes_A E & \xrightarrow{1 \otimes u} & \hat{A} \otimes_A F \\ {\scriptstyle \alpha_E}\downarrow & & \downarrow{\scriptstyle \alpha_F} \\ \hat{E} & \xrightarrow[\hat{u}]{} & \hat{F} \end{array}$$

est commutatif. Enfin, il résulte du § 2, n° 12, prop. 16 que si E est de *type fini*, l'homomorphisme α_E est *surjectif*.

THÉORÈME 3. — *Soient* A *un anneau commutatif nœthérien,* $\mathfrak{m}$ *un idéal de* A, E, F, G *trois* A-*modules de type fini. Alors :*

(i) *Si* $E \xrightarrow{u} F \xrightarrow{v} G$ *est une suite exacte d'applications* A-*linéaires, la suite* $\hat{E} \xrightarrow{\hat{u}} \hat{F} \xrightarrow{\hat{v}} \hat{G}$ *qu'on en déduit par passage aux séparés complétés (pour les topologies* $\mathfrak{m}$-*adiques) est exacte.*

(ii) *L'application* $\hat{A}$-*linéaire canonique* $\alpha_E : \hat{A} \otimes_A E \to \hat{E}$ *est bijective.*

(iii) *Le* A-*module* $\hat{A}$ *est plat.*

On a vu que u et v sont des morphismes stricts de groupes topologiques (n° 2, cor. du th. 2). L'assertion (i) résulte donc du § 2, n° 12, lemme 2. L'assertion (ii) est évidente lorsque $E = A$, et le cas où E est un A-module libre de type fini se ramène aussitôt à celui-là. Dans le cas général, E admet une présentation de type fini

$$L \xrightarrow{u} L' \xrightarrow{v} E \to 0$$

(chap. I, § 2, n° 8, lemme 8). On en déduit le diagramme commutatif

$$\begin{array}{ccccccc}
\hat{A} \otimes_A L & \xrightarrow{1 \otimes u} & \hat{A} \otimes_A L' & \xrightarrow{1 \otimes v} & \hat{A} \otimes_A E & \longrightarrow & 0 \\
\alpha_L \downarrow & & \downarrow \alpha_{L'} & & \downarrow \alpha_E & & \\
\hat{L} & \xrightarrow[\hat{u}]{} & \hat{L}' & \xrightarrow[\hat{v}]{} & \hat{E} & \longrightarrow & 0
\end{array}$$

La première ligne est exacte (chap. I, § 2, n° 1, lemme 1) et il en est de même de la seconde d'après (i). On sait déjà que α_E est surjectif (§ 2, n° 12, prop. 16) ; d'autre part, comme α_L et $\alpha_{L'}$ sont bijectifs et $1 \otimes v$ surjectif, α_E est injectif en vertu du chap. I, § 1, n° 4, cor. 2 de la prop. 2 ; ceci démontre (ii).

Il résulte alors de (i) et (ii) que si $\mathfrak{a}$ est un idéal de A (nécessairement de type fini), l'application canonique $\hat{A} \otimes_A \mathfrak{a} \to \hat{A}$ est injective, étant composée de $\hat{\mathfrak{a}} \to \hat{A}$ et de α_E, ce qui prouve que $\hat{A}$ est un A-module plat (chap. I, § 2, n° 3, prop. 1).

C. Q. F. D.

Sous les conditions du th. 3, on identifie souvent $\hat{A} \otimes_A E$ à $\hat{E}$ au moyen de l'application canonique α_E. Si $u : E \to F$ est un homomorphisme de A-modules de type fini, $\hat{u} : \hat{E} \to \hat{F}$ se trouve alors identifié à $1 \otimes u$ en vertu de la commutativité du diagramme (4).

Corollaire 1. — *Soient* A *un anneau commutatif nœthérien*, $\mathfrak{m}$ *un idéal de* A, E *un* A-*module de type fini*, F *et* G *deux sous-modules de* E. *Munissons* A, E, F *et* G *des topologies* $\mathfrak{m}$-*adiques, et soit* i *l'application canonique de* E *dans* $\hat{E}$. *On a alors :*

$$\hat{F} = \hat{A}.i(F), \qquad (F + G)\hat{} = \hat{F} + \hat{G}, \qquad (F \cap G)\hat{} = \hat{F} \cap \hat{G},$$
$$(F : G)\hat{} = \hat{F} : \hat{G}.$$

En outre, si $\mathfrak{a}$ *et* $\mathfrak{b}$ *sont deux idéaux de* A, *et si* $\mathfrak{c} = \mathfrak{a}\mathfrak{b}$, *on a* $\hat{\mathfrak{c}} = \hat{\mathfrak{a}}\hat{\mathfrak{b}}$.

En effet, en vertu du th. 3, $\hat{E}$, $\hat{F}$, $\hat{G}$ s'identifient canoniquement à $\hat{A}\otimes E$, $\hat{A}\otimes F$, $\hat{A}\otimes G$, ce qui démontre les deux premières formules. La troisième et la quatrième résultent respectivement du chap. I, § 2, n° 6, prop. 6 et n° 10, prop. 12. Enfin comme $\hat{\mathfrak{a}} = \hat{A}i(\mathfrak{a})$, $\hat{\mathfrak{b}} = \hat{A}i(\mathfrak{b})$, $\hat{\mathfrak{c}} = \hat{A}i(\mathfrak{c})$, on a bien

$$\hat{\mathfrak{c}} = \hat{A}i(\mathfrak{a}\mathfrak{b}) = \hat{A}i(\mathfrak{a})i(\mathfrak{b}) = \hat{\mathfrak{a}}\hat{\mathfrak{b}}.$$

Corollaire 2. — *Soient* A *un anneau commutatif nœthérien,* $\mathfrak{m}$ *un idéal de* A, $\hat{A}$ *le séparé complété de* A *pour la topologie* $\mathfrak{m}$-*adique. Si un élément* $a \in A$ *est non diviseur de* 0 *dans* A, *son image canonique* a' *dans* $\hat{A}$ *est non diviseur de* 0 *dans* $\hat{A}$.

Comme $\hat{A}$ est un A-module plat, le corollaire est un cas particulier du chap. I, § 2, n° 4, prop. 3, (i).

Corollaire 3. — *Si* A *est un anneau commutatif nœthérien, l'anneau de séries formelles* $A[[X_1,..., X_n]]$ *est un* A-*module plat.*

En effet c'est le complété de l'anneau de polynômes

$$B = A[X_1,..., X_n]$$

pour la topologie $\mathfrak{m}$-adique, où $\mathfrak{m}$ est l'ensemble des polynômes sans terme constant (§ 2, n° 12, *Exemple* 1) ; comme B est nœthérien (§ 2, n° 10, cor. 2 du th. 2), $A[[X_1,..., X_n]]$ est un B-module plat en vertu du th. 3, et comme B est un A-module libre, $A[[X_1,..., X_n]]$ est un A-module plat (chap. I, § 2, n° 7, cor. 3 de la prop. 8).

Proposition 8. — *Soient* A *un anneau commutatif nœthérien,* $\mathfrak{m}$ *un idéal de* A, $\hat{A}$ *le séparé complété de* A *pour la topologie* $\mathfrak{m}$-*adique,* j *l'application canonique de* A *dans* $\hat{A}$. *Alors :*

(i) $\hat{A}$ *est un anneau de Zariski et* $\hat{\mathfrak{m}} = \hat{A}.j(\mathfrak{m})$ *est un idéal de définition de* $\hat{A}$.

(ii) *L'application* $\mathfrak{n} \to \hat{\mathfrak{n}} = \hat{A}.j(\mathfrak{n})$ *est une bijection de l'ensemble des idéaux maximaux de* A *contenant* $\mathfrak{m}$ *sur l'ensemble des idéaux maximaux de* $\hat{A}$, *et* $\mathfrak{q} \to \overset{-1}{j}(\mathfrak{q})$ *est la bijection réciproque.*

(iii) *Soit* $\mathfrak{n}$ *un idéal maximal de* A *contenant* $\mathfrak{m}$. *L'homomorphisme* $j' : A_{\mathfrak{n}} \to \hat{A}_{\hat{\mathfrak{n}}}$ *déduit de* j *est injectif ; si on identifie* $A_{\mathfrak{n}}$ *au moyen* *de j' à un sous-anneau de $\hat{A}_{\hat{\mathfrak{n}}}$, la topologie $(\mathfrak{n}A_{\mathfrak{n}})$-adique de $A_{\mathfrak{n}}$ est induite par la topologie $\hat{\mathfrak{n}}$-adique de $\hat{A}_{\hat{\mathfrak{n}}}$, et $A_{\mathfrak{n}}$ est dense dans $\hat{A}_{\hat{\mathfrak{n}}}$ pour la topologie $\hat{\mathfrak{n}}$-adique.*

Démontrons (i). Comme $\mathfrak{m}$ est un idéal de type fini, on a $(\mathfrak{m}^n)^\wedge = (\hat{\mathfrak{m}})^n = \mathfrak{m}^n\hat{A}$ (§ 2, n° 12, cor. 2 de la prop. 16) et la topologie de $\hat{A}$ est la topologie $\hat{\mathfrak{m}}$-adique. Comme $\hat{A}/\hat{\mathfrak{m}}$ est isomorphe à $A/\mathfrak{m}$, c'est un anneau nœthérien, et $\hat{\mathfrak{m}} = \mathfrak{m}\hat{A}$ est un $\hat{A}$-module de type fini, donc $\hat{A}$ est nœthérien (§ 2, n° 10, cor. 5 du th. 2); enfin, comme $\hat{A}$ est séparé et complet pour la topologie $\hat{\mathfrak{m}}$-adique, $\hat{A}$ est un anneau de Zariski (n° 3, *Exemple* 1).

L'assertion (ii) résulte aussitôt de ce que l'homomorphisme canonique $A/\mathfrak{m} \to \hat{A}/\hat{\mathfrak{m}}$ déduit de j est bijectif et du fait que tout idéal maximal de $\hat{A}$ contient $\hat{\mathfrak{m}}$, puisque $\hat{A}$ est un anneau de Zariski et que le radical de $\hat{A}$ contient donc $\hat{\mathfrak{m}}$ (n° 3, prop. 6).

Prouvons enfin (iii). Comme $\mathfrak{n} = \overset{-1}{j}(\hat{\mathfrak{n}})$, on a $j(A - \mathfrak{n}) \subset \hat{A} - \hat{\mathfrak{n}}$, et j définit bien un homomorphisme $j' : A_{\mathfrak{n}} \to \hat{A}_{\hat{\mathfrak{n}}}$ (chap. II, § 2, n° 1, prop. 2). Montrons que j' est injectif ; soient $a \in A$, $s \in A - \mathfrak{n}$ tels que $j'(a/s) = j(a)/j(s) = 0$; il existe donc $s' \in \hat{A} - \hat{\mathfrak{n}}$ tel que $s'j(a) = 0$ (chap. II, § 2, n° 1, *Remarque* 3), et l'annulateur de $j(a)$ dans $\hat{A}$ n'est donc pas contenu dans $\hat{\mathfrak{n}}$. Or, si $\mathfrak{b}$ est l'annulateur de a dans A, l'annulateur de $j(a)$ dans $\hat{A}$ est $\hat{\mathfrak{b}}$ (cor. 1 du th. 3) ; donc $\mathfrak{b} \not\subset \mathfrak{n}$, ce qui montre que $a/s = 0$.

En outre, on a un diagramme commutatif

$$(5)\qquad \begin{array}{ccc} A/\mathfrak{n}^k & \longrightarrow & A_{\mathfrak{n}}/(\mathfrak{n}A_{\mathfrak{n}})^k \\ {\scriptstyle h}\downarrow & & \downarrow{\scriptstyle h'} \\ \hat{A}/\hat{\mathfrak{n}}^k & \longrightarrow & \hat{A}_{\hat{\mathfrak{n}}}/(\hat{\mathfrak{n}}\hat{A}_{\hat{\mathfrak{n}}})^k \end{array}$$

où h et h' sont déduits de j et j' respectivement, et où les flèches horizontales sont les isomorphismes canoniques du chap. II, § 3, n° 3, prop. 9. Comme $\mathfrak{n}^k$ est un idéal ouvert de A (puisqu'il contient $\mathfrak{m}^k$), h est bijectif, donc il en est de même de h'. Ceci montre d'abord que $(\mathfrak{n}A_{\mathfrak{n}})^k = \overset{-1}{j'}((\hat{\mathfrak{n}}\hat{A}_{\hat{\mathfrak{n}}})^k)$, donc la topologie de $A_{\mathfrak{n}}$ est induite par celle de $\hat{A}_{\hat{\mathfrak{n}}}$; en outre, on a $\hat{A}_{\hat{\mathfrak{n}}} = A_{\mathfrak{n}} + (\hat{\mathfrak{n}}\hat{A}_{\hat{\mathfrak{n}}})^k$ pour tout $k > 0$, donc $A_{\mathfrak{n}}$ est partout dense dans $\hat{A}_{\hat{\mathfrak{n}}}$.

C. Q. F. D.

Corollaire. — *Soient* A *un anneau local* (resp. *semi-local*) *nœthérien*, $\mathfrak{m}$ *son radical. Alors* $\hat{A}$ *est un anneau local* (resp. *semi-local*) *nœthérien dont le radical est* $\hat{\mathfrak{m}}$.

En effet, $\hat{A}$ est nœthérien en vertu de la prop. 8, (i), et le reste résulte de la prop. 8, (ii) et de la troisième formule du cor. 1 du th. 3.

5. *Complété d'un anneau de Zariski.*

Proposition 9. — *Soient* A *un anneau commutatif nœthérien*, $\mathfrak{m}$ *un idéal de* A ; *munissons* A *de la topologie* $\mathfrak{m}$-*adique. Pour que* $\hat{A}$ *soit un* A-*module fidèlement plat, il faut et il suffit que* A *soit un anneau de Zariski.*

En effet, pour tout A-module de type fini M, l'application canonique $M \to M \otimes_A \hat{A}$ s'identifie à l'application canonique $M \to \hat{M}$ de M dans son séparé complété pour la topologie $\mathfrak{m}$-adique (nº 4, th. 3), et le noyau de cette application est donc l'adhérence de $\{0\}$ dans M pour cette topologie. Comme on sait déjà que $\hat{A}$ est un A-module plat (nº 4, th. 3), la proposition résulte de la caractérisation des modules fidèlement plats (chap. I, § 3, nº 1, prop. 1 *b*)) et de la caractérisation des anneaux de Zariski (nº 3, prop. 6).

Si A est un anneau de Zariski et si E est un A-module de type fini on peut (en vertu de la prop. 9) identifier E à une partie de $\hat{E}$ au moyen de l'application canonique $j_E : E \to \hat{E}$. Avec cette identification :

Corollaire 1. — *Soient* A *un anneau de Zariski*, E *un* A-*module de type fini*, F *un sous-module de* E. *Alors* $F = \hat{F} \cap E = (\hat{A}F) \cap E$.

C'est un cas particulier du chap. I, § 3, nº 5, prop. 10, (ii), et résulte aussi d'ailleurs du nº 3, prop. 6.

Corollaire 2. — *Soient* A *un anneau de Zariski*, E *un* A-*module de type fini. Si* $\hat{E}$ *est un* $\hat{A}$-*module libre*, E *est un* A-*module libre.*

Soit $\mathfrak{m}$ un idéal de définition de A, qui est donc contenu dans le radical de A. Appliquons le critère du chap. II, § 3, nº 2, prop. 5 :

l'application canonique $j_E : E \to \hat{E}$ définit une bijection i_E : $E/\mathfrak{m}E \to \hat{E}/(\mathfrak{m}E)\hat{}$; de même l'application canonique $j_A : A \to \hat{A}$ définit une bijection $i_A : A/\mathfrak{m} \to \hat{A}/\hat{\mathfrak{m}}$, qui est un isomorphisme d'anneaux. On a $(\mathfrak{m}E)\hat{} = \hat{A}.\mathfrak{m}E = \hat{\mathfrak{m}}\hat{E}$ (n° 4, th. 3), de sorte que $\hat{E}/(\mathfrak{m}E)\hat{}$ est muni d'une structure de $(\hat{A}/\hat{\mathfrak{m}})$-module, donc (à l'aide de i_A) d'une structure de $(A/\mathfrak{m})$-module. Il est immédiat que i_E est $(A/\mathfrak{m})$-linéaire, de sorte que c'est un isomorphisme de $(A/\mathfrak{m})$-modules. Comme $\hat{E}/\hat{\mathfrak{m}}\hat{E}$ est un $(\hat{A}/\hat{\mathfrak{m}})$-module libre, $E/\mathfrak{m}E$ est un $(A/\mathfrak{m})$-module libre.

Par ailleurs, soit $v : \mathfrak{m} \otimes_A E \to E$ l'homomorphisme canonique ; comme $(\mathfrak{m} \otimes_A E) \otimes_A \hat{A}$ s'identifie canoniquement à $\hat{\mathfrak{m}} \otimes_{\hat{A}} \hat{E}$ et $E \otimes_A \hat{A}$ à $\hat{E}$ (n° 4, th. 3), l'hypothèse que $\hat{E}$ est un $\hat{A}$-module libre entraîne que l'homomorphisme $v \otimes 1 : \hat{\mathfrak{m}} \otimes_{\hat{A}} \hat{E} \to \hat{E}$ est injectif. Comme $\hat{A}$ est un A-module fidèlement plat (prop. 9), on en conclut que v est injectif (chap. I, § 3, n° 1, prop. 2) et les conditions d'application du critère précité sont bien remplies.

Corollaire 3. — *Soient* A *un anneau de Zariski tel que* $\hat{A}$ *soit intègre,* $\mathfrak{a}$ *un idéal de* A. *Si l'idéal* $\mathfrak{a}\hat{A}$ *de* $\hat{A}$ *est principal,* $\mathfrak{a}$ *est principal.*

C'est un cas particulier du cor. 2.

Corollaire 4. — *Soient* A *un anneau de Zariski tel que* $\hat{A}$ *soit intègre,* L *le corps des fractions de* $\hat{A}$, $K \subset L$ *le corps des fractions de* A ; *on a* $\hat{A} \cap K = A$.

Il est clair que $A \subset \hat{A} \cap K$; d'autre part, si $x \in \hat{A} \cap K$, on a $\hat{A}x \subset \hat{A}$, donc comme $\hat{A}x = \hat{A} \otimes_A (Ax)$ (n° 4, th. 3) on a $\hat{A} \otimes_A ((Ax + A)/A) = 0$. Comme $\hat{A}$ est un A-module fidèlement plat (prop. 9), on en déduit $Ax \subset A$, d'où $x \in A$.

Corollaire 5. — *Soient* A *un anneau commutatif nœthérien,* E, F *deux* A-*modules de type fini,* $u : E \to F$ *un* A-*homomorphisme. Pour tout idéal maximal* $\mathfrak{m}$ *de* A, *notons* $A(\mathfrak{m})$ (resp. $E(\mathfrak{m})$, $F(\mathfrak{m})$) *le séparé complété de* A (resp. E, F) *pour la topologie* $\mathfrak{m}$-*adique, par* $u(\mathfrak{m}) : E(\mathfrak{m}) \to F(\mathfrak{m})$ *l'homomorphisme correspondant à* u. *Pour que* u *soit injectif* (resp. *surjectif, bijectif, nul*), *il faut et il suffit que* $u(\mathfrak{m})$ *le soit pour tout idéal maximal* $\mathfrak{m}$ *de* A.

On sait en effet que pour que u soit injectif (resp. surjectif, bijectif, nul), il faut et il suffit que $u_{\mathfrak{m}} : E_{\mathfrak{m}} \to F_{\mathfrak{m}}$ le soit pour tout idéal maximal $\mathfrak{m}$ de A (chap. II, § 3, n° 3, th. 1). Notons maintenant que $A_{\mathfrak{m}}$ est un anneau local nœthérien (chap. II, § 2, n° 4, cor. 2 de la prop. 10), donc un anneau de Zariski, et il y a un isomorphisme canonique de A-algèbres $\widehat{A}_{\mathfrak{m}} \to A(\mathfrak{m})$ (§ 2, n° 13, prop. 18). D'autre part (début du n° 4), on a un diagramme commutatif

$$\begin{array}{ccccc} E_{\mathfrak{m}} \otimes_{A_{\mathfrak{m}}} A(\mathfrak{m}) & \longrightarrow & E \otimes_A A(\mathfrak{m}) & \longrightarrow & E(\mathfrak{m}) \\ {\scriptstyle u_{\mathfrak{m}} \otimes 1} \downarrow & & \downarrow {\scriptstyle u \otimes 1} & & \downarrow {\scriptstyle u(\mathfrak{m})} \\ F_{\mathfrak{m}} \otimes_{A_{\mathfrak{m}}} A(\mathfrak{m}) & \longrightarrow & F \otimes_A A(\mathfrak{m}) & \longrightarrow & F(\mathfrak{m}) \end{array}$$

où les flèches horizontales de gauche proviennent de l'associativité du produit tensoriel et des isomorphismes $E_{\mathfrak{m}} \to E \otimes_A A_{\mathfrak{m}}$, $F_{\mathfrak{m}} \to F \otimes_A A_{\mathfrak{m}}$; comme E et F sont des A-modules de type fini, il résulte du n° 4, th. 3, que les lignes horizontales de ce diagramme sont formées d'isomorphismes ; tout revient donc à montrer qu'il est équivalent que $u_{\mathfrak{m}}$ soit injectif (resp. surjectif, bijectif, nul) et que $u_{\mathfrak{m}} \otimes 1$ le soit. Mais cela résulte du fait que $\widehat{A}_{\mathfrak{m}}$ (donc aussi $A(\mathfrak{m})$) est un $A_{\mathfrak{m}}$-module fidèlement plat d'après la prop. 9 (chap. I, § 3, n° 1, prop. 1 et 2).

Proposition 10. — *Soient* A, B *deux anneaux de Zariski*, $\widehat{A}$, $\widehat{B}$ *leurs complétés*, $f : A \to B$ *un homomorphisme continu d'anneaux*, $\widehat{f} : \widehat{A} \to \widehat{B}$ *l'homomorphisme déduit de f par passage aux complétés ; si $\widehat{f}$ est bijectif, le* A*-module* B *est fidèlement plat.*

Comme A et B sont séparés, l'hypothèse que $\widehat{f}$ est bijectif entraîne d'abord que f est injectif. Identifiant (algébriquement) A à $f(A)$ au moyen de f et $\widehat{A}$ à $\widehat{B}$ au moyen de $\widehat{f}$, on a donc les inclusions $A \subset B \subset \widehat{A} = \widehat{B}$; on sait que $\widehat{A}$ est un A-module fidèlement plat et un B-module fidèlement plat (prop. 9) ; on en conclut que B est un A-module fidèlement plat (chap. I, § 3, n° 4, *Remarque* 2).

Proposition 11. — *Soient* A *un anneau local nœthérien*, $\mathfrak{m}$ *son idéal maximal*, $\widehat{A}$ *son complété* $\mathfrak{m}$*-adique*, B *un anneau tel que* $A \subset B \subset \widehat{A}$. *Supposons que* B *soit un anneau local nœthérien dont l'idéal maximal* $\mathfrak{n}$ *vérifie la relation* $\mathfrak{n} = \mathfrak{m}B$. *On a alors*

$$\mathfrak{n}^k = \mathfrak{m}^k B = \widehat{\mathfrak{m}}^k \cap B$$

pour tout $k \geqslant 1$, *la topologie* $\mathfrak{n}$-*adique de* B *est induite par la topologie* $\hat{\mathfrak{m}}$-*adique de* $\hat{A}$, B *est un* A-*module fidèlement plat, et il y a un isomorphisme de* $\hat{A}$ *sur le complété* $\mathfrak{n}$-*adique* $\hat{B}$ *de* B, *qui prolonge l'injection canonique* $A \to B$.

Il suffit de vérifier la relation $\mathfrak{n}^k = \hat{\mathfrak{m}}^k \cap B$, car B étant dense dans $\hat{A}$ et la topologie $\mathfrak{n}$-adique induite par la topologie $\hat{\mathfrak{m}}$-adique, la dernière assertion résultera de *Top. gén.*, chap. II, 3e éd., § 3, n° 9, cor. 1 de la prop. 18, et l'avant-dernière de la prop. 10. L'injection $j_A : A \to \hat{A}$ (resp. $j_B : B \to \hat{A}$) définit par passage aux quotients un homomorphisme injectif $i_A : A/(\hat{\mathfrak{m}} \cap A) \to \hat{A}/\hat{\mathfrak{m}}$ (resp. $i_B : B/(\hat{\mathfrak{m}} \cap B) \to \hat{A}/\hat{\mathfrak{m}}$). On sait que $\hat{\mathfrak{m}} \cap A = \mathfrak{m}$ et que i_A est bijectif, donc i_B est bijectif, ce qui montre que $B/(\hat{\mathfrak{m}} \cap B)$ est un corps, donc que $\hat{\mathfrak{m}} \cap B$ est un idéal maximal de B, et par suite $\hat{\mathfrak{m}} \cap B = \mathfrak{n}$. Comme $\hat{A} = A + \hat{\mathfrak{m}}$, on a $B = A + \mathfrak{n} = A + \mathfrak{m}B$; par récurrence sur k, on en déduit que $B = A + \mathfrak{m}^k B = A + \mathfrak{n}^k$ pour tout $k > 1$. Comme on a $\mathfrak{n}^k \subset \hat{\mathfrak{m}}^k \cap B$, il suffit de montrer que $\hat{\mathfrak{m}}^k \cap B \subset \mathfrak{n}^k$; si $b \in \hat{\mathfrak{m}}^k \cap B$, on peut écrire $b = a + z$ avec $a \in A$, $z \in \mathfrak{n}^k$; d'où $a = b - z \in \hat{\mathfrak{m}}^k \cap A = \mathfrak{m}^k \subset \mathfrak{n}^k$, et $b \in \mathfrak{n}^k$.

*Un cas important où ceci s'applique est le suivant : B est l'anneau des séries entières à n variables sur un corps valué complet K, qui *convergent* au voisinage de 0, A est l'anneau local

$$K[X_1, \ldots, X_n]_{\mathfrak{p}}$$

où $\mathfrak{p}$ est l'idéal maximal formé des polynômes sans terme constant, et $\hat{A}$ est l'anneau de séries formelles $K[[X_1, \ldots, X_n]]$.*

Remarque. — Un anneau local B tel que $A \subset B \subset \hat{A}$, dont l'idéal maximal $\mathfrak{n}$ est égal à $\mathfrak{m}B$ et dont la topologie $\mathfrak{n}$-adique est induite par la topologie $\hat{\mathfrak{m}}$-adique de $\hat{A}$, n'est pas nécessairement nœthérien (exerc. 14).

PROPOSITION 12. — *Soient* A *un anneau commutatif nœthérien,* $\mathfrak{m}$ *un idéal de* A, S *la partie multiplicative* $1 + \mathfrak{m}$ *de* A, E *un* A-*module de type fini. Dans ces conditions :*

(i) $S^{-1}A$ *est un anneau de Zariski pour la topologie* $(S^{-1}\mathfrak{m})$-*adique.*

(ii) *L'application canonique* $f : E \to S^{-1}E$ *est continue quand on munit* E *de la topologie* $\mathfrak{m}$-*adique et* $S^{-1}E$ *de la topologie* $(S^{-1}\mathfrak{m})$-*adique, et* $\hat{f} : \hat{E} \to (S^{-1}E)^{\wedge}$ *est un isomorphisme.*

Tout élément de $1 + (S^{-1}\mathfrak{m})$ est de la forme

$$1 + (m/(1 + m')) = (1 + m + m')/(1 + m)$$

avec $m \in \mathfrak{m}$ et $m' \in \mathfrak{m}$; il est par suite inversible dans $S^{-1}A$, ce qui prouve que $S^{-1}\mathfrak{m}$ est contenu dans le radical de $S^{-1}A$; comme $S^{-1}A$ est nœthérien (chap. II, § 2, n° 4, cor. 2 de la prop. 10), $S^{-1}A$ est un anneau de Zariski pour la topologie $(S^{-1}\mathfrak{m})$-adique, ce qui prouve (i). Démontrons (ii). Pour tout $n > 0$, on a

$$\overset{-1}{f}((S^{-1}\mathfrak{m})^n E) = \overset{-1}{f}(S^{-1}(\mathfrak{m}^n E)) = \mathfrak{m}^n E :$$

en effet, il est clair tout d'abord que $f(\mathfrak{m}^n E) \subset S^{-1}\mathfrak{m}^n E$; inversement, soit x un élément de $\overset{-1}{f}(S^{-1}\mathfrak{m}^n E)$; il existe donc des éléments m', m'' de $\mathfrak{m}$ et un $x'' \in \mathfrak{m}^n E$ tels que $(1 + m')((1 + m'')x - x'') = 0$, d'où $(1 - m)x = x'$ avec $m = -(m' + m'' + m'm'') \in \mathfrak{m}$ et $x' = (1 + m')x'' \in \mathfrak{m}^n E$; on en conclut

$$x = (1 + m + \dots + m^{n-1})x' + m^n x \in \mathfrak{m}^n E.$$

Ceci prouve que f est un morphisme strict. De plus, le noyau de f, qui est l'ensemble des $x \in E$ pour lesquels il existe un $s \in S$ tel que $sx = 0$, est identique au noyau de l'application canonique $j : E \to \hat{E}$ (n° 2, prop. 5). Il y a donc un isomorphisme topologique $f_0 : j(E) \to f(E)$ tel que $f = f_0 \circ j$; comme $\hat{j}$ est un isomorphisme topologique, tout revient à voir que $f(E)$ est dense dans $S^{-1}E$. Or tout élément de $S^{-1}E$ s'écrit $x/(1 - m)$ avec $m \in \mathfrak{m}$, et on vérifie aussitôt que

$$x/(1 - m) \equiv ((1 + m + \dots + m^{n-1})x)/1 \pmod{S^{-1}\mathfrak{m}^n E}$$

ce qui achève la démonstration.

§ 4. Relèvement dans les anneaux complets.

1. *Polynômes fortement étrangers.*

Soit R un anneau commutatif. On dit que deux éléments x, y de R sont *fortement étrangers* si les idéaux principaux Rx et Ry sont étrangers, autrement dit (chap. II, § 1, n° 2) si $Rx + Ry = R$; il revient au même de dire qu'il existe deux éléments a, b de R tels que $ax + by = 1$.

Lemme 1 (« lemme d'Euclide »). — *Soient x, y deux éléments fortement étrangers dans* R ; *si $z \in$* R *est tel que x divise yz, alors x divise z.*

En effet, si $1 = ax + by$, on a $z = x(az) + (yz)b$.

Si x et y sont fortement étrangers dans R, on a

$$\mathrm{R}xy = (\mathrm{R}x) \cap (\mathrm{R}y)$$

(chap. II, § 1, n° 2, prop. 5) ; si R est *intègre*, deux éléments fortement étrangers ont donc un *ppcm* égal à leur produit (*Alg.*, chap. VI, § 1, n° 8) et sont par suite *étrangers* au sens de *Alg.*, chap. VI, § 1, n° 12. Réciproquement, si R est un anneau *principal*, deux éléments étrangers sont aussi fortement étrangers, comme il résulte de l'identité de Bezout (*Alg.*, chap. VII, § 1, n° 2, th. 1).

Dans les anneaux de polynômes, on a le résultat suivant :

PROPOSITION 1. — *Soient* A *un anneau commutatif*, P *et* P′ *deux polynômes fortement étrangers dans* A[X]. *On suppose que* P *est unitaire et de degré s. Alors tout polynôme* T *dans* A[X] *s'écrit d'une manière et d'une seule sous la forme*

$$\mathrm{T} = \mathrm{PQ} + \mathrm{P'Q'} \tag{1}$$

avec $\mathrm{Q} \in \mathrm{A}[\mathrm{X}]$, $\mathrm{Q'} \in \mathrm{A}[\mathrm{X}]$ *et* $\deg(\mathrm{Q'}) < s$.

Si de plus on a $\deg(\mathrm{T}) \leqslant t$ *et* $\deg(\mathrm{P'}) \leqslant t - s$, *alors* $\deg(\mathrm{Q}) \leqslant t - s$.

Comme P est unitaire, on a $\mathrm{PR} \neq 0$ pour tout polynôme $\mathrm{R} \neq 0$ de A[X] et dans ce cas on a $\deg(\mathrm{PR}) = s + \deg(\mathrm{R})$.

Soit T un polynôme quelconque dans A[X]. Comme l'idéal engendré par P et P′ est A[X] tout entier, il existe des polynômes Q_1 et Q'_1 tels que $\mathrm{T} = \mathrm{PQ}_1 + \mathrm{P'Q}'_1$; comme P est unitaire de degré s, la division euclidienne (*Alg.*, chap. IV, § 1, n° 5) montre qu'il existe deux polynômes Q′, Q″ tels que $\mathrm{Q}'_1 = \mathrm{PQ''} + \mathrm{Q'}$ avec $\deg(\mathrm{Q'}) < s$; on en déduit donc

$$\mathrm{T} = \mathrm{PQ}_1 + \mathrm{P'(PQ'' + Q')} = \mathrm{PQ} + \mathrm{P'Q'}$$

avec $\mathrm{Q} = \mathrm{Q}_1 + \mathrm{P'Q''}$. Pour démontrer l'unicité dans la formule (1), il suffit de prouver que les relations

$$0 = \mathrm{PQ} + \mathrm{P'Q'}, \qquad \deg(\mathrm{Q'}) < s \tag{2}$$

impliquent $Q = Q' = 0$. Or, si (2) est vérifiée, P divise $-PQ = P'Q'$, et comme P et P' sont fortement étrangers, P divise Q' en vertu du lemme 1 ; si on avait $Q' \neq 0$, il existerait un polynôme $S \neq 0$ tel que $Q' = PS$, d'où $\deg(Q') = s + \deg(S) \geqslant s$, ce qui est contradictoire. On en conclut $Q' = 0$, d'où $PQ = 0$ et finalement $Q = 0$ d'après la remarque du début.

Enfin, supposons que l'on ait $\deg(T) \leqslant t$ et $\deg(P') \leqslant t - s$; le polynôme T étant mis sous la forme (1), on a

$$\deg(P'Q') \leqslant \deg(P') + \deg(Q') < s + \deg(P') \leqslant t$$

et par suite

$$s + \deg(Q) = \deg(PQ) = \deg(T - P'Q') \leqslant t$$

d'où $\deg(Q) \leqslant t - s$.

Exemple. — Pour qu'un polynôme $P \in A[X]$ soit fortement étranger à $X - a$ (où $a \in A$), il faut et il suffit que $P(a)$ soit *inversible* dans A. En effet, si P et $X - a$ sont fortement étrangers, il résulte de la prop. 1 qu'il existe $c \in A$ et un polynôme $Q \in A[X]$ tels que $cP + (X - a)Q = 1$, d'où $cP(a) = 1$ et $P(a)$ est inversible. Réciproquement, on a, par division euclidienne

$$P = (X - a)R + P(a),$$

et si $P(a) = b^{-1}$, où $b \in A$, on en déduit $1 = bP - b(X - a)R$, ce qui montre que P et $X - a$ sont fortement étrangers.

Soient A et B deux anneaux commutatifs, $f : A \to B$ un homomorphisme d'anneaux. Si $P = \sum_{i \geqslant 0} a_i X^i$ est une série formelle dans $A[[X]]$, on désignera par $\overline{f}(P)$ la série formelle $\sum_{i \geqslant 0} f(a_i) X^i$ dans $B[[X]]$. Si P est un polynôme, il en est de même de $\overline{f}(P)$, et si de plus P est unitaire, alors $\overline{f}(P)$ est unitaire de même degré que P. Enfin, il est clair que $P \to \overline{f}(P)$ est un homomorphisme de $A[[X]]$ dans $B[[X]]$ qui prolonge f et applique X sur X. *La notation $\overline{f}$ sera constamment utilisée dans ce sens dans le reste de ce paragraphe.*

PROPOSITION 2. — *Soient* A *et* B *deux anneaux commutatifs*, f *un homomorphisme de* A *dans* B, P, P′ *deux polynômes dans* A[X]. *Si* P *et* P′ *sont fortement étrangers dans* A[X], *alors* $\bar{f}(P)$ *et* $\bar{f}(P')$ *sont fortement étrangers dans* B[X]. *La réciproque est vraie si* f *est surjectif, si son noyau est contenu dans le radical de* A, *et si* P *est unitaire.*

Supposons P et P′ fortement étrangers ; il existe donc des polynômes Q, Q′ dans A[X] tels que $PQ + P'Q' = 1$; on en déduit $\bar{f}(P)\bar{f}(Q) + \bar{f}(P')\bar{f}(Q') = 1$, d'où la première assertion. Pour démontrer la seconde, désignons par $\mathfrak{a}$ le noyau de f ; posons $E = A[X]$, et soit F l'idéal de E engendré par P et P′ ; comme f est surjectif et $\bar{f}(P)$ unitaire, la prop. 1 montre que pour tout polynôme $T \in A[X]$, il existe deux polynômes Q, Q′ dans A[X] tels que $\bar{f}(T) = \bar{f}(P)\bar{f}(Q) + \bar{f}(P')\bar{f}(Q')$, d'où la relation $E = F + \mathfrak{a}E$. Or, E/F est un A-module de type fini, car tout polynôme est congru mod. P à un polynôme de degré $< \deg(P)$, P étant unitaire. Comme $E/F = \mathfrak{a}(E/F)$ et que $\mathfrak{a}$ est contenu dans le radical de A, le lemme de Nakayama montre que $E/F = 0$ (*Alg.*, chap. VIII, § 6, nº 3, cor. 2 de la prop. 6), ce qui signifie que P et P′ sont fortement étrangers.

2. *Séries formelles restreintes.*

DÉFINITION 1. — *On dit qu'un anneau topologique commutatif* A *est linéairement topologisé* (et que sa topologie est *linéaire*) *s'il existe un système fondamental* $\mathfrak{B}$ *de voisinages de* 0 *formé d'idéaux de* A.

On notera que dans un tel anneau, les idéaux $\mathfrak{J} \in \mathfrak{B}$ sont *ouverts* et *fermés* (*Top. gén.*, chap. III, 3ᵉ éd., § 2, nº 1, cor. de la prop. 4). Pour tout $\mathfrak{J} \in \mathfrak{B}$, l'anneau topologique quotient $A/\mathfrak{J}$ est donc discret ; pour $\mathfrak{J} \in \mathfrak{B}$, $\mathfrak{J}' \in \mathfrak{B}$, $\mathfrak{J}' \subset \mathfrak{J}$, soit $h_{\mathfrak{J}\mathfrak{J}'} : A/\mathfrak{J}' \to A/\mathfrak{J}$ l'application canonique. On sait (*Top. gén.*, chap. III, 3ᵉ éd., § 7, nº 3) que $(A/\mathfrak{J}, f_{\mathfrak{J}\mathfrak{J}'})$ est un *système projectif* d'anneaux discrets (relatif à l'ensemble d'indices $\mathfrak{B}$, ordonné filtrant par la relation $\supset$), dont la limite projective est un anneau topologique $\tilde{A}$ linéairement topologisé, séparé et complet ; en outre (*loc. cit.*, prop. 2), on définit un morphisme strict $i : A \to \tilde{A}$, dont le noyau est l'adhérence de $\{0\}$ dans A, et l'image est partout dense dans $\tilde{A}$, de sorte que $\tilde{A}$ s'identifie canoniquement au *séparé complété* de A.

Définition 2. — *Étant donné un anneau topologique commutatif* A, *on dit qu'une série formelle* $T = \sum_{(n_i)} c_{n_1 n_2 \dots n_p} X_1^{n_1} X_2^{n_2} \dots X_p^{n_p}$ *de l'anneau* $A[[X_1, \dots, X_p]]$ *est restreinte si, pour tout voisinage* V *de* 0 *dans* A, *il n'y a qu'un nombre fini de coefficients* $c_{n_1 \dots n_p}$ *n'appartenant pas à* V (autrement dit, la famille $(c_{n_1 \dots n_p})$ *tend vers* 0 *dans* A suivant le filtre des complémentaires des parties finies de $\mathbf{N}^p$).

Si A est *linéairement topologisé*, les séries formelles restreintes dans $A[[X_1, \dots, X_p]]$ forment un *sous-anneau* de $A[[X_1, \dots, X_p]]$, que l'on note $A\{X_1, \dots, X_p\}$: en effet, si $T = \sum_{(n_i)} c_{n_1 \dots n_p} X_1^{n_1} \dots X_p^{n_p}$, $T' = \sum_{(n_i)} c'_{n_1 \dots n_p} X_1^{n_1} \dots X_p^{n_p}$ sont deux séries formelles restreintes, $\mathfrak{J}$ un voisinage de 0 dans A qui est un idéal de A, il existe un entier m tel que $c_{n_1 \dots n_p} \in \mathfrak{J}$ et $c'_{n_1 \dots n_p} \in \mathfrak{J}$ pour tout système $(n_1, \dots, n_p)$

tel que $n_k \geqslant m$ pour un indice k au moins ; or, si

$$T'' = TT' = \sum_{(n_i)} c''_{n_1 \dots n_p} X_1^{n_1} \dots X_p^{n_p},$$

on a $c''_{n_1 \dots n_p} = \sum c_{r_1 \dots r_p} c'_{s_1 \dots s_p}$ pour tous les systèmes (r_k), (s_k) tels que $r_k + s_k = n_k$ pour $1 \leqslant k \leqslant p$; on en conclut que si $n_k \geqslant 2m$, on a $r_k \geqslant m$ ou $s_k \geqslant m$, donc, puisque $\mathfrak{J}$ est un idéal, $c''_{n_1 \dots n_p} \in \mathfrak{J}$ dès que $n_k \geqslant 2m$ pour un k au moins, ce qui établit notre assertion. En outre, toute *dérivée* $\partial T / \partial X_i$ $(1 \leqslant i \leqslant p)$ d'une série formelle restreinte est restreinte, comme il résulte aussitôt de la définition et du fait que les voisinages $\mathfrak{J} \in \mathfrak{B}$ sont des sous-groupes additifs de A.

Lorsque A est *discret*, l'anneau des séries formelles restreintes n'est autre que l'anneau des polynômes $A[X_1, \dots, X_p]$.

Supposons toujours A *linéairement topologisé*, et soit $\mathfrak{B}$ un système fondamental de voisinages de 0 dans A formé d'idéaux de A ;

pour tout $\mathfrak{J} \in \mathfrak{B}$, soit $p_{\mathfrak{J}} : A \to A/\mathfrak{J}$ l'homomorphisme canonique. Par définition, pour toute série formelle restreinte $T \in A\{X_1,...,X_p\}$, on a $\bar{p}_{\mathfrak{J}}(T) \in (A/\mathfrak{J})[X_1,..., X_p]$. Il est clair que

$$((A/\mathfrak{J})[X_1,..., X_p], \bar{h}_{\mathfrak{J}\mathfrak{J}'})$$

est un système projectif d'anneaux (relatif à l'ensemble d'indices filtrant $\mathfrak{B}$) et que $(\bar{p}_{\mathfrak{J}})$ est un système projectif d'homomorphismes $A\{X_1,..., X_p\} \to (A/\mathfrak{J})[X_1,..., X_p]$; comme tout polynôme est une série formelle restreinte, $\bar{p}_{\mathfrak{J}}$ est surjectif ; son noyau $N_{\mathfrak{J}}$ est l'idéal de $A\{X_1,..., X_p\}$ formé des séries formelles restreintes dont tous les coefficients appartiennent à $\mathfrak{J}$; nous munirons $A\{X_1,..., X_n\}$ de la topologie (linéaire) dont les $N_{\mathfrak{J}}$ (pour $\mathfrak{J} \in \mathfrak{B}$) forment un système fondamental de voisinages de 0 (topologie qui ne dépend évidemment que de celle de A). Alors, il résulte de *Top. gén.*, chap. III, 3e éd., § 7, n° 3, prop. 2, que

$$(3) \qquad \pi = \varprojlim_{\mathfrak{J}} \bar{p}_{\mathfrak{J}} : A\{X_1,..., X_p\} \to \varprojlim_{\mathfrak{J}} (A/\mathfrak{J})[X_1,..., X_p]$$

est un *morphisme strict*, dont le noyau est l'adhérence de $\{0\}$ dans $A\{X_1,..., X_p\}$, et dont l'image est dense dans

$$A' = \varprojlim_{\mathfrak{J}} (A/\mathfrak{J})[X_1,..., X_p].$$

PROPOSITION 3. — *Si l'anneau commutatif linéairement topologisé* A *est séparé et complet, l'homomorphisme canonique* π *est un isomorphisme d'anneaux topologiques.*

En effet, pour tout $(n_1,..., n_p) \in \mathbf{N}^p$ et tout $\mathfrak{J} \in \mathfrak{B}$, soit $\varphi^{\mathfrak{J}}_{n_1...n_p}$ l'application $(A/\mathfrak{J})[X_1,...,X_p] \to A/\mathfrak{J}$ qui à tout polynôme fait correspondre le coefficient de $X_1^{n_1}...X_p^{n_p}$ dans ce polynôme ; il est clair que les $\varphi^{\mathfrak{J}}_{n_1...n_p}$ forment un système projectif d'homomorphismes de $(A/\mathfrak{J})$-modules (relatif à l'ensemble ordonné $\mathfrak{B}$), et comme A s'identifie canoniquement à $\varprojlim_{\mathfrak{J}} (A/\mathfrak{J})$ par hypothèse, $\varphi_{n_1...n_p} = \varprojlim_{\mathfrak{J}} \varphi^{\mathfrak{J}}_{n_1...n_p}$ est un A-homomorphisme continu de A' dans A. Pour tout élément $S = (S_{\mathfrak{J}})_{\mathfrak{J} \in \mathfrak{B}}$ de A', nous allons voir que la série formelle $T = \sum_{(n_i)} \varphi_{n_1...n_p}(S) X_1^{n_1}...X_p^{n_p}$ est restreinte et telle que $\pi(T) = S$. En effet, pour tout $\mathfrak{J} \in \mathfrak{B}$, et tout $\mathfrak{J}' \in \mathfrak{B}$ tel que $\mathfrak{J}' \subset \mathfrak{J}$, la relation $\varphi^{\mathfrak{J}}_{n_1 \ldots n_p}(S_{\mathfrak{J}}) = 0$ entraîne

$$\varphi^{\mathfrak{J}'}_{n_1 \ldots n_p}(S_{\mathfrak{J}'}) \in \mathfrak{J}/\mathfrak{J}' ;$$

comme $S_{\mathfrak{J}}$ est un polynôme, on voit que $\varphi_{n_1 \ldots n_p}(S) \in \mathfrak{J}$ sauf pour les $(n_1, \ldots, n_p)$ en nombre fini tels que $\varphi^{\mathfrak{J}}_{n_1 \ldots n_p}(S_{\mathfrak{J}}) \neq 0$, ce qui prouve notre première assertion ; la seconde résulte des définitions. Comme A est séparé, l'intersection des $N_{\mathfrak{J}}$ est réduite à 0, donc π est *bijectif*, ce qui achève la démonstration, puisque π est un morphisme strict.

PROPOSITION 4. — *Soient* A, B *deux anneaux commutatifs linéairement topologisés*, B *étant séparé et complet*, $u : A \to B$ *un homomorphisme continu. Pour toute famille* $\mathbf{b} = (b_i)_{1 \leqslant i \leqslant p}$ *d'éléments de* B, *il existe un homomorphisme continu et un seul*

$$\tilde{u} : A\{X_1, \ldots, X_p\} \to B$$

tel que $\tilde{u}(a) = u(a)$ *pour tout* $a \in A$ *et* $\tilde{u}(X_i) = b_i$ *pour* $1 \leqslant i \leqslant p$.

Il existe en effet un homomorphisme $v : A[X_1, \ldots, X_p] \to B$ et un seul tel que $v(a) = u(a)$ pour $a \in A$ et $v(X_i) = b_i$ pour $1 \leqslant i \leqslant p$. En outre, si $\mathfrak{H}$ est un voisinage de 0 dans B qui est un idéal, $\overset{-1}{u}(\mathfrak{H}) = \mathfrak{J}$ est un idéal de A qui est un voisinage de 0, et pour tout polynôme $P \in N_{\mathfrak{J}}$, il est clair que $v(P) \in \mathfrak{H}$, donc v est continu. Comme $A[X_1, \ldots, X_p]$ est dense dans $A\{X_1, \ldots, X_p\}$, l'existence et l'unicité de $\tilde{u}$ résultent de *Top. gén.*, chap. III, 3e éd., § 3, n° 3, prop. 5 et du principe de prolongement des identités.

Dans le cas particulier où A = B et où u est l'application identique on écrira $f(b_1, \ldots, b_p)$ ou $f(\mathbf{b})$ la valeur de $\tilde{u}(f)$ pour toute série formelle restreinte $f \in A\{X_1, \ldots, X_p\}$.

Remarques. — 1) La prop. 4 prouve que pour tout idéal *fermé* $\mathfrak{a}$ d'un anneau A supposé séparé et complet, les relations $b_i \in \mathfrak{a}$ pour $1 \leqslant i \leqslant p$ entraînent $f(b_1, \ldots, b_p) \in \mathfrak{a}$ pour toute série formelle restreinte $f \in A\{X_1, \ldots, X_p\}$.

2) Supposons A linéairement topologisé ; soit r un entier tel que $1 \leqslant r \leqslant p$, et munissons l'anneau $A\{X_1, \ldots, X_r\}$ de la topologie

définie ci-dessus. Alors l'anneau topologique $A\{X_1,\dots,X_p\}$ s'identifie à l'anneau des séries formelles restreintes

$$(A\{X_1,\dots,X_r\})\{X_{r+1},\dots,X_p\}$$

comme il résulte aussitôt des définitions.

3) Avec les notations de la *Remarque* 2, supposons en outre A séparé et complet, et écrivons toute série formelle restreinte $f \in A\{X_1,\dots,X_p\}$ sous la forme

$$f = \sum_{(n_i)} c_{n_{r+1}\dots n_p}(X_1,\dots,X_r)X_{r+1}^{n_{r+1}}\dots X_p^{n_p}$$

où les $c_{n_{r+1}\dots n_p}$ sont des séries formelles restreintes. Pour tout système $\mathbf{x} = (x_1,\dots,x_r)$ d'éléments de A, soit

$$b_{n_{r+1}\dots n_p} = c_{n_{r+1}\dots n_p}(x_1,\dots,x_r).$$

Il résulte aussitôt de la *Remarque* 1 que $\sum_{(n_i)} b_{n_{r+1}\dots n_p}X_{r+1}^{n_{r+1}}\dots X_p^{n_p}$ est une série formelle *restreinte*, que l'on note $f(x_1,\dots,x_r,X_{r+1},\dots,X_p)$; on dit qu'elle s'obtient en *substituant* les x_i aux X_i pour $1 \leqslant i \leqslant r$ dans f.

3. *Le lemme de Hensel.*

Dans un anneau topologique A, on dit qu'un élément x est *topologiquement nilpotent* si 0 est une limite de la suite $(x^n)_{n\geqslant 0}$. Si A est un anneau commutatif *linéairement topologisé*, dire que $x \in A$ est topologiquement nilpotent signifie que pour tout idéal ouvert $\mathfrak{J}$ de A, l'image canonique de x dans $A/\mathfrak{J}$ est un élément *nilpotent* de cet anneau. Si $\mathfrak{r}_\mathfrak{J}$ est le nilradical de $A/\mathfrak{J}$, il est clair que $(\mathfrak{r}_\mathfrak{J})$ est un système projectif de parties et l'ensemble $\mathfrak{t}$ des éléments topologiquement nilpotents de A est l'image réciproque de $\mathfrak{r} = \varprojlim_{\mathfrak{J}} \mathfrak{r}_\mathfrak{J}$ par l'homomorphisme canonique $A \to \varprojlim A/\mathfrak{J}$; c'est donc un *idéal fermé* de A. Si en outre A est *séparé* et *complet*, cet idéal est contenu dans le radical de A, et pour qu'un élément $x \in A$ soit inversible, il faut et il suffit que sa classe mod. $\mathfrak{t}$ soit inversible dans $A/\mathfrak{t}$ (§ 2, n° 13, lemme 3).

On notera que si A est un anneau, $\mathfrak{m}$ un idéal bilatère de A, les éléments de $\mathfrak{m}$ sont topologiquement nilpotents pour la topologie $\mathfrak{m}$-*adique*.

THÉORÈME 1 (Hensel). — *Soit* A *un anneau commutatif linéairement topologisé, séparé et complet. Soit* $\mathfrak{m}$ *un idéal fermé de* A, *dont les éléments sont topologiquement nilpotents. Soient* $B = A/\mathfrak{m}$ *l'anneau topologique quotient,* $\varphi : A \rightarrow B$ *l'application canonique. Soient* R *une série formelle restreinte dans* $A\{X\}$, $\overline{P}$ *un polynôme unitaire dans* B[X], $\overline{Q}$ *une série formelle restreinte dans* $B\{X\}$. *On suppose que* $\overline{\varphi}(R) = \overline{P}.\overline{Q}$ *et que* $\overline{P}$ *et* $\overline{Q}$ *soient fortement étrangers dans* $B\{X\}$. *Alors il existe un couple* (P, Q) *et un seul formé d'un polynôme unitaire* $P \in A[X]$ *et d'une série formelle restreinte* $Q \in A\{X\}$ *tel que*

$$(4) \qquad R = P.Q, \qquad \overline{\varphi}(P) = \overline{P}, \qquad \overline{\varphi}(Q) = \overline{Q}.$$

De plus P *et* Q *sont fortement étrangers dans* $A\{X\}$, *et si* R *est un polynôme, il en est de même de* Q.

La démonstration se fait en quatre étapes. Dans les trois premières, on suppose que A est *discret*, auquel cas R et $\overline{Q}$ sont des polynômes.

1) $\mathfrak{m}^2 = 0$.

Soient S, T deux polynômes de A[X] tels que S soit unitaire et que l'on ait $\overline{\varphi}(S) = \overline{P}$, $\overline{\varphi}(T) = \overline{Q}$; la prop. 2 du nº 1 montre que S et T sont fortement étrangers ; donc (nº 1, prop. 1) il existe un couple unique de polynômes (S', T') de A[X] tel que

$$(5) \quad R - ST = ST' + TS' \quad \text{et} \quad \deg(S') < \deg(S) = \deg(\overline{P}).$$

Les polynômes $P = S + S'$, $Q = T + T'$ répondent alors à la question ; on a en effet

$$(6) \quad \overline{P}.\overline{\varphi}(T') + \overline{Q}.\overline{\varphi}(S') = \overline{\varphi}(ST' + TS') = \overline{\varphi}(R - ST) = 0.$$

Comme $\overline{P}$ est unitaire, $\overline{P}$ et $\overline{Q}$ fortement étrangers et

$$\deg(\overline{\varphi}(S')) < \deg(\overline{P}),$$

la prop. 1 du nº 1 montre que $\overline{\varphi}(S') = \overline{\varphi}(T') = 0$, autrement dit les coefficients de S' et T' appartiennent à $\mathfrak{m}$, et la relation $\mathfrak{m}^2 = 0$ donne $PQ = ST + ST' + TS' = R$, ce qui vérifie les relations (4). Puisque $\overline{\varphi}(P) = \overline{P}$ et $\overline{\varphi}(Q) = \overline{Q}$, P et Q sont fortement étrangers (n° 1, prop. 2) ; enfin, si P_1, Q_1 sont deux autres polynômes de A[X] vérifiant (4) et tels que P_1 soit unitaire, on a nécessairement, en posant $S'_1 = P_1 - S$, $T'_1 = Q_1 - T$, $\deg(S'_1) < \deg(S)$ et $R - ST = ST'_1 + TS'_1$ puisque S'_1 et T'_1 ont leurs coefficients dans $\mathfrak{m}$; mais la prop. 1 prouve alors que $S' = S'_1$ et $T' = T'_1$, ce qui prouve l'unicité du couple (P, Q).

2) $\mathfrak{m}$ *est nilpotent.*

Soit n le plus petit entier tel que $\mathfrak{m}^n = 0$, et raisonnons par récurrence sur $n > 2$, le théorème étant démontré pour $n = 2$. Soient $A' = A/\mathfrak{m}^{n-1}$, $\mathfrak{m}' = \mathfrak{m}/\mathfrak{m}^{n-1}$; comme $\mathfrak{m}'^{n-1} = 0$, il existe un couple unique (P', Q') de polynômes de A'[X] tel que P' soit unitaire, $R' = P'Q'$, $\bar{\psi}(P') = \bar{P}$ et $\bar{\psi}(Q') = \bar{Q}$, en désignant par ψ l'homomorphisme canonique $A' \to A'/\mathfrak{m}' = B$, par θ l'homomorphisme canonique $A \to A'$ et en posant $R' = \bar{\theta}(R)$. D'autre part, comme $(\mathfrak{m}^{n-1})^2 = 0$, il existe un couple unique (P, Q) de polynômes de A[X] tel que P soit unitaire et $R = PQ$, $\bar{\theta}(P) = P'$, $\bar{\theta}(Q) = Q'$; comme $\varphi = \psi \circ \theta$, cela montre l'existence et l'unicité de P et Q vérifiant (4) ; en outre P' et Q' sont fortement étrangers par l'hypothèse de récurrence, donc il en est de même de P et Q.

3) A *est discret.*

On notera que dans ce cas $\mathfrak{m}$ n'est plus nécessairement nilpotent, mais c'est en tout cas un *nilidéal* par hypothèse. Soient P_0, Q_0 deux polynômes de A[X] tels que $\bar{\varphi}(P_0) = \bar{P}$, $\bar{\varphi}(Q_0) = \bar{Q}$ et que P_0 soit unitaire. Considérons l'idéal $\mathfrak{n}$ de A engendré par les coefficients de $R - P_0Q_0$; il est de type fini et contenu dans $\mathfrak{m}$, donc il est *nilpotent* (chap. II, § 2, n° 6, prop. 15), et par définition, si $\psi : A \to A/\mathfrak{n}$ est l'application canonique, on a $\bar{\psi}(R) = \bar{\psi}(P_0)\bar{\psi}(Q_0)$. En outre, $\bar{\psi}(P_0)$ et $\bar{\psi}(Q_0)$ sont fortement étrangers, comme il résulte de l'hypothèse sur $\bar{P}$ et $\bar{Q}$ et de la prop. 2 du n° 1 appliquée à l'homomorphisme canonique $A/\mathfrak{n} \to A/\mathfrak{m}$. En vertu du cas 2), il existe donc un couple (P, Q) de polynômes de A[X], tel que P soit unitaire et que les relations (4) soient vérifiées. Le fait que $\bar{P}$ et $\bar{Q}$ sont fortement étrangers entraîne encore ici que P et Q sont fortement étrangers dans A[X] en vertu du n° 1, prop. 2, car $\mathfrak{m}$ est contenu dans le radical de A. Supposons enfin que P_1, Q_1 soient deux polynômes de A[X] vérifiant (4) et tels que P_1 soit unitaire, et soit $\mathfrak{n}_1$ l'idéal de type fini de A engendré par les coefficients de $P - P_1$ et les coefficients de $Q - Q_1$; comme $\mathfrak{n}_1$ est contenu dans $\mathfrak{m}$, il est nilpotent, et si $\psi_1 : A \to A/\mathfrak{n}_1$ est l'application canonique on a $\overline{\psi}_1(P) = \overline{\psi}_1(P_1)$, $\overline{\psi}_1(Q) = \overline{\psi}_1(Q_1)$; la propriété d'unicité du cas 2) entraîne donc $P = P_1$, $Q = Q_1$.

4) *Cas général.*

Soit $\mathfrak{B}$ un système fondamental de voisinages de 0 dans A, formé d'idéaux de A. Pour tout $\mathfrak{J} \in \mathfrak{B}$, soient $f_\mathfrak{J}$ l'application canonique $A \to A/\mathfrak{J}$, $\varphi_\mathfrak{J}$ l'application canonique

$$A/\mathfrak{J} \to (A/\mathfrak{J})/((\mathfrak{m} + \mathfrak{J})/\mathfrak{J}) = A/(\mathfrak{m} + \mathfrak{J}),$$

$g_\mathfrak{J}$ l'application canonique $B = A/\mathfrak{m} \to A/(\mathfrak{m} + \mathfrak{J})$, et posons $R_\mathfrak{J} = \overline{f}_\mathfrak{J}(R)$, $\overline{P}_\mathfrak{J} = \overline{g}_\mathfrak{J}(\overline{P})$, $\overline{Q}_\mathfrak{J} = \overline{g}_\mathfrak{J}(\overline{Q})$. Comme chaque anneau $A/\mathfrak{J}$ est discret, on peut lui appliquer le cas 3), et on voit qu'il existe un couple unique $(P_\mathfrak{J}, Q_\mathfrak{J})$ de polynômes de $(A/\mathfrak{J})[X]$ tels que $P_\mathfrak{J}$ soit unitaire et $R_\mathfrak{J} = P_\mathfrak{J}Q_\mathfrak{J}$, $\overline{\varphi}_\mathfrak{J}(P_\mathfrak{J}) = \overline{P}_\mathfrak{J}$, $\overline{\varphi}_\mathfrak{J}(Q_\mathfrak{J}) = \overline{Q}_\mathfrak{J}$. L'unicité de ce couple entraîne que si $\mathfrak{J}' \subset \mathfrak{J}$, $\mathfrak{J}' \in \mathfrak{B}$, et si $f_{\mathfrak{J}\mathfrak{J}'} : A/\mathfrak{J}' \to A/\mathfrak{J}$ est l'application canonique, on a $P_\mathfrak{J} = \overline{f}_{\mathfrak{J}\mathfrak{J}'}(P_{\mathfrak{J}'})$, $Q_\mathfrak{J} = \overline{f}_{\mathfrak{J}\mathfrak{J}'}(Q_{\mathfrak{J}'})$. Il résulte donc de l'identification canonique de $A\{X\}$ et de $\varprojlim_\mathfrak{J} (A/\mathfrak{J})[X]$ (n° 2, prop. 3) qu'il existe $P \in A\{X\}$ et $Q \in A\{X\}$ tels que $R = PQ$ et $\overline{f}_\mathfrak{J}(P) = P_\mathfrak{J}$, $\overline{f}_\mathfrak{J}(Q) = Q_\mathfrak{J}$ pour tout $\mathfrak{J} \in \mathfrak{B}$. En outre, on a $\overline{g}_\mathfrak{J}(\overline{P} - \overline{\varphi}(P)) = 0$, $\overline{g}_\mathfrak{J}(\overline{Q} - \overline{\varphi}(Q)) = 0$ pour tout $\mathfrak{J} \in \mathfrak{B}$, ce qui signifie que pour tout $\mathfrak{J} \in \mathfrak{B}$ les coefficients de $\overline{P} - \overline{\varphi}(P)$ et de $\overline{Q} - \overline{\varphi}(Q)$ appartiennent tous à $(\mathfrak{m} + \mathfrak{J})/\mathfrak{m}$. Mais comme $\mathfrak{m}$ est fermé dans A, on a $\bigcap_\mathfrak{J} (\mathfrak{m} + \mathfrak{J}) = \mathfrak{m}$, d'où $\overline{P} = \overline{\varphi}(P)$, $\overline{Q} = \overline{\varphi}(Q)$, et P et Q vérifient donc bien (4) ; en outre, comme les $P_\mathfrak{J}$ sont unitaires et de même degré, la série formelle restreinte P est un polynôme unitaire. Si (P', Q') était un autre couple vérifiant (4) et tel que P' soit un polynôme unitaire, on en déduirait que $R_\mathfrak{J} = \overline{f}_\mathfrak{J}(P')\overline{f}_\mathfrak{J}(Q')$, $\overline{\varphi}_\mathfrak{J}(\overline{f}_\mathfrak{J}(P')) = \overline{P}_\mathfrak{J}$ et $\overline{\varphi}_\mathfrak{J}(\overline{f}_\mathfrak{J}(Q')) = \overline{Q}_\mathfrak{J}$, et d'après l'unicité du cas 3), $\overline{f}_\mathfrak{J}(P') = P_\mathfrak{J}$, $\overline{f}_\mathfrak{J}(Q') = Q_\mathfrak{J}$ pour tout $\mathfrak{J} \in \mathfrak{B}$, ce qui entraîne $P = P'$ et $Q = Q'$. Montrons enfin que P et Q sont fortement étrangers ; en vertu du cas 3) et de la prop. 1 du n° 1, pour tout $\mathfrak{J} \in \mathcal{B}$, il existe un couple unique $(S_{\mathfrak{J}}, T_{\mathfrak{J}})$ de polynômes de $(A/\mathfrak{J})[X]$ tels que

$$(7) \quad 1 = P_{\mathfrak{J}}S_{\mathfrak{J}} + Q_{\mathfrak{J}}T_{\mathfrak{J}} \quad \text{et} \quad \deg(T_{\mathfrak{J}}) < \deg(P_{\mathfrak{J}}) = \deg(\overline{P}).$$

L'unicité de ce couple montre aussitôt que pour $\mathfrak{J}' \in \mathcal{B}$, $\mathfrak{J}' \subset \mathfrak{J}$, on a $S_{\mathfrak{J}} = \bar{f}_{\mathfrak{J}\mathfrak{J}'}(S_{\mathfrak{J}'})$, $T_{\mathfrak{J}} = \bar{f}_{\mathfrak{J}\mathfrak{J}'}(T_{\mathfrak{J}'})$; compte tenu du n° 2, prop. 3, on en conclut l'existence de deux séries formelles restreintes, S, T de $A\{X\}$ telles que $S_{\mathfrak{J}} = \bar{f}_{\mathfrak{J}}(S)$, $T_{\mathfrak{J}} = \bar{f}_{\mathfrak{J}}(T)$ et $1 = PS + QT$.

Reste à voir que si R est un polynôme, il en est de même de Q. Or, les $Q_{\mathfrak{J}}$ sont des polynômes par construction, et comme $P_{\mathfrak{J}}$ est unitaire, la relation $R_{\mathfrak{J}} = P_{\mathfrak{J}}Q_{\mathfrak{J}}$ entraîne

$$\deg(Q_{\mathfrak{J}}) \leqslant \deg(R_{\mathfrak{J}}) \leqslant \deg(R)$$

pour tout $\mathfrak{J} \in \mathcal{B}$; d'où aussitôt la conclusion par définition de Q.

C. Q. F. D.

4. *Composition des systèmes de séries formelles.*

Soit A un anneau commutatif ; nous dirons qu'un système

$$(8) \qquad \mathfrak{f} = (f_1, \ldots, f_p) \in (A[[X_1, \ldots, X_q]])^p$$

de séries formelles en les X_j ($1 \leqslant j \leqslant q$), à coefficients dans A, est *sans terme constant* s'il en est ainsi de tous les f_j. Pour tout système (8) de séries formelles et tout système

$$(9) \qquad \mathfrak{g} = (g_1, \ldots, g_q) \in (A[[X_1, \ldots, X_r]])^q$$

de q séries formelles sans terme constant, nous désignerons par $\mathfrak{f} \circ \mathfrak{g}$ (ou $\mathfrak{f}(\mathfrak{g})$) le système de séries formelles $f_j(g_1, \ldots, g_q)$ ($1 \leqslant j \leqslant p$) dans $(A[[X_1, \ldots, X_r]])^p$ (*Alg.*, chap. IV, § 5, n° 5). Si

$$\mathfrak{h} = (h_1, \ldots, h_r) \in (A[[X_1, \ldots, X_s]])^r$$

est un troisième système sans terme constant, on a

$$(10) \qquad (\mathfrak{f} \circ \mathfrak{g}) \circ \mathfrak{h} = \mathfrak{f} \circ (\mathfrak{g} \circ \mathfrak{h}).$$

En effet, pour tout entier m, on a

$$(\mathfrak{f}^{(m)} \circ \mathfrak{g}^{(m)}) \circ \mathfrak{h}^{(m)} = \mathfrak{f}^{(m)} \circ (\mathfrak{g}^{(m)} \circ \mathfrak{h}^{(m)})$$

en désignant par $\mathbf{f}^{(m)}$, $\mathbf{g}^{(m)}$, $\mathbf{h}^{(m)}$ les systèmes de polynômes formés des termes de degré total $\leqslant m$ dans les systèmes de séries formelles $\mathbf{f}$, $\mathbf{g}$, $\mathbf{h}$. Mais il est clair que les termes de degré total $\leqslant m$ dans les séries de $(\mathbf{f}\circ\mathbf{g})\circ\mathbf{h}$ (resp. $\mathbf{f}\circ(\mathbf{g}\circ\mathbf{h})$) sont les mêmes que dans $(\mathbf{f}^{(m)}\circ\mathbf{g}^{(m)})\circ\mathbf{h}^{(m)}$ (resp. $\mathbf{f}^{(m)}\circ(\mathbf{g}^{(m)}\circ\mathbf{h}^{(m)})$), d'où notre assertion.

Pour tout système (8), nous désignerons par $M_{\mathbf{f}}$, ou $M_{\mathbf{f}}(\mathbf{X})$, la *matrice jacobienne* $(\partial f_i/\partial X_j)$ $(1 \leqslant i \leqslant p, 1 \leqslant j \leqslant q)$ où i est l'indice des lignes et j celui des colonnes ; pour deux systèmes (8) et (9), où $\mathbf{g}$ est sans terme constant, on a

$$M_{\mathbf{f}\circ\mathbf{g}} = (M_{\mathbf{f}}(\mathbf{g})).M_{\mathbf{g}} \tag{11}$$

où $M_{\mathbf{f}}(\mathbf{g})$ est la matrice dont les éléments s'obtiennent en substituant g_j à X_j $(1 \leqslant j \leqslant q)$ dans chaque série élément de $M_{\mathbf{f}}$; cette formule ne fait que traduire en effet la formule (9) d'*Alg.*, chap. IV, § 5, n° 8. Nous noterons $M_{\mathbf{f}}(0)$ la matrice des termes constants des éléments de $M_{\mathbf{f}}$; on déduit donc de (11) que

$$M_{\mathbf{f}\circ\mathbf{g}}(0) = M_{\mathbf{f}}(0).M_{\mathbf{g}}(0). \tag{12}$$

Étant donné un entier $n > 0$, nous poserons

$$\mathbf{1}_n = \mathbf{X} = (X_1, \ldots, X_n) \in (A[[X_1, \ldots, X_n]])^n, \tag{13}$$

qui sera considéré comme matrice à une colonne.

Pour tout système $\mathbf{f} = (f_1, \ldots, f_n) \in (A[[X_1, \ldots, X_n]])^n$, $M_{\mathbf{f}}$ est une matrice carrée d'ordre n ; nous noterons $J_{\mathbf{f}}$ ou $J_{\mathbf{f}}(\mathbf{X})$ son déterminant, $J_{\mathbf{f}}(0)$ le terme constant de $J_{\mathbf{f}}$, égal à $\det(M_{\mathbf{f}}(0))$; si $\mathbf{g} = (g_1, \ldots, g_n)$ est un système sans terme constant dans $(A[[X_1, \ldots, X_n]])^n$, on a donc, d'après (11) et (12)

$$J_{\mathbf{f}\circ\mathbf{g}} = J_{\mathbf{f}}(\mathbf{g}).J_{\mathbf{g}} \tag{14}$$

$$J_{\mathbf{f}\circ\mathbf{g}}(0) = J_{\mathbf{f}}(0)J_{\mathbf{g}}(0). \tag{15}$$

PROPOSITION 5. — *Soient* A *un anneau commutatif*, $\mathbf{f} = (f_1, \ldots, f_n)$ *un système sans terme constant de n séries de* $A[[X_1, \ldots, X_n]]$. *Supposons que* $J_{\mathbf{f}}(0)$ *soit inversible dans* A. *Alors il existe un système sans terme constant* $\mathbf{g} = (g_1, \ldots, g_n)$ *de n séries de* $A[[X_1, \ldots, X_n]]$ *tel que*

$$\mathbf{f}\circ\mathbf{g} = \mathbf{1}_n. \tag{16}$$

Ce système est unique et on a

(17) $$\mathbf{g} \circ \mathbf{f} = \mathbf{1}_n.$$

L'existence et l'unicité de $\mathbf{g}$ résultent d'*Alg.*, chap. IV, § 5, nº 9, prop. 10, appliquée aux n séries formelles

$$f_i(Y_1, \dots, Y_n) - X_i \qquad (1 \leqslant i \leqslant n).$$

Il résulte de (15) et (16) que l'on a $J_{\mathbf{f}}(0) J_{\mathbf{g}}(0) = 1$, donc $J_{\mathbf{g}}(0)$ est aussi inversible. On en conclut l'existence d'un système $\mathbf{h} = (h_1, \dots, h_n)$ de n séries sans terme constant de $A[[X_1, \dots, X_n]]$ tel que $\mathbf{g} \circ \mathbf{h} = \mathbf{1}_n$; de cette relation et de (16) il résulte alors, grâce à (10), que $\mathbf{h} = \mathbf{1}_n \circ \mathbf{h} = (\mathbf{f} \circ \mathbf{g}) \circ \mathbf{h} = \mathbf{f} \circ (\mathbf{g} \circ \mathbf{h}) = \mathbf{f} \circ \mathbf{1}_n = \mathbf{f}$.

La prop. 5 et les formules (10) et (15) montrent que pour la loi de composition $(\mathbf{f}, \mathbf{g}) \to \mathbf{f} \circ \mathbf{g}$, l'ensemble des systèmes $\mathbf{f} = (f_1, \dots, f_n)$ de n séries sans terme constant de $A[[X_1, \dots, X_n]]$ pour lesquels $J_{\mathbf{f}}(0)$ est inversible dans A, est un *groupe*.

5. *Systèmes d'équations dans les anneaux complets.*

Pour abréger, nous dirons dans ce qui suit qu'un anneau A *satisfait aux conditions de Hensel* s'il est commutatif, linéairement topologisé, séparé et complet ; étant donné un idéal $\mathfrak{m}$ dans un tel anneau, nous dirons que $\mathfrak{m}$ (ou le couple $(A, \mathfrak{m})$) *satisfait aux conditions de Hensel* si $\mathfrak{m}$ est fermé dans A et si ses éléments sont topologiquement nilpotents. L'idéal $\mathfrak{t}$ de A formé de tous les éléments topologiquement nilpotents satisfait aux conditions de Hensel (nº 3).

En particulier, si A est un anneau commutatif, $\mathfrak{m}$ un idéal de A, et si A est séparé et complet pour la topologie $\mathfrak{m}$-*adique*, le couple $(A, \mathfrak{m})$ satisfait aux conditions de Hensel.

Proposition 6. — *Soient* A *un anneau commutatif*, B *un anneau satisfaisant aux conditions de Hensel*, $u : A \to B$ *un homomorphisme. Pour toute famille* $\mathbf{x} = (x_1, \dots, x_n)$ *d'éléments topologiquement nilpotents de* B, *il existe un homomorphisme* $\tilde{u}$ *et un seul de* $A[[X_1, \dots, X_n]]$ *dans* B *tel que* $\tilde{u}(a) = u(a)$ *pour tout* $a \in A$ *et* $\tilde{u}(X_i) = x_i$ *pour* $1 \leqslant i \leqslant n$. *En outre, si* $\mathfrak{m}$ *désigne l'idéal des séries sans terme constant dans* $A[[X_1,..., X_n]]$, $\tilde{u}$ *est continu pour la topologie* $\mathfrak{m}$*-adique.*

Soit $\mathfrak{a}$ l'idéal de type fini engendré dans B par les x_i $(1 \leqslant i \leqslant n)$; pour tout idéal ouvert $\mathfrak{H}$ de B, les images des x_i dans $B/\mathfrak{H}$ sont nilpotentes, donc l'idéal $(\mathfrak{a} + \mathfrak{H})/\mathfrak{H}$ est nilpotent dans $B/\mathfrak{H}$, et il existe un entier k tel que, pour $\sum_{i=1}^{n} p_i \geqslant k$ on ait $x_1^{p_1}...x_n^{p_n} \in \mathfrak{H}$. Comme tout élément de $\mathfrak{m}^k$ est somme finie de séries formelles de la forme $X_1^{p_1}...X_n^{p_n} g(X_1,..., X_n)$, où $\sum_{i=1}^{n} p_i \geqslant k$, on voit que si $\tilde{u}$ répond à la question, on a $\tilde{u}(\mathfrak{m}^k) \subset \mathfrak{H}$, ce qui prouve la continuité de $\tilde{u}$. Il existe évidemment un homomorphisme $v : A[X_1,..., X_n] \rightarrow B$ et un seul tel que $v(a) = u(a)$ pour $a \in A$ et $v(X_i) = x_i$ pour $1 \leqslant i \leqslant n$, et le raisonnement précédent montre que v est continu pour la topologie induite sur $A[X_1,..., X_n]$ par la topologie $\mathfrak{m}$-adique. Comme $A[X_1,..., X_n]$ est dense dans $A[[X_1,..., X_n]]$ pour la topologie $\mathfrak{m}$-adique et que B est séparé et complet, cela achève de prouver l'existence et l'unicité de $\tilde{u}$.

On notera que cette proposition redonne comme cas particulier le (i) de la prop. 11 du § 2, n° 9.

Lorsque A est lui-même linéairement topologisé, la restriction de $\tilde{u}$ à $A\{X_1,..., X_n\}$ *coïncide* avec l'homomorphisme défini à partir de u dans la prop. 4 du n° 2. Cela résulte aussitôt de ce que $A[X_1,..., X_n]$ est *dense* dans $A\{X_1,..., X_n\}$ quand on munit cet anneau de la topologie ayant pour système fondamental de voisinages de 0 les idéaux $\mathfrak{m}^k \cap N_{\mathfrak{J}}$ (avec les notations du n° 2 ; cette topologie est la borne supérieure de la topologie induite sur $A\{X_1,..., X_n\}$ par la topologie $\mathfrak{m}$-adique de $A[[X_1,..., X_n]]$, et de la topologie définie au n° 2).

Lorsque $B = A$ et que u est l'application identique, nous noterons $f(x_1,..., x_n)$ ou $f(\mathbf{x})$ l'élément $\tilde{u}(f)$ pour toute série formelle $f \in A[[X_1,..., X_n]]$; pour tout système $\mathbf{f} = (f_1,..., f_r)$ de séries formelles de $A[[X_1,..., X_n]]$, on notera $\mathbf{f}(\mathbf{x})$ l'élément $(f_1(\mathbf{x}),..., f_r(\mathbf{x}))$ de A^r et on dit qu'il s'obtient en *substituant* les x_i aux X_i dans $\mathbf{f}$. Si $n \leqslant m$ et si F est une série formelle de $A[[X_1,..., X_m]]$, on peut considérer F comme une série formelle en $X_{n+1},\ldots, X_m$ à coefficients dans $A[[X_1,\ldots, X_n]]$; on note $F(x_1,\ldots, x_n, X_{n+1},\ldots, X_m)$ la série formelle de $A[[X_{n+1},\ldots, X_m]]$ obtenue en substituant les x_i aux X_i dans les coefficients de F, pour $1 \leqslant i \leqslant n$.

Prenons pour B un anneau de séries formelles $A[[X_1,\ldots, X_r]]$, et soit $\mathfrak{n}$ l'idéal des séries de B sans terme constant, de sorte que $(B, \mathfrak{n})$ satisfait aux conditions de Hensel (§ 2, n° 6, cor. de la prop. 6). On peut appliquer la prop. 6 en prenant pour les $x_i \in B$ des séries sans terme constant ; alors, pour toute série $f \in A[[X_1,\ldots, X_n]]$, $\tilde{u}(f)$ n'est autre que la série formelle $f(x_1,\ldots, x_n)$ définie en *Alg.*, chap. IV, § 5, n° 5. C'est évident si f est un polynôme et on en déduit la proposition dans le cas général en remarquant que $f \to f(x_1,\ldots, x_n)$ est continue dans $A[[X_1,\ldots, X_n]]$ pour la topologie $\mathfrak{m}$-adique.

Corollaire. — *Soient* A *un anneau satisfaisant aux conditions de Hensel,* $\mathbf{x} = (x_1,\ldots, x_n)$ *une famille d'éléments topologiquement nilpotents dans* A. *Soient* $\mathbf{g} = (g_1,\ldots, g_q)$ *un système sans terme constant de séries de* $A[[X_1,\ldots, X_n]]$, $\mathbf{f} = (f_1,\ldots, f_p)$ *un système de séries formelles de* $A[[X_1,\ldots, X_q]]$. *Alors* $\mathbf{g}(\mathbf{x}) = (g_1(\mathbf{x}),\ldots, g_q(\mathbf{x}))$ *est une famille d'éléments topologiquement nilpotents de* A *et on a*

$$(\mathbf{f} \circ \mathbf{g})(\mathbf{x}) = \mathbf{f}(\mathbf{g}(\mathbf{x})). \tag{18}$$

Le fait que les $g_i(\mathbf{x})$ sont topologiquement nilpotents résulte aussitôt de la prop. 6 et du fait que dans A l'idéal des éléments topologiquement nilpotents est fermé. La relation (18) est évidente lorsque les f_j sont des polynômes ; d'autre part, si $\mathfrak{m}$ et $\mathfrak{m}'$ sont les idéaux des séries sans terme constant dans $A[[X_1,\ldots, X_q]]$ et dans $A[[X_1,\ldots, X_n]]$ respectivement, il est clair que la relation $f \in \mathfrak{m}^k$ entraîne $f(g_1,\ldots, g_q) \in \mathfrak{m}'^k$. Les deux membres de (18) sont donc fonctions continues de $\mathbf{f}$ dans $(A[[X_1,\ldots, X_q]])^p$ quand on munit $A[[X_1,\ldots, X_q]]$ de la topologie $\mathfrak{m}$-adique, en vertu de la remarque précédente et de la prop. 6 ; d'où la relation (18).

Dans ce qui suit, pour un anneau A et un idéal $\mathfrak{m}$ de A, nous noterons $\mathfrak{m}^{\times n}$ l'ensemble produit $\prod_{i=1}^{n} \mathfrak{m}_i$ dans A^n, avec $\mathfrak{m}_i = \mathfrak{m}$ pour $1 \leqslant i \leqslant n$, pour éviter toute confusion.

PROPOSITION 7. — *Soient* A *un anneau,* $\mathfrak{m}$ *un idéal de* A *tels que le couple* (A, $\mathfrak{m}$) *satisfasse aux conditions de Hensel. Soit* $\mathbf{f} = (f_1, \dots, f_n)$ *un système sans terme constant de séries de* $A[[X_1, \dots, X_n]]$ *tel que* $J_{\mathbf{f}}(0)$ *soit inversible dans* A. *Alors, pour tout* $\mathbf{x} \in \mathfrak{m}^{\times n}$, *on a* $\mathbf{f}(\mathbf{x}) \in \mathfrak{m}^{\times n}$, *et* $\mathbf{x} \to \mathbf{f}(\mathbf{x})$ *est une bijection de* $\mathfrak{m}^{\times n}$ *sur lui-même, la bijection réciproque étant* $\mathbf{x} \to \mathbf{g}(\mathbf{x})$, *où* $\mathbf{g}$ *est donné par la relation* (16) *du* nº 4.

Le fait que $\mathbf{f}(\mathbf{x}) \in \mathfrak{m}^{\times n}$ est évident lorsque les f_i sont des polynômes et résulte en général de la prop. 6 et de ce que $\mathfrak{m}$ est fermé dans A. Les autres assertions de la proposition sont alors des conséquences immédiates de (16), (17) et (18).

COROLLAIRE. — *Soit* $\mathfrak{q}$ *un idéal fermé de* A *contenu dans* $\mathfrak{m}$. *Alors la relation* $\mathbf{x} \equiv \mathbf{x}'$ (mod. $\mathfrak{q}^{\times n}$) *est équivalente à* $\mathbf{f}(\mathbf{x}) \equiv \mathbf{f}(\mathbf{x}')$ (mod. $\mathfrak{q}^{\times n}$).

En effet, pour toute série formelle $f \in A[[X_1, \dots, X_n]]$, on a

$$f(X_1, \dots, X_n) - f(Y_1, \dots, Y_n) = \sum_{i=1}^{n} (X_i - Y_i) h_i(X_1, \dots, X_n, Y_1, \dots, Y_n)$$

où les h_i appartiennent à $A[[X_1, \dots, X_n, Y_1, \dots, Y_n]]$ (*Alg.*, chap. IV, § 5, nº 8, prop. 9) ; on en déduit aussitôt que la relation $\mathbf{x} \equiv \mathbf{x}'$ (mod. $\mathfrak{q}^{\times n}$) entraîne $\mathbf{f}(\mathbf{x}) \equiv \mathbf{f}(\mathbf{x}')$ (mod. $\mathfrak{q}^{\times n}$). La réciproque s'obtient en remplaçant $\mathbf{f}$ par son « inverse » $\mathbf{g}$.

THÉORÈME 2. — *Soient* A *un anneau,* $\mathfrak{m}$ *un idéal de* A *tels que le couple* (A, $\mathfrak{m}$) *satisfasse aux conditions de Hensel. Soit* $\mathbf{f} = (f_1, \dots, f_n)$ *un système de* n *éléments de* $A\{X_1, \dots, X_n\}$ *et soit* $\mathbf{a} \in A^n$; *posons* $J_{\mathbf{f}}(\mathbf{a}) = e$. *Il existe un système* $\mathbf{g} = (g_1, \dots, g_n)$ *de séries formelles restreintes sans terme constant dans* $A\{X_1, \dots, X_n\}$, *telles que :*

(i) $M_{\mathbf{g}}(0) = I_n$ (*matrice unité*).

(ii) *Pour tout* $\mathbf{x} \in A^n$, *on a*

$$\mathbf{f}(\mathbf{a} + e\mathbf{x}) = \mathbf{f}(\mathbf{a}) + M_{\mathbf{f}}(\mathbf{a}) . e\mathbf{g}(\mathbf{x}). \tag{19}$$

(iii) *Soit* $\mathbf{h} = (h_1, \dots, h_n)$ *le système de séries formelles sans terme constant* (non nécessairement restreintes) *tel que* $\mathbf{g} \circ \mathbf{h} = \mathbf{1}_n$ (prop. 5). *Pour tout* $\mathbf{y} \in \mathfrak{m}^{\times n}$, *on a*

$$\mathbf{f}(\mathbf{a} + e\mathbf{h}(\mathbf{y})) = \mathbf{f}(\mathbf{a}) + M_{\mathbf{f}}(\mathbf{a}) . e\mathbf{y}. \tag{20}$$

Pour toute série formelle $f \in A[[X_1, \ldots, X_n]]$, on a

(21) $$f(\mathbf{X} + \mathbf{Y}) = f(\mathbf{X}) + M_f(\mathbf{X}).\mathbf{Y} + \sum_{1 \leqslant i \leqslant j \leqslant n} G_{ij}(\mathbf{X}, \mathbf{Y}) Y_i Y_j$$

où les G_{ij} sont des séries formelles bien déterminées dans $A[[X_1, \ldots, X_n, Y_j, \ldots, Y_n]]$. Si f est *restreinte*, il en est de même des éléments de M_f et des G_{ij}, car ces séries formelles sont des polynômes lorsque f est un polynôme, et il résulte de leur unicité que pour tout idéal ouvert $\mathfrak{J}$ de A, en désignant par $p_{\mathfrak{J}} : A \to A/\mathfrak{J}$ l'application canonique, l'image de G_{ij} par $\bar{p}_{\mathfrak{J}}$ est le coefficient de $Y_i Y_j$ dans $\bar{p}_{\mathfrak{J}}(F)$ où F est la série formelle $f(\mathbf{X} + \mathbf{Y})$ dans $A[[X_1, \ldots, X_n, Y_1, \ldots, Y_n]]$; d'où notre assertion.

Cela étant, en écrivant la formule (21) pour chaque série f_i ($1 \leqslant i \leqslant n$), on obtient, pour tout $\mathbf{x} \in A^n$ (n° 2, prop. 4)

(22) $$\mathbf{f}(\mathbf{a} + e\mathbf{x}) = \mathbf{f}(\mathbf{a}) + M_{\mathbf{f}}(\mathbf{a}).e\mathbf{x} + e^2 \mathbf{r}(\mathbf{x})$$

où $\mathbf{r} = (r_1, \ldots, r_n)$ est un système de séries formelles restreintes dont chacune est d'ordre total $\geqslant 2$. Il résulte des formules (18) de *Alg.*, chap. III, 2e éd., § 6, n° 5 qu'il existe une matrice carrée $M' \in \mathbf{M}_n(A)$ telle que

(23) $$M_{\mathbf{f}}(\mathbf{a}).M' = eI_n,$$

d'où en portant dans (22)

(24) $$\mathbf{f}(\mathbf{a} + e\mathbf{x}) = \mathbf{f}(\mathbf{a}) + M_{\mathbf{f}}(\mathbf{a}).e\mathbf{x} + M_{\mathbf{f}}(\mathbf{a})M'.e\mathbf{r}(\mathbf{x}).$$

En posant $\mathbf{g} = \mathbf{1}_n + M'.\mathbf{r}$, on voit que $\mathbf{g}$ vérifie les conditions (i) et (ii) ; il suffit ensuite de remplacer $\mathbf{x}$ par $\mathbf{h}(\mathbf{y})$ pour obtenir (iii).

COROLLAIRE 1. — *Soient* A *un anneau,* $\mathfrak{m}$ *un idéal de* A *tels que le couple* (A, $\mathfrak{m}$) *satisfasse aux conditions de Hensel. Soient* $f \in A\{X\}$, $a \in A$, *et posons* $e = f'(a)$. *Si* $f(a) \equiv 0 \pmod{e^2\mathfrak{m}}$, *alors il existe* $b \in A$ *tel que* $f(b) = 0$ *et* $b \equiv a \pmod{e\mathfrak{m}}$. *Si* b' *est un second élément de* A *tel que* $f(b') = 0$ *et* $b' \equiv a \pmod{e\mathfrak{m}}$, *on a* $e(b - b') = 0$. *En particulier,* b *est unique si* e *n'est pas diviseur de zéro dans* A.

En effet, soit $f(a) = e^2c$ avec $c \in \mathfrak{m}$; la formule (20) pour $n = 1$ donne $f(a + eh(y)) = e^2(c + y)$ et il suffit donc de prendre $y = -c$, $b = a + eh(-c)$. En outre si $b = a + ex$, $b' =$

$a + ex'$, $x \in \mathfrak{m}$, $x' \in \mathfrak{m}$, $f(b) = f(b') = 0$, on déduit de (19) que $e^2(g(x) - g(x')) = 0$. Comme $g(X) - g(Y) = (X - Y)u(X, Y)$, où u est restreinte et $u(0, 0) = 1$, on a $g(x) - g(x') = (x - x')v$, où $v \in A$ est inversible, car, $\mathfrak{m}$ étant fermé, on a $v - 1 = u(x, x') - 1 \in \mathfrak{m}$ et $\mathfrak{m}$ est contenu dans le radical de A ; d'où la relation $e(b - b') = 0$.

Remarque. — Le corollaire s'applique notamment lorsque e est inversible dans A ; on peut alors déduire aussi l'existence de b du th. de Hensel, car l'image canonique de $f(X)$ dans $(A/\mathfrak{m})\{X\}$ est de la forme $(X - \alpha)f_1(X)$, $X - \alpha$ et $f_1(X)$ étant fortement étrangers, car $f_1(\alpha) = f'(\alpha)$ est l'image de e (nº 1, *Exemple*).

Exemples. — 1) Soient p un nombre premier $\neq 2$ et n un entier dont la classe mod. p soit un carré $\neq 0$ dans le corps premier $\mathbf{F}_p$. Si $\mathbf{Z}_p$ est l'anneau des entiers p-adiques (§ 2, nº 12, *Exemple* 3), l'application du cor. 1 au polynôme $X^2 - n$ montre que n est un carré dans $\mathbf{Z}_p$; par exemple 7 est un carré dans $\mathbf{Z}_3$.

2) Soit $A = K[[Y]]$ l'anneau des séries formelles à une indéterminée à coefficients dans un corps commutatif K ; muni de la topologie (Y)-adique, l'anneau A est séparé et complet (§ 2, nº 6, cor. de la prop. 6) et l'application $f(Y) \to f(0)$ définit par passage au quotient un isomorphisme de A/(Y) sur le corps K. En vertu du cor. 1, si $F(Y, X)$ est un polynôme en X à coefficients dans A, et si a est une racine simple de $F(0, X)$ dans K, il existe une série formelle et une seule $f(Y)$ telle que $f(0) = a$ et $F(Y, f(Y)) = 0$.

Corollaire 2. — *Soient* A *un anneau,* $\mathfrak{m}$ *un idéal de* A *tels que le couple* (A, $\mathfrak{m}$) *satisfasse aux conditions de Hensel. Soient* r, n *des entiers tels que* $0 \leqslant r < n$, $\mathbf{f} = (f_{r+1}, \ldots, f_n)$ *un système de* $n - r$ *éléments de* $A\{X_1, \ldots, X_n\}$; *désignons par* $J_{\mathbf{f}}^{(n-r)}(\mathbf{X})$ *le mineur de* $M_{\mathbf{f}}(\mathbf{X})$ *formé des colonnes d'indice* j *tel que* $r + 1 \leqslant j \leqslant n$. *Soit* $\mathbf{a} \in A^n$ *tel que* $J_{\mathbf{f}}^{(n-r)}(\mathbf{a})$ *soit inversible dans* A *et que l'on ait* $\mathbf{f}(\mathbf{a}) \equiv 0$ (mod. $\mathfrak{m}^{\times(n-r)}$). *Alors il existe un* $\mathbf{x} = (x_1, \ldots, x_n) \in A^n$ *et un seul tel que* $x_k = a_k$ *pour* $1 \leqslant k \leqslant r$, $\mathbf{x} \equiv \mathbf{a}$ (mod. $\mathfrak{m}^{\times n}$) *et* $\mathbf{f}(\mathbf{x}) = 0$.

En substituant a_k à X_k pour $1 \leqslant k \leqslant r$ dans les f_i (nº 2, *Remarque* 3) on voit aussitôt qu'on peut se restreindre au cas où

$r = 0$ pour prouver le corollaire. Le th. 2 et la prop. 7 montrent alors que $\mathfrak{f}$ définit une bijection de $\mathfrak{a} + \mathfrak{m}^{\times n}$ sur $\mathfrak{f}(\mathfrak{a}) + \mathfrak{m}^{\times n} = \mathfrak{m}^{\times n}$; le corollaire résulte de ce que $0 \in \mathfrak{m}^{\times n}$.

Corollaire 3. — *Les notations étant celles du cor. 2, soit* $\mathfrak{a} \in A^n$; *posons* $e = J_{\mathfrak{f}}^{(n-r)}(\mathfrak{a})$ (*non nécessairement inversible dans* A) *et supposons que l'on ait* $\mathfrak{f}(\mathfrak{a}) \equiv 0 \pmod{e^2\mathfrak{m}^{\times(n-r)}}$. *Alors il existe* $n - r$ *séries formelles* φ_i *de* $A[[X_1,\ldots,X_r]]$ $(r+1 \leqslant i \leqslant n)$ *à terme constant dans* $\mathfrak{m}$, *telles que, pour tout* $\mathfrak{t} = (t_1,\ldots,t_r) \in \mathfrak{m}^{\times r}$ *on ait*

$$(25) \quad f_i(a_1 + e^2t_1,\ldots, a_r + e^2t_r, a_{r+1} + e\varphi_{r+1}(\mathfrak{t}),\ldots, a_n + e\varphi_n(\mathfrak{t})) = 0$$

pour $r + 1 \leqslant i \leqslant n$.

Pour $1 \leqslant i \leqslant r$, posons $f_i(X) = X_i - a_i$, et soit $\mathfrak{u} = (f_1,\ldots, f_n)$; on a $J_{\mathfrak{u}}(\mathfrak{a}) = e$ et le th. 2 est applicable au système $\mathfrak{u}$. Avec les notations du th. 2, il résulte des définitions précédentes que $eg_i(X) = eX_i$ pour $1 \leqslant i \leqslant r$, d'où $eh_i(X) = eX_i$ pour $1 \leqslant i \leqslant r$; en outre, si $M' \in \mathbf{M}_n(A)$ est telle que $M_{\mathfrak{u}}(\mathfrak{a}).M' = eI_n$, M' est de la forme

$$\begin{pmatrix} eI_r & 0 \\ * & * \end{pmatrix}.$$

Remplaçant $\mathfrak{y}$ par $M'.\mathfrak{z}$ (avec $\mathfrak{z} = (z_1,\ldots, z_n) \in \mathfrak{m}^{\times n}$) dans la formule (20), on obtient

$$(26) \quad \begin{aligned} f_i(a_1 + e^2z_1,\ldots, a_r + e^2z_r, a_{r+1} + eh_{r+1}(M'.\mathfrak{z}),\ldots, a_n + eh_n(M'.\mathfrak{z})) \\ = f_i(a) + e^2z_i \qquad \text{pour} \quad 1 \leqslant i \leqslant n. \end{aligned}$$

Par hypothèse, on a $f_j(a) = e^2b_j$ avec $b_j \in \mathfrak{m}$ pour $r + 1 \leqslant j \leqslant n$. Posons $\psi_j(X_1,\ldots, X_n) = h_j(M'.X)$, et

$$\varphi_j(X_1,\ldots, X_r) = \psi_j(X_1,\ldots, X_r, - b_{r+1},\ldots, - b_n)$$

pour $r + 1 \leqslant j \leqslant n$. Pour $r + 1 \leqslant i \leqslant n$, en substituant t_j à z_j pour $1 \leqslant j \leqslant r$ et $-b_j$ à z_j pour $r + 1 \leqslant j \leqslant n$ dans (26), on obtient les relations (25) pour tout $\mathfrak{t} \in \mathfrak{m}^{\times r}$.

6. *Application aux décompositions d'anneaux.*

Lemme 2. — *Soient* A *un anneau,* $\mathfrak{m}$ *un idéal de* A *tels que le couple* (A, $\mathfrak{m}$) *satisfasse aux conditions de Hensel. Soient* B *l'anneau quotient* A/$\mathfrak{m}$, π : A $\to$ B *l'homomorphisme canonique. Pour tout* *idempotent c de* B, *il existe un idempotent* $e \in A$ *et un seul tel que* $\pi(e) = c$.

Soit $a \in A$ tel que $\pi(a) = c$; on peut appliquer le cor. 1 du th. 2 du n° 5 au polynôme $f(X) = X^2 - X$ de A[X] et à l'élément $a \in A$. On a $f'(a) = 2a - 1$, et comme $\pi(2a-1) = 2c - 1$ et $(2c-1)^2 = 1$ dans B, $2c - 1$ est inversible dans B, donc $2a - 1$ est inversible dans A (§ 2, n° 13, lemme 3). Comme $f(a) \in \mathfrak{m}$, le cor. 1 du th. 2 du n° 5 donne aussitôt l'existence et l'unicité de e.

Proposition 8. — *Soient* A *un anneau,* $\mathfrak{m}$ *un idéal de* A *tels que le couple* $(A, \mathfrak{m})$ *satisfasse aux conditions de Hensel. Soient* B *l'anneau quotient* $A/\mathfrak{m}$, $\pi : A \to B$ *l'homomorphisme canonique. Si* B *est composé direct d'une famille finie* $(\mathfrak{b}_i)_{i \in I}$ *d'idéaux, il existe une famille et une seule* $(\mathfrak{a}_i)_{i \in I}$ *d'idéaux de* A *telle que* $\pi(\mathfrak{a}_i) = \mathfrak{b}_i$ *pour tout* $i \in I$ *et que* A *soit composé direct de la famille* $(\mathfrak{a}_i)$.

Soit $1 = \sum_i c_i$ où $c_i \in \mathfrak{b}_i$ pour tout i ; les c_i sont des idempotents de B tels que $c_i c_j = 0$ pour $i \neq j$. En vertu du lemme 2, il existe donc des idempotents e_i de A ($i \in I$) tels que $\pi(e_i) = c_i$ pour tout i ; comme $e_i e_j$ est un idempotent tel que $\pi(e_i e_j) = c_i c_j = 0$ pour $i \neq j$, on a $e_i e_j = 0$ pour $i \neq j$ (lemme 2) ; comme $1 - \sum_i e_i$ est un idempotent tel que $\pi(1 - \sum_i e_i) = 1 - \sum_i c_i = 0$, on a de même $1 = \sum_i e_i$. Il en résulte que A est composé direct des idéaux $\mathfrak{a}_i = e_i A$ et que $\pi(\mathfrak{a}_i) = \pi(e_i)B = \mathfrak{b}_i$.

Il reste à démontrer l'unicité d'une telle décomposition. Or, supposons A composé direct d'une seconde famille $(\mathfrak{a}'_i)_{i \in I}$ d'idéaux avec $\pi(\mathfrak{a}'_i) = \mathfrak{b}_i$ pour tout i ; on a alors $1 = \sum_i e'_i$ avec $e'_i \in \mathfrak{a}'_i$, d'où, dans B, $1 = \sum_i \pi(e'_i)$. avec $\pi(e'_i) \in \mathfrak{b}_i$, ce qui entraîne $\pi(e'_i) = c_i$; comme e'_i et e_i sont des idempotents, on a nécessairement $e'_i = e_i$ (lemme 2), ce qui achève la démonstration.

Remarque. — La prop. 8 redonne la structure d'un anneau semi-local A séparé et complet pour la topologie $\mathfrak{r}$-adique ($\mathfrak{r}$ radical de A), déjà obtenue comme conséquence du § 2, n° 13, cor. de la prop. 19.

§ 5. Propriétés de platitude des modules filtrés.

1. *Modules idéalement séparés.*

DÉFINITION 1. — *Soient* A *un anneau commutatif,* $\mathfrak{J}$ *un idéal de* A. *On dit qu'un* A-*module* M *est idéalement séparé pour* $\mathfrak{J}$ (ou simplement *idéalement séparé* s'il n'en résulte pas de confusion) *si, pour tout idéal* $\mathfrak{a}$ *de type fini de* A, *le* A-*module* $\mathfrak{a} \otimes_A M$ *est séparé pour la topologie* $\mathfrak{J}$-*adique.*

Faisant $\mathfrak{a} = A$ dans cette définition, on voit déjà que M est nécessairement *séparé* pour la topologie $\mathfrak{J}$-adique.

Exemples. — 1) Si A est nœthérien, et si $\mathfrak{J}$ est contenu dans le radical de A (autrement dit si A est un anneau de Zariski pour la topologie $\mathfrak{J}$-adique), tout A-module *de type fini* est idéalement séparé (§ 3, n° 3, prop. 6).

2) Toute somme directe de modules idéalement séparés est un module idéalement séparé, en vertu des relations $\mathfrak{J}^n(\mathfrak{a} \otimes_A \bigoplus_{\lambda \in L} M_\lambda) = \mathfrak{J}^n \bigoplus_{\lambda \in L} (\mathfrak{a} \otimes_A M_\lambda) = \bigoplus_{\lambda \in L} \mathfrak{J}^n(\mathfrak{a} \otimes_A M_\lambda)$.

3) Si un A-module M est *plat* et *séparé* pour la topologie $\mathfrak{J}$-adique il est idéalement séparé, car $\mathfrak{a} \otimes_A M$ s'identifie alors à un sous-module de M, et la topologie $\mathfrak{J}$-adique sur $\mathfrak{a} \otimes_A M$ est *plus fine* que la topologie induite sur $\mathfrak{a} \otimes_A M$ par la topologie $\mathfrak{J}$-adique de M, qui est séparée par hypothèse.

2. *Énoncé du critère de platitude.*

Soient A un anneau, $\mathfrak{J}$ un idéal bilatère de A, M un A-module à gauche, gr(A) et gr(M) l'anneau gradué et le gr(A)-module gradué associés respectivement à l'anneau A et au module M munis des filtrations $\mathfrak{J}$-adiques (§ 2, n° 3). On a vu (*loc. cit.*) qu'on a pour tout entier $n \geqslant 0$ un homomorphisme *surjectif* de $\mathbf{Z}$-modules

$$\gamma_n : (\mathfrak{J}^n/\mathfrak{J}^{n+1}) \otimes_{A/\mathfrak{J}} (M/\mathfrak{J}M) \to \mathfrak{J}^n M/\mathfrak{J}^{n+1} M$$

et un homomorphisme gradué de degré 0 de gr(A)-modules gradués

$$\gamma_M : \mathrm{gr}(A) \otimes_{\mathrm{gr}_0(A)} \mathrm{gr}_0(M) \to \mathrm{gr}(M)$$

dont la restriction à $\mathrm{gr}_n(A) \otimes_{\mathrm{gr}_0(A)} \mathrm{gr}_0(M)$ est γ_n pour tout n, et qui est par suite *surjectif*.

THÉORÈME 1. — *Soient* A *un anneau commutatif*, $\mathfrak{J}$ *un idéal de* A, M *un* A-*module. Considérons les propriétés suivantes :*

(i) M *est un* A-*module plat.*

(ii) $\mathrm{Tor}_1^A(N, M) = 0$ *pour tout* A-*module* N *annulé par* $\mathfrak{J}$.

(iii) $M/\mathfrak{J}M$ *est un* $(A/\mathfrak{J})$-*module plat et l'application canonique* $\mathfrak{J} \otimes_A M \to \mathfrak{J}M$ *est bijective (cette dernière condition étant équivalente à* $\mathrm{Tor}_1^A(A/\mathfrak{J}, M) = 0$ *en vertu de la relation* $\mathrm{Tor}_1^A(A, M) = 0$ *et de la suite exacte* $\mathrm{Tor}_1^A(A, M) \to \mathrm{Tor}_1^A(A/\mathfrak{J}, M) \to \mathfrak{J} \otimes_A M \to M$).

(iv) $M/\mathfrak{J}M$ *est un* $(A/\mathfrak{J})$-*module plat, et l'homomorphisme canonique* $\gamma_M : \mathrm{gr}(A) \otimes_{\mathrm{gr}_0(A)} \mathrm{gr}_0(M) \to \mathrm{gr}(M)$, *est bijectif* (propriété (GR) du § 2, nº 8).

(v) *Pour tout* $n \geqslant 1$, $M/\mathfrak{J}^n M$ *est un* $(A/\mathfrak{J}^n)$-*module plat.*

Alors on a (i) $\Rightarrow$ (ii) $\Leftrightarrow$ (iii) $\Rightarrow$ (iv) $\Leftrightarrow$ (v).

Si en outre $\mathfrak{J}$ *est nilpotent, ou si* A *est nœthérien et* M *idéalement séparé, les propriétés* (i), (ii), (iii), (iv) *et* (v) *sont équivalentes.*

Remarque. — Lorsque $A/\mathfrak{J}$ est un corps (cas fréquent dans les applications) la condition « $M/\mathfrak{J}M$ est un $(A/\mathfrak{J})$-module plat » est automatiquement vérifiée pour tout A-module M, ce qui simplifie l'énoncé des propriétés (iii) et (iv) ; en outre, dans ce cas, la propriété (v) équivaut à dire que $M/\mathfrak{J}^n M$ est un $(A/\mathfrak{J}^n)$-module *libre* pour tout entier $n \geqslant 1$ (chap. II, § 3, nº 2, cor. 2 de la prop. 5).

3. Démonstration du critère de platitude.

A) *Les implications* (i) $\Rightarrow$ (ii) $\Leftrightarrow$ (iii).

L'implication (i) $\Rightarrow$ (ii) est immédiate (chap. I, § 4). L'équivalence (ii) $\Leftrightarrow$ (iii) est un cas particulier du chap. I, § 4, prop. 2, appliquée à $R = A$, $S = A/\mathfrak{J}$, $F = M$, $E = N$, en tenant compte de ce que la donnée d'une structure de $(A/\mathfrak{J})$-module sur N équivaut à la donnée d'une structure de A-module pour laquelle N est annulé par $\mathfrak{J}$.

Remarque 1). — La condition (ii) est aussi équivalente à la suivante :

(ii') $\mathrm{Tor}_1^A(N, M) = 0$ *pour tout* A-*module* N *annulé par une puissance de* $\mathfrak{J}$.

En effet, il est clair que (ii') implique (ii). Réciproquement, si (ii) est vérifiée, on a en particulier $\mathrm{Tor}_1^A(\mathfrak{J}^n N/\mathfrak{J}^{n+1}N, M) = 0$ pour tout n ; de la suite exacte

$$0 \to \mathfrak{J}^{n+1}N \to \mathfrak{J}^n N \to \mathfrak{J}^n N/\mathfrak{J}^{n+1}N \to 0$$

on déduit la suite exacte

$$\mathrm{Tor}_1^A(\mathfrak{J}^{n+1}N, M) \to \mathrm{Tor}_1^A(\mathfrak{J}^n N, M) \to \mathrm{Tor}_1^A(\mathfrak{J}^n N/\mathfrak{J}^{n+1}N, M),$$

et comme il existe un entier m tel que $\mathfrak{J}^m N = 0$, on en déduit par récurrence descendante sur n que $\mathrm{Tor}_1^A(\mathfrak{J}^n N, M) = 0$ pour tout $n \leqslant m$, et en particulier pour $n = 0$.

Il résulte de là que lorsque $\mathfrak{J}$ est *nilpotent*, (ii) $\Rightarrow$ (i), car (ii') signifie alors que $\mathrm{Tor}_1^A(N, M) = 0$ pour *tout* A-module N, donc que M est plat (chap. I, § 4).

B) Démontrons la proposition suivante :

PROPOSITION 1. — *Soient* A *un anneau commutatif,* $\mathfrak{J}$ *un idéal de* A, M *un* A-*module. Les conditions suivantes sont équivalentes :*

a) *Pour tout* $n \geqslant 1$, *on a* $\mathrm{Tor}_1^A(A/\mathfrak{J}^n, M) = 0$.

b) *Pour tout* $n \geqslant 1$, *l'homomorphisme canonique*

$$\theta_n : \mathfrak{J}^n \otimes_A M \to \mathfrak{J}^n M$$

est bijectif.

En outre ces conditions entraînent :

c) *L'homomorphisme canonique* $\gamma_M : \mathrm{gr}(A) \otimes_{\mathrm{gr}_0(A)} \mathrm{gr}_0(M) \to \mathrm{gr}(M)$ *est bijectif.*

Réciproquement, si $\mathfrak{J}$ *est nilpotent,* c) *entraîne* a) *et* b).

L'équivalence de *a*) et *b*) résulte de la suite exacte

$$0 = \mathrm{Tor}_1^A(A, M) \to \mathrm{Tor}_1^A(A/\mathfrak{J}^n, M) \to \mathfrak{J}^n \otimes_A M \to M.$$

Considérons ensuite le diagramme

$$(1)\qquad \begin{array}{ccccccccc} & & \mathfrak{J}^{n+1}\otimes_A M & \longrightarrow & \mathfrak{J}^n \otimes_A M & \longrightarrow & (\mathfrak{J}^n/\mathfrak{J}^{n+1})\otimes_A (M/\mathfrak{J}M) & \longrightarrow & 0 \\ & & \downarrow{\scriptstyle \theta_{n+1}} & & \downarrow{\scriptstyle \theta_n} & & \downarrow{\scriptstyle \gamma_n} & & \\ 0 & \longrightarrow & \mathfrak{J}^{n+1}M & \longrightarrow & \mathfrak{J}^n M & \longrightarrow & \mathrm{gr}_n(M) & \longrightarrow & 0 \end{array}$$

où on note que $(\mathfrak{J}^n/\mathfrak{J}^{n+1}) \otimes_A (M/\mathfrak{J}M)$ s'identifie canoniquement avec $(\mathfrak{J}^n/\mathfrak{J}^{n+1}) \otimes_{A/\mathfrak{J}} (M/\mathfrak{J}M)$. Ce diagramme est commutatif par définition de γ_n et ses lignes sont exactes. Si *b*) est vérifiée, θ_n et θ_{n+1} sont bijectifs, et il en est donc de même de γ_n par définition d'un conoyau, donc *b*) entraîne *c*). Inversement, supposons $\mathfrak{J}$ nilpotent, et montrons que *c*) entraîne *b*) ; nous procéderons par récurrence descendante sur n, puisque $\mathfrak{J}^n \otimes_A M = \mathfrak{J}^n M = 0$ pour n assez grand. Supposons donc que dans le diagramme (1), γ_n et θ_{n+1} soient bijectifs ; il en est alors de même de θ_n en vertu du chap. I, § 1, nº 4, cor. 1 de la prop. 2.

C) *L'implication* (ii) $\Rightarrow$ (iv).

Si (ii) est vérifié, il en est de même de (ii') en vertu de la *Remarque* 1) ; la prop. 1 montre donc que γ_M est un isomorphisme. D'autre part, on sait déjà que (ii) entraîne (iii), donc $M/\mathfrak{J}M$ est un $(A/\mathfrak{J})$-module plat, ce qui achève de prouver que (ii) entraîne (iv).

Remarque 2). — La prop. 1 montre que lorsque $\mathfrak{J}$ est nilpotent, (iv) entraîne (iii) ; compte tenu de la *Remarque* 1), on a donc prouvé dans ce cas que (i), (ii), (iii) et (iv) sont équivalentes.

D) *L'équivalence* (iv) $\Leftrightarrow$ (v).

Pour tout $n \geqslant 1$, $M/\mathfrak{J}^n M$ est canoniquement muni d'une structure de $(A/\mathfrak{J}^n)$-module. Si on le filtre par la filtration $(\mathfrak{J}/\mathfrak{J}^n)$-adique, il est immédiat que $\mathrm{gr}_m(M/\mathfrak{J}^n M) = \mathrm{gr}_m(M)$ si $m < n$, et $\mathrm{gr}_m(M/\mathfrak{J}^n M) = 0$ si $m \geqslant n$. Pour tout $k \geqslant 1$, posons $A_k = A/\mathfrak{J}^k$, $\mathfrak{J}_k = \mathfrak{J}/\mathfrak{J}^k$, $M_k = M/\mathfrak{J}^k M$; notons $(\mathrm{iv})_k$ (resp. $(\mathrm{v})_k$) l'assertion déduite de (iv) (resp. (v)) en remplaçant A, $\mathfrak{J}$, M par A_k, $\mathfrak{J}_k$, M_k. Il résulte de ce qu'on vient de dire que (iv) équivaut à « pour tout $k \geqslant 1$, $(\mathrm{iv})_k$ », et il est évident que (v) équivaut à « pour tout $k \geqslant 1$, $(\mathrm{v})_k$ ». Il suffira donc d'établir l'équivalence $(\mathrm{iv})_k \Leftrightarrow (\mathrm{v})_k$ pour tout k, ou encore de démontrer que (iv) $\Leftrightarrow$ (v) lorsque $\mathfrak{J}$ est *nilpotent*. Or (*Remarque* 2) on a vu que dans ce cas (iv) équivaut à (i). Comme $M/\mathfrak{J}^n M$ est isomorphe à $M \otimes_A (A/\mathfrak{J}^n)$, (i) entraîne (v) (chap. I, § 2, nº 7, cor. 2 de la prop. 8) ; par ailleurs il est clair que (v) entraîne alors (i). Nous avons donc démontré l'équivalence

(iv) ⇔ (v) dans tous les cas, et aussi celle de toutes les propriétés du théorème dans le cas où $\mathfrak{J}$ est nilpotent.

E) *L'implication* (v) ⇒ (i) *lorsque* A *est nœthérien et* M *idéalement séparé.*

Il suffit de prouver que pour tout idéal $\mathfrak{a}$ de A, l'application canonique $j : \mathfrak{a} \otimes_A M \to M$ est *injective* (chap. I, § 2, n° 3, prop. 1). Soit $x \in \operatorname{Ker} j$; comme $\mathfrak{a} \otimes_A M$ est séparé pour la topologie $\mathfrak{J}$-adique, il suffit de voir que pour tout entier $n > 0$, on a $x \in \mathfrak{J}^n(\mathfrak{a} \otimes_A M)$. Soit $f : \mathfrak{J}^n\mathfrak{a} \to \mathfrak{a}$ l'injection canonique ; il suffit de montrer que $x \in \operatorname{Im}(f \otimes 1_M)$; en effet, si $b \in \mathfrak{J}^n$, $a \in \mathfrak{a}$ et $m \in M$, l'image par $f \otimes 1_M$ de l'élément $(ba) \otimes m$ de $(\mathfrak{J}^n\mathfrak{a}) \otimes_A M$ est l'élément $(ba) \otimes m = b(a \otimes m)$ de $\mathfrak{a} \otimes_A M$, donc $\operatorname{Im}(f \otimes 1_M) \subset \mathfrak{J}^n(\mathfrak{a} \otimes_A M)$. En vertu du th. de Krull (§ 3, n° 2, th. 2), il existe un entier k tel que $\mathfrak{a}_k = \mathfrak{a} \cap \mathfrak{J}^k \subset \mathfrak{J}^n\mathfrak{a}$; si $i : \mathfrak{a}_k \to \mathfrak{a}$ est l'injection canonique, il suffira donc de montrer que $x \in \operatorname{Im}(i \otimes 1_M)$. Or, en désignant par $p : \mathfrak{a} \to \mathfrak{a}/\mathfrak{a}_k$ et $h : \mathfrak{a}/\mathfrak{a}_k \to A/\mathfrak{J}^k$ les applications canoniques, on a un diagramme commutatif

$$\begin{array}{ccccc} \mathfrak{a}_k \otimes_A M & \xrightarrow{i \otimes 1_M} & \mathfrak{a} \otimes_A M & \xrightarrow{p \otimes 1_M} & (\mathfrak{a}/\mathfrak{a}_k) \otimes_A M \to 0 \\ & & \downarrow{\scriptstyle j} & & \downarrow{\scriptstyle h \otimes 1_M} \\ & & M & \longrightarrow & (A/\mathfrak{J}^k) \otimes_A M \end{array}$$

dans lequel la première ligne est exacte. Il suffit de prouver que $x \in \operatorname{Ker}(p \otimes 1_M)$ et comme $x \in \operatorname{Ker} j$ par hypothèse, il suffira de voir que l'application $h \otimes 1_M$ est *injective.* Or, elle s'écrit aussi (*Alg.*, chap. II, 3e éd., § 3, n° 6, cor. 3 de la prop. 6)

$$h \otimes 1_{M/\mathfrak{J}^k M} : (\mathfrak{a}/\mathfrak{a}_k) \otimes_{A/\mathfrak{J}^k} (M/\mathfrak{J}^k M) \to M/\mathfrak{J}^k M$$

et comme h est injective et que, d'après (v), $M/\mathfrak{J}^k M$ est un $(A/\mathfrak{J}^k)$-module *plat*, cela achève la démonstration.

4. *Applications.*

Proposition 2. — *Soient* A *un anneau commutatif,* $\mathfrak{J}$ *un idéal de* A, B *une* A-*algèbre commutative nœthérienne telle que* $\mathfrak{J}$B *soit contenu dans le radical de* B. *Alors tout* B-*module de type fini* M *est un* A-*module idéalement séparé pour* $\mathfrak{J}$.

Nous allons voir plus généralement que pour tout A-module de type fini N, $N \otimes_A M$ est séparé pour la topologie $\mathfrak{J}$-adique. En effet, $N_{(B)} = N \otimes_A B$ est un B-module de type fini, et le B-module $N \otimes_A M$ s'identifie canoniquement à $N_{(B)} \otimes_B M$ en vertu de l'associativité du produit tensoriel. Soit $\mathfrak{L}$ le radical de B ; comme $\mathfrak{J}B \subset \mathfrak{L}$, la topologie $\mathfrak{J}$-adique sur $N \otimes_A M$ est ainsi identifiée à une topologie plus fine que la topologie $\mathfrak{L}$-adique de $N_{(B)} \otimes_B M$; mais cette dernière topologie est séparée puisque $N_{(B)} \otimes_B M$ est un B-module de type fini (nº 1, *Exemple* 1), d'où la conclusion.

PROPOSITION 3. — *Soient* A *un anneau commutatif*, B *une* A-*algèbre commutative*, $\mathfrak{J}$ *un idéal de* A, M *un* B-*module. On suppose que* B *est un anneau nœthérien et un* A-*module plat, et que* M *est idéalement séparé pour* $\mathfrak{J}B$. *Les conditions suivantes sont équivalentes :*

a) M *est un* B-*module plat.*

b) M *est un* A-*module plat et* $M/\mathfrak{J}M = M/(\mathfrak{J}B)M$ *est un* $(B/\mathfrak{J}B)$-*module plat.*

Si en outre l'homomorphisme canonique $A/\mathfrak{J} \to B/\mathfrak{J}B$ *est bijectif, les conditions* a) *et* b) *sont aussi équivalentes à :*

c) M *est un* A-*module plat.*

La condition *a*) entraîne *b*) en vertu du chap. I, § 2, nº 7, cor. 2 et 3 à la prop. 8 et du fait que $M/\mathfrak{J}M$ est isomorphe à $M \otimes_B (B/\mathfrak{J}B)$. Supposons la condition *b*) satisfaite ; pour montrer que M est un B-module plat, nous allons appliquer le th. 1 du nº 2, avec A remplacé par B et $\mathfrak{J}$ par $\mathfrak{J}B$. Il suffira donc de montrer que l'application canonique $f : \mathfrak{J}B \otimes_B M \to \mathfrak{J}M$ est injective. Soient f_1 l'application canonique $\mathfrak{J} \otimes_A B \to \mathfrak{J}B$ et f_2 l'isomorphisme canonique $\mathfrak{J} \otimes_A M \to (\mathfrak{J} \otimes_A B) \otimes_B M$; $f \circ (f_1 \otimes 1_M) \circ f_2$ est l'application canonique $f' : \mathfrak{J} \otimes_A M \to \mathfrak{J}M$, comme on le vérifie facilement. Or f' est un isomorphisme puisque M est un A-module plat, tandis que f_1 est un isomorphisme parce que B est plat sur A ; f est donc un isomorphisme.

Soit $\rho : A/\mathfrak{J} \to B/\mathfrak{J}B$ l'homomorphisme canonique ; la structure de $(A/\mathfrak{J})$-module de $M/\mathfrak{J}M$ déduite par ρ de sa structure de $(B/\mathfrak{J}B)$-module est isomorphe à celle de $M \otimes_A (A/\mathfrak{J})$. Il en résulte que si M est un A-module plat, $M/\mathfrak{J}M$ est un $(A/\mathfrak{J})$-module plat, donc aussi un $(\mathrm{B}/\mathfrak{J}\mathrm{B})$-module plat si ρ est un isomorphisme ; on a ainsi prouvé que *c*) $\Rightarrow$ *b*) dans ce cas.

COROLLAIRE. — *Soient* A *un anneau commutatif nœthérien,* $\mathfrak{J}$ *un idéal de* A, $\hat{\mathrm{A}}$ *le séparé complété de* A *pour la topologie* $\mathfrak{J}$*-adique,* M *un* $\hat{\mathrm{A}}$*-module idéalement séparé pour* $\mathfrak{J}\hat{\mathrm{A}}$. *Pour que* M *soit un* A*-module plat, il faut et il suffit que* M *soit un* $\hat{\mathrm{A}}$*-module plat.*

On sait en effet que $\hat{\mathrm{A}}$ est un anneau nœthérien (§ 3, n° 4, prop. 8) et un A-module plat (§ 3, n° 4, th. 3), que $\mathfrak{J}\hat{\mathrm{A}} = \hat{\mathfrak{J}}$ (§ 2, n° 12, prop. 16) et que l'homomorphisme canonique $\mathrm{A}/\mathfrak{J} \to \hat{\mathrm{A}}/\hat{\mathfrak{J}}$ est bijectif (§ 2, n° 12, prop. 15) ; on peut donc appliquer la prop. 3.

PROPOSITION 4. — *Soient* A *et* B *deux anneaux commutatifs nœthériens,* $h : \mathrm{A} \to \mathrm{B}$ *un homomorphisme d'anneaux,* $\mathfrak{J}$ *un idéal de* A, $\mathfrak{L}$ *un idéal de* B *contenant* $\mathfrak{J}\mathrm{B}$ *et contenu dans le radical de* B. *Soient* $\hat{\mathrm{A}}$ *le séparé complété de* A *pour la topologie* $\mathfrak{J}$*-adique,* $\hat{\mathrm{B}}$ *le séparé complété de* B *pour la topologie* $\mathfrak{L}$*-adique ; h est continu pour ces topologies et* $\hat{h} : \hat{\mathrm{A}} \to \hat{\mathrm{B}}$ *fait donc de* $\hat{\mathrm{B}}$ *une* $\hat{\mathrm{A}}$*-algèbre. Soient* M *un* B*-module de type fini,* $\hat{\mathrm{M}}$ *son séparé complété pour la topologie* $\mathfrak{L}$*-adique ; les propriétés suivantes sont équivalentes :*

a) M *est un* A*-module plat.*

b) $\hat{\mathrm{M}}$ *est un* A*-module plat.*

c) $\hat{\mathrm{M}}$ *est un* $\hat{\mathrm{A}}$*-module plat.*

Comme B, muni de la topologie $\mathfrak{L}$-adique, est un anneau de Zariski, $\hat{\mathrm{B}}$ est un B-module fidèlement plat (§ 3, n° 5, prop. 9) et $\hat{\mathrm{M}}$ est canoniquement isomorphe à $\mathrm{M} \otimes_{\mathrm{B}} \hat{\mathrm{B}}$ (§ 3, n° 4, th. 3) ; on vérifie aussitôt que cet isomorphisme canonique est un isomorphisme de la structure de A-module de $\hat{\mathrm{M}}$ sur la structure de A-module de $\mathrm{M} \otimes_{\mathrm{B}} \hat{\mathrm{B}}$ déduite de celle de M. Appliquons la prop. 4 du chap. I, § 3, n° 2 avec R remplacé par B, S par A, E par $\hat{\mathrm{B}}$, F par M ; on voit que pour que M soit un A-module plat, il faut et il suffit que $\hat{\mathrm{M}}$ soit un A-module plat. Par ailleurs, $\hat{\mathrm{M}}$ est un $\hat{\mathrm{B}}$-module de type fini et $\mathfrak{J}\hat{\mathrm{B}}$ est contenu dans $\hat{\mathfrak{L}} = \mathfrak{L}\hat{\mathrm{B}}$, donc dans le radical de $\hat{\mathrm{B}}$ (§ 3, n° 4, prop. 8) ; par suite $\hat{\mathrm{M}}$ est un $\hat{\mathrm{A}}$-module idéalement séparé pour $\mathfrak{J}\hat{\mathrm{A}}$ (prop. 2). Les conditions *b*) et *c*) sont donc équivalentes en vertu du cor. de la prop. 3.

EXERCICES

§ 1

1) Soit A un anneau commutatif gradué de type $\mathbf{Z}$, (A_n) sa graduation ; on pose $A^{\geqslant} = \bigoplus_{n \geqslant 0} A_n$, $A^{\leqslant} = \bigoplus_{n \leqslant 0} A_n$; ce sont des sous-anneaux gradués de A.

a) Pour tout élément homogène f de A, de degré d, l'anneau de fractions A_f (correspondant à la partie multiplicative formée des f^n, où $n \geqslant 0$) est canoniquement muni d'une structure d'anneau gradué (*Alg.*, chap. II, 3e éd., § 11) ; on désigne par $A_{(f)}$ le sous-anneau de A_f formé des éléments de degré 0. Montrer que si $d > 0$, on a $(A^{\geqslant})_f = A_f$, $A_{(f)}$ est isomorphe à $A^{(d)}/(f-1)A^{(d)}$ et $((A_f)^{\geqslant})_{f/1}$ est un anneau gradué isomorphe à A_f.

b) On munit l'anneau de polynômes $B = A[X] = A \otimes_{\mathbf{Z}} \mathbf{Z}[X]$ de la graduation produit tensoriel de celles de A et de $\mathbf{Z}[X]$, graduation compatible avec la structure d'anneau de B. Montrer que si $d > 0$, $B_{(f)}$ est isomorphe à $(A_f)^{\leqslant}$, et $(A^{(d)})_f$ est un anneau gradué isomorphe à $A_{(f)} \otimes_{\mathbf{Z}} \mathbf{Z}[X, X^{-1}]$.

c) Soit g un second élément homogène de A, de degré e. Montrer que si $d > 0$ et $e > 0$, $A_{(fg)}$ est isomorphe à $(A_{(f)})_{g^d/f^e}$.

**d*) On suppose $d > 0$ et $A_n = \{0\}$ pour $n < 0$. Montrer que, si A est nœthérien, il en est de même de $A_{(f)}$ (utiliser le § 2, nº 10, cor. 4 du th. 2).*

2) Soit A un anneau commutatif gradué de type $\mathbf{Z}$ tel que $A_n = 0$ pour $n < 0$. Pour tout $n \geqslant 0$, on désigne par $A_{[n]}$ l'idéal gradué $\bigoplus_{m \geqslant n} A_m$ de A ; la A-algèbre $A^{\natural} = \bigoplus_{n \geqslant 0} A_{[n]}$ est un anneau gradué par les $A_{[n]} = A^{\natural}_n$; pour tout $f \in A_d$ ($d > 0$), on désigne par $f^{\natural}$ l'élément de $A^{\natural}$ dont les composantes sont nulles sauf celle de degré d, égale à f.

a) Montrer que si $f \in A_d$, avec $d > 0$, l'anneau $A^{\natural}_{(f^{\natural})}$ est isomorphe à $(A_f)^{\geqslant}$ (notations de l'exerc. 1).

b) Pour que $A^\natural$ soit une A-algèbre de type fini, il faut et il suffit que A soit une A_0-algèbre de type fini.

c) Pour que $A^\natural_{n+1} = A^\natural_1 A^\natural_n$ (resp. $A^\natural_n = (A^\natural_1)^n$) pour $n \geqslant n_0$, il faut et il suffit que $A_{n+1} = A_1 A_n$ (resp. $A_n = (A_1)^n$) pour $n \geqslant n_0$.

3) Soient K un corps, B l'anneau de polynômes K[X, Y], muni de la graduation définie par le degré total, C le sous-anneau gradué de B engendré par X et Y^2, $\mathfrak{a}$ l'idéal gradué de C engendré par Y^4. Montrer que dans l'anneau gradué $A = C/\mathfrak{a}$, on a $A_{n+1} = A_1 A_n$ pour $n \geqslant 2$, mais $A_n \neq (A_1)^n$ pour $n \geqslant 6$.

§ 2

1) Soient K un corps commutatif, A l'anneau de polynômes K[X, Y] à deux indéterminées, $\mathfrak{a}_n$ l'idéal principal (XY^n) dans A ; la suite $(\mathfrak{a}_n)_{n \geqslant 1}$ forme, avec $\mathfrak{a}_0 = A$, une filtration exhaustive et séparée sur A. Soit $\mathfrak{b}$ l'idéal principal (X) de A ; montrer que, sur $\mathfrak{b}$, la topologie induite par celle de A est strictement moins fine que la topologie définie par la filtration de $\mathfrak{b}$ associée à celle de A (et *a fortiori* cette dernière filtration est distincte de la filtration induite par celle de A).

2) Soient K un corps commutatif de caractéristique $\neq 2$, A l'anneau K[[X, Y]] des séries formelles à deux indéterminées.

a) Montrer que dans A l'idéal principal $\mathfrak{p} = (X^2 - Y^3)$ est premier. (Si un produit $f(X, Y)g(X, Y)$ de séries formelles est divisible par $X^2 - Y^3$, remarquer d'abord que l'on a $f(T^3, T^2) = 0$ ou $g(T^3, T^2) = 0$ dans l'anneau de séries formelles K[[T]] ; supposant par exemple $f(T^3, T^2) = 0$, montrer d'abord que $f(X, Y^2)$ est divisible par $X - Y^3$ et par $X + Y^3$, et en considérant $f(-Y^3 + X, Y^2)$, prouver finalement que $f(X, Y^2)$ est divisible par $X^2 - Y^6$.)

b) Soit $\mathfrak{m}$ l'idéal maximal AX + AY de A. Montrer que $\mathfrak{p}$ est fermé pour la topologie $\mathfrak{m}$-adique sur A (pour laquelle A est séparé et complet), mais que dans l'anneau gr(A), gr($\mathfrak{p}$) n'est pas un idéal premier ($\mathfrak{p}$ étant muni de la filtration induite par celle de A).

3) Soient A un anneau filtré, E un A-module de type fini. Montrer que si on munit E de la filtration déduite de celle de A, gr(E) est un gr(A)-module de type fini (cf. exerc. 5 *c*)).

4) Donner un exemple d'application A-linéaire bijective $u : E \to F$, où E et F sont deux A-modules filtrés, telle que u soit compatible avec les filtrations, mais que gr(u) ne soit ni injective ni surjective. (Prendre E = A, F = A muni d'une autre filtration, u étant l'application identique.)

5) Soit A un anneau commutatif filtré, la filtration $(\mathfrak{a}_n)_{n \geqslant 0}$ étant telle que $\mathfrak{a}_0 = A$.

a) Pour que l'anneau gr(A) soit engendré par une famille d'éléments dont les degrés sont bornés, il faut et il suffit qu'il existe un entier q tel que, pour tout n, on ait $\mathfrak{a}_n = \mathfrak{a}_{n+1} + \mathfrak{b}_n$, où $\mathfrak{b}_n$ est la somme des idéaux

$\mathfrak{a}_1^{\alpha_1}\mathfrak{a}_2^{\alpha_2}\ldots\mathfrak{a}_q^{\alpha_q}$ pour tous les systèmes d'entiers $\alpha_i \geqslant 0$ $(1 \leqslant i \leqslant q)$ tels que $\sum_{i=1}^{q} i\alpha_i = n$. On a alors $\mathfrak{a}_n = \mathfrak{a}_{n+k} + \mathfrak{b}_n$ pour tout $k > 0$.

b) Pour que gr(A) soit nœthérien, il faut et il suffit que $A/\mathfrak{a}_1$ soit nœthérien, que la condition de *a*) soit vérifiée et que pour $i \leqslant q$, les $\mathfrak{a}_i/\mathfrak{a}_{i+1}$ soient des $(A/\mathfrak{a}_1)$-modules de type fini (utiliser le cor. 4 du th. 2 du nº 10).

c) Soient K un corps commutatif, A l'anneau de polynômes à deux indéterminées K[X, Y]. On définit sur l'ensemble des monômes X^mY^n un ordre total en posant $X^mY^n \leqslant X^pY^q$ si $m + n \leqslant p + q$, ou si $m + n = p + q$ et $m \leqslant p$. Soit (M_k) la suite des monômes en X, Y ainsi rangés par ordre croissant, et soit $\mathfrak{a}_n$ l'idéal de A engendré par les M_k d'indice $k \geqslant n$. Montrer que $(\mathfrak{a}_n)$ est une filtration compatible avec la structure d'anneau de A ; pour cette filtration, gr(A) admet des diviseurs de 0 et n'est pas nœthérien, bien que A soit un anneau intègre nœthérien (utiliser le critère de *b*)) ; en particulier, $\mathrm{gr}(\mathfrak{a}_1)$ (pour la filtration induite sur $\mathfrak{a}_1$ par celle de A) n'est pas un (gr(A))-module de type fini, bien que $\mathfrak{a}_1$ soit un A-module de type fini (cf. § 1, nº 2, cor. de la prop. 1).

¶ 6) Soient A un anneau commutatif, E et F deux A-modules, (E_n) (resp. (F_n)) une filtration exhaustive sur E (resp. F) formée de sous-A-modules. Sur le produit tensoriel $G = E \otimes_A F$, on considère la filtration exhaustive formée des $G_n = \sum_{i+j=n} \mathrm{Im}(E_i \otimes_A F_j)$.

a) Montrer que les homomorphismes canoniques composés $(E_i/E_{i+1}) \otimes_A (F_j/F_{j+1}) \to (E_i \otimes_A F_j)/(\mathrm{Im}(E_i \otimes_A F_{j+1}) + \mathrm{Im}(E_{i+1} \otimes_A F_j)) \to G_{i+j}/G_{i+j+1}$ sont les restrictions d'un homomorphisme gradué de degré 0 (dit canonique) $\mathrm{gr}(E) \otimes_A \mathrm{gr}(F) \to \mathrm{gr}(E \otimes_A F)$, qui est surjectif.

b) Montrer que si gr(E) est un A-module plat, les A-modules E_m/E_n pour $m \leqslant n$, et E/E_n pour tout $n \in \mathbf{Z}$, sont plats.

c) On suppose dans ce qui suit que gr(E) est un A-module plat et que E est un A-module plat (la seconde hypothèse étant conséquence de la première lorsque (E_n) est une filtration discrète). Alors les $H_{ij} = E_i \otimes_A F_j$ s'identifient canoniquement à des sous-modules de $G = E \otimes_A F$ (chap. I, § 2, nº 5, prop. 4). Montrer que pour deux parties finies quelconques R, S de $\mathbf{Z} \times \mathbf{Z}$, on a

$$(*) \qquad \Big(\sum_{(i,j)\in R} H_{ij}\Big) \cap \Big(\sum_{(h,k)\in S} H_{hk}\Big) = \sum H_{\sup(i,h),\,\sup(j,k)}$$

où dans la seconde somme, (i, j, h, k) parcourt $R \times S$. (Lorsque R et S sont chacun réduits à un élément, utiliser le chap. I, § 2, nº 6, prop. 7. Si p est le plus grand des indices i et h figurant dans les éléments de R ou S, q le plus petit des indices j et k figurant dans les éléments de R ou S, considérer les images des deux membres de (*) par l'homomorphisme canonique $E \otimes_A F_q \to (E/E_p) \otimes_A F_q$, et raisonner par récurrence sur Card(R) + Card(S)).

d) Déduire de *c*) que l'homomorphisme canonique défini dans *a*) est alors bijectif.

7) Soient A un anneau commutatif, E un A-module, F un sous-module de E, B l'algèbre extérieure $\bigwedge(E)$, $\mathfrak{I}$ l'idéal bilatère de B engendré par les images canoniques dans B des éléments de F. Soit $gr^{\mathfrak{I}}(B)$ l'anneau gradué associé à l'anneau B filtré par la filtration $\mathfrak{I}$-adique.

a) Définir un homomorphisme canonique surjectif de A-algèbres (non graduées) $(\bigwedge(F)) \otimes_A^g (\bigwedge(E/F)) \to gr^{\mathfrak{I}}(B)$ (où il s'agit du produit tensoriel *gauche* d'algèbres graduées (*Alg.*, chap. III, 3e éd.)).

b) Montrer que si F admet un supplémentaire dans E, l'homomorphisme défini dans *a*) est un isomorphisme.

c) On prend $A = \mathbf{Z}$, $E = \mathbf{Z}/4\mathbf{Z}$, $F = 2\mathbf{Z}/4\mathbf{Z}$; montrer que l'homomorphisme défini dans *a*) n'est pas injectif dans ce cas.

8) Soient A un anneau filtré, (A_n) sa filtration, E un A-module filtré, (E_n) sa filtration. Montrer que si $A_0 = A$ et $E_0 = E$, l'application $(a, x) \to ax$ de $A \times E$ dans E est uniformément continue pour les topologies définies par les filtrations.

9) Donner un exemple de deux anneaux filtrés A, B, dont les filtrations sont exhaustives et séparées, et d'un homomorphisme non surjectif $u : A \to B$, compatible avec les filtrations et tel que $gr(u)$ soit bijectif. En déduire un contre-exemple au cor. 1 de la prop. 12, lorsqu'on ne suppose plus l'anneau A complet, et un contre-exemple à la prop. 13 lorsqu'on ne suppose plus E de type fini (utiliser *Alg.*, chap. VIII, § 7, exerc. 3 *b*)).

10) Soient A un anneau nœthérien, σ un automorphisme de A. Montrer que l'anneau E défini dans *Alg.*, chap. IV, § 5, exerc. 10 *b*), est un anneau nœthérien (à gauche et à droite).

11) Montrer que si E est un espace vectoriel de dimension $\geqslant 2$ sur un corps commutatif, l'algèbre tensorielle de E est un anneau qui n'est nœthérien ni à gauche ni à droite (si *a*, *b*, sont deux vecteurs linéairement indépendants dans E, considérer l'idéal à gauche (ou l'idéal à droite) engendré par les éléments $a^n b^n$ pour $n \geqslant 1$).

¶ 12) Soient K un corps commutatif, A l'anneau $K[X_\iota]_{\iota \in I}$ des polynômes sur K en une famille infinie arbitraire d'indéterminées, $\mathfrak{m}$ l'idéal (maximal) de A engendré par les X_ι. Si l'on pose $A_i = A/\mathfrak{m}^{i+1}$, les A_i et les homomorphismes canoniques $h_{ij} : A/\mathfrak{m}^{j+1} \to A/\mathfrak{m}^{i+1}$ pour $i \leqslant j$ vérifient les conditions de la prop. 14 ; l'anneau $\varprojlim A_i$ est le complété $\hat{A}$ de A pour la topologie $\mathfrak{m}$-adique, et le noyau de l'homomorphisme canonique $\hat{A} \to A_i$ est égal à $(\mathfrak{m}^i)^\wedge$, adhérence de $\mathfrak{m}^i$ dans $\hat{A}$.

a) Montrer que $\hat{A}$ s'identifie canoniquement à l'anneau des séries formelles par rapport aux X_ι, n'ayant chacune qu'un nombre *fini* de termes de degré donné (*Alg.*, chap. IV, § 5, exerc. 1).

b) On prend désormais $I = \mathbf{N}$. Montrer que l'on a $\hat{\mathfrak{m}} \neq \hat{A}.\mathfrak{m}$ (considérer la série formelle $\sum_{n=1}^{\infty} X_n^n$).

c) On suppose que K est un corps fini. Montrer que $(\hat{\mathfrak{m}})^2 \neq (\mathfrak{m}^2)^\wedge$. (On démontrera d'abord le résultat suivant : pour tout entier $k > 0$, il existe un entier n_k et, pour tout entier $n \geqslant n_k$, un polynôme homogène F_n de degré n en n^2 indéterminées, à coefficients dans K, tel que F_n ne puisse être la somme des termes de degré n dans *aucun* polynôme de la forme $P_1Q_1 + \cdots + P_kQ_k$, où les P_i et Q_i sont des polynômes *sans terme constant* par rapport aux mêmes n^2 indéterminées).

En déduire que $\hat{A}$ n'est pas complet pour la topologie $\hat{\mathfrak{m}}$-adique.

13) Soient K un corps, $A = K[[X]]$ l'anneau des séries formelles, $\mathfrak{m}$ son idéal maximal, de sorte que A est séparé et complet pour la topologie $\mathfrak{m}$-adique (n° 6, cor. de la prop. 6). Sur le groupe additif A, on considère la filtration (E_n) telle que $E_0 = A$ et E_n est l'intersection de $\mathfrak{m}^n$ et de l'anneau $K[X]$; cette filtration est exhaustive et séparée, la topologie $\mathcal{T}$ qu'elle définit sur A est compatible avec la structure de groupe additif de A et est plus fine que la topologie $\mathfrak{m}$-adique, mais A n'est pas un groupe complet pour la topologie $\mathcal{T}$ (considérer la suite des polynômes $(1 - X^n)/(1 - X)$).

14) Soient A un anneau (non nécessairement commutatif), E un A-module à gauche. On dit qu'une topologie sur E est *linéaire* si elle est invariante par translation et si 0 admet un système fondamental de voisinages qui sont des sous-modules de E ; on dit alors que E est *linéairement topologisé.* Une topologie linéaire sur E est compatible avec sa structure de groupe additif, et définit sur E une structure de A-module topologique lorsqu'on munit A de la topologie discrète. Sur un A-module quelconque, la topologie discrète et la topologie la moins fine sont des topologies linéaires.

a) Si E est un module linéairement topologisé, F un sous-module de E, la topologie induite sur F et la topologie quotient de celle de E par F sont des topologies linéaires. Si $(E_\alpha, f_{\alpha\beta})$ est un système projectif de A-modules linéairement topologisés, où les $f_{\alpha\beta}$ sont des applications linéaires continues, le A-module topologique $E = \varprojlim E_\alpha$ est linéairement topologisé.

b) Soit E un A-module linéairement topologisé. Il existe un système fondamental $(V_\lambda)_{\lambda\in L}$ de voisinages de 0 dans E, formé de sous-modules ouverts (et fermés) ; si $\varphi_{\lambda\mu} : E/V_\mu \rightarrow E/V_\lambda$ est l'application canonique lorsque $V_\lambda \supset V_\mu$, la famille $(E/V_\lambda, \varphi_{\lambda\mu})$ est un système projectif de A-modules *discrets* ; le A-module topologique $\hat{E} = \varprojlim E/V_\lambda$ s'identifie au séparé complété de E, qui est donc linéairement topologisé (*Top. gén.*, chap. III, 3ᵉ éd., § 7, n° 3).

c) Un A-module linéairement topologisé séparé E est discret lorsqu'il est artinien, ou lorsqu'il existe un plus petit élément dans l'ensemble des sous-modules $\neq 0$ de E.

15) *a*) Soit E un A-module linéairement topologisé (exerc. 14). Pour qu'une base de filtre $\mathfrak{B}$ sur E formée de variétés linéaires affines admette un point adhérent, il faut et il suffit qu'il existe une base de filtre convergente $\mathfrak{B}' \supset \mathfrak{B}$ formée de variétés linéaires affines. On dit que E est *linéairement compact* s'il est séparé et si toute base de filtre sur E formée de variétés linéaires affines admet au moins un point adhérent. Tout module artinien est linéairement compact pour la topologie discrète. Tout sous-module linéairement compact d'un module linéairement topologisé séparé F est fermé dans F.

b) Si E est un A-module linéairement compact, u une application linéaire continue de E dans un A-module linéairement topologisé séparé F, $u(E)$ est un sous-module linéairement compact de F.

c) Soient E un A-module linéairement topologisé séparé, F un sous-module fermé de E. Pour que E soit linéairement compact, il faut et il suffit que F et E/F le soient.

d) Tout produit de modules linéairement compacts est linéairement compact (considérer une base de filtre maximale parmi les bases de filtre formées de variétés linéaires affines).

e) Soit $(E_\alpha, f_{\alpha\beta})$ un système projectif de modules linéairement topologisés relatif à un ensemble d'indices filtrant ; on suppose que les $f_{\alpha\beta}$ soient des applications linéaires continues, et que pour $\alpha \leqslant \beta$, $\overset{-1}{f_{\alpha\beta}}(0)$ soit un sous-module linéairement compact de E_β. Soit $E = \varprojlim E_\alpha$, et soit f_α l'application canonique $E \rightarrow E_\alpha$; montrer que pour tout α, on a $f_\alpha(E) = \bigcap_{\alpha \leqslant \beta} f_{\alpha\beta}(E_\beta)$ (en particulier si les $f_{\alpha\beta}$ sont surjectifs, il en est de même des f_α), et $\overset{-1}{f_\alpha}(0)$ est linéairement compact (utiliser *d*), et *Top. gén.*, chap. I, 3e éd., Appendice, n° 2, th. 1).

¶ 16) *a*) Soit E un A-module linéairement topologisé séparé. Montrer que les propriétés suivantes sont équivalentes

α) E est linéairement compact (exerc. 15).

β) Pour toute application linéaire continue u de E dans un A-module linéairement topologisé séparé F, $u(E)$ est un sous-module fermé de F.

γ) Pour toute topologie linéaire (séparée ou non) sur E, moins fine que la topologie donnée, E est complet.

δ) E est complet, et il y a un système fondamental (U_λ) de voisinages ouverts de 0 dans E, formé de sous-modules, et tel que les E/U_λ soient des A-modules discrets linéairement compacts (cf. § 3, exerc. 5).

(Pour voir que γ) entraîne δ), considérer un sous-module ouvert F de E, et une base de filtre $\mathfrak{B}$ sur E/F formée de variétés linéaires affines. Pour toute $V \in \mathfrak{B}$, soit M_V l'image réciproque dans E du sous-module directeur de V dans E/F ; considérer sur E la topologie linéaire dont les M_V forment un système fondamental de voisinages de 0.)

b) Soient E un A-module linéairement topologisé séparé, M un sous-module linéairement compact de E. Montrer que pour tout sous-module fermé F de E, $M + F$ est fermé dans E (considérer l'image de M dans E/F).

c) Soient E un A-module linéairement compact, F un A-module linéairement topologisé séparé. Montrer que pour tout sous-module fermé M de $E \times F$, la projection de M sur F est fermée. Réciproque (cf. *Top. gén.*, chap. I, 3e éd., § 10, n° 2).

d) Soient E un A-module linéairement compact, u une application linéaire continue de E dans un A-module linéairement topologisé séparé F. Montrer que pour toute base de filtre $\mathfrak{B}$ sur E, formée de variétés linéaires affines, l'image par u de l'ensemble des points adhérents à $\mathfrak{B}$ est l'ensemble des points adhérents à $u(\mathfrak{B})$. En particulier, pour tout sous-module fermé M de E, on a $\bigcap_{N \in \mathfrak{B}} (M + N) = M + \bigcap_{N \in \mathfrak{B}} N$.

17) On dit que sur un A-module E une topologie linéaire $\mathcal{T}$ est *minimale* si elle est séparée et s'il n'existe pas de topologie linéaire séparée strictement moins fine que $\mathcal{T}$.

a) Pour qu'une topologie linéaire $\mathcal{T}$ séparée sur E soit minimale il faut et il suffit que toute base de filtre $\mathfrak{B}$ sur E, formée de variétés linéaires affines, et ayant un seul point adhérent, soit convergente vers ce point. (Pour voir que la condition est nécessaire, observer que lorsque M parcourt $\mathfrak{B}$ et V un système fondamental de voisinages de 0 formé de sous-modules, les M + V forment une base de filtre ayant mêmes points adhérents que $\mathfrak{B}$. Pour voir que la condition est suffisante, remarquer qu'une base de filtre formée de sous-modules ouverts, dont l'intersection est réduite à 0, est un système fondamental de voisinages de 0 pour une topologie linéaire séparée moins fine que $\mathcal{T}$.)

b) Pour que la topologie discrète sur un A-module E soit minimale, il faut et il suffit que E soit artinien.

c) Si $\mathcal{T}$ est minimale, la topologie induite par $\mathcal{T}$ sur tout sous-module fermé de E est minimale.

¶ 18) Dans un A-module E, on dit qu'un sous-module M $\neq$ E est *abrité* s'il existe un plus petit élément dans l'ensemble des sous-modules $\neq 0$ de E/M.

a) Montrer que tout sous-module N $\neq$ E de E est intersection de sous-modules abrités (pour tout $x \notin N$, considérer un élément maximal dans l'ensemble des sous-modules de E contenant N et ne contenant pas x).

b) Soit $\mathcal{T}$ une topologie linéaire séparée sur E, et soit $\mathcal{T}^*$ la topologie linéaire ayant pour système fondamental de voisinages de 0 la base de filtre engendrée par les sous-modules de E ouverts pour $\mathcal{T}$, et abrités. Montrer que $\mathcal{T}^*$ est séparée et que tout sous-module fermé pour $\mathcal{T}$ est aussi fermé pour $\mathcal{T}^*$ (remarquer que tout sous-module fermé pour $\mathcal{T}$ est intersection de sous-modules ouverts pour $\mathcal{T}$). En déduire que si E est complet pour $\mathcal{T}^*$, il est complet pour $\mathcal{T}$ (*Top. gén.*, chap. III, 3ᵉ éd., § 3, nº 5, prop. 9).

c) On suppose $\mathcal{T}$ linéairement compacte. Montrer alors que $\mathcal{T}^*$ est linéairement compacte et est la moins fine des topologies linéaires séparées moins fines que $\mathcal{T}$; en particulier $\mathcal{T}^*$ est une topologie linéaire minimale (exerc. 17). (Soit $\mathfrak{B}$ une base de filtre formée de sous-modules fermés pour $\mathcal{T}$, ayant 0 pour intersection ; montrer que pour tout sous-module U ouvert pour $\mathcal{T}$ et abrité, il existe $M \in \mathfrak{B}$ tel que $M \subset U$, en utilisant l'exerc. 16 *d*)).

d) Soit F un A-module linéairement topologisé séparé, et soit $\mathcal{T}_1$ sa topologie ; montrer que si $u : E \to F$ est une application linéaire continue pour les topologies $\mathcal{T}$ et $\mathcal{T}_1$, u est aussi continue pour les topologies $\mathcal{T}^*$ et $\mathcal{T}_1^*$.

¶ 19) *a*) Soit E un A-module linéairement compact. Montrer que les conditions suivantes sont équivalentes :

α) Pour toute application linéaire continue u de E dans un A-module linéairement topologisé séparé F, u est un morphisme strict (*Top. gén.*, chap. III, 2e éd., § 2, no 8) de E dans F.

β) Pour tout sous-module fermé F de E, la topologie quotient sur E/F est une topologie minimale (exerc. 17).

γ) E est complet et il y a un système fondamental (U_λ) de voisinages ouverts de 0 dans E, formé de sous-modules, et tel que les E/U_λ soient des modules artiniens.

(Pour voir que γ) entraîne β), se ramener au cas où $F = 0$, et utiliser les exerc. 17 et 18.)

Lorsque E vérifie les conditions équivalentes α), β), et γ), on dit que E est *strictement linéairement compact*.

b) Soient E un A-module linéairement topologisé séparé, F un sous-module fermé de E. Pour que E soit strictement linéairement compact il faut et il suffit que F et E/F le soient.

c) Toute limite projective de modules strictement linéairement compacts est strictement linéairement compacte.

d) Soient E un A-module linéairement topologisé séparé, u une application linéaire de E dans un A-module strictement linéairement compact F. Montrer que si le graphe de u est fermé dans $E \times F$, u est continue (utiliser l'exerc. 16 *c*), et le fait que si M est fermé dans E et E/M artinien, M est ouvert dans E).

¶ 20) *a*) Montrer qu'un module linéairement compact discret ne peut être somme directe d'une infinité de sous-modules non réduits à 0.

b) Donner un exemple de topologie linéaire minimale (exerc. 17) non linéairement compacte (considérer une somme directe infinie de modules simples deux à deux non isomorphes).

c) Soit E un module linéairement compact tel qu'il existe une famille de sous-modules simples dont la somme soit dense dans E. Montrer que : 1o E est strictement linéairement compact (appliquer *a*) au quotient de E par un sous-module ouvert) ; 2o E est isomorphe au produit (topologique) d'une famille de modules simples discrets. (Considérer les ensembles $\mathfrak{D}$ de sous-modules ouverts maximaux de E tels que pour toute suite finie $(G_k)_{1 \leqslant k \leqslant n}$ de n éléments distincts de $\mathfrak{D}$, $E/\left(\bigcap_{k=1}^{n} G_k\right)$ soit somme directe de n sous-modules simples. Montrer qu'il existe un ensemble $\mathfrak{D}$ maximal (pour la relation d'inclusion), et que l'intersection de tous les sous-modules G appartenant à un tel ensemble est réduite à 0 ; on utilisera le fait que $\{0\}$ est intersection de sous-modules ouverts maximaux, et que pour tout sous-module ouvert maximal G de E, il y a au moins un sous-module simple de E non contenu dans G. Conclure en utilisant le fait que E est strictement linéairement compact.)

d) Déduire de *c*) que tout espace vectoriel linéairement compact sur un corps K est strictement linéairement compact et isomorphe à un produit K_s^I.

¶ 21) On rappelle que sur un anneau A, une topologie est dite *linéaire* (à gauche) si c'est une topologie linéaire sur le A-module A_s et si elle est compatible avec la structure d'anneau de A (chap. II, § 2, exerc. 16). On dit qu'un anneau topologique A est *linéairement compact* (à gauche) (resp. *strictement linéairement compact* (à gauche)) si A_s est un A-module linéairement compact (resp. strictement linéairement compact).

a) Montrer que si A est linéairement compact à gauche pour une topologie $\mathcal{T}$, la topologie $\mathcal{T}^*$ définie dans l'exerc. 18 *b*) est encore compatible avec la structure d'anneau de A (utiliser l'exerc. 18 *d*)).

b) On suppose A commutatif ; soit $u \neq 0$ un idempotent de $A/\mathfrak{R}$, où $\mathfrak{R}$ est le radical de A. Montrer que si A est linéairement compact pour la topologie discrète, il existe un idempotent $e \in A$ et un seul dont l'image dans $A/\mathfrak{R}$ soit égale à u. (Montrer que parmi les variétés linéaires affines $x + \mathfrak{b}$, où $\mathfrak{b} \subset \mathfrak{R}$ et $x^2 - x \in \mathfrak{b}$, qui sont contenues dans la classe u, il y a un élément minimal $e + \mathfrak{a}$. En déduire que $e^2 = e$ et $\mathfrak{a} = 0$, en considérant l'élément $e^2 - e = r$ et en montrant que $r \in Ar^2$, à l'aide de *Alg.*, chap. VIII, § 6, exerc. 10 *a*). Prouver l'unicité de e en montrant que si e_1, e_2 sont deux idempotents de A tels que $e_1e_2 \in \mathfrak{R}$, on a $e_1e_2 = 0$.)

c) Montrer que tout anneau commutatif A qui est linéairement compact pour la topologie discrète est composé direct d'un nombre fini d'anneaux locaux (linéairement compacts pour la topologie discrète). (Considérer d'abord le cas où $\mathfrak{R} = 0$, en utilisant l'exerc. 15 *b*) et le chap. II, § 1, nº 2, prop. 5, puis appliquer *b*) aux idempotents de $A/\mathfrak{R}$.)

d) Montrer que tout anneau commutatif linéairement compact (resp. strictement linéairement compact) A est produit d'une famille d'anneaux locaux linéairement compacts (resp. strictement linéairement compacts). (Soit $(\mathfrak{m}_\lambda)$ la famille des idéaux maximaux ouverts de A ; pour tout idéal ouvert $\mathfrak{a}$ ne contenant pas $\mathfrak{m}_\lambda$, soit $A'_\lambda \times A''_\lambda$ la décomposition de $A/\mathfrak{a}$ en composé direct de deux anneaux, tels que A'_λ soit l'anneau local d'idéal maximal $(\mathfrak{m}_\lambda + \mathfrak{a})/\mathfrak{a}$, définie dans *c*) ; soit $e'_\lambda(\mathfrak{a})$ l'élément unité de A'_λ, considéré comme classe mod. $\mathfrak{a}$ dans A ; les $e'_\lambda(\mathfrak{a})$ forment une base de filtre qui converge dans A vers un idempotent e_λ, et Ae_λ est un idéal fermé de A dont e_λ est l'élément unité. Montrer que l'anneau Ae_λ est un anneau local et que A est isomorphe au produit des Ae_λ.)

¶ 22) *a*) Soient A un anneau local, $\mathfrak{m}$ son idéal maximal. Montrer que si, pour une topologie linéaire $\mathcal{T}$ sur A, A est strictement linéairement compact, $\mathcal{T}$ est moins fine que la topologie $\mathfrak{m}$-adique.

b) Soient A un anneau commutatif, $\mathfrak{m}$ un idéal de A. Pour que A soit strictement linéairement compact pour la topologie $\mathfrak{m}$-adique, il faut et il suffit qu'il soit séparé et complet pour cette topologie, que $A/\mathfrak{m}$ soit un anneau artinien et $\mathfrak{m}/\mathfrak{m}^2$ un $(A/\mathfrak{m})$-module de longueur finie $_*$(autrement dit, A est un anneau nœthérien semi-local complet)$_*$.

c) Soient I un ensemble d'indices infini, K un corps fini, $A = K[[X_\iota]]_{\iota \in I}$ l'algèbre des séries formelles par rapport à la famille d'indéterminées $(X_\iota)_{\iota \in I}$ (*Alg.*, chap. IV, § 5, exerc. 1) ; A est un anneau local. En tant qu'espace vectoriel sur K, on peut identifier A à l'espace produit $K^{\mathbf{N}^{(I)}}$; si on munit K de la topologie discrète et A de la topologie produit $\mathcal{T}$, montrer que $\mathcal{T}$ est une topologie linéaire sur l'anneau A, pour laquelle A est strictement linéairement compact ; si $\mathfrak{m}$ est l'idéal maximal de A, montrer, en raisonnant comme dans l'exerc. 12 *c*), que A n'est pas complet pour la topologie $\mathfrak{m}$-adique.

¶ 23) Soit A un anneau commutatif muni d'une topologie linéaire $\mathcal{T}$.

a) Montrer que les idéaux $\mathfrak{a}$ de A, fermés pour $\mathcal{T}$ et tels que $A/\mathfrak{a}$ soit artinien, forment un système fondamental de voisinages de 0 pour une topologie linéaire $\mathcal{T}^{(c)}$ sur A, moins fine que $\mathcal{T}$ (utiliser *Alg.*, chap. VIII, § 2, exerc. 12) ; on a $(\mathcal{T}^{(c)})^{(c)} = \mathcal{T}^{(c)}$. Soit B l'anneau séparé complété de A pour la topologie $\mathcal{T}^{(c)}$; montrer que B est strictement linéairement compact ; on dit que B est l'anneau strictement linéairement compact *associé* à A.

b) Soient $\mathcal{T}_\omega(A)$ la topologie discrète sur A, $\mathcal{T}_c(A)$ la topologie $(\mathcal{T}_\omega(A))^{(c)}$. Pour que la topologie $\mathcal{T}^{(c)}$ sur A soit séparée, il faut et il suffit que $\mathcal{T}$ soit séparée et que pour tout idéal $\mathfrak{b}$ de A, ouvert pour $\mathcal{T}$, la topologie $\mathcal{T}_c(A/\mathfrak{b})$ soit séparée. *Si A est un anneau de valuation non discrète de rang 1 (chap. VI), $\mathcal{T}_c(A)$ n'est pas séparée.*

c) On suppose A linéairement compact pour $\mathcal{T}$; alors A est complet (mais en général non séparé) pour $\mathcal{T}^{(c)}$. Pour que $\mathcal{T}^{(c)}$ soit alors séparée, il faut et il suffit qu'il existe sur A une topologie linéaire, strictement linéairement compacte, et moins fine que $\mathcal{T}$; $\mathcal{T}^{(c)}$ est alors l'unique topologie ayant ces propriétés.

d) Soit E un A-module linéairement topologisé et strictement linéairement compact. Montrer que lorsqu'on munit A de la topologie $\mathcal{T}_c(A)$, E est un A-module topologique (remarquer que si F est un A-module artinien, alors, pour tout $x \in F$, l'annulateur $\mathfrak{a}$ de x est tel que $A/\mathfrak{a}$ soit artinien). En déduire que, si B est le séparé complété de A pour la topologie $\mathcal{T}_c(A)$, E peut être considéré comme un B-module topologique ; l'anneau B étant isomorphe à un produit d'anneaux locaux B_λ strictement linéairement compacts (exerc. 21 *d*)), montrer que E est isomorphe à un produit de sous-modules strictement linéairement compacts E_λ, où E_λ est annulé par les B_μ d'indice $\mu \neq \lambda$ et peut par suite être considéré comme B_λ-module topologique (si e_λ est l'élément unité de B_λ, prendre $E_\lambda = e_\lambda . E$).

24) Sur un anneau commutatif A, on désigne par $\mathcal{T}_m(A)$ la topologie linéaire dont un système fondamental de voisinages de 0 est formé des produits (égaux aux intersections) d'un nombre fini de puissances d'idéaux maximaux (cf. nº 13, prop. 17) ; on désigne par $\mathcal{T}_u(A)$ la topologie linéaire dont un système fondamental de voisinages de 0 est formé par tous les idéaux $\neq \{0\}$ de A.

a) Montrer que $\mathcal{T}_c(A)$ (exerc. 23) est moins fine que $\mathcal{T}_m(A)$ (observer que le radical d'un anneau artinien est nilpotent) ; donner un exemple où $\mathcal{T}_c(A) \neq \mathcal{T}_m(A)$ (cf. exerc. 22 *c*)). *Si A est un anneau de valuation non discrète de rang 1 (chap. VI), on a $\mathcal{T}_c(A) = \mathcal{T}_m(A)$ et $\mathcal{T}_u(A) \neq \mathcal{T}_m(A)$.*

b) La topologie $\mathcal{T}_m(A)$ est la moins fine des topologies linéaires sur A pour lesquelles les idéaux maximaux de A sont fermés et toute puissance d'un idéal ouvert de A est un idéal ouvert (noter que pour une topologie linéaire sur A pour laquelle un idéal maximal $\mathfrak{m}$ est fermé, $\mathfrak{m}$ est nécessairement ouvert).

c) Si A est un anneau nœthérien, on a $\mathcal{C}_m(A) = \mathcal{C}_c(A)$ (observer que si $\mathfrak{m}$ est un idéal maximal de A, $A/\mathfrak{m}^k$ est un anneau artinien pour tout entier $k \geqslant 1$, en remarquant que $\mathfrak{m}^h/\mathfrak{m}^{h+1}$ est un $(A/\mathfrak{m})$-module nécessairement de longueur finie). Donner un exemple d'anneau local nœthérien A pour lequel $\mathcal{C}_m(A) \neq \mathcal{C}_u(A)$ (considérer un anneau local d'un anneau de polynômes sur un corps).

25) Soient A un anneau topologique, E un A-module à gauche de type fini. Montrer qu'il existe sur E une topologie (dite *canonique*) compatible avec sa structure de A-module, et plus fine que toutes les autres (écrire E sous la forme A_s^n/R, munir A_s^n de la topologie produit et E de la topologie quotient). Si E′ est un A-module topologique et $u : E \rightarrow E'$ une application A-linéaire, montrer que u est continue pour la topologie canonique sur E. Si de plus E′ est de type fini et muni de la topologie canonique, u est un morphisme strict. Si la topologie de A est définie par une filtration (A_n), montrer que la topologie canonique de E est définie par la filtration (A_nE).

26) Soient A un anneau commutatif, $\mathfrak{m}$ un idéal de A, $(a_\lambda)_{\lambda\in L}$ un système de générateurs de $\mathfrak{m}$, $\hat{A}$ le séparé complété de A pour la topologie $\mathfrak{m}$-adique.

Montrer que, si A′ désigne l'anneau des séries formelles par rapport à une famille $(T_\lambda)_{\lambda\in L}$ d'indéterminées, n'ayant qu'un nombre fini de termes de degré donné (exerc. 12), $\hat{A}$ est isomorphe au quotient de A′ par l'adhérence $\mathfrak{b}$ de l'idéal de A′ engendré par les $T_\lambda - a_\lambda$ (utiliser le th. 1 du nº 8). En particulier, l'anneau $\mathbf{Z}_p$ des entiers p-adiques est isomorphe au quotient $\mathbf{Z}[[T]]/(T - p)$.

¶ 27) *a*) Soit A un anneau commutatif muni d'une topologie linéaire. Pour toute partie multiplicative S de A, on désigne par $A\{S^{-1}\}$ le séparé complété de l'anneau $S^{-1}A$ muni de la topologie dont un système fondamental de voisinages de 0 est formé des idéaux $S^{-1}U_\lambda$, où (U_λ) est un système fondamental de voisinages de 0 dans A formé d'idéaux de A. Montrer que $A\{S^{-1}\}$ est canoniquement isomorphe à la limite projective des anneaux $S_\lambda^{-1}(A/U_\lambda)$ où S_λ est l'image canonique de S dans A/U_λ. Si $\hat{A}$ est le séparé complété de A, $A\{S^{-1}\}$ est canoniquement isomorphe à $\hat{A}\{S'^{-1}\}$, où S′ est l'image canonique de S dans $\hat{A}$.

b) Pour que $A\{S^{-1}\}$ soit réduit à 0, il faut et il suffit que, dans A, 0 soit adhérent à S. En déduire un exemple où A est séparé et complet, mais où il n'en est pas de même de $S^{-1}A$ pour la topologie définie dans *a*).

c) Pour tout homomorphisme continu de A dans un anneau linéairement topologisé B, séparé et complet, tel que $u(S)$ soit formé d'éléments inversibles dans B, montrer que $u = u' \circ j$, où $j : A \rightarrow A\{S^{-1}\}$ est l'application canonique, et u' est continu ; en outre u' est déterminé de façon unique.

d) Soient S_1, S_2 deux parties multiplicatives de A, et soit S_2' l'image canonique de S_2 dans $A\{S^{-1}\}$; définir un isomorphisme canonique de $A\{(S_1S_2)^{-1}\}$ sur $A\{S_1^{-1}\}\{S_2'^{-1}\}$.

e) Soit $\mathfrak{a}$ un idéal *ouvert* de A, et soit $\mathfrak{a}\{S^{-1}\}$ le séparé complété de $S^{-1}\mathfrak{a}$ pour la topologie induite par celle de $S^{-1}A$; montrer que $\mathfrak{a}\{S^{-1}\}$ s'identifie canoniquement à un idéal ouvert de $A\{S^{-1}\}$, et que l'anneau discret $A\{S^{-1}\}/\mathfrak{a}\{S^{-1}\}$ est isomorphe à $S^{-1}(A/\mathfrak{a})$. Inversement, si $\mathfrak{a}'$ est un idéal ouvert de $A\{S^{-1}\}$, son image réciproque $\mathfrak{a}$ dans A est un idéal ouvert tel que $\mathfrak{a}' = \mathfrak{a}\{S^{-1}\}$. En particulier, l'application $\mathfrak{p} \to \mathfrak{p}\{S^{-1}\}$ est une bijection croissante de l'ensemble des idéaux premiers ouverts de A ne rencontrant pas S sur l'ensemble des idéaux premiers ouverts de $A\{S^{-1}\}$.

f) Soit $\mathfrak{p}$ un idéal premier *ouvert* dans A, et soit $S = A - \mathfrak{p}$. Montrer que $A\{S^{-1}\}$ est un anneau local, dont le corps résiduel est isomorphe au corps des fractions de $A/\mathfrak{p}$.

g) Pour tout élément $f \in A$, on désigne par $A_{\{f\}}$ l'anneau $A\{S_f^{-1}\}$, où S_f est l'ensemble multiplicatif des f^n ($n \geqslant 0$). Lorsque f parcourt une partie multiplicative S de A, les $A_{\{f\}}$ forment un système inductif filtrant d'anneaux, dont on désigne par $A_{\{S\}}$ la limite inductive (non munie d'une topologie) ; définir un homomorphisme canonique

$$A_{\{S\}} \to A\{S^{-1}\}.$$

Lorsque $S = A - \mathfrak{p}$, où $\mathfrak{p}$ est un idéal premier *ouvert* de A, montrer que $A_{\{S\}}$ est un anneau local, l'homomorphisme canonique $A_{\{S\}} \to A\{S^{-1}\}$ est local et les corps résiduels de $A_{\{S\}}$ et de $A\{S^{-1}\}$ sont canoniquement isomorphes (cf. chap. II, § 3, exerc. 16).

h) On suppose que la topologie de A est la topologie $\mathfrak{m}$-adique pour un idéal $\mathfrak{m}$ de A, que A est séparé et complet, et que $\mathfrak{m}/\mathfrak{m}^2$ est un $(A/\mathfrak{m})$-module de type fini. Montrer que si $\mathfrak{m}' = \mathfrak{m}\{S^{-1}\}$, la topologie de $A' = A\{S^{-1}\}$ est la topologie $\mathfrak{m}'$-adique, on a $\mathfrak{m}' = \mathfrak{m}A'$ et $\mathfrak{m}'/\mathfrak{m}'^2$ est un $(A'/\mathfrak{m}')$-module de type fini (utiliser la prop. 14 du n° 10). Si A est nœthérien, il en est de même de A'.

28) Soient A un anneau commutatif muni d'une topologie linéaire, E, F deux A-modules topologiques, linéairement topologisés. Lorsque V (resp. W) parcourt l'ensemble des sous-modules ouverts de E (resp. F), les sous-modules $\mathrm{Im}(V \otimes_A F) + \mathrm{Im}(E \otimes_A W)$ de $E \otimes_A F$ forment un système fondamental de voisinages de 0 dans $E \otimes_A F$ pour une topologie compatible avec sa structure de module sur l'anneau topologique A, et dite *produit tensoriel* des topologies données sur E et F. Le séparé complété $(E \otimes_A F)^\wedge$ de ce A-module est un $\hat{A}$-module appelé *produit tensoriel complété* de E et F.

a) Montrer que si (V_λ) (resp. (W_μ)) est un système fondamental de voisinages de 0 dans E (resp. F) formé de sous-modules, $(E \otimes_A F)^\wedge$ est canoniquement isomorphe à la limite projective du système projectif de A-modules $(E/V_\lambda) \otimes_A (F/W_\mu)$; en déduire que $(E \otimes_A F)^\wedge$ est un $\hat{A}$-module canoniquement isomorphe à $(\hat{E} \otimes_{\hat{A}} \hat{F})^\wedge$; on le note aussi $\hat{E} \hat{\otimes}_{\hat{A}} \hat{F}$.

b) Soient E′, F′ deux A-modules topologiques, linéairement topologisés, $u : E \to E'$, $v : F \to F'$ deux applications A-linéaires continues ; montrer que $u \otimes v : E \otimes F \to E' \otimes F'$ est continue pour les topologies produits tensoriels sur $E \otimes F$ et $E' \otimes F'$; on désigne par $u \hat{\otimes} v$ l'application linéaire continue $(E \otimes F)\hat{} \to (E' \otimes F')\hat{}$ correspondant à $u \otimes v$.

c) Soient B, C deux A-algèbres commutatives munies de topologies linéaires telles que les applications canoniques $A \to B$, $A \to C$ soient continues (on dit pour abréger que B et C sont des *A-algèbres topologiques*). Montrer que $(B \otimes_A C)\hat{}$ est canoniquement muni d'une structure de A-algèbre topologique, dite *produit tensoriel complété* des algèbres B et C. Définir des représentations continues canoniques $\rho : B \to (B \otimes_A C)\hat{}$, $\sigma : C \to (B \otimes_A C)\hat{}$ ayant la propriété suivante : pour toute A-algèbre topologique commutative D, séparée et complète, et tout couple de A-homomorphismes continus $u : B \to D$, $v : C \to D$, il existe un A-homomorphisme continu et un seul $w : (B \otimes_A C)\hat{} \to D$ tel que $u = w \circ \rho$ et $v = w \circ \sigma$.

d) Soit $\mathfrak{m}$ un idéal de A tel que la topologie de A soit la topologie $\mathfrak{m}$-adique. Si E et F sont munis chacun de la topologie $\mathfrak{m}$-adique, montrer que sur $E \otimes_A F$ le produit tensoriel des topologies de E et F est la topologie $\mathfrak{m}$-adique. En déduire que $(E \otimes_A F)\hat{}$ est isomorphe aux limites projectives $\varprojlim ((E/\mathfrak{m}^{n+1}E) \otimes_A F)$ et $\varprojlim (E \otimes_A (F/\mathfrak{m}^{n+1}F))$.

29) Soient A un anneau commutatif, $\mathfrak{m}$ un idéal de A tel que $\bigcap_{n \geqslant 0} \mathfrak{m}^n = 0$, *c* un élément de A non diviseur de 0. Montrer que les transporteurs $\mathfrak{q}_n = \mathfrak{m}^n : Ac$ sont ouverts pour la topologie $\mathfrak{m}$-adique et ont une intersection réduite à 0. Si A est strictement linéairement compact pour la topologie $\mathfrak{m}$-adique (exerc. 22 *b*)), $(\mathfrak{q}_n)$ est un système fondamental de voisinages de 0 dans A pour cette topologie.

30) Soient K un corps commutatif infini, A l'anneau des séries formelles K[[X, Y]] à deux indéterminées, qui est un anneau local nœthérien séparé et complet. Définir une partie multiplicative S de A tel que $S^{-1}A$ ne soit pas un anneau semi-local (si (λ_n) est une suite infinie d'éléments distincts de K, considérer les idéaux premiers $\mathfrak{p}_n = A(X + \lambda_n Y)$ de A).

31) Montrer que si A est un anneau semi-local, il en est de même de l'anneau de séries formelles A[[X]] (considérer le radical de cet anneau).

§ 3

1) *a*) Soient K un corps commutatif de caractéristique $p > 0$, B l'anneau des séries formelles à coefficients dans K, par rapport à deux systèmes infinis d'indéterminées (X_n), (Y_n), n'ayant qu'un nombre fini de termes de degré donné (§ 2, exerc. 12) ; B est un anneau local séparé pour la topologie $\mathfrak{m}$-adique, $\mathfrak{m}$ étant son idéal maximal. Soit $\mathfrak{b}$ l'idéal fermé de B engendré par les monômes $Y_i X_j$ pour $i \geqslant 0$, $0 \leqslant j \leqslant i$;

soit A l'anneau local $B/\mathfrak{b}$, séparé pour la topologie $\mathfrak{n}$-adique, où $\mathfrak{n} = \mathfrak{m}/\mathfrak{b}$ est son idéal maximal. Soit c l'élément de A égal à la classe mod. $\mathfrak{b}$ de $\sum_{n=1}^{\infty} X_n^{p^n}$; montrer que pour $k \geqslant 3$ on a $\mathfrak{n}^k \cap (Ac) \not\subset \mathfrak{n}^2 c$ (et *a fortiori* on ne peut avoir la relation

$$\mathfrak{n}^2(\mathfrak{n}^{2k} \cap (Ac)) = \mathfrak{n}^{2k+2} \cap (Ac)).$$

b) Soit C' l'anneau commutatif ayant pour ensemble sous-jacent $A \times A$, avec la multiplication $(a, x)(a', x') = (aa', ax' + a'x)$; soit C le sous-anneau $A \times (Ac)$ de C' ; C et C' sont des anneaux locaux, dont on désigne par $\mathfrak{r}$ et $\mathfrak{r}'$ les idéaux maximaux, et C' est un C-module de type fini. Montrer que l'on a $\mathfrak{r} = \mathfrak{r}' \cap C$ mais que la topologie induite sur C par la topologie $\mathfrak{r}'$-adique n'est pas la topologie $\mathfrak{r}$-adique.

2) Soient A un anneau nœthérien intègre qui n'est pas un corps, K son corps des fractions, $\mathfrak{m}$ un idéal $\neq$ A de A. La topologie $\mathfrak{m}$-adique sur A n'est pas induite par la topologie $\mathfrak{m}$-adique sur K et cette dernière n'est pas séparée.

3) Si A est un anneau de valuation non discrète de rang 1 (chap. VI) et $\mathfrak{m}$ son idéal maximal, A est non séparé pour la topologie $\mathfrak{m}$-adique, l'adhérence de $\{0\}$ étant $\mathfrak{m}$.

¶ 4) Soient A un anneau semi-local, $\mathfrak{r}$ son radical. Pour que A soit nœthérien, il faut et il suffit que tout idéal de A soit fermé pour la topologie $\mathfrak{r}$-adique et que tout idéal maximal de A soit de type fini. (Si ces conditions sont vérifiées, montrer d'abord que le séparé complété $\hat{A}$ de A est nœthérien en utilisant le § 2, n° 13, cor. de la prop. 19 et n° 10, cor. 5 du th. 1. Observer ensuite que la topologie $\mathfrak{r}$-adique est séparée sur A et qu'il existe une injection croissante de l'ensemble des idéaux de A dans l'ensemble des idéaux de $\hat{A}$.)

¶ 5) Soient A un anneau commutatif nœthérien, $\mathfrak{m}$ son radical.

a) Pour que A soit strictement linéairement compact pour une topologie linéaire $\mathcal{T}$ (§ 2, exerc. 19), il faut et il suffit que A soit semi-local, et complet pour la topologie $\mathfrak{m}$-adique ; $\mathcal{T}$ est alors nécessairement identique à cette dernière topologie. (Utiliser le § 2, exerc. 21 *d*) et 22 *a*), ainsi que le § 3, n° 3, prop. 6).

b) Pour que A soit linéairement compact pour une topologie linéaire $\mathcal{T}$, il faut et il suffit que A soit semi-local et complet pour la topologie $\mathfrak{m}$-adique, et que $\mathcal{T}$ soit plus fine que cette dernière topologie. (Pour voir que la condition est suffisante, utiliser la prop. 6 du n° 3. Pour voir qu'elle est nécessaire, se ramener d'abord au cas où A est un anneau local, en utilisant l'exerc. 21 *d*) du § 2. Considérer d'abord le cas où $\mathcal{T}$ est la topologie discrète, et noter que A est alors linéairement compact pour la topologie $\mathfrak{m}$-adique. Dans le cas général, se ramener au cas où $\mathcal{T}$ est une topologie minimale (§ 2, exerc. 18 *c*)) ; montrer que A est alors strictement linéairement compact, en utilisant le critère γ) du § 2, exerc. 19 *a*) et l'exerc. 18 *b*) du § 2.)

6) Soient A un anneau local nœthérien intègre, $\mathfrak{m}$ son idéal maximal,

K son corps des fractions ; on suppose A complet pour la topologie $\mathfrak{m}$-adique. On considère sur A une topologie linéaire $\mathcal{T}$ plus fine que la topologie $\mathfrak{m}$-adique. Montrer que si $\mathcal{T}'$ est la topologie linéaire sur K dont un système fondamental de voisinages de 0 est formé des voisinages de 0 dans A pour la topologie $\mathcal{T}$, $\mathcal{T}'$ est compatible avec la structure de corps de K, et K est complet pour la topologie $\mathcal{T}'$.

7) Soient A un anneau commutatif nœthérien, E un A-module. On munit A de la topologie $\mathcal{T}_m(A)$ (§ 2, exerc. 24), et on désigne par $\mathcal{T}_m(E)$ la topologie linéaire sur E dont un système fondamental de voisinages de 0 est formé par les sous-modules $\mathfrak{a}.E$, où $\mathfrak{a}$ parcourt un système fondamental de voisinages de 0 pour $\mathcal{T}_m(A)$, formé d'idéaux de A. Montrer que si E est de type fini, E est un A-module topologique séparé (pour $\mathcal{T}_m(A)$ et $\mathcal{T}_m(E)$), dont tout sous-module est fermé. Un système fondamental de voisinages de 0 pour $\mathcal{T}_m(E)$ est alors formé des sous-modules F de E tels que E/F soit un module de longueur finie, et pour tout sous-module M de E, la topologie $\mathcal{T}_m(M)$ est induite par $\mathcal{T}_m(E)$.

¶ 8) Soient A un anneau semi-local nœthérien, $\mathfrak{n}$ son nilradical (qui est le plus grand idéal nilpotent de A), $\mathfrak{m}$ son radical. Montrer que si A (muni de la topologie $\mathfrak{m}$-adique) est tel que $A/\mathfrak{n}$ soit complet, alors A est complet. (Se ramener au cas où $\mathfrak{n}$ est engendré par un seul élément c tel que $c^2 = 0$; en utilisant l'exerc. 9 de *Top. gén.*, chap. III, 3e éd., § 3, se ramener à montrer que $\mathfrak{n} = Ac$ est complet, et utiliser le fait que $\mathfrak{n}$ est un $(A/\mathfrak{n}$-)module).

¶ 9) *a*) Soient A un anneau de Zariski, $\mathfrak{m}$ un idéal de définition de A, B un anneau tel que $A \subset B \subset \hat{A}$, qui est un A-module de type fini ; montrer que si $\mathfrak{m}B$ est ouvert dans B pour la topologie induite par la topologie de $\hat{A}$, on a nécessairement $B = A$ (utiliser le lemme de Nakayama).

**b*) Soient A un anneau commutatif nœthérien, $\mathfrak{m}$ un idéal de A. Montrer que si le séparé complété $\hat{A}$ de A pour la topologie $\mathfrak{m}$-adique est un A-module de type fini, A est complet pour la topologie $\mathfrak{m}$-adique (se ramener au cas où A est séparé ; utiliser le chap. V, § 2, nº 1, prop. 1 et th. 1 pour montrer que A est un anneau de Zariski pour la topologie $\mathfrak{m}$-adique, et conclure à l'aide de *a*)).*

10) Soient A un anneau de Zariski, $\mathfrak{m}$ un idéal de définition de la topologie de A, E un A-module de type fini. Montrer que si $\hat{E}$ est un $\hat{A}$-module admettant un système de générateurs de r éléments, alors le A-module E admet un système de générateurs de r éléments (remarquer que $E/\mathfrak{m}E$ et $\hat{E}/\mathfrak{m}\hat{E}$ sont isomorphes et utiliser le chap. II, § 3, cor. 2 de la prop. 4). Le résultat est-il valable lorsqu'on ne suppose pas E de type fini (cf. exerc. 9) ? Est-il valable lorsqu'on suppose seulement A nœthérien (prendre $A = \mathbf{Z}$) ?

11) Soit A l'anneau $\mathbf{Z}_p$ des entiers p-adiques (p premier) muni de la topologie p-adique pour laquelle il est un anneau de Zariski complet. Soit E le A-module $A^{(\mathbf{N})}$ muni de la topologie p-adique.

a) Montrer que le complété $\hat{E}$ de E s'identifie au sous-module de $A^{\mathbf{N}}$ formé des suites $(a_n)_{n \in \mathbf{N}}$ d'éléments de A telles que $\lim_{n \to \infty} a_n = 0$.

b) Soit e_n le n-ème vecteur de la base canonique de E. On considère dans E le sous-module F engendré par les vecteurs e_{2n-1} et le sous-module G engendré par les vecteurs $p^{2n}e_{2n} - e_{2n-1}$ ($n \geqslant 1$). Montrer que les topologies induites sur F et sur G par la topologie p-adique de E sont les topologies p-adiques de F et de G, mais que dans $\hat{\mathrm{E}}$, on a

$$\overline{\mathrm{F}+\mathrm{G}} \neq \overline{\mathrm{F}} + \overline{\mathrm{G}}.$$

c) Dans $\hat{\mathrm{E}}$, soit $a_r = \sum_{n=0}^{\infty} p^n e_{r+2^n}$ ($r \geqslant 0$) ; soit H le sous-module de $\hat{\mathrm{E}}$ engendré par les a_r ($r \geqslant 0$). Montrer que sur H la topologie induite par la topologie p-adique de $\hat{\mathrm{E}}$ est la topologie p-adique de H, mais que l'on a $\overline{\mathrm{E} \cap \mathrm{H}} \neq \overline{\mathrm{E}} \cap \overline{\mathrm{H}}$.

d) Soit L le sous-module de E engendré par les $p^n e_n$; montrer que sur L la topologie induite par la topologie p-adique de E est distincte de la topologie p-adique de L.

12) *a*) Soient A un anneau commutatif nœthérien, $\mathfrak{m}_1$, $\mathfrak{m}_2$ deux idéaux de A contenus dans le radical de A ; soit A_i le complété de A pour la topologie $\mathfrak{m}_i$-adique. Si $\mathfrak{m}_1 \subset \mathfrak{m}_2$, montrer que l'application identique de A se prolonge par continuité en une représentation injective de A_1 dans A_2 (cf. *Top. gén.*, chap. III, 3e éd., § 3, no 5, prop. 9).

b) Soit $\mathfrak{n} = \mathrm{A}_1\mathfrak{m}_2$. Montrer que si on identifie canoniquement A_1 à un sous-anneau de A_2, A_2 s'identifie au complété de A_1 pour la topologie $\mathfrak{n}$-adique.

13) Soient A un anneau local nœthérien d'idéal maximal $\mathfrak{m}$, B un anneau tel que $\mathrm{A} \subset \mathrm{B} \subset \hat{\mathrm{A}}$. On suppose que B soit un anneau local nœthérien, d'idéal maximal $\mathfrak{n}$ (cf. exerc. 14).

a) Montrer que l'on a $\mathfrak{n} = \mathrm{B} \cap \hat{\mathfrak{m}}$ et $\mathrm{B} = \mathrm{A} + \mathfrak{n}$. Si en outre on a $\mathfrak{n}^2 = \mathrm{B} \cap \hat{\mathfrak{m}}^2$, alors on a $\mathfrak{n} = \mathrm{B}\mathfrak{m}$ (remarquer que l'on a alors $\mathfrak{n} = \mathrm{B}\mathfrak{m} + \mathfrak{n}^2$).

b) Soient K un corps commutatif, C l'anneau de polynômes K[X], $\mathfrak{p}$ l'idéal premier CX, A l'anneau local (nœthérien) $\mathrm{C}_\mathfrak{p}$, $\mathfrak{m}$ son idéal maximal ; le complété $\hat{\mathrm{A}}$ s'identifie à l'anneau des séries formelles K[[X]] (no 4, prop. 8). Soit $u = u(\mathrm{X})$ un élément de $\hat{\mathrm{A}}$ transcendant sur le corps des fractions rationnelles K(X) (cf. *Alg.*, chap. V, § 5, exerc. 13 ou *Fonct. var. réelle*, chap. III, § 1, exerc. 14 *a*)), n'ayant pas de terme constant ; soit B le sous-anneau de $\hat{\mathrm{A}}$ formé des quotients

$$\mathrm{P}(\mathrm{X}, u(\mathrm{X}))/\mathrm{Q}(\mathrm{X}, u(\mathrm{X})),$$

où P et Q sont des polynômes de K[X, Y] tels que $\mathrm{Q}(0, 0) \neq 0$. Montrer que B est un anneau local nœthérien contenant A, dont l'idéal maximal $\mathfrak{n}$ est engendré par X et $u(\mathrm{X})$; mais sur B la topologie $\mathfrak{n}$-adique est strictement moins fine que la topologie $\mathfrak{m}$-adique.

c) Les définitions étant les mêmes que dans *b*), soit B′ le sous-anneau de B engendré par A et par $u(\mathrm{X})$; montrer que B′ n'est pas un anneau local (remarquer que $\mathrm{B}' \cap \mathfrak{n}$ est un idéal maximal de B′, mais qu'il y a des éléments de B′ non inversibles dans B′ et n'appartenant pas à $\mathrm{B}' \cap \mathfrak{n}$).

¶ 14) Soient K un corps commutatif, C l'anneau K[X, Y], $\mathfrak{p}$ l'idéal maximal $CX + CY$ de C, A l'anneau local $C_{\mathfrak{p}}$, $\mathfrak{m}$ son idéal maximal, $\hat{A}$ le complété de A, qui s'identifie à l'anneau des séries formelles $K[[X, Y]]$ (nº 4, prop. 8). Soit B le sous-anneau de $\hat{A}$ formé des séries formelles du type $Xf(X, Y) + (P(Y)/Q(Y))$, où $f \in \hat{A}$ et où P et Q sont deux polynômes de $K[Y]$ tels que $Q(0) \neq 0$.

a) Montrer que l'on a $A \subset B$, que B est un anneau local dont l'idéal maximal $\mathfrak{n}$ est égal à $B\mathfrak{m}$, et que l'on a $\mathfrak{n}^k = B \cap \hat{\mathfrak{m}}^k$ pour tout entier $k \geqslant 1$; B est donc partout dense dans $\hat{A}$ et la topologie induite sur B par la topologie $\hat{\mathfrak{m}}$-adique de $\hat{A}$ est la topologie $\mathfrak{n}$-adique.

b) Montrer que dans B l'idéal $\mathfrak{b}$ engendré par tous les éléments de la forme $Xf(Y)$, où $f(Y) \in K[[Y]]$, n'est pas de type fini (cf. *Alg.*, chap. V, § 5, exerc. 13), et par suite B n'est pas nœthérien, bien que $B/\mathfrak{n}$ et $gr(B) = gr(\hat{A})$ soient nœthériens et que l'idéal $\mathfrak{n}$ soit de type fini ; on a $\mathfrak{b} = B \cap \hat{A}X$, et $\mathfrak{b}$ est l'adhérence dans B de l'idéal principal (non fermé) BX ; enfin B n'est pas un A-module plat et $\hat{B} = \hat{A}$ n'est pas un B-module plat (utiliser le chap. I, § 3, nº 5, prop. 9).

c) Soit $f(Y)$ une série formelle inversible de $K[[Y]]$, qui n'est pas un élément de $K(Y)$. Si $\mathfrak{c}$ est l'idéal de B engendré par X et $Xf(Y)$, montrer que sur $\mathfrak{c}$ la topologie $\mathfrak{n}$-adique est strictement plus fine que la topologie induite sur $\mathfrak{c}$ par la topologie $\mathfrak{n}$-adique de B. Montrer que l'application canonique $\hat{B} \otimes_B \mathfrak{c} \to \hat{\mathfrak{c}}$ (où $\hat{\mathfrak{c}}$ est le complété de $\mathfrak{c}$ pour la topologie $\mathfrak{n}$-adique) n'est pas injective (considérer les images de $f(Y) \otimes X$ et de $1 \otimes Xf(Y)$; pour montrer que ces deux éléments sont distincts dans $\hat{B} \otimes_B \mathfrak{c}$, on considérera ce produit tensoriel comme quotient du produit tensoriel $\hat{B} \otimes_{K(Y)} \mathfrak{c}$).

d) Soient $f_1(Y)$, $f_2(Y)$ deux séries formelles inversibles de $K[[Y]]$ telles que 1, f_1 et f_2 soient linéairement indépendants sur $K(Y)$. Soient $\mathfrak{c}_1$, $\mathfrak{c}_2$ les idéaux principaux de B engendrés respectivement par $Xf_1(Y)$ et $Xf_2(Y)$; les topologies $\mathfrak{n}$-adiques sur $\mathfrak{c}_1$ et $\mathfrak{c}_2$ sont respectivement identiques aux topologies induites par celle de B, et les adhérences de ces idéaux dans $\hat{A} = \hat{B}$ sont toutes deux identiques à l'idéal principal $\hat{A}X$ de $\hat{A}$. En déduire que l'adhérence de $\mathfrak{c}_1 \cap \mathfrak{c}_2$ dans $\hat{A}$ n'est pas égale à $\bar{\mathfrak{c}}_1 \cap \bar{\mathfrak{c}}_2$, et que l'adhérence de $\mathfrak{c}_1 : \mathfrak{c}_2$ dans $\hat{A}$ n'est pas égale à $\bar{\mathfrak{c}}_1 : \bar{\mathfrak{c}}_2$.

15) *a*) Soient A un anneau nœthérien intègre, $\mathfrak{m}$ un idéal de A, $\hat{A}$ le séparé complété de A pour la topologie $\mathfrak{m}$-adique. Montrer que si M est un A-module sans torsion, alors, pour tout élément b non diviseur de 0 dans $\hat{A}$, l'homothétie de rapport b dans le $\hat{A}$-module $\hat{A} \otimes_A M$ est injective. (Se ramener au cas où M est de type fini ; il existe alors un système libre maximal $(m_j)_{1 \leqslant j \leqslant n}$ dans M et un $a \in A$ tels que pour tout $m \in M$, on ait $am = \sum_j a_j m_j$ avec $a_j \in A$; tout $x \in \hat{A} \otimes_A M$ est donc tel que $ax = \sum_j b_j \otimes m_j$ avec $b_j \in \hat{A}$; utiliser alors la platitude du A-module $\hat{A}$.)

b) Soient K un corps algébriquement clos de caractéristique 0, B l'anneau de polynômes $K[X, Y]$, $P(X, Y) = X(X^2 + Y^2) + (X^2 - Y^2)$. Montrer que l'idéal BP est premier dans B ; on considère l'anneau quotient $A = B/BP$ qui est intègre et nœthérien. Soit $\mathfrak{m}$ l'idéal maximal de A, image canonique de l'idéal maximal $\mathfrak{n} = BX + BY$ de B. Montrer que le séparé complété $\hat{A}$ de A pour la topologie $\mathfrak{m}$-adique n'est pas intègre (observer que dans l'anneau de séries formelles K[[X, Y]], P se décompose en produit de deux séries formelles (« point double d'une cubique irréductible »)).

16) Soient A un anneau commutatif nœthérien, $\mathfrak{m}$ un idéal de A, E un A-module de type fini muni de la topologie $\mathfrak{m}$-adique. Pour tout ensemble infini I, on désigne par E_I l'ensemble des familles $(x_\iota)_{\iota \in I}$ d'éléments de E telles que $\lim x_\iota = 0$ suivant le filtre des complémentaires des parties finies de I ; c'est un sous-module du A-module produit E^I.

a) Montrer que si $0 \to E' \to E \to E'' \to 0$ est une suite exacte de A-modules de type fini, la suite correspondante $0 \to E'_I \to E_I \to E''_I \to 0$ est exacte.

b) Définir un A-homomorphisme canonique $A_I \otimes_A E \to E_I$ pour tout A-module E et montrer que c'est un isomorphisme (le vérifier d'abord lorsque E est libre de type fini, puis utiliser *a*)).

c) Déduire de *b*) que A_I est un A-module fidèlement plat.

¶ 17) *a*) Soient K un corps commutatif, $A = K[[X_1, \ldots, X_n]]$ l'anneau des séries formelles à *n* indéterminées, à coefficients dans K, V un espace vectoriel sur K. Avec les notations du § 2, nº 6, *Exemple* 1, on désigne par $V[[X_1, \ldots, X_n]]$ l'espace vectoriel $V^{\mathbf{N}^n}$ muni de la structure de A-module définie par $(\sum_\alpha c_\alpha X^\alpha)(v_\alpha) = (w_\alpha)$, où $w_\alpha = \sum_{\beta+\gamma=\alpha} c_\beta v_\gamma$. Montrer que si V admet une base dont I est l'ensemble d'indices, le A-module $V[[X_1, \ldots, X_n]]$ est isomorphe à A^I si I est fini, au A-module A_I défini dans l'exerc. 16 si I est infini. En déduire que $V[[X_1, \ldots, X_n]]$ est un A-module plat, et est fidèlement plat si V n'est pas réduit à 0.

b) Soit L une extension du corps K. Déduire de *a*) que l'anneau de séries formelles $L[[X_1, \ldots, X_n]]$ est un module fidèlement plat sur l'anneau $K[[X_1, \ldots, X_n]]$. Si L et de rang fini sur K, $L[[X_1, \ldots, X_n]]$ est isomorphe à $L \otimes_K K[[X_1, \ldots, X_n]]$.

c) Si L est une extension *algébrique* de K, montrer que l'anneau $L[[X_1, \ldots, X_n]]$ est un module fidèlement plat sur l'anneau

$$L \otimes_K K[[X_1, \ldots, X_n]]$$

(considérer L comme limite inductive de ses sous-extensions de rang fini sur K, et utiliser le chap. I, § 2, nº 7, prop. 9). En déduire que l'anneau $B = L \otimes_K K[[X_1, \ldots, X_n]]$ est un anneau local nœthérien, dont le complété s'identifie à $L[[X_1, \ldots, X_n]]$. Pour que $\hat{B} = B$, il faut et il suffit que l'on ait $n = 0$ ou $[L : K] < +\infty$.

¶ 18) Soit A un anneau local, d'idéal maximal $\mathfrak{m}$; on dit qu'un A-module M est *quasi-fini* si $M/\mathfrak{m}M$ est un espace vectoriel de rang fini sur le corps résiduel $k = A/\mathfrak{m}$. En particulier, si A est intègre, le corps des fractions K de A est un A-module quasi-fini.

a) Montrer que si A est nœthérien, et si M est un A-module quasi-fini, son séparé complété $\hat{M}$ pour la topologie $\mathfrak{m}$-adique est un $\hat{A}$-module de type fini (utiliser le § 2, nº 11, cor. 2 de la prop. 14). En particulier, si A est complet et M séparé pour la topologie $\mathfrak{m}$-adique, M est un A-module de type fini.

b) Soient B un second anneau local, $\mathfrak{n}$ son idéal maximal, $\varphi : A \to B$ un homomorphisme local, M un B-module de type fini. Montrer que si B est nœthérien, et si M est un A-module quasi-fini, alors les topologies $\mathfrak{m}$-adique et $\mathfrak{n}$-adique sur M sont identiques. (Remarquer que $M/\mathfrak{m}M$ est un B-module de longueur finie, et en déduire que si $\mathfrak{b}$ est l'annulateur du B-module $M/\mathfrak{m}M$, on a $V(\mathfrak{b}) = \{\mathfrak{n}\}$ dans Spec(B), et par suite $V(\mathfrak{m}B + \mathfrak{b}) = \{\mathfrak{n}\}$. Conclure à l'aide du chap. II, § 4, nº 3, cor. 2 de la prop. 11.)

c) Sous les hypothèses de *b*), montrer que si $M \neq 0$, $B/\mathfrak{b}$ est un A-module quasi-fini (remarquer que l'on a $M \neq \mathfrak{n}M$, et $M/\mathfrak{n}M$ est un espace vectoriel de rang fini sur k ; en déduire que $B/\mathfrak{n}$ est de rang fini sur k).

¶ 19) Soient A un anneau commutatif nœthérien, $\mathfrak{m}$ un idéal de A, S une partie multiplicative de A. On munit A de la topologie $\mathfrak{m}$-adique.

a) Montrer que l'anneau $A\{S^{-1}\}$ (§ 2, exerc. 27) est un A-module plat.

b) Soit S′ une seconde partie multiplicative de A, contenue dans S. Montrer que $A\{S^{-1}\}$ est un $(A\{S'^{-1}\})$-module plat (utiliser l'exer. 27 *d*) du § 2).

c) Montrer que $A\{S^{-1}\}$ est un $A_{\{S\}}$-module plat (§ 2, exerc. 27 *g*)).

d) On suppose que $S = A - \mathfrak{p}$, où $\mathfrak{p}$ est un idéal premier *ouvert* de A. Montrer que $A\{S^{-1}\}$ est un $A_{\{S\}}$-module fidèlement plat, et en déduire que l'anneau $A_{\{S\}}$ est nœthérien (cf. § 2, exerc. 27 *g*)).

20) Soient A un anneau commutatif, $\mathfrak{m}$ un idéal de A ; on munit A de la topologie $\mathfrak{m}$-adique. Soit B une A-algèbre topologique commutative (§ 2, exerc. 28) ; on suppose que B est un anneau de Zariski ; soit $\mathfrak{n}$ un idéal de définition de B. Montrer que si M est un A-module de type fini, muni de la topologie $\mathfrak{m}$-adique, alors, sur le B-module $B \otimes_A M$, le produit tensoriel de la topologie de B et de la topologie $\mathfrak{m}$-adique de M est la topologie $\mathfrak{n}$-adique de $B \otimes_A M$; par suite le produit tensoriel complété $(B \otimes_A M)\hat{}$ est isomorphe à $\hat{B} \otimes_A M$.

21) Soient A un anneau commutatif nœthérien, $\mathfrak{m}$ un idéal de A, M et N deux A-modules de type fini.

a) On suppose M séparé pour la topologie $\mathfrak{m}$-adique. Montrer que dans $\mathrm{Hom}_A(M, N)$, muni de la topologie $\mathfrak{m}$-adique, l'ensemble des homomorphismes injectifs est ouvert (utiliser le nº 1, prop. 2, et le lemme d'Artin-Rees).

b) On suppose que A soit un anneau de Zariski complet, $\mathfrak{m}$ un idéal de définition de A. Pour tout entier i, soient $A_i = A/\mathfrak{m}^{i+1}$, $M_i = M/\mathfrak{m}^{i+1}M$, $N_i = N/\mathfrak{m}^{i+1}N$; montrer que le A-module topologique $\mathrm{Hom}_A(M, N)$ est isomorphe à $\varprojlim \mathrm{Hom}_{A_i}(M_i, N_i)$. En déduire que dans $\mathrm{Hom}_A(M, N)$, l'ensemble des homomorphismes surjectifs est ouvert.

¶ 22) (*) Soit A un anneau commutatif ou non; tous les A-modules considérés sont des A-modules à gauche. Soit ***P*** une propriété telle que :

(*) Les exerc. 22 à 25 nous ont été communiqués par P. Gabriel.

α) si $f : M \to N$ est un homomorphisme injectif de A-modules et si N possède la propriété $\boldsymbol{P}$, alors M possède la propriété $\boldsymbol{P}$; β) la somme directe de deux A-modules possédant la propriété $\boldsymbol{P}$ possède la propriété $\boldsymbol{P}$.

a) Soit M un A-module. Montrer que les sous-modules M′ de M tels que M/M′ possède la propriété $\boldsymbol{P}$ forment un système fondamental de voisinages de 0 pour une topologie linéaire $\mathcal{T}_{\boldsymbol{P}}(M)$ sur M. Montrer que $\mathcal{T}_{\boldsymbol{P}}(A_s)$ est compatible avec la structure d'anneau de A, et que M, muni de la topologie $\mathcal{T}_{\boldsymbol{P}}(M)$, est un module topologique sur A muni de $\mathcal{T}_{\boldsymbol{P}}(A_s)$. Tout homomorphisme $f : M \to N$ de A-modules est continu pour les topologies $\mathcal{T}_{\boldsymbol{P}}(M)$ et $\mathcal{T}_{\boldsymbol{P}}(N)$.

b) On suppose vérifiée la condition suivante : γ) si N est un sous-module de M possédant la propriété $\boldsymbol{P}$, et si, pour tout sous-module $L \neq 0$ de M, on a $N \cap L \neq 0$, alors M possède la propriété $\boldsymbol{P}$. Montrer que dans ces conditions, si F est un sous-module d'un A-module E, la topologie $\mathcal{T}_{\boldsymbol{P}}(F)$ est induite par $\mathcal{T}_{\boldsymbol{P}}(E)$. (Soit F′ un sous-module de F tel que F/F′ possède la propriété $\boldsymbol{P}$; considérer un élément maximal G parmi les sous-modules de E tels que $G \cap F = F'$, et montrer que E/G possède la propriété $\boldsymbol{P}$.)

¶ 23) *a*) Soient A un anneau commutatif nœthérien, $\mathfrak{m}$ un idéal de A. On désigne par $\boldsymbol{P}\{M\}$ la propriété suivante : M est un A-module et tout sous-module de type fini de M est annulé par une puissance de $\mathfrak{m}$.

Montrer que les conditions α), β) et γ) de l'exerc. 22 sont remplies. (Pour prouver γ), se ramener au cas où M est de type fini ; pour tout $a \in \mathfrak{m}$, il existe par hypothèse $k > 0$ tel que $a^k N = 0$; utiliser le fait qu'il existe $r > 0$ tel que $\operatorname{Ker}(a^r_M) \cap \operatorname{Im}(a^r_M) = 0$ (*Alg.*, chap. VIII, § 2, nº 2, lemme 2)).

b) Montrer que si M est un A-module de type fini, la topologie $\mathcal{T}_{\boldsymbol{P}}(M)$ est identique à la topologie $\mathfrak{m}$-adique. Donner un exemple de A-module M pour lequel $\mathcal{T}_{\boldsymbol{P}}(M)$ est strictement plus fine que la topologie $\mathfrak{m}$-adique (cf. exerc. 11).

c) Montrer que la conclusion de *a*) ne s'étend pas au cas où A est un anneau non commutatif nœthérien à gauche et $\mathfrak{m}$ un idéal bilatère de A (considérer l'anneau des matrices triangulaires inférieures d'ordre 2 sur un corps commutatif).

¶ 24) On dit qu'un anneau (commutatif ou non) A, non réduit à 0, est *principal* s'il ne possède pas de diviseur de zéro non nul et si tout idéal à gauche ou à droite de A est monogène. Un tel anneau est nœthérien à gauche et à droite.

a) Montrer que pour tout élément $c \neq 0$ de A, A/Ac est un A-module de longueur finie. (Observer que si une suite décroissante d'idéaux Aa_n de A contient Ac, on a $c = b_n a_n$ pour tout n, et considérer les idéaux à droite $b_n A$.)

b) Montrer que tout sous-module d'un A-module libre (à gauche ou à droite) est libre (même raisonnement que dans *Alg.*, chap. VII, § 3, th. 1).

c) Dans tout A-module M, l'ensemble des éléments non libres de M est un sous-module T de M, dit *sous-module de torsion* de M (utiliser le chap. II, § 2, exerc. 14 *a*)) ; on dit que M est un *module de torsion* si T = M ; on dit que M est *sans torsion* si T = 0.

d) Montrer que tout A-module de type fini et sans torsion est libre (utiliser le chap. II, § 2, exerc. 23 *b*)).

e) Montrer que tout A-module de type fini est somme directe d'un module libre et d'un module de torsion.

f) Soit $\mathfrak{a}$ un idéal bilatère $\neq 0$ de A. Montrer qu'il existe un élément $a \in \mathfrak{a}$ et un automorphisme σ de A tels que $\mathfrak{a} = \mathrm{A}a = a\mathrm{A}$ et que $ax = \sigma(x)a$ pour tout $x \in \mathrm{A}$. (Si b est un générateur de l'idéal à gauche $\mathfrak{a}$, il existe un endomorphisme τ de A tel que $bx = \tau(x)b$ pour tout $x \in \mathrm{A}$; montrer que si $a = ub$ est un générateur de l'idéal à droite $\mathfrak{a}$, u est inversible en utilisant *Alg.*, chap. VIII, § 2, exerc. 8 *b*).)

¶ 25) Soient A un anneau principal (exerc. 24), $\mathfrak{a}$ un idéal bilatère $\neq 0$ de A, a un élément de $\mathfrak{a}$ ayant les propriétés énoncées dans l'exerc. 24 *f*). On désigne par $\boldsymbol{P}\{\mathrm{M}\}$ la propriété suivante : M est un A-module à gauche et tout sous-module de type fini de M est annulé par une puissance de a.

a) Montrer que les conditions α), β) et γ) de l'exerc. 22 sont remplies (considérer l'homothétie a_{M} et raisonner comme dans l'exerc. 23 *a*), en observant que $\mathrm{Ker}(a_{\mathrm{M}}^r)$ et $\mathrm{Im}(a_{\mathrm{M}}^r)$ sont des sous-modules de M).

b) Montrer que tout A-module de torsion M (exerc. 24 *c*)) est somme directe d'un sous-module M_a qui possède la propriété $\boldsymbol{P}$, et d'un sous-module M'_a tel que la restriction à M'_a de l'homothétie a_{M} soit bijective (observer que si N est un A-module de torsion et si a_{N} est injective, alors a_{N} est bijective ; on se ramènera pour cela au cas où N est monogène, et on utilisera l'exerc. 24 *a*) ainsi que *Alg.*, chap. VIII, § 2, n° 2, lemme 2).

c) Soit S l'ensemble des éléments $s \in \mathrm{A}$ dont l'image canonique dans l'anneau $\mathrm{A}/\mathfrak{a}$ soit inversible. Montrer que S est une partie multiplicative de A et que les conditions suivantes, pour un idéal à gauche $\mathfrak{l}$ de A, sont équivalentes :

α) $\mathfrak{l} \cap \mathrm{S} \neq \varnothing$; β) $\mathfrak{l} + \mathfrak{a} = \mathrm{A}$; γ) $(\mathrm{A}/\mathfrak{l})_a = 0$ (avec les notations de *b*)) ; δ) pour tout $x \in \mathrm{A}$, il existe $s \in \mathrm{S}$ tel que $sx \in \mathfrak{l}$.

En déduire que A possède un anneau de fractions (à gauche ou à droite) pour S (chap. II, § 2, exerc. 22), qui est principal et dont les seuls idéaux bilatères non nuls sont engendrés par les images canoniques des idéaux $\mathfrak{a}^n$; en outre l'application canonique de A dans cet anneau de fractions est injective.

d) On suppose maintenant que l'idéal bilatère $\mathfrak{a}$ soit *maximal*. Montrer que pour tout entier $n > 0$, l'anneau $\mathrm{A}/\mathfrak{a}^n$ est isomorphe à un anneau de matrices $\mathbf{M}_r(\mathrm{B}_n)$ sur un anneau complètement primaire (*Alg.*, chap. VIII, § 6, exerc. 20). Si $\mathfrak{b}_n$ est l'idéal maximal de B_n, montrer que $\mathfrak{b}_n^n = 0$, que tout idéal (à gauche ou à droite) de B_n est de la forme $\mathfrak{b}_n^k$ et est monogène. (Remarquer d'une part que $\mathfrak{a}/\mathfrak{a}^n = \mathbf{M}_r(\mathfrak{b}_n)$ (*Alg.*, chap. VIII, § 6, exerc. 5), et d'autre part que pour $k < n$, $\mathfrak{b}_n^k/\mathfrak{b}_n^{k+1}$ est nécessairement un B_n-module simple, sans quoi $\mathbf{M}_r(\mathfrak{b}_n^k)$ ne pourrait être un $(\mathrm{A}/\mathfrak{a}^n)$-module monogène.)

En déduire que le complété $\hat{\mathrm{A}}$ de A pour la topologie $\mathcal{C}_{\boldsymbol{P}}(\mathrm{A}_s)$ est un anneau de matrices $\mathbf{M}_r(\mathrm{B})$ sur un anneau B sans diviseur de zéro autre que 0, et dont tout idéal (à gauche ou à droite) est une puissance d'un même idéal bilatère maximal.

26) Soient B un anneau commutatif, A un sous-anneau de B, semi-local, nœthérien et complet. Soit $\mathfrak{n}$ un idéal de B contenant une puissance du radical de A, et tel que la topologie $\mathfrak{n}$-adique sur B soit séparée. Montrer alors que la topologie de A est induite par la topologie $\mathfrak{n}$-adique de B (utiliser la prop. 8 du § 2, nº 7).

¶ 27) Soient A un anneau, B une A-algèbre commutative qui est un anneau de Zariski, N un B-module de type fini.

a) On suppose que, pour un idéal $\mathfrak{J}$ de B contenu dans le radical de B, les A-modules $N/\mathfrak{J}^{n+1}N$ soient plats pour tout $n \geqslant 0$. Montrer que N est un A-module plat. (Si $v : M \to M'$ est un homomorphisme injectif de A-modules de *type fini*, il faut prouver que $u : v \otimes 1 : M \otimes_A N \to M' \otimes_A N$ est injectif. Se ramener à prouver que, si l'on pose $N_n = N/\mathfrak{J}^{n+1}N$ et $u_n = v \otimes 1_{N_n}$, l'homomorphisme $\varprojlim u_n$ est injectif, en utilisant le fait que les topologies $\mathfrak{J}$-adiques sur $M \otimes_A N$ et $M' \otimes_A N$ sont séparées.)

b) Soit b un élément contenu dans le radical de B et tel que l'homothétie de rapport b dans N soit injective. Montrer que si N/bN est un A-module plat, N est un A-module plat (se ramener au cas de *a*)).

c) On suppose en outre que A est un anneau local, d'idéal maximal $\mathfrak{m}$ et de corps résiduel $k = A/\mathfrak{m}$, et que $\mathfrak{m}B$ est contenu dans le radical de B. Soient P un B-module qui soit un A-module plat, $u : N \to P$ un homomorphisme tel que $u \otimes 1_k : N \otimes_A k \to P \otimes_A k$ soit injectif. Montrer alors que N est un A-module plat et que u est injectif. (Se ramener à montrer que pour tout A-module M de type fini, l'homomorphisme $u \otimes 1_M : N \otimes_A M \to P \otimes_A M$ est injectif ; observer que la topologie $\mathfrak{m}$-adique sur $N \otimes_A M$ est séparée ; utiliser alors le § 2, nº 8, cor. 1 du th. 1, en considérant le diagramme commutatif

$$\begin{array}{ccc} \mathrm{gr}_0(N) \otimes_k \mathrm{gr}(M) & \xrightarrow{\mathrm{gr}_0(u) \otimes 1} & \mathrm{gr}_0(P) \otimes_k \mathrm{gr}(M) \\ \downarrow & & \downarrow \\ \mathrm{gr}(N \otimes_A M) & \xrightarrow[\mathrm{gr}(u \otimes 1)]{} & \mathrm{gr}(P \otimes_A M) \end{array}$$

et utilisant la platitude de P, les flèches verticales étant les homomorphismes canoniques du § 2, exerc. 6.)

§ 4

1) Soient A un anneau commutatif séparé et complet pour une filtration $(\mathfrak{a}_n)_{n \geqslant 0}$ telle que $\mathfrak{a}_0 = A$. Soient M, M', N trois A-modules, munis chacun de la filtration déduite de celle de A et de la topologie définie par cette filtration ; on pose $\overline{M} = M/\mathfrak{a}_1 M$, $\overline{M}' = M'/\mathfrak{a}_1 M'$, $\overline{N} = N/\mathfrak{a}_1 N$. Soient $f : M \times M' \to N$ une application bilinéaire, $\bar{f} : \overline{M} \times \overline{M}' \to \overline{N}$ l'application $(A/\mathfrak{a}_1)$-bilinéaire déduite de f par passage aux quotients. Soient $y \in N$, $\bar{x} \in \overline{M}$, $\bar{x}' \in \overline{M}'$ tels que : 1º $\bar{f}(\bar{x}, \bar{x}')$ soit la classe $\bar{y}$ de y dans

$\overline{\mathrm{N}}$; 2° tout élément de $\overline{\mathrm{N}}$ peut s'écrire $\bar{f}(\bar{x}, \bar{z}') + \bar{f}(\bar{z}, \bar{x}')$ où $\bar{z} \in \overline{\mathrm{M}}$ et $\bar{z}' \in \overline{\mathrm{M}}'$. Montrer que si N est séparé, et si M et M' sont complets, il existe $x \in \bar{x}$ et $x' \in \bar{x}'$ tels que $f(x, x') = y$ (raisonner par récurrence comme dans la démonstration du lemme de Hensel). A quelle condition x et x' sont-ils déterminés de façon unique?

¶ 2) Soient A un anneau local, $\mathfrak{m}$ son idéal maximal, $k = \mathrm{A}/\mathfrak{m}$ son corps résiduel, $f : \mathrm{A} \to k$ l'homomorphisme canonique. Soit $\mathrm{P} \in \mathrm{A}[\mathrm{X}]$ un polynôme unitaire de degré n. On pose $\mathrm{B} = \mathrm{A}[\mathrm{X}]/\mathrm{P}.\mathrm{A}[\mathrm{X}]$ et on note x l'image canonique de X dans B.

a) Soient Q, Q' deux polynômes unitaires fortement étrangers dans A[X], tels que $\mathrm{P} = \mathrm{QQ}'$. Montrer que l'anneau B est somme directe des idéaux $\mathrm{B}.\mathrm{Q}(x)$ et $\mathrm{B}.\mathrm{Q}'(x)$.

b) Réciproquement, soit $\mathrm{B} = \mathfrak{b} \oplus \mathfrak{b}'$ une décomposition de B en somme directe de deux idéaux. Montrer qu'il existe des polynômes Q, Q' de A[X] vérifiant les hypothèses de *a*) et tels que $\mathfrak{b} = \mathrm{B}.\mathrm{Q}(x)$, $\mathfrak{b}' = \mathrm{B}.\mathrm{Q}'(x)$. (Montrer d'abord que $\mathfrak{b}/\mathfrak{m}\mathfrak{b}$ et $\mathfrak{b}'/\mathfrak{m}\mathfrak{b}'$ sont engendrés par les images dans $\mathrm{B}/\mathfrak{m}\mathrm{B}$ de polynômes unitaires $\mathrm{Q}_0 \in \overset{-1}{\bar{f}}(\mathfrak{b})$, $\mathrm{Q}'_0 \in \overset{-1}{\bar{f}}(\mathfrak{b}')$, tels que

$$\bar{f}(\mathrm{P}) = \bar{f}(\mathrm{Q}_0)\bar{f}(\mathrm{Q}'_0).$$

Soit $r = \deg(\mathrm{Q}_0)$, $s = \deg(\mathrm{Q}'_0)$. Montrer que $\mathfrak{b}$ est un A-module libre de base $\mathrm{Q}_0(x), x\mathrm{Q}_0(x), \ldots, x^{s-1}\mathrm{Q}_0(x)$ (appliquer le chap. II, § 3, n° 2, prop. 5) ; on peut alors écrire $x^s\mathrm{Q}_0(x) = a_0\mathrm{Q}_0(x) + a_1x\mathrm{Q}_0(x) + \cdots + a_{s-1}x^{s-1}\mathrm{Q}_0(x)$ avec $a_i \in \mathrm{A}$ $(0 \leqslant i \leqslant s-1)$; montrer que si l'on pose

$$\mathrm{Q}'(\mathrm{X}) = \mathrm{X}^s - (a_0 + a_1\mathrm{X} + \ldots + a_{s-1}\mathrm{X}^{s-1}),$$

on a $\bar{f}(\mathrm{P}) = \bar{f}(\mathrm{Q}_0)\bar{f}(\mathrm{Q}')$ et $\mathrm{Q}' \in \overset{-1}{\bar{f}}(\mathfrak{b}')$. Définir de même Q à partir de Q' et Q_0 et montrer que Q et Q' répondent à la question, en utilisant la prop. 2 du n° 1).

¶ 3) Soient A un anneau local, $\mathfrak{m}$ son idéal maximal, $k = \mathrm{A}/\mathfrak{m}$ son corps résiduel, $f : \mathrm{A} \to k$ l'homomorphisme canonique. Montrer que les deux conditions suivantes sont équivalentes :

(H) Pour tout polynôme unitaire $\mathrm{P} \in \mathrm{A}[\mathrm{X}]$, et toute décomposition de $\bar{f}(\mathrm{P}) \in k[\mathrm{X}]$ en produit $\bar{f}(\mathrm{P}) = \overline{\mathrm{Q}}.\overline{\mathrm{Q}}'$ de polynômes étrangers unitaires, il existe deux polynômes unitaires Q, Q' dans A[X] tels que $\bar{f}(\mathrm{Q}) = \overline{\mathrm{Q}}$, $\bar{f}(\mathrm{Q}') = \overline{\mathrm{Q}}'$ et $\mathrm{P} = \mathrm{QQ}'$.

(C) Toute algèbre commutative sur A, qui est un A-module de type fini, est composée directe de A-algèbres qui sont des anneaux *locaux*.

(Pour prouver que (H) entraîne (C), raisonner comme dans la prop. 8 du n° 6, en utilisant l'exerc. 2 *a*) Pour voir que (C) entraîne (H), montrer d'abord que pour toute A-algèbre commutative B, qui est un A-module de type fini, toute décomposition de $\mathrm{B}/\mathfrak{m}\mathrm{B}$ en somme directe de deux idéaux est nécessairement de la forme $\mathfrak{b}/\mathfrak{m}\mathfrak{b} \oplus \mathfrak{b}'/\mathfrak{m}\mathfrak{b}'$, où $\mathrm{B} = \mathfrak{b} \oplus \mathfrak{b}'$ est une décomposition de B en somme directe de deux idéaux ; puis utiliser l'exerc. 2 *b*)).

On dit qu'un anneau local A vérifiant les conditions (H) et (C) est *hensélien.* Tout anneau local *séparé et complet* est hensélien. Si A est hensélien et si B est une A-algèbre commutative qui est un anneau local et un A-module de type fini, alors B est hensélien.

4) *a*) Soit $(A_\alpha, \varphi_{\alpha\beta})$ un système inductif d'anneaux locaux henséliens, les homomorphismes $\varphi_{\alpha\beta}$ étant *locaux*. Montrer que l'anneau local $A = \varinjlim A_\alpha$ (chap. II, § 3, exerc. 16) est hensélien (utiliser le critère (H) de l'exerc. 3).

b) Soient K un corps commutatif, L une extension algébrique de K. Déduire de *a*) que l'anneau $L \otimes_K K[[X_1, \ldots, X_n]]$ est hensélien.

$_*$*c*) Soient A un anneau local hensélien, B une A-algèbre commutative qui est *entière* sur A (chap. V) et est un anneau local. Montrer que B est un anneau hensélien (utiliser *a*)).$_*$

¶ 5) Soient A un anneau local hensélien, B une A-algèbre (non nécessairement commutative) qui est un A-module de type fini, $\mathfrak{b}$ un idéal bilatère de B, et soit $\overline{B} = B/\mathfrak{b}$.

a) Montrer que tout idempotent ε de $\overline{B}$ est l'image canonique d'un idempotent de B (se ramener au cas commutatif, en considérant la sous-algèbre de B engendrée par un seul élément).

b) Soit $(\varepsilon_n)_{n \geqslant 1}$ une suite infinie d'éléments de $\overline{B}$ tels que

$$\varepsilon_i \varepsilon_j = \delta_{ij} \varepsilon_j$$

pour tout couple d'indices (i, j). Montrer qu'il existe dans B une suite orthogonale $(e_n)_{n \geqslant 1}$ d'idempotents tels que ε_n soit l'image canonique de e_n pour tout n. (Procéder par récurrence comme dans *Alg.*, chap. VIII, § 6, exerc. 10 ; on observera que si e, e' sont deux idempotents de B tels que $ee' = 0$, $e' - e'e = e''$ est un idempotent tel que $ee'' = e''e = 0$.)

c) On suppose maintenant que $\mathfrak{b}$ est le *radical* de B. Soit n un entier, et soit (ε_{ij}) $(1 \leqslant i \leqslant n, 1 \leqslant j \leqslant n)$ une famille d'éléments de $\overline{B}$ telle que $\varepsilon_{ij}\varepsilon_{hk} = \delta_{jh}\varepsilon_{ik}$ et $1 = \sum_{i=1}^{n} \varepsilon_{ii}$. Montrer qu'il existe dans B une famille (e_{ij}) $(1 \leqslant i \leqslant n, 1 \leqslant j \leqslant n)$ telle que $e_{ij}e_{hk} = \delta_{jh}e_{ik}$ et $1 = \sum_{i=1}^{n} e_{ii}$, et que ε_{ij} soit l'image canonique de e_{ij} pour tout couple d'indices. (Utiliser *b*), l'exerc. 11 de *Alg.*, chap. VIII, § 6, et l'exerc. 9 de *Alg.*, chap. VIII, § 1.) En déduire que si $\overline{B}$ est isomorphe à un anneau de matrices $\mathbf{M}_r(\overline{D})$, où $\overline{D}$ est un corps non nécessairement commutatif, alors B est isomorphe à un anneau de matrices $\mathbf{M}_r(D)$, où D est une A-algèbre qui est un A-module de type fini et dont le radical $\mathfrak{d}$ est tel que $D/\mathfrak{d}$ soit isomorphe à $\overline{D}$ (cf. *Alg.*, chap. VIII, § 1, exerc. 9 et 3). Montrer que si de plus B est une algèbre d'Azumaya sur A (chap. II, § 5, exerc. 14), il en est de même de D.

6) Donner un exemple d'anneau non commutatif artinien A, filtré par une suite $(\mathfrak{a}_n)$ d'idéaux bilatères tels que $\mathfrak{a}_0 = A$ et $\mathfrak{a}_2 = 0$, et pour lequel la prop. 8 du n° 6 n'est pas valable (cf. *Alg.*, chap. VIII, § 2, exerc. 6).

¶ 7 *a*) Soient A un anneau commutatif, $\mathfrak{m}$ un idéal de A tel que A soit séparé et complet pour la topologie $\mathfrak{m}$-adique et que $\mathfrak{m}/\mathfrak{m}^2$ soit un

A-module de type fini. Montrer que la topologie de $A' = A\{X_1, \ldots, X_r\}$ est la topologie $\mathfrak{m}'$-adique, où $\mathfrak{m}' = \mathfrak{m}A'$, et que $\mathfrak{m}'/\mathfrak{m}'^2$ est un $(A'/\mathfrak{m}')$-module de type fini (utiliser la prop. 14 du § 2, nº 11). En particulier, si A est nœthérien, il en est de même de A'.

b) Soient A un anneau commutatif nœthérien, $\mathfrak{m}$ un idéal de A tel que A soit séparé et complet pour la topologie $\mathfrak{m}$-adique. Soit $u : A \rightarrow B$ un homomorphisme continu de A dans un anneau topologique commutatif séparé B faisant de B une A-algèbre. Montrer que les conditions suivantes sont équivalentes :

α) B est nœthérien, sa topologie est la topologie $\mathfrak{m}B$-adique, B est complet et $B/\mathfrak{m}B$ est une algèbre de type fini sur $A/\mathfrak{m}$.

β) B est topologiquement A-isomorphe à $\varprojlim B_n$, où $(B_n)_{n \geqslant 1}$ est un système projectif de A-algèbres discrètes tel que les applications $\varphi_{nm} : B_m \rightarrow B_n$ pour $m \geqslant n$ soient surjectives, que le noyau de φ_{nm} soit $\mathfrak{m}^{n+1}B_m$, et que B_1 soit une algèbre de type fini sur $A/\mathfrak{m}$.

γ) B est topologiquement A-isomorphe à un quotient d'une algèbre de la forme $A\{X_1, \ldots, X_r\}$ par un idéal fermé.

(Pour prouver que β) entraîne γ), utiliser la prop. 14 du § 2, nº 11 et le th. 1 du § 2, nº 8.)

8) Soit A un anneau commutatif linéairement topologisé. On identifie le groupe additif $A[[X_1, \ldots, X_p]]$ au groupe produit $A^{\mathbf{N}^p}$, et on le munit de la topologie produit $\mathcal{T}$.

a) Montrer que $\mathcal{T}$ est compatible avec la structure d'anneau de $A[[X_1, \ldots, X_p]]$ et est une topologie linéaire, pour laquelle les applications $f \rightarrow \partial f/\partial X_i$ sont continues.

b) Pour tout élément $P = \sum_e \alpha_{e,P} X^e$ de $A[[X_1, \ldots, X_p]]$ (notations du § 1, nº 6), et toute A-algèbre topologique B (§ 2, exerc. 28) séparée et complète, on dit qu'un élément $\mathbf{x} = (x_1, \ldots, x_p) \in B^p$ est *substituable* dans P si la famille $(\alpha_{e,P}\mathbf{x}^e)$ (où on a posé $\mathbf{x}^e = x_1^{e_1} \ldots x_p^{e_p}$ pour $e = (e_1, \ldots, e_p)$) converge vers 0 dans B suivant le filtre des complémentaires des parties finies de $\mathbf{N}^p$. Cette famille est alors sommable et sa somme se note $P(\mathbf{x})$. Montrer que l'ensemble des séries formelles $P \in A[[X_1, \ldots, X_p]]$ telles que $\mathbf{x}$ soit substituable dans P est un sous-anneau $S_{\mathbf{x}}$ de $A[[X_1, \ldots, X_p]]$ et que l'application $P \rightarrow P(\mathbf{x})$ est un homomorphisme de $S_{\mathbf{x}}$ dans B.

c) Montrer que si $\mathbf{x}$ est substituable dans P et si $\mathbf{y} = (y_1, \ldots, y_p)$ est un élément de B^p tel que les y_i soient topologiquement nilpotents pour $1 \leqslant i \leqslant p$, alors $\mathbf{x} + \mathbf{y}$ est substituable dans P.

En particulier, s'il existe dans B un voisinage de 0 formé d'éléments topologiquement nilpotents, alors, pour tout $P \in A[[X_1, \ldots, X_p]]$, l'ensemble D des $\mathbf{x} \in B^p$ substituables dans P est ouvert et l'application $\mathbf{x} \rightarrow P(\mathbf{x})$ de D dans B est continue.

d) On suppose désormais A *séparé et complet*, et on munit $A[[X_1, \ldots, X_p]]$ de la topologie $\mathcal{T}$. Pour qu'un système de q séries formelles $P_1, \ldots, P_q$ de $A[[X_1, \ldots, X_p]]$ soit substituable dans une série formelle

$$Q \in A[[X_1, \ldots, X_q]],$$

il faut et il suffit que le système $(P_1(0),\dots, P_q(0))$ soit substituable dans Q.

e) On suppose que $\mathbf{x}$ est substituable dans chacun des P_k $(1 \leqslant k \leqslant q)$ et que le système $(P_1,\dots, P_q)$ est substituable dans Q. Montrer que $\mathbf{x}$ est substituable dans $Q(P_1,\dots, P_q)$, que le système $(P_1(\mathbf{x}),\dots, P_q(\mathbf{x}))$ est substituable dans Q et que l'on a $Q(P_1(\mathbf{x}),\dots, P_q(\mathbf{x})) = (Q(P_1,\dots, P_q))(\mathbf{x})$ lorsqu'on suppose en outre satisfaite l'*une* des hypothèses suivantes : α) il y a dans B un idéal $\mathfrak{n}$ tel que le couple $(B, \mathfrak{n})$ vérifie les conditions de Hensel, et les x_i $(1 \leqslant i \leqslant p)$ appartiennent à $\mathfrak{n}$; β) la série formelle Q est restreinte.

f) On prend $B = A = \mathbf{F}_2$, muni de la topologie discrète, $P = X + X^2$, $Q = \sum_{n=0}^{\infty} X^{2^n}$; alors P est substituable dans Q, $x = 1$ est substituable dans P et dans Q(P) et $P(x)$ est substituable dans Q, mais on a $Q(P(x)) = 0$ et $(Q(P))(x) = 1$.

§ 5

1) Soient A un anneau commutatif, $\mathfrak{I}$ un idéal de A. On dit qu'un A-module M est *absolument séparé* pour $\mathfrak{I}$ si pour tout A-module de type fini N, le A-module $N \otimes_A M$ est séparé pour la topologie $\mathfrak{I}$-adique ; un A-module absolument séparé est idéalement séparé.

a) Pour que M soit absolument séparé pour $\mathfrak{I}$, il faut et il suffit que pour tout A-module de type fini N et tout sous-module N′ de N, $\mathrm{Im}(N' \otimes_A M)$ soit fermé dans $N \otimes_A M$ pour la topologie $\mathfrak{I}$-adique.

b) Soient B une A-algèbre commutative, et soit $\mathfrak{L}$ un idéal de B contenant $\mathfrak{I}B$. Si M est un B-module absolument séparé pour $\mathfrak{L}$, M est un A-module absolument séparé pour $\mathfrak{I}$.

2) Montrer que tout **Z**-module séparé pour la topologie p-adique (p nombre premier) est idéalement séparé, mais donner un exemple de **Z**-module de type fini, séparé mais non absolument séparé pour p (utiliser l'exerc. 1 *a*)).

3) Les notations étant celles de l'exerc. 11 du § 3, soit N le sous-module de $\hat{E}$, adhérence dans $\hat{E}$ du sous-module de $\hat{E}$ engendré par les vecteurs $pe_{2n-1} - p^n e_{2n}$ $(n \geqslant 1)$, et soit $M = \hat{E}/N$. Montrer que pour la topologie p-adique, le sous-module pM de M n'est pas fermé dans M, et en déduire que M est un $\mathbf{Z}_p$-module idéalement séparé mais non absolument séparé pour p.

¶ 4) Soient A un anneau commutatif, $\mathfrak{I}$ un idéal de A, $S = 1 + \mathfrak{I}$. Montrer que si M est un A-module absolument séparé pour $\mathfrak{I}$, on a $S^{-1}M = M$, autrement dit, pour tout $a \in S$, $x \to ax$ est une bijection de M sur lui-même. (Montrer d'abord que l'hypothèse que M est séparé pour la topologie $\mathfrak{I}$-adique entraîne que $x \to ax$ est injective ; prouver ensuite que le sous-module aM de M est dense dans M pour la topologie $\mathfrak{I}$-adique et utiliser l'exerc. 1 *a*)).

5) On prend $A = \mathbf{Z}$, $\mathfrak{I} = p\mathbf{Z}$, où p est premier.

a) Montrer que si q est un nombre premier distinct de p, le **Z**-module $\mathbf{Z}/q\mathbf{Z}$ vérifie la propriété (ii) du th. 1, mais non la propriété (i).

b) Montrer que le **Z**-module **Q**/**Z** vérifie la propriété (iv) du th. 1, mais non la propriété (ii).

6) Soient A un anneau commutatif noethérien, $\mathfrak{J}$ un idéal de A, M un A-module. Montrer que la condition (v) du th. 1 équivaut à la suivante :

(v') Pour tout A-module de type fini N et tout sous-module N' de N, l'application canonique $(M \otimes_A N')^\wedge \to (M \otimes_A N)^\wedge$ (où les deux membres sont les séparés complétés pour les topologies $\mathfrak{J}$-adiques de $M \otimes_A N'$ et $M \otimes_A N$ respectivement) est injective. (Pour prouver que (v) entraîne (v'), raisonner comme dans la partie E) de la démonstration du th. 1. Pour voir que (v') entraîne (v), considérer des A-modules N annulés par une puissance de $\mathfrak{J}$).

¶ 7) Soit $(A_\lambda, f_{\mu\lambda})$ un système inductif filtrant d'anneaux locaux nœthériens ; si $\mathfrak{m}_\lambda$ est l'idéal maximal de A_λ, on suppose que pour $\lambda \leqslant \mu$, on ait $\mathfrak{m}_\mu = \mathfrak{m}_\lambda A_\mu$, et que A_μ soit un A_λ-module plat. Montrer alors que $A = \varinjlim A_\lambda$ est nœthérien et est un A_λ-module plat pour tout λ. (Si $\mathfrak{m} = \mathfrak{m}_\lambda A$ est l'idéal maximal de A (chap. II, § 3, exerc. 16), montrer que sur A la topologie $\mathfrak{m}$-adique est séparée, en observant que A est un A_λ-module fidèlement plat pour tout λ. Prouver ensuite que, si $\hat{A}$ est le complété de A pour la topologie $\mathfrak{m}$-adique, $\hat{A}$ est nœthérien, en utilisant le § 2, nº 10, cor. 5 du th. 2 ; enfin, prouver que pour tout λ, $\hat{A}$ est un A_λ-module plat en utilisant le th. 1 du nº 2 et la prop. 2 du nº 3.)

¶ 8) Soient A un anneau local nœthérien, $\mathfrak{m}$ son idéal maximal, $k = A/\mathfrak{m}$ son corps résiduel. Soit K une extension de k ; montrer qu'il existe un homomorphisme local de A dans un anneau local nœthérien B tel que $B/\mathfrak{m}B$ soit isomorphe à K et que B soit un A-module plat. (Considérer d'abord le cas où $K = k(t)$, en distinguant deux cas suivant que t est algébrique ou transcendant sur k ; considérer ensuite une famille (K_λ) de sous-corps de K contenant k, bien ordonnée par inclusion, et tel que si K_λ a un prédécesseur K_μ, on ait $K_\lambda = K_\mu(t_\mu)$ pour un $t_\mu \in K_\mu$. Enfin, appliquer l'exerc. 7.)

CHAPITRE IV (*)

IDÉAUX PREMIERS ASSOCIÉS ET DÉCOMPOSITION PRIMAIRE

Tous les anneaux considérés dans ce chapitre sont supposés être commutatifs, et avoir un élément unité ; tous les homomorphismes d'anneaux sont supposés transformer l'élément unité en élément unité. Par un sous-anneau d'un anneau A, *on entend un sous-anneau contenant l'élément unité de* A.

On rappelle que pour tout A-*module* E, *et tout* $x \in$ E, *on désigne par* Ann(x) *l'annulateur de* x, *ensemble des* $a \in$ A *tels que* $ax = 0$.

§ 1. Idéaux premiers associés à un module.

1. Définition des idéaux premiers associés.

DÉFINITION 1. — *Soit* M *un module sur un anneau* A. *On dit qu'un idéal premier* $\mathfrak{p}$ *de* A *est associé à* M *s'il existe* $x \in$ M *tel que* $\mathfrak{p}$ *soit égal à l'annulateur de* x. *On note* $\mathrm{Ass}_A(M)$, *ou simplement* Ass(M), *l'ensemble des idéaux premiers associés à* M.

**Exemple.* — Soient $\mathfrak{a}$ un idéal de l'anneau de polynômes $A = \mathbf{C}[X_1, \ldots, X_r]$, V la variété algébrique affine correspondante, $V_1, \ldots, V_p$ les composantes irréductibles de V. Si on prend pour M l'anneau $A/\mathfrak{a}$ des fonctions régulières sur V, les idéaux de $V_1, \ldots, V_p$ sont des idéaux premiers associés à M mais ce ne sont pas les seuls en général.*

(*) Les résultats de ce chapitre ne dépendent d'aucun autre Livre de la deuxième partie, ni du chap. I, § 4 ou du chap. III, § 5.

Comme l'annulateur de 0 est A, un élément $x \in M$ dont l'annulateur est un idéal premier est nécessairement $\neq 0$. Dire qu'un idéal premier $\mathfrak{p}$ est associé à M revient à dire que M contient un sous-module *isomorphe à* $A/\mathfrak{p}$ (savoir Ax, pour tout $x \in M$ dont $\mathfrak{p}$ est l'annulateur).

Si un A-module M est réunion d'une famille $(M_\iota)_{\iota \in I}$ de sous-modules il est clair que l'on a

$$\text{Ass}(M) = \bigcup_{\iota \in I} \text{Ass}(M_\iota). \tag{1}$$

PROPOSITION 1. — *Pour tout idéal premier* $\mathfrak{p}$ *d'un anneau* A *et tout sous-module* $M \neq 0$ *de* $A/\mathfrak{p}$, *on a* $\text{Ass}(M) = \{\mathfrak{p}\}$.

En effet, comme l'anneau $A/\mathfrak{p}$ est intègre, l'annulateur d'un élément $\neq 0$ de $A/\mathfrak{p}$ est $\mathfrak{p}$.

PROPOSITION 2. — *Soit* M *un module sur un anneau* A. *Tout élément maximal de l'ensemble des idéaux* $\text{Ann}(x)$ *de* A, *où* x *parcourt l'ensemble des éléments* $\neq 0$ *de* M, *appartient à* Ass(M).

En effet, soit $\mathfrak{a} = \text{Ann}(x)$ ($x \in M$, $x \neq 0$) un tel élément maximal ; il suffit de montrer que $\mathfrak{a}$ est premier. Comme $x \neq 0$, on a $\mathfrak{a} \neq A$. Soient b, c des éléments de A tels que $bc \in \mathfrak{a}$ et $c \notin \mathfrak{a}$. On a alors $cx \neq 0$, $b \in \text{Ann}(cx)$ et $\mathfrak{a} \subset \text{Ann}(cx)$. Comme $\mathfrak{a}$ est maximal, on a $\text{Ann}(cx) = \mathfrak{a}$, d'où $b \in \mathfrak{a}$, de sorte que $\mathfrak{a}$ est premier.

COROLLAIRE 1. — *Soit* M *un module sur un anneau nœthérien* A. *Alors la condition* $M \neq \{0\}$ *équivaut à* $\text{Ass}(M) \neq \emptyset$.

Si $M = \{0\}$, il est clair que Ass(M) est vide (sans hypothèse sur A). Si $M \neq \{0\}$, l'ensemble des idéaux de la forme $\text{Ann}(x)$, où $x \in M$ et $x \neq 0$, est non vide et formé d'idéaux $\neq A$; comme A est nœthérien, cet ensemble admet un élément maximal ; il suffit donc d'appliquer la prop. 2.

COROLLAIRE 2. — *Soient* A *un anneau nœthérien*, M *un* A-*module*, a *un élément de* A. *Pour que l'homothétie de* M, *de rapport* a, *soit injective , il faut et il suffit que* a *n'appartienne à aucun idéal premier associé à* M.

Si a appartient à un idéal premier $\mathfrak{p} \in \mathrm{Ass}(M)$, on a $\mathfrak{p} = \mathrm{Ann}(x)$ avec $x \in M$, $x \neq 0$; d'où $ax = 0$ et l'homothétie de rapport a n'est pas injective. Réciproquement, si $ax = 0$ pour un $x \in M$ tel que $x \neq 0$, on a $Ax \neq \{0\}$, d'où $\mathrm{Ass}(Ax) \neq \emptyset$ (cor. 1). Soit $\mathfrak{p} \in \mathrm{Ass}(Ax)$; on a évidemment $\mathfrak{p} \in \mathrm{Ass}(M)$ et $\mathfrak{p} = \mathrm{Ann}(bx)$ avec $b \in A$; d'où $a \in \mathfrak{p}$, puisque $abx = 0$.

Corollaire 3. — *L'ensemble des diviseurs de zéro dans un anneau nœthérien* A *est la réunion des idéaux* $\mathfrak{p} \in \mathrm{Ass}(A)$.

Proposition 3. — *Soient* A *un anneau,* M *un* A*-module,* N *un sous-module de* M. *On a*

$$\mathrm{Ass}(N) \subset \mathrm{Ass}(M) \subset \mathrm{Ass}(N) \cup \mathrm{Ass}(M/N). \tag{2}$$

L'inclusion $\mathrm{Ass}(N) \subset \mathrm{Ass}(M)$ est évidente. Soient $\mathfrak{p} \in \mathrm{Ass}(M)$, E un sous-module de M isomorphe à $A/\mathfrak{p}$, et $F = E \cap N$. Si $F = \{0\}$, E est isomorphe à un sous-module de M/N, d'où $\mathfrak{p} \in \mathrm{Ass}(M/N)$. Si $F \neq \{0\}$, l'annulateur de tout élément $\neq 0$ de F est $\mathfrak{p}$ (prop. 1), donc $\mathfrak{p} \in \mathrm{Ass}(F) \subset \mathrm{Ass}(N)$.

Corollaire 1. — *Si un* A*-module* M *est somme directe d'une famille* $(M_\iota)_{\iota \in I}$ *de sous-modules, on a* $\mathrm{Ass}(M) = \bigcup_{\iota \in I} \mathrm{Ass}(M_\iota)$.

On se ramène au cas où I est fini au moyen de (1), puis au cas où $\mathrm{Card}(I) = 2$ en procédant par récurrence sur $\mathrm{Card}(I)$. Soit alors $I = \{i, j\}$, $i \neq j$; comme M/M_i est isomorphe à M_j, on a $\mathrm{Ass}(M) \subset \mathrm{Ass}(M_i) \cup \mathrm{Ass}(M_j)$ (prop. 3) ; par ailleurs, $\mathrm{Ass}(M_i)$ et $\mathrm{Ass}(M_j)$ sont contenus dans $\mathrm{Ass}(M)$ (prop. 3), d'où le résultat.

Corollaire 2. — *Soient* M *un* A*-module,* $(Q_\iota)_{\iota \in I}$ *une famille finie de sous-modules de* M. *Si* $\bigcap_{\iota \in I} Q_\iota = \{0\}$, *on a*

$$\mathrm{Ass}(M) \subset \bigcup_{\iota \in I} \mathrm{Ass}(M/Q_\iota).$$

En effet, l'application canonique $M \to \bigoplus_{\iota \in I} (M/Q_\iota)$ est injective ; il suffit donc d'appliquer la prop. 3 et son cor. 1.

Proposition 4. — *Soient* M *un* A-*module*, Φ *une partie de* Ass(M). *Il existe alors un sous-module* N *de* M *tel que* $\mathrm{Ass}(N) = \mathrm{Ass}(M) - \Phi$ *et* $\mathrm{Ass}(M/N) = \Phi$.

Soit $\mathfrak{E}$ l'ensemble des sous-modules P de M tels que $\mathrm{Ass}(P) \subset \mathrm{Ass}(M) - \Phi$. La formule (1) montre que l'ensemble $\mathfrak{E}$, ordonné par inclusion, est *inductif* ; en outre, on a $\{0\} \in \mathfrak{E}$, donc $\mathfrak{E} \neq \emptyset$. Soit N un élément maximal de $\mathfrak{E}$. On a donc $\mathrm{Ass}(N) \subset \mathrm{Ass}(M) - \Phi$. Nous allons voir que $\mathrm{Ass}(M/N) \subset \Phi$, ce qui, en vertu de la prop. 3, achèvera la démonstration. Soit $\mathfrak{p} \in \mathrm{Ass}(M/N)$; alors M/N contient un sous-module F/N isomorphe à $A/\mathfrak{p}$. En vertu des prop. 1 et 3, on a $\mathrm{Ass}(F) \subset \mathrm{Ass}(N) \cup \{\mathfrak{p}\}$. Puisque N est maximal dans $\mathfrak{E}$, on a $F \notin \mathfrak{E}$, donc $\mathfrak{p} \in \Phi$.

2. *Localisation des idéaux premiers associés.*

Proposition 5. — *Soient* A *un anneau*, S *une partie multiplicative de* A, Φ *l'ensemble des idéaux premiers de* A *qui ne rencontrent pas* S, M *un* A-*module. Alors :*

(i) *L'application* $\mathfrak{p} \to S^{-1}\mathfrak{p}$ *est une bijection de* $\mathrm{Ass}_A(M) \cap \Phi$ *sur une partie de* $\mathrm{Ass}_{S^{-1}A}(S^{-1}M)$.

(ii) *Si* $\mathfrak{p} \in \Phi$ *est un idéal de type fini et si* $S^{-1}\mathfrak{p} \in \mathrm{Ass}_{S^{-1}A}(S^{-1}M)$, *alors on a* $\mathfrak{p} \in \mathrm{Ass}_A(M)$.

Rappelons (chap. II, § 2, n° 5, prop. 11) que l'application $\mathfrak{p} \to S^{-1}\mathfrak{p}$ est une bijection de Φ sur l'ensemble des idéaux premiers de $S^{-1}A$. Si $\mathfrak{p} \in \mathrm{Ass}_A(M) \cap \Phi$, $\mathfrak{p}$ est l'annulateur d'un sous-module monogène N de M ; alors $S^{-1}\mathfrak{p}$ est l'annulateur du sous-module monogène $S^{-1}N$ de $S^{-1}M$ (chap. II, § 2, n° 4, formule (9)), donc $S^{-1}\mathfrak{p} \in \mathrm{Ass}_{S^{-1}A}(S^{-1}M)$. Réciproquement, supposons $\mathfrak{p} \in \Phi$ de type fini et tel que $S^{-1}\mathfrak{p}$ soit associé à $S^{-1}M$; il existe alors $x \in M$ et $t \in S$ tels que $S^{-1}\mathfrak{p}$ soit l'annulateur de x/t. Soit $(a_i)_{1 \leqslant i \leqslant n}$ un système de générateurs de $\mathfrak{p}$; on a $(a_i/1)(x/t) = 0$, donc il existe $s_i \in S$ tel que $s_i a_i x = 0$ $(1 \leqslant i \leqslant n)$. Posons $s = s_1 s_2 \ldots s_n$; pour tout $a \in \mathfrak{p}$, on a $sax = 0$, d'où $\mathfrak{p} \subset \mathrm{Ann}(sx)$; d'autre part, si $b \in A$ est tel que $bsx = 0$, on a $b/1 \in S^{-1}\mathfrak{p}$ par définition, d'où $b \in \mathfrak{p}$. Donc $\mathfrak{p} = \mathrm{Ann}(sx)$ et $\mathfrak{p} \in \mathrm{Ass}_A(M)$.

COROLLAIRE. — *Si l'anneau* A *est nœthérien, l'application* $\mathfrak{p} \rightarrow S^{-1}\mathfrak{p}$ *est une bijection de* $\mathrm{Ass}_A(M) \cap \Phi$ *sur* $\mathrm{Ass}_{S^{-1}A}(S^{-1}M)$.

Lorsque A n'est pas nœthérien, l'application $\mathfrak{p} \rightarrow S^{-1}\mathfrak{p}$ de $\mathrm{Ass}_A(M) \cap \Phi$ dans $\mathrm{Ass}_{S^{-1}A}(S^{-1}M)$ n'est pas nécessairement surjective (exerc. 1).

PROPOSITION 6. — *Soient* A *un anneau nœthérien,* M *un* A-*module,* S *une partie multiplicative de* A, *et* Ψ *l'ensemble des éléments de* $\mathrm{Ass}_A(M)$ *qui ne rencontrent pas* S. *Alors le noyau* N *de l'application canonique* $M \rightarrow S^{-1}M$ *est l'unique sous-module de* M *qui vérifie les relations*

$$\mathrm{Ass}(N) = \mathrm{Ass}(M) - \Psi, \qquad \mathrm{Ass}(M/N) = \Psi. \tag{3}$$

En vertu de la prop. 4 du n° 1, il existe un sous-module N′ de M qui vérifie les relations $\mathrm{Ass}(N') = \mathrm{Ass}(M) - \Psi$ et $\mathrm{Ass}(M/N') = \Psi$. Il s'agit de prouver que $N' = N$. Considérons le diagramme commutatif

$$\begin{array}{ccc} M & \xrightarrow{p} & M/N' \\ {\scriptstyle u}\downarrow & & \downarrow{\scriptstyle v} \\ S^{-1}M & \xrightarrow[S^{-1}p]{} & S^{-1}(M/N') \end{array}$$

où p, u, v sont les homomorphismes canoniques. Nous allons montrer que $S^{-1}p$ et v sont injectifs, ce qui prouvera que u et p ont même noyau, donc que $N' = N$.

Comme $\mathrm{Ass}(N') \cap \Psi = \emptyset$, tout élément de $\mathrm{Ass}(N')$ rencontre S. On a donc $\mathrm{Ass}_{S^{-1}A}(S^{-1}N') = \emptyset$ (cor. de la prop. 5), d'où $S^{-1}N' = \{0\}$ (n° 1, cor. 1 de la prop. 2), ce qui prouve que $S^{-1}p$ est injectif (chap. II, § 2, n° 4, th. 1). D'autre part, si x appartient au noyau K de v, on a $\mathrm{Ann}(x) \cap S \neq \emptyset$ (chap. II, § 2, n° 2, prop. 4) ; donc $\mathrm{Ass}(K) = \emptyset$ puisque $\mathrm{Ass}(K) \subset \mathrm{Ass}(M/N') = \Psi$; on en déduit $K = \{0\}$ (n° 1, cor. 1 de la prop. 2) et v est injectif.

3. *Relations avec le support.*

Soit M un module sur un anneau A. Rappelons qu'on appelle *support* de M et qu'on note Supp(M) l'ensemble des idéaux premiers $\mathfrak{p}$ de A tels que $M_{\mathfrak{p}} \neq 0$ (chap. II, § 4, n° 4, déf. 5).

PROPOSITION 7. — *Soient* A *un anneau*, M *un* A-*module.*

(i) *Tout idéal premier* $\mathfrak{p}$ *de* A *contenant un élément de* Ass(M) *appartient à* Supp(M).

(ii) *Inversement, si* A *est nœthérien, tout idéal* $\mathfrak{p} \in$ Supp(M) *contient un élément de* Ass(M).

Si $\mathfrak{p}$ contient un élément $\mathfrak{q}$ de Ass(M), on a $\mathfrak{q} \cap (A - \mathfrak{p}) = \emptyset$, donc si on pose $S = A - \mathfrak{p}$, $S^{-1}\mathfrak{q}$ est un idéal premier associé à $S^{-1}M = M_\mathfrak{p}$ (nº 2, prop. 5), et *a fortiori* $M_\mathfrak{p} \neq 0$, donc $\mathfrak{p} \in$ Supp(M). Inversement, si A est nœthérien, il en est de même de $A_\mathfrak{p}$ (chap. II, § 2, nº 6, cor. 2 de la prop. 10). Si $M_\mathfrak{p} \neq 0$, on a donc $\mathrm{Ass}_{A_\mathfrak{p}}(M_\mathfrak{p}) \neq \emptyset$ (nº 1, cor. 1 de la prop. 2) donc il existe $\mathfrak{q} \in \mathrm{Ass}_A(M)$ tel que $\mathfrak{q} \cap (A - \mathfrak{p}) = \emptyset$ (nº 2, cor. de la prop. 5).

COROLLAIRE 1. — *Si* M *est un module sur un anneau nœthérien, on a* Ass(M) $\subset$ Supp(M), *et ces deux ensembles ont mêmes éléments minimaux.*

COROLLAIRE 2. — *Le nilradical d'un anneau nœthérien* A *est l'intersection des idéaux* $\mathfrak{p} \in$ Ass(A).

On sait en effet que le nilradical de A est l'intersection des éléments minimaux de Spec(A) = Supp(A) (chap. II, § 2, nº 6, prop. 13).

4. Cas des modules de type fini sur un anneau nœthérien.

THÉORÈME 1. — *Soient* A *un anneau nœthérien*, M *un* A-*module de type fini. Il existe une suite de composition* $(M_i)_{0 \leqslant i \leqslant n}$ *de* M *telle que, pour* $0 \leqslant i \leqslant n-1$, M_i/M_{i+1} *soit isomorphe à* $A/\mathfrak{p}_i$, *où* $\mathfrak{p}_i$ *est un idéal premier de* A.

Soit en effet $\mathfrak{E}$ l'ensemble des sous-modules de M qui possèdent une suite de composition ayant la propriété de l'énoncé. Comme $\mathfrak{E}$ est non vide (car $\{0\}$ appartient à $\mathfrak{E}$) et comme M est nœthérien, $\mathfrak{E}$ possède un élément maximal N. Si $M \neq N$, on a $M/N \neq 0$, donc $\mathrm{Ass}(M/N) \neq \emptyset$ (nº 1, cor. 1 de la prop. 2) ; M/N contient donc un sous-module N'/N isomorphe à un A-module de la forme $A/\mathfrak{p}$, où $\mathfrak{p}$ est premier ; on a alors par définition $N' \in \mathfrak{E}$, ce qui contredit le caractère maximal de N. Par suite, on a nécessairement N = M.

C. Q. F. D.

THÉORÈME 2. — *Soient* M *un module de type fini sur un anneau nœthérien* A, *et* $(M_i)_{0 \leqslant i \leqslant n}$ *une suite de composition de* M *telle que, pour* $0 \leqslant i \leqslant n-1$, M_i/M_{i+1} *soit isomorphe à* $A/\mathfrak{p}_i$, *où* $\mathfrak{p}_i$ *est un idéal premier de* A. *On a alors*

$$\text{Ass}(M) \subset \{\mathfrak{p}_0, \ldots, \mathfrak{p}_{n-1}\} \subset \text{Supp}(M)\,; \tag{4}$$

les éléments minimaux de ces trois ensembles sont les mêmes, et coïncident avec les éléments minimaux de l'ensemble des idéaux premiers contenant Ann(M).

L'inclusion $\text{Ass}(M) \subset \{\mathfrak{p}_0, \ldots, \mathfrak{p}_{n-1}\}$ résulte aussitôt des prop. 1 et 3 du n° 1. Pour $0 \leqslant i \leqslant n-1$, on a

$$\mathfrak{p}_i \in \text{Supp}(A/\mathfrak{p}_i) = \text{Supp}(M_i/M_{i+1})$$

(chap. II, § 4, n° 4, *Exemple*), d'où $\mathfrak{p}_i \in \text{Supp}(M_i) \subset \text{Supp}(M)$ (chap. II, § 4, n° 4, prop. 16), ce qui démontre l'inclusion $\{\mathfrak{p}_0, \ldots, \mathfrak{p}_{n-1}\} \subset \text{Supp}(M)$. Le cor. 1 de la prop. 7 du n° 3 montre que Ass(M) et Supp(M) ont les mêmes éléments minimaux, et (4) montre que ceux-ci ne sont autres que les éléments minimaux de $\{\mathfrak{p}_0, \ldots, \mathfrak{p}_{n-1}\}$. La dernière assertion résulte alors du chap. II, § 4, n° 4, prop. 17.

COROLLAIRE. — *Si* M *est un module de type fini sur un anneau nœthérien* A, Ass(M) *est fini.*

Sous les conditions du th. 2, l'ensemble $\{\mathfrak{p}_0, \ldots, \mathfrak{p}_{n-1}\}$ n'est pas nécessairement déterminé de façon unique par M ; en particulier il peut être distinct de Ass(M) (exerc. 6).

PROPOSITION 8. — *Soient* A *un anneau nœthérien,* $\mathfrak{a}$ *un idéal de* A, M *un* A*-module de type fini. Les conditions suivantes sont équivalentes :*

a) *il existe un élément* $x \neq 0$ *de* M *tel que* $\mathfrak{a}x = 0$;

b) *pour tout* $a \in \mathfrak{a}$, *il existe un élément* $x \neq 0$ *de* M *tel que* $ax = 0$;

c) *il existe* $\mathfrak{p} \in \text{Ass}(M)$ *tel que* $\mathfrak{a} \subset \mathfrak{p}$.

Il est clair que *a*) implique *b*). En vertu du n° 1, cor. 2 de la prop. 2, la condition *b*) signifie que l'idéal $\mathfrak{a}$ est contenu dans la réunion des idéaux premiers associés à M, donc dans l'un d'eux puisque Ass(M) est fini (chap. II, § 1, nº 1, prop. 2) ; ainsi *b*) entraîne *c*). Enfin, s'il existe $\mathfrak{p} \in$ Ass(M) tel que $\mathfrak{a} \subset \mathfrak{p}$, $\mathfrak{p}$ est l'annulateur d'un élément $x \neq 0$ de M (nº 1, déf. 1), et on a $\mathfrak{a}x = 0$; donc *c*) implique *a*).

PROPOSITION 9. — *Soient* A *un anneau nœthérien,* $\mathfrak{a}$ *un idéal de* A, M *un* A-*module de type fini. Pour qu'il existe un entier* $n > 0$ *tel que* $\mathfrak{a}^n M = 0$, *il faut et il suffit que* $\mathfrak{a}$ *soit contenu dans l'intersection des idéaux premiers associés à* M.

En effet, cette intersection est aussi celle des éléments minimaux de Supp(M) (nº 3, cor. 1 de la prop. 7), et dire que $\mathfrak{a}$ est contenu dans cette intersection équivaut à dire que $V(\mathfrak{a}) \supset$ Supp(M) avec les notations du chap. II, § 4 ; la conclusion résulte alors du chap. II, § 4, nº 4, cor. 2 de la prop. 17.

DÉFINITION 2. — *Étant donné un* A-*module* M, *on dit qu'un endomorphisme* u *de* M *est presque nilpotent si, pour tout* $x \in$ M, *il existe un entier* $n(x) > 0$ *tel que* $u^{n(x)}(x) = 0$.

Si M est de type fini, tout endomorphisme presque nilpotent est nilpotent.

COROLLAIRE. — *Soient* A *un anneau nœthérien,* M *un* A-*module,* a *un élément de* A. *Pour que l'homomorphisme* $a_M : x \rightarrow ax$ *de* M *soit presque nilpotent, il faut et il suffit que* a *appartienne à tout idéal de* Ass(M).

En effet, la condition de l'énoncé équivaut à dire que pour tout $x \in$ M, il existe $n(x) > 0$ tel que $(Aa)^{n(x)}(Ax) = 0$; en vertu de la prop. 9, cela signifie encore que a appartient à tous les idéaux premiers associés au sous-module Ax de M ; le corollaire résulte donc de ce que Ass(M) est la réunion des Ass(Ax) lorsque x parcourt M (nº 1, formule (1)).

PROPOSITION 10. — *Soient* A *un anneau nœthérien,* E *un* A-*module de type fini,* F *un* A-*module. On a alors*

$$\text{(5)} \qquad \text{Ass}(\text{Hom}_A(E, F)) = \text{Ass}(F) \cap \text{Supp}(E).$$

Par hypothèse, E est isomorphe à un A-module de la forme A^n/R, donc $\mathrm{Hom}_A(E, F)$ est isomorphe à un sous-module de $\mathrm{Hom}_A(A^n, F)$, et ce dernier est isomorphe à F^n ; or, on a $\mathrm{Ass}(F^n) = \mathrm{Ass}(F)$ (n° 1, cor. 1 de la prop. 3) ; donc $\mathrm{Ass}(\mathrm{Hom}_A(E, F)) \subset \mathrm{Ass}(F)$. D'autre part, on a $\mathrm{Supp}(\mathrm{Hom}_A(E, F)) \subset \mathrm{Supp}(E)$: en effet, pour tout idéal premier $\mathfrak{p}$ de A, $\mathrm{Hom}_{A_\mathfrak{p}}(E_\mathfrak{p}, F_\mathfrak{p})$ est isomorphe à $(\mathrm{Hom}_A(E, F))_\mathfrak{p}$ (chap. II, § 2, n° 7, prop. 19), d'où aussitôt notre assertion ; on conclut alors du th. 2 que $\mathrm{Ass}(\mathrm{Hom}_A(E, F)) \subset \mathrm{Supp}(E)$.

Inversement, soit $\mathfrak{p}$ un idéal premier de A appartenant à $\mathrm{Ass}(F) \cap \mathrm{Supp}(E)$. Par définition, F contient un sous-module isomorphe à $A/\mathfrak{p}$. D'autre part, puisque E est de type fini et $E_\mathfrak{p} \neq 0$, on sait qu'il existe un homomorphisme $w \neq 0$ de E dans $A/\mathfrak{p}$ (chap. II, § 4, n° 4, prop. 20). Comme il existe un homomorphisme injectif j de $A/\mathfrak{p}$ dans F, on a $j \circ w \in \mathrm{Hom}(E, F)$, et $j \circ w \neq 0$. D'autre part, la relation $aw = 0$ pour un $a \in A$ équivaut à $a \in \mathfrak{p}$, l'annulateur de tout élément $\neq 0$ de $A/\mathfrak{p}$ étant $\mathfrak{p}$; on a donc bien $\mathfrak{p} \in \mathrm{Ass}(\mathrm{Hom}_A(E, F))$.

C. Q. F. D.

§ 2. Décomposition primaire.

1. Sous-modules primaires.

PROPOSITION 1. — *Soient* A *un anneau nœthérien et* M *un* A-*module.*

Les conditions suivantes sont équivalentes :

a) Ass(M) *est réduit à un seul élément.*

b) *On a* $M \neq 0$, *et toute homothétie de* M *est, soit injective, soit presque nilpotente* (§ 1, n° 4).

Si ces conditions sont remplies, et si $\mathfrak{p}$ *est l'ensemble des* $a \in A$ *tels que l'homothétie* a_M *soit presque nilpotente, on a* $\mathrm{Ass}(M) = \{\mathfrak{p}\}$.

Ceci résulte aussitôt du § 1, n° 4, cor. de la prop. 9 et n° 1, cor. 2 de la prop. 2.

DÉFINITION 1. — *Soient* A *un anneau nœthérien,* N *un* A-*module,* Q *un sous-module de* N. *Si le module* $M = N/Q$ *satisfait aux conditions de la prop.* 1, *on dit que* Q *est* $\mathfrak{p}$*-primaire par rapport à* N (ou *dans* N).

Lorsque aucune confusion n'en résulte, on dit simplement que Q est « $\mathfrak{p}$-primaire » ou « primaire » ; il est clair que pour tout sous-module $N' \neq Q$ de N contenant Q, Q est $\mathfrak{p}$-primaire dans N'.

La définition 1 s'applique en particulier au cas $N = A$; les sous-modules de N sont alors les *idéaux* de A, et on dit donc qu'un idéal $\mathfrak{q}$ de A est *primaire* si $\mathrm{Ass}(A/\mathfrak{q})$ a un seul élément, ou, ce qui revient au même, si $A \neq \mathfrak{q}$ et si tout diviseur de zéro dans l'anneau $A/\mathfrak{q}$ est *nilpotent*. Si $\mathfrak{q}$ est $\mathfrak{p}$-primaire, il résulte de la déf. 1 que $\mathfrak{p}$ est la *racine* (chap. II, § 2, n° 6) de l'idéal $\mathfrak{q}$.

Remarque. — Soit Q un sous-module $\mathfrak{p}$-primaire d'un A-module N. Si N/Q est *de type fini*, il existe un entier $k > 0$ tel que $\mathfrak{p}^k N \subset Q$, en vertu du § 1, n° 4, prop. 9.

Exemples. — 1) Si $\mathfrak{p}$ est un idéal premier de A, $\mathfrak{p}$ est $\mathfrak{p}$-primaire (§ 1, n° 1, prop. 1).

2) Soit $\mathfrak{q}$ un idéal de A tel qu'il existe *un seul* idéal premier $\mathfrak{m}$ (nécessairement maximal) contenant $\mathfrak{q}$; alors, si M est un A-module tel que $\mathfrak{q}M \neq M$, $\mathfrak{q}M$ est $\mathfrak{m}$*-primaire* par rapport à M. En effet, tout élément de $\mathrm{Ass}(M/\mathfrak{q}M)$ contient $\mathfrak{q}$, donc est égal à $\mathfrak{m}$, et on a $\mathrm{Ass}(M/\mathfrak{q}M) \neq \varnothing$ (§ 1, n° 1, cor. 1 de la prop. 2). En particulier $\mathfrak{q}$ est un idéal $\mathfrak{m}$*-primaire* dans A.

3) Soit $\mathfrak{m}$ un idéal *maximal* de A ; les idéaux $\mathfrak{m}$-primaires sont alors les idéaux $\mathfrak{q}$ de A pour lesquels il existe un entier $n \geqslant 1$ tel que $\mathfrak{m}^n \subset \mathfrak{q} \subset \mathfrak{m}$. En effet, si $\mathfrak{m}^n \subset \mathfrak{q} \subset \mathfrak{m}$, $\mathfrak{m}$ est le seul idéal premier contenant $\mathfrak{q}$ (chap. II, § 1, n° 1, cor. de la prop. 1), et la conclusion résulte de l'*Exemple* 2 ; réciproquement, si $\mathfrak{q}$ est $\mathfrak{m}$-primaire, $\mathfrak{m}$ est la racine de $\mathfrak{q}$, et il existe donc $n \geqslant 1$ tel que $\mathfrak{m}^n \subset \mathfrak{q}$ (chap. II, § 2, n° 6, prop. 15).

4) Dans un anneau *principal* A, les idéaux primaires sont (0) et les idéaux de la forme Ap^n, où p est un élément extrémal et $n \geqslant 1$; cela résulte aussitôt de l'*Exemple* 3.

5) Les puissances d'un idéal premier quelconque ne sont pas nécessairement des idéaux primaires (exerc. 1). D'autre part, il

existe des idéaux primaires qui ne sont pas des puissances d'idéaux premiers (exerc. 1).

PROPOSITION 2. — *Soient* M *un module sur un anneau nœthérien* A, $\mathfrak{p}$ *un idéal premier de* A, *et* $(Q_\iota)_{\iota\in I}$ *une famille finie non vide de sous-modules de* M, $\mathfrak{p}$*-primaires par rapport à* M. *Alors* $\bigcap_{\iota\in I} Q_\iota$ *est* $\mathfrak{p}$*-primaire par rapport à* M.

En effet, $M\Big/\Big(\bigcap_{\iota\in I} Q_\iota\Big)$ est isomorphe à un sous-module $\neq 0$ de la somme directe $\bigoplus_{\iota\in I}(M/Q_\iota)$. Or, on a

$$\mathrm{Ass}\Big(\bigoplus_{\iota\in I}(M/Q_\iota)\Big) = \bigcup_{\iota\in I} \mathrm{Ass}(M/Q_\iota) = \{\mathfrak{p}\}$$

(§ 1, n° 1, cor. 1 de la prop. 3.) Donc $\mathrm{Ass}\Big(M\Big/\Big(\bigcap_{\iota\in I} Q_\iota\Big)\Big) = \{\mathfrak{p}$ (§ 1, n° 1, prop. 3 et cor. 1 de la prop. 2).

PROPOSITION 3. — *Soient* A *un anneau nœthérien*, S *une partie multiplicative de* A, $\mathfrak{p}$ *un idéal premier de* A, M *un* A*-module*, N *un sous-module de* M, *et* $i = i^{S}_{M}$ *l'application canonique de* M *dans* $S^{-1}M$.

(i) *On suppose que* $\mathfrak{p} \cap S \neq \emptyset$. *Si* N *est* $\mathfrak{p}$*-primaire par rapport à* M, *on a* $S^{-1}N = S^{-1}M$.

(ii) *On suppose que* $\mathfrak{p} \cap S = \emptyset$. *Pour que* N *soit* $\mathfrak{p}$*-primaire par rapport à* M, *il faut et il suffit que* N *soit de la forme* $\overset{-1}{i}(N')$, *où* N' *est un sous-*$S^{-1}A$*-module de* $S^{-1}M$, $(S^{-1}\mathfrak{p})$*-primaire par rapport à* $S^{-1}M$; *on a alors* $N' = S^{-1}N$.

(i) Si $\mathfrak{p} \cap S \neq \emptyset$, et si N est $\mathfrak{p}$-primaire par rapport à M, on a $\mathrm{Ass}_{S^{-1}A}(S^{-1}(M/N)) = \emptyset$ (§ 1, n° 2, cor. de la prop. 5), donc $S^{-1}(M/N) = 0$ (§ 1, n° 1, cor. 1 de la prop. 2), d'où $S^{-1}M/S^{-1}N = 0$.

(ii) Supposons $\mathfrak{p} \cap S = \emptyset$. Si N est $\mathfrak{p}$-primaire par rapport à M, on a $\mathrm{Ass}_{S^{-1}A}(S^{-1}(M/N)) = \{S^{-1}\mathfrak{p}\}$ (§ 1, n° 2, cor. de la prop. 5), donc le sous-module $N' = S^{-1}N$ de $S^{-1}M$ est $(S^{-1}\mathfrak{p})$-primaire ; en outre, si $s \in S$ et $m \in M$ sont tels que $sm \in N$, on a $m \in N$, car l'homothétie de rapport s dans M/N est injective, d'où $N = \overset{-1}{i}(N')$ (chap. II, § 2, n° 4, prop. 10). Réciproquement, soit N′ un sous-module de $S^{-1}M$, $(S^{-1}\mathfrak{p})$-primaire par rapport à $S^{-1}M$; posons $N = \overset{-1}{i}(N')$; on a $N' = S^{-1}N$ (chap. II, § 2, n° 4, prop. 10) et $\mathrm{Ass}_{S^{-1}A}(S^{-1}(M/N)) = \mathrm{Ass}_{S^{-1}A}((S^{-1}M)/N') = \{S^{-1}\mathfrak{p}\}$. Comme l'application canonique $M/N \to S^{-1}(M/N)$ est injective, aucun idéal premier de A associé à M/N ne rencontre S (§ 1, n° 2, prop. 6) ; il en résulte que $\mathrm{Ass}(M/N) = \{\mathfrak{p}\}$ (§ 1, n° 2, cor. de la prop. 5), de sorte que N est $\mathfrak{p}$-primaire par rapport à M.

2. Existence d'une décomposition primaire.

DÉFINITION 2. — *Soient* A *un anneau nœthérien,* M *un* A-*module,* N *un sous-module de* M. *On appelle décomposition primaire de* N *dans* M *une famille finie* $(Q_i)_{i \in I}$ *de sous-modules de* M, *primaires par rapport à* M, *et tels que* $N = \bigcap_{i \in I} Q_i$.

Exemple. — Prenons $A = \mathbf{Z}$, $M = \mathbf{Z}$, $N = n\mathbf{Z}$ pour un entier $n > 0$. Si $n = p_1^{\alpha_1}...p_k^{\alpha_k}$ est la décomposition de n en facteurs premiers, $n\mathbf{Z} = (p_1^{\alpha_1}\mathbf{Z}) \cap ... \cap (p_k^{\alpha_k}\mathbf{Z})$ est une décomposition primaire de $n\mathbf{Z}$ dans $\mathbf{Z}$ d'après l'*Exemple* 4 du n° 1.

Par abus de langage, on dit que la relation $N = \bigcap_{i \in I} Q_i$ est une décomposition primaire de N dans M. Il revient au même de dire que $\{0\} = \bigcap_{i \in I} (Q_i/N)$ est une décomposition primaire de $\{0\}$ dans M/N. Si $(Q_i)_{i \in I}$ est une décomposition primaire de N dans M, l'application canonique de M/N dans $\bigoplus_{i \in I} (M/Q_i)$ est injective. Réciproquement soient N un sous-module de M, et soit f un homomorphisme injectif de M/N dans une somme directe finie $P = \bigoplus_{i \in I} P_i$, où chaque ensemble $\mathrm{Ass}(P_i)$ est réduit à un seul élément $\mathfrak{p}_i$; soient f_i l'homomorphisme $M/N \to P_i$ déduit par composition avec f de la projection $P \to P_i$, et soit Q_i/N le noyau de f_i ; alors les Q_i distincts de M sont primaires par rapport à M (n° 1, déf. 1) et on a $N = \bigcap_{i \in I} Q_i$. En outre, on a $\mathrm{Ass}(M/N) \subset \bigcup_{i \in I} \{\mathfrak{p}_i\}$ en vertu du § 1, n° 1, prop. 3.

THÉORÈME 1. — *Soit* M *un module de type fini sur un anneau nœthérien, et soit* N *un sous-module de* M. *Il existe une décomposition primaire de* N *dans* M *de la forme*

$$N = \bigcap_{\mathfrak{p} \in \mathrm{Ass}(M/N)} Q(\mathfrak{p}) \tag{1}$$

où, pour tout $\mathfrak{p} \in \mathrm{Ass}(M/N)$, $Q(\mathfrak{p})$ *est* $\mathfrak{p}$*-primaire par rapport à* M.

Quitte à remplacer M par M/N, on peut supposer que N = 0. En vertu du § 1, n° 4, cor. du th. 2, Ass(M) est fini ; en vertu du § 1, n° 1, prop. 4, il existe, pour chaque $\mathfrak{p} \in \mathrm{Ass}(M)$, un sous-module $Q(\mathfrak{p})$ de M tel que $\mathrm{Ass}(M/Q(\mathfrak{p})) = \{\mathfrak{p}\}$ et $\mathrm{Ass}(Q(\mathfrak{p})) = \mathrm{Ass}(M) - \{\mathfrak{p}\}$. Posons $P = \bigcap_{\mathfrak{p} \in \mathrm{Ass}(M)} Q(\mathfrak{p})$; pour tout $\mathfrak{p} \in \mathrm{Ass}(M)$, on a $\mathrm{Ass}(P) \subset \mathrm{Ass}(Q(\mathfrak{p}))$, donc $\mathrm{Ass}(P) = \emptyset$, ce qui entraîne P = 0 (§ 1, n° 1, cor. 1 de la prop. 2) et démontre donc le théorème.

3. *Propriétés d'unicité dans la décomposition primaire.*

DÉFINITION 3. — *Soient* M *un module sur un anneau nœthérien,* N *un sous-module de* M. *On dit qu'une décomposition primaire* $N = \bigcap_{i \in I} Q_i$ *de* N *dans* M *est réduite si les conditions suivantes sont remplies :*

a) *il n'existe aucun indice* $i \in I$ *tel que* $\bigcap_{j \neq i} Q_j \subset Q_i$;

b) *si* $\mathrm{Ass}(M/Q_i) = \{\mathfrak{p}_i\}$, *les* $\mathfrak{p}_i$ $(i \in I)$ *sont deux à deux distincts.*

De toute décomposition primaire $N = \bigcap_{i \in I} Q_i$ de N dans M, on déduit une décomposition primaire *réduite* de N dans M, de la façon suivante : soit J un élément minimal de l'ensemble des parties I′ de I telles que $N = \bigcap_{i \in I'} Q_i$. Il est clair que $(Q_i)_{i \in J}$ vérifie la condition *a*). Soit alors Φ l'ensemble des $\mathfrak{p}_i$ pour $i \in J$; pour tout $\mathfrak{p} \in \Phi$, soit $H(\mathfrak{p})$ l'ensemble des $i \in J$ tels que $\mathfrak{p}_i = \mathfrak{p}$, et soit $Q(\mathfrak{p}) = \bigcap_{i \in H(\mathfrak{p})} Q_i$; il résulte de la prop. 2 du n° 1 que $Q(\mathfrak{p})$ est

$\mathfrak{p}$-primaire par rapport à M ; on a en outre $N = \bigcap_{\mathfrak{p} \in \Phi} Q(\mathfrak{p})$ et la famille $(Q(\mathfrak{p}))_{\mathfrak{p} \in \Phi}$ est donc une décomposition primaire réduite de N dans M.

Nous allons voir que la décomposition primaire définie dans la démonstration du th. 1 du n° 2 est *réduite* ; cela résulte de la proposition suivante :

Proposition 4. — *Soient* M *un module sur un anneau nœthérien,* N *un sous-module de* M, $N = \bigcap_{i \in I} Q_i$ *une décomposition primaire de* N *dans* M, *et pour tout* $i \in I$, *soit* $\{\mathfrak{p}_i\} = \operatorname{Ass}(M/Q_i)$. *Pour que cette décomposition soit réduite, il faut et il suffit que les* $\mathfrak{p}_i$ *soient deux à deux distincts et appartiennent à* $\operatorname{Ass}(M/N)$ *; on a alors*

$$\operatorname{Ass}(M/N) = \bigcup_{i \in I} \{\mathfrak{p}_i\} \tag{2}$$

$$\operatorname{Ass}(Q_i/N) = \bigcup_{j \neq i} \{\mathfrak{p}_j\} \quad \textit{pour tout } i \in I. \tag{3}$$

Si la condition de l'énoncé est vérifiée, on ne peut avoir $N = \bigcap_{j \neq i} Q_j$, car on en déduirait $\operatorname{Ass}(M/N) \subset \bigcup_{j \neq i} \{\mathfrak{p}_j\}$ (§ 1, n° 1, cor. 2 de la prop. 3) contrairement à l'hypothèse ; la décomposition primaire $(Q_i)_{i \in I}$ de N est donc bien réduite. Inversement, on a toujours $\operatorname{Ass}(M/N) \subset \bigcup_{i \in I} \{\mathfrak{p}_i\}$ (§ 1, n° 1, cor. 2 de la prop. 3) ; d'autre part, pour tout $i \in I$, posons $P_i = \bigcap_{j \neq i} Q_j$; on a $P_i \cap Q_i = N$ et $P_i \neq N$ si $(Q_i)_{i \in I}$ est réduite, donc P_i/N est non nul et est isomorphe au sous-module $(P_i + Q_i)/Q_i$ de M/Q_i, d'où $\{\mathfrak{p}_i\} = \operatorname{Ass}(P_i/N)$ (§ 1, n° 1, prop. 3 et cor. 1 de la prop. 2) ; comme $P_i/N \subset M/N$, on a $\mathfrak{p}_i \in \operatorname{Ass}(M/N)$, ce qui achève de prouver la nécessité de la condition de l'énoncé et la formule (2). Enfin, comme $N = \bigcap_{j \neq i} (Q_j \cap Q_i)$, on a $\operatorname{Ass}(Q_i/N) \subset \bigcup_{j \neq i} \operatorname{Ass}(Q_i/(Q_j \cap Q_i))$ (§ 1, n° 1, cor. 2 de la prop. 3) ;

mais $Q_i/(Q_j \cap Q_i)$ est isomorphe au sous-module $(Q_i + Q_j)/Q_j$ de M/Q_j, donc $\mathrm{Ass}(Q_i/(Q_j \cap Q_i)) \subset \{\mathfrak{p}_j\}$, et $\mathrm{Ass}(Q_i/N) \subset \bigcup_{j \neq i} \{\mathfrak{p}_j\}$; compte tenu de (2) et de la prop. 3 du § 1, n° 1, on obtient bien la formule (3).

Corollaire. — *Soient* A *un anneau nœthérien,* M *un* A-*module,* N *un sous-module de* M, $(Q_i)_{i \in I}$ *une décomposition primaire de* N *dans* M. *On a alors* $\mathrm{Card}(I) \geqslant \mathrm{Card}(\mathrm{Ass}(M/N))$; *pour que* $(Q_i)_{i \in I}$ *soit une décomposition primaire réduite, il faut et il suffit que* $\mathrm{Card}(I) = \mathrm{Card}(\mathrm{Ass}(M/N))$.

Il résulte des remarques précédant la prop. 4 qu'il existe une décomposition primaire réduite $(R_j)_{j \in J}$ de N dans M telle que $\mathrm{Card}(J) \leqslant \mathrm{Card}(I)$; la première assertion résulte donc de la seconde, et cette dernière est une conséquence de la prop. 4.

Proposition 5. — *Soient* A *un anneau nœthérien,* M *un* A-*module,* N *un sous-module de* M, $N = \bigcap_{i \in I} Q_i$ *une décomposition primaire réduite de* N *dans* M, *et pour tout* $i \in I$, *soit* $\{\mathfrak{p}_i\} = \mathrm{Ass}(M/Q_i)$. *Si* $\mathfrak{p}_i$ *est un élément minimal de* $\mathrm{Ass}(M/N)$, Q_i *est égal au saturé de* N *relativement à* $\mathfrak{p}_i$ (chap. II, § 2, n° 4) (cf. exerc. 2).

On peut évidemment se borner au cas où $N = 0$, en remplaçant au besoin M par M/N. Si $\mathfrak{p}_i$ est minimal dans Ass(M), l'ensemble des éléments de Ass(M) qui ne rencontrent pas $A - \mathfrak{p}_i$ est réduit à $\mathfrak{p}_i$; la proposition résulte alors de la formule (3) ci-dessus, et du § 1, n° 2, prop. 6, le noyau de l'application canonique $M \rightarrow M_{\mathfrak{p}_i}$ étant égal au saturé de 0 relativement à $\mathfrak{p}_i$ (chap. II, § 2, n° 4).

Remarque. — Les idéaux premiers $\mathfrak{p}_i \in \mathrm{Ass}(M/N)$ qui ne sont pas des éléments minimaux de cet ensemble sont parfois appelés les idéaux premiers *immergés* associés à M/N ; lorsque M/N est de type fini, pour que $\mathfrak{p}_0 \in \mathrm{Ass}(M/N)$ soit immergé, il faut et il suffit que $V(\mathfrak{p}_0)$ *ne soit pas* une composante irréductible de Supp(M/N) (chap. II, § 4, n° 3, cor. 2 de la prop. 14) ; si $(Q(\mathfrak{p}))_{\mathfrak{p} \in \mathrm{Ass}(M/N)}$ et $(Q'(\mathfrak{p}))_{\mathfrak{p} \in \mathrm{Ass}(M/N)}$ sont deux décompositions primaires réduites de

N dans M, il peut se faire alors que $Q'(\mathfrak{p}_0) \neq Q(\mathfrak{p}_0)$ (exerc. 24 *c*) ; on peut toutefois définir une décomposition primaire réduite *canonique* de N dans M, en imposant aux sous-modules primaires qui y figurent des conditions supplémentaires (exerc. 4).

4. Localisation d'une décomposition primaire.

Étant donné un sous-module N d'un module M sur un anneau nœthérien A, nous désignerons pour simplifier par $D_I(M/N)$, dans ce n°, l'ensemble des décompositions primaires réduites de N dans M dont l'ensemble d'indices est I (équipotent à Ass(M/N)).

PROPOSITION 6. — *Soient* A *un anneau nœthérien,* M *un* A*-module,* N *un sous-module de* M, I = Ass(M/N). *Soient* S *une partie multiplicative de* A, J *la partie de* I *formée des indices* i *tels que* $S \cap \mathfrak{p}_i = \emptyset$. *Soit* N' *le saturé de* N *pour* S *dans* M. *Alors :*

(i) *Si* $(Q_i)_{i \in I}$ *est un élément de* $D_I(M/N)$, *la famille* $(Q_i)_{i \in J}$ *est un élément de* $D_J(M/N')$, *et la famille* $(S^{-1}Q_i)_{i \in J}$ *un élément de* $D_J(S^{-1}M/S^{-1}N)$.

(ii) *L'application* $(Q_i)_{i \in J} \to (S^{-1}Q_i)_{i \in J}$ *est une bijection de* $D_J(M/N')$ *sur* $D_J(S^{-1}M/S^{-1}N)$.

(iii) *Si* $(Q_i)_{i \in J}$ *est un élément de* $D_J(M/N')$ *et* $(R_i)_{i \in I}$ *un élément de* $D_I(M/N)$, *la famille* $(T_i)_{i \in I}$, *telle que* $T_i = Q_i$ *pour* $i \in J$ *et* $T_i = R_i$ *pour* $i \in I - J$, *est un élément de* $D_I(M/N)$.

(i) On sait (n° 1, prop. 3) que pour $i \in J$, $S^{-1}Q_i$ est primaire pour $S^{-1}\mathfrak{p}_i$ et que pour $i \in I - J$, $S^{-1}Q_i = S^{-1}M$; comme $S^{-1}N = \bigcap_{i \in I} S^{-1}Q_i$ (chap. II, § 2, n° 4), on a aussi $S^{-1}N = \bigcap_{i \in J} S^{-1}Q_i$. Les $S^{-1}\mathfrak{p}_i$ pour $i \in J$ sont deux à deux distincts et leur ensemble est $\mathrm{Ass}(S^{-1}M/S^{-1}N)$ (§ 1, n° 2, cor. de la prop. 5) ; donc (prop. 4) $(S^{-1}Q_i)_{i \in J}$ est une décomposition primaire réduite de $S^{-1}N$. En outre, on a $Q_i = (i_M^S)^{-1}(S^{-1}Q_i)$ (n° 1, prop. 3), donc $N' = (i_M^S)^{-1}(S^{-1}N) = \bigcap_{i \in J} Q_i$, et $(Q_i)_{i \in J}$ est évidemment une décomposition primaire réduite de N' dans M.

(ii) Comme $S^{-1}N' = S^{-1}N$, on peut remplacer N par N', c'est-à-dire supposer que J = I. Soit $(P_i)_{i \in I}$ une décomposition primaire réduite de $S^{-1}N$ dans $S^{-1}M$, et posons $Q_i = (i^S_M)^{-1}(P_i)$; il résulte du n° 1, prop. 3, que Q_i est primaire pour $\mathfrak{p}_i$ ($i \in I$) et $(Q_i)_{i\in I}$ est donc une décomposition primaire réduite de N dans M en vertu du n° 3, cor. de la prop. 4. Enfin, comme pour tout $i \in I$ et tout sous-module Q'_i de M qui est $\mathfrak{p}_i$-primaire par rapport à M, on a $Q'_i = (i^S_M)^{-1}(S^{-1}Q'_i)$ en vertu du n° 1, prop. 3 et de l'hypothèse J = I, on voit que l'on a défini deux applications $D_I(M/N) \to D_I(S^{-1}M/S^{-1}N)$ et $D_I(S^{-1}M/S^{-1}N) \to D_I(M/N)$ dont les composées sont les identités dans $D_I(M/N)$ et $D_I(S^{-1}M/S^{-1}N)$, ce qui prouve (ii).

(iii) En vertu de (i), on a $N' = \bigcap_{i\in J} R_i$, d'où $N = N' \cap \bigcap_{i\in I-J} R_i = \left(\bigcap_{i\in J} Q_i\right) \cap \left(\bigcap_{i\in I-J} R_i\right)$, et il résulte aussitôt du n° 3, cor. de la prop. 4, que cette décomposition primaire est réduite.

Corollaire. — *Les applications* $D_I(M/N) \to D_J(M/N')$ *et* $D_I(M/N) \to D_J(S^{-1}M/S^{-1}N)$ *définies dans la prop.* 6, (i), *sont surjectives.*

En effet, la prop. 6, (iii) montre que l'application $D_I(M/N) \to D_J(M/N')$ est surjective, et la prop. 6 (ii) montre alors que l'application $D_I(M/N) \to D_J(S^{-1}M/S^{-1}N)$ est surjective.

5. *Anneaux et modules de longueur finie.*

Si un A-module M est de longueur finie, nous noterons cette longueur $\text{long}_A(M)$ ou long(M). Rappelons que tout anneau artinien est nœthérien (*Alg.*, chap. VIII, § 6, n° 5, cor. 3 de la prop. 12) et que tout module de type fini sur un anneau artinien est de longueur finie (*loc. cit.*, cor. 1 de la prop. 12). En outre, tout anneau artinien intègre est un corps (*Alg.*, chap. VIII, § 6, n° 4, prop. 9).

Proposition 7. — *Soit* M *un module de type fini sur un anneau nœthérien* A. *Les propriétés suivantes sont équivalentes :*

a) M *est de longueur finie.*

b) *Tout idéal* $\mathfrak{p} \in \text{Ass}(M)$ *est un idéal maximal de* A.

c) *Tout idéal* $\mathfrak{p} \in \text{Supp}(M)$ *est un idéal maximal de* A.

Soit $(M_i)_{0\leq i\leq n}$ une suite de composition de M telle que, pour

$0 \leqslant i \leqslant n-1$, M_i/M_{i+1} soit isomorphe à $A/\mathfrak{p}_i$, où $\mathfrak{p}_i$ est premier (§ 1, n° 4, th. 1). Si M est de longueur finie, il en est de même de chacun des A-modules $A/\mathfrak{p}_i$, ce qui implique que chacun des anneaux $A/\mathfrak{p}_i$ est artinien ; mais comme $A/\mathfrak{p}_i$ est intègre, c'est alors un corps, autrement dit $\mathfrak{p}_i$ est maximal ; on en conclut que *a*) implique *b*) (§ 1, n° 4, th. 2). La condition *b*) entraîne *c*) en vertu du § 1, n° 3, prop. 7. Enfin, si tous les idéaux de Supp(M) sont maximaux, il en est de même des $\mathfrak{p}_i$ (§ 1, n° 4, th. 2), donc les $A/\mathfrak{p}_i$ sont des A-modules simples, et M est de longueur finie, ce qui achève la démonstration.

Corollaire 1. — *Pour tout module de longueur finie* M *sur un anneau nœthérien* A, *on a* Ass(M) = Supp(M).

En effet, tout élément de Supp(M) est alors minimal dans Supp(M) et la conclusion résulte du § 1, n° 3, cor. 1 de la prop. 7.

Corollaire 2. — *Soient* M *un module de type fini sur un anneau nœthérien* A, *et* $\mathfrak{p}$ *un idéal premier de* A. *Pour que* $M_\mathfrak{p}$ *soit un* $A_\mathfrak{p}$-*module de longueur finie non nulle, il faut et il suffit que* $\mathfrak{p}$ *soit un élément minimal de* Ass(M).

En vertu du § 1, n° 2, cor. de la prop. 5, $\mathrm{Ass}_{A_\mathfrak{p}}(M_\mathfrak{p})$ est l'ensemble des idéaux $\mathfrak{q}_\mathfrak{p}$, où $\mathfrak{q}$ parcourt l'ensemble des idéaux de Ass(M) qui sont contenus dans $\mathfrak{p}$. D'autre part, $\mathfrak{p}_\mathfrak{p}$ est l'unique idéal maximal de $A_\mathfrak{p}$; en vertu de la prop. 7, pour que $M_\mathfrak{p}$ soit un $A_\mathfrak{p}$-module de longueur finie, il faut et il suffit qu'aucun élément de Ass(M) ne soit strictement contenu dans $\mathfrak{p}$. D'autre part, pour que $M_\mathfrak{p} \neq 0$, il faut et il suffit par définition que $\mathfrak{p} \in$ Supp(M) (chap. II, § 4, n° 4), c'est-à-dire que $\mathfrak{p}$ contienne un élément de Ass(M) (§ 1, n° 3, prop. 7). Ceci démontre le corollaire.

Remarque 1. — Soit M un module de type fini sur un anneau nœthérien A ; soit $(M_i)_{0 \leqslant i \leqslant n}$ une suite de composition de M telle que pour $0 \leqslant i \leqslant n-1$, M_i/M_{i+1} soit isomorphe à $A/\mathfrak{p}_i$, où $\mathfrak{p}_i$ est un idéal premier de A (§ 1, n° 4, th. 1). Si $\mathfrak{p}$ est un élément minimal de Ass(M), la longueur $\mathrm{long}_{A_\mathfrak{p}}(M_\mathfrak{p})$ est égale au *nombre des indices i tels que* $\mathfrak{p}_i = \mathfrak{p}$. En effet, les $(M_i)_\mathfrak{p}$ forment une suite de composition de $M_\mathfrak{p}$, et $(M_i)_\mathfrak{p}/(M_{i+1})_\mathfrak{p}$ est isomorphe à $(A/\mathfrak{p}_i)_\mathfrak{p}$, donc à $\{0\}$ si $\mathfrak{p}_i \neq \mathfrak{p}$ (puisque $\mathfrak{p}$ est minimal dans l'ensemble des $\mathfrak{p}_i$ en vertu du § 1, n° 4, th. 2) et à $(A/\mathfrak{p})_\mathfrak{p}$ qui est un corps, si $\mathfrak{p}_i = \mathfrak{p}$.

PROPOSITION 8. — *Soit* M *un module de longueur finie sur un anneau nœthérien* A.

(i) *Il n'existe qu'une seule décomposition primaire de* $\{0\}$ *par rapport à* M *indexée par* Ass(M) (*nécessairement réduite*) ; *soit* $\{0\} = \bigcap_{\mathfrak{p} \in \mathrm{Ass(M)}} \mathrm{Q}(\mathfrak{p})$ *cette décomposition, où* $\mathrm{Q}(\mathfrak{p})$ *est* $\mathfrak{p}$-*primaire par rapport à* M.

(ii) *Il existe un entier* n_0 *tel que pour tout* $n \geqslant n_0$ *et tout* $\mathfrak{p} \in \mathrm{Ass(M)}$, *on ait* $\mathrm{Q}(\mathfrak{p}) = \mathfrak{p}^n\mathrm{M}$.

(iii) *Pour tout* $\mathfrak{p} \in \mathrm{Ass(M)}$, *l'application canonique de* M *dans* $\mathrm{M}_\mathfrak{p}$ *est surjective et son noyau est* $\mathrm{Q}(\mathfrak{p})$.

(iv) *L'injection canonique de* M *dans* $\bigoplus_{\mathfrak{p} \in \mathrm{Ass(M)}} (\mathrm{M}/\mathrm{Q}(\mathfrak{p}))$ *est bijective.*

Comme tout élément $\mathfrak{p} \in \mathrm{Ass(M)}$ est minimal dans Ass(M) (prop. 7), l'assertion (i) résulte du n° 3, prop. 5. Comme M est de type fini, il existe n_0 tel que l'on ait $\mathfrak{p}^n\mathrm{M} \subset \mathrm{Q}(\mathfrak{p})$ pour tout $\mathfrak{p} \in \mathrm{Ass(M)}$ et tout $n \geqslant n_0$ (n° 1, *Remarque*) ; mais comme $\mathfrak{p}$ est un idéal maximal, $\mathfrak{p}^n\mathrm{M}$ est $\mathfrak{p}$-primaire par rapport à M (n° 1, *Exemples* 2 et 3), et comme $\bigcap_{\mathfrak{p} \in \mathrm{Ass(M)}} \mathfrak{p}^n\mathrm{M} = \{0\}$, il résulte de (i) que l'on a nécessairement $\mathfrak{p}^n\mathrm{M} = \mathrm{Q}(\mathfrak{p})$ pour tout $\mathfrak{p} \in \mathrm{Ass(M)}$; d'où (ii). Comme les $\mathfrak{p}^n$, pour $\mathfrak{p} \in \mathrm{Ass(M)}$, sont deux à deux étrangers (chap. II, § 1, n° 2, prop. 3), l'application canonique $\mathrm{M} \to \bigoplus_{\mathfrak{p} \in \mathrm{Ass(M)}} (\mathrm{M}/\mathfrak{p}^n\mathrm{M})$ est surjective (chap. II, § 1, n° 2, prop. 6) d'où (iv). On a $\mathrm{Ass(Q(\mathfrak{p}))} = \mathrm{Ass(M)} - \{\mathfrak{p}\}$ et $\mathrm{Ass(M/Q(\mathfrak{p}))} = \{\mathfrak{p}\}$ (n° 3, prop. 4) ; comme les éléments de Ass(M) sont des idéaux maximaux, $\mathfrak{p}$ est le seul élément de Ass(M) qui ne rencontre pas $\mathrm{A} - \mathfrak{p}$; $\mathrm{Q}(\mathfrak{p})$ est donc le noyau de l'application canonique $j : \mathrm{M} \to \mathrm{M}_\mathfrak{p}$ (§ 1, n° 2, prop. 6). Si $s \in \mathrm{A} - \mathfrak{p}$, l'homothétie de $\mathrm{M}/\mathrm{Q}(\mathfrak{p})$ de rapport s est injective, en vertu de la relation $\mathrm{Ass(M/Q(\mathfrak{p}))} = \{\mathfrak{p}\}$ (n° 1, prop. 1) ; puisque $\mathrm{M}/\mathrm{Q}(\mathfrak{p})$ est artinien, cette homothétie est bijective (*Alg.*, chap. VIII, § 2, n° 2, lemme 3). L'application canonique $\mathrm{M} \to \mathrm{M}/\mathrm{Q}(\mathfrak{p})$ s'écrit donc $f \circ j$ où $f : \mathrm{M}_\mathfrak{p} \to \mathrm{M}/\mathrm{Q}(\mathfrak{p})$ est un A-homomorphisme (chap. II, § 2, n° 2, prop. 3) ; comme $\mathrm{Ker}(j) = \mathrm{Ker}(f \circ j) = \mathrm{Q}(\mathfrak{p})$, f est injectif ; on en conclut que j est surjectif et f bijectif.

COROLLAIRE. — *Si* M *est un module de longueur finie sur un anneau nœthérien* A, *on a*

$$(4) \qquad \mathrm{long}_A(M) = \sum_{\mathfrak{p} \in \mathrm{Ass}(M)} \mathrm{long}_{A_\mathfrak{p}}(M_\mathfrak{p}).$$

Cela résultera de la prop. 8, (iv) si l'on prouve que $\mathrm{long}_A(M/Q(\mathfrak{p})) = \mathrm{long}_{A_\mathfrak{p}}(M_\mathfrak{p})$. Or, il résulte de la prop. 1 du n° 1 que pour tout $s \in A - \mathfrak{p}$, l'homothétie de rapport s dans $M/Q(\mathfrak{p})$ est injective ; l'homothétie de rapport s dans tout sous-module R de $M/Q(\mathfrak{p})$ est donc injective, et comme R est artinien elle est bijective (*Alg.*, chap. VIII, § 2, n° 2, lemme 3) ; on en conclut que les sous-A-modules de $M/Q(\mathfrak{p})$ sont les images par la bijection $f : M_\mathfrak{p} \to M/Q(\mathfrak{p})$ des sous-$A_\mathfrak{p}$-modules de $M_\mathfrak{p}$ (chap. II, § 2, n° 3), d'où notre assertion.

PROPOSITION 9. — *Soit* A *un anneau nœthérien. Les conditions suivantes sont équivalentes :*

a) A *est artinien.*

b) *Tous les idéaux premiers de* A *sont des idéaux maximaux.*

c) *Tous les éléments de* Ass(A) *sont des idéaux maximaux.*

Si ces conditions sont satisfaites, A *n'a qu'un nombre fini d'idéaux premiers, qui sont tous maximaux et associés au* A-*module* A ; *de plus,* A *est un anneau semi-local, et son radical est nilpotent.*

En effet, dire que A est artinien équivaut à dire que A est un A-module de longueur finie ; donc *a*) et *c*) sont équivalentes en vertu de la prop. 7. Il est clair que *b*) implique *c*). Enfin *a*) implique *b*) puisque tout anneau artinien intègre est un corps. Les propriétés *a*,) *b*), *c*) sont donc équivalentes.

Supposons-les vérifiées. Comme tout idéal premier de A appartient à Supp(A) et que tout élément de Supp(A) contient un élément de Ass(A) (§ 1, n° 3, prop. 7), il résulte de *c*) que Ass(A) est l'ensemble de tous les idéaux premiers de A ; donc A n'a qu'un nombre fini d'idéaux premiers, tous maximaux et associés au A-module A. Ceci implique évidemment que A est semi-local ; enfin, on sait que le radical d'un anneau artinien est nilpotent (*Alg.*, chap. VIII, § 6, n° 4, th. 3).

Remarque 2. — Les conditions de la prop. 9, pour un anneau *nœthérien* A, entraînent que le spectre de A est *fini* et *discret*, tout point de Spec(A) étant alors fermé (chap. II, § 4, n° 3, cor. 6 de la prop. 11). Inversement, pour un anneau *nœthérien* A, dire que *tout point de* Spec(A) *est fermé* signifie que tout idéal premier de A est maximal (*loc. cit.*), donc cette condition équivaut à celles de la prop. 9.

COROLLAIRE 1. — *Tout anneau artinien* A *est isomorphe au composé direct d'une famille finie d'anneaux artiniens locaux.*

En effet, il résulte de la prop. 9 et de la prop. 8, (iii) et (iv), que si $(\mathfrak{m}_i)_{1 \leqslant i \leqslant n}$ est la famille des idéaux maximaux de A, l'application canonique $A \rightarrow \prod_i A_{\mathfrak{m}_i}$ est bijective.

Remarque 3. — Ce corollaire peut aussi se déduire du fait que Spec(A) est fini et discret, et du chap. II, § 4, n° 3, prop. 15.

COROLLAIRE 2. — *Soient* A *un anneau nœthérien*, $\mathfrak{m}$ *un idéal de* A. *Les conditions suivantes sont équivalentes :*

a) A *est un anneau semi-local, et* $\mathfrak{m}$ *un idéal de définition de* A.

b) A *est un anneau de Zariski pour la topologie* $\mathfrak{m}$*-adique, et* $A/\mathfrak{m}$ *est artinien.*

En effet, si *a*) est vérifiée, A est un anneau de Zariski pour la topologie $\mathfrak{m}$-adique (chap. III, § 3, n° 3, *Exemple* 3) ; de plus, comme par hypothèse $\mathfrak{m}$ contient une puissance du radical $\mathfrak{r}$ de A, tout idéal premier de A qui contient $\mathfrak{m}$ contient aussi $\mathfrak{r}$ (chap. II, § 1, n° 1, prop. 1) ; il est par suite maximal, puisque $\mathfrak{r}$ est intersection finie d'idéaux maximaux (*loc. cit.*) ; la prop. 9 montre donc que $A/\mathfrak{m}$ est artinien. Réciproquement, si *b*) est vérifiée, tout idéal maximal $\mathfrak{p}$ de A contient le radical de A, donc contient $\mathfrak{m}$ (chap. III, § 3, n° 3, prop. 6) ; comme $A/\mathfrak{m}$ est artinien, les idéaux $\mathfrak{p}/\mathfrak{m}$ sont en nombre fini (prop. 9), donc A n'a qu'un nombre fini d'idéaux maximaux, ce qui entraîne qu'il est semi-local.

COROLLAIRE 3. — *Soient* A, A′ *deux anneaux*, *h un homomorphisme de* A *dans* A′. *On suppose que* A *est semi-local et nœthérien, et que* A′ *est un* A*-module de type fini. Alors l'anneau* A′ *est* *semi-local et nœthérien ; si* $\mathfrak{m}$ *est un idéal de définition de* A, $\mathfrak{m}A'$ *est un idéal de définition de* A'.

En effet, on sait que A' est un anneau de Zariski pour la topologie $\mathfrak{m}A'$-adique (chap. III, § 3, nº 3, prop. 7). Comme $A/\mathfrak{m}$ est artinien (cor. 2) et que $A'/\mathfrak{m}A'$ est un $(A/\mathfrak{m})$-module de type fini, $A'/\mathfrak{m}A'$ est un anneau artinien, donc A' est semi-local et $\mathfrak{m}A'$ est un idéal de définition de A' (cor. 2).

Corollaire 4. — *Soient* A *un anneau nœthérien, semi-local et complet,* $\mathfrak{m}$ *un idéal de définition de* A, E *un* A*-module de type fini,* (F_n) *une suite décroissante de sous-modules de* E *telle que* $\bigcap_n F_n = 0$. *Alors, pour tout* $p > 0$, *il existe* $n > 0$ *tel que* $F_n \subset \mathfrak{m}^p E$.

Comme A est un anneau de Zariski, E est séparé et les F_n sont fermés pour la topologie $\mathfrak{m}$-adique. D'autre part, E est complet (chap. III, § 2, nº 12, cor. 1 de la prop. 16). Enfin, $E/\mathfrak{m}^pE$ est un module de type fini sur l'anneau $A/\mathfrak{m}^p$, qui est artinien (cor. 2) ; par suite $E/\mathfrak{m}^pE$ est un $(A/\mathfrak{m}^p)$-module artinien, donc un A-module artinien. Le corollaire résulte alors du chap. III, § 2, nº 7, prop. 8.

Corollaire 5. — *Dans un anneau nœthérien, semi-local et complet, toute suite décroissante d'idéaux dont l'intersection est* 0 *est une base de filtre qui converge vers* 0.

Il suffit d'appliquer le cor. 4 au A-module A.

Proposition 10. — *Soient* A *un anneau nœthérien,* $\mathfrak{p}_1, \ldots, \mathfrak{p}_n$ *les idéaux premiers associés au* A*-module* A, *avec* $\mathfrak{p}_i \neq \mathfrak{p}_j$ *pour* $i \neq j$.

(i) *L'ensemble* $S = \bigcap_{i=1}^{n} (A - \mathfrak{p}_i)$ *est l'ensemble des éléments non diviseurs de* 0 *dans* A.

(ii) *Si tous les* $\mathfrak{p}_i$ *sont des éléments minimaux de* Ass(A), *l'anneau total de fractions* $S^{-1}A$ *de* A *est artinien.*

(iii) *Si l'anneau* A *est réduit, tous les* $\mathfrak{p}_i$ *sont des éléments minimaux de* Ass(A) (*et par suite sont les éléments minimaux de* Spec(A)), *et chacun des* $A_{\mathfrak{p}_i}$ *est un corps ; pour chaque indice i, l'homomorphisme canonique* $S^{-1}A \to A_{\mathfrak{p}_i}$ (chap. II, § 2, nº 1, cor. 1 de la prop. 2) *est surjectif et son noyau est* $S^{-1}\mathfrak{p}_i$ *; enfin l'homomorphisme canonique de* $S^{-1}A$ *dans* $\prod_{i=1}^{n}(S^{-1}A/S^{-1}\mathfrak{p}_i)$ *est bijectif.*

Le fait que S est l'ensemble des éléments non diviseurs de 0 de A a déjà été vu (§ 1, n° 1, cor. 3 de la prop. 2). Les idéaux premiers de $S^{-1}A$ sont de la forme $S^{-1}\mathfrak{p}$, où $\mathfrak{p}$ est un idéal premier de A contenu dans $\bigcup_{i=1}^{n}\mathfrak{p}_i$ (chap. II, § 2, n° 5, prop. 10), c'est-à-dire contenu dans un des $\mathfrak{p}_i$ (chap. II, § 1, n° 1, prop. 2). Si $\mathfrak{p}_i$ est un élément minimal de Ass(A), c'est un élément minimal de Spec(A) (§ 1, n° 3, cor. de la prop. 7) ; si chacun des $\mathfrak{p}_i$ est un élément minimal de Ass(A), on voit donc que les idéaux premiers de $S^{-1}A$ sont les $S^{-1}\mathfrak{p}_i$, et ils sont donc tous maximaux, ce qui montre que $S^{-1}A$ est artinien (prop. 9).

Supposons enfin que l'anneau A soit réduit. On a alors $\bigcap_{i=1}^{n}\mathfrak{p}_i = \{0\}$ (§ 1, n° 3, cor. 2 de la prop. 7). On en déduit que $\{0\} = \bigcap_{i=1}^{n}\mathfrak{p}_i$ est une décomposition primaire *réduite* de l'idéal $\{0\}$ (n° 3, cor. de la prop. 4) ; en particulier, aucun des $\mathfrak{p}_i$ ne peut contenir un $\mathfrak{p}_j$ d'indice $j \neq i$, et par suite les $\mathfrak{p}_i$ sont tous des éléments minimaux de Ass(A). L'anneau $S^{-1}A$ est donc artinien d'après (ii). Les $S^{-1}\mathfrak{p}_i$ sont des idéaux premiers associés au $S^{-1}A$-module $S^{-1}A$ (§ 1, n° 2, cor. de la prop. 5) et on a $\{0\} = S^{-1}\left(\bigcap_{i=1}^{n}\mathfrak{p}_i\right) = \bigcap_{i=1}^{n}S^{-1}\mathfrak{p}_i$ (chap. II, § 2, n° 4) ; comme les $S^{-1}\mathfrak{p}_i$ sont deux à deux distincts, $(S^{-1}\mathfrak{p}_i)_{1\leqslant i\leqslant n}$ est une décomposition primaire réduite de $\{0\}$ dans $S^{-1}A$ (n° 3, cor. de la prop. 4). La prop. 8 montre alors que l'homomorphisme canonique $g_i : S^{-1}A \to (S^{-1}A)_{\mathfrak{p}_i}$ est surjectif et de noyau $S^{-1}\mathfrak{p}_i$, et que l'homomorphisme canonique $S^{-1}A \to \prod_{i=1}^{n}(S^{-1}A/S^{-1}\mathfrak{p}_i)$ est bijectif. On sait d'ailleurs que l'homomorphisme canonique $S^{-1}A \to A_{\mathfrak{p}_i}$ est composé de g_i et d'un isomorphisme $(S^{-1}A)_{S^{-1}\mathfrak{p}_i} \to A_{\mathfrak{p}_i}$ (chap. II, § 2, n° 3, prop. 7). Enfin, il résulte de la prop. 8 que $(S^{-1}A)_{S^{-1}\mathfrak{p}_i}$ est isomorphe à $S^{-1}A/S^{-1}\mathfrak{p}_i$, donc est un corps puisque $S^{-1}\mathfrak{p}_i$ est un idéal maximal.

6. Décomposition primaire et extension des scalaires.

Dans ce n°, on désigne par A et B deux anneaux et on considère un homomorphisme d'anneaux $\rho : A \to B$, qui fait de B une A-algèbre ; rappelons que pour tout B-module F, $\rho_*(F)$ est le groupe commutatif F muni de la structure de A-module définie par $a.y = \rho(a)y$ pour $a \in A$, $y \in F$.

Lemme 1. — *Soient* A *un anneau nœthérien*, $\mathfrak{p}$ *un idéal premier de* A, E *un* A-*module dont l'annulateur contient une puissance de* $\mathfrak{p}$ *et tel que* $\mathrm{Ass}(E) = \{\mathfrak{p}\}$, F *un* B-*module tel que* $\rho_*(F)$ *soit un* A-*module plat. La condition* $\mathfrak{P} \in \mathrm{Ass}_B(E \otimes_A F)$ *entraîne alors* $\overset{-1}{\rho}(\mathfrak{P}) = \mathfrak{p}$.

Si n est tel que $\mathfrak{p}^n E = 0$, on a $\mathfrak{p}^n B \subset \mathrm{Ann}(E \otimes_A F)$, d'où $\mathfrak{p}^n B \subset \mathfrak{P}$, ce qui entraîne $\mathfrak{p}^n \subset \overset{-1}{\rho}(\mathfrak{P})$ et par suite $\mathfrak{p} \subset \overset{-1}{\rho}(\mathfrak{P})$ puisque $\overset{-1}{\rho}(\mathfrak{P})$ est premier. Par ailleurs, si $a \in A - \mathfrak{p}$, l'homothétie h de rapport a dans E est injective (§ 1, n° 1, cor. 2 de la prop. 2) ; comme $h \otimes 1_F$ est l'homothétie h' de rapport $\rho(a)$ dans $E \otimes_A F$ et que $\rho_*(F)$ est plat, h' est injective (chap. I, § 2, n° 2, déf. 1) ; ceci prouve que $\rho(a) \notin \mathfrak{P}$, d'où $\overset{-1}{\rho}(\mathfrak{P}) = \mathfrak{p}$.

Théorème 2. — *Soient* $\rho : A \to B$ *un homomorphisme d'anneaux*, E *un* A-*module*, F *un* B-*module tel que* $\rho_*(F)$ *soit un* A-*module plat. On a alors*

$$\mathrm{Ass}_B(E \otimes_A F) \supset \bigcup_{\mathfrak{p} \in \mathrm{Ass}_A(E)} \mathrm{Ass}_B(F/\mathfrak{p}F). \tag{5}$$

Lorsque A *est nœthérien, les deux membres de* (5) *sont égaux.*

Soit $\mathfrak{p} \in \mathrm{Ass}_A(E)$; par définition, il existe une suite exacte

$$0 \to A/\mathfrak{p} \to E.$$

Puisque F est un A-module plat, on en déduit une suite exacte

$$0 \to F/\mathfrak{p}F \to E \otimes_A F$$

d'où $\mathrm{Ass}_B(F/\mathfrak{p}F) \subset \mathrm{Ass}_B(E \otimes_A F)$, ce qui prouve l'inclusion (5).

Supposons maintenant A *nœthérien* et démontrons l'inclusion opposée.

On procédera par étapes :

(i) Supposons d'abord que E soit un A-module *de type fini* et que $\mathrm{Ass}_A(E)$ soit réduit à *un seul élément* $\mathfrak{p}$. En vertu du § 1, n° 4, th. 1, il existe une suite de composition $(E_i)_{0 \leqslant i \leqslant n}$ de E telle que E_i/E_{i+1} soit isomorphe à $A/\mathfrak{p}_i$, où $\mathfrak{p}_i$ est un idéal premier de A ; en outre (§ 1, n° 4, th. 2 et n° 3, prop. 7) tous les $\mathfrak{p}_i$ contiennent $\mathfrak{p}$. Comme F est un A-module plat, les $E_i \otimes_A F$ forment une suite de composition de $E \otimes_A F$ et $(E_i \otimes_A F)/(E_{i+1} \otimes_A F)$ s'identifie à $(A/\mathfrak{p}_i) \otimes_A F = F/\mathfrak{p}_i F$. En vertu du § 1, n° 1, prop. 3, on a donc

$$\mathrm{Ass}_B(E \otimes_A F) \subset \bigcup_{i=0}^{n-1} \mathrm{Ass}_B(F/\mathfrak{p}_i F).$$

On sait que E est annulé par une puissance de $\mathfrak{p}$ (n° 1, *Remarque*) ; le lemme 1 montre donc que pour tout $\mathfrak{P} \in \mathrm{Ass}_B(E \otimes_A F)$, on a $\overset{-1}{\rho}(\mathfrak{P}) = \mathfrak{p}$. Comme $F/\mathfrak{p}_i F$ est isomorphe à $(A/\mathfrak{p}_i) \otimes_A F$, on a $\overset{-1}{\rho}(\mathfrak{P}') = \mathfrak{p}_i$ pour tout $\mathfrak{P}' \in \mathrm{Ass}_B(F/\mathfrak{p}_i F)$ en vertu du lemme 1, d'où $\mathrm{Ass}_B(E \otimes_A F) \cap \mathrm{Ass}(F/\mathfrak{p}_i F) = \varnothing$ si $\mathfrak{p}_i \neq \mathfrak{p}$, ce qui démontre le théorème dans le cas considéré.

(ii) Supposons seulement que E soit un A-module *de type fini.* Soient $\mathfrak{p}_i$ $(1 \leqslant i \leqslant n)$ les éléments de $\mathrm{Ass}_A(E)$, et soit $\{0\} = \bigcap_{i=1}^{n} Q_i$ une décomposition primaire réduite correspondante (n° 3) ; E est donc isomorphe à un sous-module de la somme directe des $E_i = E/Q_i$, et comme F est un A-module plat, $E \otimes_A F$ est isomorphe à un sous-module de la somme directe des B-modules $E_i \otimes_A F$. On en déduit (§ 1, n° 1, prop. 3 et cor. 1 de la prop. 3)

$$\mathrm{Ass}_B(E \otimes_A F) \subset \bigcup_{i=1}^{n} \mathrm{Ass}_B(E_i \otimes_A F).$$

Mais E_i est un A-module de type fini tel que $\mathrm{Ass}_A(E_i)$ soit réduit à un seul élément $\mathfrak{p}_i$ (n° 1, déf. 1). En vertu de (i), on a $\mathrm{Ass}_B(E_i \otimes_A F) = \mathrm{Ass}_B(F/\mathfrak{p}_i F)$, d'où le théorème dans ce cas.

(iii) *Cas général.* Le B-module $E \otimes_A F$ est réunion des sous-modules $E' \otimes_A F$, E' parcourant l'ensemble des sous-modules de type fini du A-module E. Si $\mathfrak{P}$ appartient à $\mathrm{Ass}_B(E \otimes_A F)$, il existe donc un sous-module de type fini E′ de E tel que $\mathfrak{P} \in \mathrm{Ass}_B(E' \otimes_A F)$. D'après (ii), il existe $\mathfrak{p} \in \mathrm{Ass}_A(E')$ tel que $\mathfrak{P} \in \mathrm{Ass}_B(F/\mathfrak{p}F)$; comme $\mathrm{Ass}_A(E') \subset \mathrm{Ass}_A(E)$, cela achève la démonstration du th. 2.

Corollaire 1. — *Si* A *est nœthérien et si* $\mathfrak{P} \in \mathrm{Ass}_B(E \otimes_A F)$, *on a* $\overset{-1}{\rho}(\mathfrak{P}) \in \mathrm{Ass}_A(E)$ *et* $\overset{-1}{\rho}(\mathfrak{P})$ *est le seul idéal premier* $\mathfrak{p}$ *de* A *tel que* $\mathfrak{P} \in \mathrm{Ass}_B(F/\mathfrak{p}F)$.

Cela résulte du th. 2 et du lemme 1 appliqué au cas où $E = A/\mathfrak{p}$.

Corollaire 2. — *On suppose que* A *et* B *sont nœthériens et que* E *est un* A*-module plat. Soient* $\mathfrak{p}$ *un idéal premier de* A, $Q \subset E$ *un sous-module* $\mathfrak{p}$*-primaire,* $\mathfrak{P}$ *un idéal premier de* B. *Pour que* $Q \otimes_A B$ *soit un sous-module* $\mathfrak{P}$*-primaire de* $E \otimes_A B$, *il faut et il suffit que* $\mathfrak{p}B$ *soit un idéal* $\mathfrak{P}$*-primaire de* B.

Appliquons le th. 2 au A-module E/Q et au B-module B ; on a $\mathrm{Ass}_A(E/Q) = \{\mathfrak{p}\}$ et $(E/Q) \otimes_A B$ est isomorphe à $(E \otimes_A B)/(Q \otimes_A B)$, donc $\mathrm{Ass}_B((E \otimes_A B)/(Q \otimes_A B)) = \mathrm{Ass}_B(B/\mathfrak{p}B)$. Dire que $Q \otimes_A B$ est $\mathfrak{P}$-primaire dans $E \otimes_A B$ signifie donc que $\mathrm{Ass}_B(B/\mathfrak{p}B)$ est réduit à $\mathfrak{P}$, d'où le corollaire.

Remarque. — Supposons A *et* B *nœthériens*. Soit $\mathfrak{P}$ un idéal premier de B, et soit $\mathfrak{p} = \overset{-1}{\rho}(\mathfrak{P})$; posons $S = A - \mathfrak{p}$, et soit $k(\mathfrak{p}) = S^{-1}(A/\mathfrak{p})$ le corps des fractions de $A/\mathfrak{p}$. Puisque $\mathfrak{P}$ contient $\mathfrak{p}B$, $\mathfrak{P}/\mathfrak{p}B$ est un idéal premier de $B/\mathfrak{p}B$. Si ρ' est l'homomorphisme composé $A \xrightarrow{\rho} B \rightarrow B/\mathfrak{p}B$, on sait qu'on identifie $S^{-1}(B/\mathfrak{p}B)$ à l'anneau $(\rho'(S))^{-1}(B/\mathfrak{p}B)$ et $\mathfrak{P}' = S^{-1}(\mathfrak{P}/\mathfrak{p}B)$ à un idéal de cet anneau (chap. II, § 2, nº 2, prop. 6) ; comme $\mathfrak{P}/\mathfrak{p}B$ ne rencontre pas $\rho'(S)$, $\mathfrak{P}'$ est un idéal premier de $S^{-1}(B/\mathfrak{p}B)$ (chap. II, § 2, nº 5, prop. 11) ; par ailleurs on a des isomorphismes canoniques entre $S^{-1}(B/\mathfrak{p}B)$, $S^{-1}((A/\mathfrak{p}) \otimes_A B)$, et $(S^{-1}(A/\mathfrak{p})) \otimes_A B = k(\mathfrak{p}) \otimes_A B$; de même $S^{-1}(F/\mathfrak{p}F)$ s'identifie canoniquement à $k(\mathfrak{p}) \otimes_A F$. Cela étant, sous les hypothèses du th. 2, *pour que* $\mathfrak{P} \in \mathrm{Ass}_B(E \otimes_A F)$, *il faut et il suffit que* $\mathfrak{p} \in \mathrm{Ass}_A(E)$ *et* $\mathfrak{P}' \in \mathrm{Ass}_{k(\mathfrak{p}) \otimes_A B}(k(\mathfrak{p}) \otimes_A F)$. En effet, en vertu du th. 2 et de son cor. 1, tout revient à voir que les conditions

$$« \mathfrak{P} \in \mathrm{Ass}_B(F/\mathfrak{p}F) » \quad \text{et} \quad « \mathfrak{P}' \in \mathrm{Ass}_{k(\mathfrak{p}) \otimes_A B}(k(\mathfrak{p}) \otimes_A F) »$$

sont équivalentes ; mais comme B est nœthérien, cela résulte du § 1, n° 2, cor. de la prop. 5 et des identifications précédentes.

PROPOSITION 11. — *On suppose que* A *et* B *sont nœthériens et que* B *est un* A*-module plat. Soient* E *un* A*-module,* E′ *un sous-module de* E *tel que pour tout idéal* $\mathfrak{p} \in \mathrm{Ass}_A(E/E')$, $\mathfrak{p}B$ *soit un idéal premier de* B *ou soit égal à* B. *Soit* $E' = \bigcap_{\mathfrak{p} \in \mathrm{Ass}(E/E')} Q(\mathfrak{p})$ *une décomposition primaire réduite de* E′ *dans* E, $Q(\mathfrak{p})$ *étant* $\mathfrak{p}$*-primaire pour tout* $\mathfrak{p} \in \mathrm{Ass}(E/E')$.

(i) *Si* $\mathfrak{p} \in \mathrm{Ass}(E/E')$ *et si* $\mathfrak{p}B = B$, *on a* $Q(\mathfrak{p}) \otimes_A B = E \otimes_A B$.

(ii) *Si* $\mathfrak{p} \in \mathrm{Ass}(E/E')$ *et si* $\mathfrak{p}B$ *est premier,* $Q(\mathfrak{p}) \otimes_A B$ *est* $\mathfrak{p}B$*-primaire dans* $E \otimes_A B$.

(iii) *Si* Φ *est l'ensemble des* $\mathfrak{p} \in \mathrm{Ass}(E/E')$ *tels que* $\mathfrak{p}B$ *soit premier, on a* $E' \otimes_A B = \bigcap_{\mathfrak{p} \in \Phi} (Q(\mathfrak{p}) \otimes_A B)$, *et cette relation est une décomposition primaire réduite de* $E' \otimes_A B$ *dans* $E \otimes_A B$.

Si $\mathfrak{p}B = B$, le th. 2 appliqué à $E/Q(\mathfrak{p})$ et à B, montre que l'on a $\mathrm{Ass}_B((E/Q(\mathfrak{p})) \otimes_A B) = \emptyset$ et comme B est nœthérien et est un A-module plat, on en conclut (§ 1, n° 1, cor. 1 de la prop. 2) que $Q(\mathfrak{p}) \otimes_A B = E \otimes_A B$. L'assertion (ii) résulte du cor. 2 du th. 2, en prenant $\mathfrak{P} = \mathfrak{p}B$. Enfin la relation $E' \otimes_A B = \bigcap_{\mathfrak{p} \in \Phi} (Q(\mathfrak{p}) \otimes_A B)$ résulte de ce que B est un A-module plat (chap. I, § 2, n° 6, prop. 6) ; comme $\mathfrak{p} = \overset{-1}{\rho}(\mathfrak{p}B)$ pour $\mathfrak{p} \in \Phi$ (lemme 1), on a $\mathfrak{p}B \neq \mathfrak{p}'B$ pour deux idéaux distincts $\mathfrak{p}$, $\mathfrak{p}'$ de l'ensemble Φ ; d'autre part, on a $\mathrm{Ass}((E \otimes_A B)/(E' \otimes_A B)) = \Phi$ en vertu du th. 2 ; on conclut du n° 3, prop. 4 que $E' \otimes_A B = \bigcap_{\mathfrak{p} \in \Phi} (Q(\mathfrak{p}) \otimes_A B)$ est une décomposition primaire réduite.

COROLLAIRE. — *Supposons que* $\mathfrak{p}B$ *soit premier pour tout* $\mathfrak{p} \in \mathrm{Ass}_A(E/E')$. *Alors, si* $\mathfrak{p}_1, \ldots, \mathfrak{p}_n$ *sont les éléments minimaux de* $\mathrm{Ass}_A(E/E')$, *les* $\mathfrak{p}_i B$ *sont les éléments minimaux de*

$$\mathrm{Ass}_A((E \otimes_A B)/(E' \otimes_A B)).$$

Il résulte en effet de la prop. 11 que l'on a dans ce cas $\mathfrak{p}_i B \neq \mathfrak{p}_j B$ pour $i \neq j$.

Exemples. — 1) Prenons $B = S^{-1}A$, où S est une partie multiplicative de A ; si A est nœthérien, les hypothèses de la prop. 11 sont vérifiées, et on retrouve une partie de la prop. 6 du nº 4.

2) Soient A un anneau nœthérien, $\mathfrak{m}$ un idéal de A, B le séparé complété de A pour la topologie $\mathfrak{m}$-adique ; alors B est un A-module plat et on peut appliquer à F = B le th. 2 ; mais en général les hypothèses de la prop. 11 ne seront pas vérifiées pour les idéaux premiers de A (chap. III, § 2, exerc. 15 *b*)).

3) Soient A un anneau nœthérien, B l'algèbre de polynômes $A[X_1, \ldots, X_n]$; B est nœthérien et est un A-module libre, donc plat. En outre, si $\mathfrak{p}$ est un idéal premier de A, $B/\mathfrak{p}B$ est isomorphe à $(A/\mathfrak{p})[X_1, \ldots, X_n]$, qui est intègre, donc $\mathfrak{p}B$ est premier ; les hypothèses de la prop. 11 sont donc vérifiées pour tout A-module E et tout sous-module E′ de E.

4) Soient A une algèbre de type fini sur un corps k, K une extension de k, $B = A \otimes_k K$ l'algèbre sur K obtenue par extension des scalaires ; A et B sont nœthériens et B est un A-module libre, donc on peut appliquer le th. 2 à F = B. Dans certains cas (par exemple lorsque k est algébriquement clos), on peut montrer que pour tout idéal premier $\mathfrak{p}$ de A, $\mathfrak{p}B$ est premier ou égal à B ; nous reviendrons plus tard sur cet exemple.

§ 3. Décomposition primaire dans les modules gradués

1. *Idéaux premiers associés à un module gradué.*

Proposition 1. — *Soient* Δ *un groupe commutatif sans torsion,* A *un anneau gradué de type* Δ, M *un* A*-module gradué de type* Δ. *Tout idéal premier associé à* M *est gradué, et est l'annulateur d'un élément homogène de* M.

On sait qu'on peut munir Δ d'une structure d'ordre total compatible avec sa structure de groupe (*Alg.*, chap. II, 3ᵉ éd., § 11, nº 4, lemme 2). Soit $\mathfrak{p}$ un idéal premier associé à M, annulateur d'un élément $x \in M$, et soit $(x_i)_{i \in \Delta}$ la famille des composantes homogènes de x ; soient $i(1) < i(2) < \ldots < i(r)$ les valeurs de i pour lesquelles $x_i \neq 0$. Considérons un élément $a \in \mathfrak{p}$, et soit

$(a_i)_{i \in \Delta}$ la famille de ses composantes homogènes ; nous allons prouver que l'on a $a_i \in \mathfrak{p}$ pour tout $i \in \Delta$, ce qui montrera que $\mathfrak{p}$ est un idéal *gradué*.

Raisonnons par récurrence sur le nombre des indices i tels que $a_i \neq 0$. Notre assertion est évidente si ce nombre est 0 ; sinon, soit m le plus grand des indices i pour lesquels $a_i \neq 0$; si nous prouvons que $a_m \in \mathfrak{p}$, l'hypothèse de récurrence appliquée à $a - a_m$ permettra de conclure. Or, on a $ax = 0$; pour tout $j \in \Delta$, en écrivant que la composante homogène de degré $m + j$ de ax est 0, il vient $\sum_{i \in \Delta} a_{m-i} x_{j+i} = 0$; on en conclut que $a_m x_j$ est combinaison linéaire des x_i pour les indices $i > j$. En particulier, on a donc $a_m x_{i(r)} = 0$, d'où, par récurrence descendante sur $n < r$, $a_m^{r-n+1} x_{i(n)} = 0$. On a par suite $a_m^r x = 0$, d'où $a_m^r \in \mathfrak{p}$, et comme $\mathfrak{p}$ est premier, $a_m \in \mathfrak{p}$.

Montrons maintenant que $\mathfrak{p}$ est l'annulateur d'un élément homogène de M. Posons $\mathfrak{b}_n = \mathrm{Ann}(x_{i(n)})$ pour $1 \leqslant n \leqslant r$. Pour tout élément homogène b de $\mathfrak{p}$ et tout n, la composante homogène de bx de degré $i(n) + \deg(b)$ est $bx_{i(n)}$, donc $bx_{i(n)} = 0$ et par suite $b \in \mathfrak{b}_n$; comme $\mathfrak{p}$ est engendré par ses éléments homogènes, on a $\mathfrak{p} \subset \mathfrak{b}_n$. D'autre part, il est clair que $\bigcap_{n=1}^{r} \mathfrak{b}_n \subset \mathrm{Ann}(x) = \mathfrak{p}$; comme $\mathfrak{p}$ est premier, il existe un n tel que $\mathfrak{b}_n \subset \mathfrak{p}$ (chap. II, § 1, n° 1, prop. 1), d'où $\mathfrak{b}_n = \mathfrak{p} = \mathrm{Ann}(x_{i(n)})$, ce qui achève la démonstration.

COROLLAIRE. — *Pour tout idéal premier (nécessairement gradué)* $\mathfrak{p}$ *associé à un* A-*module gradué* M, *il existe un indice* $k \in \Delta$ *tel que le* A-*module gradué* $(\mathrm{A}/\mathfrak{p})(k)$ *obtenu par décalage des degrés de* k *à partir du* A-*module gradué* $\mathrm{A}/\mathfrak{p}$ (*Alg.*, chap. II, 3e éd., § 11, n° 2) *soit isomorphe à un sous-module gradué de* M.

Avec les notations de la démonstration de la prop. 1, considérons en effet l'homomorphisme déduit par passage au quotient de l'homomorphisme $a \to ax_{i(n)}$ de A dans M ; ce dernier est un homomorphisme gradué de degré $i(n)$, donc il donne par passage au quotient un homomorphisme bijectif gradué de degré $i(n)$ de $\mathrm{A}/\mathfrak{p}$ sur un sous-module gradué de M.

PROPOSITION 2. — *Soient* Δ *un groupe commutatif sans torsion,* A *un anneau nœthérien gradué de type* Δ, M *un* A*-module de type fini, gradué de type* Δ. *Il existe une suite de composition* $(M_i)_{0 \leqslant i \leqslant n}$ *formée de sous-modules gradués de* M *telle que, pour* $0 \leqslant i \leqslant n-1$, *le module gradué* M_i/M_{i+1} *soit isomorphe à un module gradué décalé* $(A/\mathfrak{p}_i)(k_i)$, *où* $\mathfrak{p}_i$ *est un idéal premier gradué de* A *et* $k_i \in \Delta$.

Il suffit de reprendre le raisonnement du § 1, nº 4, th. 1, en prenant cette fois pour $\mathfrak{E}$ l'ensemble des sous-modules *gradués* de M possédant une suite de composition ayant les propriétés de l'énoncé ; on conclut en utilisant le cor. de la prop. 1.

2. *Sous-modules primaires correspondant aux idéaux premiers gradués.*

PROPOSITION 3. — *Soient* Δ *un groupe commutatif sans torsion,* A *un anneau nœthérien gradué de type* Δ, $\mathfrak{p}$ *un idéal gradué de* A, M *un* A*-module gradué de type* Δ, *non réduit à* 0. *On suppose que pour tout élément homogène* a *de* $\mathfrak{p}$, *l'homothétie de rapport* a *dans* M *est presque nilpotente et que pour tout élément homogène* b *de* $A - \mathfrak{p}$, *l'homothétie de rapport* b *dans* M *est injective. Alors* $\mathfrak{p}$ *est premier et le sous-module* $\{0\}$ *de* M *est* $\mathfrak{p}$*-primaire.*

Il suffit de montrer que $\mathrm{Ass}(M) = \{\mathfrak{p}\}$ (§ 2, nº 1, prop. 1). Soit $\mathfrak{q}$ un idéal premier associé à M ; c'est un idéal gradué, et il est l'annulateur d'un élément homogène $x \neq 0$ de M (nº 1, prop. 1). Pour tout élément homogène a de $\mathfrak{q}$, on a $ax = 0$, donc l'homothétie de rapport a dans M n'est pas injective, d'où $a \in \mathfrak{p}$. Inversement, soit b un élément homogène de $\mathfrak{p}$; il existe un entier $n > 0$ tel que $b^n x = 0$, d'où $b^n \in \mathrm{Ann}(x) = \mathfrak{q}$, et comme $\mathfrak{q}$ est premier, $b \in \mathfrak{q}$. Comme $\mathfrak{p}$ et $\mathfrak{q}$ sont engendrés par leurs éléments homogènes respectifs, on a $\mathfrak{p} = \mathfrak{q}$, ce qui prouve que $\mathrm{Ass}(M) \subset \{\mathfrak{p}\}$. Comme $M \neq \{0\}$, on a $\mathrm{Ass}(M) \neq \varnothing$ (§ 1, nº 1, cor. 1 de la prop. 2), d'où $\mathrm{Ass}(M) = \{\mathfrak{p}\}$.

PROPOSITION 4. — *Soient* Δ *un groupe commutatif sans torsion,* A *un anneau nœthérien gradué de type* Δ, M *un* A*-module gradué de type* Δ. *Soient* $\mathfrak{p}$ *un idéal premier de* A, N *un sous-module de* M, $\mathfrak{p}$*-primaire par rapport à* M.

(i) *Le plus grand idéal gradué* $\mathfrak{p}'$ *de* A *contenu dans* $\mathfrak{p}$ (*Alg.*, chap. II, 3e éd., § 11, n° 3) *est premier.*

(ii) *Le plus grand sous-module gradué* N′ *de* N *est* $\mathfrak{p}'$-*primaire par rapport à* M.

On sait (*loc. cit.*) que les éléments homogènes de $\mathfrak{p}'$ (resp. N′) ne sont autres que les éléments homogènes de $\mathfrak{p}$ (resp. N). Soit a un élément homogène de $\mathfrak{p}$; si x est un élément homogène de M, il existe un entier $n > 0$ tel que $a^n x \in \mathrm{N}$; comme $a^n x$ est homogène, on a $a^n x \in \mathrm{N}'$; comme tout $y \in \mathrm{M}$ est somme d'un nombre fini d'éléments homogènes, on en conclut qu'il existe un entier $q > 0$ tel que $a^q y \in \mathrm{N}'$, de sorte que l'homothétie de rapport a dans M/N′ est presque nilpotente.

Considérons maintenant un élément homogène b de $\mathrm{A} - \mathfrak{p}'$; on a $b \notin \mathfrak{p}$ puisque b est homogène. Soit x un élément de M tel que $bx \in \mathrm{N}'$, et soit $(x_i)_{i \in \Delta}$ la famille des composantes homogènes de x. Comme N′ est gradué, on a $bx_i \in \mathrm{N}'$ pour tout i, donc $bx_i \in \mathrm{N}$, et comme $b \notin \mathfrak{p}$ on en conclut que $x_i \in \mathrm{N}$; comme x_i est homogène, on a $x_i \in \mathrm{N}'$, d'où $x \in \mathrm{N}'$ et l'homothétie de rapport b dans M/N′ est injective. La prop. 4 résulte alors de la prop. 3 appliquée à $\mathfrak{p}'$ et à M/N′.

3. *Décomposition primaire dans les modules gradués.*

Proposition 5. — *Soient* Δ *un groupe commutatif sans torsion,* A *un anneau nœthérien gradué de type* Δ, M *un* A-*module gradué de type* Δ, N *un sous-module gradué de* M, *et soit* $\mathrm{N} = \bigcap_{i \in \mathrm{I}} \mathrm{Q}_i$ *une décomposition primaire de* N *dans* M.

(i) *Soit* Q'_i *le plus grand sous-module gradué de* M *contenu dans* Q_i. *Alors les* Q'_i *sont primaires et on a* $\mathrm{N} = \bigcap_{i \in \mathrm{I}} \mathrm{Q}'_i$.

(ii) *Si la décomposition primaire* $\mathrm{N} = \bigcap_{i \in \mathrm{I}} \mathrm{Q}_i$ *est réduite, il en est de même de la décomposition primaire* $\mathrm{N} = \bigcap_{i \in \mathrm{I}} \mathrm{Q}'_i$, *et pour tout* $i \in \mathrm{I}$, *les idéaux premiers correspondant à* Q_i *et à* Q'_i *sont égaux.*

(iii) *Si* Q_i *correspond à un idéal premier* $\mathfrak{p}_i$ *qui est un élément minimal de* Ass(M/N), Q_i *est un sous-module gradué de* M.

On a vu (nº 2, prop. 4) que les Q'_i sont primaires par rapport à M, et on a $N \subset Q'_i \subset Q_i$, ce qui démontre (i). La prop. 4 du nº 2 montre aussi que l'idéal premier $\mathfrak{p}'_i$ correspondant à Q'_i est le plus grand idéal gradué contenu dans l'idéal premier $\mathfrak{p}_i$ correspondant à Q_i. Si la décomposition $N = \bigcap_{i \in I} Q_i$ est réduite, on a $\mathfrak{p}_i \in \text{Ass}(M/N)$ pour tout i (§ 2, nº 3, prop. 4), donc $\mathfrak{p}_i$ est un idéal gradué (nº 1, prop. 1) et par suite $\mathfrak{p}'_i = \mathfrak{p}_i$; on a donc $\text{Ass}(M/N) = \bigcup_{i \in I} \{\mathfrak{p}'_i\}$ (§ 2, nº 3, prop. 4), ce qui prouve que la décomposition $N = \bigcap_{i \in I} Q'_i$ est réduite (§ 2, nº 3, prop. 4). Enfin, si $\mathfrak{p}_i$ est un élément minimal de Ass(M/N), on a $\mathfrak{p}'_i = \mathfrak{p}_i$ puisque $\mathfrak{p}_i$ est gradué (nº 1, prop. 1), d'où $Q'_i = Q_i$ en vertu du § 2, nº 3, prop. 5.

§ 1

1) *a*) Soit A un anneau absolument plat (chap. I, § 2, exerc. 17). Montrer que Ass(A) est l'ensemble des points *isolés* de Spec(A) (remarquer que Ass(A) est l'ensemble des idéaux premiers annulateurs d'un idempotent de A).

b) Déduire de *a*) un exemple d'anneau A tel que $A \neq 0$ et $\mathrm{Ass}(A) = \emptyset$ (cf. chap. II, § 4, exerc. 17), et pour lequel la conclusion du nº 1, cor. 2 de la prop. 2, n'est pas valable.

c) Déduire de *b*) un exemple d'anneau A et de partie multiplicative S de A tels que l'application $\mathfrak{p} \rightarrow S^{-1}\mathfrak{p}$ de $\mathrm{Ass}(A) \cap \Phi$ dans $\mathrm{Ass}(S^{-1}A)$ (nº 2, prop. 5) ne soit pas surjective.

2) Soient K un corps commutatif, A l'anneau de valuation, dont le groupe des ordres est $\mathbf{Q}$, formé des « séries formelles » $\sum_r c_r T^r$, où $c_r \in K$, $r \in \mathbf{Q}_+$ et l'ensemble des r tels que $c_r \neq 0$ est bien ordonné. Soient α un nombre irrationnel > 0, $\mathfrak{a}$ l'idéal de A formé des éléments de valuation $> \alpha$, C l'anneau $A/\mathfrak{a}$. Alors Spec(C) est réduit à un point $\mathfrak{p}$; pour tout $x \neq 0$ dans C, on a $\mathfrak{p}x \neq 0$, mais pour tout $\lambda \in \mathfrak{p}$, il existe $y \neq 0$ dans C tel que $\lambda y = 0$. En particulier, on a $\mathrm{Ass}(C) = \emptyset$, bien que $\mathrm{Supp}(C) = \mathrm{Spec}(C) = \{\mathfrak{p}\}$.

3) Soient M un A-module, N un sous-module de M. Montrer que tout idéal premier $\mathfrak{p} \in \mathrm{Ass}(M/N)$ qui ne contient pas Ann(N) est associé à M. Donner un exemple d'idéal $\mathfrak{p}$ appartenant à Ass(M/N) mais non à Ass(M) (prendre A intègre, M = A).

4) Donner un exemple d'anneau A tel que M = A ne vérifie pas la conclusion du th. 1 du nº 4 (cf. exerc. 1 *b*)).

5) Soit $A = K[X, Y]$ l'algèbre des polynômes à deux indéterminées sur un corps commutatif K, $\mathfrak{a}$ l'idéal maximal $AX + AY$ de A. Montrer que $\mathrm{Supp}(\mathfrak{a}) = \mathrm{Spec}(A)$ est infini et $\mathrm{Ass}(\mathfrak{a}) = \{0\}$. Prouver qu'il n'y a aucune suite de composition de $\mathfrak{a}$ dont tous les modules facteurs seraient

isomorphes à A. (L'existence d'une telle suite entraînerait que $\mathfrak{a}$ serait isomorphe à un module A^n ; on aurait nécessairement $n = 1$, ce qui est absurde.)

¶ 6) Soient A un anneau, E un A-module.

a) Montrer que pour qu'un idéal premier $\mathfrak{p}$ de A appartienne à Supp(E), il faut et il suffit qu'il existe un sous-module F de E tel que $\mathfrak{p} \in \mathrm{Ass}(E/F)$ (pour voir que la condition est nécessaire, considérer un sous-module F de E de la forme $\mathfrak{p}x$, où $x \in E$; pour voir que la condition est suffisante, utiliser la prop. 7 du nº 3).

b) On suppose A nœthérien et E de type fini. Montrer que pour tout idéal premier $\mathfrak{p} \in \mathrm{Supp}(E)$, il existe une suite de composition $(E_i)_{0 \leqslant i \leqslant n}$ de E telle que, pour $0 \leqslant i \leqslant n-1$, E_i/E_{i+1} soit isomorphe à $A/\mathfrak{p}_i$, où $\mathfrak{p}_i$ est un idéal premier, et où un des $\mathfrak{p}_i$ est égal à $\mathfrak{p}$.

¶ 7) Soient A un anneau nœthérien, M un A-module de type fini, $\mathfrak{a} = \mathrm{Ann}(M)$.

a) Montrer que si $\mathfrak{a}$ est premier, $\mathfrak{a}$ est le plus petit élément de Ass(M). (Remarquer que $\mathfrak{a} = \bigcap_{\mathfrak{p} \in \mathrm{Ass}(M)} \mathfrak{p}$).

b) Montrer que tout idéal premier associé à $A/\mathfrak{a}$ est associé à M. (Remarquer que si $\mathfrak{p}$ est un idéal premier de A, annulateur de la classe dans $A/\mathfrak{a}$ d'un élément $\alpha \in A$, on a $\mathfrak{p} = \mathrm{Ann}(\alpha M)$, et utiliser *a*).)

c) Soient $\mathfrak{p}$, $\mathfrak{q}$ deux idéaux premiers distincts de A tels que $\mathfrak{p} \subset \mathfrak{q}$. Montrer que si $M = (A/\mathfrak{p}) \oplus (A/\mathfrak{q})$, on a $\mathrm{Ass}(A/\mathfrak{a}) \neq \mathrm{Ass}(M)$.

8) Soient A un anneau nœthérien, $\mathfrak{a}$ un idéal de A, M un A-module de type fini, P le sous-module de M formé des $x \in M$ tels que $\mathfrak{a}x = 0$. Montrer que $\mathrm{Ass}(M/P) \subset \mathrm{Ass}(M)$ (remarquer que pour tout $x \in M$, l'annulateur de $(Ax + P)/P$ est aussi celui de $\mathfrak{a}x$, et utiliser l'exerc. 7 *a*)).

9) Soient A un anneau nœthérien, $\mathfrak{a}$ un idéal de A.

a) Pour qu'un idéal $\mathfrak{b}$ de A soit tel que $\mathfrak{a} : \mathfrak{b} \neq \mathfrak{a}$, il faut et il suffit que $\mathfrak{b}$ soit contenu dans un idéal premier $\mathfrak{p} \in \mathrm{Ass}(A/\mathfrak{a})$.

b) Soit A l'algèbre K[X, Y, Z] des polynômes à 3 indéterminées sur un corps K. Soient $\mathfrak{n} = AX$, $\mathfrak{m} = AX + AY + AZ$, $\mathfrak{a} = \mathfrak{n} \cap \mathfrak{m}^2$. Montrer qu'il y a un idéal premier $\mathfrak{p}$ contenant $\mathfrak{a}$, tel que $\mathfrak{a} : \mathfrak{p} \neq \mathfrak{a}$, mais qui n'est pas un idéal premier associé à A.

10) *a*) Donner un exemple de **Z**-module M tel que $\mathrm{Ass}(\mathrm{Hom}_{\mathbf{Z}}(M, M))$ ne soit pas contenu dans Supp(M) (cf. chap. II, § 4, exerc. 24 *c*)).

b) Donner un exemple de **Z**-modules E, F, tels que

$$\mathrm{Ass}(\mathrm{Hom}_{\mathbf{Z}}(E, F)) = \varnothing,$$

mais $\mathrm{Ass}(F) \cap \mathrm{Supp}(E) \neq \varnothing$ (prendre $F = \mathbf{Z}$).

11) *a*) Soient A un anneau nœthérien, E un A-module. Montrer que l'homomorphisme canonique de E dans le produit $\prod_{\mathfrak{p} \in \mathrm{Ass}(E)} E_{\mathfrak{p}}$ est injectif (si N est le noyau de cet homomorphisme, montrer que $\mathrm{Ass}(N) = \varnothing$).

b) On prend pour A l'anneau de polynômes K[X, Y, Z] sur un corps K ; soient $\mathfrak{p}_1 = AX + AY$, $\mathfrak{p}_2 = AX + AZ$, qui sont des idéaux premiers, $\mathfrak{a}$ l'idéal $\mathfrak{p}_1\mathfrak{p}_2$. L'ensemble $\mathrm{Ass}(A/\mathfrak{a})$ est formé de $\mathfrak{p}_1$, $\mathfrak{p}_2$ et de l'idéal maximal $\mathfrak{m} = \mathfrak{p}_1 + \mathfrak{p}_2$; montrer que l'homomorphisme canonique de $E = A/\mathfrak{a}$ dans $E_{\mathfrak{p}_1} \times E_{\mathfrak{p}_2}$ n'est pas injectif.

12) Soient A un anneau nœthérien, P un A-module projectif. Montrer que si, pour tout $\mathfrak{p} \in \mathrm{Ass}(A)$, $P_{\mathfrak{p}}$ est un $A_{\mathfrak{p}}$-module de type fini, alors P est un A-module de type fini (plonger A dans le produit $\prod_{\mathfrak{p} \in \mathrm{Ass}(A)} A_{\mathfrak{p}}$ (exerc. 11), et utiliser *Alg.*, chap. II, 3ᵉ éd., § 5, nº 5, prop. 9).

¶ 13) Soient A un anneau nœthérien, E un A-module de type fini, $\mathfrak{p}$, $\mathfrak{q}$ deux idéaux premiers de A tels que $\mathfrak{p} \subset \mathfrak{q}$, a un élément de $\mathfrak{q}$. On suppose que $\mathfrak{p} \in \mathrm{Ass}(E)$ et que l'homothétie a_E est injective. Montrer qu'il existe un idéal premier $\mathfrak{n} \in \mathrm{Ass}(E/aE)$ tel que $\mathfrak{p} + Aa \subset \mathfrak{n} \subset \mathfrak{q}$. (Remplaçant A par $A_{\mathfrak{q}}$, on peut supposer A local d'idéal maximal $\mathfrak{q}$. Soit $F \neq 0$ le sous-module de E formé des x tels que $\mathfrak{p}x = 0$. Montrer que la relation $F \subset aE$ entraînerait $F = aF$ et en tirer une contradiction avec le lemme de Nakayama. Utiliser ensuite la prop. 8 du nº 4.)

14) Soient A un anneau intègre, $a \neq 0$ un élément de A, $\mathfrak{p}$ un élément de $\mathrm{Ass}(A/aA)$. Montrer que pour tout élément $b \neq 0$ de $\mathfrak{p}$, on a $\mathfrak{p} \in \mathrm{Ass}(A/bA)$ (si $c \in A$ est tel que la relation $xc \in aA$ soit équivalente à $x \in \mathfrak{p}$, montrer qu'il existe $d \in A$ tel que $xd \in bA$ soit équivalente à $xc \in aA$).

15) Soient A un anneau nœthérien, E un A-module de type fini, F un sous-module de E, $\mathfrak{m}$ un idéal de A. Pour que F soit fermé dans E pour la topologie $\mathfrak{m}$-adique, il faut et il suffit que $\mathfrak{p} + \mathfrak{m} \neq A$ pour tout idéal $\mathfrak{p} \in \mathrm{Ass}(E/F)$. (Se ramener au cas où $F = 0$, utiliser le chap. III, § 3, nº 2, cor. de la prop. 5, et appliquer le cor. 2 de la prop. 2 du nº 1 à un élément $1 + m$, où $m \in \mathfrak{m}$.)

16) Soit A un anneau nœthérien. Pour que A soit isomorphe à un produit fini d'anneaux intègres, il faut et il suffit que pour tout idéal premier $\mathfrak{p}$ de A, l'anneau local $A_{\mathfrak{p}}$ soit intègre. (Pour voir que la condition est suffisante, noter d'abord qu'elle entraîne que l'anneau A est réduit ; en déduire que $\{0\} = \bigcap_i \mathfrak{p}_i$, où les $\mathfrak{p}_i$ $(1 \leqslant i \leqslant n)$ sont les idéaux premiers minimaux de A. Montrer que pour $i \neq j$, on a nécessairement $\mathfrak{p}_i + \mathfrak{p}_j = A$; pour cela, remarquer que s'il existait un idéal maximal $\mathfrak{m}$ contenant $\mathfrak{p}_i + \mathfrak{p}_j$, l'anneau $A_{\mathfrak{m}}$ ne serait pas intègre, en utilisant le cor. 3 de la prop. 2 du nº 1, et le cor. de la prop. 5 du nº 2.)

¶ 17) Soient A un anneau, M un A-module. On dit qu'un idéal premier $\mathfrak{p}$ de A est *faiblement associé* à M s'il existe un $x \in M$ tel que $\mathfrak{p}$ soit un élément minimal de l'ensemble des idéaux premiers contenant $\mathrm{Ann}(x)$; on désigne par $\mathrm{Ass}_f(M)$ l'ensemble des idéaux faiblement associés à M. On a $\mathrm{Ass}(M) \subset \mathrm{Ass}_f(M)$.

a) Montrer que la relation $M \neq 0$ est équivalente à $\mathrm{Ass}_f(M) \neq \emptyset$.

b) Pour que $a \in A$ soit tel que a_M soit injective, il faut et il suffit que a n'appartienne à aucun élément de $\mathrm{Ass}_f(M)$ (remarquer que si a appartient à la racine d'un idéal $\mathrm{Ann}(x)$ avec $x \neq 0$ dans M, il existe $y \neq 0$ dans M tel que $a \in \mathrm{Ann}(y)$. Pour montrer que la condition est nécessaire, se ramener, en considérant l'anneau $A/\mathrm{Ann}(x)$, à prouver que dans un anneau A tout élément appartenant à un idéal premier $\mathfrak{p}$ minimal dans l'ensemble des idéaux premiers de A, est nécessairement diviseur de 0 (chap. II, § 2, nº 6, prop. 12)).

Pour que $a \in A$ soit tel que a_M soit presque nilpotente, il faut et il suffit que a appartienne à tous les éléments de $\mathrm{Ass}_f(M)$.

c) Si N est un sous-module de M, on a

$$\mathrm{Ass}_f(N) \subset \mathrm{Ass}_f(M) \subset \mathrm{Ass}_f(N) \cup \mathrm{Ass}_f(M/N).$$

(Noter que si $\mathfrak{p}$ est un idéal premier, $a \notin \mathfrak{p}$, $x \in M$ tel que $ax \in N$ et $\mathrm{Ann}(x) \subset \mathfrak{p}$, on a $\mathrm{Ann}(ax) \subset \mathfrak{p}$.)

d) Soient S une partie multiplicative de A, Φ l'ensemble des idéaux premiers de A ne rencontrant pas S. Montrer que $\mathfrak{p} \to S^{-1}\mathfrak{p}$ est une bijection de $\mathrm{Ass}_f(M) \cap \Phi$ sur $\mathrm{Ass}_f(S^{-1}M)$. (Observer que l'image réciproque, par l'application canonique $A \to S^{-1}A$, de l'annulateur d'un élément x/s, où $x \in M$, $s \in S$, est le saturé pour S de $\mathrm{Ann}(x)$).

e) Soit S une partie multiplicative de A ; montrer que si N est le noyau de l'homomorphisme canonique $M \to S^{-1}M$, $\mathrm{Ass}_f(N)$ est l'ensemble des $\mathfrak{p} \in \mathrm{Ass}_f(M)$ qui rencontrent S, et $\mathrm{Ass}_f(M/N)$ l'ensemble des $\mathfrak{p} \in \mathrm{Ass}_f(M)$ qui ne rencontrent pas S. (Pour prouver le dernier point, considérer un idéal premier $\mathfrak{q}$, minimal dans l'ensemble de ceux contenant $\mathrm{Ann}(\bar{y})$, où $\bar{y} \in M/N$; remarquer que si $y \in \bar{y}$ et $t \in \mathfrak{q}$, il existe $c \notin \mathfrak{q}$ et un entier $n > 0$ tel que $ct^n y \in N$ (chap. II, § 2, nº 6, prop. 12) ; en déduire d'abord que $\mathfrak{q} \cap S = \emptyset$. Il existe $s \in S$ tel que $sct^n y = 0$; en conclure qu'il ne peut y avoir d'idéal premier $\mathfrak{q}' \neq \mathfrak{q}$ tel que $\mathrm{Ann}(y) \subset \mathfrak{q}' \subset \mathfrak{q}$.)

f) Pour qu'un idéal premier de A appartienne à Supp(M), il faut et il suffit qu'il contienne un élément de $\mathrm{Ass}_f(M)$.

g) Montrer que si A est nœthérien, on a $\mathrm{Ass}_f(M) = \mathrm{Ass}(M)$.

h) Si A est un anneau absolument plat, on a $\mathrm{Ass}_f(A) = \mathrm{Spec}(A)$.

i) Pour tout A-module E, l'homomorphisme canonique de E dans le produit $\prod_{\mathfrak{p} \in \mathrm{Ass}_f(E)} E_{\mathfrak{p}}$ est injectif ; en d'autres termes, l'intersection des *saturés* de $\{0\}$ dans E pour les idéaux $\mathfrak{p} \in \mathrm{Ass}_f(E)$ est réduite à 0. Généraliser de même l'exerc. 12.

j) Soit M un A-module de type fini. Montrer que les éléments minimaux de l'ensemble des idéaux premiers contenant $\mathfrak{a} = \mathrm{Ann}(M)$ appartiennent à $\mathrm{Ass}_f(M)$ (si $(x_i)_{1 \leqslant i \leqslant n}$ est un système de générateurs de M, montrer qu'un tel idéal contient un des $\mathrm{Ann}(x_i)$). En déduire que $\mathrm{Ass}_f(A/\mathfrak{a})$ est contenu dans $\mathrm{Ass}_f(M)$ (si un idéal premier $\mathfrak{p}$ contient l'annulateur de la classe mod. $\mathfrak{a}$ d'un élément $\alpha \in A$, remarquer que $\mathfrak{p}$ contient l'annulateur du sous-module αM de M) ; montrer que $\mathrm{Ass}_f(A/\mathfrak{a})$, $\mathrm{Ass}_f(M)$ et l'ensemble des idéaux premiers contenant $\mathfrak{a}$ ont les mêmes éléments minimaux.

18) Soient A un anneau, M un A-module. Pour qu'un élément $c \in A$ soit tel que, pour tout $a \in A$ tel que l'homothétie a_M soit injective, b_M soit une homothétie injective pour tout b de la forme $a + \lambda c$, avec $\lambda \in A$, il suffit que c appartienne à l'intersection des éléments maximaux de $\mathrm{Ass}_f(M)$ (utiliser l'exerc. 17 *b*). Cette condition est-elle nécessaire ?

*19) Soient A un anneau de valuation de rang 2, Γ son groupe des ordres, Γ_1 l'unique sous-groupe isolé de Γ distinct de $\{0\}$ et de Γ, $\gamma > 0$ un élément de Γ n'appartenant pas à Γ_1. Soient $\mathfrak{a}$ l'idéal des $x \in A$

tels que $v(x) \geqslant \gamma$, $\mathfrak{b}$ l'idéal des $x \in A$ tels que $v(x) > \gamma$, $E = A/\mathfrak{a}$, $F = A/\mathfrak{b}$. Montrer que $\mathrm{Ass}_f(\mathrm{Hom}_A(E, F))$ est distinct de $\mathrm{Ass}_f(F) \cap \mathrm{Supp}(E)$.$_*$

§ 2

1) *a*) Montrer que dans l'anneau nœthérien $A = \mathbf{Z}[X]$ des polynômes à une indéterminée sur $\mathbf{Z}$, l'idéal $\mathfrak{m} = 2A + AX$ est maximal et que l'idéal $\mathfrak{q} = 4A + AX$ est $\mathfrak{m}$-primaire, mais n'est pas égal à une puissance de $\mathfrak{m}$.

b) Dans l'anneau $B = \mathbf{Z}[2X, X^2, X^3] \subset A$ qui est nœthérien, montrer que l'idéal $\mathfrak{p} = 2BX + BX^2$ est premier, mais que $\mathfrak{p}^2$ n'est pas $\mathfrak{p}$-primaire, bien que sa racine soit égale à $\mathfrak{p}$.

c) Soient K un corps commutatif, A l'anneau quotient de $K[X, Y, Z]$ par l'idéal engendré par $Z^2 - XY$; soient x, y, z les images canoniques de X, Y, Z dans A. Montrer que $\mathfrak{p} = Ax + Az$ est premier, que $\mathfrak{p}^2$ n'est pas primaire et que $\mathfrak{p}^2 = \mathfrak{a} \cap \mathfrak{b}^2$ est une décomposition primaire de $\mathfrak{p}^2$, où $\mathfrak{a} = Ax$ et $\mathfrak{b} = Ax + Ay + Az$.

2) Dans l'exemple de l'exerc. 11 *b*) du § 1, montrer que $\mathfrak{a} = \mathfrak{m}^2 \cap \mathfrak{p}_1 \cap \mathfrak{p}_2$ est une décomposition primaire réduite de $\mathfrak{a}$ dans A, et que le saturé de $\mathfrak{a}$ pour $\mathfrak{m}$ est égal à $\mathfrak{a}$ (et n'est donc pas primaire).

3) Soient A un anneau nœthérien, M un A-module de type fini. Soit Q un sous-module $\mathfrak{p}$-primaire dans M. La borne inférieure des entiers $n \geqslant 1$ tels que $\mathfrak{p}^n M \subset Q$ est appelée l'*exposant* de Q dans M, et notée $e(M/Q)$.

Soit $(Q_\lambda)_{\lambda \in L}$ une famille de sous-modules $\mathfrak{p}$-primaires dans M. Pour que $Q = \bigcap_{\lambda \in L} Q_\lambda$ soit $\mathfrak{p}$-primaire dans M, il faut et il suffit que la famille $(e(M/Q_\lambda))_{\lambda \in L}$ soit majorée ; on a alors $e(M/Q) \geqslant e(M/Q_\lambda)$ pour tout $\lambda \in L$.

¶ 4) Soient A un anneau nœthérien, M un A-module de type fini. Soit $\mathfrak{p}$ un élément de Ass(M), et soit $\mathfrak{E}_\mathfrak{p}$ l'ensemble des sous-modules Q de M tels que $\mathrm{Ass}(M/Q) = \{\mathfrak{p}\}$ et $\mathrm{Ass}(Q) = \mathrm{Ass}(M) - \{\mathfrak{p}\}$ (ensemble qui n'est pas vide, en vertu du § 1, nº 1, prop. 4). On pose $e_\mathfrak{p}(M) = \inf_{Q \in \mathfrak{E}_\mathfrak{p}} e(M/Q)$ (exerc. 3).

a) Soit $n_\mathfrak{p}$ un entier $\geqslant e_\mathfrak{p}(M)$, et soit $\mathfrak{F}(n_\mathfrak{p})$ la partie de $\mathfrak{E}_\mathfrak{p}$ formée des sous-modules Q tels que $e(M/Q) \leqslant n_\mathfrak{p}$. Montrer que $\mathfrak{F}(n_\mathfrak{p})$ possède un plus petit élément $Q(\mathfrak{p}, n_\mathfrak{p})$.

b) Soit $(n_\mathfrak{p})_{\mathfrak{p} \in \mathrm{Ass}(M)}$ une famille d'entiers telle que $n_\mathfrak{p} \geqslant e_\mathfrak{p}(M)$ pour tout $\mathfrak{p} \in \mathrm{Ass}(M)$. Montrer que les sous-modules $Q(\mathfrak{p}, n_\mathfrak{p})$ correspondant à cette famille forment une décomposition primaire réduite de $\{0\}$ dans M, dite *canoniquement déterminée par la famille* $(n_\mathfrak{p})$. Si l'on prend $n_\mathfrak{p} = e_\mathfrak{p}(M)$ pour tout $\mathfrak{p} \in \mathrm{Ass}(M)$, la décomposition primaire formée des $Q(\mathfrak{p}) = Q(\mathfrak{p}, e_\mathfrak{p}(M))$ est dite *décomposition primaire canonique* de $\{0\}$ dans M. Soit $\{0\} = \bigcap_{\mathfrak{p} \in \mathrm{Ass}(M)} Q'(\mathfrak{p})$ une décomposition primaire réduite quelconque de $\{0\}$ dans M. Montrer que l'on a $e(M/Q(\mathfrak{p})) \leqslant e(M/Q'(\mathfrak{p}))$ pour tout $\mathfrak{p} \in \operatorname{Ass}(M)$ et que si $e(M/Q(\mathfrak{p})) = e(M/Q'(\mathfrak{p}))$ pour un $\mathfrak{p}$, on a $Q(\mathfrak{p}) \subset Q'(\mathfrak{p})$ (« *théorème d'Ortiz* »).

c) Montrer que $Q(\mathfrak{p}, n_\mathfrak{p})$ est le saturé de $\mathfrak{p}^{n_\mathfrak{p}}M$ pour $\mathfrak{p}$ (utiliser le § 1, nº 2, prop. 6) ; $\mathfrak{p}$ est le plus petit élément de $\operatorname{Supp}(M/\mathfrak{p}^{n_\mathfrak{p}}M)$.

d) Soit S une partie multiplicative de A ne rencontrant pas un idéal premier $\mathfrak{p} \in \operatorname{Ass}(M)$, et soit Q un sous-module $\mathfrak{p}$-primaire de M. Montrer que $e(M/Q) = e(S^{-1}M/S^{-1}Q)$. Montrer que si S est une partie multiplicative de A, Φ l'ensemble des $\mathfrak{p} \in \operatorname{Ass}(M)$ tels que $S \cap \mathfrak{p} = \varnothing$, et N le saturé de $\{0\}$ dans M pour S, les $Q(\mathfrak{p}, n_\mathfrak{p})$ pour $\mathfrak{p} \in \Phi$ forment la décomposition primaire réduite de N dans M, canoniquement déterminée par la famille $(n_\mathfrak{p})_{\mathfrak{p}\in\Phi}$, et les $S^{-1}Q(\mathfrak{p}, n_\mathfrak{p})$ pour $\mathfrak{p} \in \Phi$ la décomposition primaire réduite de $\{0\}$ dans $S^{-1}M$, canoniquement déterminée par la famille $(n_\mathfrak{p})_{\mathfrak{p}\in\Phi}$. Cas particulier des décompositions primaires canoniques.

5) Soient L un **Z**-module libre de type fini, T un groupe commutatif fini, dont l'ordre est une puissance d'un nombre premier *p*. Montrer que la décomposition primaire canonique (exerc. 4) de $\{0\}$ dans $M = L \oplus T$ est $\{0\} = p^nL \cap T$, où n est le plus petit entier $\geqslant 0$ tel que $p^nT = 0$ (noter que $p^nM = p^nL$).

6) Dans l'exerc. 5 du § 1, $\{0\}$ est primaire dans le A-module $\mathfrak{a}$, relativement à l'idéal premier $\{0\}$ de A. Montrer que le sous-module AX de $\mathfrak{a}$ est primaire par rapport à $\mathfrak{a}$, relativement à un idéal premier $\neq \{0\}$, et que le sous-module AXY de $\mathfrak{a}$ n'est pas primaire par rapport à $\mathfrak{a}$.

7) Soient A un anneau nœthérien, M un A-module de type fini, $(\mathfrak{p}_i)_{1\leqslant i\leqslant n}$ une suite obtenue en rangeant dans un ordre quelconque les éléments de Ass(M). Montrer qu'il existe une suite de composition $(M_i)_{0\leqslant i\leqslant n}$ de M telle que, pour $0 \leqslant i \leqslant n-1$, M_{i+1} soit $\mathfrak{p}_i$-primaire dans M_i (utiliser la prop. 4 du nº 3).

¶ 8) Soient A un anneau nœthérien, E un A-module de type fini, F un sous-module de E, $\mathfrak{m}$ un idéal de A. Soit $F = \bigcap_{\mathfrak{p}\in\operatorname{Ass}(E/F)} Q(\mathfrak{p})$ une décomposition primaire réduite de F dans E. Montrer que l'adhérence de F dans E pour la topologie $\mathfrak{m}$-adique sur E est égale à $\bigcap_{\mathfrak{p}\in\Phi} Q(\mathfrak{p})$, où Φ est l'ensemble des $\mathfrak{p} \in \operatorname{Ass}(E/F)$ tels que $\mathfrak{p} + \mathfrak{m} \neq A$. (Considérer d'abord le cas où F est $\mathfrak{p}$-primaire dans E, et montrer que si $\mathfrak{p} + \mathfrak{m} = A$, F est dense dans E ; passer au cas général en utilisant l'exerc. 15 du § 1 et le chap. III, § 3, nº 4, cor. 1 du th. 3).

9) Soient A un anneau nœthérien, $\mathfrak{m}$ un idéal maximal de A, M un A-module tel que $\{0\}$ soit $\mathfrak{m}$-primaire dans M. Si $\hat{A}$ est le séparé complété de A pour la topologie $\mathfrak{m}$-adique, montrer que l'application canonique $M \to M \otimes_A \hat{A}$ est bijective (considérer d'abord le cas où M est de type fini, en utilisant la prop. 7 du nº 5 ; dans le cas général, considérer M comme limite inductive de ses sous-modules de type fini).

10) Soient A un anneau nœthérien, M un A-module. Montrer que les propriétés suivantes sont équivalentes :

α) Tout sous-module de type fini de M est de longueur finie.

β) M est limite inductive de A-modules de longueur finie.

γ) Tout élément $\mathfrak{p} \in \mathrm{Ass}(M)$ est un idéal maximal de A.

δ) Tout élément $\mathfrak{p} \in \mathrm{Supp}(M)$ est un idéal maximal de A.

11) Soient A un anneau, M un A-module, N un sous-module de M. On appelle *racine* de N dans M et on note $\mathfrak{r}_M(N)$ l'ensemble des $a \in A$ tels que l'homothétie de rapport a dans M/N soit presque nilpotente. Montrer que $\mathfrak{r}_M(N)$ est un idéal de A et que pour tout $\mathfrak{p} \in \mathrm{Ass}_f(M/N)$ on a $\mathfrak{r}_M(N) \subset \mathfrak{p}$. Si N_1, N_2 sont deux sous-modules de M, on a $\mathfrak{r}_M(N_1 \cap N_2) = \mathfrak{r}_M(N_1) \cap \mathfrak{r}_M(N_2)$; si $\mathfrak{a}$ est un idéal de A, $\mathfrak{r}_M(\mathfrak{a}N) \supset \mathfrak{r}(\mathfrak{a}) \cap \mathfrak{r}_M(N)$ et $\mathfrak{r}_A(\mathfrak{a}) = \mathfrak{r}(\mathfrak{a})$.

¶ 12) Soient A un anneau, M un A-module, N un sous-module de M.

a) Pour que $\mathrm{Ass}_f(M/N)$ (§ 1, exerc. 17) soit réduit à un seul élément $\mathfrak{p}$, il faut et il suffit que $N \neq M$ et que pour tout $a \in A$, l'homothétie de rapport a dans M/N soit injective ou presque nilpotente ; on a alors $\mathfrak{p} = \mathfrak{r}_M(N)$ (exerc. 11) et on dit encore que N est *primaire* (ou $\mathfrak{p}$-*primaire*) dans M. Pour tout sous-module M' de M tel que $N \subset M'$ et $N \neq M'$, N est alors $\mathfrak{p}$-primaire dans M'.

b) Si $\mathfrak{r}_M(N)$ est un idéal maximal de A, montrer que N est primaire dans M. En particulier, tout idéal $\mathfrak{q}$ de A qui n'est contenu que dans un seul idéal premier $\mathfrak{m}$ (nécessairement maximal) est $\mathfrak{m}$-primaire.

c) Soit A un anneau intègre, et x un élément de A tel que $\mathfrak{p} = Ax$ soit premier ; alors, pour tout entier $n \geqslant 1$, Ax^n est $\mathfrak{p}$-primaire. Montrer que ce résultat ne s'étend pas lorsque A n'est pas intègre (prendre $A = B/\mathfrak{b}$, où $B = K[X, Y]$ (K étant un corps), $\mathfrak{b} = BX^2 + BXY$).

d) Si A est un anneau absolument plat (chap. I, § 2, exerc. 17), les idéaux primaires de A sont identiques aux idéaux premiers de A.

e) Donner un exemple de **Z**-module M tel que $\{0\}$ soit p-primaire (pour un nombre premier p) mais que pour aucun $a \neq 0$ dans **Z**, l'homothétie a_M ne soit nilpotente (cf. chap. II, § 2, exerc. 3).

13) *a*) Soit $u : M \rightarrow M'$ un homomorphisme surjectif de A-modules. Montrer que si N' est un sous-module primaire dans M', $N = \overset{-1}{u}(N')$ est primaire dans M, et $\mathfrak{r}_M(N) = \mathfrak{r}_{M'}(N')$.

b) Toute intersection finie de sous-modules $\mathfrak{p}$-primaires dans un A-module M est $\mathfrak{p}$-primaire dans M. La proposition s'étend-elle aux intersections quelconques ?

c) Pour qu'un A-module M soit tel que $\{0\}$ soit $\mathfrak{p}$-primaire dans M, il faut et il suffit que pour tout sous-module N de M, on ait $\mathrm{Supp}(N) = V(\mathfrak{p})$. (Remarquer que pour tout $x \in M$, M contient un sous-module isomorphe à $A/\mathrm{Ann}(x)$.)

14) *a*) Généraliser aux anneaux quelconques la prop. 3 du nº 1.

b) Soit M un A-module tel que, pour toute partie multiplicative S de A, le noyau de l'application canonique $M \rightarrow S^{-1}M$ soit $\{0\}$ ou M. Montrer que $\{0\}$ est primaire dans M (considérer pour tout $a \neq 0$ dans A la partie multiplicative des a^n ($n \geqslant 0$)).

¶ 15) Soient $\mathfrak{q}$ un idéal primaire dans un anneau A, $\mathfrak{p}$ sa racine. Montrer que dans l'anneau de polynômes $B = A[X]$, l'idéal $B\mathfrak{q}$ est primaire et a pour racine l'idéal premier $B\mathfrak{p}$. (Soient $f(X) = \sum_j a_j X^j$ et $g(X) = \sum_j b_j X^j$ deux polynômes non constants tels que $fg \in B\mathfrak{q}$ et $f \notin B\mathfrak{p}$. Soit a_m le coefficient de plus petit indice n'appartenant pas à $\mathfrak{p}$; soit $\mathfrak{a}$ l'idéal de A engendré par $a_0, a_1, \ldots, a_{m-1}$; il existe un entier k tel que $\mathfrak{a}^k \subset \mathfrak{q}$. Soit $\mathfrak{q}_i$ le transporteur de $\mathfrak{a}^{k-i}$ dans $\mathfrak{q}$ pour $i \leqslant k$. Montrer par récurrence sur i que l'on a $g \in B\mathfrak{q}_i$, en raisonnant par l'absurde.)

16) Dans un anneau A, soient $\mathfrak{p}$ un idéal premier non maximal, $\mathfrak{q}$ un idéal $\mathfrak{p}$-primaire distinct de $\mathfrak{p}$. Soient x un élément de $\mathfrak{p} - \mathfrak{q}$, y un élément de $A - \mathfrak{p}$ tel que $\mathfrak{p} + Ay \neq A$. Montrer que l'idéal $\mathfrak{a} = \mathfrak{q} + Axy$, tel que $\mathfrak{p} \supset \mathfrak{a} \supset \mathfrak{q}$, n'est pas primaire (remarquer que l'on ne peut avoir $x \in \mathfrak{a}$).

17) Soient M un A-module, N un sous-module $\mathfrak{p}$-primaire dans M.

a) Soit F un sous-module de M non contenu dans N. Montrer que le transporteur N : F est un idéal de A contenu dans $\mathfrak{p}$.

b) Soit $\mathfrak{a}$ un idéal de A. Montrer que si $\mathfrak{a} \subset N : M$, on a $N : \mathfrak{a} = M$. Si $\mathfrak{a} \not\subset N : M$, $N : \mathfrak{a}$ est un sous-module $\mathfrak{p}$-primaire dans M. Si $\mathfrak{a} \not\subset \mathfrak{p}$, on a $N : \mathfrak{a} = N$.

18) *a*) Soient A un anneau, M un A-module. Montrer que si $\mathfrak{p}$ est un élément minimal de $\mathrm{Ass}_f(M)$, le saturé de $\{0\}$ pour $\mathfrak{p}$ dans M est $\mathfrak{p}$-primaire dans M (cf. § 1, exerc. 17 *b*)).

b) Soit $\mathfrak{p}$ un idéal premier de A. Montrer que pour tout entier $n > 0$ le saturé dans A de $\mathfrak{p}^n$ pour $\mathfrak{p}$ est $\mathfrak{p}$-primaire dans A (utiliser l'exerc. 14 *a*)) ; ce saturé se note $\mathfrak{p}^{(n)}$ et s'appelle la *puissance symbolique n-ème* de $\mathfrak{p}$.

c) Montrer que si tout idéal premier de A est maximal, alors, pour tout A-module M et tout sous-module N de M, N est intersection d'une famille (finie ou non) de sous-modules primaires dans M (utiliser *a*) et l'exerc. 17 *i*) du § 1).

19) Déterminer les idéaux primaires dans un anneau de valuation de rang 2 (cf. chap. VI) ; en déduire un exemple d'anneau où il y a des idéaux qui ne sont pas intersection d'une famille (finie ou non) d'idéaux primaires, bien qu'il n'existe dans l'anneau que 2 idéaux premiers distincts.

¶ 20) On définit pour un anneau quelconque A la notion de *décomposition primaire* et celle de *décomposition primaire réduite* comme dans les nos 2 et 3 (en utilisant la notion de sous-module primaire définie dans l'exerc. 12).

a) Généraliser les prop. 4 et 6, en y remplaçant partout Ass par Ass_f.

b) Soient E un A-module de type fini, F un sous-module de E. Pour toute partie multiplicative S de A, on note $\mathrm{sat}_S(F)$ le saturé de F dans E pour S. Montrer que si F admet une décomposition primaire dans E, tout saturé de F dans E est de la forme $F : (a)$ pour un $a \in A$. (Soient $\mathfrak{p}_i$ $(1 \leqslant i \leqslant r)$ les éléments de $\mathrm{Ass}_f(E/F)$. Montrer d'abord, en utilisant *a*), que pour toute partie multiplicative S de A, il existe $b \in A$ tel que si T est l'ensemble multiplicatif des b^n ($n \geqslant 0$), on a $\text{sat}_T(F) = \text{sat}_S(F)$, en prenant b tel que $b \in \mathfrak{p}_i$ lorsque $\mathfrak{p}_i \cap S \neq \emptyset$ et $b \notin \mathfrak{p}_i$ dans le cas contraire. Prouver ensuite qu'on peut prendre $a = b^m$ pour m assez grand.)

c) Donner un exemple de **Z**-module E tel que $\{0\}$ soit primaire par rapport à E mais qu'il existe des saturés $\text{sat}_S(0)$ qui ne soient pas de la forme $0 : (a)$ (cf. *Alg.*, chap. VII, § 2, exerc. 3).

21) Soient A un anneau, F un polynôme unitaire de A[X], B l'anneau A[X]/F.A[X], $\mathfrak{m}$ un idéal maximal de A, $k = A/\mathfrak{m}$ le corps quotient, $\overline{F}$ l'image canonique de F dans k[X].

a) Soit $\overline{F} = \prod_{i=1}^{n} f_i^{e_i}$, où les f_i sont des polynômes irréductibles de k[X], deux à deux distincts. Soit $F_i \in A[X]$ un polynôme unitaire tel que son image canonique dans k[X] soit f_i. On note $\mathfrak{M}_i$ l'idéal $\mathfrak{m}B + F_i.B$ de B ; montrer que les $\mathfrak{M}_i$ sont deux à deux distincts et sont les seuls idéaux maximaux de B contenant $\mathfrak{m}B$ (noter que $B/\mathfrak{m}B$ est une algèbre de rang fini sur $A/\mathfrak{m} = k$ engendrée par les racines de $\overline{F}$).

b) Pour tout i, on pose $\mathfrak{Q}_i = \mathfrak{m}B + F_i^{e_i}.B$. Montrer que les $\mathfrak{Q}_i$ sont $\mathfrak{M}_i$-primaires dans B et que $\mathfrak{m}B = \mathfrak{Q}_1 \cap \mathfrak{Q}_2 \cap \ldots \cap \mathfrak{Q}_n = \mathfrak{Q}_1\mathfrak{Q}_2\ldots\mathfrak{Q}_n$.

c) Pour que B soit un anneau local, il faut et il suffit que A soit un anneau local et que $\overline{F}$ soit une puissance d'un polynôme irréductible de k[X].

¶ 22) Soient E un A-module, F un sous-module de E.

a) Soit $\mathfrak{p}$ un idéal premier de A, a un élément de A tel que $a \notin \mathfrak{p}$ et que $Q = F : (a)$ soit $\mathfrak{p}$-primaire dans E. Montrer que l'on a $F = Q \cap (F + aE)$.

b) Supposons qu'il existe $b \in A$ et $x \in E$ tel que $b^n x \notin F$ pour tout $n > 0$. Montrer que s'il existe un entier $n > 0$ tel que $F : b^{n+1} = F : b^n$, on a $F = (F + Ab^n x) \cap (F : (b^n))$.

c) On suppose que F est *irréductible* par rapport à E (*Alg.*, chap. II, 3e éd., § 2, exerc. 16), et on considère les trois propriétés suivantes :

α) F est primaire dans E.

β) Pour tout idéal premier $\mathfrak{p}$ de A, le saturé de F pour $\mathfrak{p}$ dans E est de la forme $F : (a)$ pour un $a \notin \mathfrak{p}$.

γ) Pour tout $b \in A$, la suite $(F : (b^n))_{n \geqslant 1}$ est stationnaire.

Montrer que chacune des conditions β), γ) entraîne α) (utiliser *a*) et *b*) et l'exerc. 18 *a*)). Si E est de type fini, les trois conditions α), β) et γ) sont équivalentes (cf. exerc. 20 *b*) et 20 *c*)).

d) Soient K un corps, A l'anneau K[X, Y], $\mathfrak{m}$ l'idéal maximal AX + AY dans A ; montrer que l'idéal $\mathfrak{m}^2$ est primaire mais non irréductible.

e) Soient A un anneau non nécessairement commutatif, E un A-module à gauche nœthérien. Montrer que tout sous-module F de E est intersection d'une famille finie de sous-modules irréductibles dans E (considérer un sous-module de E maximal parmi ceux qui ne sont pas intersections finies de sous-modules irréductibles).

f) Déduire de *e*) et *c*) une nouvelle démonstration du th. 1 du nº 2.

¶ 23) Soit A un anneau. On dit qu'un A-module E est *laskérien* s'il est de type fini et si tout sous-module de E possède une décomposition primaire dans E.

a) Pour qu'un A-module de type fini E soit laskérien, il faut et il suffit qu'il vérifie les deux axiomes suivants :

(LA_I) Pour tout sous-module F de E et tout idéal premier $\mathfrak{p}$ de A, le saturé de F pour $\mathfrak{p}$ dans E est de la forme F : (a) pour un $a \notin \mathfrak{p}$.

(LA_{II}) Pour tout sous-module F de E, toute suite décroissante $(\mathrm{sat}_{S_n}(F))$ (où (S_n) est une suite décroissante quelconque de parties multiplicatives de A) est stationnaire.

(Pour montrer que les conditions sont suffisantes, prouver d'abord, en utilisant (LA_I) et les exerc. 18 *a*) et 22 *a*), que, pour tout sous-module F de E, il existe un sous-module Q de E, primaire pour un idéal $\mathfrak{p} \supset F : E$, et un sous-module $G = F + aE$, où $a \notin \mathfrak{p}$, tels que $F = Q \cap G$. Raisonner ensuite par l'absurde : montrer qu'il existerait une suite infinie (Q_n) de sous-modules $\mathfrak{p}_n$-primaires de E, et une suite strictement croissante (G_n) de sous-modules de E tels que, si on pose $H_n = Q_1 \cap Q_2 \cap \ldots \cap Q_n$: 1° on ait $F = H_n \cap G_n$; 2° G_n soit maximal parmi les sous-modules G contenant G_{n-1} et tels que $F = H_n \cap G$; 3° il existe $a_n \notin \mathfrak{p}_n$ tel que $a_n E \subset G_n$. Montrer alors que si $S_n = \bigcap_{1 \leqslant i \leqslant n} (A - \mathfrak{p}_i)$, S_n rencontre $G_n : E$, et en déduire que $\mathrm{sat}_{S_n}(F) = H_n$. Conclure à l'aide de ($LA_{II}$).)

**b*) Donner un exemple d'anneau A tel que le A-module A ne vérifie pas (LA_I), mais où tout idéal $\mathfrak{a} \subset A$ est irréductible et l'ensemble des saturés $\mathrm{sat}_S(\mathfrak{a})$ pour toutes les parties multiplicatives S de A est fini (cf. exerc. 19).*

c) Soient K un corps, $B = K[[X]]$ l'algèbre des séries formelles sur K, $\mathfrak{m}$ l'idéal maximal de B, formé des séries formelles sans terme constant. Dans l'algèbre produit $B^{\mathbf{N}}$, on considère la sous-algèbre A engendrée par 1 et l'idéal $\mathfrak{n} = \mathfrak{m}^{(\mathbf{N})}$. Montrer que dans A les seuls idéaux premiers distincts de $\mathfrak{n}$ sont les idéaux sommes directes dans $\mathfrak{n}$ de tous les idéaux composants sauf un ; toute suite strictement croissante d'idéaux premiers de A a donc au plus deux éléments. Soit $\mathfrak{a} \neq A$ un idéal de A, et soit S une partie multiplicative de A ne rencontrant pas $\mathfrak{a}$; si $\mathfrak{a}_n$ (resp. S_n) est la projection de $\mathfrak{a}$ (resp. S) sur le n-ème facteur B_n de $B^{\mathbf{N}}$, montrer que $\mathrm{sat}_S(\mathfrak{a})$ est somme directe des idéaux $\mathrm{sat}_{S_n}(\mathfrak{a}_n)$ (observer que si $s \in S$, si $s_n \in S_n$ est la n-ème projection de s, et si $x_n \in \mathrm{sat}_{S_n}(\mathfrak{a}_n)$ est tel que $s_n x_n \in \mathfrak{a}_n$, alors $s^2 x_n \in \mathfrak{a}$). En déduire que A vérifie l'axiome (LA_I) mais non (LA_{II}) (utiliser l'exerc. 20 *b*)).

d) Montrer que si un A-module E vérifie l'axiome (LA_I), tout sous-module de E est intersection d'une famille (finie ou non) de sous-modules primaires dans E (raisonner comme dans *a*), par récurrence transfinie).

e) Soient E un A-module de type fini, $E' \subset E$ un sous-module de type fini. Pour que E soit laskérien, il faut et il suffit que E' et E/E' le soient. En particulier, si A est un anneau laskérien, tout A-module de type fini est laskérien. Si E est un A-module laskérien, $S^{-1}E$ est un $S^{-1}A$-module laskérien pour toute partie multiplicative S de A.

¶ 24) Dans un anneau laskérien A (exerc. 23), soient $\mathfrak{p}_1$, $\mathfrak{p}_2$, $\mathfrak{p}_3$ trois idéaux premiers distincts tels que $\mathfrak{p}_1 \subset \mathfrak{p}_2 \subset \mathfrak{p}_3$; soient $x_2 \in \mathfrak{p}_2 - \mathfrak{p}_1$, $x_3 \in \mathfrak{p}_3 - \mathfrak{p}_2$. En remplaçant au besoin $\mathfrak{p}_2$ et $\mathfrak{p}_3$ par des idéaux premiers contenus dans $\mathfrak{p}_2$, $\mathfrak{p}_3$ respectivement et contenant respectivement x_2 et x_3, on peut supposer que $\mathfrak{p}_2$ est minimal dans $\mathrm{Ass}_f(A/(\mathfrak{p}_1 + Ax_2))$, et $\mathfrak{p}_3$ minimal dans $\mathrm{Ass}_f(A/(\mathfrak{p}_2 + Ax_3))$. On considère l'idéal $\mathfrak{a} = \mathfrak{p}_1 + x_2\mathfrak{p}_3$.

a) Montrer que l'on a $x_2 \notin \mathfrak{a}$ et $x_3^k \notin \mathfrak{a}$ pour tout entier $k > 0$; en déduire que $\mathfrak{a}$ n'est pas primaire dans A. Montrer que $\mathfrak{p}_2$ est un élément minimal de $\mathrm{Ass}_f(A/\mathfrak{a})$.

b) Soit $\mathfrak{a} = \bigcap_{i=1}^{n} \mathfrak{q}_i$ une décomposition primaire réduite de $\mathfrak{a}$ dans A, et soit $\mathfrak{p}'_i$ la racine de $\mathfrak{q}_i$; on suppose que $\mathfrak{p}_3 \not\subset \mathfrak{p}'_i$ pour $1 \leqslant i \leqslant s$, $\mathfrak{p}_3 \subset \mathfrak{p}'_i$ pour $s + 1 \leqslant i \leqslant n$; montrer que l'on a nécessairement $s < n$ et $x_2 \in \mathfrak{q}_i$ pour $1 \leqslant i \leqslant s$. Montrer qu'il existe un indice $i \geqslant s + 1$ tel que $\mathfrak{p}_3 = \mathfrak{p}'_i$. (Raisonner par l'absurde : dans le cas contraire, il existerait $y \notin \mathfrak{p}_3$ tel que $y \in \mathfrak{q}_i$ pour tout $i \geqslant s + 1$; on aurait alors $x_2 y \in \mathfrak{a}$ et on prouvera que cette relation contredit $y \notin \mathfrak{p}_3$.) Conclure que $\mathfrak{p}_3$ est un élément non minimal de $\mathrm{Ass}_f(A/\mathfrak{a})$; on désignera par $\mathfrak{q}'_3$ la composante primaire de $\mathfrak{a}$ dans A qui lui correspond dans la décomposition précédente.

c) Soit $\mathfrak{b} = \mathfrak{p}_2 \cap \mathfrak{q}'_3$; soit d'autre part $m > 0$ tel que $x_3^m \in \mathfrak{q}'_3$, et soit $\mathfrak{c} = \mathfrak{b} + Ax_3^{2m}$. Montrer que le saturé de $\mathfrak{c}$ pour $\mathfrak{p}_3$ est un idéal $\mathfrak{p}_3$-primaire $\mathfrak{q}''_3$ (montrer que tout élément de $\mathfrak{p}_3$ a une puissance dans $\mathfrak{q}''_3$ en utilisant le fait que le saturé de $\mathfrak{p}_2 + Ax_3$ pour $\mathfrak{p}_3$ est primaire). Prouver d'autre part que $x_3^m \notin \mathfrak{q}''_3$ et que $\mathfrak{b} = \mathfrak{p}_2 \cap \mathfrak{q}''_3$; on a donc deux décompositions primaires réduites distinctes de l'idéal $\mathfrak{b}$.

¶ 25) Soit A un anneau laskérien. Soient $\mathfrak{a}$ un idéal de A, $\mathfrak{a} = \bigcap_{1 \leqslant i \leqslant n} \mathfrak{q}_i$ une décomposition primaire réduite de $\mathfrak{a}$ dans A ; on désigne par $\mathfrak{p}_i$ la racine de $\mathfrak{q}_i$; on suppose que les éléments minimaux de $\mathrm{Ass}_f(A/\mathfrak{a})$ sont les $\mathfrak{p}_i$ tels que $1 \leqslant i \leqslant s$, et que l'on a $s < n$. On pose $\mathfrak{b} = \bigcap_{1 \leqslant i \leqslant s} \mathfrak{q}_i$, $\mathfrak{c} = \bigcap_{s+1 \leqslant i \leqslant n} \mathfrak{q}_i$.

a) Montrer qu'il existe $x \in \mathfrak{c}$ tel que $x \notin \mathfrak{p}_i$ pour $1 \leqslant i \leqslant s$ et que l'on a $\mathfrak{a} = \mathfrak{b} \cap (\mathfrak{a} + Ax)$.

b) On suppose par exemple que $\mathfrak{p}_{s+1}$ est minimal dans $\mathrm{Ass}_f(A/\mathfrak{c})$. Montrer que l'on a $x\mathfrak{p}_{s+1} + \mathfrak{a} \neq Ax + \mathfrak{a}$, et $\mathfrak{a} = \mathfrak{b} \cap (x\mathfrak{p}_{s+1} + \mathfrak{a})$; en outre, $\mathfrak{p}_{s+1}$ est minimal dans $\mathrm{Ass}_f(A/\mathfrak{d})$, où $\mathfrak{d} = x\mathfrak{p}_{s+1} + \mathfrak{a}$. Montrer que le saturé de $\mathfrak{d}$ pour $\mathfrak{p}_{s+1}$ est différent de $\mathfrak{q}_{s+1}$. (Remarquer que ce saturé ne peut contenir x.)

¶ 26) Soit A un anneau laskérien dans lequel tout idéal $\neq$ A possède une décomposition primaire réduite *unique* dans A.

a) Montrer que pour tout idéal $\mathfrak{a} \neq A$, tous les éléments de $\mathrm{Ass}_f(A/\mathfrak{a})$ sont minimaux dans cet ensemble (utiliser l'exerc. 25 *b*)).

Soit $\{0\} = \bigcap_{1 \leqslant i \leqslant n} \mathfrak{q}_i$ une décomposition primaire réduite dans A, et soit $\mathfrak{p}_i$ la racine de $\mathfrak{q}_i$ $(1 \leqslant i \leqslant n)$. Montrer que tout idéal premier de A distinct des $\mathfrak{p}_i$ est maximal (utiliser l'exerc. 24 *c*)). Si $\mathfrak{p}$ est un idéal premier de A, $\mathfrak{q}$ un idéal contenu dans $\mathfrak{p}$ et tel que $\mathfrak{p}/\mathfrak{q}$ soit un nilidéal dans $A/\mathfrak{q}$, montrer que tout idéal $\mathfrak{a}$ tel que $\mathfrak{q} \subset \mathfrak{a} \subset \mathfrak{p}$ est $\mathfrak{p}$-primaire. En déduire que si l'un des $\mathfrak{p}_i$ n'est pas maximal, $\mathfrak{p}_i$ est le seul idéal $\mathfrak{p}_i$-primaire et on a $\mathfrak{p}_i^2 = \mathfrak{p}_i$ (utiliser l'exerc. 16).

b) Montrer que dans A toute suite croissante d'idéaux égaux à leurs racines est stationnaire. En déduire que toute suite strictement croissante $(\mathfrak{a}_n)$ d'idéaux, telle que tout quotient $\mathfrak{a}_n/\mathfrak{a}_{n-1}$ contienne des éléments non nilpotents dans $A/\mathfrak{a}_{n-1}$, est finie. Conclure de là que pour tout idéal premier $\mathfrak{p}$ de A, il existe un idéal primaire de racine $\mathfrak{p}$ et de type fini. En particulier, chacun des $\mathfrak{p}_i$ qui n'est pas maximal est de type fini et par suite contient un idempotent e_i qui l'engendre (chap. II, § 4, exerc. 15).

c) Montrer que, pour $i \neq j$, on a $\mathfrak{p}_i + \mathfrak{p}_j = A$ (considérer $e_i + e_j - e_ie_j$ si $\mathfrak{p}_i$ et $\mathfrak{p}_j$ ne sont pas maximaux). En conclure que A est isomorphe au produit d'un nombre fini d'anneaux $A_i = A/\mathfrak{q}_i$ tels que : ou bien A_i est un anneau local dont l'idéal maximal est un nilidéal ; ou bien A est un anneau intègre dans lequel tout idéal premier $\neq \{0\}$ est maximal et dans lequel tout idéal $\neq \{0\}$ n'est contenu que dans un nombre fini d'idéaux maximaux *(cf. § 1, exerc. 2)*. Réciproque.

¶ 27) Soient M un A-module, Q un sous-module $\mathfrak{p}$-primaire de M. On dit que Q est d'*exposant m* si *m* est le plus petit entier *k* tel que $\mathfrak{p}^k M \subset Q$ (cf. exerc. 3) ; s'il n'existe aucun entier *k* ayant cette propriété, on dit que Q est d'exposant *infini*. Si Q est d'exposant fini, on dit aussi que Q est *fortement primaire*.

a) Montrer que si on a $Q : \mathfrak{p} = Q$, Q est d'exposant infini, et qu'il existe $\alpha \in \mathfrak{p}$ tel que $Q : (\alpha)$ soit distinct de Q et soit un sous-module $\mathfrak{p}$-primaire de M d'exposant infini.

**b*) Donner un exemple d'un anneau A et d'un idéal $\mathfrak{p}$-primaire $\mathfrak{q}$ d'exposant infini et tel que $\mathfrak{q} : \mathfrak{p} = \mathfrak{q}$ (cf. § 1, exerc. 2).*

c) Soient K un corps, A l'anneau des polynômes $K[X_n]_{n \in \mathbf{N}}$, $\mathfrak{p}$ l'idéal premier de A engendré par les X_n, $\mathfrak{q}$ l'idéal $\mathfrak{p}$-primaire engendré par les produits X_iX_j $(i \neq j)$ et les éléments X_n^{n+1}. Montrer que pour tout $\alpha \in \mathfrak{p} - \mathfrak{q}$, $\mathfrak{q} : (\alpha)$ est d'exposant fini, que $\mathfrak{q} : \mathfrak{p} \neq \mathfrak{q}$ et que $\mathfrak{q} : \mathfrak{p}$ est un idéal $\mathfrak{p}$-primaire d'exposant infini.

d) Soit Q un sous-module $\mathfrak{p}$-primaire de M d'exposant fini *e*. Montrer que les $\mathfrak{p}^k M$ pour $k < e$ sont tous distincts et que les sous-modules $Q : \mathfrak{p}^k$ pour $k < e$ sont tous distincts. Pour tout idéal $\mathfrak{a}$ de A, montrer que, ou bien $Q : \mathfrak{a} = Q$, ou bien $Q : \mathfrak{a}$ est un sous-module $\mathfrak{p}$-primaire dans M, distinct de M et d'exposant $\leqslant e - 1$ (observer que si $\mathfrak{a} \subset \mathfrak{p}$, on a $\mathfrak{p}^{e-1} M \subset Q : \mathfrak{a}$).

¶ 28) On dit qu'un A-module E de type fini est *fortement laskérien* si tout sous-module de E admet une décomposition primaire dans E dont tous les éléments soient fortement primaires (exerc. 27).

a) Montrer que pour qu'un A-module de type fini E soit fortement laskérien, il faut et il suffit qu'il vérifie l'axiome (LA_{II}) de l'exercice 23 et l'axiome :

(LA_{III}) Pour toute suite $(\mathfrak{b}_k)$ d'idéaux de A et tout sous-module F de E, la suite croissante des sous-modules $F : (\mathfrak{b}_1\mathfrak{b}_2 \ldots \mathfrak{b}_k)$ est stationnaire.

(Pour montrer que les conditions sont nécessaires, utiliser l'exerc. 27 *d*). Pour voir qu'elles sont suffisantes, prouver d'abord que (LA_{III}) entraîne (LA_I), puis qu'elle entraîne que tout idéal primaire est d'exposant fini, en utilisant l'exerc. 27 *a*)).

b) Montrer que l'anneau A défini dans l'exerc. 23 *c*) vérifie (LA_{III}).

c) Soient K un corps, V un K-espace vectoriel de dimension infinie, $A = K \oplus V$ l'anneau dont la multiplication est définie par $(a, x)(a', x') = (aa', ax' + a'x)$. Montrer que dans A tout idéal $\neq A$ est fortement primaire, bien que A ne soit pas nœthérien.

d) Soient E un A-module de type fini, $E' \subset E$ un sous-module de type fini. Pour que E soit fortement laskérien, il faut et il suffit que E' et E/E' le soient. En particulier, si A est un anneau fortement laskérien, tout A-module de type fini est fortement laskérien. Si E est un A-module fortement laskérien, $S^{-1}E$ est un $S^{-1}A$-module fortement laskérien pour toute partie multiplicative S de A.

e) Généraliser aux modules fortement laskériens les exerc. 3 et 4.

¶ 29) Soit A un anneau fortement laskérien (exerc. 28).

a) Soient $\mathfrak{a}$, $\mathfrak{b}$ deux idéaux de A, $\mathfrak{ab} = \bigcap_{i=1}^{n} \mathfrak{q}_i$ une décomposition primaire réduite de $\mathfrak{ab}$ dans A, $\mathfrak{c}$ l'intersection de ceux des $\mathfrak{q}_i$ dont la racine ne contient pas $\mathfrak{b}$; montrer que l'on a $\mathfrak{a} \subset \mathfrak{c}$ (si $\mathfrak{q}_i$ est tel que sa racine $\mathfrak{p}_i$ ne contienne pas $\mathfrak{b}$ et si $x \in \mathfrak{b}$ et $x \notin \mathfrak{p}_i$, considérer le produit $\mathfrak{a}x$).

b) Déduire de *a*) qu'il existe trois idéaux $\mathfrak{a}'$, $\mathfrak{b}'$, $\mathfrak{c}$ et un entier $s > 0$ tels que $\mathfrak{a}^s \subset \mathfrak{a}'$, $\mathfrak{b}^s \subset \mathfrak{b}'$, $(\mathfrak{a} + \mathfrak{b})^s \subset \mathfrak{c}$, et $\mathfrak{ab} = \mathfrak{a}' \cap \mathfrak{b} = \mathfrak{a} \cap \mathfrak{b}' = \mathfrak{a} \cap \mathfrak{b} \cap \mathfrak{c}$.

c) Montrer que pour toute famille finie $(\mathfrak{a}_k)$ d'idéaux de A, il existe un entier $m > 0$ tel que $\bigcap_k \mathfrak{a}_k^m \subset \prod_k \mathfrak{a}_k$ (appliquer *b*) en raisonnant par récurrence sur le nombre d'idéaux $\mathfrak{a}_k$).

d) Pour tout idéal $\mathfrak{a}$ de A, montrer que l'intersection $\mathfrak{b} = \bigcap_{n=1}^{\infty} \mathfrak{a}^n$ est l'idéal des $x \in A$ tels que $x \in x\mathfrak{a}$ (appliquer *b*) au produit $(Ax)\mathfrak{a}$). En déduire que $\mathfrak{b}$ est l'intersection des composantes primaires de $\{0\}$ (pour une décomposition primaire réduite de $\{0\}$) dont les racines rencontrent $1 + \mathfrak{a}$.

e) Déduire de *d*) que pour tout idéal premier $\mathfrak{p}$ de A, l'intersection des puissances symboliques $\mathfrak{p}^{(n)}$ (exerc. 18 *b*)) pour $n \in \mathbf{N}$ est l'idéal des $x \in A$ tels que $x \in x\mathfrak{p}$ (considérer l'anneau $A_\mathfrak{p}$).

30) Soit M un A-module, et soit N un sous-module de M admettant une décomposition primaire réduite $N = \bigcap_{i=1}^{n} Q_i$; soit $\mathfrak{p}_i$ l'idéal premier associé à Q_i.

a) Montrer que si $\mathfrak{b}$ est un idéal de A qui n'est contenu dans aucun des $\mathfrak{p}_i$, on a $N : \mathfrak{b} = N$ (cf. exerc. 17).

b) Si chacun des Q_i est fortement primaire dans M, montrer réciproquement que si l'on a $N : \mathfrak{b} = N$, $\mathfrak{b}$ n'est contenu dans aucun des $\mathfrak{p}_i$. (Remarquer que si $\mathfrak{b} \subset \mathfrak{p}_i$ et $P = \bigcap_{j \neq i} Q_j$, on a $\mathfrak{b}^r P \subset N$ pour un entier r convenable, et en déduire que si l'on avait $N : \mathfrak{b} = N$, on aurait $P = N$.) En déduire qu'il existe alors $\beta \in \mathfrak{b}$ tel que $N : (\beta) = N$.

¶ 31) *a*) Soient A un anneau nœthérien, $\mathfrak{m}$ un idéal maximal de A, $\mathfrak{p}$ un idéal premier contenu dans $\mathfrak{m}$; montrer que si le séparé complété $\hat{A}$ de A pour la topologie $\mathfrak{m}$-adique est intègre, la base de filtre des puissances symboliques $\mathfrak{p}^{(n)}$ de $\mathfrak{p}$ tend vers 0 pour la topologie $\mathfrak{m}$-adique dans A. (Se ramener au cas où A est local ; soient $\mathfrak{q}$ un idéal premier de $\hat{A}$ dont la trace sur A soit $\mathfrak{p}$, et pour tout $n > 0$, soit $c_n \notin \mathfrak{p}$ tel que $c_n\mathfrak{p}^{(n)} \subset \mathfrak{p}^n$; montrer que l'on a $c_n\mathfrak{p}^{(n)}\hat{A} \subset \mathfrak{q}^{(n)}$. Utiliser l'exerc. 29 *e*), ainsi que le chap. III, § 2, n° 7, prop. 8.)

b) Soient A un anneau nœthérien, $\mathfrak{n}$ un idéal de A, $\mathfrak{p}$ un idéal premier minimal dans $\mathrm{Ass}(A/\mathfrak{n})$, $\mathfrak{m}_0$, $\mathfrak{m}$ deux idéaux maximaux de A contenant $\mathfrak{p}$; désignons par $A(\mathfrak{n})$, $A(\mathfrak{m}_0)$, $A(\mathfrak{m})$ les séparés complétés de A pour les topologies $\mathfrak{n}$-adique, $\mathfrak{m}_0$-adique, $\mathfrak{m}$-adique respectivement. Soit z un élément de $A(\mathfrak{n})$ dont l'image canonique dans $A(\mathfrak{m}_0)$ est nulle. Montrer que si $A(\mathfrak{m})$ est intègre, l'image canonique de z dans $A(\mathfrak{m})$ est nulle aussi. (Prendre z comme limite d'une suite (x_n) d'éléments de A telle que $x_n - x_m \in \mathfrak{n}^m$ pour $n \geqslant m$, et $x_n \in \mathfrak{m}_0^n$; en déduire que x_m appartient à l'adhérence de $\mathfrak{n}^m$ pour la topologie $\mathfrak{m}_0$-adique ; en utilisant l'exerc. 8, en conclure que $x_m \in \mathfrak{p}^{(m)}$ pour tout m ; achever à l'aide de *a*).)

c) Soient A un anneau de Zariski, $\mathfrak{r}$ un idéal de définition de A ; on suppose que Spec(A) est connexe et que pour tout idéal maximal $\mathfrak{m}$ de A, le séparé complété $A(\mathfrak{m})$ de A pour la topologie $\mathfrak{m}$-adique est intègre. Montrer alors que le complété $\hat{A}$ de A pour la topologie $\mathfrak{r}$-adique est intègre. (Montrer que pour tout idéal maximal $\mathfrak{m}$ de A, l'homomorphisme canonique $\hat{A} \to A(\mathfrak{m})$ est injectif. Pour cela, on peut supposer que $\mathfrak{r}$ est intersection d'un nombre fini d'idéaux premiers, minimaux dans $\mathrm{Ass}(A/\mathfrak{r})$, soit $\mathfrak{r} = \mathfrak{p}_1 \cap \mathfrak{p}_2 \cap \ldots \cap \mathfrak{p}_s$; montrer que l'hypothèse sur Spec(A) entraîne pour chaque i l'existence d'un idéal maximum $\mathfrak{m}_i$ contenant $(\mathfrak{p}_1 \cap \ldots \cap \mathfrak{p}_{i-1}) + \mathfrak{p}_i$. En utilisant *b*), montrer que si l'image canonique de $z \in \hat{A}$ dans $A(\mathfrak{m})$ est nulle et si par exemple $\mathfrak{p}_1 \subset \mathfrak{m}$, alors l'image canonique de z dans chacun des $A(\mathfrak{m}_i)$ est nulle, puis conclure que l'image canonique de z dans $A(\mathfrak{m}')$ est nulle pour tout idéal maximal $\mathfrak{m}'$ de A.)

32) On dit qu'un anneau A est *primaire* s'il est un anneau local et si son idéal maximal $\mathfrak{m}$ est un nilidéal (*). Tout idéal de A contenu dans $\mathfrak{m}$ est alors $\mathfrak{m}$-primaire dans A.

a) Soit A un anneau primaire fortement laskérien, de sorte qu'en

---

(*) Pour les anneaux artiniens (commutatifs), cette définition coïncide avec celle d'*Alg.*, chap. VIII, § 6, exerc. 20.

particulier l'idéal maximal $\mathfrak{m}$ est nilpotent. Montrer que si $\mathfrak{a}$, $\mathfrak{b}$ sont deux idéaux contenus dans $\mathfrak{m}$, on a nécessairement $\mathfrak{a} : \mathfrak{b} \neq \mathfrak{a}$ (utiliser l'exerc. 30 *b*)).

b) Un anneau nœthérien primaire est artinien. En déduire que pour tout module M de type fini sur un anneau nœthérien A et tout sous-module $\mathfrak{p}$-primaire N de M, il existe un entier m tel que toute suite strictement décroissante $(M_i/N)_{0 \leqslant i \leqslant k}$ de sous-modules de M/N, pour laquelle les M_i sont $\mathfrak{p}$-primaires, a une longueur $k \leqslant m$ (considérer le $A_{\mathfrak{p}}$-module $M_{\mathfrak{p}}$ et noter que $M_{\mathfrak{p}}/N_{\mathfrak{p}}$ est annulé par une puissance de $\mathfrak{p}A_{\mathfrak{p}}$).

c) Montrer qu'un anneau artinien A dans lequel tout idéal premier $\neq \{0\}$ est maximal est composé direct d'un nombre fini d'anneaux primaires.

33) Soit A un anneau commutatif. On dit qu'un idéal $\mathfrak{a}$ de A est primal si, dans $A/\mathfrak{a}$, l'ensemble des diviseurs de 0 est un idéal $\mathfrak{p}/\mathfrak{a}$; l'idéal $\mathfrak{p}$ est alors premier.

a) Montrer que tout idéal primaire et tout idéal irréductible est primal.

b) Soit $\mathfrak{a}$ un idéal de A tel que l'ensemble des idéaux $\mathfrak{b}$ pour lesquels $\mathfrak{a} : \mathfrak{b} \neq \mathfrak{a}$ ait un plus grand élément $\mathfrak{p}$; montrer que $\mathfrak{p}$ est premier et que $\mathfrak{a}$ est primal. *Donner un exemple d'idéal primal $\mathfrak{a}$ pour lequel la condition précédente n'est pas remplie (cf. § 1, exerc. 2).*

c) Dans un anneau nœthérien A, caractériser les idéaux primaux, et donner un exemple d'idéal primal non primaire (cf. § 1, exerc. 11 *b*)).

34) Dans un anneau commutatif A, on dit qu'un idéal $\mathfrak{a}$ est quasi-premier si pour tout couple d'idéaux $\mathfrak{b}$, $\mathfrak{c}$ de A, la relation $\mathfrak{b} \cap \mathfrak{c} \subset \mathfrak{a}$ entraîne $\mathfrak{b} \subset \mathfrak{a}$ ou $\mathfrak{c} \subset \mathfrak{a}$; tout idéal premier est quasi-premier, et tout idéal quasi-premier est irréductible. Si le théorème chinois est valable dans A, montrer que tout idéal irréductible est quasi-premier (*Alg.*, chap. VI, § 1, exerc. 25).

35) Soient K un corps commutatif, B l'anneau de valuation, dont le groupe des ordres est $\mathbf{R}$, formé des « séries formelles » $\sum_x c_x T^x$ où $c_x \in K$, $x \in \mathbf{R}_+$ et l'ensemble des x tels que $c_x \neq 0$ est bien ordonné ; l'anneau A défini au § 1, exerc. 2 est un sous-anneau de B et B est un A-module plat. Si C est le A-module défini dans le § 1, exerc. 2, montrer que l'on a $\mathrm{Ass}_B(C \otimes_A B) \neq \emptyset$ bien que $\mathrm{Ass}_A(C) = \emptyset$ (considérer un élément de $C \otimes_A B = B/\mathfrak{a}B$, image canonique d'un élément de B de valuation α).

§ 3

1) Sous les hypothèses de la prop. 1 du n° 1, montrer que tout idéal premier $\mathfrak{p} \in \mathrm{Ass}_f(M)$ (§ 2, exerc. 17) est gradué et est élément minimal de l'ensemble des idéaux premiers contenant l'annulateur d'un élément homogène de M. (Démontrer d'abord que le plus grand idéal gradué $\mathfrak{p}'$ contenu dans un idéal premier $\mathfrak{p}$ de A est premier, en observant que si le produit de deux éléments x, y appartient à $\mathfrak{p}'$, il en est de même du produit de leurs composantes homogènes $\neq 0$ de plus haut degré. Noter ensuite

que si un idéal premier contient l'annulateur d'un élément $z \in M$, il contient aussi l'annulateur d'une au moins des composantes homogénes $\neq 0$ de z.)

2) Dans un anneau gradué A de type Δ (où Δ est sans torsion) soit $\mathfrak{p}$ un élément minimal de l'ensemble des idéaux premiers de A, qui est nécessairement gradué (exerc. 1). Montrer que pour tout élément homogène $t \in \mathfrak{p}$, il existe un élément homogène $s \notin \mathfrak{p}$ et un entier $n > 0$ tels que $st^n = 0$. En déduire des généralisations des prop. 3, 4 et 5 aux anneaux gradués non nécessairement nœthériens (avec les définitions du § 2, exerc. 12 et 20).

3) Soient A un anneau gradué de type Δ (où Δ est sans torsion), M un A-module gradué de type fini fortement laskérien (§ 2, exerc. 28). Montrer que les sous-modules $Q(\mathfrak{p}) = Q(\mathfrak{p}, e_{\mathfrak{p}}(M))$ (où $\mathfrak{p}$ parcourt $\mathrm{Ass}_f(M)$) définis dans l'exerc. 4 du § 2, sont des sous-modules gradués.

Index des notations

Les chiffres de référence indiquent successivement le chapitre, le paragraphe et le numéro (ou, exceptionnellement, l'exercice).

Chapitre I

Chapitre II

Chapitre III

Chapitre IV

Index terminologique

Les chiffres de référence indiquent successivement le chapitre, le paragraphe et le numéro (ou, exceptionnellement, l'exercice).

TABLE DES MATIÈRES

MASSON, Éditeur
120, boulevard Saint-Germain
75280 Paris Cedex 06
Dépôt légal : Décembre 1984

JOUVE
18, rue Saint-Denis
75001 Paris
N° d'impression : 59317
Dépôt légal : Novembre 1984